土木工程材料学

葛 勇 主编
张宝生 主审

中国建材工业出版社

图书在版编目（CIP）数据

土木工程材料学/葛勇主编．—北京：中国建材工业出版社，2007.1

ISBN 978-7-80227-186-9

Ⅰ．土…　Ⅱ．葛…　Ⅲ．土木工程—建筑材料
Ⅳ．TU5

中国版本图书馆 CIP 数据核字（2006）第 134487 号

内 容 简 介

本书介绍了常用土木工程材料的基本理论、基本知识和新型土木工程材料的基本组成、生产与配制原理、性质与应用。包括土木工程材料的基本性质以及石材、砖、陶瓷、玻璃及其他熔融制品、气硬性无机胶凝材料、各种水泥、混凝土及新型混凝土、砂浆、金属材料、木材、建筑塑料与建筑涂料、合成高分子防水材料与沥青防水材料、绝热材料、吸声材料、沥青混合料、墙体材料、地面材料、土木工程材料的功能分类与综合应用、常用土木工程材料的试验方法等。为配合教学，各章均附有思考题与习题。

本书按材料科学体系编排章节，注重材料性质与材料组成、结构的关系，并将土木工程材料与工程应用紧密联系在一起，有利于加深对土木工程材料基本理论与基本知识的理解与掌握。全书内容均采用最新标准或规范。

本书用作高等学校本科“土木工程”、“建筑管理工程”、“给排水工程”、“建筑学”等土木建筑类专业的教材，也可供“交通土建”、“水利工程”等专业使用。本书还可供有关专业科研、设计、施工、管理人员参考。

土木工程材料学
主　　编：葛　勇

出版发行：中国建材工业出版社
地　　址：北京市西城区车公庄大街 6 号
邮　　编：100044
经　　销：全国各地新华书店
印　　刷：北京鑫正大印刷有限公司
开　　本：787mm × 1092mm　1/16
印　　张：22.75
字　　数：565 千字
版　　次：2007 年 1 月第 1 版
印　　次：2007 年 1 月第 1 次
书　　号：ISBN 978-7-80227-186-9
定　　价：35.00 元

网上书店：www.ecool100.com

本书如出现印装质量问题，由我社发行部负责调换。联系电话：（010）88386906

前　言

《建筑材料》自1996年12月出版以来，受到广大师生与读者的青睐，多次修订重印。本次编写是根据土木工程专业拓宽专业口径，按土木工程专业的《土木工程材料》教学大纲编写的。编写时加强了基本理论，并增加了许多新材料，如自流平混凝土、新型防水材料、硫铝酸盐水泥、节能玻璃、新型墙体材料与轻质板材、预应力混凝土用螺纹钢筋（高强度精轧螺纹钢筋）与钢棒等，删减了部分不常用或已过时的传统材料，同时更名为《土木工程材料学》。

本书是哈尔滨工业大学"十五"重点建设教材。编写时保留了原《建筑材料》一书的编写风格，仍按材料科学体系编排章节及内容，同时又注重与工程实际的联系。编写的思考题与习题，有利于加深对土木工程材料基本理论与基本知识的理解与掌握，对加强与工程实际的联系及熟悉主要土木工程材料的标准与规范亦十分有益。

本书采用现行最新土木工程材料标准、规范及其试验方法。由于各标准（包括行业内、行业间）、规范的要求不同，特别是名词术语不完全统一，本书在编写时分别引用，对于名词术语按多个行业或多个学科确认的名词术语分别予以说明。为密切材料与工程实际的联系也引用了部分与土木工程材料应用密切相关的设计、施工与验收规范或指南等。

本书由哈尔滨工业大学葛勇主编，哈尔滨工业大学张宝生主审。参加编写的有葛勇（绪论、第1章、第6章6.1~6.8、6.10、6.12、第10章及全书的统稿）、吉林建筑工程学院盖广清（第2章、第8章、试验6）、哈尔滨工业大学赵亚丁（第3章、第13章的13.2、13.7、试验5）、大连民族学院杨文武（第4章、试验1）、大连交通大学赵晶（第5章、试验2）、哈尔滨工业大学郑秀华（第6章6.9、6.11）、哈尔滨工业大学张松榆（第7章、第9章）、哈尔滨工业大学于纪寿（第11章、试验3、试验4、试验7、试验8）、哈尔滨工业大学谭忆秋（第12章、试验9）、哈尔滨工业大学李学英（第13章13.1、13.3、13.4、13.5、13.6）。

本书配有教学辅导书《土木工程材料学——概要·思考题与习题·题解》和《土木工程材料计算机试题库》。有需要计算机试题库的师生、读者可与作者联系（Email：geyong@hit.edu.cn）。

由于新材料、新品种不断涌现，加之编者水平有限，不妥与疏漏之处在所难免，谨请广大师生与读者不吝指正。

编　者

2006年12月

目　录

0 绪论

0.1 土木工程材料的分类

构成土木建筑物的材料称为土木工程材料，它包括地基基础、梁、板、柱、墙体、屋面、道路、桥梁、水坝、码头等所用到的各种材料。

土木工程材料可从各种角度分类，如按土木工程材料的功能与用途分类，可分为结构材料、防水材料、保温材料、吸声材料、隔声材料、装饰材料、耐磨材料、地面材料、墙体材料、屋面材料、密封材料、防腐材料、耐火材料、防火材料、防辐射材料等。此种分类方式便于工程技术人员选用土木工程材料，因此各种材料手册均按此分类。为方便学习、记忆和掌握土木工程材料的基本知识和基本理论，一般按土木工程材料的化学成分分类。本书按化学成分分类。按化学成分，可将土木工程材料分为无机材料、有机材料和复合材料，如下表所示。

土木工程材料按化学成分分类

<table>
<tr><td rowspan="15">土木工程材料</td><td rowspan="8">无机材料</td><td rowspan="2">金属材料</td><td colspan="2">黑色金属：钢、铁</td></tr>
<tr><td colspan="2">有色金属：铝及其合金，铜及其合金</td></tr>
<tr><td rowspan="6">非金属材料</td><td colspan="2">天然石材：花岗岩、大理岩、石灰岩、玄武岩</td></tr>
<tr><td colspan="2">烧结与熔融制品：砖、陶瓷、玻璃、铸石、岩棉</td></tr>
<tr><td rowspan="2">胶凝材料</td><td>气硬性胶凝材料：石灰、石膏、水玻璃</td></tr>
<tr><td>水硬性胶凝材料：各种熟料水泥</td></tr>
<tr><td colspan="2">砂浆与混凝土</td></tr>
<tr><td colspan="2">硅酸盐制品：灰砂砖、加气混凝土</td></tr>
<tr><td rowspan="3">有机材料</td><td colspan="3">植物材料：木材、竹材及其制品</td></tr>
<tr><td colspan="3">合成高分子材料：塑料、橡胶、涂料、胶粘剂、密封材料</td></tr>
<tr><td colspan="3">沥青材料：石油沥青、煤沥青及其制品</td></tr>
<tr><td rowspan="4">复合材料</td><td rowspan="2">无机材料基复合材料</td><td colspan="2">混凝土、砂浆、钢筋混凝土</td></tr>
<tr><td colspan="2">水泥刨花板、聚苯乙烯混凝土</td></tr>
<tr><td rowspan="2">有机材料基复合材料</td><td colspan="2">沥青混凝土、树脂混凝土、纤维增强聚合物基材料</td></tr>
<tr><td colspan="2">胶合板、纤维板、竹胶板</td></tr>
</table>

0.2 土木工程材料在土木建筑工程中的作用及重要性

土木工程材料是土木建筑业的物质基础。每一项建设的开始，首先都是土木工程基本建设。

土木工程材料的性能、品种、质量及经济性直接影响或决定着建筑结构的形式、建筑物的造型以及建筑物的功能、适用性、艺术性、坚固性、耐久性及经济性等，并在一定程度上影响着土木工程材料的运输、存放及使用方式，也影响着建筑施工方法。建筑工程中许多技术的突破，往往依赖于土木工程材料性能的改进与提高，而新材料的出现又促进了建筑设计、结构设计和施工技术的发展，也使建筑物的功能、适用性、艺术性、坚固性和耐久性等得到进一步的改善。如钢材和钢筋混凝土的出现产生了钢结构和钢筋混凝土结构，使得高层建筑和大跨度建筑成为可能；轻质材料和保温材料的出现对减轻建筑物的自重，提高建筑物的抗震能力、改善工作与居住环境条件等起到了十分有益的作用，并推动了节能建筑的发展；新型装饰材料的出现使得建筑物的造型及建筑物的内外装饰焕然一新，生气勃勃。

土木工程材料的用量很大，其经济性直接影响着建筑物的造价。在我国的一般工业与民用建筑中土木工程材料的费用约占总造价的50%～60%，而装饰材料又占其中的50%～80%。了解或掌握土木工程材料的性能，按照建筑物及使用环境条件对土木工程材料的要求，正确合理地选用土木工程材料，充分发挥每一种材料的长处，做到材尽其能、物尽其用，并采取正确的运输、存贮与施工方法，这对节约材料、降低工程造价、提高建筑物的质量与使用功能、增加建筑物的使用寿命及建筑物的艺术性等，有着十分重要的作用。

0.3 土木工程材料的发展趋势

从一万年前人类使用天然石材、木材等建造简单的房屋，到后来生产和使用陶器、砖瓦、石灰、三合土、玻璃、青铜等土木工程材料，中间经历了数千年，其发展速度极为缓慢。从公元前两三千年到18世纪，土木工程材料的发展虽然有了较大的进步，但仍然非常缓慢。19世纪发生的工业革命，大大推动了工业的发展，也极大地推动了土木工程材料的发展，相继出现的钢材、水泥、混凝土、钢筋混凝土，已成为现代土木工程的主要结构材料。20世纪又出现了预应力混凝上。近几十年来，随着科学技术的进步和建筑工业发展的需要，一大批新型土木工程材料应运而生，出现了塑料、涂料、新型建筑陶瓷与玻璃、新型复合材料（纤维增强材料、夹层材料等）。材料科学的发展和电子显微镜、X射线衍射仪等现代材料研究方法的进步，使得对材料的微观结构、显微结构、宏观结构、性质及其相互间关系的认识有了长足的进步，对正确合理使用材料和按工程要求设计材料起到了非常有益的作用。依靠材料科学和现代工业技术，人们已开发出了许多高性能和多功能的新型材料。而社会的进步、环境保护和节能降耗及建筑业的发展，又对土木工程材料提出了更高、更多的要求。因而，今后一段时间内，土木工程材料将向以下几个方向发展。

（1）高性能化。将研制轻质、高强、高耐久性、高耐火性、高抗震性、高保温性、高吸声性、优异装饰性及优异防水性的材料。这对提高建筑物的安全性、适用性、艺术性、经济性及使用寿命等有着非常重要的作用。

（2）复合化、多功能化。利用复合技术生产多功能材料、特殊性能材料及高性能材料。这对提高建筑物的使用功能、经济性及加快施工速度等有着十分重要的作用。

（3）绿色化。充分利用地方资源和工业废渣。充分利用工业废渣生产土木工程材料，以保护自然资源、保护环境，维护生态环境的平衡。生产和开发能够降解有害气体、抑菌与杀菌以及能够自洁的材料。

（4）节能化。研制和生产低能耗（包括材料生产能耗和建筑使用能耗）的新型节能土木工程材料。这对降低土木工程材料和建筑物的成本以及建筑物的使用能耗，节约能源起到十分有益的作用。

(5) 智能化。将生产和应用自感知、自调节、自修复材料，实现构筑物的自我监控。

0.4 土木工程材料标准及工程建设规范

目前我国绝大多数土木工程材料都有相应的技术标准，它包括产品规格、分类、技术要求、验收规则、代号与标志、运输与贮存及抽样方法等。

土木工程材料生产企业必须按照标准生产，并控制其质量。土木工程材料使用部门则按照标准选用、设计、施工，并按标准验收产品。

我国的土木工程材料标准分为国家标准、部委行业标准、地方标准与企业标准。国家标准和部委行业标准都是全国通用标准，是国家指令性文件，各级生产、设计、施工等部门均必须严格遵照执行。按要求执行的程度分为强制性标准和推荐标准（以/T）表示。

与土木工程材料有关的标准及其代号主要有：国家标准 GB、建筑工程国家标准 GBJ、建工行业标准 JG、建材行业标准 JC、石油化学行业标准 SH、化工行业标准 HG、交通行业标准 JT、林业行业标准 LY、电力行业标准 DL、冶金行业标准 YB、轻工行业标准 QB、中国工程建设标准化协会标准 CECS、中国土木协会标准 CCES、地方标准 DB、企业标准 Q 等。

标准的表示方法由标准名称、部门代号、标准编号、批准年份四部分组成，如《预应力混凝土用螺纹钢筋》（GB/T 20065—2006）、《快硬硫铝酸盐水泥与快硬铁铝酸盐水泥》（JC 933—2003）、《混凝土多孔砖》（JC 943—2004）等。工程中有时还涉及到美国材料试验学会标准 ASTM、英国工业标准 BS、日本工业标准 JIS、德国工业标准 DIN、前苏联标准 ГОСТ、法国标准 NF、欧洲标准 EN、国际标准 ISO 等。

工程中使用的土木工程材料除必须满足产品标准外，有时还必须满足有关的设计规范、施工及验收规范（或规程）等的规定。这些规范对土木工程材料的选用、使用、质量要求及验收等还有专门的规定（其中有些规范或规程的规定与土木工程材料产品标准的要求相同）。如各种防水材料除满足其产品质量要求外，当用于屋面工程时还须满足《屋面工程技术规范》（GB 50345—2004）的规定，又如各种混凝土外加剂除满足其产品质量要求外，还应满足《混凝土外加剂应用技术规范》（GB 50119—2003）的规定。

标准是根据一定时期的技术水平制定的，因而随着技术的发展与对材料性能要求的不断提高，需要对标准进行不断地修订。熟悉有关标准、规范，了解标准、规范的制定背景与依据，对正确使用土木工程材料具有很好的作用。本书全部使用最新标准与规范。

0.5 课程的目的与学习方法

本课程是土木工程、建筑类各专业的技术基础课。课程的目的是使学生获得有关土木工程材料的基本理论、基本知识和基本技能，为学习房屋建筑学、施工技术、钢筋混凝土结构设计等专业课程提供土木工程材料的基础知识，并为今后从事建筑设计与施工能够合理选用土木工程材料和正确使用土木工程材料奠定基础。

土木工程材料的内容庞杂、品种繁多，涉及到许多学科或课程，其名词、概念和专业术语多，且各种土木工程材料相对独立，即各章之间的联系较少。此外公式推导少，而以叙述为主，且内容为实践规律的总结，因而其学习方法与力学、数学等完全不同。学习土木工程材料时应着重从材料科学的观点和方法及实践的观点入手，否则就会感到枯燥无味，难以掌握土木工程材料组成、性质、应用以及它们之间的相互联系。为此，必须做到：

（1）了解或掌握材料的组成、结构和性质间的关系。掌握土木工程材料的性质与应用是学习的目的，但孤立地看待和学习，就免不了要死记硬背。材料的组成和结构决定材料的性质和应用，因此学习时应了解或掌握土木工程材料的组成、结构与性质间的关系。应特别注意掌握的是材料的内部的孔隙数量、孔隙大小、孔隙状态及其影响因素，它们对材料的所有性质均有影响，并使材料的大多数性质降低。同时，还应注意外界因素对材料结构与性质的影响（详见本书第1章1.1及1.8）。

掌握好本书第1章是打开土木工程材料学大门的钥匙，因此掌握土木工程材料的基本性质是掌握各种土木工程材料的性质和应用的基础。

（2）运用对比的方法。通过对比各种材料的组成和结构来掌握它们的性质和应用。特别是通过对比来掌握它们的共性和特性。这在学习水泥、混凝土、防水材料等时尤为重要。

（3）密切联系工程实际，重视试验课并做好实验。土木工程材料是一门实践性很强的课程，学习时应注意理论联系实际，利用一切机会注意观察周围已经建成的或正在施工的土木建筑工程，提出一些问题，在学习中寻求答案，并在实践中验证和补充书本所学内容。试验课是本课程的重要教学环节，通过试验课所学的基本理论，学会检验常用土木工程材料的试验方法，掌握一定的试验技能，并能对试验结果进行正确的分析和判断，这对培养学习与工作能力及严谨的科学态度十分有利。

1　土木工程材料的基本性质

土木工程材料在正常使用状态下，总是要承受一定的外力和自重力，同时还会受到环境各种介质（如水、蒸汽、腐蚀性气体和液体、盐渍土等）的作用以及各种物理作用（如温度差、湿度差、摩擦等），因此材料必须具有抵抗上述各种作用的能力。为保证土木工程结构物的正常使用功能，对许多土木工程材料还要求具有一定的防水、吸声、隔声、保温隔热、装饰性等性质。上述性质是大多数土木工程材料均须考虑的性质，也是各种土木工程材料所应具备的基本性质。

掌握土木工程材料的基本性质是掌握土木工程材料知识、正确选择与合理使用土木工程材料的基础。

1.1　材料的组成、结构与性质

材料的组成和结构决定着材料的各种性质。要了解材料的性质，必须了解材料的组成、结构与材料性质间的关系。

1.1.1　材料的组成

1.1.1.1　化学组成（chemical composition，or chemical constituent）

化学组成即化学成分。无机非金属材料的化学组成常以各氧化物的含量来表示，金属材料则常以各化学元素的含量表示，有机材料常用各化合物的含量来表示。化学组成是决定材料化学性质（耐腐蚀性、燃烧性等）、物理性质（耐水性、耐热性、保温性等）、力学性质（强度、变形等）的主要因素之一。

1.1.1.2　矿物组成（mineralogical composition）

许多无机非金属材料（inorganic non-metallic materials）是由各种矿物组成的。矿物是具有一定化学成分和结构特征的单质或化合物。矿物组成是决定无机非金属材料化学性质、物理性质、力学性质和耐久性的重要因素。

材料的化学组成不同，则材料的矿物组成也不同。而相同的化学组成，可以有不同的矿物组成，且材料的性质也不同。例如，同是碳元素组成的石墨与金刚石；又如由石灰（CaO）、石英（SiO_2）和水在常温下硬化而成的石灰砂浆与在高温高湿条件下硬化而成的灰砂砖（属于硅酸盐混凝土），由于它们的矿物组成不同，二者的物理性质和力学性质截然不同。

利用材料的组成可以大致判断出材料的某些性质。如材料的组成易与周围介质（酸、碱、盐等）发生化学反应，则该材料的耐腐蚀性差或较差；有机材料的耐火性和耐热性较差，且多数可以燃烧；合金的强度高于非合金的强度等。

1.1.2　材料的结构

材料的结构决定着材料的许多性质。一般从三个层次来研究材料结构与性质间的关系。

1.1.2.1 微观结构（microstructure）

利用电子显微镜、X-射线衍射仪等手段来研究原子级或分子级的结构。材料的微观结构可分为晶体结构（crystalline structure）和非晶体结构（noncrystalline structure or amorphous structure），或晶态（crystalline state）和非晶态（noncrystalline state，or amorphous state）。

1. 晶体

晶体是质点（原子或分子、离子）按一定规律在空间重复排列的固体，并具有特定的几何外形和固定的熔点。由于质点在各方向上排列的规律和数量的不同，单晶体具有各向异性的性质。按晶体的质点间结合键的特性，晶体又分为原子晶体、分子晶体、离子晶体、金属晶体。晶体的结构形式与主要特性见表1-1。

表1-1 材料的微观结构形式及主要特性

微观结构			常见材料	主要特征
晶体	原子、离子或分子按一定规律排列	原子晶体（以共价键结合）	金刚石、石英、刚玉	强度、硬度、熔点均高、密度较小
		离子晶体（以离子键结合）	氯化钠、石膏、石灰岩	强度、硬度、熔点均高，但波动大、部分可溶、密度中等
		分子晶体（以分子键结合）	蜡及部分有机化合物	强度、硬度、熔点均低、大部分可溶、密度小
		金属晶体（以库仑引力结合）	铁、钢、铝、铜及其合金	强度、硬度变化大、密度大
非晶体	原子、离子或分子以共价键、离子键或分子键结合，但为无序排列（短程有序，长程无序）		玻璃、粒化高炉矿渣、火山灰、粉煤灰	无固定的熔点和几何形状，与同组成的晶体相比，强度、化学稳定性、导热性、导电性较差，且各向同性

无机非金属材料中的晶体，其键的构成往往不是单一的，而是由共价键、离子键等共同联结，如方解石（$CaCO_3$）、长石及硅酸盐类材料。这类材料的性质相差较大，硅酸盐材料在土木工程材料中占重要的地位。硅酸盐晶体是由硅氧四面体［SiO_4］$^{4-}$为基本单元与其他金属离子结合而成。硅氧四面体单元可以组成链状构造、层状构造、架状构造和岛状构造的硅酸盐晶体。

2. 非晶体

非晶体又称玻璃体，是熔融物在急速冷却时，质点来不及按特定规律排列所形成的内部质点无序排列（短程有序，长程无序）的固体。非晶体没有固定的熔点和特定的几何外形，且各向同性。非晶体的强度和导热性等低于晶体。非晶体材料的内部质点未按特定规律排列，即质点未能到达能量最低位置，故大量的化学能未能释放出，因而其化学稳定性较差，易和其他物质反应或自行缓慢向晶体转变。如在水泥、混凝土等材料中使用的粒化高炉矿渣、火山灰、粉煤灰等活性混合材料，正是利用了它们活性高的特点。

3. 胶体（colloid）

物质以极小的质点（10^{-7}～10^{-9}m）作为分散相，分散于连续相介质（气、水或溶剂）中所形成的体系称为胶体。胶粒（即分散的粒子）一般都带有相同电性的电荷，从而使胶体具有较高稳定性。胶粒的比表面积很大，因而表面能很高；胶粒具有很强的吸附力，因而胶体具有较强的粘结力。

较少的胶粒悬浮、分散在连续相液体中所形成的胶体称为溶胶，此种结构称为溶胶结构。液体性质对溶胶性质影响较大。若胶体较多，则胶粒在表面能作用下产生凝聚，使胶粒间彼此相连形成空间网络结构，从而使胶体强度增大，变形减小，形成固态或半固体状态，此种结构称为凝胶（gel）结构。在特定条件下也可形成溶胶-凝胶结构。凝胶具有触变性，即凝胶在机械力作用下（如搅拌、振动）可变成溶胶，当机械力取消后又重新成为凝胶。拌制不久的水泥浆、混凝土拌合物等均表现出触变性。凝胶脱水后成为干凝胶体，它具有固体的性质，即具有强度。

在胶体中当加入电性相反的其他胶体或离子等时，特别是高价的离子时，胶体会失去稳定性，即胶体粒子发生凝聚并从连续介质中沉淀分离出来。

与晶体结构和非晶体结构的材料相比，具有胶体结构的物质或材料的强度低、变形大。

1.1.2.2　显微结构（submicrostructure）

由光学显微镜所看到的微米级的组织结构，又称亚微观结构。显微结构主要研究材料内部的晶粒、颗粒等的大小和形态、晶界或界面，孔隙与微裂纹的大小、形状及分布。

显微镜下的晶体材料是由大量的大小不等的晶粒组成的，而不是一个晶粒，因而属于多晶体。多晶体材料具有各向同性的性质，如某些岩石、钢材等。

材料的亚微观结构对材料的强度、耐久性等有很大的影响。材料的亚微观结构相对较易改变。

一般而言，材料内部的晶粒越细小、分布越均匀，则材料的受力状态越均匀、强度越高、脆性越小、耐久性越高；晶粒或不同材料组成之间的界面粘结（或接触）越好，则材料的强度和耐久性越高。

1.1.2.3　宏观结构（macrostructure or macroscopic structure）

用肉眼或放大镜即可分辨的毫米级以上的组织称为宏观结构，又称构造。该结构主要研究材料中的大孔隙、裂纹、不同材料的组合与复合方式（或形式）、各组成材料的分布等。如岩石的层理与斑纹、混凝土中的砂石、纤维增强材料中纤维的多少与纤维的分布方向等。材料宏观结构的分类及其主要特性见表1-2。

表1-2　材料的宏观结构及其相应的主要特性

材料的宏观结构		常用材料	主要特性
单一材料	致密结构	钢材、玻璃、沥青、部分塑料	高强、或不透水、耐腐蚀、自重较大
	多孔结构	泡沫塑料、泡沫玻璃	轻质、保温、强度低
	纤维结构	木材、竹材、石棉、岩棉、玻璃纤维、钢纤维	高抗拉、且大多数具有轻质、保温、吸声性质
	聚集结构	陶瓷、砖、某些天然岩石	强度较高、脆性高
复合材料	颗粒聚集结构	某些陶瓷、各种混凝土、砂浆、钢筋混凝土	综合性能好、价格较低廉
	纤维聚集结构	岩棉板、岩棉管、石棉水泥制品、纤维板、纤维增强塑料	轻质、保温、吸声或高抗拉（折）
	多孔结构	加气混凝土、泡沫混凝土	轻质、保温
	叠合结构	纸面石膏板、胶合板、各种夹芯板	综合性能好

两种或两种以上组成材料以适当方式结合而构成的新材料，称为复合材料（composite, or composite material）。复合材料取各组成材料之长，避免了单一材料的某些缺陷，使复合材料具有多种使用功能（如强度、防水、保温、装饰、耐久等）或者具有某些特殊功能。复合材料的综合性能好，某些性能往往超过组成材料中的单一材料，且更为经济合理。如混凝土、聚合物基纤维增强复合材料，它们的综合性能优于单一组成材料。

材料的宏观结构是影响材料性质的重要因素。材料的宏观结构较易改变。

材料的宏观结构不同，即使组成与微观结构等相同，材料的性质与用途也不同，如玻璃与泡沫玻璃、密实的灰砂硅酸盐砖与灰砂加气混凝土，它们的许多性质及用途有很大的不同。材料的宏观结构相同或相似，则即使材料的组成或微观结构等不同，材料也具有某些相同或相似的性质与用途，如泡沫玻璃、泡沫塑料、加气混凝土等。

1.1.3 结构中的孔隙与材料性质的关系

大多数土木工程材料在宏观层次上或亚微观层次上均含有一定大小和数量的孔隙，甚至是相当大的孔洞，这些孔隙几乎对材料的所有性质都有相当大的影响。

1.1.3.1 孔隙的分类

按孔隙的大小，可将孔隙分为微细孔隙、细小孔隙（毛细孔）、较粗大孔隙、粗大孔隙等。对于无机非金属材料，孔径小于20nm的微细孔隙，水或有害气体难以侵入，可视为无害孔隙。

按孔隙的形状可将孔分为球形孔隙、片状孔隙（即裂纹）、管状孔隙、墨水瓶状孔隙、带尖角的孔隙等。片状孔隙、尖角孔隙、管状孔隙、对材料性质的影响较大，往往使材料的大多数性质降低。

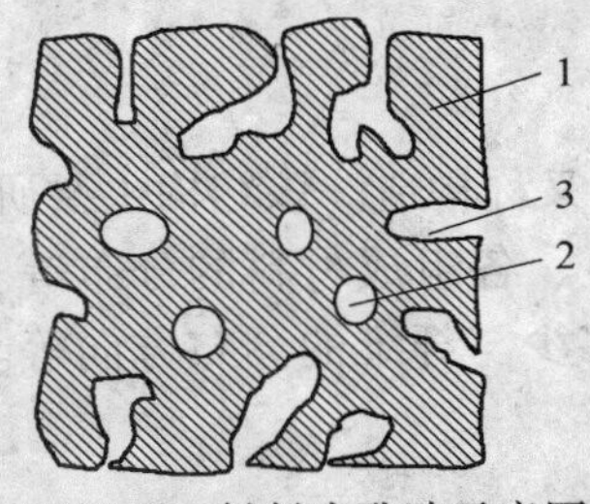

图1-1 材料内孔隙示意图
1—固体物质；2—闭口孔隙；3—开口孔隙

按常压下水能否进入孔隙中，将常压下水可以进入的孔隙称为开口孔隙（open pore）或称连通孔隙（interconnected pore），而将常压下水不能进入的孔隙称为闭口孔隙或封闭孔隙（closed pore），见图1-1。这种划分是一种粗略的划分，实际上开口孔隙和闭口孔隙没有明显的界限，当水压力较高或很高时，水也可能会进入到部分或全部闭口孔隙中。开口孔隙对材料性质的影响较闭口孔隙大，往往使材料的大多数性质降低（吸声性除外）。

1.1.3.2 孔隙对材料性质的影响

一般情况下，材料内部的孔隙含量（即孔隙率）越多，则材料的体积密度、堆积密度、强度越小，耐磨性、抗冻性、抗渗性、耐腐蚀性、耐水性及其他耐久性越差，而保温性、吸声性、吸水性与吸湿性等越强。孔隙的形状和孔隙的状态对材料的性质也有不同程度的影响，如开口孔隙、非球形孔隙（如扁平孔隙或片状孔隙，即裂纹）相对于闭口孔隙、球形孔隙而言，往往对材料的强度、抗渗性、抗冻性、耐腐蚀性、耐水性等更为不利，对保温性稍有不利，而对吸声性、吸水性与吸湿性等有利，并且孔隙尺寸越大，上述影响也越大。

1.1.3.3 材料内部孔隙的来源与产生

天然植物材料由于植物生长的需要（输送养料等），在植物材料的内部形成一定数量的孔隙。天然岩石则由于地质上的造岩运动等在岩石等材料的内部夹入部分气泡或形成部分孔隙。人造材料内部的孔隙是由于生产工艺并非尽善尽美，生产时总是不可避免地会卷入部分气泡（或气体），对于无机非金属材料则在很大程度上与生产时所用的拌合用水量有关，或者是在生产材料时，有意识地在材料内部留下（或造成）部分孔隙以改善材料的某些性能。

土木工程材料大多属于人造无机非金属材料。这些材料在生产过程中，由于组成上的要求（参与化学反应，以使材料产生强度。如水泥、石膏等的水化反应等）和生产工艺上的要求（各组成材料的混合物须具有适当的流动性或可塑性以便能制作成所需要的形状和尺寸，并保证制品或构件的质量），在生产材料时必须加入一定数量的水。为达到生产工艺所要求的施工性质（流动性或可塑性等），实际用水量往往远远超过组成上的要求，即远远超过理论需水量（如水泥、石膏等的水化反应所需的水量）。这些多余的水在材料体积内也占有一定空间，蒸发后即在材料内部留下了大量毛细孔隙，绝大多数人造无机非金属土木工程材料中的孔隙基本上是由水所造成的，当用水量较少，不能满足生产工艺所要求的流动性或可塑性时，则难以制成所要求的制品或构件，往往在材料或制品内部形成许多大的孔隙，甚至是大的孔洞。

通过上述分析，可以得出以下结论：

影响人造土木工程材料内部孔隙含量（孔隙率）、孔隙形状、孔隙状态的因素或影响生产材料时拌合用水量的因素均是影响材料性质的因素。适当控制上述因素，即可使它们成为改善材料性质的措施或途径。如在生产保温材料时，应采取适当措施来提高产品的孔隙数量（即孔隙率），而在生产结构用混凝土时，则应控制影响孔隙数量的因素，尽量降低孔隙含量（即降低孔隙率）。

1.2　材料的基本状态参数

1.2.1　密度、表观密度、体积密度、堆积密度

1.2.1.1　密度（density）

材料在绝对密实状态下（不含内部任何孔隙），单位体积的绝干质量称为材料的绝对密度（absolute density）或真密度（true density），简称密度，定义式如下：

$$\rho = \frac{m}{V}$$

式中　ρ——材料的密度，g/cm^3；

m——材料的绝干质量，g；

V——材料在绝对密实状态下的体积，cm^3。

材料的密度 ρ 取决于材料的组成与微观结构。当材料的组成与微观结构一定时，材料的密度 ρ 为常数。

为测得含孔材料的绝对密实体积 V，须将材料磨细成细粉末，使材料内部的所有孔隙外露（即全部成为开口孔隙），用排开液体的方法来测定。

1.2.1.2　表观密度（apparent density）

材料在自然状态下不含开口孔隙时，单位体积的绝干质量称为材料的表观密度，又称视密度，定义式如下：

$$\rho_a = \frac{m}{V_a} = \frac{m}{V + V_{cp}}$$

式中　ρ_a——材料的表观密度，g/cm^3；

V_a——材料在自然状态下不含开口孔隙时的体积（见图 1-1），cm^3；

V_{cp}——材料内部闭口孔隙的体积，cm^3。

测定材料的表观密度 ρ_a 时，直接采用排水法测定材料的体积 V_a。

1.2.1.3 体积密度（bulk density）

材料在自然状态下，含内部所有孔隙时，单位体积的质量称为材料的体积密度，又称毛体积密度，定义式如下：

$$\rho_0 = \frac{m'_w}{V_0} = \frac{m'_w}{V + V_{ap}} = \frac{m'_w}{V + V_{cp} + V_{op}}$$

式中 ρ_0——材料的体积密度，kg/m^3 或 g/cm^3；

m'_w——任意含水状态下材料的质量（包括材料的绝干质量和所含水的质量），kg 或 g；

V_0——材料在自然状态下的体积（包括材料内部所有闭口孔隙和开口孔隙的体积），m^3 或 cm^3；

V_{ap}——材料内部所有孔隙的体积（$V_{ap} = V_{cp} + V_{op}$），m^3 或 cm^3；

V_{op}——材料内部开口孔隙的体积，m^3 或 cm^3。

材料的自然状态体积 V_0，对于规则形状的材料直接测定外观尺寸，计算体积即可；对于不规则形状的材料则须在材料表面涂蜡后（封闭开口孔隙），用排水法测定。

材料的体积密度除与材料的密度有关外，还与材料内部孔隙的体积 V_{ap} 有关系。材料的孔隙率越大，则材料的体积密度越小。材料的体积密度与含水率大小有关，含水率越高，则体积密度越大。因此，在测定或给出体积密度时需说明材料的含水率。

通常所指的体积密度是材料在气干状态下的，称为气干体积密度，简称体积密度；材料在绝干状态时，则称为绝干体积密度，以 ρ_{0d} 表示（$\rho_{0d} = m/V_0$）；材料在吸水饱和面干状态时（指吸水饱和，表面湿润，但表面无自由水），则称为饱和面干体积密度，简称表干密度，以 ρ_{0sw} 表示（$\rho_{0sw} = m'_{sw}/V_0$，m'_{sw} 为材料吸水饱和而表面干燥时材料的质量）。

1.2.1.4 堆积密度（packing density, or accumulated density）

散粒材料或粉末状材料在自然堆积状态下，单位体积的质量称为堆积密度，定义式如下：

$$\rho_p = \frac{m}{V_p} = \frac{m}{V_0 + V_v}$$

式中 ρ_p——材料的堆积密度，kg/m^3；

V_p——材料在堆积状态下的体积（包括颗粒间空隙的体积），m^3；

V_v——材料颗粒间空隙的体积（见图 1-2），m^3。

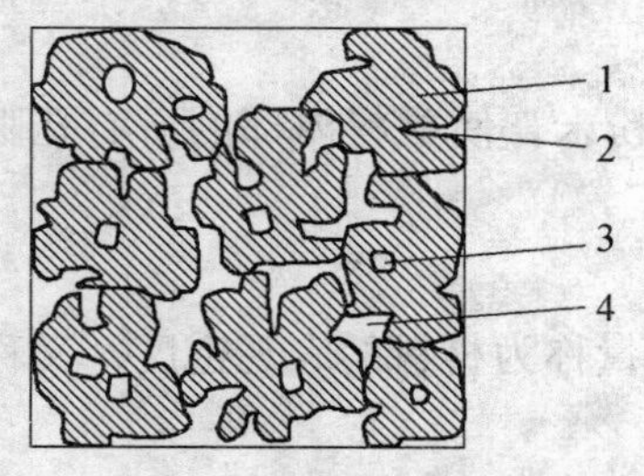

图 1-2 散粒材料的堆积状态示意图
1—颗粒中的固体物质；2—颗粒中的开口孔隙；3—颗粒中的闭口孔隙；4—颗粒间的空隙

按堆积的紧密程度分为自然堆积密度（loose packing desity，简称松堆密度）、捣实堆积密度（rodding packing desity，简称捣实密度）、振实堆积密度（jigging packing desity，简称振实密度）。

材料的堆积密度与材料的体积密度、堆积的紧密程度等有关。通常所指的堆积密度是材料在自然堆积状态和气干状态下的，称为气干堆积密度，简称堆积密度；材料在绝干状态时，则称为绝干堆积密度，以 ρ_{pd} 表示（$\rho_{pd} = m/V_p$）。

1.2.2 密实度与孔隙率

1.2.2.1 密实度（compactness）

材料体积（自然状态）内固体物质的充实程度称为材料的密实度 D，定义如下：

$$D = \frac{V}{V_0} \times 100\% = \frac{\rho_{0d}}{\rho} \times 100\%$$

密实度 D 反映材料的密实程度，D 越大，材料越密实。

1.2.2.2 孔隙率（porosity）

孔隙率是指材料内部孔隙体积占材料在自然状态下体积的百分率。孔隙率可分为开口孔隙率（apparent porosity）和闭口孔隙率（closed porosity）。

1. 孔隙率

材料内部所有孔隙的体积占材料在自然状态下体积的百分率称为材料的孔隙率 P，又称真气孔率（true porosity），定义式如下：

$$P = \frac{V_{ap}}{V_0} = \frac{V_0 - V}{V_0} = 1 - \frac{V}{V_0} = \left(1 - \frac{\rho_{0d}}{\rho}\right) \times 100\%$$

2. 开口孔隙率

材料内部开口孔隙的体积占材料在自然状态下体积的百分率称为材料的开口孔隙率 P_a。由于水可进入开口孔隙，工程中常将材料在吸水饱和状态下所吸水的体积 V_{sw}，视为开口孔隙的体积 V_{op}，开口孔隙率可表示为：

$$P_a = \frac{V_{op}}{V_0} = \frac{V_{sw}}{V_0} = \frac{m_{sw}}{V_0} \cdot \frac{1}{\rho_w} \times 100\%$$

式中 V_{sw}——吸水饱和状态下所吸水的体积，cm^3；

m_{sw}——吸水饱和状态下所吸水的质量，g；

ρ_w——水的密度，g/cm^3。

3. 闭口孔隙率

材料内部闭口孔隙的体积占材料在自然状态下体积的百分率称为材料的闭口孔隙率 P_c，定义式如下：

$$P_c = \frac{V_{cp}}{V_0} = \frac{V_{ap} - V_{op}}{V_0} = P - P_a$$

1.2.3 空隙率（void content）

材料在堆积状态下，颗粒间空隙的体积 V_v 占堆积体积的百分率称为空隙率，又称间隙率，定义式如下：

$$P' = \frac{V_v}{V_p} = \frac{V_p - V_0}{V_p} = \left(1 - \frac{\rho_{pd}}{\rho_{0d}}\right) \times 100\%$$

对于致密砂石，如普通天然砂、石，可用视密度 ρ_a 近似替代绝干体积密度 ρ_{0d}，上式可写为：

$$P' = \left(1 - \frac{\rho_{pd}}{\rho_a}\right) \times 100\%$$

对于水泥混凝土用集料，通常采用自然堆积状态和振实状态下的空隙率。对于沥青混合料用集料，通常采用捣实状态下的空隙率，又称间隙率 VCA_{DRC}。

在配制水泥混凝土、砂浆、沥青混合料等时，为节约水泥、沥青等胶凝材料，改善混凝土、沥青混合料的性能，宜选用空隙率 P' 或间隙率 VCA_{DRC} 小的砂、石。

1.3 材料的力学性质

1.3.1 材料的受力变形

1.3.1.1 弹性

材料在外力作用下产生变形，当外力取消后，能完全恢复到原来状态的性质称为材料的弹性，材料的这种变形称为弹性变形。明显具备这种特征的材料称为弹性材料。受力后材料的应力 σ 与材料的应变 ε 的比值称为材料的弹性模量 E（modulus of elasticity）。

1.3.1.2 塑性

材料在外力作用下产生变形，当外力取消后，材料仍保持变形后的形状和尺寸的性质称为材料的塑性。将这种变形称为塑性变形。具有较高塑性变形的材料称为塑性材料。

大多数材料在受力不大时表现为弹性，受力达到一定程度时表现出塑性特征，称之为弹塑性材料。

1.3.1.3 黏弹性（viscoelasticity）

一些非晶体材料，在受力时可以同时表现出弹性和黏性，称为黏弹性。水泥混凝土、沥青混合料通常被认为是黏弹性材料。非晶体和胶体（或凝胶）含量越高，则黏性越明显。

1. 徐变（creep）

材料在恒定应力情况下，其应变随时间而缓慢增长，此种现象称为材料的徐变或蠕变，此时弹性模量也将随时间而降低。徐变属于塑性变形。

作用的外力越大，则徐变越大，最后使材料趋于破坏。受力初期，材料的徐变速度较快，后期逐步减慢直至趋于稳定。晶体材料（如岩石）的徐变很小，而非晶体材料及合成高分子材料（如沥青混合料、塑料、水泥混凝土等）的徐变较大。

2. 应力松弛（relaxation of stress）

材料在恒定应变情况下，其应力随时间而减小，此种现象称为材料的应力松弛或弛豫，此时弹性模量也随时间而降低。晶体材料（如岩石）的应力松弛很小，而非晶体材料，特别是合成高分子材料、沥青混合料的应力松弛较大。

1.3.2 材料的脆性与韧性（brittleness and toughness）

脆性是材料在荷载作用下，在破坏前无明显的塑性变形，而表现为突发性破坏的性质。脆性材料的特点是塑性变形很小，且抗压强度与抗拉强度的比值较大（5～50倍）。无机非金属材料多属于脆性材料。

韧性又称冲击韧性（impact tenacity），是材料抵抗冲击振动荷载的作用，而不发生突发性破坏的性质，是在冲击振动荷载作用下，吸收能量、抵抗破坏的能力。通常用材料在一次冲击作用下所吸收的功来表示，称为冲击吸收功 A_k（J）；或用断口处单位面积所吸收的功来表示，称为冲击韧性值 α_k（J/cm^2）。

路用集料的抗冲击性（impact resistance）是将粒径为9.5～13.2mm，质量为 m 的集料装入规定的冲击杯内，以质量为13.75kg的冲击锤从高度为380mm处落下，冲击集料15次后，测定2.36mm筛以下集料的质量 m_1，以2.36mm筛以下集料的百分含量表示，称为冲击值 LSV。$LSV = (m_1/m) \times 100\%$。

韧性材料的特点是变形大，特别是塑性变形大，抗拉强度接近或高于抗压强度。木材，建筑钢材、橡胶等属于韧性材料。

1.3.3 材料的强度

材料在外力或应力作用下，抵抗破坏的能力称为材料的强度，并以材料在破坏时的最大应力值来表示。

1.3.3.1 材料的理论强度

材料的破坏实际上是固体材料内部质点间化学键的断裂。固体材料的强度决定于各质点间的结合力，即化学键力。对无缺陷的理想化固体材料（包括不含晶格缺陷），其理论强度 f_{th}，即材料所能承受的最大应力，是克服固体材料内部质点间结合力形成两个新的表面所需的力，用下式表示，称为 Orowan 公式。

$$f_{th} = \sqrt{\frac{E\gamma}{a}}$$

式中 γ——材料的表面能（surface energy），J/m^2；

a——原子间距，m 或 Å。

由上式计算的理论强度 f_{th} 很高，约为实际强度的 100 ~ 1 000 倍。实际材料内部常含有大量的缺陷，如晶格缺陷、孔隙、微裂纹（microcrack）等，因而强度远低于理论强度。

1.3.3.2 强度

材料的实际强度，常采用破坏性试验来测定，根据受力形式分，有抗压强度、抗拉强度、抗折强度（弯拉强度）、抗剪强度等，受力状态见图 1-3。

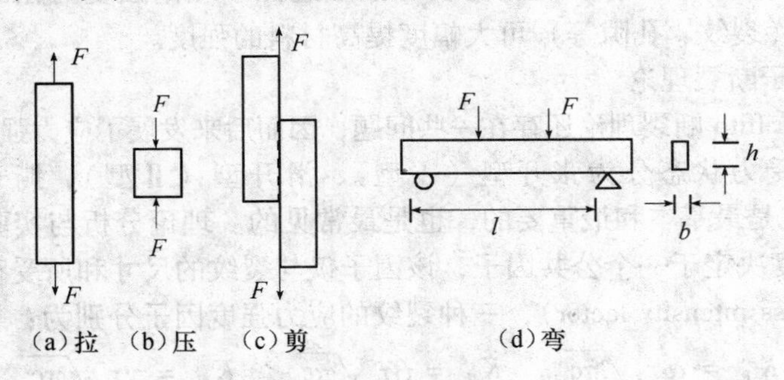

图 1-3 材料的受力状态

抗压强度、抗拉强度、抗剪强度的计算公式如下：

$$f = \frac{F}{A}$$

式中 f——材料的强度，MPa

F——破坏时的最大荷载，N；

A——受力截面的面积，mm^2。

材料的抗折强度与材料的受力情况、截面形状及支承条件等有关。中间作用二个集中荷载的情况下，抗折强度用下式计算：

$$f = \frac{Fl}{bh^2}$$

材料的强度除与材料内部的因素（组成、结构）有关外，还与外部因素有关，即与材料的测试条件也有很大的关系。

当加荷速度较快时，由于变形速度往往落后于荷载的增长，故测得的强度值偏高；而加荷速度较慢时，则测得的强度值偏低；当受压试件与钢板间无润滑作用时（即未涂石蜡等润滑物），加压钢板对试件的二个端部的横向约束限制了试件的开裂，因而测得的强度值偏高；试件越小，上述约束作用越大，且含有缺陷的几率越小，故测得的强度值偏高；受压试件以立方体形状测得值高于棱柱体试件测得值；一般温度较高时，测得的强度值偏低。

1.3.3.3　断裂理论

1. Griffith 断裂理论

材料受力时，在缺陷处形成应力集中导致强度降低。当脆性材料内部含有一长度为 $2c$ 的微裂纹时，由 Griffith 断裂理论，其强度为：

$$f = \sqrt{\frac{2E\gamma}{\pi c}}$$

对于延性材料，受力破坏时会产生较大的塑性变形，消耗大量的能量，即塑性功 γ_p。Orowan 将上式修正为：

$$f = \sqrt{\frac{2E(\gamma + \gamma_p)}{\pi c}}$$

对于塑性材料，通常 $\gamma_p \gg \gamma$。由上式可知，材料中的裂纹尺寸越长，材料强度越小。在每一应力下都对应有一临界裂纹尺寸 c_c，当裂纹尺寸超过 c_c 时，则在该应力下，裂纹迅速扩展，并在一瞬间破坏。

Griffith 断裂理论成功地解释了材料的实际强度远低于理论强度的原因。并由此可知减少材料内部的缺陷（裂纹、孔隙等）可大幅度提高材料的强度。

2. 应力强度因子断裂理论

实际应用中，Griffith 断裂理论还存在一些问题，因而后来发展了应力强度因子断裂理论。

含裂纹材料的受力状态分为张开型（Ⅰ型）、滑开型（Ⅱ型）、撕开型（Ⅲ型），见图 1-4。张开型裂纹是最基本和最重要的，也是最常见的。理论分析与实验均证明，裂纹尖端部区域应力场强度决定于一个公共因子，该因子仅与裂纹的尺寸和所受荷载有关，故称为应力强度因子（stress intensity factor），三种裂纹的应力强度因子分别为：

$$K_{\mathrm{I}} = \alpha\sigma\sqrt{\pi c} \qquad K_{\mathrm{II}} = \beta\tau\sqrt{\pi c} \qquad K_{\mathrm{III}} = \gamma\tau\sqrt{\pi c}$$

式中　K_{I}、K_{II}、K_{III}——分别为Ⅰ型、Ⅱ型、Ⅲ型裂纹的应力强度因子，$\mathrm{MPa \cdot m^{1/2}}$；

α、β、γ——分别为Ⅰ型、Ⅱ型、Ⅲ型裂纹的几何形状因子，对于图 1-4 中所示含穿透裂纹的无限大平板，各个系数均等于 1。

K_{I}、K_{II}、K_{III}可通过计算或查应力强度因子手册获得。

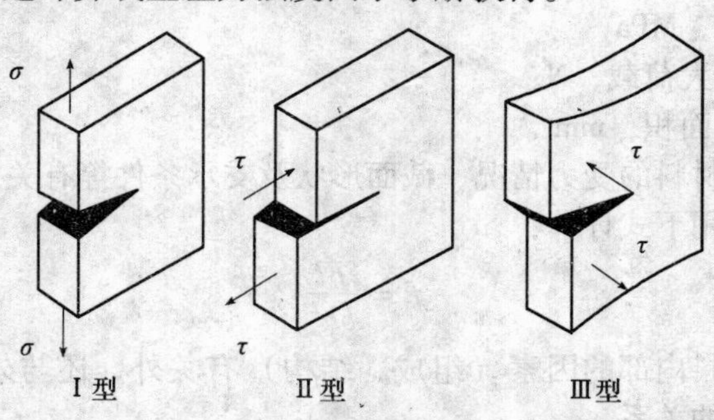

图 1-4　含裂纹材料的三种受力状态

当应力强度因子达到某一临界值时，材料或构件破坏（裂纹扩展）。大量试验证明，这一临界值既与材料有关，又与材料的形状与尺寸有关。对于同一种材料，总是存在着最小值（平面应变状态下最低，即测试时试件较薄），此值是材料的性能常数。不同材料的临界值不同，但总有确定的最小值。由于此值是反映材料抗断裂能力的一个指标，故称为材料的断裂韧性（fracture toughness），分别记为 K_{Ic}、K_{IIc}、K_{IIIc}。K_{Ic}是在平面应变状态下测试的，K_{IIc}、K_{IIIc}的测试非常困难，因此，可通过复合裂纹建立 K_{IIc}、K_{IIIc}与 K_{Ic}的关系。对含裂纹的材料或构件，其强度准则为：

$$K_{I} = K_{Ic} \qquad K_{II} = K_{IIc} \qquad K_{III} = K_{IIIc}$$

即当应力强度因子超过断裂韧性时，裂纹就开始扩展。

脆性材料的抗压强度高，而断裂韧性往往很低，因此选用材料时，既需要考虑材料的强度，还必须考虑材料的断裂韧性，这样才能避免材料或构件在低应力下的破坏。

1.3.3.4 强度等级（strength grading）

为便于合理使用材料，对于以强度为主要指标的材料，通常按材料强度值的高低划分成若干等级，称为材料的强度等级。脆性材料主要以抗压强度来划分，塑性材料和韧性材料主要以抗拉强度来划分。

1.3.3.5 比强度（specific strength）

比强度是材料强度与体积密度的比值。比强度是衡量材料轻质高强性能的一项重要指标。比强度越大，则材料的轻质高强性能越好。

1.3.4 材料的硬度与耐磨性

1.3.4.1 材料的硬度（hardness）

硬度是材料抵抗较硬物体压入或刻划的能力。无机矿物材料常采用莫氏硬度（Mohs hardness）和显微硬度（microhardnes，HM）来表示。莫氏硬度划分有十级，由小到大为滑石1、石膏2、方解石3、萤石4、磷灰石5、正长石6、石英7、黄玉8、刚玉9、金刚石10。金属材料常用洛氏硬度（Rockwell hardness，HRC）或布氏硬度（Brinell hardness，HB）、维氏硬度（Vickers hardness，HV）表示。高分子材料则常用绍氏硬度（Shore hardness，HS）、巴氏硬度（barcol hardness）表示。

材料的硬度愈大，则材料的耐磨性愈高。

1.3.4.2 材料的耐磨性（abrasion resistance）

材料表面抵抗磨损的能力，称为材料的耐磨性或抗磨耗性。

耐磨性的测试方法和表示方法有很多种，通常以磨损前后单位表面的质量损失，即磨损率 K_w 来表示，定义如下：

$$K_w = \frac{m_0 - m_1}{A}$$

式中 m_0——试件磨损前的质量，g；

m_1——试件磨损后的质量，g；

A——试件受磨的面积，cm^2。

材料的硬度愈大，则材料的耐磨性愈高。

物料的输送管道、溜槽，大坝溢流面，地面、路面及其他有较强磨损作用的部位等，需选用具有较高耐磨性的材料。

1.4 材料与水有关的性质

1.4.1 材料的亲水性与憎水性

材料与其他介质接触的界面上具有表面能，每种材料都力图降低这种表面能至最小，以取得稳定。当材料与水接触时，如果材料与空气接触面上的表面能大于材料与水接触面上的表面能，即材料与水接触后，其表面能降低，则水分就能代替空气而被材料表面吸附，表现为水可以在材料表面上铺展开，亦即材料表面可以被水所润湿或浸润。此种性质称为材料的亲水性（hydrophilicity，or hydrophilic nature），具备这种性质的材料称为亲水性材料。若水不能在材料的表面上铺展开，即材料表面不能被水所润湿或浸润，则称为憎水性（hydrophobicity，or hydrophobic nature），此种材料称为憎水性材料。

材料的亲水或憎水程度可用润湿角 θ 来表示，如图 1-5 与图 1-6 所示。在材料、水与空气的三相交点上，作用有三种表面张力。这三种力平衡时可得出下式：

$$\sigma_{sv} = \sigma_{Lv} + \sigma_{sL}$$

式中 σ_{sv}——材料与空气界面的表面张力，N/m；

σ_{Lv}——水与空气的表面张力（即水的表面张力），N/m；

σ_{sL}——材料与水的表面张力，N/m。

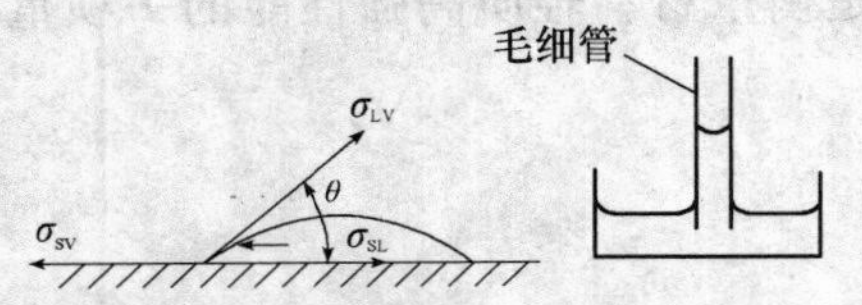

图 1-5 亲水性材料的润湿与毛细现象（$\theta \leqslant 90°$）

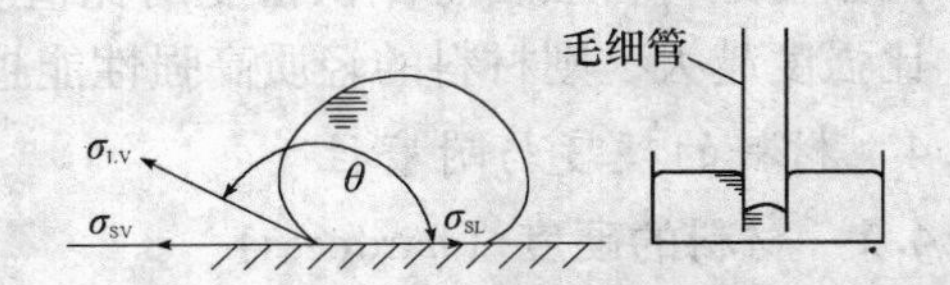

图 1-6 憎水性材料的润湿与毛细现象（$\theta > 90°$）

润湿角 $\theta \leqslant 90°$时，材料表现为亲水性。润湿角 $\theta > 90°$时，材料表现为憎水性。润湿角 θ 越小，亲水性越强，憎水性越弱。含毛细孔的亲水性材料可自动将水吸入孔隙内。憎水性材料具有较好的防水性、防潮性，常用作防水材料，也可用于对亲水性材料进行表面处理，以降低吸水率，提高抗渗性。混凝土、钢材、木材、砖、砌块、石材等属亲水性材料；大部分有机材料属于憎水性材料，如沥青、石蜡、塑料、有机硅等。

须指出的是孔隙率较小的亲水性材料同样也具有较好的防水性或防潮性，如水泥砂浆、水泥混凝土等。

1.4.2 材料的吸水性与吸湿性

1.4.2.1 材料的吸水性（water absorbability，or water absorption）

吸水性是材料在水中吸收水分的性质，用吸水率（water absorption，or percentage of water absorption）表示。吸水率分为质量吸水率 ω_m 和体积吸水率 ω_v，两者分别是指材料在一定条件下吸水饱和（water saturated）时，所吸水的质量占材料绝干质量的百分率，或所吸水的体积占材料自然状态体积的百分率，定义式如下：

$$\omega_m = \frac{m_{sw}}{m} \times 100\% = \frac{m'_{sw} - m}{m} \times 100\%$$

$$\omega_v = \frac{V_{sw}}{V_0} \times 100\% = \frac{m'_{sw} - m}{V_0} \cdot \frac{1}{\rho_w} \times 100\%$$

式中 m_{sw}——材料吸水饱和时所吸水的质量，g 或 kg；

m'_{sw}——材料吸水饱和时材料的质量，g 或 kg；

V_{sw}——材料吸水饱和时所吸水的体积，cm^3 或 m^3；

ρ_w——水的密度，g/cm^3 或 kg/m^3。

两者的关系为：

$$\omega_v = \frac{\rho_{0d}}{\rho_w} \times \omega_m$$

当材料未达到饱和状态时，由上式计算得的称为含水率。

砌筑石材采用真空吸水饱和，混凝土、砂石集料等采用常压吸水饱和。

吸水率主要与材料的孔隙率，特别是开口孔隙率有关。孔隙率大或体积密度小，特别是开口孔隙率大的亲水性材料具有较大的吸水率。

由于常压下封闭孔隙不吸水，而主要是开口孔隙吸水，因此可以认为当材料吸水饱和时，材料所吸水的体积 V_{sw} 与开口孔隙的体积 V_{op} 相等，即 $V_{sw}=V_{op}$。由此可知材料的吸水率可直接或间接反映材料的部分内部结构及其性质，即可根据材料吸水率的大小对材料的孔隙率、孔隙状态及材料的性质做出粗略的评价。

1.4.2.2 材料的吸湿性（moisture absorption）

吸湿性是材料在空气中吸收水蒸气的性质。吸湿性用材料所含水的质量 m_w 与材料绝干质量 m 的百分比来表示，称为含水率 ω'_m（percentage of moisture content，or moisture content）。材料吸湿或干燥至与空气湿度相平衡时的含水率称为平衡含水率。土木工程材料在正常使用状态下，均处于平衡含水状态。

材料的吸湿性主要与材料的组成、孔隙含量，特别是毛细孔的含量有关。

1.4.3 材料的耐水性（water resistance）

材料长期在水的作用下，保持其原有性质的能力称为材料的耐水性。对于结构材料，耐水性通常以强度损失大小来衡量，用软化系数 K_w 表示，定义式如下：

$$K_w = \frac{f_{sw}}{f_d}$$

式中 f_{sw}——材料在吸水饱和状态下的抗压强度，MPa；

f_d——材料在绝干状态下的抗压强度，MPa。

材料的软化系数 $K_w=0\sim1.0$。$K_w \geqslant 0.85$ 时称为耐水性材料。经常受到潮湿或水作用的结构，须选用 $K_w \geqslant 0.75$ 的材料，重要结构须选用 $K_w \geqslant 0.85$ 的材料。

1.4.4 材料的抗渗性（impermeability，or permeability resistance）

抗渗性是指材料抵抗压力水或其他液体渗透的性质。抗渗性用渗透系数 K_p（permeability coefficient）来表示，计算式如下：

$$K_p = \frac{Qd}{AtH}$$

式中 K_p——渗透系数，$m^3/(m^2 \cdot h)$ 或 m/h；

Q——渗水量，m^3；

d——试件厚度，m；

A——渗水面积，m^2；

t——渗水时间，h；

H——水头（水压力），m。

渗透系数 K_p 越大，材料的抗渗性越差。

材料的抗渗性与材料内部的孔隙率，特别是开口孔隙率有关。开口孔隙率越大，大孔含量越多，则抗渗性越差。

混凝土类材料的抗渗性常采用抗渗等级来表示，即在规定试验方法下，混凝土材料所能抵抗的最大水压力来表示。如 P2、P4、P6、P8、P10、P12 等，分别表示可抵抗 0.2、0.4、0.6、0.8、1.0、1.2MPa 的水压力。对于高抗渗性混凝土材料，水压法难以表征抗渗性，目前采用氯离子扩散系数（chloride diffusion coefficient）等来表征其抗渗性。

与水或腐蚀介质接触的工程，所用材料应具有一定的抗渗性。对于防水材料则应具有很好的抗渗性。

材料的抗渗性与材料的耐久性（抗冻性、耐腐蚀性等）有着非常密切的关系。一般而言，材料的抗渗性越高，水及各种腐蚀性液体或气体越不易进入材料内部，则材料的其他耐久性越高。

1.4.5 材料的抗冻性（frost resistance）

抗冻性是材料抵抗冻融循环作用，保持其原有性质的能力。对结构材料主要指保持强度的能力，并以抗冻等级表示。抗冻等级用材料在吸水饱和状态下（最不利状态），经冻融循环作用，强度损失不超过 25%（慢冻法）或动弹性模量损失不超过 40%（快冻法），且质量损失不超过 5% 时所能抵抗的最多冻融循环次数来表示。如混凝土材料分为 F25、F50、F100、F150、F200、F250、F300 等，分别表示在经受 25、50、100、150、200、250、300 次的冻融循环后仍可满足使用要求。快冻法较慢冻法的试验条件更为严酷。因此，对于同一混凝土快冻法的冻融循环次数较慢冻法略少。目前多数标准规定采用快冻法测试。

材料在冻融循环作用下产生破坏，主要是由于材料内部毛细孔隙及大孔隙中的水结冰时的体积膨胀（约 9%）以及水分迁移产生的渗透压等造成的。膨胀对材料孔壁产生巨大的压力，由此产生的拉应力超过材料的抗拉强度极限时，材料内部产生微裂纹，强度下降。此外在冻结和融化过程中，材料内外的温差所引起的温度应力也会导致微裂纹的产生或加速微裂纹的扩展。

影响材料抗冻性的主要因素有：

（1）材料的孔隙率 P 和开口孔隙率 P_a　一般情况下，P 越大，特别是 P_a 越大，则材料的抗渗性差，即材料含水量越多，抗冻性越差。

（2）孔隙的充水程度　充水程度以水饱和度 K_s 来表示：

$$K_s = \frac{V_w}{V_{ap}}$$

式中　V_w——为材料内所含水的体积。

理论上讲，若材料内部孔隙分布均匀，当水饱和度 $K_s < 0.91$ 时，结冰不会引起冻害，因未充水的孔隙空间可以容纳由于水结冰而增加的体积。但当 $K_s > 0.91$ 时，则已容纳不下冰的体积，故对材料的孔壁产生压力，因而会引起冻害。实际上，由于局部饱和的存在和孔隙分布不均匀，K_s 须较 0.91 小一些才是安全的。如对于水泥混凝土，$K_s < 0.80$ 时冻害才会

明显减少。

对于受冻材料，吸水饱和状态是最不利的状态，因其水饱和度 K_s 最大。可以用下述关系式来估计或粗略评价多数材料抗冻性的好坏。

$$K_s = \frac{V_{sw}}{V_{ap}} = \frac{V_{op}}{V_{ap}} = \frac{\omega_v}{P} = \frac{P_a}{P}$$

为提高材料的抗冻性，在生产材料时常有意引入部分封闭的孔隙，如在混凝土中掺入引气剂。这些引入的闭口孔隙可切断材料内部的毛细孔隙，当开口的毛细孔隙中的水结冰时。所产生的压力可将开口孔隙中尚未结冰的水挤入到无水的封闭孔隙中（由于毛细作用，微细孔隙中水的冰点低于0℃。如半径为15Å 的微细孔隙中，水的冰点约为 -75℃），即这些封闭的孔隙可起到卸压的作用。

（3）材料本身的强度　材料强度越高，抵抗冻害的能力越强，即抗冻性越高。

材料的其他耐久性指标往往与材料抗冻性的好坏有很大的关系。一般而言，材料的抗冻性越高，则材料的其他耐久性也越高。

1.4.6　材料的干缩与湿胀（dry shrinkage and swelling）

干缩是含孔材料在干燥时产生的收缩，湿胀是吸湿时产生的膨胀。大孔中的水失去时不会引起收缩，毛细孔隙中的水失去时会引起毛细孔内水面后退，弯月面的曲率增大，在表面张力作用下，水的内部压力比外部小，其压力差 ΔP 为：

$$\Delta P = \frac{2\sigma_{Lv}}{r}$$

式中　r——水面的曲率半径，m。

干燥程度越高，失水量越多，毛细孔隙中水的弯月面的曲率越大，即曲率半径越小，产生的收缩力越大。吸湿时，弯月面的曲率减小，压差减少，产生湿胀。材料中的毛细孔隙越多，材料的干缩湿胀值越大。干缩湿胀值大的材料易在干湿交替时产生裂纹。

1.5　材料的热物理性质

1.5.1　导热性（thermal conductivity）

热量的传递方式主要为导热、辐射、对流。导热是直接接触的物体各部分能量交换的现象。对流是指流体（气体、液体）各部分发生相对位移而引起的热量交换，同时总是伴随着流体本身的导热作用。辐射是由电磁波来传递能量的。

材料传导热量的性质称为材料导热性，以导热系数 λ（thermal conductivity coefficient）来表示，计算式如下：

$$\lambda = \frac{Qd}{(T_1 - T_2)At}$$

式中　λ——导热系数，W/(m·K)；

Q——传热量，J；

d——材料的厚度，m；

$T_1 - T_2$——材料两侧的温差，K；

A——材料传热面的面积，m^2；

t——传热的时间，h。

材料的导热系数 λ 越小，则材料的绝热保温性越好。影响材料导热系数的因素主要有：

（1）材料的组成与结构　通常金属材料、无机材料、晶体材料的导热系数分别大于非金属材料、有机材料、非晶体材料。

（2）材料的孔隙率　孔隙率越大，即体积密度越小，导热系数越小。细小孔隙、闭口孔隙比粗大孔隙、开口孔隙对降低导热系数更为有利，因为减少或降低了对流传热。

（3）含水率　材料含水或含冰时，会使导热系数急剧增加。因为水和冰的导热系数分别是空气的20倍和80倍。

（4）温度　温度越高，材料的导热系数越大（金属材料除外）。

上述因素一定时，材料的导热系数为常数。

为减少高温与低温下的辐射传热，可以采用金属或非金属反射膜（如铝箔、镍箔）来降低热传导。

绝热保温材料在运输、存放、施工及使用过程中，须保证为干燥状态。

1.5.2　传热系数与热阻（thermal conductance coefficient and heat resistance）

墙体或其他围护结构的传热能力常用传热系数来表示，即导热系数与材料层厚度的比，定义式如下：

$$K = \frac{\lambda}{d}$$

式中　K——材料层的传热系数，W/(m^2·K)；

d——材料层的厚度，m。

由上式可见，材料的导热系数越小，材料层或围护结构的传热系数越小，保温隔热性越好。增加材料层的厚度也可降低传热系数，但会增加材料的用量和建筑物的自重。《民用建筑节能设计标准（采暖居住建筑部分）》对不同地区的屋面、外墙、门、窗等的传热系数作了严格的规定，如西安、北京、哈尔滨地区的外墙传热系数分别为1.0、0.90、0.52W/（m^2·K)。

传热系数的倒数称为热阻 R，即 $R = 1/K$，其单位为（m^2·K)/W。热阻越大，则材料层抵抗热流通过的能力越大，保温隔热性越好。

1.5.3　热容量（heat capacity）

材料的热容量是指材料受热时吸收热量，冷却时放出热量的性质。单位质量材料在温度变化1℃时，材料吸收或放出的热量称为材料的比热，又称比热容或热容量系数。

材料的热容量值等于材料的比热与材料质量的乘积。材料的热容量大，则材料在吸收或放出较多的热量时，其自身的温度变化不大，即有利于保证室内温度相对稳定。

为保证建筑物室内温度稳定性较高，设计时应考虑材料的热容量。轻质材料作为围护结构材料使用时，须注意其热容量较小的特点。

1.5.4　热震稳定性（thermal shock resistance）

材料抵抗急冷急热交替作用，保持其原有性质的能力，称为材料的热震稳定性、耐热震性，也称材料的耐急冷急热性。

许多无机非金属材料在急冷急热交替作用下，易产生巨大的温度应力而使材料开裂或炸裂破坏。

1.5.5　耐热性与耐火性（heat resistance and fire resistance）

材料在高温环境下（通常指室温至数百摄氏度）保持其原有性质的能力称为耐热性。木材、合成高分子材料等的耐热性较差，温度较高时它们的性能会发生较大变化，如强度明显降低。

材料抵抗燃烧的性质称为耐燃性。它是影响建筑物防火和耐火等级的重要因素。

材料按其燃烧性质分为4级：

（1）不然性材料（A级）；

（2）难燃性材料（B1级）；

（3）可燃性材料（B2级）；

（4）易燃性材料（B3级）。

建筑内部装修用建筑材料的防火等级应符合《建筑内部装修防火设计规范》[GB 50222—1995（2001）] 的有关规定。

材料抵抗高热或火的作用，保持其原有性质的能力称为建筑材料的耐火性，一般指偶然经受高热或火的作用。金属材料、玻璃等虽属于非燃烧材料，但在高温或火的作用下在短时间内就会变形、熔融，因而不属于耐火材料。《建筑设计防火规范》（GB 50016—2006）规定建筑材料或构件的耐火极限用时间来表示，是按规定方法，从材料受到火的作用时间起，直到材料失去支持能力、完整性被破坏或失去隔火作用的时间，以h计。如无保护层的钢柱，其耐火极限仅有0.25h。

必须指出的是，这里所说的耐火等级与高温窑池中耐火材料的耐火性完全不同。耐火材料的耐火性是指材料抵抗熔化的性质，用耐火度来表示，即材料在不发生软化时所能抵抗的最高温度。耐火材料一般要求材料能长期抵抗高温或火的作用，具有的一定的高温力学强度、高温体积稳定性、热震稳定性等。

1.6 材料的声学性质

1.6.1 吸声性（sound absorption）

当声波传播到材料的表面时，一部分声波被反射，另一部分穿透材料，其余部分则传递给材料。对于含有大量开口孔隙的多孔材料（如各种有机和无机纤维制品、膨胀珍珠岩制品等），传递给材料的声能在材料的孔隙中引起空气分子与孔壁的摩擦和黏滞阻力，使相当一部分的声能转化为热能而被吸收或消耗掉；对于含有大量封闭孔隙的柔性多孔材料（如聚氯乙烯泡沫塑料制品），传递给材料的声能在空气振动的作用下孔壁也产生振动，使声能在振动时因克服内部摩擦而被消耗掉。此外，也有一些吸声机理与上述两种完全不同的吸声材料或吸声结构。声能穿透材料和被材料消耗的性质称为材料的吸声性，用吸声系数α来表示，其定义式如下：

$$\alpha = \frac{E_\alpha + E_\tau}{E_0}$$

式中 E_τ——材料消耗掉的声能；

E_α——穿透过材料的声能；

E_0——入射到材料表面的全部声能。

吸声系数α越大，材料的吸声性越好。

吸声系数α与声音的频率和入射方向有关。因此吸声系数用声音从各个方向入射的吸收平均值，并指出是那一频率下的吸收值。通常使用的六个频率为125、250、500、1 000、

2 000、4 000Hz。

一般将上述六个频率的平均吸声系数 $\bar{\alpha} \geqslant 0.20$ 的材料称为吸声材料（sound absorption material, or sound-absorbing material）。

最常用的吸声材料为多孔吸声材料，影响材料吸声效果的主要因素有：

（1）材料的孔隙率或体积密度　对同一吸声材料，孔隙率 P 越低或体积密度 ρ_0 越大，则对低频声音的吸收效果越好，而对高频声音的吸收有所降低。通常宜提高孔隙率。

（2）材料的孔隙特征　开口孔隙越多、越细小，则吸声效果越好。当材料中的孔隙大部分为封闭的孔隙时，如聚氯乙烯泡沫塑料吸声板，因空气不能进入，从吸声机理上来讲，不属于多孔吸声材料。当在多孔吸声材料的表面涂刷能形成致密膜层的涂料（如油漆）时或吸声材料吸湿时，由于表面的开口孔隙被涂料膜层或水所封闭，吸声效果将大大下降。

（3）材料的厚度　增加多孔材料的厚度，可提高对低频声音的吸收效果，而对高频声音没有多大的效果。

吸声材料能抑制噪声和减弱声波的反射作用。在音质要求高的场所，如音乐厅、影剧院、播音室等，必须使用吸声材料。在噪声大的某些工业厂房，为改善劳动条件，也应使用吸声材料。

1.6.2　隔声性（sound insulation）

声波在建筑结构中的传播主要通过空气和固体来实现，分别称为空气声（air-borne sound）和撞击声（impact sound）。因而隔声分为隔空气声和隔固体声。

1.6.2.1　隔空气声

透射声能 E_α 与入射声能 E_0 的比值称为声透射系数 τ（sound-transmission coefficient），该值越大则材料的隔声性越差。材料或构件的隔声能力用隔声量 R_s（sound-transmission loss, or noise insulation factor）来表示，定义如下：

$$R_s = 10 \lg \frac{1}{\tau}$$

式中　R_s——隔声量，dB。

由此可见，与声透射系数相反，隔声量 R_s 越大，材料或构件的隔声性能越好。

对于均质材料，隔声量符合“质量定律”，即材料单位面积的质量越大或材料的体积密度越大，隔声效果越好。

轻质材料的质量较小，其隔声性较密实材料差。提高隔声性能可在构造上采取以下措施：

（1）将密实材料用多孔弹性材料分隔，做成夹层结构。

（2）对多层材料，应使各层的厚度相同而质量不同，以防止引起结构的谐振。

（3）将空气层增加到 7.5cm 以上。在空气层中填充松软的吸声材料，可进一步提高隔声性；

（4）密封好门窗等的缝隙。

1.6.2.2　隔固体声

固体声或撞击声是由于振源撞击固体材料，引起固体材料受迫振动而发声，固体声在传播过程中的声能衰减较小。

隔绝固体声的主要措施有：

（1）固体材料的表面设置弹性面层，如楼板上铺设地毯、木板、橡胶片等。

（2）在构件面层与结构层间设置弹性垫层，如在楼板的结构层与面层间设置弹性垫层以降低结构层的振动。

（3）在楼板下做吊顶处理。

1.7　材料的装饰性质

建筑装饰材料是用于建筑物表面，起到装饰作用的材料。对装饰材料的基本要求有以下几个方面。

1.7.1　材料的颜色、光泽、透明性

颜色是材料对光的反射效果。不同的颜色给人以不同的感觉，如红色、橘红色给人一种温暖、热烈的感觉，绿色、蓝色给人一种宁静、清凉、寂静的感觉。

光泽是材料表面方向性反射光线的性质。材料表面愈光滑，则光泽度愈高。当为定向反射时，材料表面具有镜面特征，又称镜面反射。不同的光泽度，可改变材料表面的明暗程度，并可扩大视野或造成不同的虚实对比。

透明性是光线透过材料的性质。分为透明体（可透光、透视）、半透明体（透光、但不透视）、不透明体（不透光、不透视）。利用不同的透明度可隔断或调整光线的明暗，造成特殊的光学效果，也可使物象清晰或朦胧。

1.7.2　花纹图案、形状、尺寸

在生产或加工材料时，利用不同的工艺将材料的表面做成各种不同的表面组织，如粗糙、平整、光滑、镜面、凹凸、麻点等；或将材料的表面制作成各种花纹图案（或拼镶成各种图案）。如山水风景画、人物画、仿木花纹、陶瓷壁画、拼镶陶瓷锦砖等。

建筑装饰材料的形状和尺寸对装饰效果有很大的影响。改变装饰材料的形状和尺寸，并配合花纹、颜色、光泽等可拼镶出各种线型和图案，从而获得不同的装饰效果，以满足不同建筑型体和线型的需要，最大限度地发挥材料的装饰性。

1.7.3　质感

质感是材料的表面组织结构、花纹图案、颜色、光泽、透明性等给人的一种综合感觉，如钢材、陶瓷、木材、玻璃、呢绒等材料在人的感官中的软硬、轻重、粗犷、细腻、冷暖等感觉。组成相同的材料可以有不同的质感，如普通玻璃与压花玻璃、镜面花岗岩板材与剁斧石。相同的表面处理形式往往具有相同或类似的质感，但有时并不完全相同，如人造花岗岩、仿木纹制品，一般均不如天然的花岗岩和木材亲切、真实，而略显单调、呆板。

选择建筑装饰材料时应结合建筑物的造型、功能、用途、所处的环境（包括周围的建筑物）、材料的使用部位等，充分考虑建筑装饰材料的上述三项性质及建筑装饰材料的其他性质，最大限度地表现出建筑装饰材料的装饰效果，并做到经济、耐久。

1.8　材料的耐久性

1.8.1　材料的耐久性（durability）

材料长期抵抗各种内外破坏因素或腐蚀介质的作用，保持其原有性质的能力称为材料的耐久性。材料的耐久性是材料的一项综合性质，一般包括抗渗性、抗冻性、耐腐蚀性、抗老化性、抗碳化性、耐热性、耐溶蚀性、耐磨性等许多项。

材料耐久性的好坏，直接影响到土木工程结构或构筑物的使用与安全。过去主要注重材料和结构的强度，而较少考虑材料和结构在环境因素作用下的耐久性，即按强度进行设计。目前已经认识到这一失误带来的巨大损失，并正在向按结构的耐久性进行设计过渡。

材料的组成、性质和用途不同，对耐久性的要求也不同。如结构材料主要要求强度不显著降低。工程的重要性及所处环境不同，对材料耐久性的要求也不同。如普通工程中的混凝土耐久性一般要求 50 年以上，而一些重要的基础设施工程中，混凝土的耐久性至少要在 100 年以上；又如处于严寒地区与水接触的混凝土，对抗冻性的要求远远大于非受冻地区混凝土。因此，应根据工程的重要性、所处的环境及材料的特性，正确选择合理的材料耐久性。

1.8.2 影响材料耐久性的主要因素

1.8.2.1 内部因素

内部因素是造成材料耐久性下降的根本原因。内部因素主要包括材料的组成、结构。当材料的组成易溶于水或其他液体，或易与其他物质产生化学反应时，则材料的耐水性、耐化学腐蚀性等较差。

通常无机非金属材料的化学稳定性较高。但部分无机非金属材料在环境中的化学稳定性较差。如当岩石中含有黄铁矿 FeS_2 时，会因黄铁矿与水反应生成氧化铁而使石料遭受破坏。此外，岩石中含有云母、黏土矿物时，风化速度快；由方解石、白云石组成的岩石在含有酸性气体的环境中也易风化。

金属材料的化学稳定性差，易产生电化学腐蚀和化学腐蚀。

沥青材料和高分子材料的耐腐蚀性好，但因含有不饱和键（双键或三键）等，其在光、热、电等的作用下，自身会产生聚合或解聚而使其产生老化。

无机非金属脆性材料在温度剧变时易产生开裂，即耐急冷急热性差；晶体材料较同组成非晶体材料的化学稳定性高；当材料的孔隙率 P，特别是开口孔隙率 P_a 较大，且大孔较多时，则材料的耐久性往往较差。

1.8.2.2 外部因素

外部因素也是影响耐久性的主要因素。外部因素主要有：

(1) 化学作用　包括各种酸、碱、盐及其水溶液，各种腐蚀性气体作用或氧化作用。

(2) 物理作用　包括光、热、电、温度差、湿度差、干湿循环、冻融循环、溶解等，可使材料的结构发生变化，使内部产生微裂纹或孔隙率增加。

(3) 机械作用　包括冲击、疲劳荷载，各种气体、液体及固体引起的磨损与磨耗等。

(4) 生物作用　包括菌类、昆虫等，可使材料产生腐朽、虫蛀等而破坏。

金属材料常由化学和电化学作用引起腐蚀和破坏；无机非金属材料常由化学作用、溶解、冻融、风蚀、温差、湿差、摩擦等单因素或综合作用而引起破坏；有机材料常由生物作用、溶解、化学腐蚀、光、热、电等作用而引起破坏。

实际工程中，虽然材料同时受到多种外界破坏因素的作用，但往往起主要作用的只有少数几个因素，故在设计、生产和使用时应重点考虑起主要破坏作用的因素。

对材料耐久性最可靠的判断是在使用条件下进行长期观测，但这需要很长的时间。通常是根据使用条件与要求，在实验室进行快速试验，据此对材料的耐久性做出判断。

思考题与习题

1. 为什么土木工程材料大多数为复合材料？
2. 材料的孔隙率、孔隙状态、孔隙尺寸对材料的性质有什么影响？
3. 材料的密度、表观密度、体积密度、堆积密度有何区别？材料含水时对四者有什么影响？
4. 称取堆积密度为 1 500kg/m^3 的干砂 200g，将此砂装入容量瓶内，加满水并排尽气泡（砂已吸水饱和），称得总质量为 510g。将此瓶内砂倒出，向瓶内重新注满水，此时称得总质量为 386g，试计算砂的表观密度。
5. 材料的脆性和弹性、韧性和塑性有什么不同？
6. 脆性材料和韧性材料各有什么特点？
7. 影响材料强度和断裂韧性的因素有哪些？
8. 经测定，质量 3.4kg，容积为 10.0L 的容量筒装满绝干石子后的总质量为 18.4kg。若向筒内注入水，待石子吸水饱和后，为注满此筒共注入水 4.27kg。将上述吸水饱和的石子擦干表面后称得总质量为 18.6kg（含筒的质量）。求该石子的表观密度、绝干体积密度、质量吸水率、体积吸水率、绝干堆积密度、开口孔隙率？
9. 含水率为 10% 的 100g 湿砂，其中干砂的质量为多少克？
10. 材料含水时对材料的性质有何影响？
11. 某岩石在气干、绝干、吸水饱和情况下测得的抗压强度分别为 172、178、168MPa。求该岩石的软化系数，并指出该岩石可否用于水下工程？
12. 现有一块气干质量为 2 590g 的红砖，其吸水饱和后的质量为 2 900g，将其烘干后的质量为 2 550g。将此砖磨细烘干后取 50g，其排开水的体积由李氏瓶测得为 18.62cm^3。求此砖的体积吸水率、质量吸水率、含水率、体积密度、孔隙率及开口孔隙率，并估计其抗冻性如何？
13. 现有甲、乙两相同组成的材料，密度为 2.7g/cm^3。甲材料的绝干体积密度为 1 400kg/m^3，质量吸水率为 17%；乙材料吸水饱和后的体积密度为 1 862kg/m^3，体积吸水率为 46.2%。试求：(1) 甲材料的孔隙率和体积吸水率？(2) 乙材料的绝干体积密度和孔隙率？(3) 评价甲、乙两材料。指出哪种材料更宜作为外墙材料。为什么？
14. 材料的导热系数主要与哪些因素有关？常温下使用的保温材料应具备什么样的组成与结构才能使其导热系数最小？
15. 影响材料耐久性的内部因素和外部因素各有哪些？

2 天然石材

天然岩石不经机械加工或经机械加工而得的材料统称为天然石材。天然石材是古老的建筑材料，具有强度高、装饰性好、耐久性高、来源广泛等特点。由于现代开采与加工技术的进步，使得石材在现代建筑中，特别是在建筑装饰中得到了广泛的应用。

2.1 岩石的基本知识

2.1.1 造岩矿物

天然岩石是矿物的集合体，组成岩石的矿物称为造岩矿物（rock-forming mineral）。大多数岩石是由多种造岩矿物组成的。岩石没有确定的化学组成和物理力学性质，同种岩石，产地不同，其各种矿物的含量、颗粒结构均有差异，因而颜色、强度、耐久性等也有差异。造岩矿物的性质及其含量决定着岩石的性质。建筑工程中常用岩石的主要造岩矿物有以下几种：

（1）石英（quartz） 二氧化硅（SiO_2）晶体的总称，无色透明至乳白色，密度为 2.65g/cm^3，莫氏硬度为7，非常坚硬，强度高，化学稳定性及耐久性高。但受热时（573℃以上），因晶型转变会产生裂缝，甚至松散。

（2）长石（feldspar） 长石族矿物的总称，包括正长石、斜长石等，为钾、钠、钙等的铝硅酸盐晶体。密度为2.5~2.7g/cm^3，莫氏硬度为6。坚硬、强度高、耐久性高，但低于石英，具有白、灰、红、青等多种颜色。长石是火成岩的主要造岩矿物，约占总量的2/3。

（3）角闪石、辉石、橄榄石 铁、镁、钙等硅酸盐的晶体，密度为3.0~3.6g/cm^3，莫氏硬度为5~7。强度高、韧性好、耐久性好。具有多种颜色，但均为暗色，故也称暗色矿物。

（4）方解石（calcite） 为碳酸钙晶体（$CaCO_3$）。白色，密度为2.7g/cm^3，莫氏硬度为3。强度较高、耐久性次于上述矿物，遇酸后分解。

（5）白云石（dolomite） 为碳酸钙和碳酸镁的复盐晶体（$CaCO_3 \cdot MgCO_3$）。白色，密度为2.9g/cm^3，莫氏硬度为4。强度、耐酸腐蚀性及耐久性略高于方解石，遇酸时分解。

（6）黄铁矿（pyrite） 为二硫化铁晶体（FeS_2）。金黄色，密度为5g/cm^3，莫氏硬度为6~7。耐久性差，遇水和氧生成游离硫酸，且体积膨胀，并产生锈迹。黄铁矿为岩石中的有害矿物。

（7）云母（mica） 云母族矿物的总称，为片状的含水复杂硅铝酸盐晶体。密度为2.7~3.1g/cm^3，莫氏硬度为2~3。具有极完全解理（矿物在外力等作用下，沿一定的结晶方向易裂成光滑平面的性质称为解理，裂成的平面称为解理面），易裂成薄片，玻璃光泽，耐久性差，具有无色透明、白色、绿色、黄色、黑色等多种颜色。云母的主要种类为白云母和黑云母，后者易风化为岩石中的有害矿物。

2.1.2 岩石的形成、分类与性质

岩石按地质形成条件分为火成岩（igneous rock）、沉积岩（sedimentary rock）和变质岩（metamorphic rock）三大类，它们具有显著不同的结构、构造和性质。

2.1.2.1 火成岩

火成岩由地壳内部熔融岩浆上升冷却而成，又称岩浆岩。

1. 侵入岩

（1）深成岩（plutonic rock，or plutonite） 岩浆在地表深处受上部岩层的压力作用，缓慢冷却结晶成岩。结构致密具有粗大的晶粒和块状构造（矿物排列无序，宏观呈块状构造）。建筑上常用的有花岗岩（granite）、正长岩（syenite）、辉长岩（gabbro）、闪长岩（diorite）等。

（2）浅成岩（hypabyssal rock） 岩浆在地表浅处冷却结晶成岩。结构致密，由于冷却较快，故晶粒较小，如辉绿岩（diabase）。

深层岩和浅层岩统称侵入岩（intrusive rock），为全晶质结构（岩石全部由结晶的矿物颗粒组成），且没有解理。侵入岩的体积密度大、抗压强度高、吸水率低、抗冻性好。

2. 喷出岩（effusive rock）

岩浆冲破覆盖层喷出地表冷凝而成的岩石。

当喷出岩形成较厚的岩层时，其结构致密，性能接近于深层岩，但因冷却迅速，大部分结晶不完全，多呈隐晶质（矿物晶粒细小，肉眼不能识别）或玻璃质，如建筑上常用的玄武岩（basalt）、安山岩（andesite）等；当岩层形成较薄时，常呈多孔构造，近于火山岩。

当岩浆被喷到空气中，急速冷却而形成的颗粒状岩石又称火山碎屑（volcanic fragment）。因喷到空气中急速冷却而成，故内部含有大量的气孔，并多呈玻璃质，有较高的化学活性。常用作水泥混合材料或混凝土集料，如火山灰、火山渣、浮石等。

2.1.2.2 沉积岩

地表的各种岩石在地质、外力作用下经风化、搬运、沉积成岩作用（压固、胶结、重结晶等），在地表或地表不太深处形成的岩石，又称水成岩。

沉积岩的主要特征是呈层状构造，各层岩石的成分、构造、颜色、性能均不同，且为各向异性。与深成火成岩相比，沉积岩的体积密度小、孔隙率和吸水率较大、强度和耐久性较低。沉积岩按成因和物质成分可分为以下四种。

1. 碎屑岩

风化后的岩石碎屑在流水、风、冰川等作用下，经搬迁、沉积、固结（多为自然胶结物固结）而成。如常用的砂岩（sandstone）、火山凝灰岩（volcanic tuff）等。此外，还有砂、卵石等（未经固结）。

2. 化学沉积岩

由岩石风化后溶于水而形成的溶液、胶体经搬迁、沉淀而成。如常用的石膏（gypsum）、菱镁矿、某些石灰岩（limestone）等。

3. 生物沉积岩

由海水或淡水中的生物残骸沉积而成。常用的有石灰岩、白垩、硅藻土、硅藻石等。

4. 黏土岩

由直径极细小的（<0.001mm）黏土矿物组成的沉积岩。主要用于生产砖、陶瓷、水泥等。

2.1.2.3 变质岩

岩石由于岩浆等的活动（主要为高温、高湿、压力等），发生再结晶，使其矿物成分、结构、构造以至化学组成都发生改变而形成的岩石。可分为两种。

1. 正变质岩

由火成岩变质而成。性能一般较原火成岩差。常用的有片麻岩（gneiss）。

2. 副变质岩

由沉积岩变质而成。性能一般较原沉积岩好。常用的有大理石（marble）、石英岩（quartzite）等。

2.1.3 岩石的结构与性质

大多数岩石属于结晶结构，少数岩石具有玻璃质结构。二者相比，结晶质的具有较高的强度、韧性、化学稳定性和耐久性等。岩石的晶粒越小，则岩石的强度越高、韧性和耐久性越好。含有极完全解理的矿物（如云母等）时对岩石的性能不利。方解石、白云石等含有完全解理，因此由其组成的岩石易于开采，其强度和韧性不是很高。

岩石的孔隙率较大，并夹杂有黏土质矿物时，岩石的强度、抗冻性、耐水性及耐久性等会显著下降。

具有斑状构造和砾状构造的岩石，在磨光后，纹理美观夺目，具有优良的装饰性。

2.1.4 岩石的酸碱性

岩石学对火成岩酸碱性的划分以及道路工程对岩石酸碱性的划分见表 2-1。二氧化硅的亲水性较好，因而酸性岩石的吸水率较高，并且酸性岩石的耐酸性高。

表 2-1 岩石酸碱性的划分

学科	SiO_2（%）						
	碱性岩石	超基性岩石	基性岩石	中性岩石	中酸性岩石	酸性岩石	超酸性岩石
岩石学	$(Na_2O+K_2O)>Al_2O_3$	<45	45~53	53~63	63~69	69~75	>75
道路工程	<52	—	—	52~65	—	>65	—

道路工程用石料的酸碱性可通过其碱值 C 来评定（JTG E42—2005）：

$$C=\frac{N_0-N_1}{N_0-N_2}$$

式中 N_0——硫酸标准溶液中氢离子的浓度；

N_1——受检石料与硫酸标准溶液反应后，溶液中氢离子的浓度；

N_2——纯碳酸钙与硫酸标准溶液反应后，溶液中氢离子的浓度。

碱度值越高，说明石料的碱性越强，与沥青间的黏附性越强。配制沥青混凝土时，一般希望使用 SiO_2 含量少，而 CaO 和 MgO 含量高的碱性石料。

岩石的酸碱性对水泥混凝土一般没有大的影响，但近年来认为粗集料的酸碱性对界面过渡区的宽度、致密度以及界面粘结强度有一定的影响，碱性粗集料的界面优于中性粗集料的界面，而中性粗集料的界面又优于酸性粗集料界面。

此外，酸性岩石因含有较多的石英，而石英的温度线胀系数通常较其他矿物高 1 倍左右，甚至更高。因而砂石的酸碱性对混凝土的温度变形性能有很大的影响。在配制大体积混凝土时，应注意砂石的酸碱性。

2.2 常用建筑石材

2.2.1 天然石材的性质与技术要求

2.2.1.1 物理性质与要求

工程上一般主要对石材的体积密度、吸水率和耐水性等有要求。

大多数岩石的体积密度均较大，且主要与其矿物组成、结构的致密程度等有关。致密岩石的体积密度一般为2 400～3 200kg/m^3，常用致密岩石的体积密度为2 400～2 850kg/m^3。同种岩石，体积密度越大，则孔隙率越低，吸水率越小，强度、耐久性等越高。

岩石的吸水率与岩石的致密程度和岩石的矿物组成有关。侵入岩和多数正变质岩的吸水率较小，一般不超过1%。岩石的吸水率越小，则岩石的强度与耐久性越高。为保证岩石的性能，有时限制岩石的体积密度、吸水率，如饰面用大理岩和花岗岩的体积密度须分别大于2 300kg/m^3、2 560kg/m^3，吸水率则须分别小于0.5%、0.6%。

大多数岩石的耐水性较高。当岩石中含有较多的黏土时，其耐水性较低，如黏土质砂岩等。

2.2.1.2 力学性质与要求

1. 抗压强度

（1）砌筑用石材的抗压强度与强度等级（GB 50003—2001） 由水饱和状态下边长为70mm的立方体试件进行测试。石材的强度等级由抗压强度来划分，并用符号MU和抗压强度值来表示，划分为MU100、MU80、MU60、MU50、MU40、MU30、MU20、MU15、MU10九个等级。当试块为非标准尺寸时，按表2-2中的系数进行换算。

表2-2 砌筑石材强度等级换算系数（GB 50003—2001）

立方体边长（mm）	200	150	100	70	50
换算系数	1.43	1.28	1.14	1	0.68

（2）装饰石材的抗压强度（GB 9966.1—2001） 装饰用石材的抗压强度采用边长为50mm的立方体试件来测试。饰面大理岩和花岗岩的干燥抗压强度须分别大于50MPa、100MPa。

（3）公路工程岩石的抗压强度（JTG E41—2005） 采用水饱和状态下的试件进行测试。桥梁工程采用边长为70mm的立方体试件；路面工程采用直径或边长和高度均为50mm的试件；公路工程建筑地基用石材的抗压强度采用直径为50mm，高径比d/h为2:1的试件，对于非标准尺寸需乘以换算系数$\frac{8}{7+2d/h}$。

2. 其他力学性质与要求

根据石材的用途，对石材的技术要求还有抗折强度（一般为抗压强度的1/20）、硬度、耐磨性、抗冲击性等。抗折试验采用跨中单点加荷，装饰石材的抗折强度采用40mm×20mm×160mm试件，要求水饱和状态下，饰面大理岩和花岗岩的抗压强度须分别大于8MPa、7MPa；公路工程岩石的抗折强度采用50mm×50mm×250mm试件。

由石英、长石组成的岩石，其硬度和耐磨性大，如花岗岩、石英岩等。由白云石、方解石组成的岩石，其硬度和耐磨性较差，如石灰岩、白云岩等。石材的硬度常用莫氏硬度来表示，耐磨性常用磨损率来表示。晶粒细小或含有橄榄石、角闪石的岩石抗冲击性较好。

2.2.1.3　耐久性

石材的耐久性主要包括抗冻性、抗风化性、耐火性、耐酸性等。

水、冰、化学因素等造成岩石开裂或剥落，称为岩石的风化。孔隙率的大小对风化有很大的影响。吸水率较小时岩石的抗冻性和抗风化能力较强。一般认为当岩石的吸水率小于0.5%时，岩石的抗冻性合格。当岩石内含有较多的黄铁矿、云母时，风化速度快，此外由方解石、白云石组成的岩石在含有酸性气体的环境中也易风化。

防风化的措施主要有磨光石材的表面，防止表面积水；采用有机硅喷涂表面，对碳酸盐岩类石材可采用氟硅酸镁溶液处理石材的表面。

2.2.1.4　建筑石材的规格

1. 料石

外形规则（毛料石除外），截面的宽度、高度不小于200mm，且不小于长度的1/4。通常用质地均匀的岩石，如砂岩和花岗岩加工而成。按加工程度的粗细，又分为：

（1）细料石　叠砌面的凹入深度不大于10mm。

（2）半细料石　叠砌面的凹入深度不大于15mm。

（3）粗料石　叠砌面的凹入深度不大于20mm。

（4）毛料石　外形大致方正，一般不加工或稍加修正，高度不小于200mm，叠砌面的凹入深度不大于25mm。

根据加工程度的不同分别用于建筑物的外部装饰、勒脚、台阶、砌体、石拱等。

2. 毛石

形状不规则，中部厚度不小于200mm的石材。主要用于基础、挡土墙、毛石混凝土。

3. 板材

装饰用石材多为板材，且主要为大理石板材（GB/T 19766—2005）和花岗石板材（GB/T 18601—2001）。按板材的形状，主要有普型板（正方形或长方形，代号为PX）、圆弧板（装饰面轮廓线的曲率半径处处相同的饰面板材，代号为HM）、异形板（其他形状的板材，代号为YX）。按板材的表面加工程度，分为以下三种：

（1）亚光板（YG）　饰面平整细腻，能使光线产生漫反射现象的板材。

（2）镜面板（JM）　表面干整，具有镜面光泽的板材。大理石板材一般均为镜面板材。

（3）粗面板（CM）　指饰面粗糙规则有序，端面锯切整齐的板材，如机刨板、剁斧板、锤击板、烧毛板等。

板材的长度和宽度范围一般为300～1 200mm，厚度为10～30mm。

粗面板材和细面板材一般只用于室外墙面、地面、台阶、柱面等，镜面板材既可用于室外，又可用于室内，但大理石板材一般只适合用于室内。

此外石材还有许多其他应用形式，如拳石、碎石、蘑菇石、柱头等。

2.2.2　常用建筑石材

2.2.2.1　花岗岩

花岗岩属于深成火成岩，是火成岩中分布最广的岩石，其主要矿物组成为长石、石英和少量云母等。为全晶质，有细粒、中粒、粗粒、斑状等多种构造，属块状构造，但以细粒构造性质为好。通常有灰、白、黄、粉红、红、纯黑等多种颜色，具有很好的装饰性。

花岗岩的体积密度为2 500 ~2 800kg/m³，抗压强度为120 ~300MPa，孔隙率低，吸水率为0.1% ~0.7%，莫氏硬度为6 ~7，耐磨性好、抗风化性及耐久性高、耐酸性好，但不耐火。使用年限为数十年至数百年，高质量的可达千年以上。

花岗岩主要用于基础、挡土墙路缘石等，破碎后可用于配制混凝土。色泽较好者属高档装饰材料，主要用于踏步、地面、外墙饰面、雕塑等。此外，花岗岩还可用于耐酸工程。

花岗岩也称花岗石，但商业上所指的花岗石除指花岗岩外，还包括质地较硬的各类火成岩和花岗岩的变质岩，如辉长岩、闪长岩、安山岩、玄武岩、辉绿岩、橄榄岩、片麻岩等。

2.2.2.2 石灰岩

石灰岩俗称石灰石、青石，属沉积岩，分布极广，主要由方解石组成，常含有一定数量的白云石、菱镁矿（碳酸镁晶体）、石英、黏土矿物等。分为密实、多孔和散粒构造，密实构造的即为普通石灰岩。常呈灰、灰白、白、黄、浅红色、黑、褐红等颜色。

密实石灰岩的体积密度为2 000 ~2 600kg/m³、抗压强度为20 ~120MPa、莫氏硬度为3 ~4。当含有的黏土矿物超过3% ~ 4%时，抗冻性和耐水性显著降低，当含有较多的氧化硅时，强度、硬度和耐久性提高。石灰岩遇稀盐酸时强烈起泡，硅质和镁质石灰岩起泡不明显。

石灰岩可用于大多数基础、墙体、挡土墙等石砌体。破碎后可用于混凝土。石灰岩也是生产石灰和水泥等的原料。石灰岩不得用于酸性水或二氧化碳含量多的水中，因方解石会被酸或碳酸溶蚀。

2.2.2.3 大理岩

大理岩属副变质岩，由石灰岩或白云岩变质而成，主要矿物组成为方解石、白云石。具有等粒、不等粒、斑状结构，属块状构造。常呈白、浅红、浅绿、黑、灰等颜色（斑纹）。抛光后具有优良的装饰性。白色大理石又称汉白玉。

大理岩的体积密度为2 500 ~2 800kg/m³，抗压强度为50 ~190MPa、莫氏硬度为3 ~4，易于雕琢磨光。城市空气中的二氧化硫遇水后对大理岩中的方解石有腐蚀作用，即生成易溶的石膏，从而使表面变得粗糙多孔，并失去光泽。但吸水率小、杂质少、晶粒细小、纹理细密、质地坚硬，特别是白云岩或白云质石灰岩变质而成的某些大理岩也可用于室外，如汉白玉、艾叶青等。

大理岩属于高档装饰材料，主要用于室内的装饰，如墙面、柱面及磨损较小的地面、踏步等。

大理岩也称大理石，但商业上所指的大理石除指大理岩外，还包括主要成分为碳酸盐矿物的其他岩石，如石灰岩、白云岩等，它们的力学性能一般较大理岩差。

2.2.2.4 玄武岩

属于喷出岩，由辉石和长石组成。为细粒或斑状构造、或块状和气孔状构造。体积密度为2 900 ~3 300kg/m³、抗压强度为100 ~300MPa，脆性大、抗风化性较强。主要用于基础、桥梁等石砌体，破碎后可作为高强混凝土的集料。

2.2.2.5 辉长岩、闪长岩、辉绿岩

辉长岩和闪长岩属于深成岩，辉绿岩属于浅成岩，由长石、辉石和角闪石等组成。三者的体积密度均较大，为2 800 ~3 000kg/m³，抗压强度为100 ~280MPa，耐久性及磨光性好。常呈深灰、浅灰、黑灰、灰绿、黑绿色和斑纹。除用于基础等石砌体外，还可用作名贵的装饰材料。

2.2.2.6 砂岩

属于碎屑沉积岩，主要由石英组成。根据胶结物的不同分为：

1. 硅质砂岩（siliceous sandstone）

由氧化硅胶结而成。呈白、淡灰、淡黄、淡红色，强度可达300MPa，耐磨性、耐久性、耐酸性高，性能接近于花岗岩。可用于各种装饰及浮雕、踏步、地面及耐酸工程。

2. 钙质砂岩（calcareous sandstone）

由碳酸钙胶结而成，为砂岩中最常见和最常用的。呈白、灰白色，强度较大，但不耐酸。可用于大多数工程。

3. 铁质砂岩（brownstone，or ferruginous sandstone）

由氧化铁胶结而成。常呈褐色，性能较差，密实的可用于一般工程。

4. 黏土质砂岩

由黏土胶结而成。易风化、耐水性差，甚至会因水作用而溃散。一般不用于土木工程。

此外，还有长石砂岩（arkose，or feldspar sandstone）、硬砂岩（graywacke），二者的强度都较高，可用于土木工程。

由于砂岩的性能相差较大，使用时需加以区别。

2.2.2.7 片麻岩

属正变质岩，由花岗岩变质而成。呈片状构造，各向异性。在冰冻作用下易成层剥落，抗压强度为120～250MPa（垂直解理方向）。可用于一般土木工程的基础、勒角等石砌体，也可用作混凝土集料。

2.2.2.8 石英岩

属副变质岩，由硅质砂岩变质而成。结构致密均匀、坚硬、加工困难、非常耐久、耐酸性好、抗压强度为250～400MPa。主要用于纪念性建筑等的饰面以及耐酸工程。使用寿命可达千年以上。

思考题与习题

1. 岩石按地质形成条件分为几类？其主要特征有哪些？
2. 试比较花岗岩、石灰岩、大理岩、砂岩的主要性质和用途有哪些异同点？
3. 大理岩一般不宜用于室外装饰，但汉白玉、艾叶青等有时可用于室外装饰，为什么？
4. 岩石的加工形式主要有哪几种？分别适合用于哪些工程？

3 烧结及熔融制品

烧结制品（fired product）是以黏土、粉煤灰、页岩、煤矸石等为主要原料，经成型、干燥、焙烧而成的产品。其主要品种有烧结普通砖、烧结多孔砖、烧结空心砖、烧结瓦，以及陶瓷砖、陶瓷锦砖、卫生陶瓷等陶瓷制品。

熔融制品是将适当成分的原料经熔融、冷却成型所得的产品。其主要品种有玻璃、玻璃制品、铸石、岩棉等。

3.1 烧结制品生产工艺

3.1.1 原料

3.1.1.1 黏土原料

黏土是传统烧结制品的主要原料，这是由其主要性质决定的。但是，随着“取土毁田”矛盾的日益激化，为了保护人类赖以生存的土地资源，人们开始使用粉煤灰、页岩、煤矸石、炉渣等化学组成与黏土相近的工业废渣或其他替代材料，虽然一定程度上满足了上述要求，但它们多为瘠性材料，不仅颗粒较粗，且塑性很差，大量替代黏土会带来制品成型困难等问题。因此，完全、彻底地替代黏土，还需要进行不断深入地科学研究。

1. 组成

黏土是含长石、云母的岩石经风化而成的多种矿物的混合体，其中包括黏土矿物和杂质矿物。黏土矿物是具有层状结构的含水铝硅酸盐矿物的总称，包括高岭石、蒙脱石等，是黏土具有可塑性的主要来源，而可塑性是烧结制品成型性质的决定因素。杂质矿物是除黏土矿物之外，黏土中含有的石英、长石、云母、碳酸盐、铁或钒的氧化物及有机质等杂质，这些成分对烧结制品的可塑性、收缩性、焙烧温度、制品颜色等具有很大的影响。烧结砖、瓦所用黏土通常含杂质较多，陶瓷制品所用黏土应较烧砖用黏土纯净许多。

2. 性质

可塑性与烧结性是黏土的主要性质。

黏土的可塑性是指黏土与适量水拌合后能在外力作用下塑成各种形状，当外力撤消后，形状仍能保持，且不出现裂纹的性质，是生产烧结制品所必备的性质。黏土矿物含量多，且其中细颗粒含量多时，黏土可塑性好，其制品易成型。但可塑性大的黏土坯体在干燥和焙烧过程中，随脱水会出现较大的收缩，而影响制品的外观（如不均匀的变形和裂纹）和规格。而可塑性差的黏土，又会使制品难以成型。

黏土的烧结性体现为黏土坯体在900℃以上焙烧时，黏土颗粒表面的易熔化合物形成一定量的熔融物，逐渐填充颗粒间的空隙。随温度升高，熔融物增多，坯体孔隙率降低，且坯体在熔融物表面张力的作用下产生收缩（即烧缩）。由于坯体孔隙率的降低以及熔融物对未熔颗粒的粘结作用，使其强度、耐水性和抗冻性均相应提高，该状态为黏土的烧结状态。当坯体达到烧结状态后，继续升高温度，会有更多的熔融物生成，使坯体软化，变形增大，该状态为黏土的熔融状态。烧制黏土制品时，应控制在部分熔融状态，即烧结状态。

3.1.1.2 其他原料

1. 粉煤灰

粉煤粉是煤粉在炉中燃烧后的灰烬，是一种对环境污染很大的工业废料，主要来源于火力发电厂。粉煤灰为细粉状，呈灰色或灰白色（含水时为黑灰色），本身具有一定发热量，作为生产烧结制品的原料不仅节土，还有一定的节煤效果，而且生产出来的制品既可满足强度要求，还可减轻自重。但因为粉煤灰是瘠性的，而制砖等制品配合料须呈塑性状态，所以需要将粘结料（黏土、水玻璃等）与粉煤灰按一定比例配合作为制砖原料。

2. 炉渣

炉渣是工业锅炉和生活锅炉燃煤后由炉底排放的废渣。其颗粒大小及含碳量取决于燃煤锅炉的种类。传统锅炉（如链条炉）燃煤不充分，其排放炉渣含碳量高，颗粒结团，制砖需进行处理，但内燃效果较好；新型锅炉（如循环流化床炉）燃煤充分，排放炉渣粒径小、体积密度大，含碳量低。

3. 煤矸石

开采煤炭过程中，煤层顶、底部或煤层周围挖出的含炭量少、灰分在40%以上、不成煤的泥质、碳质、砂质页岩，是煤矿的工业废渣，使用时需进行破碎。使用煤矸石烧砖时，由于其本身含有大量的碳，可不用或少用煤，节能、节土。

4. 页岩

黏土岩的构造变种，是具有页理构造（即岩石平行层理方面可分裂成层状或纸片状）的黏土岩。用页岩制砖、瓦，不但节省农田，而且可开山造田。

3.1.2 生产工艺

烧结砖的生产工艺过程为：原料制备→成型→干燥→焙烧→制品。

饰面烧结制品（饰面陶瓷）的生产工艺过程为：配料→成型干燥→上釉→焙烧→制品。也有的饰面烧结制品在成型、干燥后先焙烧（称为素烧），然后上釉再焙烧一次（称为釉烧）。

3.1.2.1 原料制备与成型

原料制备的目的是破坏黏土原料的天然结构，剔除有害杂质，粉碎大块原料，然后与其他原料及水拌合成均匀的、适宜成型的坯料。烧结制品成型方法主要有以下三种。

1. 塑性成型法

用含水量为15%～25%可塑性良好的坯料，通过挤泥机挤出一定断面尺寸的泥条，切割后获得制品的形状的成型方法。此法适合成型烧结普通砖、烧结多孔砖、烧结空心砖与空心砌块以及陶瓷砖（如劈离砖）。

2. 半干压成型法或干压成型法

是用含水量低（半干压法为8%～12%，干压法为4%～6%）、可塑性差的坯料，在压力机上压制成型的方法。由于坯料含水量少，有时可不经干燥即可进行焙烧，简化了工艺。陶瓷砖多用此法成型。

3. 注浆成型法

是用含水量高达40%，呈泥浆状态的坯料，注入石膏模型中，石膏吸收水分使坯料变干而获得制品形状的成型方法。此法适合成型形状复杂或薄壁制品，如卫生陶瓷等。

3.1.2.2 干燥与焙烧

成型后的生坯，其含水量必须控制在8%～10%以下时，才能入窑焙烧，否则，制品会在烧制过程中形成严重的裂缝。因此，干燥是烧结制品生产工艺的重要阶段。干燥分自然干燥与人工干燥，前者是在露天下阴干，后者是利用焙烧窑余热在干燥室或窑内干燥。

焙烧是烧结制品生产工艺的关键阶段。焙烧是在连续作用（预热、焙烧、冷却）的隧道窑或轮窑中进行。有的制品（如陶瓷砖等）在焙烧时要放在匣钵内，防止温度不均匀和窑内气体对制品外观的影响。

焙烧的目的是使黏土产生烧结，从而使制品产生强度，并具有相应的其他性质。因此，焙烧温度是否适当，对烧结制品来说是非常重要的。当焙烧温度低于烧结温度下限时，将会产生欠火制品，其特点是：坯体孔隙率大，强度低，耐久性差，颜色浅，敲之声音哑等；当焙烧温度高于烧结温度上限时，将会产生过火制品，其特点是：坯体孔隙率小，密实度大，强度与耐久性均高，导热性较强，颜色深，敲之声音响，但产品多有弯曲或扭曲变形。所以，欠火制品与过火制品均属于不合格产品。

按砖坯在窑内焙烧气氛不同，将烧结砖分为红砖和青砖。红砖是在隧道窑或轮窑内的氧化气氛中焙烧的，铁的氧化物是Fe_2O_3，砖呈淡红色；青砖是在还原气氛（土窑中闷窑）中焙烧的，铁的氧化物为Fe_3O_4或FeO，砖呈青灰色。青砖的耐久性略高于红砖，其他性能相同，但其燃料消耗多，故目前很少生产。

为节约燃料，常将炉渣等可燃工业废渣掺入黏土中，烧结成的砖称为内燃砖，该砖的体积密度有所降低。

3.1.2.3 施釉

釉是覆盖在陶瓷制品表面的玻璃态薄层（120～140μm）。它是将熔融温度低、易形成玻璃态的矿物原料和化工原料经配料、磨细制成的釉浆，涂覆在陶瓷坯体上，经焙烧而成。上釉的目的是保护釉下装饰图案，掩饰坯体的颜色与缺陷，使坯体不透水、不受污染，并可获得清洁和美观的装饰效果，同时可提高制品的机械强度、化学稳定性。

3.2 烧结砖

烧结砖（fired brick）按使用的原料不同分为烧结黏土砖（简称黏土砖，代号N），烧结粉煤灰砖（简称粉煤灰砖，代号F），烧结煤矸石砖（简称煤矸石砖，代号M）和烧结页岩砖（简称页岩砖，代号Y）等；按孔洞率的不同分为烧结普通砖（fired common brick，孔洞率<25%）、烧结多孔砖（fired perforated brick，孔洞率≥25%）和烧结空心砖（fired hollow brick，孔洞率≥40%）。

3.2.1 烧结普通砖

3.2.1.1 技术要求

《烧结普通砖》（GB 5101—2003）的技术要求如下。

1. 外形尺寸

烧结普通砖为240mm×115mm×53mm的矩形标准体。因此，在砌筑使用时，包括砂浆缝厚度（10mm）在内，4块砖长、8块砖宽、16块砖厚均为1m，且512块砖可砌$1m^3$的砌体。

2. 强度等级

国家标准规定，根据10块砖试样的抗压强度平均值$\bar{f}$和抗压强度标准值f_k或抗压强度最小值f_{min}，将烧结普通砖分为MU30，MU25，MU20，MU15，MU10五个强度等级。各强度等级指标见表3-1。烧结普通砖抗压强度标准值f_k，由下式计算：

$$f_k = \bar{f} - 1.8\sigma$$

$$\sigma = \sqrt{\frac{1}{9}\sum_{i=1}^{10}(f_i - \bar{f})^2}$$

$$C_v = \frac{\sigma}{\bar{f}}$$

式中 f_k——砖抗压强度标准值，MPa；

$\bar{f}$——10块砖样的抗压强度算术平均值，MPa；

σ——10块砖样的抗压强度标准差，MPa；

f_i——单块砖样抗压强度测定值，MPa；

C_v——砖抗压强度变异系数。

表3-1 烧结普通砖强度等级（GB 5101—2003）与烧结多孔砖强度等级（GB 13544—2000）

强度等级		MU30	MU25	MU20	MU15	MU10
抗压强度平均值$\bar{f}\geqslant$		30.0	25.0	20.0	15.0	10.0
变异系数$C_v\leqslant0.21$	强度标准值（MPa）$f_k\geqslant$	22.0	18.0	14.0	10.0	6.5
变异系数$C_v>0.21$	单块最小抗压强度值（MPa）$f_{min}\geqslant$	25.0	22.0	16.0	12.0	7.5

3. 抗风化性能

抗风化性能是烧结普通砖的一项重要耐久性综合指标，主要包括抗冻性、吸水率及饱和系数。GB 5101—2003规定，风化指数大于等于12 700者为严重风化区，风化指数小于12 700者为非严重风化区，风化指数是指日气温从正温降至负温或从负温升至正温的平均天数，与每年从霜冻之日起至消失霜冻之日止这一期间降雨量的平均值之乘积。黑龙江省、吉林省、辽宁省、内蒙古自治区、新疆维吾尔族自治区、宁夏回族自治区、甘肃省、青海省、陕西省、山西省、河北省、北京市、天津市属于严重风化区，其他省区属于非严重风化区。严重风化区中的前五个省区用砖必须进行冻融试验，冻融（15次冻融循环）试验后，每块砖样不允许出现裂纹、分层、掉皮、缺棱、掉角等冻坏现象，且干质量损失不得大于2%。严重风化区的其他省区及非严重风化区用砖，抗风化性能符合表3-2规定时，可不做冻融试验。否则，必须进行冻融试验。

表3-2 烧结普通砖（GB 5101—2003）和烧结多孔砖（GB 13544—2000）的抗风化性能指标

砖种类[1]	严重风化区				非严重风化区			
	5h沸煮吸水率（%），≤		水饱和系数，≤		5h沸煮吸水率（%），≤		水饱和系数，≤	
	平均值	单块最大值	平均值	单块最大值	平均值	单块最大值	平均值	单块最大值
黏土砖 N	18	20	0.85	0.87	19	20	0.88	0.90
粉煤灰砖 F	21	23			23	25		
页岩砖 Y	16（19）[2]	18（21）[2]	0.74	0.77	18（21）[2]	20（23）[2]	0.78	0.80
煤矸石砖 M								

注：1. 粉煤灰掺入量（体积比）小于30%时，按黏土砖规定判定。

2. 括号中的指标值为GB 13544—2000对煤矸石砖的要求，无括号的指标值，表示GB 13544—2000和GB 5101—2003的要求相同。

4. 泛霜

泛霜是砖在使用过程中的一种盐析现象。砖内过量的可溶盐受潮吸水溶解后，随水分蒸发向砖的表面迁移，在过饱和情况下结晶析出，使砖面形成白色粉状或絮状附着物，影响砖面的美观。如果溶盐为硫酸盐，当水分蒸发呈晶体析出时，产生膨胀，还会使砖面及砂浆剥露。标准规定优等品无泛霜，一等品不允许出现中等泛霜，合格品不允许出现严重泛霜。

5. 石灰爆裂

石灰爆裂是指砖坯中夹杂有石灰块，砖吸水后，由于石灰逐渐熟化而膨胀产生的爆裂现象。经试验后砖面出现的爆裂区域不应超过标准规定。

此外，砖的条面高度差、弯曲、杂质凸出高度、缺棱掉角、裂纹长度、完整面、颜色等外观质量以及放射性物质也应符合标准的要求。

强度和抗风化性能和放射性物质合格的烧结普通砖，根据其尺寸偏差、外观质量、泛霜和石灰爆裂分为优等品（A）、一等品（B）、合格品（C）三个质量等级。

在产品中不允许有欠火砖、酥砖或螺旋纹砖。

3.2.1.2 性质与应用

烧结普通砖由于具有强度较高、耐久性较好、有一定的隔热保温性，古朴、温暖质感等特点，主要用于砌筑建筑物的内外墙、柱、拱、烟囱、沟道及其他构筑物。其中，青砖主要用于仿古建筑或古建筑维修。

烧结普通砖是传统的墙体材料，由于烧结普通黏土砖取土毁田严重，能耗大（包括生产能耗和应用后的建筑物能耗），砖块小，而且施工效率低、砌体自重大、抗震性差等缺点日益突出。因此，我国已制定政策，对大、中城市及地区限制烧结普通砖的使用，特别是烧结普通黏土砖。目前，我国广大地区都已进行了墙体改革，开发、研究烧结多孔砖、烧结空心砖及其他轻质墙体材料，尤其是利用工农业废料生产的轻质墙体材料，正在逐步被推广和应用，并将逐步替代人类使用了几千年的传统烧结普通黏土砖。

3.2.2 烧结多孔砖与烧结空心砖、空心砌块

烧结多孔砖的特点是孔洞小而多，孔洞率较低，主要用于承重部位的烧结砖；烧结空心砖与空心砌块的特点是孔洞少而大，孔洞率较高，主要用于非承重部位的烧结砖。与烧结普通砖比，烧结多孔砖与烧结空心砖、空心砌块具有自重小、保温性好、节能、施工效率高，并可节土、减少砌筑砂浆用量等优点，但单独使用它们仍然不能解决建筑物在使用过程中的能耗大问题。因此，还必须与其他保温隔热性更好的节能材料配合使用。

烧结多孔砖、烧结空心砖与烧结空心砌块的生产与烧结普通砖基本相同，但对原料的可塑性要求更高，生产工艺也基本相同，只是成型时在挤泥机出口装有成孔芯头，采用真空挤泥机，使挤出的泥条坯体具有满足要求的孔洞。

3.2.2.1 烧结多孔砖

烧结多孔砖原称竖孔空心砖或承重空心砖，因为其强度较高，保温性优于普通砖，主要用于承重保温部位。

《烧结多孔砖》（GB 13544—2000）规定烧结多孔砖的外形为直角六面体，其长度、宽度、高度尺寸应符合 290、240、190、180mm；175、140、115、90mm。常见尺寸有 240mm × 115mm × 90mm（P 型砖）；190mm × 190mm × 90mm（M 型砖）等，见图 3-1。孔洞为矩形条孔或矩形孔，长度 ≤ 50mm，也可为圆孔；圆形孔洞的直径 ≤ 22mm，非圆孔内切圆直径 ≤

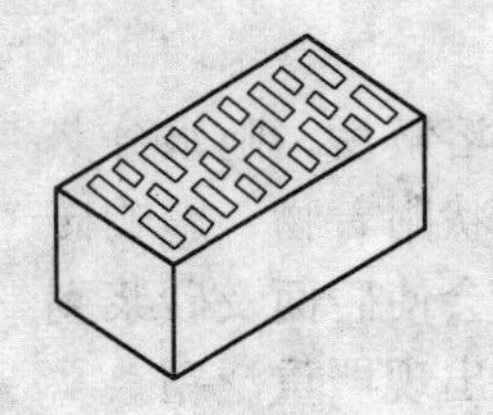

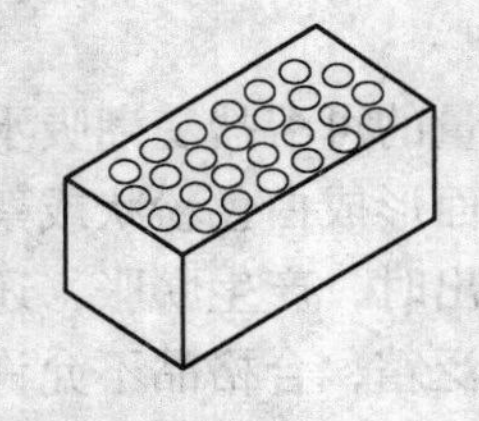

图 3-1　烧结多孔砖

15mm。为了方便施工，砖体上留有手抓孔，尺寸为（30～40mm）×（75～80mm）。

烧结多孔砖根据抗压强度分为 MU30、MU25、MU20、MU15、MU10 五个强度等级，其强度等级划分与烧结普通砖相同，见表 3-1 规定。

此外，烧结多孔砖的泛霜、石灰爆裂、抗风化性能等也应符合标准规定。

强度和抗风化性能合格的烧结多孔砖，根据其尺寸偏差、外观质量、孔型及孔洞排列、泛霜和石灰爆裂分为优等品（A）、一等品（B）、合格品（C）三个质量等级。

3.2.2.2　烧结空心砖与空心砌块

烧结空心砖原称水平孔空心砖或非承重空心砖，因其轻质、保温性好，但强度低，所以主要用于非承重部位。空心砌块的尺寸大于空心砖（详见第 12 章 12.1）。

《烧结空心砖与空心砌块》（GB 13545—2003）规定烧结空心砖与空心砌块的外形为直角六面体，其长度、宽度、高度尺寸应符合 390、290、240、190、180（175）、140、115、90mm。常见尺寸有 290mm×190mm×90mm，240mm×180mm×115mm 等。砖孔形为矩形条孔或其他形状，孔尺寸一般较大，孔洞方向平行于大面或条面，见图 3-2。

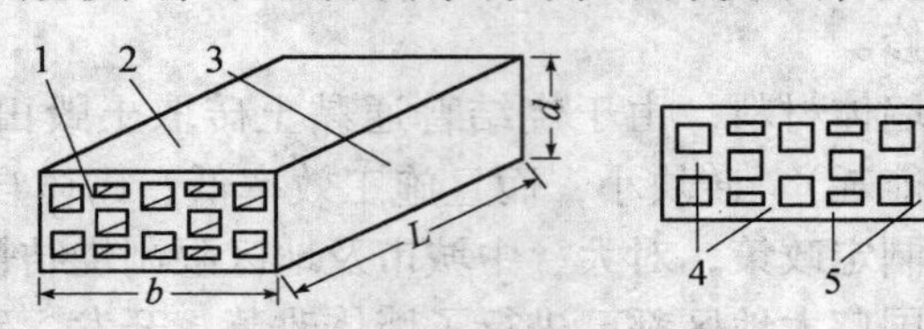

图 3-2　烧结空心砖与空心砌块

1—顶面；2—大面；3—条面；4—肋；5—壁

烧结空心砖和空心砌块根据砖大面抗压强度分为 MU10.0、MU7.5、MU5.0、MU3.0、MU2.0 五个强度等级，并根据体积密度分为 800、900、1 000、1 100 四个密度等级。烧结空心砖的强度应符合表 3-3 规定。

此外，烧结空心砖与空心砌块的泛霜、石灰爆裂、吸水率、抗风化性能、放射性物质等内容也应符合标准规定。

强度、密度、抗风化性能和放射性物质合格的烧结空心砖，根据其尺寸偏差、外观质量、孔洞排列及其结构、泛霜、石灰爆裂、吸水率分为优等品（A）、一等品（B）、合格品（C）三个质量等级。

表 3-3　烧结空心砖和烧结空心砌块主要技术要求（GB 13545—2003）

强度等级		MU10	MU7.5	MU5.0	MU3.5	MU2.5
抗压强度平均值（MPa），≥		10.0	7.5	5.0	3.5	2.5
变异系数≤0.21	抗压强度标准值（MPa），≥	7.0	5.0	3.5	2.5	1.6
变异系数>0.21	单块最小抗压强度值（MPa），≥	8.0	5.8	4.0	2.8	1.8
密度等级范围（kg/m³），≤		1 100				800
吸水率（%），≤		F 砖 A、B、C 等级分别为 20、22、24，其余砖各等级分别为 16、18、20				

将粉煤灰、聚苯乙烯泡沫微珠、植物壳等作为造孔料掺入制砖混合料中，使其在焙烧过程中分解出气体或自身燃尽而产生大量微孔，还可制成烧结微孔砖，其对烧结砖的隔热保温、吸声、隔声、抗冻等性能起到进一步的改善作用。

3.3 建筑陶瓷

建筑陶瓷（architectural pottery）是以黏土为主要原料，经配料、制坯、干燥、焙烧而制成的用于建筑工程的制品。主要品种有干压陶瓷砖、卫生陶瓷、琉璃制品等。

建筑陶瓷具有色彩鲜艳、图案丰富、坚固耐久、防火防水、耐磨耐蚀、易清洗、维修费用低等优点，是主要的建筑装饰材料之一。

3.3.1 陶瓷坯体烧结程度与坯体性质

陶瓷制品系陶器和瓷器两大类产品的总称，按其质地和烧结程度可将陶瓷坯体分为陶质、炻质和瓷质三种。

3.3.1.1 陶质坯体

烧结程度低，属于多孔坯体。其制品断面粗糙、无光，不透明，敲之声哑，孔隙率较大，吸水率 $\omega_m > 10\%$，抗冻性差，强度较低，但制品烧成收缩小，尺寸准确。其表面一般都施釉。

建筑上所用的砖瓦、陶管及某些日用盆、缸器、陶质内墙面砖常属于陶质坯体。

3.3.1.2 瓷质坯体

烧结程度充分，结构致密。其制品孔隙率较小，吸水率 $\omega_m \leqslant 0.5\%$，有一定的半透明性，断口有光泽，敲之声响，通常表面都施釉层。常用于生产陶瓷马赛克、茶具及美术陈列品。

3.3.1.3 炻质坯体

烧结程度介于陶质和瓷质坯体之间。其吸水率 ω_m 为 0.5% ~10%；炻质坯体与瓷质坯体的区别主要是炻质坯体多数都带有颜色且无半透明性。

炻质坯体按其吸水率（细密性、均匀性及粗糙程度）又分为粗炻（简称炻质）（$6\% < \omega_m \leqslant 10\%$）、细炻（$3\% < \omega_m \leqslant 6\%$）和炻瓷（$0.5\% < \omega_m \leqslant 3\%$）三大类。建筑装饰上用的外墙面砖、地面砖及陈列品等常属于炻质制品。

陶瓷制品分有釉和无釉。釉的种类很多，釉料品种和施釉方法对建筑装饰艺术效果会产生明显的影响。

3.3.2 常用建筑陶瓷

3.3.2.1 陶瓷砖（ceramic tile）

陶瓷砖根据坯体烧结程度、细密性、均匀性及粗糙程度等不同，分为陶质砖（fine earthenware tile）、炻质砖（stoneware tile）、细炻砖（fine stoneware tile）、炻瓷砖（stoneware porcelain tile）、瓷质砖（porcelain tile）五种。

1. 陶质内墙面砖（glazed tile）

陶质砖主要用于建筑物内墙、柱和其他构件表面的薄片状精陶制品。陶质内墙面砖的结构是由坯体和表面釉彩层两部分组成的。

陶质内墙面砖按釉面颜色可分为单色（包括白色）釉面砖、花色釉面砖、装饰釉面砖、图案砖和字画砖；按其正面形状可分为正方形、长方形和异形配件；陶质砖的厚度为4～5mm，长宽为75～350mm，常用的产品尺寸有150mm×150mm、300mm×200mm等。陶质内墙面砖的质量应满足《陶瓷砖　第5部分：陶质砖》（GB/T 4100.5—2006）要求。

陶质内墙面砖的特点是：色彩繁多，镶拼图案丰富，表面平整光滑，不易污染，耐水、耐蚀，易清洗，耐急冷急热。但陶质砖的抗干湿交替能力和抗冻性较差。

陶质内墙面砖主要用于浴室、厨房、厕所的墙面、台面及试验室桌面；也可用于砌筑水槽、便池。另外，经专门绘画、设计的釉面砖还可以镶成壁画，以此来提高装饰效果。

2. 陶瓷墙地砖（ceramic tile for wall and floor）

陶瓷墙地砖是指用于建筑墙面、柱面、地面等处的粗炻、细炻、炻瓷、瓷质板状陶瓷制品。陶瓷墙地砖按表面施釉分为施釉墙地砖（简称彩釉砖）和无釉陶瓷墙地砖；按其正面形状可分为正方形、长方形和异形产品；其表面有光滑、粗糙或凹凸花纹之分，有光泽与无光泽质感之分。其背面为了便于和基层黏贴牢固也制有背纹。陶瓷墙地砖的厚度为8～12mm，长宽范围为60～400mm，常用的规格有100mm×100mm、150mm×150mm、300mm×150mm等等。陶瓷墙地砖的质量应分别满足《陶瓷砖　第1部分～第4部分》（GB/T 4100.1～4—2006）的要求，劈离砖（挤压成型时双砖背联坯体，烧成后再劈离成2块砖）等挤压成型陶瓷砖的质量应符合《挤压陶瓷砖》（JC/T 457.3～4—2002）的要求。

陶瓷墙地砖的特点是色彩鲜艳、表面平整（其中用于地面的主要有红、黄、蓝、绿色，且表面光泽差，多无釉，有的带凹凸花纹），可拼成各种图案，有的还可仿天然石材的色泽和质感。墙面砖吸水率不大于10%（寒冷地区用于室外的面砖，其吸水率应小于3%），抗冻，强度高，耐磨耐蚀，防火防水，易清洗，不退色，耐急冷急热。但也有造价偏高，工效低、自重大等不足。

陶瓷墙地砖主要用于装饰等级要求较高的建筑内外墙、柱面及室内外通道、走廊、门厅、展厅、浴室、厕所、厨房及人流出入频繁的站台、商场等民用及公共场所的地面，也可用于工作台面及耐腐蚀工程的衬面等。

3.3.2.2 陶瓷马赛克（ceramic mosaic）

陶瓷马赛克（也称陶瓷锦砖）是用优质瓷土烧制而成的厚为3～4mm，形状各异的小块薄片（面积不大于$55cm^2$）陶瓷材料，多属瓷质，因其有多种颜色和多种形状图案故称锦砖。

陶瓷马赛克在出厂时，按一定的花色与图案将各单块锦砖正面铺贴在一定规格尺寸的牛皮纸上，每张大小约有300mm×300mm。单块小砖有正方、长方和其他形状，砖表面分有釉和无釉两种，按砖联拼成图案可分为单色、混色和拼花三种。其尺寸偏差，外观质量，吸水率、耐磨性、抗热震性、抗冻性、耐化学腐蚀等性能及产品质量应满足《陶瓷马赛克》（JC/T 456—2005）的规定。

陶瓷马赛克的特点是：颜色多样，图案丰富，质地坚硬，其体积密度为2 500～2 600kg/m^3，抗压强度为150～200MPa，莫氏硬度为6～7，吸水率不大于0.2%（有釉锦砖不大于1.0%），适用于-40～100℃的环境，且耐酸耐碱，耐火耐磨，抗冻抗渗，防滑易洗，永不退色。

陶瓷马赛克主要用于建筑外墙面及室内地面，起保护与装饰作用。与墙地砖相比，具有耐久、砖块薄、自重轻、造价较低等优点。用于装饰地面时，由于表面缝格较多，使用一段时间后，缝格内污染严重且清理麻烦，因而卫生间、厨房地面，特别是较讲究的宾馆等公共场所，近年来已逐渐用大尺寸的墙地砖代替锦砖。

3.3.2.3　琉璃制品（liuli product）

琉璃制品是以难熔黏土作原料，经成型、素烧，表面涂琉璃釉料后，再经烧制而成的制品。其釉料是以石英、铅丹为主要原料，加入着色剂而成的。釉色有金、黄、蓝、绿、紫等颜色。

琉璃制品是我国独有的建筑装饰材料，由于多用于园林建筑中，故有园林陶瓷之称。其产品有琉璃瓦、琉璃砖、琉璃兽及各种琉璃部件（花窗、栏杆等）及室内陈设工艺品等。

琉璃制品是富有中国民族传统特色的装饰材料，其不仅造型古朴，历史悠久，而且具有绚丽色彩，表面光滑，不易污染，质地坚硬，使用耐久。其产品质量应满足《建筑琉璃制品》（JC/T 765—2006）的规定。

琉璃制品用于具有中国特色建筑的屋面装修，常用于檐口、墙壁、柱头及欲美化的各部位。但由于其成本甚高，因而现在仅限用于古建筑的修复，纪念建筑及园林建筑中的亭、台、楼、阁等。

3.4　玻璃及其制品

玻璃是各种建筑材料中唯一能用透光性来控制和隔断空间的材料。现代建筑的发展趋势之一就是越来越多地采用大面积的玻璃窗，甚至玻璃幕墙体及玻璃构件，这使得玻璃及其制品由过去单纯作为采光和装饰功能，逐步向控制光线、调节热量、节约能源、控制噪声、降低建筑自重、改善建筑环境，提高建筑艺术等功能发展。在建筑工程和室内装修、装饰工程中，玻璃已逐渐发展成为一种重要的建筑材料。

玻璃的种类很多，按化学成分可分为钠钙玻璃、铝镁玻璃、钾玻璃、硼硅玻璃、铅玻璃和石英玻璃等。按功能可分为普通及装饰平板玻璃、压花玻璃、安全玻璃、特种玻璃及玻璃制品。

3.4.1　玻璃的基本知识

3.4.1.1　玻璃的组成

玻璃是以石英砂、纯碱、石灰石等作为主要原料，并加入某些辅助性材料（包括助熔剂、脱色剂、着色剂、乳浊剂、澄清剂等），经高温熔融、成型、冷却而成的具有一定形状和固体力学性质的无定形体（非结晶体）。玻璃的化学成分很复杂，并对玻璃的力学、热学、光学性能起着决定性作用。建筑玻璃的主要化学组成为 SiO_2、Na_2O、CaO 等。

3.4.1.2　玻璃的性质

玻璃属于均质非晶体材料，具有各向同性的特点。常用建筑玻璃的密度为 2.6g/cm^3。普通窗用玻璃的抗压强度为 600 ~ 1 600MPa，抗拉强度（f_t）为 40 ~ 120MPa（约是抗压强度的 1/14 ~ 1/15），弹性模量（E）为 60 000 ~ 70 000MPa，莫氏硬度为 4 ~ 7。

脆性是玻璃的主要缺点。脆性大小可用脆性指数（弹性模量与抗拉强度之比，即 E/f_t）来评定。脆性指数越大，说明玻璃越脆。玻璃的脆性指数为 1 300 ~ 1 500（橡胶为 0.4 ~ 0.6，钢材为 400 ~ 600，混凝土为 4 200 ~ 9 350）。

透明性和透光性是玻璃的重要光学性质。常用的厚度为 2 ~ 6mm 窗用玻璃，其光透射比不小于82%～88%。玻璃组成中，氧化硅、氧化硼可提高其透明性，而氧化铁会使透明性降低。

玻璃的导热系数与热膨胀系数与化学组成有关。普通玻璃的导热系数较低[常温下为0.4～0.82W/(m·K)]，而热膨胀系数较大[(9～15)×$10^{-6}K^{-1}$]，普通玻璃耐急冷急热性差。

玻璃具有较高的化学稳定性，其耐酸性强，能抵抗除氢氟酸以外的多种酸类的侵蚀，但是，碱液和金属碳酸盐能溶蚀玻璃。

3.4.1.3　玻璃中的缺陷

玻璃属于均质的非晶态材料，但由于生产工艺等影响，有时可能会含有一定的缺陷。玻璃内由于各种夹杂物的存在而影响玻璃体均匀性，称为玻璃体的缺陷。在实际生产中，理想的均质玻璃是极少的，容许非均匀性的程度取决于玻璃的用途，装饰玻璃及特殊功能的玻璃对缺陷控制很严。玻璃的缺陷不仅使玻璃质量大大降低，影响装饰效果，甚至严重影响玻璃的进一步成型和加工，以至于形成大量的废品。

玻璃产生缺陷的原因是多种多样的，按缺陷状态不同，可分成三大类：

(1) 气泡（气泡夹杂物）　在制品生产过程中产生的可见气体夹杂物（直径由零点几毫米到几毫米)。气泡不仅影响玻璃的外观质量，更会影响玻璃的透明度和机械强度。

(2) 结石（固体夹杂物）　玻璃体内最危险的缺陷，它不仅破坏制品的外观和光学均一性，而且使制品的机械强度和热稳定性降低，甚至会使其表面出现放射状裂纹或自行碎裂，使制品使用价值降低。玻璃制品中，通常不允许结石存在。

(3) 波筋　透明平板玻璃呈现出的条纹和波纹，通常与玻璃拉引的方向平行。波筋是由于玻璃液组成或温度不均，或成形时冷却不均，或因槽口不平整等原因引起的。它属于一种较普遍的玻璃不均匀性的缺陷。对一般玻璃制品，在不影响使用性能的情况下，可允许存在一定程度的不均匀性。

3.4.2　常用建筑玻璃

3.4.2.1　平板玻璃（flat glass）

平板玻璃是片状无机玻璃的总称，建筑用的平板玻璃属于钠钙玻璃。

平板玻璃的传统成型法为“引上法”，该法是采用一定措施，用垂直引上机将玻璃液向上引成玻璃带，引上的玻璃带按一定的热工制度进行冷却和退火，经切割即得平板玻璃。此法生产的玻璃质量不够理想，20世纪60年代后，浮法生产玻璃工艺在世界范围内发展起来。所谓“浮法”生产就是将玻璃液从熔炉中连续流入锡槽内，浮在干净的锡液上成为厚度均匀、上下两面平行和光洁的玻璃带，冷却硬化后，再经退火，切割即得浮法玻璃（float glass)。近几年来，由于浮法玻璃生产发展迅速，我国平板玻璃年产量已跃居世界首位。与引上法玻璃相比，浮法玻璃具有表面平整、光洁，接近机械磨光玻璃的水平。

平板玻璃是建筑玻璃中用量最大的一种，它包括如下几种。

1. 普通平板玻璃（sheet glass）及浮法玻璃

平板玻璃也称平光玻璃或净片玻璃，简称玻璃，是未经研磨加工的平板玻璃。主要用于建筑物的门窗、墙面、屋面采光、室外装饰等，起着透光、隔热、隔声、挡风和防护的作用，也可用于商店柜台、橱窗的门窗等。

窗用平板玻璃的厚度一般有2、3、4、5、6mm五种（GB 4871—1995)，其中2、3mm厚的，常用于民用建筑；4～6mm厚的，主要用于工业及高层建筑。浮法玻璃可有2、3、4、5、6、8、10、12、15、19mm厚的十种（GB 11614—1999)。普通窗用玻璃无色而透明，并有多种规格，其计量单位为标准箱，少量的可用 m^2 计算。标准箱（又称基准任务箱），其概念是厚度为2mm 的窗用平板玻璃每 $10m^2$ 为一个标准箱（约重 40~50kg），其他厚度者按标准规定折算。

普通窗用玻璃按外观质量可分为特等品、一等品、二等品。

2. 磨砂玻璃（ground glass）

磨砂玻璃也称毛玻璃（frosted glass），是用机械喷砂，手工研磨或使用氢氟酸溶液等方法，将普通平板玻璃表面处理为均匀毛面而成的。该玻璃表面粗糙，使光线产生漫反射，具有透光不透视的特点，且使室内光线柔和。除透明度以外，磨砂玻璃的规格、质量等均与窗用玻璃相同，它常被用于卫生间、浴室、厕所、办公室、走廊等处的隔断。

3. 着色玻璃（colored glass）

着色玻璃也称彩色玻璃，分透明和不透明两种。前者是在玻璃原料中加入一定量着色剂（为金属氧化物）而成的；后者是将 4~6mm 厚的玻璃切成所要求的形状和尺寸，经清洗、喷釉、烘烤、退火而成的。该玻璃具有耐腐蚀、抗冲刷、易清洗等优点，并可拼成各种图案和花纹。适用于门窗、内外墙面及对光有特殊要求的采光部位。其质量应满足《着色玻璃》（GB/T 18071—2002）的要求。

4. 彩绘玻璃（stained glass）

彩绘玻璃是一种用途广泛的高档装饰玻璃产品。屏幕彩绘技术能将原画逼真地复制到玻璃上，这是其他装饰方法和材料很难比拟的。它不受玻璃厚度、规格大小的限制，可在平板玻璃上作出各种透明度的色调和图案，而且彩绘涂膜附着力强，耐久性好，可擦洗，易清洁。彩绘玻璃可用于家庭、写字楼、商场及娱乐场所的门窗、内外幕墙、天棚吊顶、灯箱、壁饰、家具、屏风等，利用其不同的图案和画面来达到较高艺术情调的装饰效果。

5. 玻璃镜

玻璃镜是室内装饰必不可少的材料。其可映照人及景物，扩大室内视野和空间，增加室内明亮度。可采用高质量浮法平板玻璃及真空镀铝或镀银的镜面。可用于建筑物（尤其是窄小空间）的门厅、柱子、墙壁、天花板等部位的装饰。

3.4.2.2 压花玻璃（figured glass）

压花玻璃也称花纹玻璃或滚花玻璃，是用无色或有色玻璃液，通过刻有花纹的滚筒连续压延而成的带有花纹图案的平板玻璃。其质量应满足《压花玻璃》（JC/T 511—2002）的要求。

压花玻璃的特点是透光（光透射比为 60%~70%），不透视，表面凹凸的花纹不仅漫射、柔和了光线，而且具有很高的装饰性。在压花玻璃有花纹的一面，经气溶胶喷涂或经真空镀膜、彩色镀膜后，具有良好的热反射能力，立体感丰富，给人一种华贵、明亮的感觉，若恰当地配以灯光后，装饰效果更佳。

应用时注意，花纹面朝向室内侧，透视性要考虑花纹形状。压花玻璃适用于对透视有不同要求的室内各种场合的内部装饰和分隔，也可用于加工屏风、台灯等工艺品和日用品。

3.4.2.3 安全玻璃（safety glass）

安全玻璃通常是对普通玻璃增强处理，或者和其他材料复合或采用特殊成分制成的。安全玻璃常包括如下品种：

1. 钢化玻璃（tempered glass, or heat-strengthened glass）

将平板玻璃加热到接近软化温度后，迅速冷却使其骤冷或用化学法对其进行离子交换而成的，前者称为物理钢化玻璃（简称钢化玻璃），后者称为化学钢化玻璃。两者的质量应分别满足《建筑用安全玻璃　第二部分：钢化玻璃》（GB 15763.2—2005）、《化学钢化玻璃》（JC/T 977—2005）的要求。钢化处理使得玻璃表面形成压力层，因而比普通玻璃抗弯强度提高约5～6倍，抗冲击强度提高约3倍，韧性提高约5倍。

物理钢化玻璃在碎裂时，不会形成锐利棱角的大碎块，而成为圆钝的小块，因而不伤人。化学钢化玻璃在破碎时仍形成有锐利棱角的大碎块，不属于安全玻璃。物理钢化玻璃不能裁切，需按要求加工，可制成磨光钢化玻璃、吸热钢化玻璃，用于建筑物门窗、隔墙及公共场所等防震、防撞部位。弯曲的物理钢化玻璃主要用于大型公用建筑的门窗，工业厂房的天窗及汽车窗玻璃。

2. 夹层玻璃（laminated glass）

夹层玻璃是将两片或多片平板玻璃用透明塑料薄片，经热压粘合而成的平面或弯曲的复合玻璃制品。玻璃原片可采用磨光玻璃、浮法玻璃、有色玻璃、吸热玻璃、热反射玻璃、钢化玻璃等。其质量应满足《夹层玻璃》（GB 9962—1999）的规定。

夹层玻璃的特点是安全性好，这是由于中间粘合的塑料衬片使得玻璃破碎时不飞溅，只是产生辐射状裂纹，不伤人，也因此使其抗冲击强度大大高于普通玻璃。另外，使用不同玻璃原片和中间夹层材料，还可获得耐光、耐热、耐湿、耐寒等特性。

夹层玻璃适用于安全性要求高的门窗，如高层建筑的门窗，大厦、地下室的天窗，银行等建筑的门窗，商品陈列柜及橱窗等防撞部位。

3. 夹丝玻璃（wired glass）

夹丝玻璃是将普通平板玻璃加热到红热软化状态后，再将预热处理的金属丝或金属网压入玻璃中而成。其表面可是压花或磨光的，有透明或彩色的。其质量应满足《夹丝玻璃》[JC 433—1991(1996)] 的规定。

夹丝玻璃的特点是安全性好，这是由于夹丝玻璃具有均匀的内应力和抗冲击强度，因而当玻璃受外界因素（地震、风暴、火灾等）作用而破碎时，其碎片能粘在金属丝（网）上，防止碎片飞溅伤人。此外，该玻璃还具有隔断火焰和防止火灾蔓延的作用。

夹丝玻璃适用于震动较大的工业厂房门窗、屋面、采光天窗、需要安全防火的仓库、图书馆门窗、建筑物复合外墙及透明栅栏等。

4. 防火玻璃（fire-resistant glass）

防火玻璃是指在规定的耐火试验中能够保持其完整性和隔热性的特种玻璃。防火玻璃按其结构分为防火夹层玻璃、薄涂型防火玻璃、防火夹丝玻璃。

防火夹层玻璃是以普通平板玻璃、浮法玻璃、钢化玻璃作原片，用特殊的透明塑料胶合二层或二层以上原片玻璃而成。当遇到火灾作用时，透明塑料胶层因受热而发泡膨胀并炭化。发泡膨胀的胶合层起到粘结二层玻璃板的作用和隔热作用，从而保证玻璃板碎片不剥离或不脱落，达到隔火和防止火焰蔓延的作用。

薄涂型防火玻璃是在玻璃表面喷涂防火透明树脂而成。遇火时防火树脂层发泡膨胀并炭化，从而起到阻止火灾蔓延的作用。

防火玻璃在平时是透明的，其性能与夹层玻璃基本相同，即具有良好的抗冲击性和抗穿透性，破坏时碎片不会飞溅，并具有较高的隔热、隔声性能。受火灾作用时，在初期防火玻璃仍为透明的，人们可以通过玻璃看到内部着火部位和火灾程度，为及时准确地灭火提供准确的火灾报告。当火灾逐步严重，温度较高时，防火玻璃的透明塑料夹层因温度较高而发泡膨胀，并炭化成为很厚的不透明的泡沫层，从而起到隔热、隔火、防火作用。防火玻璃的缺点是厚度大、自重大。防火玻璃可用于各类防火门窗、防火隔断等。

前面所述的具有一定耐火极限的夹丝玻璃也属于防火玻璃中的一种，但其防火机理与此处所述的防火夹层玻璃、薄涂型防火玻璃完全不同。

防火玻璃应符合《防火玻璃》（GB 15763—1995）和《建筑用安全玻璃　第一部分：防火玻璃》（GB 15763.1—2001）的要求。

5. 防盗玻璃（steal-resisting glass）

夹层玻璃的特殊品种，一般是采用钢化玻璃、特厚玻璃、增强有机玻璃、磨光夹丝玻璃等以树脂胶胶合而成的多层复合玻璃，并在中间层嵌入导线和敏感探测元件等接通报警装置。

3.4.2.4　特种玻璃

特种玻璃是兼具采光、调节光线、调节热量进入或散失、防止噪音、增加装饰效果、改善居住环境、降低空调能耗及降低建筑物自重等多种功能的建筑玻璃。

1. 吸热玻璃（heat absorbing glass）

吸热玻璃是在玻璃液中引入有吸热性能的着色剂（氧化铁、氧化镍等）或在玻璃表面喷镀具有吸热性的着色氧化物（氧化锡、氧化锑等）薄膜而成的平板玻璃。吸热玻璃一般呈灰、茶、蓝、绿、古铜、粉红、金等颜色，它既能吸收70%以下的红外辐射能，又保持良好的光透射比及吸收部分可见光、紫外线的能力，具有防眩光、防紫外线等作用。其质量应满足《吸热玻璃》（JC/T 536—1994）的要求。

吸热玻璃适用于既需要采光，又需要隔热之处，尤其是炎热地区，需设置空调、避免眩光的大型公共建筑的门窗、幕墙、商品陈列窗，计算机房及火车、汽车、轮船的风挡玻璃，还可制成夹层、中空玻璃等制品。

2. 阳光控制镀膜玻璃（solar control coated glass）

旧称热反射玻璃（heat reflecting glass）是玻璃表面用热蒸发、化学等方法喷涂金、银、铝、铜、镍、铬、铁等金属或金属氧化物膜而制成的镀膜玻璃，其质量应符合《镀膜玻璃　第1部分：阳光控制镀膜玻璃》（GB/T 14915.1—2002）的要求。

阳光控制镀膜玻璃对太阳光具有较高的热反射能力，太阳能总透射比低，一般太阳能总反射比都在30%以上，最高可达60%左右，且又保持了良好的透光性，是现代最有效的防太阳玻璃，适合在南方炎热地区使用。

阳光控制镀膜玻璃具有单向透视性，其迎光面有镜面反射特性，它不仅有美丽的颜色，而且可映射周围景色，使建筑物和周围景观相协调。其玻璃背光面与透明玻璃一样，能清晰地看到室外景物。

阳光控制镀膜玻璃适用于现代高级建筑的门窗、玻璃幕墙、公共建筑的门厅和各种装饰性部位，用它制成双层中空玻璃和组成带空气层的玻璃幕墙，可取得极佳的隔热保温及节能效果。但城市中过多使用阳光控制镀膜玻璃会造成光污染。

3. 低辐射镀膜玻璃（low emissivity coated glass）

低辐射镀膜玻璃，又称低辐射玻璃（Low-E）、低发射率膜玻璃、保温镀膜玻璃，是一种对近红外光具有较高透射比，而对远红外光具有很高反射比的玻璃。其质量应符合《镀

膜玻璃 第2部分：低辐射镀膜玻璃》（GB/T 14915.2—2002）的要求。

低辐射镀膜玻璃能使太阳光中的近红外光透过玻璃进入室内，有利于提高室内的温度，而被太阳光加热的室内物体所辐射出的4.5～25μm的远红外光则几乎不能透过镀膜向室外散失，因而低辐射镀膜玻璃具有良好的太阳光取暖效果。低辐射镀膜玻璃对可见光具有很高的透射比（75%～90%），能使太阳光中的可见光透过玻璃，因而具有极好的自然采光效果。此外，低辐射镀膜玻璃对紫外光也具有良好的吸收作用。

低辐射镀膜玻璃在使用时一般均被加工成中空玻璃（内层玻璃为低辐射玻璃，且膜面向外；外层玻璃为普通玻璃或其他玻璃），此种中空玻璃（3+A12+3）的传热系数约为1.70W/(m^2·K)，较同结构的普通中空玻璃的传热系数低43%左右。由于低辐射镀膜玻璃具有良好的太阳光取暖效果和保温效果，因而特别适合用于寒冷地区的建筑门窗等，它可明显提高室内温度，降低采暖费用。

4. 光致变色玻璃（photochromic glass）

光致变色玻璃是在玻璃中加入卤化银，或在玻璃与有机夹层中加入钼和钨的感光化合物可获得光致变色玻璃。

光致变色玻璃受太阳或其他光线照射时，其颜色会随光线的增强而逐渐变暗，停止照射后，其又可自动恢复至原来的颜色。其玻璃的着色、退色是可逆的，而且耐久，并可达到自动调节室内光线的效果。

光致变色玻璃主要用于要求避免眩光和需要自动调节光照强度的建筑物门窗。

特种玻璃还有防X射线玻璃（X-ray protective glass）、电热玻璃（electro-heated glass）、电致变色玻璃（electrochromic glass）等品种，在这里就不一一详细介绍了。

3.4.3 常用玻璃制品

3.4.3.1 中空玻璃（sealed insulating glass unit）

中空玻璃是用两层或两层以上平板玻璃，周边用边框隔开，四周用高强度、高气密性复合粘结剂将边框与玻璃粘结在一起，中间充以干燥空气。按玻璃层数可分双层和多层中空玻璃两大类，其中空气层厚6mm、9mm、12mm，玻璃原片厚3～6mm，并可根据要求选用浮法、压花、彩色、热反射、夹丝、钢化等各种不同性质的玻璃做原片。其质量应满足《中空玻璃》（GB 11944—2002）的规定。常用中空玻璃为双层（如3+A12+3，表示两张3mm玻璃和12mm空气层结构，其余类推）和三层（3+A12+3+A 12+3）中空玻璃。

中空玻璃具有良好的隔热保温性和隔声性，这是由其中间空腔所决定的。若在玻璃间充以各种漫射光材料或电介质，则可获得更好的声控、光控、隔热、节能等效果。另外，制品中间的干燥空气层以及干燥剂能使中空玻璃门窗在严冬条件下不出现结露或结霜。

中空玻璃广泛用于各类有采暖、空调、防止噪音、防结露建筑物等的门窗。

3.4.3.2 空心玻璃砖（hollow glass block）

空心玻璃砖是指用箱或模具压制成的两块凹形玻璃，经熔接或胶接成整体，并带有密封空腔的块状玻璃制品，其空腔内充满干燥空气，侧面可涂彩釉或彩色涂层。产品应符合《空心玻璃砖》（JC/T 1007—2006）的要求。

空心玻璃砖具有透光不透视、保温隔声、密封性强、不透灰、不结露、能短期隔断火焰、抗压耐磨、光洁明亮、图案精美、化学稳定性强等特点。

空心玻璃砖主要用于砌筑公共建筑的透光屋面、透光墙壁及非承重结构的内外隔墙及地面，特别适用于有较高艺术要求的建筑装饰，它可用于整面墙体，也可点缀某个部位，是一种高档华贵、具有现代风格的装饰材料。

3.4.3.3 玻璃纤维（glass fibre）与玻璃棉（glass wool）

玻璃纤维是指高温熔融状玻璃，在拉引力、离心力或喷吹力的作用下形成的极细的纤维状或丝状的玻璃材料。其中纤维短（150mm以下）、组织蓬松、类似棉絮的，称为玻璃棉。玻璃纤维按纤维长度分为连续玻璃纤维、定长玻璃纤维、短切玻璃纤维和玻璃棉。

玻璃纤维的特点是强度高，其抗拉强度可达1 500～4 000MPa，柔韧性好，弹性模量大，化学稳定性好，耐高温性好（不燃，使用温度可达250～450℃），电绝缘性好，吸湿性小，隔热保温性好，吸声性好。其中玻璃棉体积密度为80～100kg/m^3，导热系数低于0.035W/(m·K)。

玻璃纤维经过纺织加工，可制成各种玻璃纤维纱、布、带、薄毡、棉毡、针刺毡、棉板、棉纸等制品。玻璃纤维主要用作水泥、混凝土、树脂等的增强材料。玻璃棉制品可用于保温、吸声等结构，相应需满足《建筑绝热用玻璃棉制品》（GB/T 17795—1999）、《吸声用玻璃棉板》（JC/T 469—2005）的要求。

3.5 铸石、岩棉与矿棉

3.5.1 铸石（cast stone）

铸石是一种硅酸盐结晶材料，它是以玄武岩、辉绿岩等天然岩石或某些工业废料（冶金炉渣、煤矸石等）为主要原料，经配料、熔融、浇注成型及热处理（结晶与退火）等工序而得的产品。铸石是浇铸石或铸造岩石的简称，但它与天然岩石不同，它是将多种矿相的天然岩石变为基本上是单一矿相的无机材料，即所谓工艺岩石。其产品质量应满足《铸石制品》[JC/T 514.1～3—1993(1996)]、《单一玄武岩铸石》（JC/T 514—2001）的要求。

铸石与其他材料相比，具有高度的耐磨性和化学稳定性。其耐磨性在一定条件下比合金钢、普通钢、铸铁高几倍、十几倍，甚至几十倍。在化学稳定性方面，除氢氟酸和过热磷酸外，铸石的耐酸、耐碱度都在96%以上。铸石的体积密度为2 900～3 000kg/m^3，吸水率（玄武岩铸石）<0.03%，抗压强度为800～900MPa，抗弯强度为45～75MPa，抗拉强度为30～35MPa，莫氏硬度为7～8。

铸石制品也与其他无机非金属材料一样，有着性脆，耐急冷急热性差，抗拉、抗弯强度及冲击韧性低等缺点。

铸石制品按产品的规格可分为铸石板、铸石管、其他异型制品和铸石粉，其产品性质决定于其化学与矿物组成。使用铸石制品，可节约大量金属材料及其他贵重材料，能解决许多生产关键问题。铸石作为耐磨、耐腐蚀材料，广泛应用于机械、化工、建材矿山、电力等行业，铸石产品已成为我国国民经济中的一种重要工业材料。

3.5.2 岩棉（rock wool）与矿渣棉（mineral wool）

矿棉是用岩石（玄武岩）或高炉矿渣的熔融体，以压缩空气或蒸汽喷成的玻璃质纤维材料。以玄武岩为主的，称为岩棉；以矿渣为主的，称为矿渣棉，它们的生产工艺和成品性能相近，所以统称为矿物棉或矿棉。用于建筑保温隔热、吸声的矿物棉应分别满足《建筑用岩棉、矿渣棉绝热制品》（GB/T 19686—2005）、《矿物棉装饰吸声板》（JC/T 670—2005）的要求。

矿物棉的体积密度与纤维直径有关，如一级品矿棉，在19.6kPa压力下，其体积密度在100kg/m^{3}以下，导热系数小于0.044W/(m·K)。岩棉最高使用温度为700℃，矿渣棉为600℃，且其有优良的绝热保温性和吸声性。

岩棉和矿渣棉可直接用于各种填充保温，但大多数情况将它们用沥青、酚醛树脂等胶结成型材（板材、管壳等），用于隔热保温或吸声工程。

思考题与习题

1. 什么是欠火砖、过火砖、红砖、青砖、内燃砖、烧结粉煤灰砖、烧结多孔砖、烧结空心砖、烧结普通砖？
2. 为什么要用烧结多孔砖、烧结空心砖及新型轻质墙体材料替代烧结普通（黏土）砖？烧结多孔砖与烧结空心砖的孔形特点及其主要用途是什么？
3. 按烧结程度将建筑陶瓷坯体分几种？其性质如何?。
4. 什么是釉？其作用是什么?。
5. 各品种建筑玻璃的特点是什么？主要应用有哪些？
6. 铸石有什么优点？其主要应用有哪些？
7. 岩棉、矿渣棉的主要特性及应用有哪些？

4 气硬性无机胶凝材料

工程中将能够把散粒材料或块状材料粘结成一个整体的材料称为胶凝材料（cementitious material, or binder, binding material）。按化学成分，将胶凝材料分为有机胶凝材料和无机胶凝材料。有机胶凝材料常用的有各种沥青、树脂、橡胶等。无机胶凝材料按硬化条件分为气硬性胶凝材料（non-hydraulic cementitious material）和水硬性胶凝材料（hydraulic cementitious material）。气硬性胶凝材料只能在空气中凝结硬化，也只能在空气中保持和发展其强度，即气硬性胶凝材料的耐水性差，不宜用于潮湿环境；水硬性胶凝材料则既能在空气中硬化，又能在水中更好地硬化，并保持和发展其强度，即水硬性胶凝材料的耐水性好，可用于潮湿环境或水中。常用的气硬性胶凝材料有石膏、石灰、水玻璃、镁质胶凝材料等，常用的水硬性胶凝材料统称为水泥。

4.1 建筑石膏

石膏（gypsum）是以硫酸钙为主要成分的传统气硬性胶凝材料之一。我国石膏资源丰富，且分布较广，兼之建筑性能优良、制作工艺简单，因此近年来石膏板、建筑饰面板等石膏制品发展很快，已成为极有发展前途的新型建筑材料之一。

4.1.1 *石膏的生产与主要品种*

生产石膏的原料主要是含硫酸钙的天然石膏（又称生石膏）或含硫酸钙的化工副产品和废渣（如磷石膏、氟石膏、硼石膏等），其化学式为 $CaSO_4 \cdot 2H_2O$，也称二水石膏（dihydrate gypsum）。常用天然二水石膏。

石膏的生产工序主要是破碎、加热与磨细。因原材料质量不同、煅烧时压力与温度不同，可得到不同品种的石膏。

4.1.1.1 建筑石膏（calcined gypsum）

将天然二水石膏在石膏炒锅或沸腾炉内煅烧（温度控制在107～170℃范围），脱水成为细小晶体的β型半水石膏（semi-hydrated gypsum）（亦称熟石膏），再经磨细制得。其反应式为：

$$CaSO_4 \cdot 2H_2O \xrightarrow{107\sim170℃} CaSO_4 \cdot \frac{1}{2}H_2O + 1\frac{1}{2}H_2O$$

建筑石膏呈白色或白灰色粉末，密度为2.6～2.75g/cm^3，堆积密度为800～1 000kg/m^3。多用于建筑抹灰、粉刷、砌筑砂浆及各种石膏制品。

4.1.1.2 模型石膏

模型石膏也为β型半水石膏，但杂质少、色白。主要用于陶瓷的制坯工艺，少量用于装饰浮雕。

4.1.1.3 高强度石膏（high strength gypsum）

将二水石膏在0.13Pa大气压（124℃）的密闭压蒸釜内蒸炼脱水成为α型半水石膏，再经磨细制得。与β型半水石膏相比，α型半水石膏的晶体粗大且密实，达到一定稠度所需的用水量小（是石膏干重的35%～45%），只是建筑石膏的一半左右，因此这种石膏硬化后结构密实、强度较高，硬化7d时的强度可达15～40MPa。

高强度石膏的密度为2.6～2.8g/cm^3，堆积密度为1 000～1 200kg/m^3。由于其生产成本较高，因此主要用于要求较高的抹灰工程、装饰制品和石膏板。另外掺入防水剂还可制成高强度防水石膏；加入有机材料如聚乙烯醇水溶液、聚醋酸乙烯乳液等，亦可配成无收缩的粘结剂。

4.1.1.4 粉刷石膏

粉刷石膏是天然二水石膏或废石膏经适当工艺所得到的粉状生成物（包括半水石膏型、无水石膏型和混合相型），配以适量的缓凝剂、保水剂等化学外加剂而制成的抹灰用胶结料（JC/T 517—2004）。它具有节省能源、凝结快（初凝≮1h，终凝≯8h）、施工周期短、粘结力好、不裂、不起鼓、表面光洁、防火性能好、自动调节湿度等优异性能且可机械化施工，因此是一种大有发展前途的抹灰材料。

石膏的品种虽很多，但在建筑中应用最多的为建筑石膏。

4.1.2 建筑石膏的凝结与硬化

4.1.2.1 建筑石膏的水化（hydration）

建筑石膏加水拌合后，与水发生水化反应（简称水化）：

$$CaSO_4 \cdot \frac{1}{2}H_2O + \frac{3}{2}H_2O \longrightarrow CaSO_4 \cdot 2H_2O$$

建筑石膏加水后，首先溶解于水，然后发生上述反应，生成二水石膏。由于二水石膏的溶解度较半水石膏的溶解度小许多，所以二水石膏不断从过饱和溶液中沉淀析出。二水石膏的析出促使上述反应不断进行，直至半水石膏全部转变为二水石膏为止。这一过程进行得较快，大约需7～12min。

4.1.2.2 建筑石膏的凝结与硬化（setting and hardening）

随着水化的不断进行，生成的二水石膏胶体微粒不断增多，这些微粒较原来的半水石膏更加细小，比表面积很大，吸附着很多的水分；同时浆体中的自由水由于水化和蒸发而不断减少，浆体的稠度不断增加，胶体微粒间的搭接、粘结逐步增加，颗粒间产生摩擦力和粘结力，使浆体逐步推动可塑性，即浆体逐渐产生凝结。随着水化的不断进行，二水石膏胶体微粒凝聚并转变为晶体。晶体颗粒逐渐长大，且晶体颗粒间相互搭接、交错、共生（二个以上晶粒生长在一起），使浆体失去可塑性，产生强度，即浆体产生了硬化，见图4-1。这一过程不断进行，直至浆体完全干燥，强度不再增加。此时浆体已硬化成为人造石材。

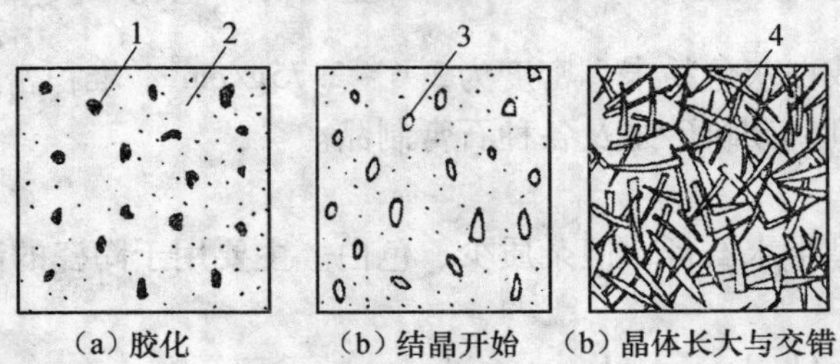

图4-1 建筑石膏凝结硬化示意图

1—半水石膏；2—二水石膏胶体微粒；3—二水石膏晶体；4—交错的晶体

浆体的凝结硬化过程是一个连续进行的过程。将从加水开始拌合一直到浆体刚开始失去可塑性的过程称为浆体的初凝（initial setting），对应的这段时间称为初凝时间；将从加水拌合开始一直到浆体完全失去可塑性，并开始产生强度的过程称为浆体的终凝（final setting），对应的这段时间称为浆体的终凝时间。

4.1.3 建筑石膏的技术要求

建筑石膏根据强度、细度（fineness）和凝结时间（time of setting）三项技术指标划分为优等品、一等品和合格品三个等级，各等级的技术要求见表4-1。

表4-1 建筑石膏各等级的技术要求（GB 9776—1988）

技术指标		优等品	一等品	合格品
抗折强度（MPa），≮		2.5	2.1	1.8
抗压强度（MPa），≮		4.9	3.9	2.9
细度（0.2mm方孔筛筛余，%），≯		5.0	10.0	15.0
凝结时间（min）	初凝≮	6		
	终凝≯	30		

注：表中强度为2h强度。

4.1.4 建筑石膏及其制品的性质

建筑石膏与其他胶凝材料相比有如下特点：

1. 凝结硬化快

建筑石膏在加水拌合后，浆体在几分钟内便开始失去可塑性，30min内完全失去可塑性而产生强度，2h可达3～6MPa。由于初凝时间短，造成施工成型困难，一般在使用时均需加硼砂或柠檬酸、亚硫酸盐纸浆废液、动物胶（需用石灰处理过）等缓凝剂，掺量为0.1%～0.5%，以延缓其初凝时间。掺缓凝剂后，石膏制品的强度将有所降低。

2. 凝结硬化时体积微膨胀

石膏浆体在凝结硬化初期会产生微膨胀，膨胀率为0.5%～1.0%。这一性质使石膏制品的表面光滑、细腻，尺寸精确、形体饱满、装饰性好，因而特别适合制作建筑装饰制品。

3. 孔隙率大、体积密度小

建筑石膏在拌合时，为使浆体具有施工要求的可塑性，需加入建筑石膏用量的60%～80%的用水量，而建筑石膏水化的理论需水量为18.6%，所以大量的自由水在蒸发时，在建筑石膏制品内部形成大量的毛细孔隙。其孔隙率达50%～60%，体积密度为800～1 000kg/m^3，属于轻质材料。

4. 保温性和吸声性好

建筑石膏制品的孔隙率大，且均为微细的毛细孔，所以导热系数小，一般为0.12～0.20W/(m·K)。大量的毛细孔隙对吸声有一定的作用，特别是穿孔石膏板（板中有贯穿的孔径为6～12mm的孔眼）对声波的吸收能力强。

5. 强度较低

建筑石膏的强度较低，但其强度发展较快，2h的抗压强度可达3～6MPa，7d抗压强度为8～12MPa（接近最高强度）。

6. 具有一定的调湿性

由于石膏制品内部的大量毛细孔隙对空气中的水蒸气具有较强的吸附能力，所以对室内的空气湿度有一定的调节作用。

7. 防火性好、但耐火性差

建筑石膏制品的导热系数小，传热慢，且二水石膏受热脱水产生的水蒸气能阻碍火势的蔓延，起到防火作用。但二水石膏脱水后，强度下降，因而不耐火。

8. 耐水性、抗渗性、抗冻性差

建筑石膏制品孔隙率大，且二水石膏可微溶于水，遇水后强度大大降低，其软化系数只有0.2～0.3，是不耐水的材料。为了提高建筑石膏及其制品的耐水性，可以在石膏中掺入适当的防水剂（如有机硅防水剂），或掺入适量的水泥、粉煤灰、磨细粒化高炉矿渣等。

4.1.5 建筑石膏的应用

建筑石膏的用途很广，主要用于室内抹灰、粉刷和生产各种石膏板等。

4.1.5.1 室内抹灰和粉刷

由于建筑石膏的优良特性，常被用于室内高级抹灰和粉刷。建筑石膏加水、砂及缓凝剂拌合成石膏砂浆，用于室内抹灰或直接采用粉刷石膏进行室内抹灰。抹灰后的表面光滑、细腻、洁白美观。石膏砂浆也作为油漆等的打底层，并可直接涂刷油漆或粘贴墙布或墙纸等。建筑石膏加水及缓凝剂拌合成石膏浆体，可作为室内粉刷涂料。

4.1.5.2 石膏板

石膏板具有轻质、隔热保温、吸声、防火、尺寸稳定及施工方便等性能，在建筑中得到广泛的应用，是一种很有发展前途的新型建筑材料。常用石膏板有以下几种：

1. 纸面石膏板

以建筑石膏为主要原料，掺入适量的纤维材料、缓凝剂等作为芯材，以纸板作为增强护面材料，经搅拌、成型（辊压）、切割、烘干等工序制得。纸面石膏板分为普通纸面石膏板（GB 9775—1999）、耐水纸面石膏板［JC/T 801—1989（1996）］、耐火纸面石膏板［JC/T 802—1989（1996）］、装饰纸面石膏板（JC/T 997—2006）。纸面石膏板的长度为1 800～3 600mm，宽度为900～1 200mm，厚度为9、12、15、18（mm）；其纵向抗折荷载可达400～850N。纸面石膏板主要用于隔墙、内墙等，其自重仅为砖墙的1/5。耐水纸面石膏板主要用于厨房、卫生间等潮湿环境。耐火纸面石膏板（耐火极限分为30、25、20min等）主要用于耐火要求高的室内隔墙、吊顶等。使用时须采用龙骨（固定石膏板的支架，通常由木材或铝合金、薄钢等制成）。纸面石膏板的生产效率高，但纸板用量大，成本较高。

2. 纤维石膏板

以纤维材料（多使用玻璃纤维）为增强材料，与建筑石膏、缓凝剂、水等经特殊工艺制成的石膏板，其生产效率低。纤维石膏板的强度高于纸面石膏板，规格与其基本相同。纤维石膏板除用于隔墙、内墙外，还可用来代替木材制作家具。

3. 装饰石膏板

由建筑石膏、适量纤维材料和水等经搅拌、浇注、修边、干燥等工艺制得。装饰石膏板按表面形状分有干板、多孔板、浮雕板，其规格均为500 mm×500mm×9mm；600mm×600mm×11mm，并分为普通板和防潮板［JC/T 799—1988（1996）］。装饰石膏板造型美观，装饰性强，且具有良好的吸声、防火等功能，主要用于公共建筑的内墙、吊顶等。

此外，还有吸声用穿孔石膏板［JC/T 803—1989（1996）］及嵌装式装饰石膏板［JC/T 800—1988（1996）］，后者分为装饰型和吸声型。调整石膏板的厚度，孔眼大小、孔距，空气层厚度（即石膏板与墙体的距离），可构成适应不同频率的吸声结构。

石膏板表面可以贴上各种图案的面纸，如木纹纸等以增加装饰效果。表面贴一层0.1mm厚的铝箔可使石膏板具有金属光泽，并能起防湿隔热的作用。

近年来石膏夹层墙板在国内外获得广泛应用，一类内墙用的夹层板，是两层石膏板中间夹一层保温材料（用粘结剂粘结）；另一类是外墙用的夹层板，内层采用石膏板，外层采用石棉水泥板等。

除上述石膏制品外，还有石膏空心条板、石膏砌块等（详见第13章13.2）。

建筑石膏在存储中，需要防雨、防潮，存储期一般不宜超过三个月。一般存储三个月后，强度降低30%左右。

4.2 石 灰

石灰（lime）是一种古老的建筑材料。由于其原料来源广泛，生产工艺简单，成本低廉，所以至今仍被广泛用于建筑工程中。

4.2.1 石灰的生产

生产石灰所用的原料主要是含碳酸钙为主的天然岩石，常用的有石灰石、白云石质石灰石。石灰石属沉积岩，其致密程度随沉积年代长短而异；其化学成分、矿物组成及物理性质也随沉积物的不同而异。所以不同产地的石灰石，其结构、杂质成分及含量，以及杂质分布均匀程度也不相同，这就直接影响到石灰的煅烧难易和所得到的石灰质量。

石灰的煅烧一般在立窑中进行。将上述原料在高温下煅烧，即得生石灰（quick lime, or burnt lime），其主要成分为氧化钙。

$$CaCO_3 \xrightarrow{900\sim1\,100℃} CaO + CO_2 \uparrow$$

正常温度下煅烧得到的石灰具有多孔结构，即内部孔隙率大、晶粒细小、体积密度小，与水作用速度快。生产时，由于火候或温度控制不均，常会含有欠火石灰（under burned lime）或过火石灰（overburnt lime）。欠火石灰是由于煅烧温度低或煅烧时间短，内部尚有未分解的石灰石内核，外部为正常煅烧的石灰，因而欠火石灰只是降低了石灰的利用率，不会带来危害。过火石灰是由于煅烧温度过高或煅烧时间过长，使内部孔隙率减小、体积密度增大、晶粒粗大，而且由于原料中混入或夹带的黏土成分在高温下的熔融，使过火石灰颗粒表面部分被玻璃状物质（即釉状物）所包覆，因此造成过火石灰与水的作用减慢（需数十天至数年），这对使用非常不利。

4.2.2 石灰的熟化与硬化

4.2.2.1 石灰的熟化

石灰的熟化，又称消解，是生石灰（氧化钙）与水作用生成熟石灰（hydrated lime）（氢氧化钙）的过程，即：

$$CaO + H_2O \longrightarrow Ca(OH)_2 + 64kJ$$

伴随着熟化过程，放出大量的热，并且体积迅速增加1~2.5倍。

根据熟化时加水量的不同，石灰的熟化方式分为以下两种：

(1) 石灰膏　将生石灰放入化灰池中，并加入大量的水（生石灰的3~4倍）熟化成石灰乳，然后经筛网流入储灰池，经沉淀除去多余的水分得到的膏状物即为石灰膏。石灰膏含水约50%，体积密度为1 300～1 400kg/m³。1kg生石灰可熟化成2.1～3.0L的石灰膏。

（2）消石灰粉　每半米高的生石灰块，淋适量的水（生石灰量的60%～80%），直至数层，经熟化得到的粉状物称为消石灰粉。加水量以消石灰粉略湿，但不成团为宜。

为避免过火石灰在使用后，因吸收空气中的水蒸气而逐步熟化膨胀，使已硬化的浆体产生隆起、开裂等破坏，在使用前必须使其熟化或将其去除。常采用的方法是在熟化过程中首先将较大尺寸的过火石灰利用小于3mm×3mm的筛网等去除（同时也为了去除较大的欠火石灰块，以改善石灰质量），之后使石灰膏在储灰池中存放一段时间，即所谓陈伏，以使较小的过火石灰块充分熟化。抹面用石灰膏应熟化15d以上［《建筑装饰工程质量验收规范》（GB 50210—2001）］。陈伏时为防止石灰碳化，石灰膏表面须保存有一层水。

4.2.2.2　石灰的硬化

石灰浆体的硬化包括干燥硬化和碳化硬化。

（1）干燥硬化　石灰浆体在干燥过程中，毛细孔隙失水。由于水的表面张力的作用，毛细孔隙中的水面呈弯月面，从而产生毛细管压力，使得氢氧化钙颗粒间的接触紧密，产生一定的强度。干燥过程中因水分的蒸发，氢氧化钙也会在过饱和溶液中结晶，但结晶数量很少，产生的强度很低。若再遇水，因毛细管压力消失，氢氧化钙颗粒间紧密程度降低，且氢氧化钙微溶于水，强度丧失。

（2）碳化（carbonation）硬化　氢氧化钙与空气中的二氧化碳化合生成碳酸钙晶体称为碳化。其反应如下：

$$Ca(OH)_2 + CO_2 + H_2O \longrightarrow CaCO_3 + H_2O$$

生成的碳酸钙具有相当高的强度。由于空气中二氧化碳的浓度很低，因此碳化过程极为缓慢。当石灰浆体含水量过少，处于干燥状态时，碳化反应几乎停止。石灰浆体含水量多时，孔隙中几乎充满水，二氧化碳气体难以渗透，碳化作用仅在表面进行。生成的碳酸钙达到一定厚度时，阻碍二氧化碳向内渗透，同时也阻碍内部水分向外蒸发，从而减慢了碳化速度。

由石灰硬化的原因及过程可以得出石灰浆体硬化慢、强度低、不耐水的结论。

4.2.3　*石灰的技术要求*

按石灰中氧化镁的含量，将生石灰和生石灰粉划分为钙质石灰（MgO＜5%）和镁质石灰（MgO≥5%）；按消石灰中氧化镁的含量将消石灰粉划分为钙质消石灰粉（MgO＜4%）、镁质消石灰粉（4%≤MgO≤24%）和白云石消石灰粉（24%≤MgO＜30%）。

建筑生石灰的技术要求为有效氧化钙和氧化镁含量、未消化残渣含量（即欠火石灰、过火石灰及杂质的含量）、二氧化碳含量（欠火石灰含量）、产浆量（指1kg生石灰生成的石灰膏升数，L），并由此划分为优等品、一等品、合格品，各等级的技术要求见表4-2。

表4-2　建筑生石灰各等级的技术指标（JC/T 479—1992）

项　目	钙质生石灰			镁质生石灰		
	优等品	一等品	合格品	优等品	一等品	合格品
（CaO＋MgO）含量，（%），≮	90	85	80	85	80	75
未消化残渣含量（5mm圆孔筛筛余量，%），≯	5	10	15	5	10	12
CO_2含量（%），≯	5	7	9	6	8	10
产浆量（L/kg），≮	2.8	2.3	2.0	2.8	2.3	2.0

建筑生石灰粉的技术要求为有效氧化钙和氧化镁含量、二氧化碳含量及细度，并由此划分为优等品、一等品、合格品，各等级的技术要求见表4-3。

表4-3　建筑生石灰粉各等级的技术指标（JC/T 480—1992）

项　目		钙质生石灰粉			镁质生石灰粉		
		优等品	一等品	合格品	优等品	一等品	合格品
(CaO + MgO) 含量，(%)，≮		85	80	75	80	75	70
CO_2 含量（%），≯		7	9	11	8	10	12
细度	0.90mm 筛余量（%），≯	0.2	0.5	1.5	0.2	0.5	1.5
	0.125mm 筛余量（%），≯	7.0	12.0	18.0	7.0	12.0	18.0

建筑消石灰粉的技术要求为有效氧化钙和氧化镁、游离水（free water）、体积安定性（soundness，指凝结硬化过程中体积变化的均匀性。体积安定性不好，即石灰制品在硬化时产生开裂、翘曲，说明未熟化的 CaO、MgO 含量过多）、细度，并由此划分为优等品、一等品、合格品，各等级的技术要求见表4-4。

表4-4　建筑消石灰粉各等级的技术指标（JC/T 481—1992）

项　目		钙质生石灰粉			镁质生石灰粉			白云石消石灰粉		
		优等品	一等品	合格品	优等品	一等品	合格品	优等品	一等品	合格品
(CaO + MgO) 含量，(%)，≮		70	65	60	65	60	55	65	60	55
游离水，%		0.4～2	0.4～2	0.4～2	0.4～2	0.4～2	0.4～2	0.4～2	0.4～2	0.4～2
体积安定性		合格	合格	—	合格	合格	—	合格	合格	—
细度	0.9mm 筛余量(%)，≯	0	0	0.5	0	0	0.5	0	0	0.5
	0.125mm 筛余量(%)，≯	3	10	15	3	10	15	3	10	15

4.2.4　*石灰的性质与应用*

4.2.4.1　石灰的性质

石灰与其他胶凝材料相比具有以下特性：

（1）保水性、可塑性好　熟化生成的氢氧化钙颗粒极其细小，比表面积（材料的总表面积与其质量的比值）很大，使得氢氧化钙颗粒表面吸附有一层较厚水膜，即石灰的保水性好。由于颗粒间的水膜较厚，颗粒间的滑移较易进行，即可塑性好。这一性质常被用来改善砂浆的保水性，以克服水泥砂浆保水性差的缺点。

（2）凝结硬化慢、强度低　石灰的凝结硬化很慢，且硬化后的强度很低。如1∶3的石灰砂浆，28d 的抗压强度仅为0.2～0.5MPa。

（3）耐水性差　潮湿环境中石灰浆体不会产生凝结硬化。硬化后的石灰浆体的主要成分为氢氧化钙，仅有少量的碳酸钙。由于氢氧化钙可微溶于水，所以石灰的耐水性很差，软化系数接近于零。

（4）干燥收缩大　氢氧化钙颗粒吸附的大量水分，在硬化过程中不断蒸发，并产生很大的毛细管压力，使石灰浆体产生很大的收缩而开裂，因此石灰除粉刷外不宜单独使用。

4.2.4.2 石灰的应用

石灰在建筑上的用途主要有：

(1) 石灰乳涂料和砂浆　石灰加大量的水所得的稀浆，即为石灰乳。其主要用于要求不高的室内粉刷。

利用石灰膏或消石灰粉可配制成石灰砂浆或水泥石灰混合砂浆，用于抹灰和砌筑。利用生石灰粉配制砂浆时，生石灰粉熟化时放出的热可大大加速砂浆的凝结硬化（提高 30～40 倍），且加水量也较少，硬化后的强度较消石灰配制时高 2 倍。在磨细过程中，由于过火石灰也被磨成细粉，因而克服了过火石灰熟化慢而造成的体积安定性不良的危害，可不经陈伏直接使用，但用于罩面抹灰时，熟化时间应不小于 3d 以上（GB 50210—2001）。

(2) 灰土和三合土　消石灰粉与黏土拌合后称为灰土或石灰土，再加砂或石屑、炉渣等即成三合土。由于消石灰粉的可塑性好，在夯实或压实下，灰土和三合土的密实度增加，并且黏土中含有的少量的活性氧化硅和活性氧化铝与氢氧化钙反应生成了少量的水硬性产物，所以二者的密实程度、强度和耐水性得到改善。因此，灰土和三合土广泛用于建筑物的基础和道路的基层。

(3) 硅酸盐混凝土及其制品　以石灰与硅质材料（如石英砂、粉煤灰、矿渣等）为主要原料，经磨细、配料、拌合、成型、养护（蒸汽养护或压蒸养护）等工序得到的人造石材，其主要产物为水化硅酸钙，所以称为硅酸盐混凝土。常用的硅酸盐混凝土制品有蒸汽养护和压蒸养护的各种粉煤灰砖及砌块、灰砂砖及砌块、加气混凝土等。

(4) 碳化石灰板　将磨细生石灰、纤维状填料（如玻璃纤维）或轻质集料加水搅拌成型为坯体，然后再通入二氧化碳进行人工碳化（约 12～24h）而成的一种轻质板材。为减轻自重，提高碳化效果，通常制成薄壁或空心制品。碳化石灰板的可加工性能好，适合做非承重的内隔墙板、天花板等。

(5) 无熟料水泥　石灰与活性混合材料（如粉煤灰、高炉矿渣、煤矸石等）混合，并掺入适量石膏等，磨细后可制成无熟料水泥。

生石灰块及生石灰粉须在干燥条件下运输和贮存，且不宜存放太久。因在存放过程中，生石灰会吸收空气中的水分熟化成消石灰粉，并进一步与空气中的二氧化碳作用生成碳酸钙，从而失去胶结能力。长期存放时应在密闭条件下，且应防潮、防水。

4.3 水玻璃

4.3.1 水玻璃（water glass）的生产

水玻璃（俗称泡花碱）是一种水溶性硅酸盐。其化学式为 $R_2O \cdot nSiO_2$，式中 R_2O 为碱金属氧化物，n 为二氧化硅与碱金属氧化物摩尔数的比值，称为水玻璃的模数。按碱金属氧化物的不同，分为硅酸钠水玻璃（$Na_2O \cdot nSiO_2$）（也称钠水玻璃，简称水玻璃）、硅酸钾水玻璃（$K_2O \cdot nSiO_2$）（也称钾水玻璃）、硅酸锂水玻璃（$Li_2O \cdot nSiO_2$）（也称锂水玻璃）。锂水玻璃和钾水玻璃的性能优于钠水玻璃，但价格也高。工程中主要使用钠水玻璃。

水玻璃的生产常采用碳酸盐法，即将石英和碳酸钠磨细拌匀，在熔炉内于 1 300～1 400℃下熔融反应而生成固体水玻璃，然后在水中加热溶解而成液体水玻璃。熔融状态下的化学反应如下：

$$Na_2CO_3 + nSiO_2 \xrightarrow{1\,300 \sim 1\,400℃} Na_2O \cdot nSiO_2 + CO_2 \uparrow$$

若用碳酸钾代替碳酸钠，则可制得钾水玻璃。

水玻璃的模数 n 值愈大，则水玻璃的黏度愈大、粘结力与强度及耐酸、耐热性愈高，但也愈难溶于水中，且由于黏度太大，不利于施工；同一模数的水玻璃，其浓度（或密度）增加，则黏度增大，粘结力与强度及耐酸、耐热性均提高，但太大时不利于施工。常用模数为2.6～3.0，密度为1.3～1.5g/cm^3。水玻璃的质量应满足《工业硅酸钠》（GB 4209—1996）的规定。

工程中主要使用液体水玻璃（水玻璃与水形成的胶体溶液），其外观呈青灰或黄色黏稠液体。工程中有时也使用固体粉末水玻璃。

4.3.2 水玻璃的硬化

水玻璃在空气中能与二氧化碳反应，生成无定形的二氧化硅凝胶（又称硅酸凝胶），凝胶脱水转变成二氧化硅而硬化（又称自然硬化），其化学反应如下：

$$Na_2O \cdot nSiO_2 + CO_2 + mH_2O \longrightarrow Na_2CO_3 + nSiO_2 \cdot mH_2O$$

由于空气中的二氧化碳含量极少，上述反应极其缓慢，因此水玻璃在使用时常加入促硬剂，以加快其硬化速度（又称加速硬化），常用的硬化剂为氟硅酸钠（Na_2SiF_6），其化学反应如下：

$$2(Na_2O \cdot nSiO_2) + Na_2SiF_6 + mH_2O \longrightarrow 6NaF + (2n+1)SiO_2 \cdot mH_2O$$

$$(2n+1)SiO_2 \cdot mH_2O \longrightarrow (n+1)SiO_2 + mH_2O$$

加入氟硅酸钠后，初凝时间可缩短至30～60min。

氟硅酸钠的适宜掺量，一般占水玻璃的12%～15%，若掺量少于12%，则其凝结硬化慢，强度低，并且存在较多的没参与反应的水玻璃，当遇水时，残余水玻璃易溶于水，影响硬化后水玻璃的耐水性；若其掺量超过15%，则凝结硬化过快，造成施工困难，且抗渗性和强度降低。

4.3.3 水玻璃的性质

水玻璃在凝结硬化后，具有以下特性：

1. 粘结力强、强度较高

水玻璃在硬化后，其主要成分为二氧化硅凝胶和氧化硅，因而具有较高的粘结力和强度。用水玻璃配制的混凝土的抗压强度可达15～40MPa。

2. 耐酸性好

由于水玻璃硬化后的主要成分为二氧化硅，其可以抵抗除氢氟酸、过热磷酸以外的几乎所有的无机酸和有机酸。用于配制水玻璃耐酸混凝土、耐酸砂浆、耐酸胶泥等。

3. 耐热性好

硬化后形成的二氧化硅网状骨架，在高温下强度下降不大。用于配制水玻璃耐热混凝土、耐热砂浆、耐热胶泥等。

4. 耐碱性和耐水性差

水玻璃在加入氟硅酸钠后仍不能完全反应，硬化后的水玻璃中仍含有一定量的 $Na_2O \cdot nSiO_2$。由于 SiO_2 和 $Na_2O \cdot nSiO_2$ 均可溶于碱，且 $Na_2O \cdot nSiO_2$ 可溶于水，所以水玻璃硬化后不耐碱，不耐水。为提高耐水性，常采用中等浓度的酸对已硬化的水玻璃进行酸洗处理，以促使水玻璃完全转变为硅酸凝胶。

4.3.4 水玻璃的应用

水玻璃除用于耐热和耐酸材料外，还有以下主要用途：

1. 涂刷材料表面，提高其抗风化能力

以密度为 $1.35g/cm^3$ 的水玻璃浸渍或涂刷黏土砖、水泥混凝土、硅酸盐混凝土、石材等多孔材料，可提高材料的密实度、强度、抗渗性、抗冻性及耐水性等。这是因为水玻璃与空气中的二氧化碳反应生成硅酸凝胶，同时水玻璃也与材料中所含的氢氧化钙反应生成硅酸钙凝胶，二者填充材料的孔隙，使材料致密。

2. 加固土壤

将水玻璃和氯化钙溶液交替压注到土壤中，生成的硅酸凝胶在潮湿环境下，因吸收土壤中水分处于膨胀状态，使土壤固结。

3. 配制速凝防水剂

水玻璃加二种、三种或四种矾，即可配制成所谓的二矾、三矾、四矾速凝防水剂。

4. 修补砖墙裂缝

将水玻璃、粒化高炉矿渣粉、砂及氟硅酸钠按适当比例拌合后，直接压入砖墙裂缝，可起到粘结和补强作用。

水玻璃应在密闭条件下存放。长时间存放后，水玻璃会产生一定的沉淀，使用时应搅拌均匀。

4.4 镁质胶凝材料

以天然菱镁矿（$MgCO_3$）为主要原料，经 700～850℃煅烧后再经磨细而得的以氧化镁（MgO）为主要成分的气硬性胶凝材料称为镁质胶凝材料（magnesium oxychloride binder），又称菱苦土（magnesia）。其煅烧反应式如下：

$$MgCO_3 \xrightarrow{700\sim850℃} MgO + CO_2\uparrow$$

菱苦土是白色或浅黄色的粉末，密度为 $3.1\sim3.4g/cm^3$，堆积密度为 $800\sim900kg/m^3$。其质量应满足《镁质胶凝材料用原料》（JC/T 449—2000）的规定。

菱苦土在使用时，若与水拌合，则迅速水化生成氢氧化镁，并放出较多的热量。由于氢氧化镁在水中溶解度很小，生成的氢氧化镁立即沉淀析出，其内部结构松散，且浆体的凝结硬化也很慢，强度也很低。因此菱苦土在使用时常用氯化镁水溶液（$MgCl_2\cdot6H_2O$，也称卤水）来拌制，其硬化后的主要产物是氧氯化镁（$xMgO\cdot yMgCl_2\cdot zH_2O$），反应式为：

$$xMgO + yMgCl_2 + zH_2O \longrightarrow xMgO\cdot yMgCl_2\cdot zH_2O$$

MgO 与 $MgCl_2$ 的摩尔比为 4～6 时，生成的水化产物相对稳定。因而氯化镁的适宜用量为 55%～60%（以 $MgCl_2\cdot6H_2O$ 计），其质量应符合 JC/T 449—2000 的规定。采用氯化镁水溶液（密度为 $1.2g/cm^3$）拌制的浆体，其初凝时间为 30～60min，1d 强度可达最高强度的 50% 以上，7d 左右可达最高强度（40～70MPa），体积密度为 1 000～1 $100kg/m^3$。

镁质胶凝材料是一种快硬性胶凝材料，并且具有较高的强度。主要用于以下几方面：

（1）锯末地板　菱苦土与木屑、颜料等配制成的板材铺设于地面，称为菱苦土地板，具有保温、防火、防爆（碰撞时不发生火星）及一定的弹性。使用时表面宜刷油漆。

（2）配制砂浆　可用于室内装饰用的抹灰砂浆。

（3）刨花板　菱苦土能与植物纤维及矿物纤维很好地结合，因此常将它与刨花、木丝、木屑、亚麻屑或玻璃纤维等复合制成刨花板、木丝板、木屑板、玻璃纤维增强板等，作内墙、隔墙、天花板等用。

（4）空心隔板　以轻细集料为填料，制成空心隔板，可用于建筑内墙的分隔。

（5）玻璃纤维增强波形瓦　以玻璃纤维为增强材料，可制成抗折强度高的波形瓦。

（6）泡沫菱苦土　在镁质胶凝材料中掺入适量的泡沫（由泡沫剂经搅拌制得），可制成泡沫菱苦土，是一种多孔轻质的保温材料。

镁质胶凝材料显著的缺点是吸湿性大、耐水性差，当空气相对湿度大于80%时，制品易吸潮产生变形或翘曲现象，且伴随表面泛霜（即返卤）。克服上述缺陷，必须精确确定合理配方，添加具有活性的各种填料和有机、无机的改性外加剂，如过烧的红砖；含磷酸、活化磷的工业废渣；含硫化物和活化硫的工业废渣及含铜的活化工业废渣；无机铁盐和铝盐；水溶性的或乳液型的高分子聚合物等。

镁质胶凝材料在运输和储存时应避免受潮，存期不宜过长，以防菱苦土吸收空气中的水分成为氢氧化镁，再碳化成为碳酸镁，失去化学活性。

思考题与习题

1. 什么是气硬性胶凝材料与水硬性胶凝材料？二者有何区别？
2. 用于内墙面抹灰时，建筑石膏与石灰相比较，具有哪些优点？为什么？
3. 试比较石灰与石膏的硬化速度及强度，并分析其原因。
4. 建筑石膏在使用时，为什么常常要加入动物胶或亚硫酸盐酒精废液？
5. 过火石灰、欠火石灰对石灰的性能有什么影响？如何消除？
6. 石灰本身不耐水，但用它配制的灰土或三合土却可用于基础的垫层、道路的基层等潮湿部位，为什么？
7. 什么是水玻璃的模数？使用水玻璃时为什么要用促硬剂？常用的促硬剂是什么？
8. 水玻璃的主要性质和用途有哪些？
9. 生产镁质胶凝材料制品时，常出现如下问题：（1）硬化太慢；（2）硬化过快，并容易吸湿返潮。是什么原因？如何改善？
10. 什么是胶凝材料的凝结、硬化？什么是初凝、终凝？
11. 建筑石膏及其制品为什么适用于室内，而不适用于室外？
12. 什么是生石灰的熟化（消解）？伴随熟化过程有什么现象？
13. 某建筑的内墙使用石灰砂浆抹面，数月后墙面上出现了许多不规则的网状裂纹，同时个别部位还有一部分凸出的呈放射状裂纹。试分析上述现象产生的原因。
14. 为什么石灰除粉刷外，均不可单独使用？

5 水　泥

水泥呈粉末状，与适量的水混合后，经过一系列物理化学反应能由可塑性浆体变成坚硬的石状体，并能将散粒状材料胶结成为整体。水泥属于水硬性胶凝材料。

水泥广泛应用于工业与民用建筑工程，还广泛应用于农业、水利、公路、铁路、海港和国防等工程。水泥的品种很多，按水泥的矿物组成，可分为硅酸盐类水泥、铝酸盐类水泥、硫铝酸盐类水泥、铁铝酸盐类水泥、氟铝酸盐类水泥等；按用途可分为通用水泥、专用水泥和特性水泥。目前我国建筑工程中常用的通用水泥包括有硅酸盐水泥、普通硅酸盐水泥、矿渣硅酸盐水泥、火山灰质硅酸盐水泥、粉煤灰硅酸盐水泥和复合硅酸盐水泥。还有一些特殊工程使用的水泥如大坝水泥、油井水泥、道路水泥等，或者特殊成分的水泥如铝酸盐水泥、膨胀水泥、硫铝酸盐水泥、氟铝酸盐水泥等。

水泥的品种繁多，特别是随着科学技术的进步和水泥生产技术的发展，满足各种特殊性能的水泥新品种也日益增多，但其中最基本的是硅酸盐水泥。

5.1 硅酸盐水泥

国标 GB 175—2006 规定，凡由硅酸盐水泥熟料、0 ~5% 的石灰石或粒化高炉矿渣、适量石膏磨细制成的水硬性胶凝材料称为硅酸盐水泥（portland cement），也称波特兰水泥。硅酸盐水泥分两种类型，不掺混合材料的称Ⅰ型硅酸盐水泥，代号 P・Ⅰ。在硅酸盐水泥熟料粉磨时掺加不超过水泥质量 5% 的石灰石或粒化高炉矿渣混合材料的称Ⅱ型硅酸盐水泥，代号 P・Ⅱ。

5.1.1 硅酸盐水泥的生产及其矿物组成

5.1.1.1 硅酸盐水泥的生产

生产硅酸盐水泥的关键是生产高质量的硅酸盐水泥熟料（portland cement clinker）。硅酸盐水泥的生产概括起来是“两磨一烧”。

1. 粉磨生料

将石灰质原料、黏土质原料、铁粉等校正原料按一定比例配合，粉磨到一定细度的均匀粉体称为生料。石灰质原料主要提供 CaO，可以采用石灰石、白垩、石灰质凝灰岩、贝壳等。黏土质原料主要提供 SiO_2、Al_2O_3 及 Fe_2O_3，可以采用黏土、黄土、页岩、泥岩、粉砂岩及河泥等。校正原料有铁质校正原料和硅质校正原料，铁质校正原料主要补充 Fe_2O_3，它可以采用铁矿粉等；硅质校正原料主要补充 SiO_2，它可以采用砂岩、粉砂岩等。此外，还常常加入少量矿化剂（降低固溶体的熔点，促进反应）、晶种等用于改善煅烧条件。

2. 煅烧熟料

水泥生料在窑内经下列几个过程煅烧成熟料：

干燥：100 ~200℃左右，生料被加热，自由水蒸发，生料干燥。

预热：300 ~500℃，生料被预热，黏土矿物脱水。

分解：500～800℃，碳酸盐开始分解；900～1 200℃，$CaCO_3$ 大量分解，且通过固相反应生成铝酸三钙（tricalcium aluminate）、铁铝酸四钙（tetracalcium aluminoferrite，brownmillerit）和硅酸二钙（dicalcium silicate）。

烧成：1 300～1 450℃，物料中出现液相，硅酸二钙吸收 CaO 化合生成硅酸三钙（tricalcium silicate）。

冷却：水泥熟料快速冷却。

3. 粉磨水泥

熟料与适量石膏及 0～5% 的石灰石或粒化高炉矿渣磨细制成硅酸盐水泥。硅酸盐水泥生产的工艺流程如下：

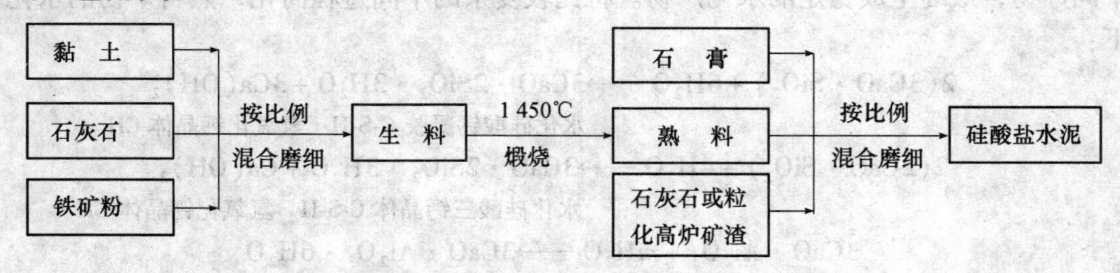

图 5-1 硅酸盐水泥生产工艺流程示意图

如果所掺加的混合材料不是石灰石或粒化高炉矿渣、或者这两种混合材料的掺量超过了 5%，则生产出来的水泥就不是硅酸盐水泥，而属于在 5.2 节中阐述的掺混合材料的硅酸盐水泥。

5.1.1.2 硅酸盐水泥的矿物组成

煅烧过程中生成的硅酸三钙 $3CaO \cdot SiO_2$、硅酸二钙 $2CaO \cdot SiO_2$、铝酸三钙 $3CaO \cdot Al_2O_3$、铁铝酸四钙 $4CaO \cdot Al_2O_3 \cdot Fe_2O_3$，统称为硅酸盐水泥熟料矿物；其中 $3CaO \cdot SiO_2$ 和 $2CaO \cdot SiO_2$ 的总含量在 66% 以上，氧化钙和氧化硅质量比不小于 2.0，故称为硅酸盐水泥熟料。$3CaO \cdot SiO_2$ 中常固溶有少量的 MgO、Al_2O_3、Fe_2O_3 等，此固溶体称为阿里特（alite），简称 A 矿；$2CaO \cdot SiO_2$ 中常固溶有 Fe_2O_3、Al_2O_3、TiO_2 等，此固溶体称为贝里特（belite），简称 B 矿。

除以上主要的熟料矿物外，硅酸盐水泥中还含有游离氧化钙（*f*-CaO）、游离氧化镁（*f*-MgO）和碱（K_2O、Na_2O）等次要组分。

硅酸盐水泥熟料主要矿物的含量范围、水化特性见表 5-1。

表 5-1 酸盐水泥熟料矿物的组成、含量及特性

矿物名称		硅酸三钙	硅酸二钙	铝酸三钙	铁铝酸四钙
矿物组成（简写式）		$3CaO \cdot SiO_2$（C_3S）	$2CaO \cdot SiO_2$（C_2S）	$3CaO \cdot Al_2O_3$（C_3A）	$4CaO \cdot Al_2O_3 \cdot Fe_2O_3$（$C_4AF$）
矿物含量		37%～60%	15%～37%	7%～15%	10%～18%
矿物特性	硬化速度	快	慢	很快	快
	早期强度	高	低	低	高
	后期强度	高	高	低	高
	水化放热速度	快	慢	很快	快
	水化热	大	小	很大	中
	抗硫酸盐腐蚀	差	好	很差	中
	干缩	大	小	很大	小

改变水泥的矿物组成范围，水泥的技术性能也随之改变。例如，提高硅酸二钙的含量可以制成节能的贝利特水泥，控制水泥中的铁含量可以制成白色硅酸盐水泥，减少硅酸三钙和铝酸三钙的含量可以制成抗硫酸盐水泥，提高硅酸三钙和铝酸三钙的含量可以制成快硬水泥等。

5.1.2 硅酸盐水泥的水化和硬化

5.1.2.1 硅酸盐水泥的水化

水泥加水拌合后，水泥颗粒立即分散于水中并与水发生化学反应。水泥的水化过程是水泥各种熟料矿物及石膏与水发生反应的过程。该过程极为复杂，需要经历多级反应，生成多种中间产物，最终生成稳定的水化产物。将比较复杂的中间过程简化，熟料矿物的水化反应如下：

$$2(3CaO \cdot SiO_2) + 6H_2O \longrightarrow 3CaO \cdot 2SiO_2 \cdot 3H_2O + 3Ca(OH)_2$$

水化硅酸钙凝胶 C-S-H　氢氧化钙晶体 CH

$$2(2CaO \cdot SiO_2) + 4H_2O \longrightarrow 3CaO \cdot 2SiO_2 \cdot 3H_2O + Ca(OH)_2$$

水化硅酸三钙晶体 C-S-H　氢氧化钙晶体 CH

$$3CaO \cdot Al_2O_3 + mH_2O \longrightarrow 3CaO \cdot Al_2O_3 \cdot 6H_2O$$

水化铝酸三钙晶体

$$4CaO \cdot Al_2O_3 \cdot Fe_2O_3 + mH_2O \longrightarrow 3CaO \cdot Al_2O_3 \cdot 6H_2O + CaO \cdot Fe_2O_3 \cdot H_2O$$

水化铝酸三钙晶体 C_3AH_6　水化铁酸一钙凝胶 CFH

硅酸三钙的主要水化产物是水化硅酸钙凝胶 $3CaO \cdot 2SiO_2 \cdot 3H_2O$（实际上水化硅酸钙凝胶氧化物的比例是不确定的，故可写为 $xCaO \cdot SiO_2 \cdot yH_2O$，简写为 C-S-H）。C-S-H 凝胶内含有约28%的凝胶孔隙（15～30Å），因而它具有巨大的比表面积和刚性凝胶的特性。凝胶粒子间存在范德华力和化学结合键，具有较高的强度。氢氧化钙晶体的数量较多，为层状构造，层间结合力较弱，强度低。硅酸三钙水化很快，是水泥早期强度的主要来源。

硅酸二钙的水化与硅酸三钙的水化极为相似，但硅酸二钙的水化速度特别慢，通常在后期才对水泥的强度有较大的贡献。硅酸二钙水化生成的氢氧化钙较少。

铝酸三钙的水化速度极快，水化放热量大，单独水化会引起水泥的快凝。

C_4AF 的水化与 C_3A 极为相似，只是水化反应速度较 C_3A 慢，水化热较 C_3A 低，即使单独水化也不会引起瞬凝。

在氢氧化钙饱和溶液中，$3CaO \cdot Al_2O_3 \cdot 6H_2O$ 还会与 $Ca(OH)_2$ 反应生成水化铝酸四钙。

为了调节凝结时间而加入的石膏也参与反应：

$$3CaO \cdot Al_2O_3 + 3(CaSO_4 \cdot 2H_2O) + 25H_2O \longrightarrow 3CaO \cdot Al_2O_3 \cdot 3CaSO_4 \cdot 32H_2O$$

三硫型水化硫铝酸钙晶体

$3CaO \cdot Al_2O_3 \cdot 3CaSO \cdot 32H_2O$ 称为三硫型（或高硫型）水化硫铝酸钙，也叫做钙矾石（AFt），它为难溶于水的针棒状晶体，包覆在熟料颗粒的表面，阻止了 C_3A 的快速水化。当石膏消耗完毕后，部分三硫型水化硫铝酸钙与 C_3A 反应转变为单硫型（或低硫型）水化硫铝酸钙晶体（$3CaO \cdot Al_2O_3 \cdot CaSO_4 \cdot 12H_2O$，AFm），AFm 为六方板状晶体。

忽略一些次要的和少量的成分，硅酸盐水泥水化后的主要水化产物为：水化硅酸钙

(C-S-H)，水化铁酸一钙（CFH），水化铝酸三钙（C_3AH_6），水化硫铝酸钙（AFt 与 AFm）和氢氧化钙（CH）。借助于电子显微镜等测试手段，可观察到这些水化产物的外观形貌。C-S-H 和 CFH 为凝胶体，C_3AH_6、AFt 与 AFm 及 CH 为晶体。硅酸盐水泥完全水化后，C-S-H 约占 70%，$Ca(OH)_2$ 约占 20%，AFt 和 AFm 约占 7%。

5.1.2.2　硅酸盐水泥的凝结硬化

凝结和硬化是一个复杂而连续的物理化学变化过程。水泥加水拌合，水泥颗粒分散在水中，成为水泥浆体（图 5-2a）。

与水接触的水泥颗粒表面很快发生水化反应，水化产物的生成速度远大于水化产物向周围溶液扩散的速度，并迅速形成水化产物的过饱和溶液，于是水化产物在水泥颗粒表面沉淀吸出，形成水化物膜层，包裹在水泥颗粒的表面。在水化初期，水化物不多，包有水化物膜层的水泥颗粒还是分离着的，水泥浆具有可塑性（图 5-2b）。

随着水化反应的进一步进行，水化产物不断增多，包在水泥颗粒表面的水化物膜层增厚，自由水分不断减少，颗粒间空隙逐渐减小，包有凝胶的水泥颗粒逐渐接近，以致相互接触，在接触点借助于范德华力，形成凝聚结构（图 5-2c）。凝聚结构的形成，使水泥浆体开始失去可塑性，表现为初凝。

随着水化物的不断增多，颗粒间的接触点数目逐渐增多，凝胶和晶体互相贯穿形成的凝聚——结晶网状结构不断加强，固相颗粒之间的空隙不断减小，结构逐渐紧密（图 5-2d），水泥浆体完全失去可塑性，并开始产生强度，水泥浆表现为终凝。水泥进入硬化阶段后，水化速度逐渐减慢，水化产物不断增多、长大，并填充到毛细孔中，使结构更趋致密，硬化程度和强度相应提高。

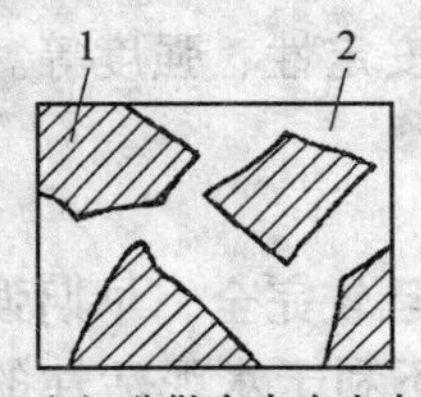

（a）分散在水中未水化的水泥颗粒

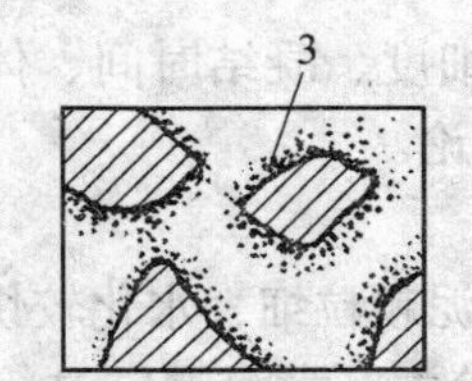

（b）在水泥颗粒表面形成水化产物膜层

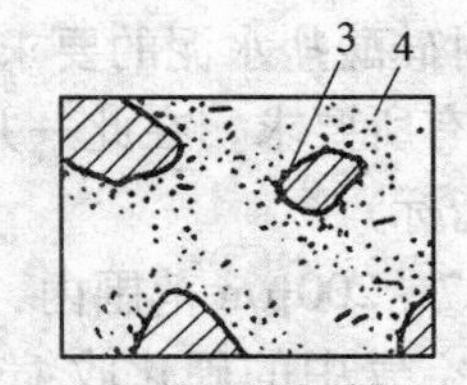

（c）膜层长大并相互连接（凝结）

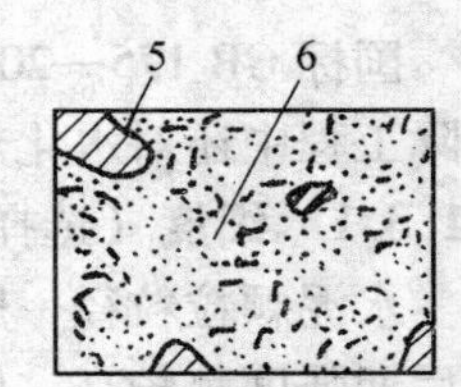

（d）水化物进一步发展，填充毛细孔（硬化）

图 5-2　水泥凝结硬化过程示意

1—水泥颗粒；2—水分；3—凝胶；4—晶体；5—水泥颗粒的未水化内核；6—毛细孔

水泥浆凝结硬化后成为坚硬的石状体——水泥石。水泥石由水泥水化产物（凝胶、晶体）、未水化的水泥颗粒内核、毛细孔、水等组成。水泥水化产物数量越多，毛细孔越少，则水泥石的强度越高。

5.1.2.3　影响水泥水化硬化的因素

1. 水泥熟料的矿物组成与细度

水泥熟料的矿物组成范围不同，水化速度就不同。当硅酸三钙、铝酸三钙含量高时，水化反应速度就快，水泥石的早期强度也高。

水泥的颗粒越细，与水接触面积越大，水化越快而且越完全，强度也越高。

2. 温度与湿度及养护时间

温度升高，水化反应加快，水泥浆体的强度增长也快。温度降低时，水化反应减慢。当温度低于5℃时，水化硬化大大减慢，当温度低于0℃时，水化反应基本停止。而且水分的结冰会破坏水泥石的结构。

潮湿环境下的水泥石，能保持有足够的水分进行水化硬化，有利于水泥石的强度发展。保持环境的温度和湿度，使水泥石强度不断增长的措施，称为养护。

随着时间的增长，水泥的水化程度不断增大，水化产物增多，结构逐渐密实。水泥加水拌合后的28d内水化速度较快，特别是3d和7d内强度发展快，28d以后水化速度显著减慢，强度增长缓慢。但当温度湿度适宜时强度在几年以后仍然会缓慢增长，如硅酸盐水泥1年时的抗压强度约为28d时的1.3～1.5倍。

3. 石膏掺量

水泥中掺入适量的石膏，主要是为了延缓水泥的凝结硬化速度。当不掺石膏或掺量较少时，则凝结硬化速度很快，但水化并不充分。这是由于C_3A在溶液中电离，三价铝离子可促进胶体凝聚。当掺入适量石膏（一般为水泥质量的3%～5%），石膏与C_3A反应生成难溶的高硫型水化硫铝酸钙，一方面减少了溶液中铝离子的含量；另一方面形成的钙矾石覆盖在水泥颗粒表面，延缓了水化的进一步进行，从而延缓了水泥浆体的凝结速度。但石膏掺量过多时，虽然能消除C_3A中的三价铝离子，但是过量的二价钙离子又产生强烈的凝聚作用，反而造成了促凝效果。同时还会在后期造成体积安定性不良。

4. 水灰比

水泥的水化速率随加水量的增加而提高，但拌合水量多，水化后形成的浆体稀，水泥的凝结硬化变慢，强度不高。

5.1.3 硅酸盐水泥的技术性质

国标GB 175—2006对硅酸盐水泥的要求有细度、凝结时间、体积安定性、强度等。在实际工程中还对水化热等有所要求，在此一并讨论。

5.1.3.1 细度（选择性指标）

水泥颗粒粒径一般在7～200μm范围内，水泥颗粒细，水化较快而且较完全，早期强度和后期强度都较高，但在空气中的硬化收缩性较大。水泥颗粒过粗，不利于水泥活性的发挥。一般认为水泥颗粒小于40μm时，才具有较高的活性，大于100μm活性就很小了。然而，水泥磨细，成本也增高，因此水泥的细度要适当。

水泥的细度可用筛析法和比表面积法检验。筛析法是采用80μm的方孔筛对水泥试样进行筛析试验，用筛余量（%）表示水泥的细度。比表面积是单位质量的水泥粉末所具有的总表面积，用m^2/kg表示。GB 175—2006规定硅酸盐水泥的比表面积应大于$300m^2/kg$。

5.1.3.2 凝结时间

水泥的凝结时间是指水泥净浆从加水至失去流动性所需要的时间。由于用水量的多少，即水泥稀稠对水泥浆体的凝结时间影响很大，因此国家标准规定水泥的凝结时间必须采用标准稠度的水泥净浆，在标准温、湿条件下用水泥凝结时间测定仪测定。测定前需首先测出标准稠度用水量（water requirement of normal consistency）——水泥浆达到标准稠度时的用水量，然后按此用水量拌制水泥净浆。

GB 175—2006规定，硅酸盐水泥的初凝不得早于45min，终凝不得迟于390min。初凝时间不满足时为废品，终凝时间不满足时为不合格品。实际上，国产硅酸盐水泥的初凝时间一般为1～3h，终凝时间一般为4～6h。

为使混凝土和砂浆有充分的时间进行搅拌、运输、浇捣和砌筑，水泥初凝时间不能过短。当施工完毕，则要求尽快硬化，具有强度，故终凝时间不能太长。

影响水泥凝结时间的因素有：水泥熟料的矿物组成、石膏掺量、混合材料的品种与掺量、水泥的细度、温度、水灰比等。

5.1.3.3 体积安定性

如果在水泥已经硬化后，产生不均匀的体积变化，即所谓体积安定性不良，就会使构件产生膨胀性裂缝，降低建筑物质量，甚至引起严重事故。

体积安定性不良的原因，一般是由于熟料中所含的游离氧化钙过多。也可能是由于熟料中所含的游离氧化镁过多或掺入的石膏过多。熟料中所含的游离氧化钙或氧化镁都是经过高温煅烧的，水化很慢，在水泥已经硬化后才进行水化：

$$CaO + H_2O \longrightarrow Ca(OH)_2$$

$$MgO + H_2O \longrightarrow Mg(OH)_2$$

水化后体积膨胀，引起不均匀的体积变化，使水泥石开裂。当石膏掺量过多时，在水泥硬化后，它还会继续与固态的水化铝酸钙反应生成高硫型水化硫铝酸钙，体积约增大1.5倍，引起水泥石开裂。

GB 175—2006和GB/T 1346—2001规定，用沸煮（沸煮3h）法检验水泥的体积安定性。测试方法可以用饼法，也可以用雷氏法。有争议时以雷氏法为准。饼法是观察水泥净浆试饼沸煮后的外形变化，如试饼无裂纹、无翘曲则水泥的体积安定性合格，否则为不合格；雷氏法则是测定水泥净浆试件在雷氏夹中沸煮前后的尺寸变化，即膨胀值，如雷氏夹膨胀值大于5.0mm则体积安定性不合格。

沸煮法只能起加速氧化钙熟化的作用，因此只能检验游离氧化钙所造成的水泥体积安定性不良。由于游离氧化镁在压蒸条件下才能加速熟化，而石膏的危害则需长期在常温水中才能发现，即两者均不便于快速检验。所以，国家标准规定水泥熟料中游离氧化镁含量不得超过5.0%，如水泥经压蒸体积安定性合格，则可放宽至6%；水泥中三氧化硫含量不得超过3.5%，以控制水泥的体积安定性。

体积安定性不良的水泥应作废品处理，不得用于工程中。某些体积安定性不合格的水泥（如游离氧化钙含量高造成体积安定性不合格的水泥）在空气中存放一段时间后，由于游离氧化钙吸收空气中的水蒸气而熟化，体积安定性可能会变得合格，此时可以使用。

5.1.3.4 强度

水泥的强度是水泥性能的重要指标，也是划分水泥强度等级的依据。硅酸盐水泥强度主要取决于熟料的矿物组成和细度，但试件的制作及养护条件等对水泥强度也有影响。

GB/T 17671—1999规定，将水泥、标准砂和水按1∶2.5∶0.5的比例，并按规定的方法制成40mm×40mm×160mm的标准试件，在标准养护条件下［1d内为（20±1）℃、相对湿度为90%以上的空气中，1d后为（20±1）℃的水中］养护至规定的龄期，分别按规定的方法测定其3d和28d的抗压强度和抗折强度。根据测定结果，将硅酸盐水泥分为42.5、42.5R、52.5、52.5R、62.5和62.5R六个强度等级。各强度等级、各龄期的强度值不得低于表5-2的数值。

表 5-2　常用水泥的主要技术要求

水泥品种	水泥强度等级	抗压强度[1]（MPa），> 3d	抗压强度[1]（MPa），> 28d	抗折强度[1]（MPa），> 3d	抗折强度[1]（MPa），> 28d	凝结时间 初凝 >	凝结时间 终凝 <	游离氧化钙（%）<	氧化镁（%）<	三氧化硫（%）<	氯离子（%）<	干缩（%）<	耐磨性（kg/m²）<
通用硅酸盐水泥国家标准（报批稿）(2006) 硅酸盐水泥	42.5	17.0	42.5	3.5	6.5	45	390	—	5.0[2]	3.5	0.05	—	—
	42.5R	22.0	42.5	4.0	6.5								
	52.5	23.0	52.5	4.0	7.0								
	52.5R	27.0	52.5	5.0	7.0								
	62.5	28.0	62.5	5.0	8.0								
	62.5R	32.0	62.5	5.5	8.0								
通用硅酸盐水泥国家标准（报批稿）(2006) 普通硅酸盐水泥	42.5	17.0	42.5	3.5	6.5	45	600	—	5.0[2]	3.5	0.05	—	—
	42.5R	22.0	42.5	4.0	6.5								
	52.5	23.0	52.5	4.0	7.0								
	52.5R	27.0	52.5	5.0	7.0								
通用硅酸盐水泥国家标准（报批稿）(2006) 矿渣硅酸盐水泥、火山灰质硅酸盐水泥、粉煤灰硅酸盐水泥、复合硅酸盐水泥	32.5	10.0	32.5	2.5	5.5	45	600	—	6.0[2]（P·S·B无要求）	矿渣水泥4.0，其余3.5	0.05	—	—
	32.5R	15.0	32.5	3.5	5.5								
	42.5	15.0	42.5	3.5	6.5								
	42.5R	19.0	42.5	4.0	6.5								
	52.5	23.0	52.5	4.0	7.0								
	52.5R	27.0	52.5	5.0	7.0								
白色硅酸盐水泥（GB/T 2015—2005）	32.5	12.0	32.5	3.0	6.0	45	600	—	5.0[2]	3.5	—	—	—
	42.5	17.0	42.5	3.5	6.5								
	52.5	22.0	52.5	4.0	7.0								
彩色硅酸盐水泥（JC/T 870—2000）	22.5	7.5	27.5	2.0	5.0	60	600	—	—	40	—	—	—
	32.5	10.0	32.5	2.5	5.5								
	42.5	15.0	42.5	3.0	6.5								
道路硅酸盐水泥（GB 13693—2005）	32.5	16.0	32.5	3.5	7.0	90	600	旋窑1.0 立窑1.8	5.0[2]	3.5	—	0.10	3.0
	42.5	21.0	42.5	4.0	6.5								
	52.5	26.0	52.5	5.0	7.0								
公路路面用水泥（公路水泥混凝土路面施工技术规范 JTG F30—2003）	特重交通	25.5	57.5	4.5	7.5	90	600	1.0	—		—	0.09	3.6
	重交通	22.0	52.5	4.0	7.0								
	中轻交通	16.0	42.5	3.5	6.5			1.5	—	—	—	0.10	
抗硫酸盐硅酸盐水泥（GB 748—2005）	32.5	10.0	32.5	2.5	6.0	45	600	1.0	5.0[2]	2.5	—	—	—
	42.5	15.0	42.5	3.0	6.5								
砌筑水泥（GB/T 3183—2003）	12.5	7.0	12.5	1.5	3.0	60	720	—	—	4.0	—	—	—
	22.5	10.0	22.5	2.0	4.0								

注：1）火山灰硅酸盐水泥、粉煤灰硅酸盐水泥、复合硅酸盐水泥和掺火山灰质混合材料的普通硅酸盐水泥在进行胶砂强度检验时，其用水量按 0.50 水灰比和胶砂流动度不小于 180mm 来确定；砌筑水泥按胶砂流动度达到 180 ~ 190mm来确定；

2）如果水泥压蒸试验合格，则水泥中氧化镁的含量允许放宽至 6.0%；

3）如果水泥中氧化镁的含量大于 6.0% 时，需进行水泥压蒸安定性试验并合格。

5.1.3.5 水化热

水泥在水化过程中放出的热称为水泥的水化热。水化放热量和放热速度不仅决定于水泥的矿物成分，而且还与水泥细度、水泥中掺混合材料及外加剂的品种、数量以及熟料的煅烧和冷却条件等有关。水泥矿物水化时，铝酸三钙放热量最大，放热速度也最快；硅酸三钙放热量大，放热速度快；硅酸二钙放热量最低，速度也慢。水泥细度越细，水化反应比较容易进行，水化放热量越大，放热速度也越快。图 5-3 为不同组成水泥浆的放热速率，可见混合材料的掺入对水泥浆的放热速率有一定的影响。

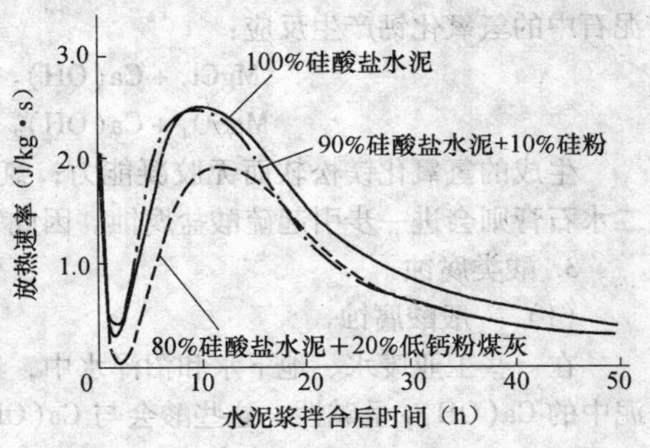

图 5-3　水泥及掺矿物掺合料水泥浆的水化放热

大型基础、水坝、桥墩等大体积混凝土构筑物［大体积混凝土（mass concrete）指混凝土结构物实体最小尺寸大于 1m，或预计因水泥水化热引起混凝土内外温差过大而导致开裂的混凝土］，由于水化热积聚在内部不易散热，内部温度常上升到 50～60℃以上，内外温度差所引起的应力，可使混凝土产生裂缝，因此水化热对大体积混凝土是非常有害的。大体积混凝土工程中不得采用硅酸盐水泥。

5.1.4 硅酸盐水泥的腐蚀与防止

硅酸盐水泥硬化成水泥石后，在通常条件下是耐久的，但在某些环境中的侵蚀性介质作用下，水泥石的结构会逐渐遭到破坏，强度降低，甚至全部溃裂。这种现象称为水泥石的腐蚀。

引起水泥石腐蚀的原因很多，作用也很复杂，几种典型腐蚀类型如下。

5.1.4.1 水泥石腐蚀的类型

1. 软水侵蚀（溶出性侵蚀）

软水是指水中重碳酸盐含量较小的水。雨水、雪水、工厂冷凝水及相当多的河水、江水、湖泊水等都属于软水。

当水泥石长期处于软水中时，由于水泥石中的$Ca(OH)_2$可微溶于水，首先被溶出。在静水及无水压的情况下，由于周围的水容易被 $Ca(OH)_2$ 饱和，使溶解作用停止。因此，溶出仅限于表层，对整个水泥石影响不大。但在流水及压力水作用下，溶出的 $Ca(OH)_2$ 不断被流水带走，水泥石中的 $Ca(OH)_2$ 不断溶出，孔隙率不断增加，侵蚀也就不断地进行。由于水泥水化产物要在一定浓度的氢氧化钙溶液中才能稳定存在，因而当水泥石中的 $Ca(OH)_2$ 浓度下降到一定程度时，会使水泥石中 C-S-H 等水化产物分解，引起水泥石的强度下降以致结构破坏。

而水泥石处于硬水中时，水泥石的 $Ca(OH)_2$ 会与硬水中的重碳酸盐反应生成几乎不溶于水的碳酸钙或碳酸镁，并积聚在水泥石的表面孔隙内，起到阻止侵蚀的作用。

2. 盐类腐蚀

（1）硫酸盐腐蚀

海水中，以及某些湖水、地下水、工业污水和流经高炉矿渣或煤渣的水中常含有钾、钠、氨的硫酸盐，硫酸盐侵蚀的特征是某些盐类的结晶体逐渐在水泥石的毛细管中积累并长大，水泥石由于内应力而遭到严重破坏。

当水中硫酸盐浓度不高时，生成高硫型水化硫铝酸钙。生成的高硫型水化硫铝酸钙含有大量的结晶水，比原有体积增加1.5倍以上，水泥石由于受到极大的膨胀应力而破坏。当水中硫酸盐的浓度较高时，产生二水石膏结晶，也会导致水泥石开裂破坏。

（2）镁盐侵蚀

海水和某些盐沼水、地下水中常含有大量的镁盐，主要是硫酸镁和氯化镁，它们会与水泥石中的氢氧化钙产生反应：

$$MgCl_2 + Ca(OH)_2 \longrightarrow Mg(OH)_2 + CaCl_2$$

$$MgSO_4 + Ca(OH)_2 \longrightarrow CaSO_4 + Mg(OH)_2$$

生成的氢氧化镁松软而无胶凝能力；氯化钙则易溶于水，会使 $Ca(OH)_2$ 不断被消耗；二水石膏则会进一步引起硫酸盐腐蚀。因此，镁盐对水泥石的腐蚀是双重腐蚀。

3. 酸类腐蚀

（1）一般酸腐蚀

在一些工业废水、地下水和沼泽水中，经常含有各种不同浓度的无机酸和有机酸，而水泥中的 $Ca(OH)_2$ 呈碱性，这些酸会与 $Ca(OH)_2$ 发生反应：

$$H^+ + OH^- = H_2O$$

酸的浓度越高，对水泥石的侵蚀越剧烈。

（2）碳酸腐蚀

在某些工业废水和地下水中，常溶有一些 CO_2 及其盐类，天然水中由于生物化学作用也会溶有 CO_2，这些碳酸水对水泥石的侵蚀有其独特的形式。

$$CO_2 + H_2O + Ca(OH)_2 \longrightarrow CaCO_3 + 2H_2O$$

当水中 CO_2 浓度较低时，由于沉淀在水泥石表面而使腐蚀作用停止；当水中 CO_2 浓度较高时，上述反应会继续进行：

$$CO_2 + H_2O + CaCO_3 \longrightarrow Ca(HCO_3)_2$$

生成的 $Ca(HCO_3)_2$ 是易溶于水的，这样使反应不断进行，$Ca(OH)_2$ 浓度降低，水化产物分解，造成水泥石腐蚀。

4. 强碱侵蚀

硅酸盐水泥基本是耐碱的，碱类溶液如果浓度不高对水泥石是无害的。但铝酸盐含量较高的硅酸盐水泥遇到强碱作用后也会破坏，如氢氧化钠的侵蚀：

$$3CaO \cdot Al_2O_3 + 6NaOH \longrightarrow Na_2O \cdot Al_2O_3 + 3Ca(OH)_2$$

铝酸钠是易溶于水的，从而造成水泥石的腐蚀。

当水泥石被氢氧化钠浸透后又在空气中干燥，与空气中的二氧化碳作用而生成碳酸钠，碳酸钠在水泥石毛细孔中结晶沉积，而使水泥石胀裂：

$$2NaOH + CO_2 + 9H_2O \longrightarrow Na_2CO_3 \cdot 10H_2O$$

除上述腐蚀类型外，对水泥石有腐蚀作用的还有糖、氨盐、动物脂肪、含环烷酸的石油产品等。

5.1.4.2 防止侵蚀的方法

1. 水泥石易受腐蚀的原因

从以上腐蚀种类可以归纳出水泥石受到腐蚀的主要原因有：

（1）水泥石内存在容易受腐蚀的成分　水泥石中含有 $Ca(OH)_2$ 和 C_3AH_6，它们极易与介质成分发生化学反应或溶于水而使水泥石破坏。

(2) 水泥石本身存在孔隙　腐蚀介质易通过毛细孔隙进入水泥石内部与水泥石成分互相作用，加剧腐蚀。

2. 加速腐蚀的因素

液态的腐蚀介质较固态的引起的腐蚀更为严重，较高的温度、压力、较快的流速、适宜的湿度及干湿交替等均可加速腐蚀过程。

3. 防止腐蚀的措施

(1) 根据侵蚀环境特点，合理选择水泥品种　例如采用水化产物中氢氧化钙含量较小的水泥，可提高对软水等侵蚀作用的抵抗能力；为抵抗硫酸盐的腐蚀，采用铝酸三钙含量低于5%的抗硫酸盐水泥。

掺入活性混合材料，可提高硅酸盐水泥对多种介质的抗腐蚀性。这将在以后讨论。

(2) 提高水泥石的密实度，降低孔隙率　水泥石中的孔隙是侵蚀性介质进入水泥石内部的渠道，合理设计混凝土或砂浆的配合比，降低水灰比，掺外加剂，改善施工方法均可提高水泥石的密实度，减少侵蚀性介质进入水泥石内部，达到防腐的效果。

(3) 在水泥石表面设置保护层　当水泥石处在较强的侵蚀性介质中时，可根据侵蚀介质的不同，在混凝土材料表面覆盖不透水的保护层，如玻璃、塑料、沥青、耐酸陶瓷等。

当水泥石处于多种介质同时侵蚀时，应分析清楚对水泥石侵蚀最严重的介质，采取相应的措施，提高水泥石的耐腐蚀性。

5.1.5　硅酸盐水泥的性质与应用

5.1.5.1　性质与应用

1. 凝结硬化快，早期强度及后期强度高

硅酸盐水泥的凝结硬化速度快，早期强度及后期强度均高，适用于有早强要求的混凝土、冬季施工混凝土，地上、地下重要结构的高强混凝土和预应力混凝土工程。

2. 抗冻性好

硅酸盐水泥采用合理的配合比和充分养护后，可获得低孔隙率的水泥石，并有足够的强度，因此有优良的抗冻性，适用严寒地区水位升降范围内遭受反复冻融的混凝土工程。

3. 水化热大

硅酸盐水泥熟料中含有大量的 C_3S 及较多的 C_3A，在水泥水化时，放热速度快且放热量大，因而不宜用于大体积混凝土工程，但可用于低温季节或冬季施工。

4. 耐腐蚀性差

由于硅酸盐水泥的水化产物中含有较多的 $Ca(OH)_2$ 和 C_3AH_6，耐软水和化学侵蚀性能较差，不宜用于经常与流动淡水或硅酸盐等腐蚀介质接触的工程，也不宜用于经常与海水、矿物水等腐蚀介质接触的工程。

5. 耐热性差

水泥石中的一些重要成分在高温下会脱水或分解，使水泥石的强度下降以至破坏。当受热温度为100～200℃时，由于尚存的游离水能发生继续水化，生成的水化产物能使水泥石的强度有所提高，且混凝土的导热系数相对较小，故短时间内受热混凝土不会破坏。但当温度较高且受热时间较长时，水泥石中的水化产物脱水、分解，使水泥石发生体积变化、强度下降，以致破坏。因此，硅酸盐水泥不宜用于有耐热要求的混凝土工程。

6. 抗碳化性好

水泥石中的 $Ca(OH)_2$ 与空气中的 CO_2 反应生成 $CaCO_3$ 的过程称为碳化。碳化会使水泥石内部碱度降低，产生微裂纹，对钢筋混凝土还会导致钢筋锈蚀。

由于硅酸盐水泥在水化后，形成较多的 $Ca(OH)_2$，碳化时碱度降低不明显。故适用于空气中 CO_2 浓度较高的环境，如铸造车间等。

7. 干缩小

硅酸盐水泥在硬化过程中，形成大量的水化硅酸钙凝胶体，使水泥石密实，游离水分少，不易产生干缩裂纹，可用于干燥环境的混凝土工程。

8. 耐磨性好

硅酸盐水泥强度高、耐磨性好，且干缩小，可用于路面与地面工程。

此外，硅酸盐水泥的密度一般在 3.0 ~ 3.3g/cm³ 之间，松散状态的堆积密度一般在 900 ~ 1 300kg/m³；紧密状态时，可达 1 400 ~ 1 700kg/m³。

5.1.5.2 硅酸盐水泥的运输与储存

水泥在储存和运输过程中，应按不同强度等级、品种及出厂日期分别储运，并注意防潮、防水。袋装水泥的堆放高度不得超过 10 袋。

即使是良好的储存条件，水泥也不宜久存。在空气中水蒸气及二氧化碳的作用下，水泥会发生部分水化和碳化，使水泥的胶结能力及强度下降。一般储存 3 个月后，强度降低约 10% ~20%，6 个月后降低 15% ~30%，1 年后降低 25% ~40%。因此水泥的有效储存期为 3 个月。如果超过 6 个月，在使用时应重新检测，按实际强度使用。

5.2 掺混合材料的硅酸盐水泥

在硅酸盐水泥熟料中，掺入一定量的混合材料以及石膏共同磨细制成的水硬性胶凝材料，称为掺混合材料的硅酸盐水泥。它与硅酸盐水泥相比，在经济上提高了产量，节约了熟料，降低了成本；在技术上增加了品种，改善了某些性能，扩大了水泥应用范围。

5.2.1 混合材料

在水泥生产过程中，为改善水泥性能，调节水泥强度等级而加入水泥中的人工或天然的矿物材料，称为水泥混合材料。混合材料分为活性混合材料和非活性混合材料两大类。

5.2.1.1 活性混合材料

将混合材料磨成细粉与适量生石灰、石膏及水共同拌合，在常温下能生成具有胶凝性能的水化产物，且具有水硬性，此种混合材料称为活性混合材料。常用的这类混合材料有粒化高炉矿渣（granulated blast furnace slag）、火山灰质混合材料（pozzolana）和粉煤灰（fly ash）等。

1. 活性混合材料

（1）粒化高炉矿渣　粒化高炉矿渣是炼铁高炉的熔融矿渣，经急速冷却而成，急冷一般采用水淬的方法，因此又称水淬矿渣。水淬后成松软的颗粒，颗粒直径在 0.5 ~ 5mm。水淬成粒阻止了再结晶，使绝大部分的矿渣成为不稳定的玻璃体，存储着较高的化学能，具有较高的潜在化学活性。

粒化高炉矿渣中的活性成分是活性氧化硅和活性氧化铝，它们在常温下即能和氢氧化钙作用产生强度。在氧化钙含量较高的碱性矿渣中，还会含有硅酸二钙，从而本身就具有弱的水硬性。

（2）火山灰质混合材料　凡是天然的或人工的以氧化硅、氧化铝为主要成分的矿物质材料，本身磨细加水拌合并不硬化，但与气硬性石灰及水拌合后，则不但能在空气中硬化，而且能在水中继续硬化的材料，称为火山灰质混合材料。天然的火山灰是火山爆发时，随同熔岩一起喷发的大量碎屑沉积在地面或水中形成的松软物质。由于喷出后遭遇急冷，因此含有一定量的玻璃体，这些玻璃体的成分主要是活性氧化硅和活性氧化铝，它们是火山灰活性的主要来源。火山灰质混合材料分为天然和人工两大类，按其化学成分和矿物结构可分为含水硅酸质、铝硅玻璃质、烧黏土质等。

1）含水硅酸质的混合材料　硅藻土、硅藻石、蛋白石及硅质渣等，其活性成分以氧化硅为主。

2）铝硅玻璃质的混合材料　火山灰、凝灰岩、浮石和粉煤灰、液态渣等工业废渣，其活性成分为氧化硅和氧化铝。

3）烧黏土质的混合材料　主要有烧黏土、煤渣、煤矸石灰渣等，其活性成分以氧化铝为主。

粉煤灰属于火山灰质混合材料中的铝硅玻璃质材料，是燃煤电厂的副产品，是从煤粉炉烟道气体中收集的粉末，其颗粒直径在0.001～0.05mm，呈玻璃态实心或空心的球状颗粒。粉煤灰的活性主要决定于玻璃体的含量，粉煤灰的主要成分是活性氧化硅和活性氧化铝，还含有少量的氧化钙，粉煤灰中未燃炭是有害成分，应限制在规定范围。

2. 活性混合材料的水化硬化

活性混合材料的主要成分为活性氧化硅和活性氧化铝，即非晶态的氧化硅和氧化铝，它们不具有单独的水硬性，但在氢氧化钙或石膏的激发下，会发生水化反应：

$$xCa(OH)_2 + SiO_2 + (m-x)H_2O = xCaO \cdot SiO_2 \cdot mH_2O$$

$$yCa(OH)_2 + Al_2O_3 + (n-y)H_2O = yCaO \cdot Al_2O_3 \cdot nH_2O$$

式中x、y值随混合材料的种类、$Ca(OH)_2$和活性SiO_2的比率、环境温度及作用时间的变化而变化，一般为1或稍大，n、m值一般为1～2.5。

当液相中有石膏存在时，水化铝酸钙还能与石膏反应生成水硬性的水化硫铝酸钙。

氢氧化钙或石膏的存在是活性混合材料的潜在活性得以发挥的条件，氢氧化钙和石膏称为混合材料的激发剂，石灰和能在水化时析出氢氧化钙的硅酸盐水泥熟料称为碱性激发剂，二水石膏、半水石膏及各种化工石膏称为硫酸盐激发剂，氢氧化钙和石膏共同存在时为混合激发。硫酸盐激发剂的激发作用须在有碱性激发剂存在的条件下才能充分的发挥作用。活性混合材料存在于硅酸盐水泥中的条件即为混合激发。

活性混合材料的水化速度较水泥熟料慢，且对温度敏感。高温下，水化速度明显加快、强度提高；低温下，水化速度很慢。故活性混合材料适合高温养护。

5.2.1.2　非活性混合材料

非活性混合材料是指掺入硅酸盐水泥中，不与水泥成分起化学作用或化学作用很微弱，仅起到提高水泥产量，降低水泥强度等级，减小水化热等作用的混合材料。当用高强度水泥拌制砂浆或低强度等级混凝土时，可掺入非活性混合材料来代替部分水泥，从而降低成本并改善了砂浆或混凝土的和易性。常见的非活性混合材料有磨细的石英砂、石灰石、黏土、慢冷矿渣及各种废渣等。

5.2.2　掺混合材料的硅酸盐水泥

掺混合材料的水泥首先是水泥熟料水化，然后水化生成的氢氧化钙与活性混合材料中的活性氧化硅和活性氧化铝发生水化反应，因此称为二次水化。由此可见，掺混合材料的硅酸盐水泥与硅酸盐水泥相比，凝结硬化慢，早期强度低。掺混合材料的硅酸盐水泥主要有普通硅酸盐水泥（ordinary portland cement）、矿渣硅酸盐水泥（portland blast furnace slag cement）、火山灰质硅酸盐水泥（portland pozzolana cement）、粉煤灰硅酸盐水泥（portland fly ash cement）、复合硅酸盐水泥（composite portland cement）等。

5.2.2.1　普通硅酸盐水泥

根据 GB 175—2006，凡由硅酸盐水泥熟料、>5% ~ ≤20% 的活性混合材料、适量石膏磨细制成的水硬性胶凝材料，称为普通硅酸盐水泥（简称普通水泥），代号 P·O。允许用不超过水泥质量 5% 的窑灰或不超过水泥质量 8% 的非活性混合材料来代替。

国家标准对普通硅酸盐水泥的技术要求有：

（1）凝结时间　初凝不得早于 45min，终凝不得迟于 600min。

（2）强度等级　根据 3d 和 28d 龄期的抗折和抗压强度，将普通硅酸盐水泥分为 42.5、42.5R、52.5、52.5R 四个强度等级，各强度等级、各龄期的强度值不得低于表 5-2 中的数值。

（3）细度（选择性指标）、体积安定性、氧化镁含量、三氧化硫含量与硅酸盐水泥的要求相同。

由于混合材料的掺量较少，故普通硅酸盐水泥与硅酸盐水泥的性质基本相同，略有差别。主要表现为：①早期强度低；②耐腐蚀性略有提高；③耐热性稍好；④水化热略低；⑤抗冻性、耐磨性、抗碳化性略有降低。

由于普通硅酸盐水泥的性质与硅酸盐水泥差别不大，因而在应用方面两种水泥基本相同。但是有一些硅酸盐水泥不能用的地方普通硅酸盐水泥可以用，使得普通硅酸盐水泥成为建筑行业应用面最广、使用量最大的水泥品种。

5.2.2.2　矿渣硅酸盐水泥、火山灰质硅酸盐水泥和粉煤灰硅酸盐水泥

1. 定义及组成

根据 GB 175—2006，凡由硅酸盐水泥熟料和粒化高炉矿渣、适量石膏磨细制成的水硬性胶凝材料称为矿渣硅酸盐水泥（简称为矿渣水泥），代号 P·S。水泥中粒化高炉矿渣的掺量按质量百分比计为 >20% ~ ≤70%（>20% ~ ≤50% 为 P·S·A 型，>50% ~70≤% 为 P·S·B 型）。允许用窑灰、粉煤灰和火山灰质混合材料中的一种材料代替粒化高炉矿渣，代替数量不得超过水泥质量的 8%。

凡由硅酸盐水泥熟料和火山灰质混合材料、适量石膏磨细制成的水硬性胶凝材料称为火山灰质硅酸盐水泥（简称火山灰水泥），代号 P·P。水泥中火山灰质混合材料掺加量按质量百分比计为 >20% ~ ≤40%。

凡由硅酸盐水泥熟料和粉煤灰、适量石膏磨细制成的水硬性胶凝材料称为粉煤灰硅酸盐水泥（简称粉煤灰水泥），代号 P·F。水泥中粉煤灰掺加量按质量百分比计为 >20% ~ ≤40%。

2. 技术要求

（1）细度（选择性指标）、凝结时间、体积安定性　这三种水泥的凝结时间、体积安定性要求与普通硅酸盐水泥相同；细度要求为 80μm 方孔筛筛余不大于 10% 或 45μm 方孔筛筛余不大于 30%。

（2）强度等级　这三种水泥根据 3d、28d 的抗折强度和抗压强度划分强度等级，分别为 32.5、32.5R、42.5、42.5R、52.5 和 52.5R。各强度等级、各龄期的强度不得低于表 5-2 中的数值。

（3）氧化镁、三氧化硫　水泥中氧化镁的含量不得超过6%（P·S·B不要求），如水泥经压蒸体积安定性合格，则可大于6%。矿渣水泥中的三氧化硫含量不得超过4%；火山灰水泥和粉煤灰水泥中的三氧化硫不得超过3.5%。

3. 性质与应用

矿渣水泥、火山灰水泥和粉煤灰水泥都是在硅酸盐水泥熟料的基础上加入大量活性混合材料磨细制成的。由于三者所用的活性混合材料的化学组成与化学活性基本相同，因而三者的大多数性质和应用相同或接近，即这三种水泥在许多情况下可替代使用。但由于这三种水泥所用活性材料的物理性质与表面特征等有些差异，又使得这三种水泥各自有着一些独特的性能与用途。

（1）三种水泥的共性

1）硬化慢、早期强度低，后期强度发展较快　主要原因是水化反应是分二步进行，首先是熟料矿物水化，随后，熟料矿物水化析出的氢氧化钙和掺入水泥中的石膏与混合材料中的活性氧化硅和活性氧化铝发生二次水化反应，生成水化硅酸钙、水化铝酸钙、水化硫铝酸钙或水化硫铁酸钙，有时还可能生成水化铝硅酸钙等水化产物。因为水泥中熟料矿物含量比硅酸盐水泥中少得多，水化过程是二次水化，故凝结硬化较慢，早期（3d、7d）强度较低，后期由于二次水化的不断进行及熟料的继续水化，水化产物不断增多，使得水泥强度发展较快，后期强度可赶上甚至超过同强度等级的硅酸盐水泥，见图5-4。这三种水泥不宜用于早强要求高的工程，如冬季施工、现浇工程等。

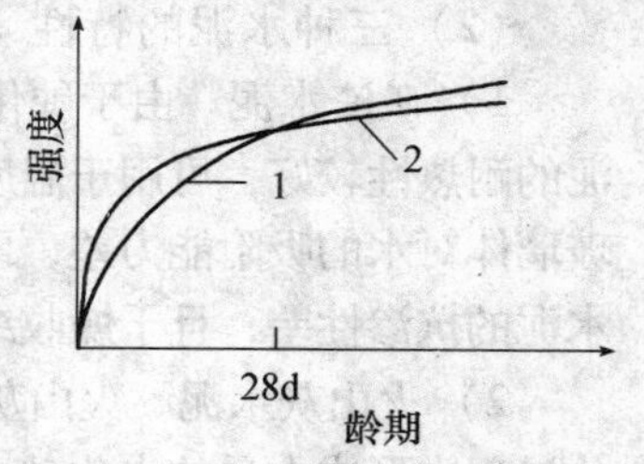

图5-4　水泥强度发展比较示意图（同强度等级）

1—硅酸盐水泥（或普通硅酸盐水泥）；2—矿渣硅酸盐水泥（或火山灰质硅酸盐水泥、粉煤灰硅酸盐水泥）

由于粉煤灰表面非常致密，早期强度比矿渣水泥和火山灰水泥还低。适合用于受载较晚的混凝土工程。

2）对温度敏感，适合高温养护　这三种水泥在低温下水化明显减慢，强度较低。采用高温养护时可大大加速活性混合材料的水化，并可加速熟料的水化，故可大大提高早期强度，且不影响常温下后期强度的发展（见图5-5）。而硅酸盐水泥或普通硅酸盐水泥，利用高温养护虽可提高早期强度，但后期强度的发展受到影响，比一直在常温下养护的强度低。这是因为在高温下这二种水泥的水化速度很快，短时间内即生成大量的水化产物，这些水化产物对未水化水泥熟料颗粒的后期水化起到了阻碍作用。因此，硅酸盐水泥和普通硅酸盐水泥不适合于高温养护（见图5-6）。

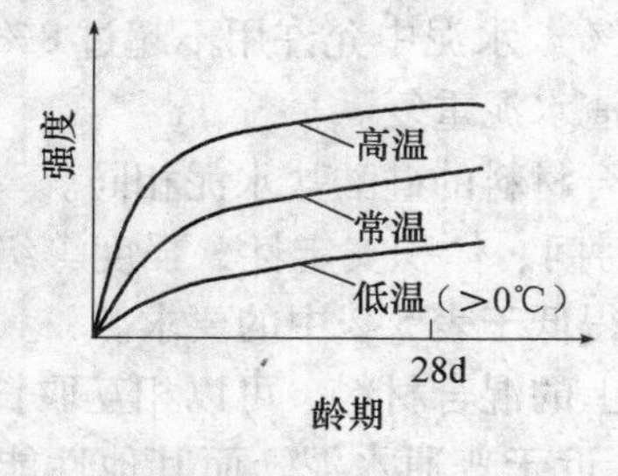

图5-5　矿渣硅酸盐水泥（或火山灰质硅酸盐水泥、粉煤灰硅酸盐水泥）养护温度与强度发展示意图

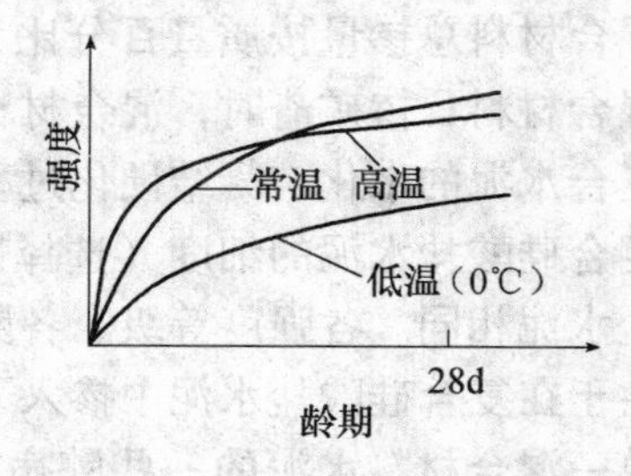

图5-6　硅酸盐水泥（或普通硅酸盐水泥）养护温度与强度发展示意图

3）耐腐蚀性好　由于熟料少，水化后生成的 $Ca(OH)_2$ 量较少，并且二次水化还要消耗大量的 $Ca(OH)_2$，使得水泥石中的 $Ca(OH)_2$ 量进一步减少，水泥石抵抗流动淡水及硫酸盐等腐蚀介质的能力较强。因此，这三种水泥可用于有耐腐蚀要求的混凝土工程。

值得注意的是，如果火山灰水泥所掺入的是以 Al_2O_3 为主要活性成分的烧黏土质混合材料，则水化后水化铝酸钙数量较多。因此，这种火山灰水泥抵抗硫酸盐腐蚀的能力较弱，不宜用于这类工程中。

4）水化热小　熟料少，使水化放热量大幅度降低，可用于大体积混凝土工程中。

5）抗冻性差、耐磨性差　由于加入较多的混合材料，使水泥的需水量增加，水分蒸发后易形成毛细管通路或粗大孔隙，水泥石的孔隙率较大，导致抗冻性和耐磨性差。因此，不宜用于严寒地区水位升降范围内的混凝土工程和有耐磨要求的混凝土工程中。

6）抗碳化能力差　由于这三种水泥水化产物中 $Ca(OH)_2$ 量很少，碱度较低，故抗碳化能力差，不宜用于 CO_2 浓度高的环境中。但在一般工业与民用建筑中，它们对钢筋仍具有良好的保护作用。

（2）三种水泥的特性

1）矿渣水泥　由于硬化后 $Ca(OH)_2$ 含量少，矿渣本身又是高温形成的耐火材料，故矿渣水泥的耐热性较好，可用于温度不高于200℃的混凝土工程中，如热工窑炉基础等。粒化高炉矿渣玻璃体对水的吸附能力差，即矿渣水泥的保水性差，易产生泌水而造成较多连通孔隙，因此矿渣水泥的抗渗性差，且干燥收缩也较普通水泥大，不宜用于有抗渗性要求的混凝土工程。

2）火山灰水泥　火山灰混合材料含有大量的微细孔隙，使其具有良好的保水性，并且在水化过程中形成大量的水化硅酸钙凝胶，使火山灰水泥的水泥石结构比较致密，从而具有较高的抗渗性和耐水性，可优先用于有抗渗要求的混凝土工程。但火山灰水泥长期处于干燥环境中时，水化反应就会中止，强度也会停止增长，尤其是已经形成的凝胶体还会脱水收缩并形成微细的裂纹，使水泥石结构破坏，因此火山灰水泥不宜用于长期处于干燥环境中的混凝土工程。

3）粉煤灰水泥　由于粉煤灰呈球形颗粒，比表面积小，对水的吸附能力差，因而粉煤灰水泥的干缩小、抗裂性好。但由于它的泌水速度快，若施工处理不当易产生失水裂缝，因而不宜用于干燥环境。此外，泌水会造成较多的连通孔隙，故粉煤灰水泥的抗渗性较差，不宜用于抗渗要求高的混凝土工程。

5.2.2.3　复合硅酸盐水泥

根据 GB 175—2006 定义：凡由硅酸盐水泥熟料、两种或两种以上规定的混合材料、适量石膏磨细制成的水硬性胶凝材料称为复合硅酸盐水泥（简称复合水泥），代号 P·C。水泥中混合材料总掺量按质量百分比为 >20% ~ ≤50%。水泥中允许用不超过 8% 的窑灰代替部分混合材料；掺矿渣时，混合材料掺量不得与矿渣水泥重复。

复合水泥的水化、凝结硬化过程基本上与掺混合材料的硅酸盐水泥相同。

复合硅酸盐水泥的细度（选择性指标）、凝结时间、体积安定性、强度等级要求与矿渣硅酸盐水泥相同。各强度等级、各龄期的强度值不得低于表 5-2 中的要求。

由于在复合硅酸盐水泥中掺入了两种或两种以上的混合材料，可以相互取长补短，克服了掺单一混合材料水泥的一些弊病。其早期强度接近于普通水泥，而其他性能优于矿渣水泥、火山灰水泥、粉煤灰水泥，因而适用范围广。

六种常用水泥的组成、性质与适用范围见表 5-3。

表 5-3　六种常用水泥的组成、性质及应用的异同点

项目		硅酸盐水泥	普通硅酸盐水泥	矿渣硅酸盐水泥	火山灰质硅酸盐水泥	粉煤灰硅酸盐水泥	复合硅酸盐水泥
组成	组成	硅酸盐水泥熟料、无或很少量（0~5%）粒化高炉矿渣或石灰石、适量石膏	硅酸盐水泥熟料、少量（＞5%～≤20%）活性混合材料、适量石膏	硅酸盐水泥熟料、大量（＞20%～≤70%）粒化高炉矿渣、适量石膏	硅酸盐水泥熟料、大量（＞20%～≤40%）火山灰质混合材料、适量石膏	硅酸盐水泥熟料、大量（＞20%～≤40%）粉煤灰、适量石膏	硅酸盐水泥熟料、大量（＞20%～≤50%）的两种或两种以上规定的混合材料、适量石膏
组成	共同点	硅酸盐水泥熟料、适量石膏					
组成	不同点	无或很少量的混合材料	少量混合材料	大量活性混合材料（化学组成或化学活性基本相同）			大量活性或非活性混合材料
组成	不同点			粒化高炉矿渣	火山灰质混合材料	粉煤灰	两种以上活性或非活性混合材料
性质		1. 早期后期强度高 2. 耐腐蚀性差 3. 水化热大 4. 抗碳化性好 5. 抗冻性好 6. 耐磨性好 7. 耐热性差	1. 早期强度稍低，后期强度高 2. 耐腐蚀性稍好 3. 水化热略小 4. 抗碳化性好 5. 抗冻性好 6. 耐磨性较好 7. 耐热性稍好 8. 抗渗性好	早期强度低，后期强度高			早期强度稍低
性质				1. 对温度敏感，适合高温养护；2. 耐腐蚀性好；3. 水化热小；4. 抗冻性较差；5. 抗碳化性较差			
性质				1. 泌水性大、抗渗性差 2. 耐热性较好 3. 干缩较大	1. 保水性好、抗渗性好 2. 干缩大 3. 耐磨性差	1. 泌水性大（快）、易产生失水，裂纹，抗渗性差 2. 干缩小、抗裂性好 3. 耐磨性差	干缩较大
应用	优先使用	早期强度要求高的混凝土，有耐磨要求的混凝土，严寒地区反复遭受冻融作用的混凝土，抗碳化性要求高的混凝土，掺混合材料的混凝土		水下混凝土，海港混凝土，大体积混凝土，耐腐蚀性要求较高的混凝土，高温下养护的混凝土			
应用	优先使用	高强度混凝土	普通气候及干燥环境中的混凝土，有抗渗要求的混凝土，受干湿交替作用的混凝土	有耐热要求的混凝土	有抗渗要求的混凝土	受载较晚的混凝土	普通气候及干燥环境中的混凝土，有抗渗要求的混凝土，受干湿交替作用的混凝土
应用	可以使用	一般工程	高强度混凝土，水下混凝土，高温养护混凝土，耐热混凝土	普通气候环境中的混凝土			
应用	可以使用			抗冻性要求较高的混凝土，有耐磨性要求的混凝土	—	—	早期强度要求较高的混凝土
应用		不宜或不得使用	大体积混凝土，耐腐蚀性要求较高的混凝土		早期强度要求较高的混凝土，低温或冬季施工混凝土		—
应用					抗冻性要高的混凝土，抗碳化性要求较高的混凝土，掺混合材料的混凝土		
应用			耐热混凝土、高温养护混凝土	—	抗渗性要求高的混凝土	干燥环境中的混凝土，有耐磨要求的混凝土	—

5.3 铝酸盐水泥

凡以铝酸钙为主的铝酸盐水泥熟料，磨细制成的水硬性胶凝材料称为铝酸盐水泥（aluminate cement），也称为高铝水泥。根据需要也可在磨制 Al_2O_3 含量大于 68% 的水泥时掺加适量 α-Al_2O_3 粉。

5.3.1 *矿物成分与水化产物*

铝酸盐水泥的主要矿物成分是铝酸一钙（CA）和二铝酸一钙（CA_2），还有少量的七铝酸十二钙（$C_{12}A_7$）、铝方柱石（C_2AS）和硅酸二钙。

铝酸一钙（CA）的特点是凝结正常，硬化迅速，是铝酸盐水泥强度的主要来源。但 CA 含量过高时，强度发展主要集中在早期，后期强度增进率不显著。

二铝酸一钙（CA_2）水化硬化较慢，早期强度低，但后期强度能不断增长。如果 CA_2 含量过高，将影响铝酸盐水泥的快硬性能。但随 CA_2 增加，水泥的耐热性能提高。

七铝酸十二钙（$C_{12}A_7$）水化、凝结极快，但强度不及 CA 高。当水泥中 $C_{12}A_7$ 较多时，水泥出现快凝，甚至强度倒缩。

铝方柱石（C_2AS）也称钙黄长石，因晶格中离子配位对称性很高，故水化活性极低。

铝酸盐水泥加水后发生化学反应，由于环境温度不同，其水化产物也不同：

$$CaO \cdot Al_2O_3 + 10H_2O \xrightarrow{<20℃} CaO \cdot Al_2O_3 \cdot 10H_2O$$

$$2(CaO \cdot Al_2O_3) + 11H_2O \xrightarrow{20 \sim 30℃} 2CaO \cdot Al_2O_3 \cdot 8H_2O + Al_2O_3 \cdot 3H_2O$$

$$3(CaO \cdot Al_2O_3) + 12H_2O \xrightarrow{<30℃} 3CaO \cdot Al_2O_3 \cdot 6H_2O + 2(Al_2O_3 \cdot 3H_2O)$$

熟料矿物 CA_2 的水化与 CA 基本相同，主要水化产物都是 $CaO \cdot Al_2O_3 \cdot 10H_2O$（简写为 CAH_{10}）、$2CaO \cdot Al_2O_3 \cdot 8H_2O$（简写为 C_2AH_8）和 $Al_2O_3 \cdot 3H_2O$ [即 $Al(OH)_3$ 凝胶，简写为 AH_3]。次要成分铝方柱石几乎不水化，七铝酸十二钙的水化产物也是 C_2AH_8，硅酸二钙可与水反应生成硅酸钙凝胶。

水化生成的 CAH_{10} 和 C_2AH_8 能迅速形成片状或针状晶体，相互交错、连生、长大，形成较坚固的架状结构；生成的 $Al(OH)_3$ 凝胶填充在晶体骨架的空隙中，使水泥形成致密结构，并迅速产生很高的强度。

CAH_{10} 和 C_2AH_8 都是亚稳定相，随时间的推移逐渐转变为稳定的 C_3AH_6。高温、高湿条件下，上述转变极为迅速。伴随着晶型转变，水泥石中固相体积减少 50% 以上，强度大大降低。

5.3.2 *技术要求*

铝酸盐水泥的细度要求为比表面积不小于 $300m^2/kg$ 或 $45\mu m$ 方孔筛的筛余不大于 20%；各类型铝酸盐水泥化学成分、凝结时间应满足表 5-4 的规定，各龄期强度值不得低于表 5-4 中的数值。应测定铝酸盐水泥的 28d 强度值，且不得低于 3d 强度值。

表 5-4 铝酸盐水泥的化学成分与强度要求（GB 201—2000）

等级	化学成分（%）			凝结时间		抗压强度（MPa）				抗折强度（MPa）			
	Al_2O_3	SiO_2	Fe_2O_3	初凝（min）	终凝（h）	6h[1]	1d	3d	28d	6h[1]	1d	3d	28d
CA－50	$50\leqslant Al_2O_3<60$	≤8.0	≤2.5	≥30	≤6	20	40	50	—	3.0	5.5	6.5	—
CA－60	$60\leqslant Al_2O_3<68$	≤5.0	≤2.0	≥60	≤18	—	20	45	85	—	2.5	5.0	10.0
CA－70	$68\leqslant Al_2O_3<77$	≤1.0	≤0.70	≥30	≤6	—	30	40	—	—	5.0	6.0	—
CA－80	$Al_2O_3\geqslant 77$	≤0.5	≤0.50	≥30	≤6	—	25	30	—	—	4.0	5.0	—

1）用户需要时，生产厂应提供结果。

注：胶砂强度试验时，水泥: 标准砂 = 1∶3.0，用水量按胶砂流动度达到 130～150mm 来确定（CA-50 的 W/C 约为 0.44，CA-60、CA-70、CA-80 的 W/C 约为 0.40，但最终均以胶砂流动度达到 130～150mm 确定拌合用 W/C 的大小）。

5.3.3 性质与应用

1. 凝结硬化快、早期强度高、长期强度下降

铝酸盐水泥加水后，迅速与水反应，硬化速度极快，其 1d 强度一般可达到极限强度的 60%～80%左右。因此，适用于紧急抢修工程、冬季施工和对早期强度要求较高的工程。但由于铝酸盐水泥硬化体中的晶体结构在长期使用过程中会发生转变，$Al(OH)_3$ 凝胶也会出现老化现象，引起强度下降。故一般情况下铝酸盐水泥不宜用于长期承载的结构工程中。需要使用时应按最低稳定强度值进行设计，对于 CA-50 铝酸盐水泥应按（50±2）℃水中养护 7d、14d 强度值之低者来确定。

2. 耐热性好

铝酸盐水泥硬化后，在较高的温度下，可产生固相反应，由烧结结合代替水化结合，在高温下仍能保持一定的强度，因此经常用于配制在 900℃～1 300℃使用的耐热胶泥、耐热砂浆和耐热混凝土（能长期承受 1 580℃以上高温作用的混凝土称为耐火混凝土）。

3. 抗渗性及抗硫酸盐性好

铝酸盐水泥在水化后不析出 $Ca(OH)_2$，且硬化后结构比较致密，有较强的抗渗性和抗硫酸盐腐蚀性能，同时对碳酸、稀盐酸等侵蚀性溶液也有较好的稳定性，因此铝酸盐水泥可用于经常与硫酸盐等腐蚀介质接触的工程。

4. 水化热大

铝酸盐水泥的水化放热量大且主要集中在早期，因而不宜用于大体积混凝土工程。

5. 耐碱性很差

水化铝酸钙遇碱即发生化学反应，使水泥石结构疏松，强度大幅度降低。因此，铝酸盐水泥不宜用于与碱接触的混凝土工程。

除特殊情况外，铝酸盐水泥不得与硅酸盐水泥或石灰等能析出 $Ca(OH)_2$ 的材料混合使用，否则会出现“瞬凝”现象，强度也明显降低。同时，也不得与未硬化的硅酸盐类水泥混凝土拌合物相接触，两类水泥配制的混凝土的接触面也不能长期处在潮湿状态下。

此外，铝酸盐水泥还不得用于高温高湿环境，也不能在高温季节施工或采用蒸汽养护（如需蒸汽养护须低于 50℃）。铝酸盐水泥的碱度较低，当用于钢筋混凝土时，钢筋保护层厚度不得小于 60mm。

铝酸盐水泥可配制一系列的膨胀水泥和自应力水泥等。

5.4 其他品种的水泥

5.4.1 白色与彩色硅酸盐水泥

5.4.1.1 白色硅酸盐水泥

由白色硅酸盐水泥熟料、适量（0～10%）混合材料（石灰石或窑灰）及适量石膏磨细制成的水硬性胶凝材料称为白色硅酸盐水泥（简称白水泥，代号P·W）。

生产白水泥的关键是得到白度满足要求的熟料，其主要措施是限制原料中Fe_2O_3的含量，控制熟料中Fe_2O_3含量一般在0.5%～0.2%。使用纯度较高的石灰石、白黏土；煅烧熟料时用灰分极少的重油、煤气或天然气；粉磨时用陶瓷或白色花岗岩做磨机的衬板和研磨体，即可以生产出白色水泥。

白水泥的白度应不低于87；80μm方孔筛筛余不得大于10%；初凝时间不得早于45min，终凝时间不得迟于10h；体积安定性必须合格。白水泥的强度等级分为32.5、42.5、52.5三个等级，各强度等级、各龄期的强度值不得低于表5-2中的规定。

5.4.1.2 彩色硅酸盐水泥

在白色水泥粉磨时，加入适当的颜料，即可制成彩色硅酸盐水泥（简称为彩色水泥）。彩色水泥中加入的颜料，必须具有良好的大气稳定性及耐久性，不溶于水，分散性好，抗碱性强，不参与水泥水化反应，对水泥的组成和特性无破坏作用等特点。常用的颜料有氧化铁（红或黑、褐、黄）、二氧化锰（黑褐色）、氧化铬（绿色）、钴蓝（蓝色）等。彩色水泥按颜色分类，其基本色有红色、黄色、蓝色、绿色、棕色和黑色等。

彩色硅酸盐水泥的80μm方孔筛筛余不得大于6.0%；SO_3不得超过4.0%；初凝时间不得早于1h，终凝时间不得迟于10h；体积安定性必须合格。彩色硅酸盐水泥的强度等级分为22.5、32.5、42.5三个等级，各等级的强度值应满足表5-2的要求。

白水泥和彩色水泥主要用于各种装饰混凝土及装饰砂浆中。

5.4.2 膨胀水泥（expansive cement）

常用的多数水泥在空气中硬化时都会产生一定的体积收缩。收缩会引起混凝土产生微裂纹，影响混凝土的各项使用性能，如强度、抗渗性和抗冻性下降，侵蚀性介质更易侵入，造成钢筋锈蚀，使耐久性进一步下降等。而膨胀水泥在其凝结硬化时能产生一定量的体积膨胀，从而减小或消除混凝土的干缩，甚至产生膨胀。

膨胀水泥主要是比一般水泥多了一种膨胀组分，在凝结硬化过程中，膨胀组分使水泥产生一定量的膨胀值。常用的膨胀组分是在水化后能形成膨胀性产物——水化硫铝酸钙的材料。

按膨胀值大小，可将膨胀水泥分为膨胀水泥和自应力水泥（self stressing cement）两大类。膨胀水泥的膨胀率较小，主要用于补偿水泥在凝结硬化过程中产生的收缩，因此又称为无收缩水泥或收缩补偿水泥。自应力水泥的膨胀值较大，除抵消干缩值外，尚有一定剩余膨胀值。在限制膨胀的条件下（如配有钢筋时），由于水泥石的膨胀作用，使与混凝土粘结在一起的钢筋受到拉应力作用而使混凝土受到压应力作用，从而达到了预应力的作用。因为这种压应力是依靠水泥本身的水化而产生的，所以称为“自应力。”它可有效地改善混凝土易产生干燥开裂、抗拉强度低的缺陷。

常用的膨胀水泥及主要用途：

（1）硅酸盐膨胀水泥　主要用于制造防水层和防水混凝土；用于加固结构、浇注机器底座或固结地脚螺栓，并可用于接缝及修补工程。但禁止在有硫酸盐侵蚀性的水中工程中使用。

（2）低热微膨胀水泥　主要用于要求较低水化热和要求补偿收缩的混凝土、大体积混凝土，也适用于要求抗渗和抗硫酸盐侵蚀的工程。

（3）膨胀硫铝酸盐水泥　主要用于配制结点、抗渗和补偿收缩的混凝土工程中。

（4）自应力水泥　主要用于自应力钢筋混凝土压力管及其配件。

5.4.3　道路硅酸盐水泥

道路硅酸盐水泥是由道路硅酸盐水泥熟料、0～10%活性混合材料和适量石膏磨细制得的水硬性胶凝材料，代号P·R。由于C_4AF具有抗折强度高、抗冲击、耐磨、低收缩等特性，道路硅酸盐水泥熟料中规定C_4AF的含量应不低于16.0%，同时严格限制了C_3A的含量应不超过5.0%。此外，水泥熟料中游离氧化钙的含量应满足表5-2的要求。

《道路硅酸盐水泥》国家标准（GB 13693—2005）规定，道路硅酸盐水泥的比表面积为300～450m^2/kg、初凝应不早于1.5h、终凝不得迟于10h、氧化镁含量应不大于5.0%、三氧化硫含量应不大于3.0%、体积安定性用沸煮法检验必须合格、28d干缩率应不大于0.1%、耐磨性28d磨耗量应不大于3.00kg/m^2。道路硅酸盐水泥划分为32.5、42.5、52.5三个强度等级，相应的强度指标不得低于表5-2的要求。

道路硅酸盐水泥具有抗折强度高、耐磨性高、干缩小、早期强度高、抗疲劳性高、抗冻性高、耐腐蚀性强等特性，因而主要用于高速公路、机场跑道等路面工程。

5.4.4　抗硫酸盐硅酸盐水泥（sulfate resistance portland cement）

抗硫酸盐硅酸盐水泥是以特定矿物组成的硅酸盐水泥熟料，加入适量石膏磨细制成的具有抵抗硫酸根离子侵蚀的水硬性胶凝材料，按其抗硫酸盐性能分为中抗硫酸盐硅酸盐水泥（moderate sulfate resistance portland cement）、高抗硫酸盐硅酸盐水泥（high sulfate resistance portland cement）两类。中抗硫酸盐硅酸盐水泥可抵抗中等浓度硫酸根离子侵蚀，简称中抗硫酸盐水泥，代号P·MSR；高抗硫酸盐硅酸盐水泥可抵抗较高浓度硫酸根离子侵蚀，称为高抗硫酸盐硅酸盐水泥，简称高抗硫酸盐水泥，代号P·HSR。

抗硫酸盐硅酸盐水泥的主要矿物成分、化学成分、比表面积、线膨胀率等应满足表5-5的规定。抗硫酸盐硅酸盐水泥分为32.5、42.5两个强度等级，各强度等级、各龄期的强度值应不低于表5-2的规定，凝结时间也应满足表5-2的规定。此外，体积安定必须合格。

表5-5　抗硫酸盐硅酸盐水泥的主要矿物成分、化学成分、比表面积、线膨胀率要求（GB 748—2005）

抗硫酸盐等级	C_3S（%）≤	C_3A（%）≤	SO_3（%）≤	游离MgO（%）≤	14d线膨胀率（%）≤	比表面积（m^2/kg）≥
中抗硫酸盐硅酸盐水泥	55	5	2.5	5.0	0.060	280
高抗硫酸盐硅酸盐水泥	50	3			0.040	

注：如水泥经压蒸试验体积安定性合格，则游离氧化镁含量可放宽至6.0%。

抗硫酸盐硅酸盐水泥的凝结硬化速度慢、水化放热速度慢且放热量小、早期强度低、抗硫酸盐腐蚀性高、抗冻性高，主要用于环境中硫酸盐含量高的混凝土工程。

5.4.5 低热硅酸盐水泥、中热硅酸盐水泥、低热矿渣硅酸盐水泥

中热硅酸盐水泥、低热硅酸盐水泥是以适当成分的硅酸盐水泥熟料，加入适量石膏磨细而成的水硬性胶凝材料。具有中等水化热的称为中热（moderated heat）硅酸盐水泥（简称中热水泥），代号 P·MH，具有低水化热的称为低热（low heat）硅酸盐水泥（简称低热水泥），代号 P·LH。

低热矿渣硅酸盐水泥是以适当成分硅酸盐水泥熟料，加入 20% ~60% 粒化高炉矿渣、适量石膏磨细制成的具有低水化热的水硬性胶凝材料，称为低热矿渣硅酸盐水泥（简称低热矿渣水泥），代号 P·SLH。允许用不超过加混合材料总量 50% 的粒化电炉磷渣或粉煤灰代替部分粒化高炉矿渣。

GB 200—2003 规定，这三种水泥的初凝时间不得小于 60min，终凝时间不得大于 12h；比表面积不低于 $250m^2/kg$；三种水泥熟料的矿物成分应满足表 5-6 的要求，水泥中 SO_3 不大于 3.5%。中热水泥强度等级为 42.5、低热水泥强度等级为 42.5、低热矿渣水泥强度等级为 32.5，各龄期强度值须大于表 5-6 中的数值。此外，体积安定性必须合格。

表 5-6 中热硅酸盐水泥、低热硅酸盐水泥、低热矿渣硅酸盐水泥的主要技术要求（GB 200—2003）

水泥品种	强度等级	抗压强度（MPa）			抗折强度（MPa）			水化热(kJ/kg)		水泥熟料中矿物成分（%）			
		3d	7d	28d	3d	7d	28d	<3d	7d	C_3S	C_2S	C_3A	f-CaO
中热硅酸盐水泥	42.5	12.0	22.0	42.5	3.0	4.5	6.5	<251	<293	≤55	—	≤6	≤1.0
低热硅酸盐水泥	42.5	—	13.0	42.5	—	3.5	6.5	<130	<260	—	≥40	≤6	≤1.0
低热矿渣硅酸盐水泥	32.5	—	12.0	32.5	—	3.0	5.5	<197	<230	—	—	≤8	≤1.2

注：水化热允许采用直接法或溶解法进行检验，各龄期的水化热应不大于表中的要求。低热水泥型检验 28d 的水化热应不大于 310kJ/kg。

低热硅酸盐水泥、中热硅酸盐水泥、低热矿渣硅酸盐水泥的水化热放热速度慢，且放热量小，早期强度较低、抗冻性高、耐腐蚀性较高，主要用于大体积工程，也可用于耐腐蚀工程。

5.4.6 快硬硫铝酸盐水泥与快硬铁铝酸盐水泥

快硬硫铝酸盐水泥属于硫铝酸盐水泥（sulfphoaluminate cement），是以适当成分的生料，经煅烧所得以无水硫铝酸钙（$3CaO \cdot 3Al_2O_3 \cdot CaSO_4$）和硅酸二钙为主要矿物成分的水泥熟料和石灰石（<10%）、适量石膏共同磨细制成的，具有早期强度高的水硬性胶凝材料，代号 R·SAC。

快硬铁铝酸盐水泥属于高铁硫铝酸盐水泥（ferri-sulfphoaluminate cement），通常称为铁铝酸盐水泥（ferri-aluminate cement）。快硬铁铝酸盐水泥是以适当成分的生料，经煅烧所得以无水硫铝酸钙、铁相（$4CaO \cdot Al_2O_3 \cdot Fe_2O_3$、$6CaO \cdot Al_2O_3 \cdot 2Fe_2O_3$ 等）和硅酸二钙为主要矿物成分的水泥熟料和石灰石（<15%）、适量石膏共同磨细制成的，具有早期强度高的水硬性胶凝材料，代号 R·FAC。

快硬硫铝酸盐水泥、快硬铁铝酸盐水泥根据 3d 强度分为 42.5、52.5 和 62.5、72.5 四

个强度等级，各等级、各龄期的强度值不得低于表5-7中的数值，细度、凝结时间也须满足表5-7的规定。

表5-7　快硬硫铝酸盐水泥、快硬铁铝酸盐水泥各强度等级、各龄期强度值（JC 933—2003）

强度等级	比表面积（m^2/kg）	凝结时间（min）		抗压强度（MPa）			抗折强度（MPa）		
		初凝	终凝	1d	3d	28d	1d	3d	28d
42.5	≮350	≮25	≯180	33.0	42.5	45.0	6.0	6.5	7.0
52.5				42.0	52.5	55.0	6.5	7.0	7.5
62.5				50.0	62.5	65.0	7.0	7.5	8.0
72.5				56.0	72.5	75.0	7.5	8.0	8.5

注：胶砂强度试验时，水泥:标准砂=1:3.0，用水量按胶砂流动度达到165~175mm来确定（*W/C*约为0.47，最终以胶砂流动度达到165~175mm确定拌合用*W/C*的大小）。

快硬硫铝酸盐水泥与快硬铁铝酸盐水泥的主要水化产物为高硫型水化硫铝酸钙，因而水泥具有快硬、高早强、微膨胀等特性。由于高硫型水化硫铝酸钙在90℃以上会延迟生成或分解为低硫型水化硫铝酸钙，而后在常温下又会与石膏反应生成高硫型水化硫铝酸钙（亦称生成二次钙矾石），引起混凝土开裂。因此，快硬硫铝酸盐水泥与快硬铁铝酸盐水泥在施工时应控制混凝土内部温度不超过90℃，并且混凝土的使用环境也不得超过90℃。快硬铁铝酸盐水泥的pH值为12.0~12.5，因而对钢筋具有良好的保护作用。

快硬硫铝酸盐水泥的pH值为11.5~12.0，对钢筋的保护作用较差，因而在水化初期钢筋会产生轻微的锈蚀，但随着水化的进行，混凝土的密实度迅速提高，使得水与空气难以进入混凝土内，故钢筋的锈蚀现象不会再发展。

快硬硫铝酸盐水泥与快硬铁铝酸盐水泥具有高早强、高强、高抗渗、高抗冻、微膨胀等特性，并具有优良的抗硫酸盐腐蚀性，其抗硫酸盐腐蚀能力超过抗硫酸盐硅酸盐水泥。两者主要用于早期强度要求高的紧急抢修混凝土工程、负温混凝土工程，高强混凝土和抗硫酸盐侵蚀混凝土，也用于浆锚、喷锚支护、拼装、节点、地质固井、堵漏等混凝土工程。

5.4.7　低碱度硫铝酸盐水泥

低碱度硫铝酸盐水泥是专门为生产玻璃纤维增强水泥或混凝土制品而生产的。该水泥水化后析出的氢氧化钙数量很少，因而水泥浆体的碱度低于硅酸盐类水泥的碱度，也低于快硬硫铝酸盐水泥的碱度。

JC/T 659—2003规定，低碱度硫铝酸盐水泥按7d强度划分为32.5、42.5、52.5三个强度等级，各强度等级、各龄期强度不低于表5-8的数值，细度、碱度、凝结时间、28d自由膨胀率也须满足表5-8的要求。

表5-8　低碱度硫铝酸盐水泥技术要求（JC/T 659—2003）

强度等级	比表面积（m^2/kg）	碱度pH	自由膨胀率（%）	凝结时间（min）		抗压强度（MPa）		抗折强度（MPa）	
				初凝	终凝	1d	7d	1d	7d
32.5	>400	<10.5	0.01~0.15	≮25	≯180	25.0	32.5	3.5	5.0
42.5						32.0	42.5	4.0	5.5
52.5						39.0	52.5	4.5	6.0

注：pH值是采用水泥:水=1:10的水泥浆在拌制1h时测得的。28d自由膨胀率是采用1:0.5灰砂比的胶砂测得的。

低碱度硫铝酸盐水泥的碱度低。除对玻璃纤维的腐蚀作用弱外，该水泥还具有快硬早强、微膨胀等特性。

5.4.8　砌筑水泥

《砌筑水泥》（GB/T 3183—2003）规定凡由一种或一种以上的混合材料、加入适量的硅酸盐水泥熟料和石膏制成的具有工作性较好的水硬性胶凝材料，称为砌筑水泥，代号 M。

砌筑水泥的初凝时间不早于 60min，终凝时间不迟于 12h；保水率应不低于 80%；0.08mm 方孔筛筛余不得超过 10%；体积安定性须合格。砌筑水泥的强度等级分为 12.5、22.5 二个等级，各等级的强度值应不低于表 5-2 的要求。

砌筑水泥的施工性能好，但强度低，主要用于工业与民用建筑的砌筑砂浆、内墙抹灰、垫层混凝土，不得用于结构混凝土。

思考题与习题

1. 硅酸盐水泥熟料的矿物成分有哪些？它们相对含量的变化对水泥性能有什么影响？
2. 硅酸盐水泥水化后的主要产物有哪些？其形态和特性如何？
3. 水泥石的组成有哪些？每种组成对水泥石的性能有何影响？
4. 水泥石凝结硬化过程中为什么会出现体积安定性不良？安定性不良的水泥有什么危害？如何处理？
5. 在国家标准中，为什么要限制水泥的细度、初凝时间和终凝时间必须在一定范围内？
6. 既然硫酸盐对水泥石有腐蚀作用，为什么在水泥生产过程中还要加入石膏？
7. 硅酸盐水泥有哪些特性，主要适用于哪些工程？在使用过程中应注意哪些问题？为什么？
8. 在水泥中掺入活性混合材料后，对水泥性能有何影响？
9. 与硅酸盐水泥比较，掺混合材料的水泥在组成、性能和应用等方面有何不同？
10. 矿渣水泥、火山灰水泥和粉煤灰水泥这三种水泥在性能及应用方面有何异同？
11. 下列混凝土工程中，应优先选用哪种水泥？不宜选用哪种水泥？

    （1）干燥环境的混凝土；（2）湿热养护的混凝上；（3）大体积的混凝土；（4）水下工程的混凝土；（5）高强混凝土；（6）热工窑炉的基础；（7）路面工程的混凝土；（8）冬季施工的混凝土；（9）严寒地区水位升降范围内的混凝土；（10）有抗渗要求的混凝上；（11）紧急抢修工程；（12）经常与流动淡水接触的混凝土；（13）经常受硫酸盐腐蚀的混凝土；（14）修补建筑物裂缝。
12. 与硅酸盐水泥比较，高铝水泥在性能及应用方面有哪些不同？
13. 道路硅酸盐水泥的主要性能与硅酸盐水泥有何不同？
14. 快硬硫铝酸盐水泥和铁铝酸盐水泥与普通硅酸盐水泥在性能和应用上有哪些不同？

6　混凝土

混凝土是由胶凝材料将集料（又称骨料）胶结而成的固体复合材料。根据所用胶凝材料的不同分为水泥混凝土、石膏混凝土、水玻璃混凝土、树脂混凝土、沥青混凝土等。土木工程中用量最大的为水泥混凝土，属于水泥基复合材料（cement-based composite，or cement matrix composite）。

水泥混凝土又按其体积密度的大小分为以下四种。

重混凝土（heavy concrete）：$\rho_{0d}>2\ 800kg/m^3$ 的混凝土，系采用体积密度大的集料（如重晶石、铁矿石、铁屑等）配制而成，常用重混凝土的 $\rho_{0d}>3\ 200kg/m^3$。具有良好的防射线性能，故称为防射线混凝土。主要用于核反应堆以及其他防射线工程中。

普通混凝土（ordinary concrete）：$2\ 300kg/m^3<\rho_{0d}\leqslant 2\ 800kg/m^3$ 的混凝土，采用普通天然密实的集料配制而成，常用普通混凝土的 ρ_{0d} 为 $2\ 300\sim 2\ 500kg/m^3$。广泛用于建筑、桥梁、道路、水利、码头、海洋等工程，是各种工程中用量最大的混凝土，故简称为混凝土。

次轻混凝土（specific density concrete）：$1\ 950kg/m^3<\rho_{0d}\leqslant 2\ 300kg/m^3$ 的混凝土，除采用轻粗集料外，还部分使用了普通天然密实的粗集料。主要用于高层、大跨度结构。

轻混凝土（lightweight concrete）：$\rho_{0d}\leqslant 1\ 950kg/m^3$ 的混凝土，采用多孔轻质集料配制而成，或采用特殊方法在混凝土内部造成大量孔隙，使混凝土具有多孔结构。保温性较好，主要用于保温、结构保温或结构材料。

混凝土还可按其主要功能或结构特征、施工特点来分类，如防水混凝土、耐热混凝土、高强混凝土、泵送混凝土、流态混凝土、喷射混凝土、纤维混凝土等。

本章主要介绍以水泥为胶凝材料的普通混凝土。其基本理论或基本规律在其他混凝土中也基本适用。

6.1　普通混凝土的组成、结构与混凝土的基本要求

6.1.1　普通混凝土的组成及其作用

水泥混凝土是由水泥石将集料胶结在一起而成的固体复合材料，其基本组成有水泥、细集料（砂）、粗集料（石）和水。硬化前的混凝土称为混凝土拌合物（concrete mixture），或新拌混凝土（fresh concrete，or freshly mixed concrete）。水和水泥组成水泥浆，水泥浆包裹在砂的表面，并填充于砂的空隙中成为砂浆，砂浆又包裹在石子的表面，并填充石子的空隙。水泥浆和砂浆在混凝土拌合物中分别起到润滑砂、石的作用，使混凝土具有施工要求的流动性，并使混凝土易于成型密实。硬化后，水泥石将砂、石牢固地胶结为一整体，使混凝土具有所需的强度、耐久性等性能。通常所用砂、石的强度高于水泥石的强度，且砂、石占混凝土总体积的65%～75%，因而它们在混凝土中起到了骨架的作用，故又称为集料。集料主要起到限制与减小混凝土的干缩与开裂；减少水泥用量、降低水泥水化热与混凝土温升；降低混凝土成本的作用，并可起到提高混凝土强度和耐久性的作用。

随着混凝土技术的进步和工程要求的不断提高，混凝土的组成中又增加了化学外加剂、矿物掺合料、纤维增强材料、高聚物乳液等，这些组分对改善混凝土的性能，扩展混凝土应用范围起到了重要的作用，其中许多已成为混凝土中不可缺少的组分。

6.1.2 混凝土的结构与性质

混凝土是一种非均质多相复合材料。从亚微观上来看，混凝土是由粗、细集料，水泥的水化产物、毛细孔、气孔、微裂纹（因水化热、干缩等致使水泥石开裂）、界面微裂纹［因干缩、泌水（bleeding）等所致］及界面过渡层等组成。即混凝土在受力以前，内部就存在有许多微裂纹。界面过渡层是由于泌水等原因，而在集料表面处形成的厚度约为30～60μm的水泥石薄层，其结构相对较为疏松，且界面过渡层中常含有微裂纹或孔隙。界面过渡层对混凝土的强度和耐久性有着重大的影响，特别是粗集料与砂浆（或水泥石）的界面。从宏观上看，混凝土是由集料和水泥石组成的二相复合材料（见图6-1）。因此，混凝土的性质主要取决于混凝土中集料与水泥石的性质、它们的相对含量以及集料与水泥石间的界面粘结强度。

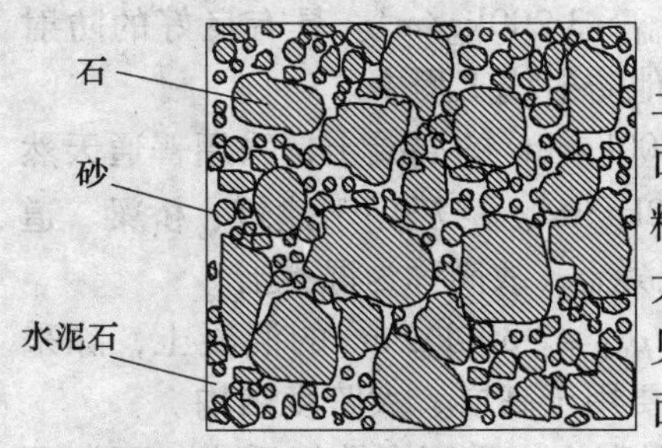

图6-1 混凝土结构示意图

集料的强度一般均高于水泥石的强度，因而普通混凝土的强度主要取决于水泥石的强度和界面粘结强度，而界面粘结强度又取决于水泥石的强度和集料的表面状况（粗糙程度、棱角的多少、黏附的泥等杂质的多少、吸水性的大小等）、凝结硬化条件及混凝土拌合物的泌水性等（参见图6-2）。界面是普通混凝土中最为薄弱的环节，改善界面过渡层的结构或界面粘结强度是提高混凝土强度与其他性质的重要途径。

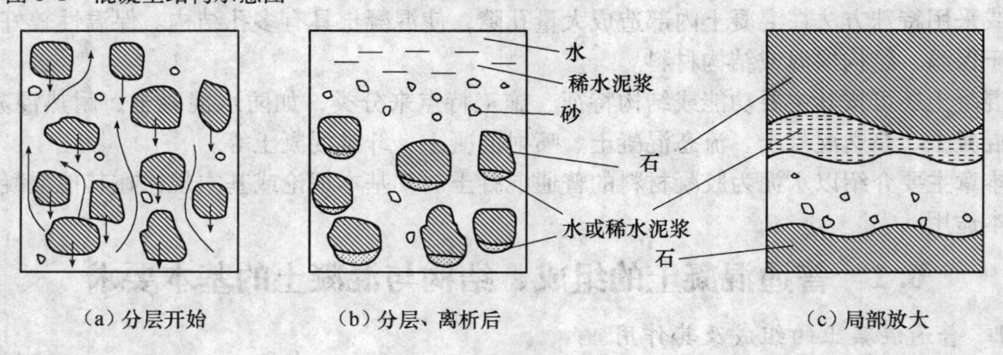

图6-2 混凝土分层、离析现象示意图

6.1.3 混凝土的基本要求

工程上使用的混凝土，一般须满足以下四项基本要求。

6.1.3.1 混凝土拌合物的和易性（workability）

混凝土拌合物的和易性也称工作性或工作度，是指混凝土拌合物易于施工，并能获得均匀密实结构的性质。为保证混凝土的质量，混凝土拌合物必须具有与施工条件相适应的和易性。混凝土拌合物的和易性包括以下三项含义：

1. 流动性（mobility）

指混凝土拌合物在自重力或机械振动力作用下，易于产生流动、易于运输、易于充满混凝土模板的性质。一定的流动性可保证混凝土构件或结构的形状与尺寸以及混凝土结构的密实性。流动性过小，不利于施工，并难以达到密实成型，易在混凝土内部造成孔隙或孔洞，影响混凝土的质量；流动性过大，虽然成型方便，但水泥浆用量大，不经济，且可能会造成混凝土拌合物产生离析和分层，影响混凝土的匀质性。流动性是和易性中最重要的性质，对混凝土的强度及其他性质有较大的影响。

2. 黏聚性（cohensiveness）

指混凝土拌合物各组成材料具有一定的黏聚力，在施工过程中保持整体均匀一致的能力。黏聚性差的混凝土拌合物在运输、浇注、成型等过程中，石子容易与砂浆产生分离，即易产生离析、分层现象（参见图6-2），造成混凝土内部结构不均匀。黏聚性对混凝土的强度及耐久性有较大的影响。

3. 保水性（water retentivity）

指混凝土拌合物在施工过程中保持水分的能力。保水性好可保证混凝土拌合物在运输、成型和凝结硬化过程中，不发生大的或严重的泌水。泌水会在混凝土内部产生大量的连通毛细孔隙，成为混凝土中的渗水通道。上浮的水会聚集在钢筋和石子的下部，增加了石子和钢筋下部水泥浆的水灰比（混凝土中水的质量与水泥质量之比，water-cement ratio，*W/C*）或水胶比（混凝土中水的质量与胶凝材料总质量之比，water-cementitous material ratio，*W/B* or *W/CM*），形成薄弱层，即界面过渡层，严重时会在石子和钢筋的下部形成水隙或水囊，即孔隙或裂纹，从而严重影响它们与水泥石之间的界面粘结力。上浮到混凝土表面的水，会大大增加表面层混凝土的水灰比或水胶比，造成混凝土表面疏松，若继续浇注混凝土，则会在混凝土内形成薄弱的夹层（图6-2）。保水性对混凝土的强度和耐久性有较大的影响。

混凝土拌合物的流动性、黏聚性及保水性，三者相互联系，但又相互矛盾。当流动性较大时，往往混凝土拌合物的黏聚性和保水性较差，反之黏聚性和保水性较好。因此，混凝土拌合物和易性良好是指三者相互协调，均为良好。

6.1.3.2 强度

混凝土在28d时的强度或规定龄期时的强度应满足结构设计的要求。

6.1.3.3 耐久性

混凝土应具有与环境相适应的耐久性，以保证混凝土结构的使用寿命。

6.1.3.4 经济性

在满足上述三项要求的前提下，混凝土中的各组成材料应经济合理，即应节约水泥用量，以降低成本。

6.2 水泥混凝土的基本组成材料

6.2.1 水泥

水泥的品种应根据混凝土工程的性质和所处的环境条件来确定，并应考虑混凝土的配制强度，详见第5章。

水泥强度等级的选择应根据混凝土的强度等级来确定。对C30及其以下的混凝土，水泥强度等级一般应为混凝土强度等级的1.5～2.5倍；对C30～C50的混凝土，水泥强度等级一般应为混凝土强度等级的1.1～1.5倍；对C60以上的高强混凝土，水泥强度等级与混凝土强度等级的比值可小于1.0，但一般不宜低于0.70。因为用高强度水泥配制低强度混凝土时，较少的水泥用量即可满足混凝土的强度，但水泥用量过少会严重影响混凝土拌合物的和易性及混凝土的耐久性；用低强度水泥配制高强混凝土时，会因水灰比太小及水泥用量过大而影响混凝土拌合物的流动性，并会显著增加混凝土的水化热和混凝土的温升、干缩与徐变，同时混凝土的强度也不易得到保证，经济上也不合理。故水泥强度等级应与混凝土的强度等级相适应。

过分追求高强度水泥或早强型水泥在很多情况下是非常有害的。高强度水泥或早强型水泥，特别是铝酸三钙含量高的水泥，凝结硬化速度快、水化放热量高，化学收缩和干缩大，常会使混凝土在尚未凝结的情况下，即在塑性阶段出现大量表面裂纹（即早期塑性开裂），这对混凝土的耐久性极为不利。此种现象在掺用膨胀剂、高效减水剂、促凝型外加剂等的混凝土中，更易出现。

6.2.2 细集料（fine aggregate）

粒径为0.15～4.75mm［方孔筛（square opening）］的集料称为细集料，简称砂。混凝土用砂分为天然砂和机制砂。天然砂是主要用砂，它是由岩石风化所形成的散粒材料，按产源不同分为河砂（江砂）、山砂、海砂等。山砂表面粗糙、棱角多，含泥量和有机质含量较多。海砂长期受海水的冲刷，表面圆滑，较为清洁，但海砂中常混有贝壳和较多的盐分；河砂（江砂）的表面圆滑，较为清洁，且分布广，为混凝土主要用砂，特别是河砂的耐磨性较机制砂高，故在特重、重交通混凝土路面中广泛使用。

机制砂（manufactured sand）是由天然岩石或河卵石破碎而成，其表面粗糙、棱角多、较为清洁，但砂中含有较多的片状颗粒及石粉，且成本较高，一般仅在缺乏天然砂时才使用。使用机制砂时，需掺加引气型高效减水剂，也可采用与天然砂按一定比例混合使用。路面工程中使用机制砂时，其磨光值应大于35。由泥岩、页岩、板岩制得的机制砂的耐磨性差，不宜用于路面和桥面混凝土。

细集料按其含泥量、石粉含量、泥块含量、有害物含量、坚固性等指标分为Ⅰ、Ⅱ、Ⅲ类，其技术要求见表6-1。

表6-1　粗集料、细集料的技术要求（GB/T 14684～14685—2001、JTG F30—2003）

项目		粗集料			细集料		
		Ⅰ	Ⅱ	Ⅲ	Ⅰ	Ⅱ	Ⅲ
压碎指标（%）<	卵石	12	16（14）	16	—		
	碎石	10	20（15）	30(20[1])	—		
	单粒级机制砂	—			20	25	30
氯化物（按氯离子质量计,%）<		—			0.01	0.02	0.06
坚固性（按质量损失计,%）<		5	8	12	8（6）	8	10
针片状含量（按质量损失计,%）<		5	15	25(20[2])	—		
云母（按质量计,%）<		—			1	2	2
含泥量（按质量计,%）<		0.5	1.0	1.5	1	2	3[3]
泥块含量（按质量计,%）<		0	0.5(0.2)	0.7(0.5)	0	1	2
机制砂 *MB* 值<1.4或合格石粉含量（按质量计,%）<		—			3.0	5.0	7.0

续表 6-1

项　　目		粗集料			细集料		
		Ⅰ	Ⅱ	Ⅲ	Ⅰ	Ⅱ	Ⅲ
机制砂 *MB* 值≥1.4 或不合格石粉含量（按质量计,%）＜		—			1.0	3.0	5.0
有机物含量（比色法）		合格					
硫化物及硫酸盐含量（按 SO_3 质量计,%）＜		0.5	1.0		0.5		
轻物质（按质量计,%）＜		—			1.0		
粗集料与机制砂母岩抗压强度（MPa）≮	火成岩	80（100）					
	变质岩	60（80）					
	沉积岩	30（60）					
表观密度（kg/m³）＞		2500					
松散堆积密度（kg/m³）＞		1350					
空隙率（%）＜		47					
碱-集料反应		经碱-集料试验后，试件无裂缝、酥裂、胶体外溢等现象，在规定的试验龄期内的膨胀率应小于 0.1%					
说明		括号内的指标为 JTG F30—2003 对该项目的要求指标。无括号的指标表示与 GB/T 14684～14685—2001 和 JTG F30—2003 的要求相同					

注：1）Ⅲ级碎石的压碎指标，用做路面时，应小于 20%；用做下面层或基层时，可小于 25%；

2）Ⅲ级粗集料的针片状颗粒含量，用做路面时，应小于 20%；用做下面层或基层时，可小于 25%；

3）天然Ⅲ级砂用做路面时，含泥量应小于 3.0%；用做贫混凝土基层时，可小于 5.0%。

Ⅰ类细集料宜用于＞C60 的高强混凝土，Ⅱ类细集料宜用于 C30～C60 的混凝土，Ⅲ类细集料宜用于＜C30 的混凝土。有抗渗、抗冻、抗盐冻、腐蚀及其他耐久性要求或特殊要求的混凝土应使用Ⅰ类、Ⅱ类细集料。高速公路、一级公路、二级公路及有抗冻、抗盐冻要求的三级、四级公路的混凝土路面应使用不低于Ⅱ类的细集料，无抗冻、抗盐冻要求的三级、四级公路的混凝土路面、碾压混凝土及贫混凝土基层可使用Ⅲ类细集料。细集料的主要技术要求如下。

6.2.2.1 砂的粗细（fineness）与颗粒级配（gradation，or grading）

砂是不同粒径颗粒的混合体，砂的粗细是指砂粒混合后的平均粗细程度。砂的粒径越大，则砂的比表面积越小，包裹砂表面所需的水用量和水泥浆用量就越少。因此，采用粗砂配制混凝土，可减少拌合用水量，节约水泥用量，并可降低混凝土温升，减少混凝土的干缩与徐变；若保证用水量不变，则可提高混凝土拌合物的流动性；若保证混凝土拌合物的流动性和水泥用量不变，则可减少用水量，从而可提高混凝土的强度。但砂过粗时，由于粗颗粒砂对石子的黏聚力较低，会引起混凝土拌合物产生离析、分层。

砂的颗粒级配是指大小不同颗粒砂的搭配程度。级配好的砂应是大颗粒砂的空隙被中等颗粒砂所填充，而中等颗粒砂的空隙被小颗粒砂所填充，依次填充使集料的空隙率最小

(见图6-3)。级配良好的砂可减少混凝土拌合物的水泥浆用量，节约水泥，提高混凝土拌合物的流动性和黏聚性，并可降低混凝土温升，提高混凝土的密实度及混凝土的强度和耐久性。

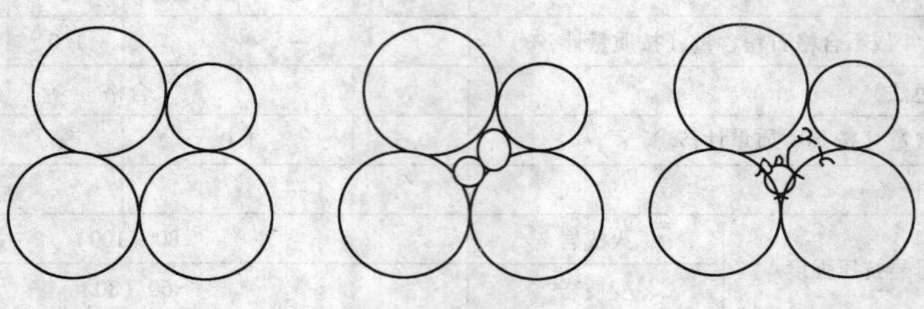

图6-3　集料的颗粒级配

砂的粗细与颗粒级配，通常采用筛分析法测定与评定，即采用一套筛孔尺寸（sieve opening size）为4.75mm、2.36mm、1.18mm、0.60mm、0.30mm、0.150mm的方孔筛，将绝干质量$m=500$g砂由粗到细依次筛分，然后称量每一个筛上砂的筛余量（即每个筛上的质量），并计算出各筛的分计筛余（seperated sieve residue）百分率（即各筛上的筛余量与干砂试样质量的百分率）和各筛的累计筛余（cumulated sieve residue）百分率（即该筛上的分计筛余百分率与大于该筛的各筛上的分计筛余百分率之和）。筛余量、分计筛余、累计筛余的关系见表6-2。

表6-2　累计筛余与分计筛余计算关系

筛孔尺寸（mm）	筛余量（g）	分计筛余（%）	累计筛余（%）
4.75	m_1	$a_1=m_1/m$	$\beta_1=a_1$
2.36	m_2	$a_2=m_2/m$	$\beta_2=\beta_1+a_2$
1.18	m_3	$a_3=m_3/m$	$\beta_3=\beta_2+a_3$
0.60	m_4	$a_4=m_4/m$	$\beta_4=\beta_3+a_4$
0.30	m_5	$a_5=m_5/m$	$\beta_5=\beta_4+a_5$
0.150	m_6	$a_6=m_6/m$	$\beta_6=\beta_5+a_6$

砂的粗细程度用细度模数μ_f（fineness modulus）表示，计算式如下：

$$\mu_f=\frac{\beta_2+\beta_3+\beta_4+\beta_5+\beta_6-5\beta_1}{100-\beta_1}$$

细度模数越大，表示砂越粗。$\mu_f=3.7\sim3.1$为粗砂，$\mu_f=3.0\sim2.3$为中砂，$\mu_f=2.2\sim1.6$为细砂，$\mu_f=1.5\sim0.6$为特细砂。工程中应优先使用中砂或粗砂。当使用细砂和特细砂时，应采取一些相应的技术措施。对路面工程，应优先使用中砂，也可使用细度模数为2.0~3.5的砂，而细砂和特细砂会降低路面的耐磨性和抗滑性，因而不宜选用。

砂的级配用级配区来表示。砂的级配区主要以0.60mm筛以及其他筛的累计筛余百分率来划分，并分为三个级配区。细集料的级配应满足表6-3、图6-4的要求，同时砂的空隙率需小于47%。

表 6-3 细集料的级配区范围（GB/T 14684—2001、JTG F30—2003）

砂级配区	累计筛余[1)]（%）						
	方孔筛尺寸（mm）						
	0.15	0.30	0.60	1.18	2.36	4.75	9.50
Ⅰ	100～90（85）[2)]	95～80	85～71	65～35	35～5	10～0	0
Ⅱ	100～90（80）[2)]	92～70	70～41	50～10	25～0	10～0	0
Ⅲ	100～90（75）[2)]	85～55	40～16	25～0	15～0	10～0	0

注：1）除4.75mm和0.60mm筛的累计筛余外，其他各筛可以略有超出，但总量应小于5%。

2）GB/T 14684—2001规定，人工砂的0.15mm筛的累计筛余可放宽至括号内的数值。但JTG F30—2003无此放宽。

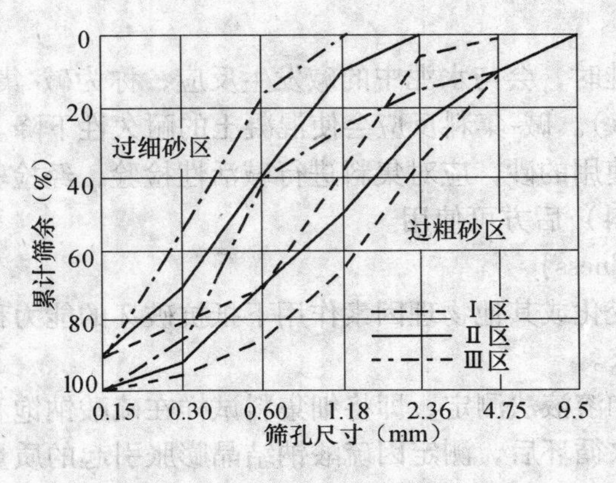

图 6-4 细集料的级配图

级配合格则空隙率小，有利于降低用水量和水泥用量，提高混凝土的各项性能。如砂的自然级配不符合级配区的要求，应进行调整。方法是将粗、细不同的两种砂按适当比例混合试配，直至级配合格。

6.2.2.2 泥、泥块及有害物质

1. 泥及泥块（clay lump）

粒径小于0.075mm的黏土、淤泥、石屑等粉状物统称为泥。块状的黏土、淤泥统称为泥块或黏土块（对于细集料指粒径大于1.20mm，经水洗手捏后成为小于0.60mm的颗粒；对于粗集料指粒径大于4.75mm，经水洗手捏后成为小于2.36mm的颗粒）。泥常包覆在砂粒的表面，因而会大大降低砂与水泥石间的界面粘结力，使混凝土的强度降低，同时泥的比表面积大，含量多时会降低混凝土拌合物流动性，或增加拌合用水量和水泥用量以及混凝土的干缩与徐变，并使混凝土的耐久性降低。泥块对混凝土性质的影响与泥基本相同，但危害更大。泥及泥块的含量应符合表6-1的要求。

C30与C30以上的混凝土，以及有抗冻、抗渗或其他特殊要求的混凝土，砂中含泥量与泥块含量应分别不大于3.0%、1.0%，即必须使用Ⅰ类或Ⅱ类砂；对C30以下的混凝土，砂中含泥量及泥块含量应分别不大于5.0%、2.0%，即可以使用Ⅲ类砂；对C10及C10以下的混凝土用砂，根据水泥强度等级，可适当放宽含泥量。

2. 有害物质（deleterious substance）

砂中有害物质包括硫酸盐、硫化物、有机质、云母、轻物质、氯盐等，其含量应符合表

6-1 的要求。

硫酸盐、硫化物及有机质对水泥石有腐蚀作用。云母表面光滑，与水泥石的粘结力差，且本身强度低，会降低混凝土的强度和耐久性。轻物质（表观密度小于 2.0g/cm³ 的物质）的强度低，会降低混凝土的强度和耐久性。氯盐对钢筋有锈蚀作用。

有抗冻、抗渗要求的混凝土，砂中云母的含量不应大于 1.0%。砂中如发现有颗粒状的硫酸盐或硫化物杂质时，须进行专门检验，确认能满足混凝土的耐久性要求时，方能使用。采用海砂配制钢筋混凝土时，海砂中氯离子的含量不应大于 0.06%；海砂不宜配制预应力钢筋混凝土，如必须使用，则须经淡水冲洗，且海砂中氯离子的含量不得大于 0.02%；用海砂配制素混凝土（不配钢筋的混凝土，plain concrete）时，对海砂中的氯离子含量不予限制。海砂不得用于配制路面和桥面用钢筋混凝土和钢纤维混凝土。

3. 活性氧化硅

砂中含有活性氧化硅时，会与水泥中的碱发生反应，称为碱-集料反应（alkali-aggregate reaction，AAR，见 6.8 节）。碱-集料反应会使混凝土的耐久性下降。砂中不应含有活性氧化硅。对重要工程混凝土使用的砂，应对集料进行碱活性检验，经检验判断有潜在危害时，应采取适当措施（见粗集料）后方可使用。

6.2.2.3 坚固性（soundness）

集料在气候、环境变化或其他物理因素作用下抵抗破坏的能力称为坚固性。细集料的坚固性应符合表 6-1 的要求。

坚固性用硫酸钠饱和溶液法测定，即将细集料试样在硫酸钠饱和溶液中浸泡至饱和，然后取出试样烘干，经 5 次循环后，测定因硫酸钠结晶膨胀引起的质量损失。在严寒及寒冷地区室外使用，并处于潮湿或干湿交替状态下的混凝土，以及有抗疲劳、耐磨、抗冲击要求的混凝土，或有腐蚀介质作用，或受冰冻与盐冻作用，或经常处于水位变化区的地下结构混凝土，所用砂的坚固性质量损失应小于 8%。其他条件下使用的混凝土，坚固性质量损失应小于 10%。

砂的成分一般不作要求，但为满足路面的抗滑性和耐磨性要求，砂的硅质含量不应低于 25%。对于特重、重交通混凝土路面宜使用河砂。

6.2.3 粗集料（coarse aggregate）

粒径大于 4.75mm（方孔筛）的集料称为粗集料，简称为石子。粗集料分为碎石（crushed stone）和卵石（gravel）。

卵石分为河卵石、海卵石、山卵石等，其中河卵石分布广，应用较多。卵石的表面光滑，有机杂质含量较多。

碎石为天然岩石或卵石破碎而成，其表面粗糙、棱角多，较为清洁。与卵石比较，用碎石配制混凝土时，需水量及水泥用量较大，或混凝土拌合物的流动性较小，但由于碎石与水泥石间的界面粘结力强，故碎石混凝土的强度高于卵石混凝土。特别是在水灰比较小的情况下，强度相差尤为明显。因此配制高强混凝土时，宜采用碎石。

粗集料按其含泥量、石粉含量、泥块含量、有害物含量、强度、针片状含量、坚固性等指标分为Ⅰ、Ⅱ、Ⅲ类，其技术要求见表 6-1。

Ⅰ类粗集料宜用于 > C60 的高强混凝土，Ⅱ类粗集料宜用于 C30 ~ C60 的混凝土，Ⅲ类粗集料宜用于 < C30 的混凝土。有抗渗、抗冻、抗盐冻以及其他耐久性要求或特殊要求的混

凝土宜使用Ⅰ类或Ⅱ类粗集料。高速公路、一级公路、二级公路及有抗冻、抗盐冻要求的三级公路和四级公路的混凝土路面应使用不低于Ⅱ类的粗集料，无抗冻、抗盐冻要求的三级公路和四级公路的混凝土路面、碾压混凝土及贫混凝土基层可使用Ⅲ类粗集料。

6.2.3.1　粗集料的最大粒径（maximum aggregate size）与颗粒级配

粗集料公称粒级的上限称为该粒级的最大粒径。

粗集料的粒径对混凝土性质的影响与细集料相同，但影响程度更大。用较大粒径的粗集料配制混凝土，可减少用水量，节约水泥用量，降低混凝土的水化热及混凝土的干缩与徐变，并可提高混凝土的强度与耐久性。对中低强度的混凝土，应尽量选择最大粒径较大的粗集料，但一般也不宜超过37.5mm（混凝土强度较低时可适当放宽），因这时由于减少用水量获得的强度提高，被大粒径集料造成的界面粘结减弱和内部结构不均匀性所抵消。同时，最大粒径还受到混凝土结构截面尺寸和钢筋净距等的限制。对于道路混凝土，混凝土的抗折强度随最大粒径的增加而减小，因而碎石的最大粒径不宜大于31.5mm、碎卵石的最大粒径不宜大于26.5mm、卵石的最大粒径不宜大于19mm。而对于水工混凝土，为降低混凝土的温升，粗集料的最大粒径可达150mm。

粗集料的级配对混凝土性质的影响与细集料相同，但影响程度更大。级配对高强、高性能混凝土尤为重要。粗集料的级配采用4.75mm、9.5mm、16mm、19mm、26.5mm、31.5mm、37.5mm方孔筛上的累计筛余百分率划分级配，各级配的累计筛余百分率须满足表6-4的规定。

表6-4　碎石和卵石的颗粒级配范围（GB/T 14685—2001）

级配情况	公称粒级（mm）	累计筛余（%）方孔筛孔径（mm）											
		2.36	4.75	9.50	16.0	19.0	26.5	31.5	37.5	53.0	63.0	75.0	90.0
连续级配	5~10	95~100	80~100	0~15	0								
	5~16	95~100	85~100	30~60	0~10	0							
	5~20	95~100	90~100	40~80	—	0~10	0						
	5~25	95~100	90~100	—	30~70	—	0~5	0					
	5~31.5	95~100	90~100	70~90	—	15~45	—	0~5	0				
	5~40	—	95~100	70~90	—	30~65	—	—	0~5	0			
单粒级	10~20	—	95~100	85~100	—	0~15	0						
	16~31.5	—	95~100	—	85~100	—	—	0~10	0				
	20~40	—	—	95~100	—	80~100	—	—	0~10	0			
	31.5~63	—	—	—	95~100	—	—	75~100	45~75	—	0~10	0	
	40~80	—	—	—	—	95~100	—	—	70~100	—	30~60	0~10	0

路面混凝土对粗集料的级配要求高于其他混凝土，这主要是为了增强粗集料的骨架作用和在混凝土中的嵌锁力，减小混凝土的干缩，提高混凝土的耐磨性、抗渗性和抗冻性。路面混凝土对粗集料的级配应满足表6-5的要求。

表 6-5　碎石和卵石的颗粒级配范围（JTG F30—2003）

级配情况	公称粒级（mm）	累计筛余（%）方孔筛孔径（mm）							
		2.36	4.75	9.50	16.0	19.0	26.5	31.5	37.5
连续级配	5 ~ 16	95 ~ 100	85 ~ 100	40 ~ 60	0 ~ 10	0			
	5 ~ 19	95 ~ 100	85 ~ 95	60 ~ 75	30 ~ 45	0 ~ 5	0		
	5 ~ 26.5	95 ~ 100	90 ~ 100	70 ~ 90	50 ~ 70	25 ~ 40	0 ~ 5	0	
	5 ~ 31.5	95 ~ 100	90 ~ 100	75 ~ 90	60 ~ 75	40 ~ 60	20 ~ 35	0 ~ 5	0
单粒级	5 ~ 10	95 ~ 100	80 ~ 100	0 ~ 15	0				
	10 ~ 16		95 ~ 100	80 ~ 100	0 ~ 15	0			
	10 ~ 19		95 ~ 100	85 ~ 100	40 ~ 60	0 ~ 15	0		
	16 ~ 26.5			95 ~ 100	55 ~ 75	25 ~ 40	0 ~ 10	0	
	16 ~ 31.5			95 ~ 100	85 ~ 100	55 ~ 70	25 ~ 40	0 ~ 10	0

粗集料的级配分为连续级配和间断级配两种。连续级配（连续粒级）是指颗粒由小到大，每一级粗集料都占有一定的比例，且相邻两级粒径相差较小（比值小于 2）。连续级配的空隙率较小，适合配制各种混凝土，尤其适合配制流动性大的混凝土。连续级配在工程中的应用最多。间断级配是指粒径不连续，即中间缺少 1 ~ 2 级的颗粒，且相邻两级粒径相差较大。间断级配的空隙率最小，有利于节约水泥用量，但由于集料粒径相差较大，使混凝土拌合物易产生离析、分层，造成施工困难。故仅适合配制流动性小的混凝土，或半干硬性及干硬性混凝土，或富混凝土（即水泥用量多的混凝土），且宜在预制厂使用，而不宜在工地现场使用。单粒级是主要由一个粒级组成，空隙率最大，一般不宜单独使用。单粒级主要用来配制具有所要求级配的连续级配或特种混凝土。

级配或最大粒径不符合要求时，应进行调整。方法是将两种或两种以上最大粒径与级配不同的粗集料按适当比例混合试配，直至符合要求。

6.2.3.2　针、片状颗粒

颗粒长度大于该颗粒所属粒级的平均粒径 2.4 倍者称为针状集料（elongate piece），颗粒厚度小于该颗粒所属粒级的平均粒径的 0.4 倍者称为片状集料（flat piece），其含量应符合表 6-1 的要求。

针、片状集料的比表面积与空隙率较大，且内摩擦力大，受力时易折断，含量高时会显著增加混凝土的用水量、水泥用量及混凝土的干缩与徐变，降低混凝土拌合物的流动性及混凝土的强度与耐久性。针片状颗粒还影响混凝土的铺摊效果和平整度。国内大部分采石厂使用颚式破碎机加工集料，虽然生产效率高，价格便宜，但集料中的针片状颗粒多、质量低，在很大程度上制约了配制的混凝土质量。锤式、反击式、对流式破碎机生产的粒型较好。

C60 与 C60 以上的混凝土，以及泵送混凝土、自密实混凝土、高耐久性混凝土，粗集料中针、片状颗粒的含量须小于 10%，高性能混凝土须小于 5%；C30 ~ C55 的混凝土以及有耐久性要求的混凝土，小于 15%；C30 以下的混凝土，须小于 25%（但道路混凝土须小于 20%）；C10 及 C10 以下的混凝土，可放宽到 40%。

6.2.3.3　泥、泥块及有害物质

粗集料中泥、泥块及有害物质对混凝土性质的影响与细集料相同，但由于粗集料的粒径大，因而造成的缺陷或危害更大，其含量应符合表 6-1 的要求。

C30 与 C30 以上的混凝土，以及有抗冻、抗渗或其他特殊要求的混凝土，所用粗集料中的含泥量及泥块含量应分别不大于1%（若含泥基本上为非黏土的石粉时，含泥量可放宽到1.5%、0.50%，即必须使用Ⅰ类或Ⅱ类砂。对路面和桥面混凝土工程，为减小混凝土的干缩，粗集料含泥量及泥块含量应分别不大于1%和0.2%，即JTG F30—2003规定的Ⅰ类或Ⅱ类砂。C30以下的非路面混凝土，所用粗集料中的含泥量及泥块含量应分别不大于2.0%（若含泥基本上为非黏土的石粉时可放宽到3.0%）、0.70%，即可以使用Ⅲ类砂。C10与C10以下的混凝土，所用粗集料的含泥量可放宽至2.5%。粗集料中如发现有颗粒状硫酸盐或硫化物杂质时，则要求进行专门检验，确认能满足混凝土耐久性要求时方可采用。对重要工程的混凝土用粗集料或怀疑有碱活性的粗集料，应进行碱活性检验。当判定为有潜在的碱-碳酸盐反应危害时，不宜作混凝土的集料，如必须使用，应以专门的混凝土试验结果做出评定；当判定为有潜在的碱-硅酸反应时，在限制水泥的总碱含量<0.6%，或掺加适量的活性矿物掺合料，或掺加专门的碱-集料反应抑制剂后方可使用。

6.2.3.4　强度

为保证混凝土的强度，粗集料必须具有足够的强度。碎石的强度用岩石的抗压强度和碎石的压碎指标值来表示，卵石的强度用压碎指标值来表示。工程上可采用压碎指标值来进行质量控制。

岩石的抗压强度是用50mm×50mm×50mm的立方体试件或ϕ50mm×50mm的圆柱体试件，在吸水饱和状态下测定的抗压强度值。压碎指标值的测定，是将一定质量（m）气干状态下的9.5~19.0mm的粗集料装入压碎指标测定仪（钢制的圆筒）内，放好压头，在试验机上经3~5min均匀加荷至200kN，卸荷后用2.5mm筛筛除被压碎的细粒，之后称量筛上的筛余量m_1，则压碎指标δ_a为：

$$\delta_a = \frac{m - m_1}{m} \times 100\%$$

压碎指标值越大，则粗集料的强度越小。C60及C60以上的混凝土应进行岩石的抗压强度检验。岩石的抗压强度与混凝土强度等级之比不应小于1.5。压碎指标与岩石抗压强度应符合表6-1的要求。

6.2.3.5　坚固性

对粗集料坚固性要求的目的及检验方法与细集料基本相同，其指标应符合表6-1的要求。

在严寒及寒冷地区室外使用，并经常处于潮湿或干湿交替状态下的混凝土，以及有腐蚀介质作用或经常处于水位变化区的地下结构或有抗疲劳、耐磨、抗冲击等要求的混凝土用粗集料，其质量损失不应大于8%。其他条件使用的混凝土用粗集料，其坚固性质量损失不应大于12%。

集料的孔隙率和吸水率大小与坚固性好坏有着密切的关系。有抗冻性和抗盐冻性要求时，Ⅰ类和Ⅱ类集料的吸水率还应分别不大于1%、2%。

6.2.4　混凝土拌合与养护用水

混凝土拌合及养护用水应是清洁的水。混凝土拌合及养护用水分为饮用水、地表水、地下水、海水以及经适当处理或处置过的工业废水。水中不得含有过多的有损于混凝土拌合物和易性、凝结（水泥初凝时间差及终凝时间差均不大于30min，且初凝及终凝时间应符合水泥标准的要求）、强度（水泥胶砂强度3d、28d强度不应低于饮用水配制的水泥胶砂3d、28d强度的90%）、耐久性以及促进钢筋锈蚀及污染混凝土表面的酸类、盐类及其他有害物质，含量限值应满足表6-6的要求。

表 6-6　水中有害物质含量限值（JGJ 63—2006）

项　目	预应力混凝土	钢筋混凝土	素混凝土
pH 值	≥5	≥4.5	≥4.5
不溶物（mg/L）	≤2 000	≤2 000	≤5 000
可溶物（mg/L）	≤2 000	≤5 000	≤10 000
Cl^-（mg/L）	≤500	≤1 000	≤3 500
SO_4^{2-}（mg/L）	≤600	≤2 000	≤2 700
碱含量（mg/L）	≤1 500	≤1 500	≤1 500

注：1. 对于使用年限为 100 年的结构混凝土，Cl^- 含量不得超过 500mg/L；对使用钢丝或经处理钢筋的预应力混凝土，Cl^- 不得超过 350mg/L。

2. 碱含量按 $Na_2O + 0.658\ K_2O$ 计算值来表示。采用非碱性活性集料时，可不检验碱含量。

6.3　混凝土化学外加剂

在拌制混凝土过程中掺入的、用以显著改善混凝土性能的化学物质，称为混凝土化学外加剂（chemical admixture for concrete），简称混凝土外加剂（concrete admixture），其掺量一般不大于水泥质量的 5%。在混凝土中掺入不同种类的外加剂，可获得改善混凝土拌合物和易性和硬化后混凝土性能、节省水泥、节约能源、加快施工速度、减轻劳动强度等多种效果。目前，不少国家使用的混凝土几乎全部掺入外加剂，已将外加剂视为混凝土的第五种组成材料。

6.3.1　减水剂（water reducing admixture）

在不影响混凝土拌合物和易性的条件下，具有减水及增强作用的外加剂，称为混凝土减水剂，减水率（water reducing rate）大于 12%（JT/T 523—2004、DL/T 5100—1999 等规定大于 15%）的称为高效减水剂（superplasticizer）或高效塑化剂或超塑化剂。减水剂大多属于表面活性剂（surface-active agent）。

6.3.1.1　表面活性剂的基本知识

表面活性剂是指溶于水并定向排列于液体表面或两相界面上，从而显著降低表面张力或界面张力的物质，或能起到湿润、分散、乳化、润滑、起泡等作用的物质。表面活性剂的分子模型如图 6-5 所示，它是由憎水基和亲水基两个基团组成。憎水基指向非极性液体、固体或气体；亲水基指向水，产生定向吸附，形成单分子吸附膜，使液体、固体或气体界面张力显著降低。

在表面活性剂-油类（或水泥）-水的体系中，如图 6-6 所示，表面活性剂分子多吸附在

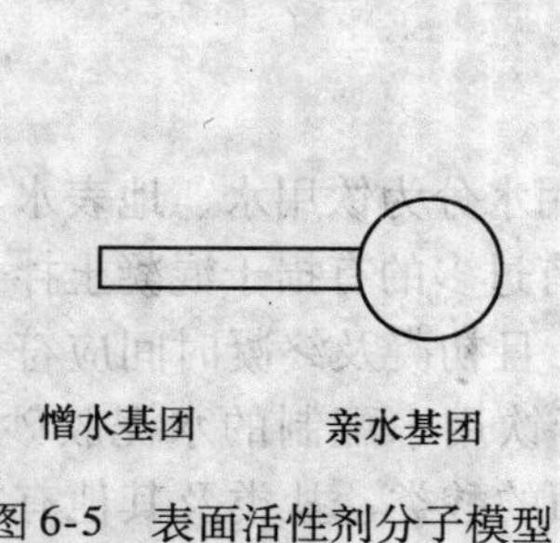

图 6-5　表面活性剂分子模型

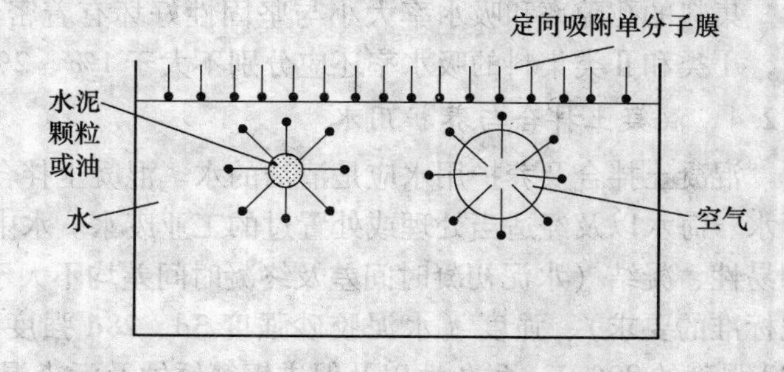

图 6-6　表面活性剂分子定向吸附示意图

水-气界面上，亲水基指向水，憎水基指向空气，呈定向单分子层排列；或吸附在水-油类（或水泥）颗粒界面上，亲水基指向水，憎水基指向油类（或水泥）颗粒，呈定向单分子层排列，使水-气界面或水-油类（或水泥）颗粒界面的界面能降低。

表面活性剂分子的亲水基的亲水性大于憎水基的憎水性时，称为亲水性的表面活性剂；反之，称为憎水性的表面活性剂。根据表面活性剂的亲水基在水中是否电离，分为离子型表面活性剂与非离子型（分子型）表面活性剂。如果亲水基能电离出正离子，本身带负电荷，称为阴离子型表面活性剂；反之，称为阳离子型表面活性剂。如果亲水基既能电离出正离子又能电离出负离子，则称为两性型表面活性剂。常用减水剂多为阴离子型表面活性剂。

6.3.1.2 减水剂的作用机理与主要经济技术效果

1. 减水机理

水泥加水拌合后，由于水泥颗粒及水化产物间的吸附作用，会形成絮凝结构（图6-7）。这些絮凝结构中包裹着部分拌合水，被包裹着的水没有起到提高流动性的作用。如果能把这部分被包裹着的水释放出来，分散在每个水泥颗粒的周围，则可大大提高水泥浆的流动性；或在流动性不变的情况下，可大大降低拌合用水量，且能提高混凝土的强度，而减水剂就能起到这种作用。

加入减水剂后，减水剂分子的亲水基指向水，憎水基指向水泥颗粒，定向吸附在水泥颗粒表面，形成单分子吸附膜，起到如下作用：①降低了水泥颗粒的表面能，因而降低了水泥颗粒的粘连能力，使之易于分散；②水泥颗粒表面带有同性电荷，产生静电斥力，使水泥颗粒分开，破坏了水泥浆中的絮凝结构，释放出被包裹着的水；③减水剂的亲水基又吸附了大量极性水分子，增加了水泥颗粒表面溶剂化水膜的厚度，润滑作用增强，使水泥颗粒间易于滑动；④表面活性剂降低了水的表面张力和水与水泥颗粒间的界面张力，水泥颗粒更易于润湿。

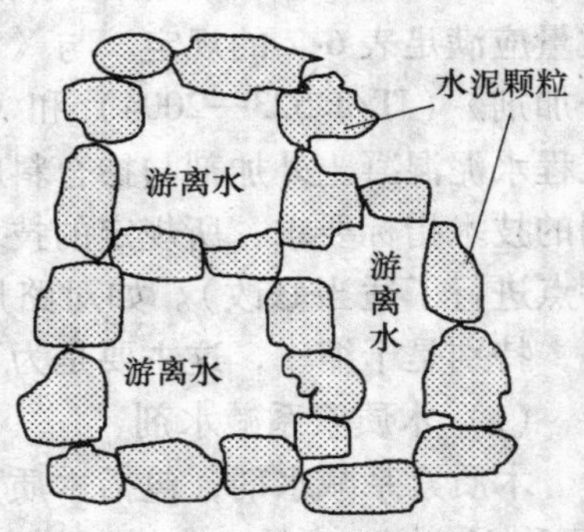

图6-7 水泥浆的絮状结构示意图

上述综合作用起到了在不增加用水量的情况下，提高混凝土拌合物流动性的作用；或在不影响混凝土拌合物流动性的情况下，起到减水作用，见图6-8。

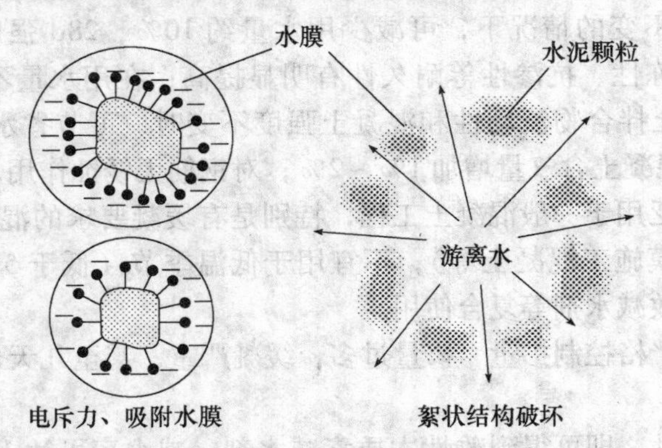

图6-8 减水剂的减水机理示意图

2. 减水剂的主要经济技术效果

根据不同使用条件，混凝土中掺入减水剂后，可获得以下效果：

（1）用水量不变时，可提高混凝土拌合物的流动性，如坍落度可增大50～150mm。

（2）在保持混凝土拌合物流动性及水泥用量不变的条件下，可减少用水量8%～30%，提高混凝土的强度10%～40%，非缓凝型减水剂还可大大提高混凝土的早期强度，并可提高混凝土的耐久性。

（3）在保持混凝土拌合物流动性和混凝土强度不变的条件下，可减水8%～30%，节约水泥10%～20%。

（4）减少混凝土拌合物的分层、离析和泌水。

（5）减缓水泥水化放热速度和减小混凝土的温升。

（6）改善混凝土的耐久性

（7）可配制特殊混凝土或高强混凝土。

6.3.1.3　减水剂常用品种与效果

混凝土用减水剂品种很多。按其减水效果及对混凝土性质的作用分为普通减水剂、高效减水剂、早强减水剂、缓凝减水剂和引气减水剂。按化学成分分为木质素磺酸盐系、萘系、三聚氰胺树脂系、糖蜜系、聚羧酸盐系、氨基磺酸盐系、脂肪族羟基磺酸盐系等减水剂，其质量应满足表6-7的规定。与《混凝土外加剂》（GB 8076—1997）相比，《公路工程混凝土外加剂》（JT/T 523—2004）和《水工混凝土外加剂技术规程》（DL/T 5100—1999）、《公路工程水泥混凝土外加剂与掺合料应用技术指南》（2006）对外加剂未分等，并提高了对外加剂的技术指标要求，所规定的技术指标取自GB 8076—1997中的一等品（个别指标根据行业特点进行了适当修改）。如对路用混凝土外加剂的减水率、干缩率、抗冻性的要求更加严格，特别是干缩率，这主要是为了减小混凝土的干缩裂纹，提高混凝土的耐久性。

（1）木质素系减水剂

木质素系减水剂，包括木质素磺酸钙，木质素磺酸钠和木质素磺酸镁，分别简称木钙（又称M剂）、木钠、木镁，其中木质素磺酸钙是主要品种，使用普遍。木钙是由生产纸浆或纤维浆的木质废液经处理而得的一种棕黄色粉末，主要成分为木质素磺酸钙，含量60%以上，属阴离子型表面活性剂。

木钙属缓凝引气型减水剂，多以粉剂供应。掺量一般为0.2%～0.3%。在混凝土拌合物流动性和水泥用量不变的情况下，可减少用水量约10%，28d强度约提高10%～20%，并可以使混凝土的抗冻性、抗渗性等耐久性有明显提高；在用水量不变时，可提高坍落度50～100mm；在混凝土拌合物流动性和混凝土强度不变时，可节省水泥约10%；可延缓凝结时间1～3h；可使混凝土含气量增加1%～2%；对钢筋无锈蚀作用。

木钙成本低，广泛用于一般混凝土工程，特别是有缓凝要求的混凝土（大体积混凝土、夏季施工混凝土、滑模施工混凝土等）；不宜用于低温季节（低于5℃）施工或蒸汽养护。木钙常与早强剂、高效减水剂等复合使用。

使用木钙时，应严格控制掺量，掺量过多，缓凝严重，甚至几天也不硬化，且含气量增加，强度下降。

生产时如进行改性，即可得到改性木质素减水剂，减水率可达15%以上，属于高效减水剂。

表 6-7　混凝土外加剂技术要求(GB 8076－1997、JT/T 523－2004、DL/T 5100－1999)

试验项目		普通减水剂		高效减水剂		早强减水剂		缓凝高效减水剂		缓凝减水剂		引气减水剂		早强剂		缓凝剂		引气剂		引气高效减水剂^{J}	引气缓凝高效减水剂^{J}	高温缓凝剂^{Z,D}
		一等品	合格品	一等品	合格品	一等品	合格品	一等品	合格品	一等品	合格品	一等品	合格品	一等品	合格品	一等品	合格品	一等品	合格品			
减水率(%)≥		8	5	12^{G} 15^{J} 15^{D}	10	8	5	12^{G} 15^{D} 15^{J}	10	8	5	10^{G} 12^{J} 12^{D}	10	—		—		6		18	18	$6^{Z,D}$
泌水率比(%),≤		95	100	100^{G} 90^{J} 95^{D}	95	95	100	100		100		70	80	100		100	110	70	80	70	70	$95^{Z,D}$
含气量(%)		≤3.0 $≤2.5^{D}$	≤4.0	≤3.0	≤4.0	≤3.0 $≤2.5^{D}$	≤4.0	<4.5 $≤3.0^{D}$		<5.5 $≤3.0^{D}$		>3.0 $4.5\sim5.5^{D}$		—		$≤2.5^{D}$		>3.0 $4.5\sim5.5^{D}$		≥3.0	≥3.0	$<2.5^{Z,D}$
凝结时间差(min)	初凝	−90～+120 $0\sim+90^{D}$		−90～+120 $-60\sim+90^{D}$		−90～+90 $≤+30^{D}$		>+90 $+120\sim+240^{D}$		>+90 $+90\sim+90^{D}$		−90～+120 $-60\sim+90^{D}$		−90～+90		>+90 +210～+480		−90～+120		−60～ +90	>+90	+300～ $+480^{Z,D}$
	终凝	−90～+120 $0\sim+90^{D}$		−90～+120 $-60\sim+90^{D}$		−90～+90 $≤0^{D}$		>+90 $+120\sim+240^{D}$		>+90 $+90\sim+90^{D}$		−90～+120 $-60\sim+90^{D}$				>+90 $+210\sim+720^{D}$		−90～+120		−60～ +90	>+90	≤ $+720^{Z,D}$
抗压强度比(%)≥	$1d^{G,J}$	—		140	130	140	130	—		—		—		135	125	—		—		—	—	—
	3d	115	110	130	120	130	120	125	120	100 90^{D}	100	115	110	130	120	100 90^{D}		95		—	—	—
	7d			125	115	115	110	125	115	110 90^{D}	110	110		110	105	100 95^{D}	90	95	80	90	90	$90^{Z,D}$
	28d	110	105	120	110	105	100	120	110	110 85^{D}	105	100 105^{D}	100	100	95	100 105^{D}		90		100	100	$100^{Z,D}$
弯拉强度比^{J}(%)≥	7d	—	—	—	—	110	—	—	—	—	—	—	—	105	—	—	—	—	—	—	—	—
	28d	105	—	115	—	105	—	115	—	105	—	110	—	100	—	100	—	100	—	115	115	100^{Z}

续表 6-7

试验项目	普通减水剂		高效减水剂		早强减水剂		缓凝高效减水剂		缓凝减水剂		引气减水剂		早强剂		缓凝剂		引气剂		引气高效减水剂[J]	引气缓凝高效减水剂[J]	高温缓凝剂[Z,D]
	一等品	合格品	一等品	合格品	一等品	合格品	一等品	合格品	一等品	合格品	一等品	合格品	一等品	合格品	一等品	合格品	一等品	合格品			
28d 收缩率比(%)≤	135[G] 125[J,D]	135	135[G] 125[J,D]	135	135[G] 125[J,D]	135	135[G] 125[J,D]	135	135[G] 125[J,D]	135	135[G] 125[D] 120[J]	135	135[G] 130[J]	135	135[G] 125[J,D]	135	135[G] 125[D] 120[J]	135	120	120	125[Z,D]
28d 磨耗量(kg/m²),≤	2.0[J]	—	2.0[J]	—	2.0[J]	—	2.0[J]	—	2.0[J]	—	2.5[J]	—	2.0[J]	—	2.0[J]	—	2.5[J]	—	2.0	2.0	2.0[Z]
抗冻性,≥	F50[J,D]										80[G] F200[J,D]	60	F50[J,D]		F50[J]		80[G] F200[J,D]	60	F200	F200	—
碱含量(%)	测定值[G,D],以每立方米混凝土总碱量不超过3kg控制[J]																				
对钢筋锈蚀作用	应说明对钢筋有无锈蚀危害																				
对热学性能影响[D]	用于大体积混凝土时,应说明对7d水化热或7d混凝土的绝热温升的影响																				

注:1. GB 8076—1997 将外加剂分为一等品和合格品两种,JT/T 523—2004、DL/T 5100—1999 和《公路工程水泥混凝土外加剂与掺合料应用技术指南》(2006)不分等,其要求见表中 GB 8076—1997 的一等品指标。JT/T 523—2004 与《公路工程水泥混凝土外加剂与掺合料应用技术指南》(2006)的指标要求相同。

2. 一等品的项目或指标中,带 G 上角标的项目或指标为 GB 8076—1997 单独要求的项目或指标,带 J 上角标的项目或指标为 JT/T 523—2004 和《公路工程水泥混凝土外加剂与掺合料应用技术指南》(2006)共同要求的项目或指标,带 D 上角标的项目或指标为 DL/T 5100—1999 单独要求的项目或指标,带 Z 上角标的项目或指标为《公路工程水泥混凝土外加剂与掺合料应用技术指南》(2006)单独要求的项目或指标。无带上角标的项目或指标,则表示除带上角标之外的各规范或指南共同要求的项目。

3. 凝结时间差(difference in setting time)指标,“-”表示提前,“+”表示延缓。

4. 抗冻性指标中 80 表示掺外加剂的混凝土试件经冻融循环 200 次后,其动弹性模量保留值≥80%;F50、F200 表示掺外加剂的混凝土试件的抗冻等级为 50、200 次。

(2) 萘系减水剂

萘系减水剂是以萘及萘的同系物经磺化与甲醛缩合而成。主要成分为聚烷基芳基磺酸盐等，属阴离子型表面活性剂。

萘系减水剂对水泥的分散、减水、早强、增强作用均优于木钙，属高效减水剂。这类减水剂多为非引气型，且对混凝土凝结时间基本无影响。目前，国内品种已达几十种，常用牌号有 FDN、UNF、NF、NNO、MF、建 I、JN、AF、HN 等。

萘系减水剂多以粉剂供应。适宜掺量为 0.2% ~1.8%，常用掺量为 0.5% ~0.75%，可减水 12% ~22%，明显减小拌合料泌水；或增大坍落度 100 ~150mm，但坍落度损失快；1 ~3d强度提高 50%左右，28d 强度提高 20% ~40%，抗折、抗拉及后期强度有所提高；抗冻性、抗渗性等耐久性也有明显的改善；可节省水泥 12% ~20%，对钢筋无锈蚀作用。若掺引气型的，混凝土含气量可达3% ~6%。

萘系减水剂主要适用于配制高强混凝土、泵送混凝土、大流动性混凝土、自密实混凝土、早强混凝土、冬季施工混凝土、蒸汽养护混凝土及防水混凝土等。

部分萘系减水剂常含有高达5% ~25%的硫酸钠，使用时应予以注意。

(3) 三聚氰胺树脂系减水剂

三聚氰胺树脂系减水剂，又称密胺树脂系减水剂，是将三聚氰胺与甲醛反应生成三羟甲基三聚氰胺，然后用亚硫酸氢钠磺化而成。主要成分为三聚氰胺甲醛树脂磺酸盐，这类减水剂减水率很高，属非引气型早强高效减水剂。我国生产的产品主要有 SM 剂，是阴离子型表面活性剂。

SM 剂的分散、减水、早强、增强效果比萘系减水剂好，但价格昂贵，故并未普遍使用。

SM 剂多以液体供应。适宜掺量为 0.5% ~2.0%，可减水 20% ~27%，明显减小泌水率（bleeding rate)，但使拌合料黏度增大，坍落度损失快；1d 强度提高 60% ~100%，3d 强度提高 50% ~70%，7d 强度提高 30% ~70%（可达基准 28d 强度），28d 强度提高 30% ~60%；抗折、抗拉、弹性模量、抗冻、抗渗等性能均有显著提高，对钢筋无锈蚀作用。

由于 SM 价格较高，故适用于特殊工程，如高强混凝土、早强混凝土、大流动性混凝土及耐火混凝土等。

(4) 聚羧酸盐系减水剂

聚羧酸盐系减水剂多以液体供应。坍落度损失小，掺量不大时无缓凝作用，可显著提高混凝土的强度。特别适合泵送混凝土、大流动性混凝土、自密实混凝土、高性能混凝土等。缺点是价格昂贵。

合成聚羧酸系减水剂常选用的单体主要有以下四种类型：

1) 不饱和酸——马来酸、马来酸酐、丙烯酸和甲基丙烯酸；

2) 聚链烯基物质——聚链烯基烃、醚、醇及磺酸；

3) 聚苯乙烯磺酸盐或酯；

4)（甲基）丙烯酸盐或酯、丙烯酰胺。

因此，实际的聚羧酸系减水剂可由二元、三元、四元等单体共聚而成。所选单体不同，则分子组成也不同。但是，无论组成如何，聚羧酸系减水剂分子大多呈梳形结构。特点是主链上带有多个活性基团，并且极性较强；侧链上也带有亲水性活性基团，并且数量多；憎水基的分子链较短、数量少。

聚羧酸系高效减水剂液状产品的固体含量一般为18%~25%。与其他高效减水剂相比，一是其减水率高，一般为25%~35%，最高可达40%，增强效果显著，并有效地提高混凝土的抗渗性、抗冻性；二是具有很强的保塑性，能有效地控制混凝土拌合物的坍落度经时损失；三是具有一定的减缩功能，能减小混凝土因干缩而带来的开裂风险。由于该类减水剂含有许多羟基(—OH)、醚基(—O—)和羧基($—COO^-$)等亲水性基团，故具有一定的液-气界面活性作用。因此聚羧酸系减水剂具有一定的缓凝性和引气性，并且气孔尺寸大，使用时需加入消泡剂。

(5) 糖蜜系减水剂

简称糖钙，是利用制糖生产过程中提炼食糖后剩下的残液（称为糖蜜），经石灰中和处理调制成的一种粉状或液体状产品。主要成分为糖钙、蔗糖钙，是非离子型表面活性剂。

糖蜜系减水剂与M剂相似，属缓凝型减水剂，适宜掺量为0.1%~0.3%，减水率6%~10%，提高坍落度约50mm，28d强度提高10%~20%，抗冻性、抗渗性等耐久性有所提高，节省水泥10%，凝结时间延缓3h以上，对钢筋无锈蚀作用。

糖蜜系减水剂常用做缓凝剂，主要用于大体积混凝土、夏季施工混凝土、水工混凝土等。当用于其他混凝土时，常与早强剂、高效减水剂等复合作用。

糖蜜系减水剂使用时，应严格控制其掺量，掺量过多，缓凝严重，甚至许多天也不硬化。

(6) 氨基磺酸盐系减水剂

氨基磺酸盐系减水剂为氨基磺酸盐甲醛缩合物，一般由带氨基、羟基、羧基、磺酸（盐）等活性基团的单体，通过滴加甲醛，在水溶液中温热或加热缩合而成。该类减水剂以芳香族氨基磺酸盐甲醛缩合物为主。

氨基磺酸盐系减水剂，有固体质量百分含量为25%~55%的液状产品以及浅黄褐色粉末状的粉剂产品。该类减水剂的主要特点之一是Cl^-离子含量低（约为0.01%~0.1%），以及Na_2SO_4含量低（约为0.9%~4.2%）。

氨基磺酸盐系减水剂在水泥颗粒表面呈环状、引线状和齿轮状吸附，能显著降低水泥颗粒表面的ζ负电位，因此其分散减水作用机理仍以静电斥力为主，并具有较强的空间位阻斥力作用及水化膜润滑作用。同时，由于具有强亲水性羟基(—OH)，能使水泥颗粒表面形成较厚的水化膜，故具有较强的水化膜润滑分散减水作用。所以，氨基磺酸盐系减水剂对水泥颗粒的分散效果更强，对水泥的适应性明显提高，不但减水率高，而且保塑性好。氨基磺酸盐系减水剂无引气作用，由于分子结构中具有羟基(—OH)，故具有轻微的缓凝作用。

按有效成分计算氨基磺酸盐系高效减水剂的掺量一般为水泥质量的0.2%~1.0%，最佳掺量为0.5%~0.75%。在此掺量下，对流动性混凝土的减水率为28%~32%；对塑性混凝土的减水率为17%~23%，具有显著的早强和增强作用，其早期强度比掺萘系及三聚氰胺系的混凝土早期强度增长更快。在初始流动性相同的条件下，混凝土坍落度经时损失明显低于掺萘系及三聚氰胺系减水剂的混凝土。但是，与其他高效减水剂相比，当掺量过大时，混凝土更易泌水。

(7) 脂肪族羟基磺酸盐减水剂

脂肪族减水剂是以羟基化合物为主体，并通过磺化打开羟基，引入亲水性磺酸基团，然后，在碱性条件下与甲醛缩合形成一定分子量大小的脂肪族高分子链，使该分子形成具有表面活性分子特征的高分子减水剂。

该类减水剂主要原料为丙酮、亚硫酸钠或亚硫酸氢钠，它们之间按一定的摩尔比混合，在碱性条件下进行磺化、缩合反应而成。

该类减水剂的减水分散作用以静电斥力作用为主，掺量通常为水泥用量的0.5%～1.0%，减水率可达15%～20%，属早强型非引气减水剂。有一定的坍落度损失，尤其适用于混凝土管桩的生产。

（8）复合减水剂

单一减水剂往往很难满足不同工程性质和不同施工条件的要求，因而减水剂研究和生产中往往复合各种其他外加剂，组成早强减水剂、缓凝减水剂、引气减水剂、缓凝引气减水剂等。随着工程建设和混凝土技术进步的需要，各种新型多功能复合减水剂正在不断研制生产中，如2～3h内无坍落度损失的保塑高效减水剂等。这一类减水剂主要有：聚羧酸盐与改性木质素的复合物、带磺酸端基的聚羧酸多元聚合物、芳香族氨基磺酸系高分子化合物、改性羟基衍生物与烷基芳香磺酸盐的复合物、萘磺酸甲醛缩合物与木钙等的复合物、三聚氰胺甲醛缩合物与木钙等的复合物、脂肪族系高分子聚合物与糖钙等的复合物等。

6.3.1.4 减水剂的适应性与掺加方法

（1）减水剂的适应性

同一种减水剂用于不同品种水泥或不同生产厂的水泥时，其效果可能相差很大，即减水剂对水泥有一定的适应性，因而应根据所用水泥品种，通过试验来确定减水剂的品种。

（2）减水剂的掺加方法

减水剂的掺加方法不同对其效果影响很大。

一般的掺用方法是将减水剂预先溶于水中，配制成一定浓度的水溶液，搅拌混凝土时与拌合水同时加入（溶液中的水量必须从混凝土拌合水中扣除），或将粉状减水剂与水泥、砂、石、水等同时加入搅拌机进行搅拌。此法的优点是搅拌程序较简单。但随时间的延续，混凝土拌合物的坍落度下降较大，即坍落度损失较大。

采用后掺法时，减水剂的效果将有很大的提高。后掺法是在搅拌混凝土时，先不加入减水剂，而是在混凝土拌合一段时间后，或在混凝土拌合完之后加入（如在运输过程中或在浇注地点），并进行第二次搅拌。此法的优点是混凝土拌合物的坍落度损失小，可避免在运输过程中产生分层和离析，并能提高减水剂的效果和对水泥的适应性，减少减水剂用量。缺点是需要进行二次搅拌。此法主要用于商品混凝土（预拌混凝土）。

根据减水剂品种的不同，当减水剂掺量过多时，可能会给混凝土拌合物带来泌水、离析或黏度增大、缓凝、引气等现象，高效减水剂还可能使混凝土拌合物产生假凝现象，使用时应注意。

6.3.2 早强剂（hardening accalerating admixture）

早强剂是指能促进凝结，提高混凝土早期强度，并对后期强度无显著影响的外加剂。只起促凝作用的称为促凝剂（set accalerating admixture）。目前，普遍使用的早强剂有氯盐系、硫酸盐系和三乙醇胺等。

6.3.2.1 氯盐

氯盐系早强剂主要有氯化钙（$CaCl_2$）和氯化钠（NaCl），其中氯化钙是使用最早、应用最为广泛的一种早强剂。氯盐的早期作用主要是通过生成水化氯铝酸钙（$3CaO \cdot Al_2O_3 \cdot 3CaCl_2 \cdot 32H_2O$ 和 $3CaO \cdot Al_2O_3 \cdot CaCl_2 \cdot 10H_2O$）以及氧氯化钙［$CaCl_2 \cdot 3Ca(OH)_2 \cdot 12H_2O$ 和 $CaCl_2 \cdot Ca(OH)_2 \cdot H_2O$］实现早强的。

氯化钙除具有促凝、早强作用外，还具有降低冰点的作用。因其含有氯离子（Cl^-），会加速钢筋锈蚀，故掺量必须严格控制。掺量一般为1%～2%，可使1d强度提高70%～140%，3d强度提高40%～70%，对后期强度影响较小，且可提高防冻性，但增大干缩，降低抗冻性。

氯化钠的掺量、作用及应用同氯化钙基本相似，但作用效果稍差，且后期强度会有一定降低。

《混凝土外加剂应用技术规范》（GB 50119—2003）及《混凝土结构工程施工质量验收规范》（GB 50204—2002）规定，在钢筋混凝土中，氯化钙掺量≯1%，在无筋混凝土中，掺量≯3%；经常处于潮湿或水位变化区的混凝土、遭受侵蚀介质作用的混凝土、集料具有碱活性的混凝土、薄壁结构混凝土、大体积混凝土、预应力混凝土、装饰混凝土、使用冷拉或冷拔低碳钢丝的混凝土结构中，不允许掺入氯盐早强剂。为防止氯化钙对钢筋的锈蚀作用，常与阻锈剂复合使用。

氯盐早强剂主要适宜于冬季施工混凝土、早强混凝土，不适宜于蒸汽养护混凝土。

6.3.2.2 硫酸钠

硫酸钠（Na_2SO_4），通常使用无水硫酸钠，又称元明粉，是硫酸盐系早强剂之一，是应用较多的一种早强剂。硫酸钠的早强作用是通过生成二水石膏，进而生成水化硫铝酸钙实现的。

硫酸钠具有缓凝、早强作用。掺量一般为0.5%～2.0%，可使3d强度提高20%～40%，28d后的强度基本无差别，抗冻性及抗渗性有所提高，对钢筋无锈蚀作用。当集料为碱活性集料时，不能掺加硫酸钠，以防止碱-集料反应。掺量过多时，会引起硫酸盐腐蚀。

硫酸钠的应用范围较氯盐系早强剂更广。

6.3.2.3 三乙醇胺

三乙醇胺为无色或淡黄色油状液体，无毒，呈碱性，属非离子型表面活性剂。

三乙醇胺的早强作用机理与前两种早强剂不同，它不参与水化反应，不改变水泥的水化产物。它能降低水溶液的表面张力，使水泥颗粒更易于润湿，且可增加水泥的分散程度，因而加快了水泥的水化速度，对水泥的水化起到催化作用。水化产物增多，使水泥石的早期强度提高。

三乙醇胺掺量一般为0.02%～0.05%，可使3d强度提高20%～40%，对后期强度影响较小，抗冻、抗渗等性能有所提高，对钢筋无锈蚀作用，但会增大干缩。

除上述三种早强剂外，工程中还使用石膏、硫代硫酸钠（大苏打）、明矾石（硫酸钾铝）、硝酸钙、硝酸钾、亚硝酸钠、亚硝酸钙、甲酸钠、乙酸钠、重铬酸钠等。早强剂在复合使用时，效果更佳。

通常，高效减水剂都能在不同程度上提高混凝土的早期强度。若将早强剂与减水剂复合使用，既可进一步提高早期强度，又可使后期强度增长，并可改善混凝土的施工性质。因此，早强剂与减水剂的复合使用，特别是无氯盐早强剂与减水剂的复合早强减水剂发展迅速。如硫酸钠与木钙、糖钙及高效减水剂等的复合早强减水剂已广泛得到应用。

早强剂或早强减水剂掺量过多会使混凝土表面起霜，后期强度和耐久性降低，并对钢筋的保护也有不利作用。有时也会造成混凝土过早凝结或出现假凝。

6.3.3 引气剂（air entraining admixture）

在混凝土搅拌过程中，能引入大量均匀分布的微小气泡，以减少混凝土拌合物泌水、离析，改善和易性，并能显著提高硬化混凝土抗冻融耐久性的外加剂，称为引气剂。引气剂属憎水性表面活性剂。

引气剂的作用机理是：由于它的表面活性，能定向吸附在水-气界面上，且显著降低水的表面张力，使水溶液易形成众多新的表面（即水在搅拌下易产生气泡）；同时，引气剂分子定向排列在气泡上，形成单分子吸附膜，使液膜坚固而不易破裂；此外，水泥中的微细颗粒以及氢氧化钙与引气剂反应生成的钙皂，被吸附在气泡膜壁上，使气泡的稳定性进一步提高。因此，可在混凝土中形成稳定的封闭球型气泡，其直径为0.01～0.5mm。

混凝土拌合物中，气泡的存在增加了水泥浆的体积，相当于增加了水泥浆量；同时，形成的封闭、球型气泡有“滚珠轴承”的润滑作用，可提高混凝土拌合物的流动性，或可减水。在硬化后混凝土中，这些微小气泡“切断”了毛细管渗水通路，提高了混凝土的抗渗性，降低了混凝土的水饱和度；同时，这些大量的未充水的微小气泡能够在结冰时让尚未结冰的多余水进入其中，从而起到缓解膨胀压力，提高抗冻性的作用。在同样含气量下，气泡直径越小，则气泡数量越多，气泡间距系数越小，水迁移的距离越短，对抗冻性的改善越好。

由于气泡的弹性变形，使混凝土弹性模量有所降低。气泡的存在减少了混凝土承载面积，使强度下降。如保持混凝土拌合物流动性不变，由于减水，可补偿一部分由于承载面积减少而产生的强度损失。质量优良的引气剂对混凝土强度影响不大。

常用引气剂品种为松香热聚物、松香皂、皂甙类（三萜皂甙）。质量较好的为DH-9、SJ-2。引气剂掺量很少，通常为0.5/10 000～1.5/10 000，可使混凝土的含气量达到3%～6%，并可显著改善混凝土拌合物的黏聚性和保水性，减水率8%～10%，提高抗冻性1～6倍以上，抗渗性明显提高。当混凝土中掺加粉煤灰时，引气剂的掺量会成倍增加；拌合物坍落度较小或黏度较大时，引气剂的掺量也会成倍增加。

引气剂适宜于配制抗冻混凝土、泵送混凝土、防水混凝土、港口混凝土、水工混凝土、道路混凝土、轻集料混凝土、泌水严重的混凝土以及腐蚀环境与盐结晶环境下使用的混凝土，但不宜用于蒸汽养护混凝土。

使用引气剂时，含气量控制在4%～6%为宜。含气量太小时，对混凝土耐久性改善不大；含气量太大时，使混凝土强度下降过多，故应严格控制引气剂的掺量和混凝土的含气量。此外，引气剂不得与含钙离子的其他外加剂共同配制溶液，而应分别配制溶液并分别加入搅拌机，以免相互反应产生沉淀或絮凝现象，影响引气效果。掺引气剂的混凝土，出料到浇注的停放时间不宜过长。当采用插入式振捣棒振捣时，振捣时间不宜超过20s。

6.3.4 缓凝剂（set retarder，or retarding admixture）

能延缓混凝土凝结时间，并对混凝土后期强度发展无不利影响的外加剂，称为缓凝剂。

高温季节施工的混凝土、泵送混凝土、滑模施工混凝土及远距离运输的商品混凝土，为保持混凝土拌合物具有良好的和易性，要求延缓混凝土的凝结时间；大体积混凝土工程，需延长放热时间，以减少混凝土结构内部的温度裂缝；分层浇注的混凝土，为消除冷接缝，常须在混凝土中掺入缓凝剂。

缓凝剂的品种繁多，常采用木钙、糖钙、柠檬酸、柠檬酸钠、葡萄糖酸钠、葡萄糖酸钙等。它们能吸附在水泥颗粒表面，并在水泥颗粒表面形成一层较厚的溶剂化水膜，因而起到缓凝作用，特别是含糖分较多的缓凝剂，糖分的亲水性很强，溶剂化水膜厚，缓凝性更强，故糖钙缓凝效果更好。

缓凝剂掺量一般为0.1%～0.3%，可缓凝1～5h。根据需要调节缓凝剂的掺量，可使缓凝时间达24h，甚至36h。掺加缓凝剂后可降低水泥水化初期的水化放热；此外，还具有增强后期强度的作用。缓凝剂掺量过多或搅拌不均时，会使混凝土或局部混凝土长时间不凝而报废，但超量不是很大时，经过延长养护时间之后，混凝土强度仍可继续发展。掺加柠檬酸、柠檬酸钠后会引起混凝土大量泌水，故不宜单独使用。在混凝土拌合料搅拌2～3min以后加入缓凝剂，可使凝结时间较与其他材料同时加入延长2～3h。

缓凝剂适宜于配制大体积混凝土、水工混凝土、夏季施工混凝土、远距离运输的混凝土拌合物及夏季滑模施工混凝土。

6.3.5 速凝剂（flash setting admixture，or rapid setting admixture）

速凝剂是一种使砂浆或混凝土迅速凝结硬化的化学外加剂。速凝剂与水泥加水拌合后立即反应，使水泥中的石膏丧失其缓凝作用，使 C_3A 迅速水化，产生快速凝结。

速凝剂分为粉剂和液态两种，其性能应满足表6-8的要求。

表6-8 速凝剂的性能要求（JC 477—2005 、DL/T 5100—1999）

项目		JC 477—2005		DL/T 5100—1999	《公路工程水泥混凝土外加剂与矿物掺合料应用技术指南》(2006)
		一等品	合格品		
细度（80μm,%），<		15	15	15	15
含水率（%），<		2	2	2	2
净浆凝结时间（min），<	初凝	3	5	3	3
	终凝	8	12	10	8
砂浆抗压强度比（%），>	1d	7	6	—	—
	28d	75	75	75	75
1d砂浆抗压强度（MPa），≥		—	—	8.0	7.0

常用速凝剂有711型和红星Ⅰ型，以及8604型和8604-2型。速凝剂适宜掺量为2.5%～4.0%，可在3min内初凝，10min内终凝，1h产生强度，但28d强度较不掺时下降20%～30%，对钢筋无锈蚀作用。其中8604型28d强度降低幅度较小，且为中性，无腐蚀作用，可用于配制高强喷射混凝土。

速凝剂主要用于喷射混凝土、堵漏等。

6.3.6 防冻剂（anti-freezing admixture）

防冻剂是能使混凝土在负温下硬化，并在规定养护条件下达到预期性能的外加剂。

在我国北方，为防止混凝土早期受冻，冬季施工（日平均气温低于5℃）常掺加防冻剂。防冻剂能降低水的冰点，使水泥在负温下仍能继续水化，提高混凝土早期强度，以抵抗水结冰产生的膨胀压力，起到防冻作用。

常用防冻剂有亚硝酸钠、亚硝酸钙、硝酸钙、氯化钙、氯化钠、氯化铵、碳酸钾、乙二醇、甲酸钙、乙酸钙、尿素等。亚硝酸钠和亚硝酸钙的适宜掺量为1.0%～8.0%，具有降低冰点、阻锈、早强作用。氯化钙和氯化钠的适宜掺量为0.5%～1.0%，具有早强、降低冰点的作用，但对钢筋有锈蚀作用。含亚硝酸盐和碳酸盐的防冻剂严禁用于预应力混凝土工程，铵盐、尿素严禁用于办公、居住等室内建筑工程。

为提高防冻剂的防冻效果，防冻剂多与减水剂、早强剂及引气剂等复合，使其具有更好的防冻性。目前，工程上使用的都是复合防冻剂。混凝土防冻剂应满足表6-9的要求。

表6-9　混凝土防冻剂技术要求（JC 475—2004、DL/T 5100—1999）

试验项目		JC 475—2004						《公路工程水泥混凝土外加剂与矿物掺合料应用技术指南》（2006）			DL/T 5100—1999		
		一等品			合格品								
减水率（%）		≥10			—			≥10			>8		
泌水率比（%）		≤80			≤100			≤80			<100		
含气量（%）		≥2.5			≥2.0			≥2.5			>2.5		
凝结时间差（min）	初凝	-150～+150			-210～+210			-150～+150			-120～+120		
	终凝												
抗压强度比（%），≥	温度（℃）	-5	-10	-15	-5	-10	-15	-5	-10	-15	-5	-10	-15
	f_{28}	100	100	95	95	95	90	100	100	95	95	95	90
	f_{-7}	20	12	10	20	10	8	20	12	10	—	—	—
	f_{-7+28}	95	90	85	95	85	80	95	90	85	95	90	85
	f_{-7+56}	100						100			100		
28d收缩率比（%）		≤135						≤130			<125		
抗渗压力（或高度）比（%）		渗透高度比≤100						渗透高度比≤100			>100（或<100）		
抗冻性		50次冻融强度损失率比≤100%						F50					
对钢筋锈蚀作用		应说明对钢筋有无锈蚀作用											

注：f_{-7+28}表示混凝土在规定负温下养护7d，之后转入正温标准养护条件下养护28d的抗压强度值，其余类推。

6.3.7　膨胀剂（expanding admixture）

膨胀剂是指其在混凝土拌制过程中与硅酸盐类水泥、水拌合后经水化反应生成钙矾石或氢氧化钙等，使混凝土产生膨胀的外加剂。分为硫铝酸钙类、氧化钙类、硫铝酸钙-氧化钙类，掺膨胀剂砂浆的性能应满足表6-10的要求。

表 6-10　混凝土膨胀剂的性能指标（JC 476—2001）

凝结时间（min）		细度[1]			砂浆限值膨胀率(%)			砂浆强度[2]（MPa）				成分（%）			
		比表面积	筛余（%）		空气中	水中		抗压		抗折		氧化镁	水	总碱量	氯离子
初凝	终凝	（m^2/kg）	0.08mm	1.25mm	21d	7d	28d	3d	28d	3d	28d				
≥ 45	≤ 360	≥ 250	≤ 12	≤ 0.5	≥ −0.020	≥ 0.025	≤ 0.10	≥ 25 (20)	≥ 45 (40)	≥ 4.5 (3.5)	≥ 6.5 (5.5)	≤ 5.0	≤ 3.0	≤ 0.75	≤ 0.05

注：1）细度用比表面积和 1.25mm 筛筛余或 0.08mm 筛筛余表示，仲裁检验用比表面积和 1.25mm 筛筛余。

2）强度采用指标中，括号外为 A 法检验指标（采用基准水泥），括号内为 B 法检验指标（采用 42.5 级普通硅酸盐水泥，且熟料中 C_3A 含量为 6% ~8%，总碱量小于 1%），仲裁时采用 A 法。

3）《公路工程水泥混凝土外加剂与矿物掺合料应用技术指南》（2006）与 JC 476—2001 的要求相同。

膨胀剂常用品种为 UEA 型（硫铝酸钙型），目前还有低碱型 UEA 膨胀剂和低掺量的高效 UEA 膨胀剂。膨胀剂的掺量（内掺，即等量替代水泥）为 10% ~14%（低掺量的高效膨胀剂掺量为 8% ~10%），可使混凝土产生一定的膨胀，抗渗性提高 2 ~ 3 倍，或自应力值达 0.2 ~0.6MPa，且对钢筋无锈蚀作用，并使抗裂性大幅度提高。掺加膨胀剂的混凝土水胶比不宜大于 0.50，施工后应在终凝前进行多次抹压，并采取保湿措施；终凝后，需立即浇水养护，并保证混凝土始终处于潮湿状态或处于水中，养护龄期必须大于 14d。养护不当会使混凝土产生大量的裂纹。

膨胀剂主要适用于长期处于水中、地下或潮湿环境中有防水要求的混凝土、补偿收缩混凝土、接缝、地脚螺丝灌浆料、自应力混凝土等，使用时需配筋。硫铝酸钙型、硫铝酸钙-氧化钙复合型不得用于长期处于 80℃以上的工程，氧化钙型不得用于海水或有侵蚀性介质作用的工程。

6.3.8　防水剂（water repellent admixture）

防水剂是指能降低砂浆或混凝土在静水压力下的透水性的外加剂。

混凝土是一种非均质材料，体内分布着大小不同的孔隙（凝胶孔、毛细孔和大孔）。防水剂的主要作用是要减少混凝土内部的孔隙，提高密实度或改变孔隙特征以及堵塞渗水通路，以提高混凝土的抗渗性。

常采用引气剂、引气减水剂、膨胀剂、氯化铁、氯化铝、三乙醇胺、硬脂酸钠、甲基硅醇钠、乙基硅醇钠等外加剂作为防水剂。工程中使用的多为复合防水剂，除上述成分外，有时还掺入少量高活性的矿物材料，如硅灰。

目前市场上有一种水泥基渗透结晶型防水材料（cementitous capillary crystalline waterproofing material），它是以硅酸盐水泥或普通硅酸水泥、精细石英砂或硅砂等为基材，掺入活性化学物质（催化剂）及其他辅料组成的渗透型防水材料。其防水机理是通过混凝土中的毛细孔隙或微裂纹，在水存在的条件下逐步渗入混凝土的内部，并与水泥水化产物反应生成结晶物而使混凝土致密。产品分为防水剂（A 型）和防水涂料（C 型），使用时直接掺入（A 型）到水泥混凝土中或加水调制成浆体涂刷（C 型）于水泥混凝土的表面或干撒（C 型）在刚刚成型后的水泥混凝土表面进行抹压（可撒适量水使防水材料被润湿）。A 型掺量为 5% ~10%，C 型涂刷量（干撒量）为 1 ~1.5kg/m^2。水泥基渗透结晶型防水材料的防水效果好，并可使表层混凝土的强度提高 20% ~30%。水泥基渗透结晶型防水材料在初凝后必须进行喷雾养护，以使其能充分渗入到混凝土内部。

防水剂的性能应满足表6-11的要求。

表6-11　砂浆、混凝土防水剂（JC 474—1999）与水泥基渗透结晶型防水材料（GB 18445—2001）的技术要求

试验项目		砂浆、混凝土防水剂				水泥基渗透结晶型防水材料		
		受检混凝土性能		受检砂浆性能		防水剂	防水涂料	
		一等品	合格品	一等品	合格品		Ⅰ	Ⅱ
净浆安定性		合格		合格		—	合格	
凝结时间差（min）	初凝（min）	-90～+120		净浆≮45min[1]		>-90	净浆≥20min[1]	
	终凝（h）	-2～+2		净浆≯10h[1]		—	净浆≤24h[1]	
泌水率比（%），≤		80	90	—		70	—	
含气量（%），≤		—				4.0		
减水率（%），≥						10		
抗压强度比（%），≥	3d	100	90	—	—	—	—	
	7d	110	100	100	85	120	12.0	
	28d	100	90	90	80		18.0	
抗折强度比（%），≥	7d	—		—		—	2.80	
	28d						3.50	
抗渗压力（MPa），≥		—	—	—		—	0.8	1.2
渗透高度比（%），≥		30	40	—		—	—	
透水压力比（%），≥		—		300	200	200	200	300
第二次抗渗压力[2]（56d，MPa），≥		—				0.6	0.6	0.8
48h吸水率比（%），≥		65	75	65	75	—	—	
湿基面粘结强度（MPa），≥		—		—		—	1.0	
收缩率比（%），≤	28d	125(120)	135	125	135	125（120）	—	
对钢筋的锈蚀作用		应说明有无锈蚀作用		—		应说明有无锈蚀危害		

注：1）为凝结时间。

2）第二次渗透压力指将第一次6个抗渗试件压至全部透水，然后浸水养护28d后再进行渗透试验。

此外，还有防水堵漏材料，它可以使水泥砂浆和混凝土在2～10min内初凝，15min内终凝，主要用于有水渗流部位的防水处理。其质量应满足《无机防水堵漏材料》（JC/T 900—2002）的要求。

防水剂主要用于抗渗性要求较高的各种水泥砂浆、混凝土等。

6.3.9　泵送剂（pumping aid）

泵送剂是指能改善混凝土拌合物泵送性能的外加剂。

泵送剂主要由高效减水剂、缓凝剂、引气剂、保塑剂（plastic retaining admixture）等组成，引气剂起到保证混凝土拌合物的保水性和黏聚性的作用，保塑剂起到防止坍落度损失的作用。泵送剂可提高混凝土拌合物的坍落度80～150mm以上，并可保证混凝土拌合物在管道内输送时不发生严重的离析、泌水，从而保证畅通无阻。泵送剂应符合表6-12的要求。

表6-12　混凝土泵送剂技术要求

<table>
<tr><th colspan="3" rowspan="2">试验项目</th><th colspan="2">JC 473—2001</th><th rowspan="2">《公路工程水泥混凝土外加剂与矿物掺合料应用技术指南》(2006)</th><th rowspan="2">DL/T 5100—1999</th></tr>
<tr><th>一等品</th><th>合格品</th></tr>
<tr><td colspan="3">坍落度增加值（mm），≮</td><td>100</td><td>80</td><td>100</td><td>10</td></tr>
<tr><td colspan="3">常压泌水率比（%），≯</td><td>90</td><td>100</td><td>90</td><td>100</td></tr>
<tr><td colspan="3">压力泌水率比（%），≯</td><td>90</td><td>95</td><td>90</td><td>95</td></tr>
<tr><td colspan="3">含气量（%），≯</td><td>4.5</td><td>5.5</td><td>4.5</td><td>4.5</td></tr>
<tr><td rowspan="4">坍落度</td><td rowspan="2">保留值（mm），≮</td><td>30min</td><td>150</td><td>120</td><td>150</td><td rowspan="2">—</td></tr>
<tr><td>60min</td><td>120</td><td>100</td><td>120</td></tr>
<tr><td rowspan="2">损失率（%），≯</td><td>30min</td><td colspan="2" rowspan="2">—</td><td rowspan="2">—</td><td>20</td></tr>
<tr><td>60min</td><td>30</td></tr>
<tr><td colspan="2" rowspan="3">抗压强度比（%,）≮</td><td>3d</td><td>85</td><td rowspan="3">80</td><td rowspan="3">90</td><td rowspan="3">85</td></tr>
<tr><td>7d</td><td rowspan="2">90</td></tr>
<tr><td>28d</td></tr>
<tr><td colspan="3">28d弯拉强度比（%），≮</td><td colspan="2">—</td><td>90</td><td>—</td></tr>
<tr><td colspan="3">28d收缩率比（%），≯</td><td colspan="2">135</td><td>125</td><td>125</td></tr>
<tr><td colspan="3">对钢筋锈蚀作用</td><td colspan="2">应说明有无锈蚀作用</td><td>应说明有无锈蚀作用</td><td>应说明有无锈蚀作用</td></tr>
</table>

泵送剂主要用于泵送施工的混凝土，特别是预拌混凝土、大体积混凝土、高层建筑混凝土施工等，也可用于水下灌注混凝土，但尚应加入水中抗分离剂。

6.3.10　絮凝剂（flocculating agent）

絮凝剂也称水中抗分离剂，能有效减少集料与水泥浆的分离，防止水泥被水冲走，保证混凝土拌合物在水中浇注后仍有足够的水泥和砂浆，从而保证水下浇注混凝土的强度及其他性能。其主要品种有纤维素、丙烯酰胺、丙烯酸钠、聚乙烯醇、聚氧化乙烯等，常用掺量为2.5%~3.5%。絮凝剂的技术要求见表6-13。

表6-13　混凝土水中抗分离剂的技术要求（DL/T 5100—1999）

<table>
<tr><th rowspan="2">类型</th><th rowspan="2">泌水率（%）</th><th rowspan="2">含气量（%）</th><th colspan="2">坍落度损失（cm）</th><th colspan="2">水中分离度</th><th colspan="2">凝结时间（h）</th><th colspan="2">水气强度比[1]（%）</th></tr>
<tr><th>30min</th><th>120min</th><th>悬浊物含量</th><th>pH</th><th>初凝</th><th>终凝</th><th>7d</th><th>28d</th></tr>
<tr><td>普通型</td><td rowspan="2"><0.5</td><td rowspan="2"><4.5</td><td rowspan="2"><3.0(2.0)[2]</td><td>—</td><td><50（90）[2]</td><td rowspan="2"><12</td><td>>5</td><td>>24</td><td rowspan="2">>60</td><td rowspan="2">>70</td></tr>
<tr><td>缓凝型</td><td><3.0(5.0)[2]</td><td><50（85）[2]</td><td>>12</td><td><36</td></tr>
</table>

注：1）水气强度比为水下500mm一次投料装模与空气中按标准试验方法同温度同龄期养护抗压强度之比。

2）括号中的数值为《公路工程水泥混凝土外加剂与矿物掺合料应用技术指南》(2006)要求的指标值，无括号的为《公路工程水泥混凝土外加剂与矿物掺合料应用技术指南》(2006)与DL/T 5100—1999的共同要求指标值。

6.3.11　阻锈剂（anti-corrosion admixture，or corrision inhibitor）

阻锈剂是指能抑制或减轻混凝土中钢筋锈蚀的外加剂。阻锈剂较环氧涂层钢筋保护法、阴极保护法等成本低、施工方便、效果明显。

阻锈剂分为阳极型、阴极型和复合型。阳极型为含氧化性离子的盐类，起到增加钝化膜的作用，主要有亚硝酸钠、亚硝酸钙、铬酸钾、氯化亚锡、苯甲酸钠；阴极型大多数是表面活性物质，在钢筋表面形成吸附膜，起到减缓或阻止电化学反应的作用，主要有胺基醇类、羧酸盐类、磷酸酯等，某些可在阴极生成难溶于水的物质也能起到阻锈作用，如氟铝酸钠、氟硅酸钠等。阴极型的掺量大，效果不如阳极型的好。复合型对阳极和阴极均有保护作用。

工程上主要使用亚硝酸盐，但亚硝酸钠严禁用于预应力混凝土工程。阻锈剂应复合使用以增加阻锈效果、减少掺量。目前市场上主要产品有 RI 系列、W-4、SF 等。阻锈剂的基本性能应满足表 6-14 的要求。

表 6-14　混凝土阻锈剂的基本性能（YB/T 9231—1998）

性　能	试验项目	粉剂型	水剂型
防锈性	盐水浸渍试验	无锈，电位 0 ~ 250mV	无锈，电位 0 ~ 250mV
	干湿冷热[Y]（60 次）	无锈	无锈
	盐水中浸烘试验[Z]（8 次）	钢筋的腐蚀失重率减少 60% 以上	钢筋的腐蚀失重率减少 60% 以上
	电化学综合试验	合格	合格
对混凝土性能影响试验	抗压强度（MPa）	不降低	不降低
	抗渗性	不降低	不降低
	初凝时间（min）	-60 ~ 120	-60 ~ 60

注：1. 项目及指标值的右上角有 Z 的表示《公路工程水泥混凝土外加剂与掺合料应用技术指南》（2006）单独要求的项目及指标，有 Y 的表示《钢筋阻锈剂使用技术规程》（YB/T 9231—1998）单独要求的项目及指标，右上角无 Y 和 Z 的项目及指标表示是两者的共同要求。

2. 试验表明，《公路工程水泥混凝土外加剂与掺合料应用技术指南》（2006）中规定的盐水中浸烘试验（8 次）较《钢筋阻锈剂使用技术规程》（YB/T 9231—1998）更快速明确。

当外加剂中含有氯盐时，或环境中含有氯盐时，需掺入阻锈剂，以保护钢筋。阻锈剂的掺量一般在 2% ~ 5%（粉剂型），极端环境下（如氯盐为主的盐碱地、撒除冰盐环境、海边浪溅区）的掺量为 6% ~ 15%（粉剂型）。RI 系列阻锈剂的掺量可按阻锈剂与使用寿命内预期进入混凝土内的氯盐（包括掺入的和后期由外部渗入的）质量比大于 1.2（粉剂型）或 3.0（水剂型，当有效含量较低时，需加大比值）来计算（YB/T 9231—1998）。对于一些重要结构，除掺入混凝土中外，还应在浇注混凝土前用含阻锈剂 5% ~ 10% 的溶液涂覆钢筋表面以增加防腐效果；对于修复工程，浓度应提高至 10% ~ 20%。

除上述外加剂外，混凝土中应用的外加剂还有减缩剂（shrinkage reducing agent）、保水剂（water retaining admixture）、增稠剂（viscosity enhancing agent）等。

混凝土中应用外加剂时，需满足《混凝土外加剂应用技术规程》（GB 50119—2003）的规定。

6.4　混凝土矿物掺合物

配制混凝土时，掺加到混凝土中的具有改善新拌合硬化混凝土性能（特别是混凝土耐久性）的磨细矿物材料称为混凝土矿物掺合物（mineral admixture），亦称为矿物外加剂。矿物掺合物已成为混凝土的第六组分。通常使用的为硅灰、磨细粉煤灰、磨细粒化高炉矿渣、磨细天然沸石粉；此外，还有磨细硅质页岩、磨细煅烧偏高岭土及其他磨细工业废渣等。矿物掺合料的比表面积一般应大于 350m^2/kg。比表面积大于 600m^2/kg 的称为超细矿物掺合料，其增强效果更优，但对混凝土早期塑性开裂有不利影响。

6.4.1 混凝土矿物掺合物在混凝土中的作用

矿物掺合物在混凝土中的主要作用有：

（1）改善混凝土拌合物的和易性　细度适宜的优质矿物掺合物可提高混凝土拌合物的流动性，显著改善黏聚性和保水性，并提高混凝土拌合物的体积稳定性。

（2）降低混凝土温升　除硅灰外，掺加矿物掺合物替代水泥后，可使混凝土的放热率和温升明显降低，同时出现温峰的时间推迟。如掺 30% 粉煤灰的混凝土和掺 75% 磨细矿渣的混凝土较基准混凝土的温升可分别降低 7℃、12℃。

（3）提高混凝土的抗化学侵蚀性能力，增强混凝土的耐久性　掺加矿物掺合物后，减少了水泥用量，使易受腐蚀的 $Ca(OH)_2$、C_3A 减少，同时活性矿物掺合物的火山灰效应与微集料效应改善了混凝土的孔结构和界面过渡层，增大混凝土的密实度和抗渗性，使侵蚀性物质难以进入；同时，对碱-集料反应也有很好的抑制作用。

（4）提高混凝土的后期强度　在适量的掺加范围内，掺加矿物掺合物后（除硅灰外），混凝土的早期强度一般均有所降低，掺量越高，早期强度降低越大，但使用超细粉时，早期强度不一定会降低。后期由于火山灰效应的逐步进行，可使混凝土 90d、120d 强度有较大的提高。

（5）减少混凝土的干缩　细度适宜的优质矿物掺合物可减少混凝土的干缩。

（6）降低混凝土的成本。

矿物掺合物的掺入会降低混凝土的抗碳化性和碱度，而不利于保护钢筋，但矿物掺合物又使混凝土的密实度提高、使 CO_2 和 H_2O 的扩散与渗透能力降低。因此，适量的矿物掺合物对钢筋的保护作用影响不大。

掺加矿物掺合物的混凝土需加强养护，特别是早期养护，并需养护 14d 以上。

6.4.2 常用矿物掺合料

6.4.2.1 粉煤灰

《用于水泥和混凝土中的粉煤灰》（GB/T 1596—2005）将粉煤灰分为 F 类（由无烟煤和烟煤煅烧收集的粉煤灰）和 C 类（由褐煤或次烟煤煅烧收集的粉煤灰）。C 类粉煤灰的 CaO 含量一般大于 10%。氧化钙含量小于 10% 的粉煤灰称为低钙粉煤灰，氧化钙含量大于 10% 的粉煤灰称为高钙粉煤灰。我国绝大多数电厂的粉煤灰均属于低钙粉煤灰，部分电厂（如使用神府煤田、准格尔煤田煤炭的电厂）排放高钙粉煤灰。部分电厂排放的增钙粉煤灰（人工增钙）也属于高钙粉煤灰。按粉煤灰的排放方式可分为干排灰和湿排灰，干排灰的质量优于湿排灰。

1. 粉煤灰的技术要求

粉煤灰的细度、活性氧化硅和活性氧化铝的数量等直接影响粉煤灰的质量。为提高粉煤灰的活性，经常将粉煤灰进行磨细处理。混凝土和砂浆用粉煤灰的质量须满足表 6-15 的规定。高钙粉煤灰的活性优于低钙粉煤灰，但使用时需注意其体积安定性必须合格。

表 6-15 混凝土用矿物掺合料的技术要求

项目		《高强高性能混凝土用矿物外加剂》(GB/T 18736—2002) 磨细矿渣 Ⅰ	磨细矿渣 Ⅱ	磨细矿渣 Ⅲ	磨细粉煤灰 Ⅰ	磨细粉煤灰 Ⅱ	磨细天然沸石粉 Ⅰ	磨细天然沸石粉 Ⅱ	硅灰	《用于水泥和混凝土中的粒化高炉矿渣粉》(GB/T 18046—2000) S105	S95	S75	《用于水泥和混凝土中的粉煤灰》(GB/T 1596—2005) Ⅰ	Ⅱ	Ⅲ	《水工混凝土掺用粉煤灰技术规范》(DL/T 5055—1996) Ⅰ	Ⅱ	Ⅲ	《水泥混凝土路面用粉煤灰》(公路水泥混凝土路面施工技术规范 JTG F30—2003) Ⅰ	Ⅱ	Ⅲ
化学性质	MgO(%),≤	14			—		—		—	—			—			—			—		
	SO_3(%),≤	4			3		—		—	4			3			3			3		
	烧失量(%),	3			5	8	—		6	3[1)]			5	8	15	5	8	15	5	8	15
	Cl^-(%),≤	0.02			0.02		0.02		0.02	0.02[1)]			0.02			—			0.02		
	SiO_2(%),≥	—			—		—		85	4			—			—			—		
	吸铵值(%),≥	—			—		130	100	—	—			—			—			—		
	总碱量(Na_2O计,%),≤	供需方商定			供需方商定		供需方商定		商定	供需方商定			供需方商定			1.5[1)]			注明数值		
物理性能	密度(g/cm^3),>	—			—		—		—	2.8			—			—			—		
	细度(45μm 筛余,%)	—			—		—		—	—			12	25	45	12	20	45	12[1)]	20[1)]	45[1)]
	比表面积(m^2/kg)	750	550	350	600	400	700	500	1 500	350			—			—			—		
	含水率(%),≤	1.0			1.0		—		3.0	1.0			1.0			1.0[2)]			1.0		1.5
胶砂性能	流动度比(%),≥	—			—		—		—	85	90	95	—			—			—		
	需水量比(%),≤	100			95	105	110	115	125	—			95	105	115	95	105	115	95	105	115
	活性指数 3d(%),≥	85	70	55	—		—		—	—			—			—			—		
	活性指数 7d(%),≥	100	85	75	80	75	—		—	95	75	55[2)]	—			—			75	70	—
	活性指数 28d(%),≥	115	105	100	90	85	90	85	85	105	95	75	—			—			85(75)[2)]	80(62)[2)]	
安定性(雷氏法,mm),≯		—			—		—		—	—			5.0[1)]			—			—		
备注		—								1)用户有要求时提供 2)可根据用户要求协商提高			1)C 类粉煤灰要求雷氏夹增加限值			1)使用碱活性集料时,采用碱含量限值 2)可以使用湿排灰,但含水率需≤15%			1)45μm 气流筛与 80μm 筛的换算系数约为 2.4 2)活性指数括号内的指标适用于配制<C40 的混凝土		
应用规定		—								—			—			—			混凝土路面需用Ⅰ、Ⅱ级干排灰;贫混凝土、碾压混凝土基层或复合式路面下面层可用Ⅲ级或Ⅲ级以上		

2. 粉煤灰在混凝土中的作用及粉煤灰的掺量与掺用方法

粉煤灰除可起到前述的作用外，由于粉煤灰为球状玻璃体微珠，掺入到混凝土中可减少用水量或可提高混凝土拌合物的和易性，特别是混凝土拌合物的流动性。此外，掺加粉煤灰还可以减小混凝土的干缩率，提高混凝土的体积稳定性。

掺粉煤灰的混凝土简称为粉煤灰混凝土。粉煤灰质量的好坏直接影响混凝土的性能，因而重要工程应采用Ⅰ、Ⅱ级粉煤灰，Ⅲ级粉煤灰主要用于改善混凝土的和易性，详见表6-16。粉煤灰掺量过多时，混凝土的抗碳化性变差，对钢筋的保护力降低。所以，粉煤灰取代水泥的最大限量（以质量计）须满足表6-17的规定。对于密实度很高混凝土，可放宽此限制。

表6-16　不同等级粉煤灰的用途与超量系数（GBJ 146—1990）

粉煤灰等级	Ⅰ	Ⅱ	Ⅲ
适用的混凝土工程	钢筋混凝土、跨度小于6m预应力混凝土、≥C30的混凝土	钢筋混凝土、≥C30的混凝土	<C30的无筋混凝土
超量系数	1.1~1.4	1.3~1.7	1.5~2.0

注：经试验论证，粉煤灰的等级可较适用范围要求的等级降低一级。

表6-17　粉煤灰取代水泥的最大限量（GBJ 146—1990）

混凝土种类	粉煤灰取代水泥最大限量（%）			
	硅酸盐水泥	普通硅酸盐水泥	矿渣硅酸盐水泥	火山灰质硅酸盐水泥
预应力混凝土	25	15	10	—
钢筋混凝土、C40及其以上混凝土、高抗冻性混凝土、蒸养混凝土	30	25	20	15
C30及其以下混凝土、泵送混凝土、大体积混凝土、水下混凝土、地下混凝土、压浆混凝土	50	40	30	20
碾压混凝土	65	55	45	35

注：当钢筋保护层小于5cm时，粉煤灰取代水泥的最大限量应比表中规定相应减少5%。

混凝土中掺用粉煤灰可采用以下三种方法：

（1）等量取代法　以粉煤灰取代混凝土中的等量（以质量计）水泥。当配制超强较大混凝土或大体积混凝土时，可采用此法。

（2）超量取代法　粉煤灰掺量超过取代的水泥量，超量的粉煤灰取代部分细集料。超量取代的目的是增加混凝土中胶凝材料的数量，以补偿由于粉煤灰取代水泥而造成的混凝土强度降低。超量取代法可使粉煤灰混凝土的强度达到不掺粉煤灰的混凝土的强度。粉煤灰的超量系数（粉煤灰掺量与取代水泥量的比值），须满足表6-16的规定。

（3）外加法　在水泥用量不变的情况下，掺入一定数量的粉煤灰，主要用于改善混凝土拌合物的和易性。

3. 粉煤灰应用范围

粉煤灰适合用于普通工业与民用建筑结构用的混凝土，尤其适用于配制预应力混凝土、高强混凝土、高性能混凝土、泵送混凝土与流态混凝土、大体积混凝土、抗渗混凝土、高抗冻性混凝土、抗硫酸盐与抗软水侵蚀的混凝土、蒸养混凝土、轻集料混凝土、地下与水下工程混凝土、压浆混凝土、碾压混凝土、道路混凝土等。

粉煤灰在应用时，除满足表6-15～表6-17的规定外，当用于抗冻性要求高的混凝土时，必须掺加引气剂（GBJ 146—1990）；用于水泥混凝土路面工程时不得使用湿排灰、潮湿粉煤灰和已结块的粉煤灰（JTJ/T 037.1—2000）；此外，非大体积工程低温季节施工时，粉煤灰掺量不宜太多。

6.4.2.2 硅灰（silica fume，SF）

硅灰又称硅粉，为电弧炉冶炼硅铁合金等时的副产品，是石英在2 000℃的高温下被还原成Si、SiO气体，冷却过程中又被氧化成SiO_2的极微细颗粒。硅灰中SiO_2的含量达80%以上，主要是非晶态的SiO_2。硅灰颗粒的平均粒径为0.1～0.2μm，比表面积为20 000～25 000m^2/kg，因而具有极高的活性。硅灰的技术要求见表6-15。

硅灰取代水泥的效果远远高于粉煤灰，它可大幅度提高混凝土的强度、抗渗性、抗侵蚀性，并可明显抑制碱-集料反应，降低水化热，减小温升。由于硅灰的活性极高，即使在早期也会与氢氧化钙发生水化反应。所以，利用硅灰取代水泥后还可提高混凝土的早期强度。由于硅灰的比表面积巨大，故掺加硅灰后混凝土拌合物的泌水性明显降低；同时，流动性也明显降低。硅灰对混凝土的早期干裂有促进作用，使用时需特别注意。

硅灰的取代水泥量一般为5%～15%，使用时必须同时掺加减水剂，以保证混凝土的流动性。同时掺用硅灰和高效减水剂可配制出100MPa的高强混凝土，但由于硅灰的价格很高，故一般只用于高强或超高强混凝土、泵送混凝土、高耐久性混凝土以及其他高性能的混凝土。

6.4.2.3 磨细粒化高炉矿渣（ground granulated blast furnace slag，S）

由粒化高炉矿渣磨细而得（磨细时可添加少量的石膏），简称磨细矿渣或矿渣粉。磨细矿渣的活性与其碱性系数［$M=(m_{CaO}+m_{MgO})/(m_{SiO_2}+m_{Al_2O_3})$，$M>1$为碱性矿渣，$M=1$为中性矿渣，$M<1$为酸性矿渣］和质量系数［$K=(m_{CaO}+m_{MgO}+m_{Al_2O_3})/(m_{SiO_2}+m_{MnO}+m_{TiO_2})$］有着密切的关系。通常采用碱性系数$M>1$，质量系数$K\geqslant1.2$的粒化高炉矿渣来磨制。磨细矿渣除含有活性$SiO_2$和$Al_2O_3$外，还含有部分β-$C_2S$，因而磨细矿渣具有较高的活性，其掺量与效果均高于粉煤灰。磨细矿渣的技术要求见表6-15，但表中烧失量应小于1.0%，而不是规范中的3.0%。

磨细矿渣的掺量为10%～70%，对拌合物的流动性影响不大，可明显降低混凝土的温升。细度较低时，随掺量的增大，泌水量增大。对混凝土的干缩影响不大，但超细矿渣会加大混凝土的塑性开裂。磨细矿渣的适用范围与粉煤灰基本相同，但掺量更高。

6.4.2.4 磨细天然沸石（grounded natural zeolite）

磨细天然沸石，由天然沸石（主要为斜发沸石和丝光沸石）磨细而成，代号Z。沸石是含有微孔的含水铝硅酸盐矿物，SiO_2含量为60%～70%，Al_2O_3含量为8%～12%，内比表面积很大。因此，磨细沸石具有较高的活性，其效果优于粉煤灰。磨细天然沸石的技术要求见表6-15。

磨细天然沸石的掺量一般为10%～20%，掺加后混凝土拌合物的流动性降低，掺量大时，流动性显著降低。掺加沸石粉可提高混凝土的抗冻性、抗渗性，抑制碱-集料反应（优于磨细矿渣和粉煤灰)，但干缩有所增大。

两种以上矿物掺合料复合使用，可以获得较单掺一种矿物掺合料更大的掺量和更好的技术效果。因此，在条件允许的情况下，应尽量复合使用矿物掺合料。

值得提及的是，现有标准、规范中对矿物掺合物的限量过严，目前正适当加大了掺量范围，特别是对于无抗冻要求的混凝土。

6.5 混凝土拌合物的和易性

6.5.1 混凝土拌合物和易性的测定与选择

混凝土拌合物的和易性是一项综合性质，目前还没有一种能够全面反映和易性的测定方法。通常是测定混凝土拌合物的流动性，而黏聚性和保水性则凭经验目测评定。

6.5.1.1 和易性的测定

《普通混凝土拌合物性能试验方法》（GB/T 50080—2002）规定，混凝土拌合物的流动性（稠度，consistency）采用下述两种方法测试和表示。

1. 坍落度法

坍落度法是用来测定混凝土拌合物在自重力作用下的流动性，适用于流动性较大的混凝土拌合物。测定时，将混凝土拌合物按规定的方法装入混凝土坍落度筒（slump cone）内，刮平后将坍落度筒垂直向上提起，混凝土拌合物因自重力作用而产生坍落，坍落的高度（以 mm 计）称为坍落度（slump），如图 6-9 所示。坍落度越大，则混凝土拌合物的流动性越大。该法在工程中应用最多，适用于坍落度大于等于 10mm，且最大粒径小于 40mm 的混凝土拌合物。

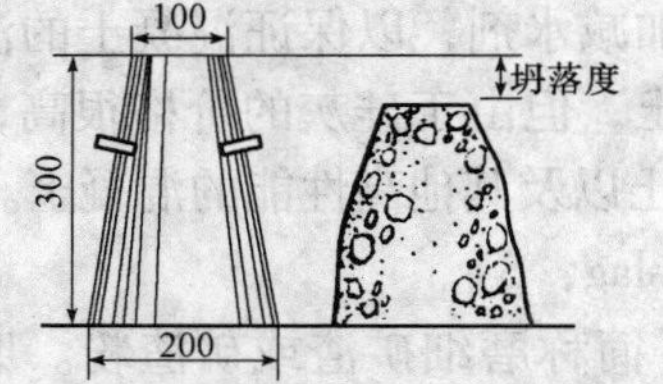

图 6-9 混凝土拌合物坍落度测定

评定混凝土拌合物黏聚性的方法是用插捣棒轻轻敲击已坍落的混凝土拌合物锥体的侧面，如混凝土拌合物锥体保持整体缓慢、均匀下沉，则表明黏聚性良好；如混凝土拌合物锥体突然发生崩塌或出现石子离析，则表明黏聚性差。

评定保水性的方法是观察混凝土拌合物锥体的底部，如有较多的稀水泥浆或水析出，或因失浆而使集料外露，则说明保水性差；如混凝土拌合物锥体的底部没有或仅有少量的水泥浆析出，则说明保水性良好。

坍落度大的混凝土拌合物，在坍落后呈薄饼状，其直径称为坍落扩展度（slump flow）（以 mm 计），直径坍落至 500mm 时所需的时间记为 T_{500}，两者主要用于评价自密实混凝土。扩展度越大，则混凝土的自流平性与自密实性越高，说明混凝土拌合物的黏度越小，流动越快。

2. 维勃稠度法

维勃稠度法用来测定混凝土拌合物在机械振动力作用下的流动性，适用于流动性较小的混凝土拌合物。测定时，将混凝土拌合物按规定方法装入坍落度筒内，并将坍落度筒垂直提起，之后将规定的透明有机玻璃圆盘放在混凝土拌合物锥体的顶面上（图 6-10），然后开启振动台，记录当透明圆盘的底面刚刚被水泥浆所布满时所经历的时间（以 s 计），称为维勃稠度（Vebe consistency）。维勃稠度越大，则混凝土拌合物的流动性越小。该法适用于维勃稠度在 5 ~ 30s，且最大粒径小于 40mm 的混凝土拌合物。

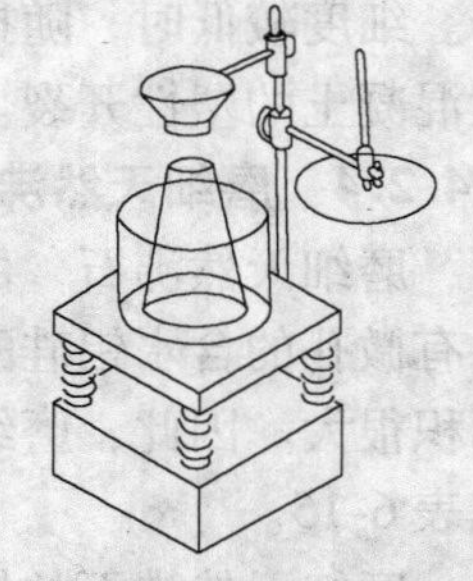
图 6-10 维勃稠度仪

6.5.1.2 混凝土拌合物流动性的选择

混凝土拌合物的流动性大，则易于施工，但水泥用量大，且混凝土拌合物易产生离析、分层，增大混凝土的干缩变形，并影响混凝土的耐久性。因此，选择流动性的原则是在满足施工条件及保证密实成型的前提下，应尽可能选择较小的流动性。

按混凝土拌合物坍落度和维勃稠度的大小各分为四个流动性级别，见表6-18。

表6-18 混凝土拌合物流动性的级别（GB 50164—1992）

坍落度的级别			维勃稠度的级别		
级别	名 称	坍落度（mm）	级别	名 称	维勃稠度（s）
T_1	低塑性混凝土	10~40	V_0	超干硬性混凝土	≥31
T_2	塑性混凝土（plastic concrete）	50~90	V_1	特干硬性混凝土	30~21
T_3	流动性混凝土（pasty concrete）	100~150	V_2	干硬性混凝土（stiff concrete）	20~11
T_4	大流动性混凝土（flowing concrete）	≥160	V_3	半干硬性混凝土	10~5

工程中根据混凝土构件的截面最小尺寸、配筋的疏密及成型捣实方法来选择混凝土拌合物的流动性，见表6-19。对于泵送施工的混凝土，坍落度一般需大于100mm。

表6-19 混凝土浇筑时的坍落度

结构种类	坍落度（mm）
基础或地面等的垫层、无配筋的大体积结构（挡土墙、基础等）或配筋稀疏的结构	10~30
板、梁、或大型及中型截面的柱子等	30~50
配筋密列的结构（薄壁、斗仓、筒仓、细柱等）	50~70
配筋特密的结构	70~90

注：1. 本表系指采用机械振捣时的坍落度，当采用人工振捣时可适当增大；
2. 对轻集料混凝土拌合物，坍落度宜较表中数值减少10~20mm。

6.5.2 影响混凝土和易性的因素

6.5.2.1 用水量与水灰比

在水灰比不变的情况下，混凝土拌合物的用水量（1m^{3}混凝土的用水量）越多，则水泥浆的数量越多，包裹在砂、石表面的水泥浆层越厚，对砂、石的润滑作用越好，因而混凝土拌合物的流动性越大。但用水量过多（即水泥浆的数量过多），会产生流浆、泌水、离析和分层等现象，使混凝土拌合物的黏聚性和保水性降低，并使混凝土的强度和耐久性降低，而使混凝土的干缩与徐变增加，同时也增加了水泥用量和水化热；用水量过少（即水泥浆数量过少），则不能填满砂、石集料的空隙，且水泥浆的数量不足以很好地包裹砂、石的表面，润滑作用和黏聚力均较差，因而混凝土拌合物的流动性、黏聚性降低，易产生崩塌现象，且使混凝土的强度、耐久性降低。故混凝土拌合物的用水量（或水泥浆数量）不能过多，也不宜过少，应以满足流动性为准。

水灰比越大，则水泥浆的稠度越小，混凝土拌合物的流动性越大、黏聚性与保水性越差，并使混凝土的强度与耐久性降低，而使混凝土的干缩与徐变增加。水灰比过大时，则水泥浆过稀，会使混凝土拌合物的黏聚性与保水性显著降低，并产生流浆、泌水、离析和分层等现象，从而使混凝土的强度和耐久性大大降低，并使混凝土的干缩和徐变显著增加；水灰比过小时，则水泥浆的稠度过大，使混凝土拌合物的流动性显著降低，并使黏聚性也因混凝土拌合物发涩而变差，且在一定施工条件下难以成型或不能保证混凝土密实成型。故混凝土拌合物的水灰比应以满足混凝土的强度和耐久性为宜，并且在满足强度和耐久性的前提下，应选择较大的水灰比，以节约水泥用量。

实践证明，当砂、石的品种和用量一定时，混凝土拌合物的流动性主要取决于混凝土拌合物用水量的多少。混凝土拌合物的用水量一定时，即使水泥用量有所变动（增减 50 ~ 100kg/m^3），混凝土拌合物的流动性也基本上保持不变，这种关系称为混凝土的恒定用水量法则。由此可知，在用水量相同的情况下，采用不同的水灰比可以配制出流动性相同而强度不同的混凝土。这一法则给混凝土配合比设计带来了很大的方便，混凝土的用水量可通过试验来确定或根据施工要求的流动性及集料的品种与规格来选择。缺乏经验时，可按表 6-20 选择。

表 6-20　塑性混凝土和干硬性混凝土的用水量（kg/m^3）（JGJ 55—2000）

拌合物稠度		卵石最大粒径（mm）				碎石最大粒径（mm）			
		10	20	31.5	40	16	20	31.5	40
坍落度（mm）	10 ~ 30	190	170	160	150	200	185	175	165
	35 ~ 50	200	180	170	160	210	195	185	175
	55 ~ 70	210	190	180	170	220	205	195	185
	75 ~ 90	215	195	185	175	230	215	205	195
维勃稠度（s）	16 ~ 20	175	160		145	180	170		155
	11 ~ 15	180	165	—	150	185	175	—	160
	5 ~ 10	185	170		155	190	180		165

注：1. 本表适用于水灰比为 0.4 ~ 0.8 的混凝土。水灰比小于 0.4 的混凝土以及采用特殊成型工艺的混凝土应通过试验确定。

2. 本表用水量系采用中砂时的平均取值。采用细砂时，每立方米混凝土用水量可增加 5 ~ 10kg；采用粗砂时，则可减少 5 ~ 10kg。

3. 对于坍落度大于 90mm 的混凝土，以本表中 90mm 的用水量为基准，按照坍落度每增大 20mm，用水量增加 5kg 计算混凝土用水量。

4. 掺用各种化学外加剂或矿物掺合料时，用水量应相应调整。

5. 本表中粗集料的尺寸为圆孔筛尺寸。

6.5.2.2　集料的品种、规格与质量

集料的品种、规格与质量对混凝土拌合物的和易性有较大的影响。

卵石和河砂的表面光滑，因而采用卵石、河砂配制混凝土时，混凝土拌合物的流动性大于用碎石、山砂和破碎砂配制的混凝土。采用粒径粗大、级配良好的粗、细集料时，由于集料的比表面积和空隙率较小，因而混凝土拌合物的流动性大，黏聚性及保水性好，但细集料过粗时，会引起黏聚性和保水性下降。采用含泥量、泥块含量、云母含量及针、片状颗粒含量较少的粗、细集料时，混凝土拌合物的流动性较大。

6.5.2.3 砂率（sand ratio）

砂率（β_s）是指砂用量（m_s）与砂、石（m_g）总用量的质量百分比，即

$$\beta_s = \frac{m_s}{m_s + m_g} \times 100\%$$

砂率表示混凝土中砂、石的组合或配合程度。砂率对粗、细集料总的比表面积和空隙有很大的影响。砂率过大，则粗、细集料总的比表面积和空隙率大，在水泥浆数量一定的前提下，减薄了起到润滑集料作用的水泥浆层的厚度，使混凝土拌合物的流动性减小，如图6-11所示；若砂率过小，则粗、细集料总的空隙率大，混凝土拌合物中砂浆量不足，包裹在粗集料表面的砂浆层的厚度过薄，对粗集料的润滑程度和黏聚力不够，甚至不能填满粗集料的空隙，因而砂率过小会降低混凝土拌合物的流动性（图6-11），特别是使混凝土拌合物的黏聚性及保水性大大降低，产生离析、分层、流浆及泌水等现象，并对混凝土的其他性能也产生不利的影响。砂率过大或过小时，若要保持混凝土拌合物的流动性不变，则须增加水泥浆的数量，即必须增加水泥用量及用水量，这同时会对混凝土的其他性质也造成不利的影响（图6-12）。

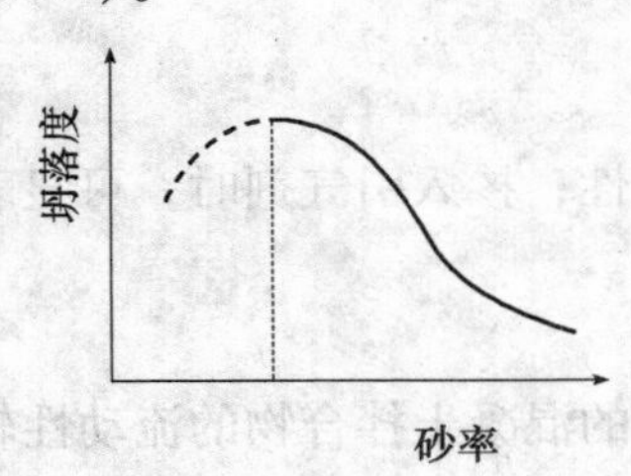

图6-11　坍落度与砂率的关系
（水和水泥用量一定）

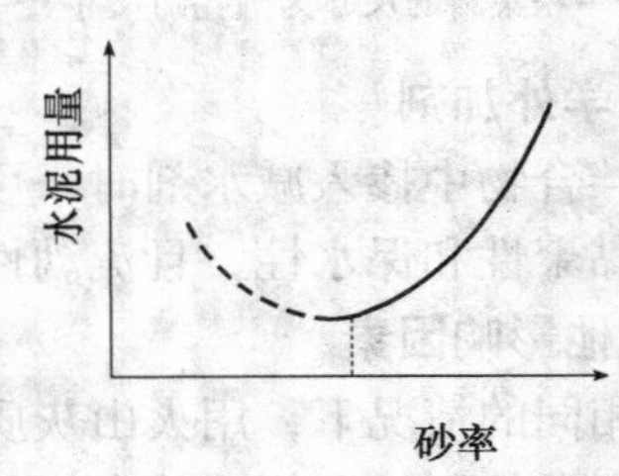

图6-12　水泥用量与砂率的关系
（达到相同的坍落度）

从图6-11和图6-12可以看出，砂率既不能过大，又不能过小，中间存在一个合理砂率。合理砂率应是砂子体积填满石子的空隙后略有富余，以起到较好的填充、润滑、保水及黏聚石子的作用。因此，合理砂率是指在用水量及水泥用量一定的情况下，使混凝土拌合物获得最大的流动性及良好的黏聚性与保水性时的砂率值；或合理砂率是指在保证混凝土拌合物具有所要求的流动性及良好的黏聚性与保水性条件下，使水泥用量最少的砂率值。

合理砂率与许多因素有关。粗集料的最大粒径较大、级配较好时，因粗集料的空隙率较小，故合理砂率较小；细集料细度模数较大时，由于细集料对粗集料的黏聚力较低，且其保水性也较差，故合理砂率需较大；碎石的表面粗糙、棱角多，因而合理砂率较大；水灰比较小时，水泥浆较为黏稠，混凝土拌合物的黏聚性及保水性易得到保证，故合理砂率较小；混凝土拌合物的流动性较大时，为保证黏聚性及保水性，合理砂率需较大；使用减水剂，特别是引气剂时，黏聚性及保水性易得到保证，故合理砂率较小。

确定或选择砂率的原则是，在保证混凝土拌合物的黏聚性及保水性的前提下，应尽量使用较小的砂率，以节约水泥用量，提高混凝土拌合物的流动性。对于混凝土量大的工程，应通过试验确定合理砂率。当混凝土量较小，或缺乏经验或缺乏试验条件时，可根据集料的品种（碎石、卵石）、集料的规格（最大粒径与细度模数）及所采用的水灰比，参考表6-21确定。

表 6-21　混凝土砂率选用表（JGJ 55—2000）　%

水灰比（W/C）	卵石最大粒径（mm）			碎石最大粒径（mm）		
	10	20	40	16	20	40
0.40	26～32	25～31	24～30	30～35	29～34	27～32
0.50	30～35	29～34	28～33	33～38	32～37	30～35
0.60	33～38	32～37	31～36	36～41	35～40	33～38
0.70	36～41	35～40	34～39	39～44	38～43	36～41

注：1. 本表数值系中砂的选用砂率，对细砂或粗砂，可相应地减少或增大砂率。
2. 只用一个单粒级粗集料配制混凝土时，砂率应适当增大。
3. 对薄壁构件，砂率取大值。
4. 本表适用于坍落度为 10～60mm 的混凝土。坍落度大于 90mm 的混凝土砂率，可经试验确定，也可在表 6-12 的基础上，按坍落度每增大 20mm，砂率增大 1% 的幅度予以调整；坍落度小于 10mm 的混凝土砂率，应通过试验确定。
5. 本表中粗集料的尺寸为圆孔筛尺寸。

6.5.2.4　化学外加剂

混凝土拌合物中掺入减水剂时，可明显提高其流动性；掺入引气剂时，可显著提高混凝土拌合物的黏聚性和保水性，且流动性也有一定的改善。

6.5.2.5　其他影响因素

在条件相同的情况下，用火山灰质硅酸盐水泥拌制的混凝土拌合物的流动性较小，而用矿渣硅酸盐水泥拌制的混凝土拌合物的保水性较差。

掺加粉煤灰等矿物掺合料，可提高混凝土拌合物的黏聚性和保水性，特别是在水灰比和流动性较大时，掺加优质粉煤灰、磨细矿渣时对流动性也有一定的改善作用。

混凝土拌合物的流动性随时间的延长，由于水分的蒸发、集料的吸水及水泥的水化与凝结，而变得干稠，流动性逐渐降低，将这种损失称为经时损失。温度越高，流动性损失越大，且温度每升高 10℃，坍落度下降 20～40mm。掺加减水剂时，流动性的损失较大。施工时应考虑到流动性损失这一因素。拌制好的混凝土拌合物一般应在 45min 内成型完毕，如超过这一时间，应掺加缓凝剂等以延缓凝结时间，保证成型时的坍落度。

6.5.3　改善和易性的措施

调整混凝土拌合物的和易性时，一般应先调整黏聚性和保水性，然后调整流动性，且调整流动性时，须保证黏聚性和保水性不受大的损害，并不得损害混凝土的强度和耐久性。

6.5.3.1　改善黏聚性和保水性的措施

改善混凝土拌合物黏聚性和保水性的措施主要有：

（1）选用级配良好的粗、细集料，并选用连续级配；

（2）适当限制粗集料的最大粒径，避免选用过粗的细集料；

（3）适当增大砂率或掺加粉煤灰等矿物掺合料；

（4）掺加减水剂和引气剂。

6.5.3.2　改善流动性的措施

改善混凝土拌合物流动性的措施主要有：

（1）尽可能选用较粗大的粗、细集料。

（2）采用泥及泥块等杂质含量少，级配好的粗、细集料。

（3）尽量降低砂率。

（4）在上述基础上，如流动性太小，则保持水灰比不变，适当增加水泥用量和用水量；如流动性太大，则保持砂率不变，适当增加砂、石用量。

（5）掺加减水剂。

6.6 混凝土的强度

6.6.1 混凝土的受力破坏特点

如前所述，由于水化热、干燥收缩及泌水等原因，混凝土在受力前就在水泥石中存在有微裂纹，特别是在集料的表面处存在着部分界面微裂纹。当混凝土受力后，在微裂纹处产生应力集中，使这些微裂纹不断扩展、数量不断增多，并逐渐汇合连通，最终形成若干条可见的裂缝而使混凝土破坏。

通过显微镜观测混凝土的受力破坏过程，表明混凝土的破坏过程是内部裂纹产生、发生与汇合的过程，可分为四个阶段。混凝土单轴静力受压时的变形与荷载关系，如图6-13所示。

当荷载达到“比例极限”（约为极限荷载的30%）以前，混凝土的应力较小，界面微裂纹无明显的变化（图6-13中Ⅰ及图6-14中Ⅰ），此时荷载与变形近似为直线关系。

荷载超过“比例极限”后，界面微裂纹的数量、宽度和长度逐渐增大，但尚无明显的砂浆裂纹（图6-13中Ⅱ及图6-14中Ⅱ）。此时变形增大的速度大于荷载增大的速度，荷载与变形已不再是直线关系。

当荷载超过“临界荷载”（约为极限荷载的70%～90%）时，界面裂纹继续产生与扩展，同时开始出现砂浆裂纹，部分界面裂纹汇合（图6-13中Ⅲ及图6-14中Ⅲ）。此时变形速度明显加快，荷载与变形曲线明显弯曲。

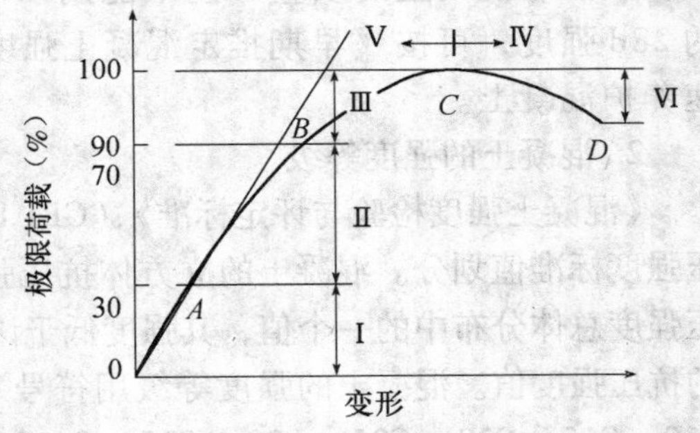

图6-13 混凝土受压变形曲线

Ⅰ—界面裂缝无明显变化；Ⅱ—界面裂缝增长；Ⅲ—出现砂浆裂缝和连续裂缝；Ⅳ—连续裂缝快速发展；Ⅴ—裂缝缓慢增长；Ⅵ—裂缝迅速增长

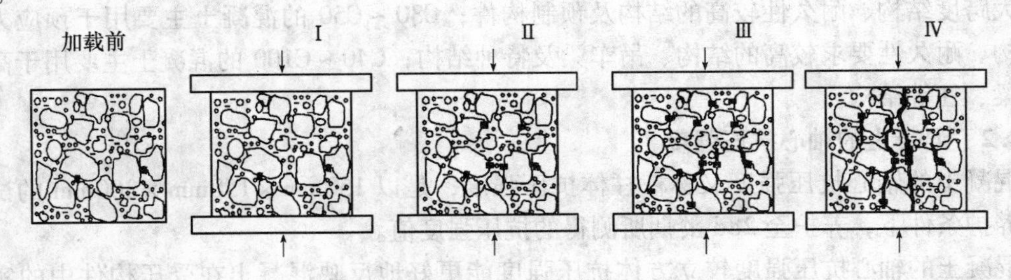

图6-14 不同受力阶段受力示意图

达到极限荷载后，裂纹急剧扩展、汇合，并贯通成若干条宽度很大的裂纹，同时混凝土的承载力下降，变形急剧增大，直至混凝土破坏（图6-13中Ⅳ及图6-14中Ⅳ）。

由此可见，混凝上的受力变形与破坏是混凝土内部微裂纹产生、扩展、汇合的结果，且只有当微裂纹的数量、长度与宽度达到一定程度时，混凝土才会完全破坏。

6.6.2 混凝土的强度

6.6.2.1 混凝土的抗压强度与强度等级

1. 混凝土的立方体抗压强度

《普通混凝土力学性能试验方法》（GB/T 50081—2002）规定，将混凝土制作成边长为150mm的立方体试件，在标准养护条件（温度为20℃±2℃，相对湿度为95%以上；或温度为20℃±2℃的不流动的$Ca(OH)_2$饱和溶液中）下，养护到28d龄期测得的抗压强度值称为立方体抗压强度，简称抗压强度。测定混凝土的抗压强度时，也可采用非标准尺寸的试件，但应乘以换算系数以换算成标准尺寸试件的强度值。边长为100、200mm的非标准立方体试件的换算系数分别为0.95、1.05。

工程中常将混凝土立方体试件放在与工程中混凝土构件相同的养护条件下进行养护，如常用的自然养护（须采取一定的保温与保湿措施）、蒸汽养护等。自然养护、蒸汽养护条件下测得的抗压强度，分别称为自然养护抗压强度和蒸汽养护抗压强度，二者用以检验和控制混凝土的质量，但不能用以确定混凝土的强度等级。如需提早知道混凝土的28d强度，可按《早期推定混凝土强度试验方法》（JGJ 15—1983）的规定，采用快速养护混凝土。

2. 混凝土的强度等级

《混凝土强度检验与评定标准》（GBJ 107—1987）规定，混凝土的强度等级按立方体抗压强度标准值划分。混凝土的立方体抗压强度标准值（简称抗压强度标准值）是测得的抗压强度总体分布中的一个值，其强度低于该值的百分率不超过5%，或具有95%强度保证率的抗压强度值。混凝土的强度等级用符号C和立方体抗压强度标准值来表示，分为C7.5、C10、C15、C20、C25、C30、C35、C40、C45、C50、C55、C60、C65、C70、C75、C80、C85、C90、C95、C100等级别。水工混凝土在设计时经常采用90d或180d时的强度，其强度等级代号相应用C_{90}、C_{180}表示，如$C_{90}30$。

C7.5～C15的混凝土主要用于垫层、基础、地坪及受力不大的结构；C15～C30的混凝土主要用于普通混凝土结构的梁、板、柱、承台、屋架、楼梯等；C25～C30的混凝土主要用于大跨度结构、耐久性较高的结构及预制构件；C30～C50的混凝土主要用于预应力混凝土结构、耐久性要求较高的结构、吊车梁及特种结构；C40～C100的混凝土主要用于高层建筑的梁、柱等结构。

6.6.2.2 混凝土的轴心抗压强度

混凝土的轴心抗压强度又称棱柱体抗压强度，是以150mm×150mm×300mm的试件在标准养护条件下，养护至28d龄期所测得的抗压强度值。

混凝土的轴心抗压强度较立方体抗压强度能更好地反映混凝土在受压构件中的实际情况。混凝土结构设计中计算轴心受压构件时，以混凝土的轴心抗压强度为设计取值。实验结果表明，轴心抗压强度与立方体抗压强度的比值为0.7～0.8。

6.6.2.3 混凝土的抗拉强度

混凝土属于脆性材料，抗拉强度只有抗压强度的1/10～1/20，且比值随混凝土抗压强度的提高而减少。在混凝土结构设计中，通常不考虑混凝土承受拉力，但混凝土的抗拉强度与混凝土构件的裂缝有着密切的关系，是混凝土结构设计中确定混凝土抗裂性的重要依据。

用轴向拉伸方向测定时，外力的作用线与试件的轴线不易重合，且夹具处易被夹坏。GB/T 50081—2002 规定采用劈拉法测定，即采用边长为150mm的立方体试件（采用100mm×100mm×100mm试件，则换算系数为0.85），如图6-15所示进行试验。

劈拉强度f_{ts}按下式计算：

$$f_{ts} = \frac{2F}{\pi A}$$

式中 F——破坏荷载，N；

A——试件受劈面的面积，mm^2。

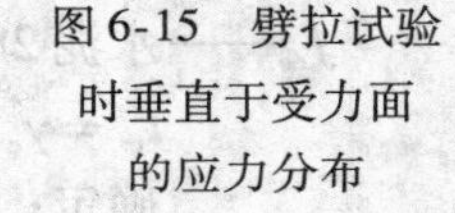

图6-15 劈拉试验时垂直于受力面的应力分布

试验结果表明，混凝土的轴心抗拉强度与劈拉强度的比值约为0.9。

6.6.2.4 混凝土的弯拉强度

混凝土的弯拉强度（即抗弯强度、抗折强度），略高于劈拉强度。公路路面、机场跑道路面等以弯拉强度作为主要的设计指标。

弯拉强度采用150mm×150mm×550mm的试件（采用100mm×100mm×400mm试件，则换算系数为0.85），经28d标准养护后，按三分点加荷方式测得（参见图1-3）。

《公路水泥混凝土路面设计规范》（JTG D40—2002）按混凝土弯拉强度高低与路面等级分为四级，见表6-22。

表6-22 公路水泥混凝土弯拉强度与弯拉弹性模量（JTG D40—2002）

交通等级	特重	重	中等	轻
混凝土设计弯拉强度标准值（MPa）	5.0	5.0	4.5	4.0
钢纤维混凝土设计弯拉强度标准值（MPa）	6.0	6.0	5.5	5.0
设计弯拉弹性模量（$\times 10^3$MPa）	31	30	29	27

注：在特重交通的特殊路段，通过论证，可使用设计弯拉强度为5.5MPa，弯拉弹性模量为33×10^3MPa。

6.6.3 影响混凝土强度的因素

6.6.3.1 水泥的强度等级与水灰比

从混凝土的结构与混凝土的受力破坏过程可知，混凝土的强度主要取决于水泥石的强度和界面粘结强度。普通混凝土的强度主要取决于水泥强度等级与水灰比。水泥强度等级越高，水泥石的强度越高，对集料的粘结作用也越强。水灰比越大，在水泥石内造成的孔隙越多，混凝土的强度越小。在能保证混凝土密实成型的前提下，混凝土的水灰比越小，混凝土的强度越高。当水灰比过小时，水泥浆稠度过大，混凝土拌合物的流动性过小，在一定的施工成型工艺条件下，混凝土不能密实成型，反而导致强度严重降低，如图6-16所示。

大量试验表明，在材料相同的条件下，混凝土的强度随水灰比的增加而有规律降低，并近似呈双曲线关系，如图6-16所示。而混凝土的强度与灰水比（C/W）的关系近似呈直线关系（图6-17），这种关系可用下式表示：

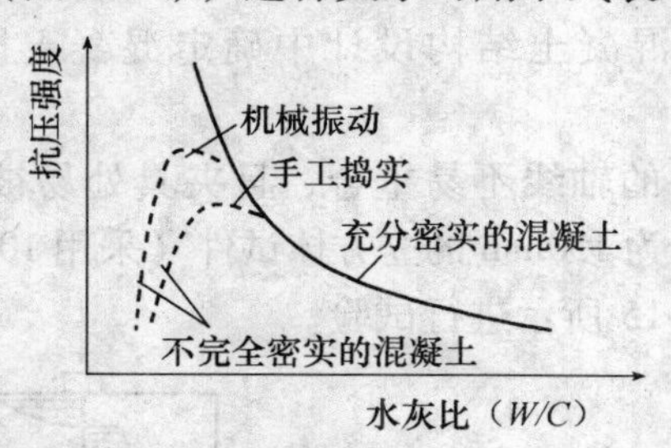

图6-16　混凝土强度与水灰比的关系

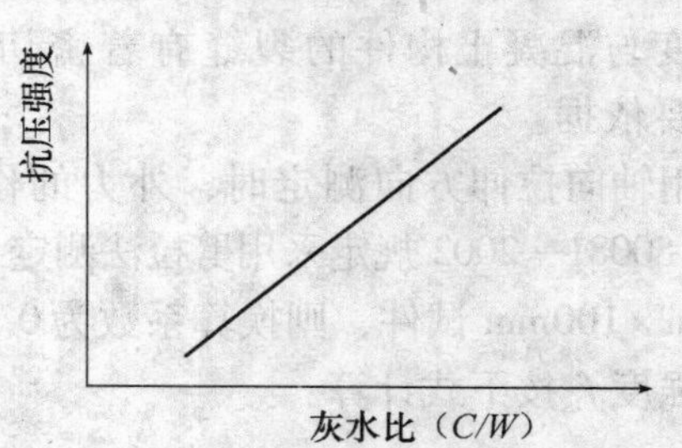

图6-17　混凝土强度与灰水比的关系

$$f_{cu} = \alpha_a f_{ce}\left(\frac{C}{W} - \alpha_b\right)$$

式中　f_{cu}——混凝土28d龄期的抗压强度，MPa；

f_{ce}——水泥28d抗压强度实测值，MPa。当无水泥28d抗压强度实测值时，f_{ce}值可按$f_{ce} = \gamma_c \cdot f_{ce,g}$确定，其中$\gamma_c$为水泥强度等级值的富余系数，可按实际统计资料确定；$f_{ce,g}$为水泥强度等级值，MPa；

α_a、α_b——经验系数，与集料和水泥的品种及工艺条件等有关，该值应通过试验确定。无统计资料时，可按JGJ 55—2000提供的选取：

碎石：$\alpha_a = 0.46$、$\alpha_b = 0.07$

卵石：$\alpha_a = 0.48$、$\alpha_b = 0.33$

上式称为混凝土的强度公式，又称为保罗米公式。该式适用于流动性较大的混凝土，即适用于低塑性与塑性混凝土，适用的水灰比为0.3～0.8，不适用于干硬性混凝土。

利用该公式，可根据所用水泥的强度等级和水灰比来估计混凝土的强度，或根据要求的混凝土强度和所用水泥的强度等级来计算配制混凝土时应采用的水灰比。

混凝土的弯拉强度与灰水比也有着密切的关系，近似成线性关系。《公路水泥混凝土施工技术规范》（JTG F30—2003）给出了如下关系：

碎石或碎卵石混凝土：$f_f = -1.0097 + 0.3595 f_{fe} + 1.5684\dfrac{C}{W}$

卵石混凝土：$f_f = -1.5492 + 0.4709 f_{fe} + 1.2618\dfrac{C}{W}$

式中　f_f——混凝土的弯拉强度，MPa；

f_{fe}——水泥的实测弯拉强度，MPa。

6.6.3.2　集料的品种、规格与质量

在水泥强度等级与水灰比相同的条件下，碎石混凝土的强度往往高于卵石混凝土，特别是在水灰比较小时。如水灰比为0.40时，碎石混凝土较卵石混凝土的强度高20%～35%；而当水灰比为0.65时，二者的强度基本上相同。其原因是水灰比小时，界面粘结是主要矛盾而水灰比大时，水泥石强度成为主要矛盾。

泥及泥块等杂质含量少、级配好的集料，有利于集料与水泥石间的粘结，充分发挥集料

的骨架作用，并可降低用水量及水灰比，因而有利于强度。二者对高强混凝土尤为重要。

粒径粗大的集料，可降低用水量及水灰比，有利于提高混凝土的强度。对高强混凝土，较小粒径的粗集料可明显改善粗集料与水泥石的界面粘结强度，提高混凝土的强度。

6.6.3.3 养护温度、湿度

1. 温度

养护温度高，水泥的水化速度快，早期强度高，但28d及28d以后的强度与水泥的品种有关。普通硅酸盐水泥混凝土与硅酸盐水泥混凝土在高温养护后，再转入常温养护至28d，其强度较一直在常温或标准养护温度下养护至28d的强度低10%～15%；而矿渣硅酸盐水泥以及其他掺活性混合材料多的硅酸盐水泥混凝土，或掺活性矿物掺合料的混凝土经高温养护后，28d强度可提高10%～40%。当温度低于0℃时，水泥水化停止后，混凝土强度停止发展，同时还会受到冻胀破坏作用，严重影响混凝土的早期强度和后期强度。受冻越早，冻胀破坏作用越大，强度损失越大（见图6-18）。因此，应特别防止混凝土早期受冻。GBJ 50164—92规定，混凝土在达到具有抗冻能力的临界强度后，方可撤除保温措施，对硅酸盐水泥或普通硅酸盐水泥配制的混凝土，临界强度应大于设计强度等级的30%，对矿渣硅酸盐水泥配制的混凝土，临界强度应大于设计强度等级的40%，且在任何条件下受冻前的强度不得低于5MPa。当平均气温连续5d低于5℃时，应按冬期施工的规定进行（GB 50204—2002）。

2. 湿度

环境湿度越高，混凝土的水化程度越高，混凝土的强度越高。如环境湿度低，则由于水分大量蒸发，使混凝土不能正常水化，严重影响混凝土的强度。受干燥作用的时间越早，造成的干缩开裂越严重（因早期混凝土的强度较低），结构越疏松，混凝土的强度损失越大，如图6-19所示。混凝土在浇注后，应在12h内进行覆盖草袋、塑料薄膜等，以防水分蒸发过快，并应按规定进行浇水养护。使用硅酸盐水泥、普通硅酸盐水泥、矿渣硅酸盐水泥时，保湿时间应不小于7d；使用火山灰质硅酸盐水泥和粉煤灰硅酸盐水泥时，或掺用缓凝型外加剂或有耐久性要求时，应不小于14d。掺粉煤灰的混凝土保湿时间不得少于14d，干燥或炎热气候条件下不得少于21d，路面工程中不得少于28d。高强混凝土、高耐久性混凝土则在成型后须立即覆盖或采取适当的保湿措施。

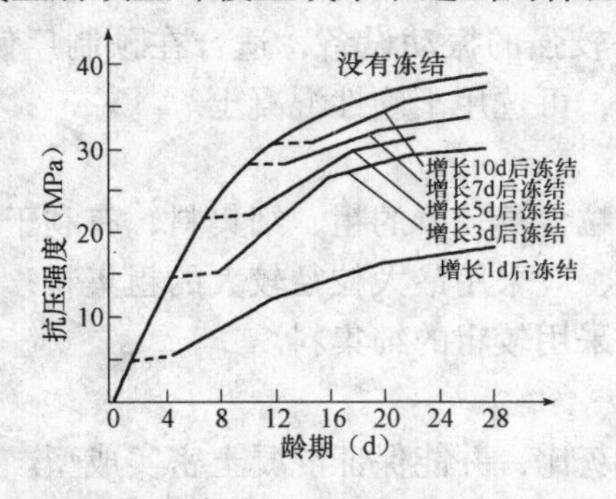

图6-18 混凝土强度与冻结龄期的关系

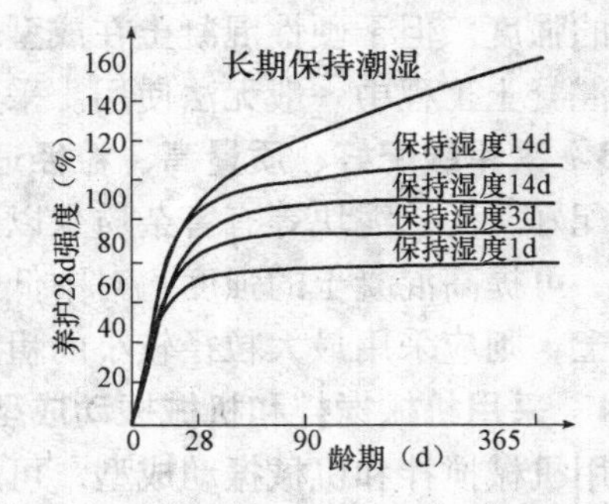

图6-19 混凝土强度发展与保湿时间的关系

6.6.3.4 龄期

在正常养护条件下，混凝土强度随龄期的增加而增大，最初7～14d内强度增长较快，28d以后增长缓慢，见图6-18、图6-19。

用中等强度等级普通硅酸盐水泥（非R型）配制的混凝土，在标准养护条件下，其强度与

龄期（$n \geqslant 3$d）的对数成正比，其关系为：

$$\frac{f_{cu}}{f_n} = \frac{\lg 28}{\lg n}$$

式中　f_n——n 龄期（d）时混凝土的抗压强度。

此式可用于估算混凝土的强度，但由于影响混凝土强度的因素很多，故结果只能作参考。对使用普通硅酸盐水泥的中低强度混凝土和高强度混凝土也可分别按 $f_7 =（0.55 \sim 0.75）f_{cu}$、$f_7 =（0.85 \sim 0.95）f_{cu}$估算强度，混凝土强度高时取上限。中低强度混凝土在3、6、12个月龄期时的强度分别约为28d龄期时的1.2、1.4、1.5倍。

掺加粉煤灰等矿物掺合料时，混凝土的早期强度有所降低，但后期强度增长大。因此，GBJ 146—1990 规定粉煤灰混凝土设计强度等级的龄期，对地上工程宜为28d；对地面工程（路面等）宜为28d或60d；对地下工程宜为60d或90d；对大体积混凝土工程宜为90d或180d。

6.6.3.5　施工方法、施工质量及其控制

采用机械搅拌可使拌合物的质量更加均匀，特别是对水灰比较小的混凝土拌合物。采用机械振动成型时，机械振动作用可暂时破坏水泥浆的凝聚结构，降低水泥浆的黏度，从而提高混凝土拌合物的流动性，有利于获得致密结构，这对水灰比小的混凝土或流动性小的混凝土尤为显著。

此外，计量的准确性、搅拌时的投料次序与搅拌制度、混凝土拌合物的运输与浇灌方式（不正确的运输与浇灌方式会造成离析、分层）对混凝土的强度也有一定的影响。

6.6.4　提高混凝土强度的措施

6.6.4.1　采用高强度等级水泥或快硬早强型水泥

采用高强度等级水泥，可提高混凝土28d强度，早期强度也可获得提高；采用快硬早强水泥或早强型水泥，可提高混凝土的早期强度，即3d或7d强度。但不应过分提高水泥的强度，特别是早期强度，以免造成混凝土开裂加剧。

6.6.4.2　采用干硬性混凝土或较小的水灰比

干硬性混凝土的用水量小，即水灰比小，因而硬化后混凝土的密实度高，故可显著提高混凝土的强度。但干硬性混凝土在成型时需要较大、较强的振动设备，适合在预制厂使用，在现浇混凝土工程中一般无法使用。采用碾压施工时，可选用干硬性混凝土。

6.6.4.3　采用级配好、质量高、粒径适宜的集料

级配好，泥、泥块等有害杂质少以及针、片状颗粒含量较少的粗、细集料，有利于降低水灰比，可提高混凝土的强度。对中低强度的混凝土，应采用最大粒径较大的粗集料；对高强混凝土，则应采用最大粒径较小的粗集料；同时应采用较粗的细集料。

6.6.4.4　采用机械搅拌和机械振动成型

采用机械搅拌和机械振动成型，可进一步降低水灰比，并能保证混凝土密实成型。在低水灰比情况下，效果尤为显著。

6.6.4.5　加强养护

混凝土在成型后，应及时进行养护以保证水泥能正常水化与凝结硬化。对自然养护的混凝土，应保证一定的温度与湿度。同时，应特别注意混凝土的早期养护，即在养护初期必须保证有较高的湿度，并应防止混凝土早期受冻。采用湿热处理，可提高混凝土的早期强度，可根据水泥品种对高温养护的适应性和对早期强度的要求，选择适宜的高温养护温度。

6.6.4.6 掺加化学外加剂

掺加减水剂，特别是高效减水剂，可大幅度降低用水量和水灰比，使混凝土的28d强度显著提高，高效减水剂还能提高混凝土的早期强度。掺加早强剂可显著提高混凝土的早期强度。

6.6.4.7 掺加混凝土矿物掺合料

掺加细度大的活性矿物掺合料，如硅灰、磨细粉煤灰、沸石粉、硅质页岩粉等可提高混凝土的强度，特别是硅灰可大幅度提高混凝土的强度。

特殊情况下，可掺加合成树脂或合成树脂乳液，这对提高混凝土的强度及其他性能十分有利。

6.7 混凝土的变形性能

混凝土在硬化和使用过程中，由于受物理、化学及其他因素的作用，会产生各种变形，这些变形是导致混凝土产生裂纹的主要原因之一，从而进一步影响混凝土的强度和耐久性。

6.7.1 化学变形

混凝土在硬化过程中，由于水泥水化产物的体积小于反应物（水泥与水）的体积，导致混凝土在硬化时产生收缩，称为化学收缩。混凝土的化学收缩是不可恢复的，收缩量随混凝土的硬化龄期的延长而增加，一般在40d内逐渐趋向稳定。硅酸盐水泥完全水化后体积总减缩7%~9%，一般对混凝土的结构没有破坏作用。硬化前宏观体积减小，即系统的体积减少了，但水泥水化产物的体积大于反应物水泥和水的体积，即随反应的进行，固相体积增加，密实度提高；硬化后宏观体积不变，系统减缩后在混凝土内部形成孔隙。

6.7.2 塑性收缩（plastic shringkage）

塑性收缩是混凝土在浇注后尚未硬化前因混凝土表面水分蒸发而引起的收缩。当新拌混凝土的表面水分蒸发速率大于混凝土内部向表面泌水的速率，且水分得不到补充时，混凝土表面就会失水干燥，在表面产生很大的湿度梯度，从而导致混凝土表面开裂。高强和高性能混凝土的用水量较小，基本上不泌水，尤其是掺有较多矿物掺合料时更是如此，所以高强和高性能混凝土非常容易发生塑性开裂。

塑性收缩裂缝极少贯穿整个混凝土板，而且通常不会延伸到混凝土板的边缘。塑性收缩裂纹的宽度一般为0.1~2mm，深度为25~50mm，并且很多裂纹相互平行，间距约为25~75mm。

气温越高，相对湿度越小，风速越大，则产生塑性开裂的时间越早，出现塑性裂缝的数量越多和宽度越大。

若混凝土拌合料泌水严重，则可引起混凝土产生整体沉降，在沉降受阻的部位，如钢筋上方，严重时会在大尺寸粗集料处也产生，这种变形称为塑性沉降。塑性沉降较大时，可产生塑性沉降裂缝，沉降裂缝一般长度大约0.2~2m，宽度为0.2~2mm，从外观看可分为无规则网络状、稍有规则的斜纹状或反映混凝土布筋情况和混凝土构件截面变化等的规则形状，深度一般为3~50mm。混凝土断面越深，沉降裂纹越易产生。

6.7.3 干湿变形

混凝土在干燥环境中会产生干缩湿胀变形。水泥石内吸附水和毛细孔水蒸发时，会引起凝胶体紧缩和毛细孔负压，从而使混凝土产生收缩。当混凝土吸湿时，由于毛细孔负压减小或消失而产生膨胀。

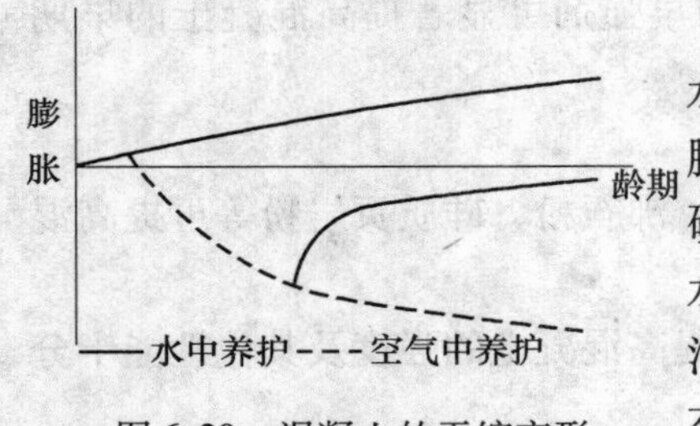

图6-20 混凝土的干缩变形

混凝土在水中硬化时，由于凝胶体中胶体粒子表面的水膜增厚，使胶体粒子间的距离增大，混凝土产生微小的膨胀，此种膨胀对混凝土一般没有危害。混凝土在空气中硬化时，首先失去毛细孔水。继续干燥时，则失去吸附水，引起凝胶体紧缩（此部分变形不可恢复）。干缩后的混凝土再遇水时，混凝土的大部分干缩变形可恢复，但约有30% ~50%不可恢复，如图6-20所示。混凝土的湿胀变形很小，一般无破坏作用。混凝土的干缩变形对混凝土的危害较大。干缩可使混凝土的表面产生较大的拉应力而引起开裂，从而使混凝土的抗渗性、抗冻性、抗侵蚀性等降低。

混凝土的干湿变形采用100mm × 100mm × 515mm的试件，在规定的条件下进行测试，其值可达（3 ~ 5）$\times 10^{-4}$。实际构件的尺寸较大，干缩值远小于试验值，结构设计时取（1.5 ~ 2.0）$\times 10^{-4}$，即1m混凝土的收缩为0.15 ~ 0.20mm。

影响混凝土干缩变形的因素主要有：

（1）水泥用量、细度、品种　水泥用量越多，水泥石含量越多，干燥收缩越大。水泥的细度越大，混凝土的用水量越多，干燥收缩越大。强度等级高的水泥，细度往往较大，故使用高强水泥时混凝土的干燥收缩较大。使用火山灰质硅酸盐水泥时，混凝土的干燥收缩较大；而使用粉煤灰硅酸盐水泥时，混凝土的干燥收缩较小。

（2）水灰比　水灰比越大，混凝土内的毛细孔隙数量越多，混凝土的干燥收缩越大。一般用水量每增加1%，混凝土的干缩率增加2% ~3%。

（3）集料的规格与质量　集料的粒径越大、级配越好，水与水泥用量越少，混凝土的干燥收缩越小。集料的含泥量及泥块含量越少，水与水泥用量越少，混凝土的干燥收缩越小。针、片状集料含量越少，混凝土的干燥收缩越小。

（4）养护条件　养护湿度高，养护的时间长，则有利于推迟混凝土干燥收缩的产生与发展，可避免混凝土在早期产生较多的干缩裂纹，但对混凝土的最终干缩率没有显著的影响。采用湿热养护时可降低混凝土的干缩率。

6.7.4 自收缩（autogenous shrinkage）

自收缩是由于水泥水化时消耗水分，使混凝土内部的相对湿度降低，造成毛细孔、凝胶孔的液面弯曲，体积减小，产生所谓的自干缩现象。

C40以上的混凝土水胶比相对较低，自收缩大，且主要发生在早期。对未掺缓凝剂的混凝土，从初凝（浇注后5 ~ 8h左右）时开始就产生很大的自收缩，特别在浇注后的24h内自收缩速度很快，1d的自收缩值可以达到28d的50% ~60%，往往导致混凝土在硬化期间产生大量微裂缝。

水泥强度高，特别是早期强度高、水化快、水胶比小，以及能加快水泥水化速度的早强剂、促凝剂、膨胀剂等的掺入，都会加剧混凝土的早期自收缩。

6.7.5 温度变形

对大体积混凝土工程，在凝结硬化初期，由于水泥水化放出的水化热不易散发而聚集在内部，造成混凝土内外温差很大，有时可达40～50℃以上，从而导致混凝土表面开裂。为降低混凝土内部的温度，应采用水化热较低的水泥和最大粒径、较大的粗集料，并应尽量降低水泥用量，也可掺加缓凝剂、矿物掺合料或采取人工降温等措施。

混凝土在正常使用条件下也会随温度的变化而产生热胀冷缩变形。混凝土的热膨胀系数与混凝土的组成材料及用量有关，但影响不大。混凝土的热膨胀系数一般为（0.6～1.3）× 10^{-5}/℃，即温度每升降1℃，1m混凝土的胀缩约为0.01mm。温度变形对大体积混凝土工程、大面积混凝土及纵长的混凝土结构等极为不利，易使混凝土产生温度裂纹。对纵长的混凝土结构及大面积的混凝土工程，应每隔一段长度设置一温度伸缩缝。

塑性沉降、塑性收缩、自收缩和温升变形共同作用常使混凝土产生早期裂缝。

6.7.6 荷载作用下的变形

6.7.6.1 混凝土在短期荷载作用下的变形

1. 混凝土的弹塑性变形

混凝土是一种非均质材料，属于弹塑性体。在外力作用下，既产生弹性变形，又产生塑性变形，即混凝土的应力与应变的关系不是直线而是曲线，如图6-21所示。应力越高，混凝土的塑性变形越大，应力与应变曲线的弯曲程度越大，即应力与应变的比值越小。混凝土的塑性变形是内部微裂纹产生、增多、扩展与汇合等的结果。

2. 混凝土的弹性模量

混凝土的应力与应变的比值随应力的增大而降低，即弹性模量随应力增大而降低。实验结果表明，混凝土以40%～50%的轴心抗压强度f_{cp}为荷载值，经3次以上循环加荷、卸荷的重复作用后，应力与应变关系基本上成为直线关系。因此，为测定方便、准确以及所测弹性模量具有实用性，GB/T 50081—2002规定，采用150mm×150mm×300mm的棱柱试件（采用非标准试件100mm×100mm×300mm、200mm×200mm×400mm时，换算系数分别为0.95、1.05），用1/3轴心抗压强度值f_{cp}作为荷载控制值，循环3次加荷、卸荷后，测得的应力与应变的比值，即为混凝土的弹性模量，如图6-22所示。由此测得的弹性模量为割线$A'C'$的弹性模量，故又称割线弹性模量。

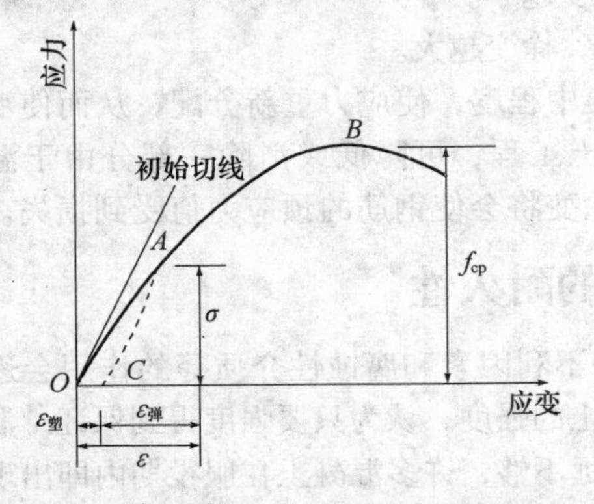

图6-21 混凝土在压力作用下的应力-应变曲线图

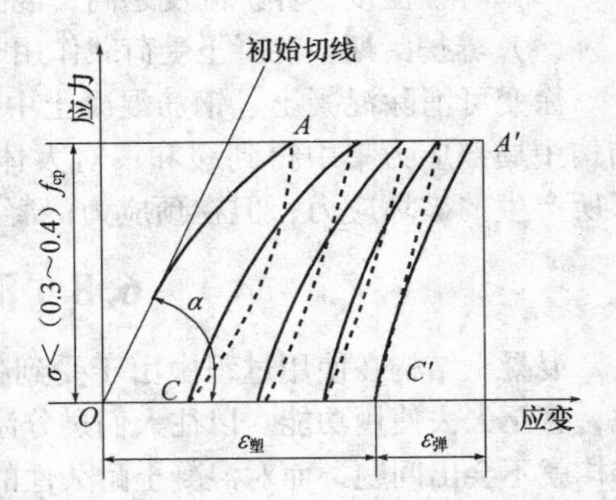

图6-22 低应力下重复荷载的应力-应变曲线

混凝土的弹性模量在结构设计中主要用于结构的变形与受力分析。对于C10～C60的混凝土，其弹性模量为（1.75～3.60）$\times 10^4$MPa。

影响混凝土弹性模量的主要因素有：

（1）混凝土强度　混凝土的强度越高，则其弹性模量越高。

（2）混凝土水泥用量与水灰比　混凝土的水泥用量越少，水灰比越小，粗细集料的用量越多，则混凝土的弹性模量越大。

（3）集料的弹性模量与集料的质量　集料的弹性模量越大，则混凝土的弹性模量越大；集料泥及泥块等杂质含量越少，级配越好，则混凝土的弹性模量越高。

（4）养护和测试时的湿度　混凝土养护和测试时的湿度越高，则测得的弹性模量越高。湿热处理混凝土的弹性模量高于标准养护混凝土的弹性模量。

6.7.6.2　混凝土在长期荷载作用下的变形——徐变

混凝土在长期不变荷载作用下，沿作用力方向随时间而产生的塑性变形称为混凝土的徐变。图6-23为混凝土的变形与荷载作用时间的关系。混凝土随受荷时间的延长，混凝土又产生变形，即徐变变形。徐变变形在受力初期增长较快，之后逐渐减慢，2～3年时才趋于稳定。徐变变形可达瞬时变形的2～4倍。普通混凝土的最终徐变为（3～15）$\times 10^{-4}$。卸除荷载后，部分变形瞬时恢复，还有部分变形在卸荷一段时间后逐渐恢复，称为徐变恢复。最后残留的不能恢复的变形称为残余变形。

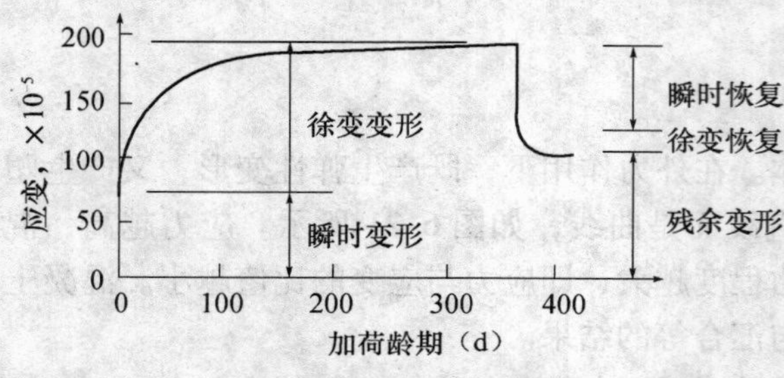

图6-23　混凝土的徐变与受荷时间的关系

产生徐变的原因是水泥石中凝胶的黏性流动，并向毛细孔中移动的结果，以及凝胶体内的吸附水在荷载作用下向毛细孔迁移的结果。

影响混凝土徐变的因素主要有：

（1）水泥用量与水灰比　水泥用量越多，水灰比越大，则混凝土中的水泥石含量及毛细孔数量越多，混凝土的徐变越大。

（2）集料的弹性模量与集料的规格与质量　集料的弹性模量越大，混凝土的徐变越小；集料的级配越好，粒径越大，泥及泥块的含量越少，则混凝土的徐变越小。

（3）养护湿度　养护湿度越高，混凝土的徐变越小。

（4）养护龄期　混凝土受荷载作用时间越早，徐变越大。

徐变可消除混凝土、钢筋混凝土中的应力集中程度，使应力重新分配，从而使混凝土结构中局部应力集中得到缓和；对大体积混凝土工程，可降低或消除一部分由于温度变形所产生的破坏应力；但在预应力混凝土中，徐变将会使钢筋的预应力值受到损失。

6.8　混凝土的耐久性

混凝土结构在使用过程中由于受到各种内外不利因素和腐蚀性介质等的作用会逐渐劣化，直至失去使用功能。以往人们过分注重混凝土的强度，认为只要强度得到保证，混凝土结构就不会出问题，而对混凝土耐久性的重视远远不够，许多混凝土在服役期内即出现严重的破坏，以致必须进行修复、加固，甚至不得不废弃重建。因此，重视混凝土耐久性对混凝土结构的安全性和使用寿命极为重要。

6.8.1 混凝土所处环境与环境作用

外部环境及其作用是影响混凝土耐久性的重要因素。这些外部因素主要有冻融循环作用、水渗透作用、碳化作用、酸（包括酸性气体）、碱、盐及其溶液的化学作用和物理作用、干湿循环作用、荷载应力作用和振动冲击作用以及它们的综合作用等。《混凝土结构耐久性设计与施工指南》（CCES 01—2004，2005 修订）给出了混凝土所处的环境类别和环境作用等级，见表 6-23、表 6-24。混凝土所处的环境与环境作用不同，则要求的耐久性指标也有很大的不同。

表 6-23 环境类别（CCES 01—2004，2005 修订）

类别	名称	类别	名称
Ⅰ	碳化引气钢筋锈蚀的一般环境	Ⅴ	其他化学物质引起混凝土腐蚀的环境：
Ⅱ	反复冻融引起混凝土冻融破坏的环境	$Ⅴ_1$	土中和水中的化学腐蚀环境
Ⅲ	海水氯化物引起钢筋锈蚀的近海或海洋环境	$Ⅴ_2$	大气污染环境
Ⅳ	除冰盐等其他氯化物引起钢筋锈蚀的环境	$Ⅴ_3$	盐结晶环境

表 6-24 环境作用等级（CCES 01—2004，2005 修订）

作用等级	A	B	C	D	D	F
作用程度的定性描述	可忽略	轻度	中度	严重	非常严重	极端严重

6.8.2 混凝土的耐久性

6.8.2.1 抗渗性

《普通混凝土长期性能和耐久性试验方法》（GBJ 82—1985）规定，在标准试验条件下，以 6 个标准试件（厚度为 150mm）中 4 个试件未出现渗水时，试件所能承受的最大水压力来确定和表示抗渗性。分为 P6、P8、P10、P12 等级别，分别表示混凝土可抵抗 0.6、0.8、1.0、1.2MPa 的水压力。大于等于 P6 的混凝土称为抗渗混凝土（impermeable concrete）。对于抗渗性高的高性能混凝土，水压法不再适用，目前采用氯离子扩散法，用电量、氯离子扩散系数（chloride diffusion coefficient）等来表征混凝土的抗渗性，见表 6-25。

表 6-25 混凝土渗透性的电量法与氯离子扩散系数 D_{NEL} 评定标准

<table>
<tr><td rowspan="3">ASTM C1202 电量法</td><td>电量（C）</td><td>>4 000</td><td>2 000～4 000</td><td>1 000～2 000</td><td>100～1 000</td><td><100</td></tr>
<tr><td>混凝土渗透性评价</td><td>高</td><td>中</td><td>低</td><td>很低</td><td>可忽略</td></tr>
<tr><td>混凝土参考水胶比与组成</td><td>>0.60</td><td>0.40～0.60</td><td><0.40</td><td>低水胶比，掺聚合物或 5%～10% 硅灰</td><td>低水胶比，掺聚合物或 10%～15% 硅灰</td></tr>
</table>

<table>
<tr><td rowspan="4">清华 NEL 法</td><td>氯离子扩散系数（10^{-14} m/s）</td><td>>1 000</td><td>500～1 000</td><td>100～500</td><td>50～100</td><td>5～50</td><td><5</td></tr>
<tr><td>混凝土渗透性等级</td><td>Ⅰ</td><td>Ⅱ</td><td>Ⅲ</td><td>Ⅳ</td><td>Ⅴ</td><td>Ⅵ</td></tr>
<tr><td>混凝土渗透性评价</td><td>高</td><td>中</td><td>低</td><td>很低</td><td>极低</td><td>可忽略</td></tr>
<tr><td>混凝土参考水胶比</td><td>>0.60</td><td>0.45～0.60</td><td>0.40～0.45</td><td>0.35～0.40</td><td>0.30～0.35</td><td><0.30</td></tr>
</table>

注：表中 D_{NEL} 的分级取至 CCES 01—2004（2005 修订），但 CCES 01—2004（2005 修订）将 $D_{NEL}<50\times10^{-14}$ m/s 的只分为一级。本书引用时参照 NEL 法发明人以前的分级，将 $D_{NEL}<50\times10^{-14}$ m/s 的分为两级。

混凝土的抗渗性主要与水泥品种和混凝土的孔隙率，特别是开口孔隙率以及成型时造成的蜂窝、孔洞等有关。混凝土的抗渗性与水胶比有着密切的关系。水胶比小于0.24时，混凝土的渗透系数极小，而当水胶比大于0.60时，混凝土的渗透系数急剧增加，即抗渗性急剧下降。因而配制有抗渗性要求的混凝土时，水胶比必须小于0.60。为提高混凝土的抗渗性，应采用级配好、泥及泥块等杂质含量少的集料，并应加强振捣成型和养护。掺加引气剂、减水剂、防水剂、膨胀剂等可大幅度提高混凝土的抗渗性。

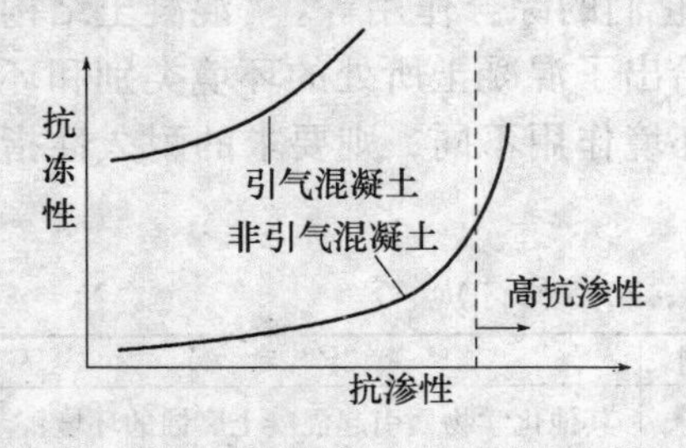

图6-24　混凝土抗渗性与抗冻性关系示意图

混凝土的抗渗性是混凝土的一项重要性质，它还直接影响混凝土的抗冻性、抗侵蚀性等其他耐久性，见图6-24。因此，除地下工程、有防水或抗渗要求的工程必须考虑混凝土的抗渗性外，对其他耐久性有要求的工程也应考虑混凝土的抗渗性。

6.8.2.2　抗冻性

混凝土的抗冻性常用抗冻等级来表示。GBJ 82—1985规定，混凝土的抗冻性是以28d龄期的试件，在吸水饱和状态下反复冻结（－15℃～－20℃的空气中）与融化（＋20℃的水中)，以混凝土的抗压强度损失不超过25%，并且质量损失不超过5%时混凝土所能经受的最多冻融循环次数来表示，该法称为慢冻法。混凝土的抗冻等级分为F15、F25、F50、F100、F150、F200、F250、F300八个级别（GB 50164—1992)，分别表示可抵抗15、25、50、100、150、200、250、300次的冻融循环。大于等于F50的混凝土称为抗冻混凝土(frost-resistance concrete)。

目前，混凝土的抗冻性试验主要采用快冻法（属于非破损法）进行，该法冻结与融化均在水中进行，冻融速度快，适用于抗冻性高的混凝土。快冻法是以经快速冻融循环后，混凝土的相对动弹性模量不小于60%，且质量损失不大于5%时，混凝土所能承受的最多冻融循环次数来表示。与慢冻方法相比，同配合比混凝土快冻法的冻融循环次数明显少于慢冻法。

抗盐冻性试验一般是将受冻试件的1个表面浸入到3.5% NaCl溶液中进行冻融，以混凝土表面剥蚀量小于1kg/m^{3}时的最多冻融循环次数表示混凝土的抗盐冻性。

混凝土的抗冻性和抗盐冻性主要与水泥品种、集料的坚固性和混凝土内部的孔隙率、孔隙大小与形状有关，因为它们直接与混凝土遇水后的水饱和度有关。提高混凝土的抗渗性可降低混凝土的水饱和度，故能提高混凝土的抗冻性，见图6-24。因此，采用较低的水胶比，级配好、泥及泥块含量少的集料，掺加减水剂，加强振捣成型和养护，均可提高混凝土的抗冻性。掺加引气剂可显著提高混凝土的抗冻性和抗盐冻性。

影响混凝土抗冻性和抗盐冻性的最大因素为混凝土的含气量和气泡间距系数。为有效提高混凝土的抗冻性，混凝土拌合物的含气量应为4%～6%，硬化后混凝土的气泡间距系数应小于250～350μm（严寒地区潮湿环境或与水接触取下限）；当受盐冻作用时，气泡间距系数应小于200～300μm（严寒地区取下限）。引气后的C20～C50混凝土，其抗冻等级可以达到F300～F1 000；而非引气混凝土，当水胶比小于0.24以下时才具有高抗冻性，如C80的非引气混凝土可达F800～F1 000；而小于C60的非引气混凝土，则一般不超过F150；C20～C30的非引气混凝土，则往往只能达到F50，甚至更低。

6.8.2.3 抗侵蚀性

混凝土处于含侵蚀性介质的环境时，混凝土会受到侵蚀作用而破坏。化学物质对混凝土的侵蚀包括化学作用（见第5章）和物理作用。化学物质对混凝土的物理作用主要是盐结晶作用。当水或土壤中含有较多盐类时，这些盐通过混凝土中的毛细孔渗入混凝土内，经过长期的渗入、浓缩而在混凝土的孔隙内结晶析出，如此反复进行，最终因盐结晶膨胀而使混凝土被胀裂。干湿交替越频繁，空气相对湿度越低，混凝土的盐类结晶破坏越严重，而且这种破坏较单纯的化学作用要严重许多。这种破坏在浪溅区、潮汐区等水位变化区的混凝土中，以及地平面以上几百毫米以内的混凝土中比较常见。我国部分高浓度盐湖水，会因温度下降导致盐类过饱和结晶析出，该结晶对暴露于空气中的混凝土有破坏作用，对水下的混凝土同样也有破坏作用。

混凝土的抗侵蚀性主要取决于水泥的品种与混凝土的抗渗性。解决抗侵蚀性最有效的方法是提高混凝土的抗渗性和适量引气，在混凝土表面涂抹密封性材料也可改善混凝土的抗侵蚀性。

特殊情况下，混凝土的抗侵蚀性也与所用集料的性质有关，如环境中含有酸性物质时，应采用耐酸性高的集料（石英岩、花岗岩、安山岩、铸石等）；如环境中含有强碱性的物质时，应采用耐碱性高的集料（石灰岩、白云岩、花岗岩等）。

6.8.2.4 碳化

空气中的二氧化碳与水泥石中的氢氧化钙作用，生成碳酸钙和水的过程称为碳化，又称中性化。

未碳化的混凝土内含有大量的氢氧化钙，毛细孔内水溶液的pH值可达到12.6～13，这种强碱性环境能在钢筋表面形成一层钝化膜，因而对钢筋具有良好的保护能力。碳化使混凝土的碱度降低，当碳化深度超过钢筋的保护层时，由于混凝土的中性化，钢筋表面的钝化膜被破坏，钢筋产生锈蚀。钢筋锈蚀还会引起体积膨胀，使混凝土保护层开裂或剥落。混凝土的开裂和剥落又会加速混凝土的碳化和钢筋的锈蚀。因此，碳化的最大危害是对钢筋的保护作用降低，使钢筋容易锈蚀。

碳化使混凝土产生较大的收缩而使混凝土表面产生微细裂纹，从而降低混凝土的抗拉强度、抗折强度等。但碳化产生的碳酸钙使混凝土的表面更加致密，因而对混凝土的抗压强度有利。总体来讲，碳化对混凝土弊大于利。

混凝土的碳化过程是由表及里地逐渐进行的过程。混凝土的碳化深度 D（mm）随时间 t（d）的延长而增大，在正常大气中，二者的关系为：

$$D = a\sqrt{t}$$

式中 a——碳化速度系数，与混凝土的组成材料及混凝土的密实程度等有关。

影响混凝土碳化速度的因素有：

（1）二氧化碳的浓度　二氧化碳的浓度高，则混凝土的碳化速度快。如室内混凝土的碳化较室外快，翻砂及铸造车间混凝土的碳化则更快。

（2）湿度　湿度为50%～70%时，混凝土的碳化速度最快。湿度过小时，由于缺乏水分而停止碳化；湿度过大时，由于孔隙中充满了水分，不利于二氧化碳向内扩散。

（3）水泥品种与掺合料用量　使用混合材料数量多的硅酸盐水泥或掺合料多的混凝土，由于碱度低，抗碳化能力较差。

（4）水胶比　水胶比越大，毛细孔越多，碳化速度越快。

（5）集料的质量　集料的级配越好，泥及泥块含量越少，混凝土的水胶比越小，抗碳化能力越高。

（6）养护　混凝土的养护越充分，抗碳化能力越好。早期养护差时，可使混凝土的碳化速度成倍增加，甚至在7d左右即可碳化10～20mm深。采用湿热处理的混凝土，其碳化速度较标准养护时的碳化速度快。

（7）化学外加剂　掺加减水剂和引气剂时，可明显降低混凝土的碳化速度。

对无腐蚀介质作用的普通工业与民用建筑中的钢筋混凝土，不论使用何种水泥，不论配合比如何，只要混凝土的成型质量较好，钢筋外部的20～30mm的混凝土保护层完全可以保证钢筋在使用期限内（约50年）不发生锈蚀。但对薄壁钢筋混凝土结构，或二氧化碳浓度较高环境，则需专门考虑混凝土的抗碳化性。对处于腐蚀介质（如Cl^-）环境中、或受冻环境中的钢筋混凝土结构与预应力混凝土结构，混凝土保护层厚度需50～80mm。

6.8.2.5　碱-集料反应

碱-集料反应是指混凝土内水泥石中的碱（Na_2O、K_2O）与集料中活性氧化硅间的反应，该反应的产物为碱-硅酸凝胶，吸水后会产生巨大的体积膨胀而使混凝土开裂。属于活性氧化硅的矿物有蛋白石、玉髓、鳞石英等，这些矿物常存在于流纹岩、安山岩、凝灰岩等天然岩石中，检验时采用砂浆长度法。碱-集料反应破坏的特点是，混凝土表面产生网状裂纹，活性集料周围出现反应环，裂纹及附近孔隙中常含有碱-硅酸凝胶等。碱-集料反应的速度极慢，其危害需几年或十几年时间，甚至更长时间才逐渐表现出来。因此，在潮湿环境中一旦采用了碱活性集料和高碱水泥，这种破坏将无法避免和挽救，故有时将碱-集料反应称为混凝土的癌症。当集料中含有活性碳酸盐（微晶或隐晶的碳酸盐）时，也会与水泥中的碱发生反应，生成水镁石$Mg(OH)_2$，使混凝土被胀裂，该反应也称为碱-集料反应。活性碳酸盐采用岩石柱法检验，当有潜在危害时不宜使用。

碱-集料反应只有在水泥中的碱含量大于0.60%（以Na_2O计）的情况下，集料中含有活性成分，并且在有水存在或潮湿环境中才能进行。当集料中含有活性氧化硅，而又必须使用时，应采取以下措施：

（1）使用碱含量小于0.60%的水泥，外加剂带入混凝土中的碱含量不宜超过1.0kg/m^3，并应控制混凝土中最大碱含量不超过3.0kg/m^3。

（2）掺加磨细的活性矿物掺合料。利用活性矿物掺合料，特别是硅灰与火山灰质混合材料可吸收和消耗水泥中的碱，使碱-集料反应的产物均匀分布于混凝土中，而不致集中于集料的周围，以降低膨胀应力。

（3）掺加引气剂，利用引气剂在混凝土内产生的微小气泡，使碱-集料反应的产物能分散嵌入到这些微小的气泡内，以降低膨胀应力。

6.8.3　提高混凝土耐久性的措施

尽管引起混凝土抗冻性、抗渗性、抗侵蚀性、抗碳化性等耐久性下降的因素或破坏介质不同，但却均与混凝土的所用水泥品种、原材料的质量以及混凝土的孔隙率、开口孔隙率等有关，因而可采取以下措施来提高混凝土的耐久性：

（1）选择适宜的水泥品种和水泥强度等级，尽量避免使用早强型水泥。根据使用环境条件，掺加适量的活性矿物掺合料。

（2）采用较小的水胶比，并限制最大水胶比和最小水泥用量，以保证混凝土的孔隙率较小。普通混凝土应满足表6-26的要求，抗渗混凝土与抗冻混凝土应满足表6-27的要求。路面混凝土应满足表6-28的要求，公路桥涵混凝土应满足表6-29的要求，水工混凝土应满足表6-30的要求，海港混凝土应满足表6-31的要求。

表6-26　普通混凝土的最大水灰比和最小水泥用量（JGJ 55—2000）

环境条件		结构物类别	最大水灰比			最小水泥用量（kg/m³）		
			素混凝土	钢筋混凝土	预应力混凝土	素混凝土	钢筋混凝土	预应力混凝土
干燥环境		·正常的居住或办公用房屋内部件	不作规定	0.65	0.60	200	260	300
潮湿环境	无冻害	·高湿度的室内部件 ·室外部件 ·在非侵蚀性土和（或）水中的部件	0.70	0.60	0.60	225	280	300
潮湿环境	有冻害	·经受冻害的室外部件 ·在非侵蚀性土和（或）水中且经受冻害的部件 ·高湿度且经受冻害的室内部件	0.55	0.55	0.55	250	280	300
有冻害和除冰剂的潮湿环境		·经受冻害和除冰剂作用的室内和室外部件	0.50	0.50	0.50	300	300	300

注：1. 当用活性矿物掺合料取代部分水泥时，表中的最大水灰比及最小水泥用量即为替代前的水灰比和水泥用量；

2. 配制C15级及其以下等级的混凝土，可不受本表限制。

表6-27　抗渗混凝土与抗冻混凝土的最大水灰比（JGJ 55—2000）

抗渗混凝土			抗冻混凝土		
抗渗等级	C20～C30混凝土	C30以上混凝土	抗冻等级	无引气剂时	有引气剂时
P6	0.60	0.55	F50	0.55	0.60
P8～P12	0.55	0.50	F100	—	0.55
P12以上	0.50	0.45	F150及以上	—	0.50

表6-28　路面混凝土耐久性与最大水灰比、最小水泥用量及最大水泥用量要求（JTG F30—2003）

公路技术等级		高速公路、一级公路	二级公路	三、四级公路
最大水灰（胶）比		0.44	0.46	0.48
抗冰冻要求最大水灰（胶）比		0.42	0.44	0.46
抗盐冻要求最大水灰（胶）比		0.40	0.42	0.44
最小水泥用量（kg/m³）	42.5级	300	300	290
	32.5级	310	310	305
抗冰（盐）冻时最小水泥用量（kg/m³）	42.5级	320	320	315
	32.5级	330	330	325
掺粉煤灰时最小水泥用量（kg/m³）	42.5级	260	260	255
	32.5级	280	270	265
抗冰（盐）冻掺粉煤灰最小水泥用量（42.5级水泥）（kg/m³）		280	270	265
最大水泥用量（最大胶凝材料用量）（kg/m³）		不宜大于400（420）		
抗冻性，不宜小于		严寒地区：F250；寒冷地区：F200		

注：1. 掺粉煤灰并有抗冰（盐）冻要求时，不得使用32.5级水泥；

2. 水灰（胶）比计算以砂石料的自然风干状态计（砂含水率≤1.0%；石子含水率≤0.5%）；

3. 处在除冰盐、海风、酸雨或硫酸盐等腐蚀性环境中，或在大纵坡等加减速车道上的混凝土，最大水灰（胶）比可比表中数值降低0.01～0.02。

表 6-29　公路桥涵混凝土最大水灰比和最小水泥用量（JTJ 041—2000）

混凝土所处环境	最大水胶比		最小胶凝材料用量（kg/m^3）	
	无筋混凝土	钢筋混凝土	无筋混凝土	钢筋混凝土
温暖地区或寒冷地区，无侵蚀物质影响，与土直接接触	0.60	0.55	250	275
严寒地区或使用除冰盐的桥涵	0.55	0.50	275	300
受侵蚀性物质影响	0.45	0.40	300	325

注：1. 最大胶凝材料用量不宜超过 500kg/m^3，大体积混凝土不宜超过 350kg/m^3。

2. 严寒地区指最冷月平均气温≤－10℃，且日平均气温≤5℃的天数≥145d。

表 6-30　水工混凝土水胶比最大允许值（DL/T 5144—2001）

部　　位	严寒地区	寒冷地区	温和地区
上、下游水位以上（坝体外部）	0.50	0.55	0.60
上、下游水位变化区（坝体外部）	0.45	0.50	0.55
上、下游最低水位以下（坝体外部）	0.50	0.55	0.60
基础	0.50	0.55	0.60
内部	0.60	0.65	0.65
受水流冲刷部位	0.45	0.50	0.50

注：1. 有环境水侵蚀情况下，水位变化区外部及水下混凝土最大水胶比（或水灰比）允许值应减小 0.05；

2. 表中水胶比值是指掺用减水剂和引气剂情况下的最大允许值。

表 6-31　海港工程与海水环境配筋混凝土最低强度等级、最大水灰比、最小水泥用量（JTJ 275—2001）

<table>
<tr><th colspan="3" rowspan="2">环境条件</th><th colspan="2">暴露部位混凝土最低强度等级</th><th colspan="2">最大水灰比</th><th colspan="3">最小水泥用量（kg/m^3）</th></tr>
<tr><th>北方</th><th>南方</th><th>北方</th><th>南方</th><th colspan="2">北方</th><th>南方</th></tr>
<tr><td colspan="3">大气区</td><td colspan="2">C30</td><td>0.55</td><td>0.50</td><td colspan="2">300（320）</td><td>360</td></tr>
<tr><td colspan="3">浪溅区</td><td>C35</td><td>C40</td><td>0.50</td><td>0.40</td><td colspan="2">360</td><td>400</td></tr>
<tr><td colspan="2" rowspan="4">水位变动区</td><td>严重受冻</td><td colspan="2" rowspan="4">C30</td><td>0.45</td><td>—</td><td>F350</td><td>395</td><td rowspan="4">360</td></tr>
<tr><td>受冻</td><td>0.50</td><td>—</td><td>F300</td><td>360</td></tr>
<tr><td>微冻</td><td>0.55</td><td>—</td><td>F250</td><td>330</td></tr>
<tr><td>偶冻、不冻</td><td>—</td><td>0.50</td><td>F200</td><td>300</td></tr>
<tr><td rowspan="4">水下区</td><td colspan="2">不受水头作用</td><td colspan="2" rowspan="4">C25</td><td colspan="2">0.60</td><td colspan="3" rowspan="4">300</td></tr>
<tr><td rowspan="3">受水头作用</td><td>最大作用水头与混凝土壁厚之比 <5</td><td colspan="2">0.60</td></tr>
<tr><td>最大作用水头与混凝土壁厚之比 5～10</td><td colspan="2">0.55</td></tr>
<tr><td>最大作用水头与混凝土壁厚之比 >5</td><td colspan="2">0.50</td></tr>
</table>

注：1. 表中括号内的指标值为《公路工程水泥混凝土外加剂与掺合料应用指南》（2006）的要求值，无括号的指标值表示与 JTJ 275—2001 的要求相同。

2. 有耐久性要求的大体积混凝土，水泥用量应按混凝土的耐久性和降低水泥水化热要求综合考虑。

3. 掺加掺合料时，水泥用量可相应减少；掺外加剂时，南方地区水泥用量可适当减少，但不得降低混凝土密实性。

4. 有抗冻要求的混凝土，浪溅区范围内下部 1m 应随同水位变动区按抗冻性要求确定其水泥用量。

5. 南方海港工程浪溅区混凝土，氯离子渗透性（电量法）不应大于 2 000C。

（3）采用杂质少、级配好、粒径较大或适中的粗集料，并采用坚固性好的粗、细集料。

（4）掺加减水剂和引气剂，严格控制氯离子含量。减水剂和引气剂可显著提高混凝土的耐久性。因此，长期处于潮湿、严寒、腐蚀环境中的混凝土，必须掺用减水剂、引气剂或引气减水剂等。引气剂的掺入量应根据混凝土的含气量要求经试验确定，各种混凝土的含气量须符合表 6-32 的规定。对于路面和桥面混凝土，其最大平均气泡间距系数应满足表 6-33 的要求。《混凝土结构耐久性设计与施工指南》（CCES 01—2004，2005 修订）对混凝土的最低强度、含气量、气泡间距系数和混凝土抗冻性耐久性指数 *DF* 提出了更高的要求，见表 6-34、表 6-35。如含气量较低或气泡间距系数较大，则应增加引气剂掺量，或改用优质引气剂。

表 6-32　混凝土的含气量要求　　%

粗集料最大粒径[1]（mm）	普通混凝土[2]（JGJ 55—2000）	公路水泥混凝土路面、桥面（JTG F30—2003）			水工混凝土[3]（DL/T 5144—2001）		混凝土结构耐久性设计与施工指南[4]（CCES 01—2004，2005 修订）		
	长期处于潮湿和严寒环境	无抗冻要求	有抗冻要求	有抗盐冻要求	≥F200	≤F150	混凝土高度饱水	混凝土中度饱水	盐或化学腐蚀下冻融
（10）							7.0	5.5	7.0
（15）							6.5	5.0	6.5
（20）19	≥5.5	4.0 ±1	5.5 ±0.5	6.0 ±0.5	5.5	4.5			
（25）	≥5.0						6.0	4.5	6.0
26.5		3.5 ±1.0	4.5 ±0.5	5.5 ±0.5					
31.5		3.5 ±1.0	4.0 ±0.5	5.0 ±0.5					
（40）	≥4.5				5	4	5.5	4.0	5.5
（80）					4.5	3.5			
（150，120）					4	3.0			

注：1. 括号内的数值为圆孔筛尺寸，括弧外数值为方孔筛尺寸。

2.《普通混凝土配合比设计规程》（JGJ 55—2000）规定含气量最大不得超过 7%。

3.《水工混凝土施工规范》（DL/T 5144—2001）规定的含气量为参考值，应用时应通过耐久性试验确定含气量。

4.《混凝土结构耐久性设计与施工指南》[4]（CCES 01—2004，2005 修订）中高度饱水指冰冻前长期或频繁接触水或润湿土体，混凝土体内高度水饱和；中度饱水指冰冻前偶尔受雨水或潮湿，混凝土体内饱水程度不高；盐冻指接触海水、除冰盐或其他化学腐蚀物质下的冻融情况。含气量为现场新拌混凝土测得值，允许绝对误差为 ±1.5%，但不得小于 4%。气泡间距系数（平均值）在高度饱水、中度饱水和盐冻条件下不宜大于 250μm、300μm、200μm。

5.《公路桥涵施工技术规范》（JTJ 041—2000）规定引气混凝土的含气量宜为 3.5% ~5.5%。

表 6-33　路面和桥面混凝土最大平均气泡间距系数（JTG F30—2003）　　μm

公路等级	严寒地区		寒冷地区	
	冰　冻	盐　冻	冰　冻	盐　冻
高速公路、一级公路	275	225	325	275
其他公路	300	250	350	300

表 6-34　不同使用年限与环境等级下混凝土最低强度等级、最大水胶比、胶凝材料最小用量（kg/m^3）以及电量（C）与氯离子扩散系数限定值 D_{RCM}（m^2/s）（CCES 01—2004，2005 修订）

作用等级	100 年	50 年	30 年
A	C30，0.55，280	C25，0.60，260	C25，0.65，240
B	C35，0.50，300	C30，0.55，280	C30，0.60，260
C	C40，0.45，320	C35，0.50，300	C35，0.55，300
D	C45，0.40，340，1 200，7×10^{-12}	C40，0.45[1)]，320，1 500，10×10^{-12}	C40，0.50，320
E	C50，0.36，360，1 200，4×10^{-12}	C45，0.40，340，1 000，6×10^{-12}	C45，0.45，340
F	C55，0.33，380	C50，0.36，360	C50，0.40，360

注：1. 对于氯盐环境（Ⅲ-D、Ⅳ-D），这一最大水胶比 0.45 宜降为 0.40。

2. 引气混凝土的最低强度等级和最大水胶比可按降低一个环境作用等级采用。

3. 表中胶凝材料最小用量与集料最大粒径 20mm（圆孔筛）的混凝土相对应，当最大粒径较小或较大时，需适当增减胶凝材料用量。

4. 对于冻融和化学腐蚀环境下的薄壁构件，其水胶比宜适当低于表中对应的数值。

5. 电量（56d，库仑，符号为 C，）和氯离子扩散系数 D_{RCM}（28d，m^2/s）限定值为氯盐环境下重要配筋混凝土工程要求指标。D_{RCM} 值仅适用于较大或大掺量矿物掺合料混凝土，对于胶凝材料中主要为硅酸盐水泥熟料的混凝土，可能需要更低值。

表 6-35　混凝土抗冻性的耐久性指数 *DF*（CCES 01—2004，2005 修订）

设计年限	100 年			50 年			30 年		
环境条件	高度饱水	中度饱水	盐或化学腐蚀下冻融	高度饱水	中度饱水	盐或化学腐蚀下冻融	高度饱水	中度饱水	盐或化学腐蚀下冻融
严寒地区	80	70	85	60	60	80	65	50	75
寒冷地区	70	60	80	70	50	70	60	45	65
微冻地区	60	60	70	50	45	60	50	40	55

注：1. 耐久性指数 *DF* 为 300 次快速冻融循环后的动弹性模量与初始值的比值。如在 300 次循环以前，试件的动弹性模量已降到初始值的 60% 以下或质量损失超过 5%，则以此时的循环次数 n 计算 *DF* 值，并取 $DF=0.6\times n/300$。快速冻融循环试验的方法可参照水工混凝土试验标准，试件自现场或模拟现场混凝土构件中取样；如在实验室制作，试件养护温度及试验龄期需按实际工程情况选定。对于海水或化学腐蚀下冻融环境，试验时用于浸泡试件的水需用海水或含化学物质，其浓度取其与实际工程环境相同。

2. 严寒、寒冷和微冻地区按其最冷月的平均气温 t 分别为 $t\leq-8℃$，$-8℃<t<-3℃$ 和 $-3℃\leq t\leq2.5℃$ 划分。

（5）加强养护，特别是早期养护。

（6）采用机械搅拌和机械振动成型。

（7）必要时，可适当增大砂率，以减小泌水、离析、分层。

6.9　混凝土的质量控制与评定

6.9.1　混凝土质量的波动与控制

混凝土的生产质量由于受各种因素的作用或影响总是有所波动。引起混凝土质量波动的因素主要有原材料质量的波动，组成材料计量的误差，搅拌时间、振捣条件与时间、养护条件等的波动与变化，以及试验条件等的变化。

为减小混凝土质量的波动程度，即将其控制在小范围内波动，应采取以下措施。

6.9.1.1　严格控制各组成材料的质量

各组成材料的质量均须满足相应的技术规定与要求，且各组成材料的质量与规格应满足工程设计与施工等的要求。

6.9.1.2　严格计量

各组成材料的计量误差须满足水泥、矿物掺合料、水、化学外加剂的误差不得超过±1%，粗细集料的误差不得超过±2%，且不得随意改变配合比。并应随时测定砂、石集料的含水率，以保证混凝土配合比的准确性。

6.9.1.3　加强施工过程的管理

采用正确的搅拌与振捣方式，并严格控制搅拌与振捣时间。按规定的方式运输与浇注混凝土。加强对混凝土的养护，严格控制养护温度与湿度。

6.9.1.4　绘制混凝土质量管理图

对混凝土的强度，可通过绘制质量管理图来掌握混凝土质量的波动情况。利用质量管理图分析混凝土质量波动的原因，并采取相应的对策，达到控制混凝土质量的目的。

混凝土质量控制的具体要求、方法与过程详见 GBJ 50164—1992、GB 50204—2002 以及 CCES 40：90（混凝土及预制混凝土构件质量控制规程）。

6.9.2　混凝土强度的波动规律与正态分布曲线

6.9.2.1　强度波动的统计计算

1. 强度的平均值 $\bar{f}_{cu}$

混凝土强度的平均值 $\bar{f}_{cu}$ 按下式计算：

$$\bar{f}_{cu}=\frac{1}{n}\sum_{i=1}^{n}f_{cu,i}$$

式中　n——混凝土强度试件的组数；

$f_{cu,i}$——第 i 组混凝土试件的强度值，MPa。

强度平均值只能反应混凝土总体强度水平，即强度数值集中的位置，而不能说明强度波动的大小。

2. 强度标准差 σ

混凝土强度标准差 σ 按下式计算：

$$\sigma=\sqrt{\frac{\sum_{i=1}^{n}(f_{cu,i}-\bar{f}_{cu})^2}{n-1}}=\sqrt{\frac{\sum_{i=1}^{n}f_{cu,i}^2-n\bar{f}_{cu}^2}{n-1}}$$

标准差 σ 反映强度波动的程度（或离散程度），标准差 σ 越小，说明强度波动越小。

3. 变异系数 C_v

变异系数 C_v 按下式计算：

$$C_v=\frac{\sigma}{\bar{f}_{cu}}$$

变异系数 C_v 反映强度的相对波动程度，变异系数 C_v 越小，说明强度越均匀。

6.9.2.2　混凝土强度的波动规律与正态分布曲线

在正常生产条件下，混凝土的强度受许多随机因素的作用，即混凝土的强度也是随机变化的，因此可以采用数理统计的方法来进行分析、处理和评定。

为掌握混凝土强度波动的规律，对同一强度要求的混凝土进行随机取样，制作 n 组试件（$n \geqslant 25$），测定其 28d 龄期的抗压强度。然后以抗压强度为纵坐标，以抗压强度出现的频率作为横坐标，绘制抗压强度频率分布曲线，如图 6-25 所示。大量实验证明，混凝土的抗压强度频率曲线均接近于正态分布曲线，即混凝土的抗压强度服从正态分布。

正态分布曲线的高峰对应的横坐标为强度平均值，且以强度平均值为对称轴。曲线与横坐标所围成的面积为 100%，即概率的总和为 100%，对称轴两边出现的概率各为 50%。对称轴两侧各有一个拐点，对应于 $\bar{f}_{cu} \pm \sigma$，拐点之间曲线向下弯曲，拐点以外曲线向上弯曲。离强度平均值越近，出现的概率越大。正态分布曲线高而窄时，说明混凝土强度的波动较小，即混凝土的施工质量控制较好，如图 6-26 所示。当正态分布曲线矮而宽时，说明混凝土强度的波动较大，即混凝土的施工质量控制较差。

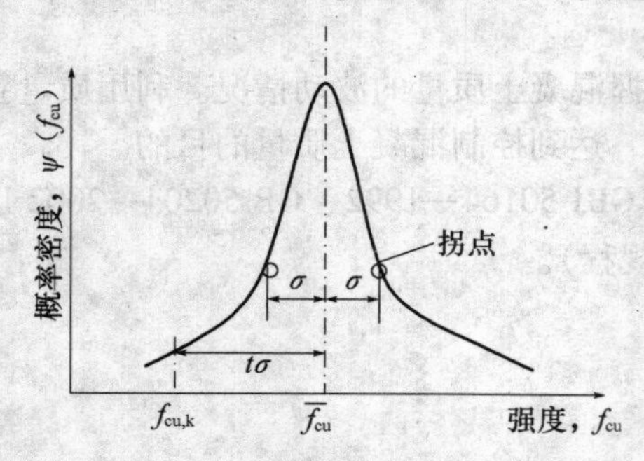

图 6-25　强度正态分布曲线

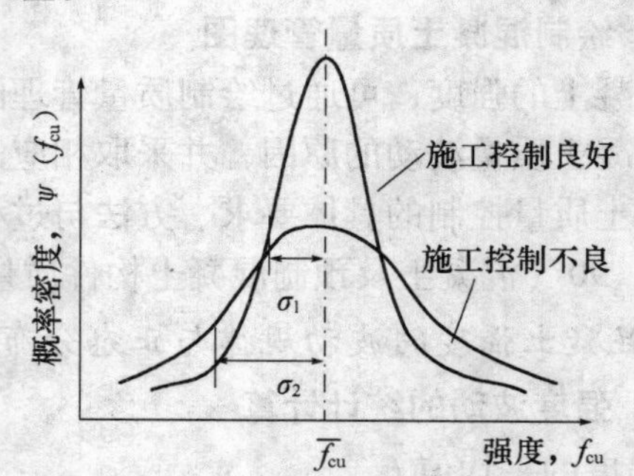

图 6-26　离散程度不同的两条强度分布曲线

6.9.2.3　混凝土强度保证率与质量评定

混凝土强度保证率 P（%）是指混凝土强度整体中，大于设计强度等级值 $f_{cu,k}$ 的概率，即图 6-27 中阴影的面积。低于强度等级的概率，即不合格率，为图 6-27 中阴影以外的面积。

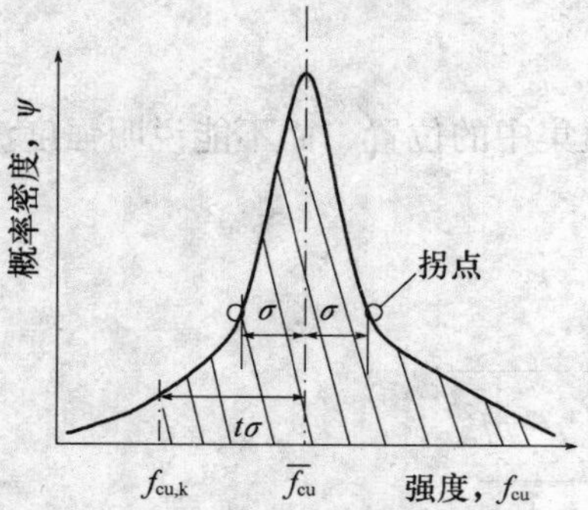

图 6-27　混凝土强度保证率

计算强度保证率 P（t）时，首先计算出概率度系数 t（又称保证率系数），计算式如下：

$$t = \frac{f_{cu,k} - \bar{f}_{cu}}{\sigma}$$

或

$$t = \frac{f_{cu,k} - \bar{f}_{cu}}{C_v \bar{f}_{cu}}$$

混凝土强度保证率 P（%），由下式计算：

$$P = \frac{1}{\sqrt{2\pi}} \int_{t}^{+\infty} e^{-\frac{t^2}{2}} dt$$

实际应用中，当已知 t 值时，可从数理统计书中查得 P。部分 t 值对应的 P 见表 6-36。GBJ 107—1987 规定，工程中 P（%）可根据统计周期内混凝土试件强度不低于要求强度等级的组数 n_0 与试件总数 n（$n \geqslant 25$）之比求得，即 $P = \frac{n_0}{n} \times 100\%$。按混凝土强度标准差 σ 及强度保证率 P 评定混凝土的生产质量水平，分为优良、一般、差三个等级（表 6-37）。

表 6-36　不同 t 值的保证率 P

$-t$	0.00	0.40	0.50	0.60	0.70	0.80	0.84	0.95	1.00	1.04	1.20	1.28	1.40
P（%）	50.0	65.5	69.2	72.5	75.8	78.8	80.0	82.9	84.1	85.1	88.5	90.0	91.9
$-t$	1.50	1.60	1.645	1.70	1.75	1.81	1.88	1.96	2.00	2.05	2.33	2.50	3.00
P（%）	93.3	94.5	95.0	95.5	96.0	96.5	97.0	97.5	97.7	98.0	99.0	99.4	99.87

表 6-37　混凝土生产质量管理水平（GBJ 107—1987）

生产质量水平			优良		一般		差	
混凝土强度等级			<C20	≥C20	<C20	≥C20	<C20	≥C20
评定指标	混凝土强度标准差 σ（MPa）	商品混凝土厂 预制混凝土构件厂	≤3.0	≤3.5	≤4.0	≤5.0	>4.0	>5.0
		集中搅拌混凝土的施工现场	≤3.5	≤4.0	≤4.5	≤5.5	>4.5	>5.5
	混凝土强度不低于规定强度等级的百分率 P（%）	商品混凝土厂 预制混凝土构件厂 集中搅拌混凝土的施工现场	≥95		>85		≤85	

6.9.2.4　混凝土的配制强度

1. 确定配制抗压强度 $f_{cu,0}$

为保证混凝土强度具有 GBJ 107—1987 所要求的95%保证率，混凝土的配制抗压强度 $f_{cu,0}$ 必须大于设计要求的强度等级。令 $f_{cu,0}=\bar{f}_{cu}$，代入概率度系数 t 计算式，即得：

$$t=\frac{f_{cu,k}-f_{cu,0}}{\sigma}$$

由此得混凝土配制抗压强度 $f_{cu,0}$ 为：

$$f_{cu,0}=f_{cu,k}-t\sigma$$

式中 σ 可由混凝土生产单位的历史统计资料得到，无统计资料时，对于普通混凝土工程可按表 6-38 取值，对于水利工程可按表 6-39 取值。

表 6-38　普通混凝土工程混凝土的 σ 取值表

混凝土强度等级（MPa）	C10 ~ C20	C25 ~ C40	C50 ~ C60
标准差 σ（MPa）	4.0	5.0	6.0

注：在采用本表时，施工单位可根据实际情况，对 σ 做调整。

表 6-39　水工混凝土 σ 取值表（DL/T 5144—2001）

混凝土强度等级（MPa）	≤C_{90}15	C_{90}20 ~ C_{90}25	C_{90}30 ~ C_{90}35	C_{90}40 ~ C_{90}45	≥C_{90}50
标准差 σ（MPa）	3.5	4.0	4.5	5.0	5.5

当保证率 $P=95\%$ 时，对应的概率度系数 $t=-1.645$（参见表6-36），因而上式可写为：

$$f_{cu,0}=f_{cu,k}+1.645\sigma$$

2. 确定配制弯拉强度 $f_{f,0}$

公路水泥混凝土的强度以28d 弯拉强度控制。当混凝土浇注后90d 内不开放交通时，可采用90d弯拉强度。混凝土弯拉强度标准值$f_{f,k}$根据交通等级，按表6-22的规定选取。

配制28d弯拉强度$f_{f,0}$按下式计算：

$$f_{f,0} = \frac{f_{f,k}}{1 - 1.04C_v} + ts$$

式中 s——弯拉强度试验样本的标准差，MPa；

t——保证率（概率度）系数，应按表6-40确定；

C_v——弯拉强度变异系数，应按统计数据在表6-40的规定范围内取值；无统计数据时，弯拉强度变异系数应按设计取值。

表6-40 弯拉强度保证率（概率度）系数 t 与弯拉强度变异系数（JTG F30—2003）

公路技术等级	保证率系数 t						弯拉强度变异系数 C_v 允许变化范围		
	判别概率 p	样本数 n（组）					弯拉强度变异系数水平		
		3	6	9	15	20	低	中	高
高速公路	0.05	1.36	0.79	0.61	0.45	0.39	0.05～0.10	—	—
一级公路	0.10	0.95	0.59	0.46	0.35	0.30	0.05～0.10	0.10～0.15	—
二级公路	0.15	0.72	0.46	0.37	0.28	0.24	—	0.10～0.15	—
三、四级公路	0.20	0.56	0.37	0.29	0.22	0.19	—	0.10～0.15	0.15～0.20

注：如果弯拉强度变异系数超出了给定的弯拉强度变异系数上限，则必须改进机械装备和提高施工控制水平。

6.9.3 混凝土强度的检验评定

6.9.3.1 抗压强度检验评定

混凝土强度的检验评定须按《混凝土强度评定标准》（GB107—1987）进行。

1. 统计方法评定

（1）当混凝土的生产条件在较长时间内能保持一致，且同一品种混凝土的强度变异性能保持稳定时，应有连续的三组试件组成一个验收批，其强度应同时满足下列要求：

$$\bar{f}_{cu} \geqslant f_{cu,k} + 0.7\sigma_0$$

$$f_{cu,min} \geqslant f_{cu,k} - 0.7\sigma_0$$

当混凝土强度等级不高于C20时，其强度的最小值尚应满足下式要求：

$$f_{cu,min} \geqslant 0.85f_{cu,k}$$

当混凝土强度等级高于C20时，其强度的最小值尚应满足下式要求：

$$f_{cu,min} \geqslant 0.90f_{cu,k}$$

式中 $\bar{f}_{cu}$——同一验收批混凝土立方体抗压强度的平均值，MPa；

$f_{cu,min}$——同一验收批混凝土立方体抗压强度的最小值，MPa；

σ_0——验收批混凝土立方体抗压强度的标准差，MPa。

σ_0的计算应根据前一个检验批内（跨越时间不得超过3个月）同一品种混凝土试件强度数据，按下式计算：

$$\sigma_0 = \frac{0.59}{n}\sum_{i=1}^{n}\Delta f_{cu,i}$$

式中 $\Delta f_{cu,i}$——第i批试件立方体抗压强度中最大值与最小值之差；

n——用以确定验收批混凝土立方体抗压强度标准差的数据总批数，且$n \geqslant 15$。

（2）当混凝土的生产条件在长时间内不能保持一致时，且混凝土强度变异性能不能保证稳定，或在前一个检验期内的同一品种没有足够的数据用以确定验收批混凝土立方体抗压强度的标准差时，应由不少于10组的试件组成一个验收批，其强度应同时满足下列要求：

$$\bar{f}_{cu} - \lambda_1 S \geqslant 0.9 f_{cu,k}$$

$$f_{cu,min} \geqslant \lambda_2 f_{cu,k}$$

式中 S——同一验收批混凝土立方体抗压强度的标准差，MPa。当 S 的计算值小于 $0.06f_{cu,k}$ 时，取 $S = 0.06f_{cu,k}$；

λ_1、λ_2——合格判定系数，按表6-41取。

表6-41 混凝土的合格判定系数（GBJ 107—1987）

试件组数	10～14	15～24	≥25
λ_1	1.70	1.65	1.60
λ_2	0.90	0.85	

2. 非统计方法评定

在没有足够的强度数据时，不能按统计方法进行，则必须按非统计方法评定混凝土强度，其强度应同时满足下列要求：

$$\bar{f}_{cu} \geqslant 1.15 f_{cu,k}$$

$$f_{cu,min} \geqslant 0.95 f_{cu,k}$$

3. 混凝土强度的合格性判定

当检验结果能满足上述要求时，则该批混凝土的强度判定为合格，否则为不合格。由不合格混凝土制成的结构和构件应进行鉴定，对于不合格结构或构件必须及时进行处理。当对混凝土试件强度的代表性有怀疑时，可采用从结构或构件中钻取芯样的方法或采用非破损检验方法，按有关标准的规定对结构或构件中的混凝土强度进行推定。

6.9.3.2 路面混凝土弯拉强度的检验评定

1. 试件组数大于10组

混凝土平均弯拉强度合格判断式为：

$$\bar{f}_f = f_{f,k} + K\sigma$$

式中 $\bar{f}_f$——混凝土合格判定平均弯拉强度，MPa；

$f_{f,k}$——混凝土设计弯拉强度，MPa；

K——合格判定系数，见表6-42；

σ——混凝土弯拉强度标准差。

表6-42 混凝土弯拉强度合格判定系数（JTJ/T 037.1—2000）

试件组数	11～14	15～19	≥20
K	0.75	0.70	0.65

当混凝土试件组数大于20时，高速公路和一级公路滑模摊铺水泥混凝土路面最小弯拉强度 f_{min} 不得小于 $0.85f_{f,k}$，其他公路允许有一组最小弯拉强度 f_{min} 小于 $0.85f_{f,k}$，但不得小于 $0.75f_{f,k}$。各级公路滑模摊铺水泥混凝土路面统计偏差变异系数 C_v 不应大于12%。

2. 试件组数小于或等于 10 组

试件平均弯拉强度不得小于 $1.05f_{f,k}$，任一组试件的最小弯拉强度 f_{min} 均不得小于 $0.85f_{f,k}$。

3. 合格性判断

当标准小梁试件合格判定平均弯拉强度 $\bar{f}_f$、最小弯拉强度 f_{min} 和变异系数 C_v 中有一个数据不满足上述要求时，应在不合格路段每公里每车道钻去 3 个以上 $d=150$mm 的芯体，实测其劈裂强度 f_{ts}，通过 $f_f=1.868f_{ts}^{0.871}$ 换算其弯拉强度，其平均弯拉强度 $\bar{f}_f$ 和最小值 f_{min} 必须合格，否则应返工重铺。

6.10 普通混凝土配合比设计

混凝土配合比设计（mix proportion design）主要分为按强度设计和按耐久性设计两类，前者按强度设计又分为大多数工程使用的按抗压强度设计和路面工程使用的按弯拉强度设计两种。按强度设计以满足受力要求进行设计，对混凝土结构的耐久性和使用寿命考虑不够，经常导致混凝土结构提前破坏；按耐久性设计以满足混凝土结构的使用寿命和混凝土的耐久性进行设计，同时保证混凝土的强度。按耐久性设计将逐步成为混凝土配合比设计的主流。本书将两种方法结合在一起介绍。

普通混凝土是指多年来工程中大量应用的混凝土，配合比设计原理是根据经验和已知规律，进行原材料的组成设计，采用的主要方法是计算-试配法。它适用于一般环境的耐久性要求，强度等级在 C60 以下，W/C 在 0.4～0.8 范围内，采取普通原材料和传统施工方法配制混凝土。对特殊环境下使用的混凝土，应针对其耐久性要求进行专门设计。

普通混凝土的配合比以每立方米混凝土各组成材料的质量来表示，如水泥 315kg、水 190kg、砂 690kg、石子 1 270kg，水灰比 0.60；或以水泥为基准，各组成材料间的比例来表示，如水泥∶砂∶石 = 1∶2.19∶4.03，水灰比 = 0.58。

6.10.1 普通混凝土配合比设计的基本要求

设计的混凝土应满足施工要求的和易性；满足设计要求的强度等级（抗压强度，或弯拉强度）；满足与使用条件相适应的耐久性；满足经济上合理。

6.10.2 普通混凝土配合比设计的基本资料

混凝土配合比设计前应掌握以下两方面的资料。

6.10.2.1 工程要求与施工水平方面

为确定混凝土的和易性、强度标准差、集料的最大粒径、配制强度、最大水灰比与最小水泥用量等，必须首先掌握设计要求的强度等级、混凝土工程所处的使用环境条件与所要求的耐久性；掌握混凝土构件或混凝土结构的断面尺寸和配筋情况；掌握混凝土的施工方法与施工质量水平。

6.10.2.2 原材料方面

为确定用水量、砂率，并最终确定混凝土的配合比，必须掌握水泥的品种、强度等级、密度等参数；掌握粗、细集料的规格（粗细程度或最大粒径）、品种、视密度、级配、含水率及杂质与有害物的含量等；掌握水质情况；掌握矿物掺合料与化学外加剂等的品种、性能等。各种原材料的规格、质量等需满足相应的要求。

6.10.3 普通混凝土配合比设计步骤（按抗压强度）

普通混凝土配合比应按下列步骤进行计算：

6.10.3.1 初步配合比设计

1. 计算配制强度$f_{cu,0}$

$$f_{cu,0} = f_{cu,k} + 1.645\sigma$$

式中 $f_{cu,0}$——混凝土配制强度，MPa；

$f_{cu,k}$——混凝土立方体抗压强度标准值，MPa；

σ——混凝土强度标准差，MPa。当无统计资料时，可参考表6-35取值。

2. 确定水灰比

确定水灰比的原则是在满足强度和耐久性的前提下，应选择较大的水灰比以节约水泥用量。当混凝土强度等级小于C60级时，混凝土水灰比宜按下式计算：

$$W_0/C_0 = \frac{\alpha_a \cdot f_{ce}}{f_{cu,0} + \alpha_a \cdot \alpha_b \cdot f_{ce}}$$

当无水泥28d抗压强度实测值时，f_{ce}值可按实际统计资料确定，无统计资料，则取为水泥的强度等级值。

根据工程性质、所处环境与用途，为保证混凝土的耐久性，计算出的水灰比必须小于相应的最大水灰比（或水胶比）值，见表6-26、或表6-27、或表6-28，或表6-29、或表6-30、或表6-31、或表6-34。如计算得的水灰比大于相应表中规定的最大水灰比，则取表中规定的最大水灰比（水胶比）值。

3. 确定用水量

干硬性和塑性混凝土用水量的确定：

（1）水灰比在0.40～0.80范围时，根据粗集料的品种、粒径及施工要求的混凝土拌合物稠度，其用水量可按表6-20选取。

（2）流动性和大流动性混凝土的用水量宜按下列步骤计算：

以表6-20中坍落度90mm的用水量为基础，按坍落度每增大20mm用水量增加5kg，计算出未掺化学外加剂时的混凝土的用水量。

（3）掺化学外加剂时的混凝土用水量可按式计算：

$$m_{wa0} = m_{w0}(1 - \beta/100)$$

式中 m_{wa0}——掺化学外加剂混凝土每立方米混凝土的用水量，kg；

m_{w0}——未掺化学外加剂混凝土每立方米混凝土的用水量，kg；

β——化学外加剂的减水率，%。

化学外加剂的减水率应经试验确定。

4. 水泥用量确定

每立方米混凝土的水泥用量m_{c0}可按下式计算：

$$m_{c0} = \frac{m_{w0}}{W_0/C_0} \quad 或 \quad m_{c0} = \frac{m_{wa0}}{W_0/C_0}$$

由此计算出的水泥用量（或胶凝材料用量），根据工程性质、用途不得低于相应规定的最小值，见表6-26、或表6-28，或表6-29、或表6-31、或表6-34，但水泥用量不应超过500kg，胶凝材料总量不宜超过550kg。

5. 确定砂率

工程量较大或工程质量要求较高时，应通过试验来确定砂率。当无历史资料时可参考表6-21选取。

6. 粗集料和细集料用量的确定

（1）体积法　该法假定混凝土各组成材料的体积（指各材料排开水的体积，即水泥与水以密度计算体积，砂、石以表观密度计算）与拌合物所含的少量空气的体积之和等于混凝土拌合物的体积，即1m³或1 000L。由此即有下述方程组：

$$\begin{cases}\dfrac{m_{c0}}{\rho_c}+\dfrac{m_{g0}}{\rho_{ga}}+\dfrac{m_{s0}}{\rho_{sa}}+\dfrac{m_{w0}}{\rho_w}+0.01\alpha=1\\ \beta_s=\dfrac{m_{s0}}{m_{s0}+m_{g0}}\end{cases}$$

式中　m_{g0}、m_{s0}——分别为每立方米混凝土粗集料用量、细集料用量，kg；掺加减水剂时式中m_{w0}应以m_{wa0}替代；

ρ_c、ρ_w、ρ_{ga}、ρ_{sa}——分别为水泥密度、水的密度，粗集料、细集料的表观密度，kg/m³。水泥可取3 100kg/m³，水可取1 000kg/m³；

α——混凝土的含气量百分数（%），在不使用引气型化学外加剂时，α可取为1。

（2）质量法（或称体积密度法）　当混凝土所用原材料的性能相对稳定时，即使各组成材料的用量有所波动，但混凝土拌合物的体积密度基本上不变，接近于一恒定数值，可在2 350～2 450kg/m³之间选取，当混凝土强度等级较高、集料密实时，应选择上限。因此，该法假定混凝土各组成材料的质量之和等于混凝土拌合物的质量。由此即有下述方程组：

$$\begin{cases}m_{c0}+m_{g0}+m_{s0}+m_{w0}=m_{cp}\\ \beta_s=\dfrac{m_{s0}}{m_{g0}+m_{s0}}\times 100\%\end{cases}$$

式中　m_{cp}——1m³混凝土拌合物的假定质量（kg），其值可取2 350～2 450kg。

6.10.3.2　试拌检验与调整和易性及确定基准配合比

初步配合比是根据一些经验公式或表格通过计算得到的，或是直接选取的，因而不一定符合实际情况，故须进行检验与调整，并通过实测的混凝土拌合物体积密度ρ_{0t}进行校正。

1. 和易性调整

试拌时，若流动性大于要求值，可保持砂率不变，适当增加砂用量和石用量；若流动性小于要求值，可保持水灰比不变，适当增加水泥用量和水用量，其数量一般为5%或10%，若黏聚性或保水性不合格，则应适当增加砂用量，直至和易性合格。

2. 含气量检验与调整

如掺加引气剂或对含气量有要求，则应在和易性合格后检验混凝土拌合物的含气量。若含气量在要求值的±0.5%以内，则不必调整；当含气量在要求值的±0.5%以外时，则应增减引气剂的掺量，重新拌合检验，直至含气量合格。

3. 计算基准配合比

和易性与含气量合格后，应测定混凝土拌合物的体积密度ρ_{0t}，并计算出各组成材料的拌合用量：水泥 m_{c0b}、水 m_{w0b}、砂 m_{s0b}、石 m_{g0b}，则拌合物的总用量 m_{tb}为：

$$m_{tb} = m_{c0b} + m_{w0b} + m_{s0b} + m_{g0b}$$

由此可计算出和易性合格时的配合比，即混凝土的基准配合比，按下式计算：

$$m_{cr} = \frac{m_{c0b}}{m_{tb}} \times \rho_{0t} \qquad m_{wr} = \frac{m_{w0b}}{m_{tb}} \times \rho_{0t}$$

$$m_{sr} = \frac{m_{s0b}}{m_{tb}} \times \rho_{0t} \qquad m_{gr} = \frac{m_{g0b}}{m_{tb}} \times \rho_{0t}$$

需要说明的是，即使混凝土拌合物的和易性、含气量不需调整，也必须用实测的体积密度 ρ_{0t}按上式校正配合比。

6.10.3.3 检验强度与确定实验室配合比

检验强度时，应采用不少于三组的配合比。其中一组为基准配合比；另两组的水灰比分别比基准配合比增加或减小 0.05，而用水量、砂用量、石用量与基准配合比相同（也可将砂率增减 1%）。

三组配合比分别成型、养护、测定 28d 抗压强度 f_{I}，f_{II}，f_{III}。由三组配合比的灰水比和抗压强度，绘制 $f_{28}-C/W$ 关系图（图 6-28）。

由图 6-28 可得满足配制强度 $f_{cu,0}$的灰水比 C/W，称为实验室灰水比，该灰水比既满足了强度要求，又满足了水泥用量最少的要求。此时，满足配制强度要求的四种材料的用量为：水泥为 $\frac{C}{W} \cdot m_{wr}$，而其余三者为保证和易性的不受影响仍取基准配合比，即水为 m_{wr}、砂为 m_{sr}、石为 m_{gr}。因四者的体积之和不等于 $1m^3$，须根据混凝土的实测体积密度 ρ_{0t}和计算体积密度 ρ_{0c} 折算为 $1m^3$。计算体积密度按下式计算：

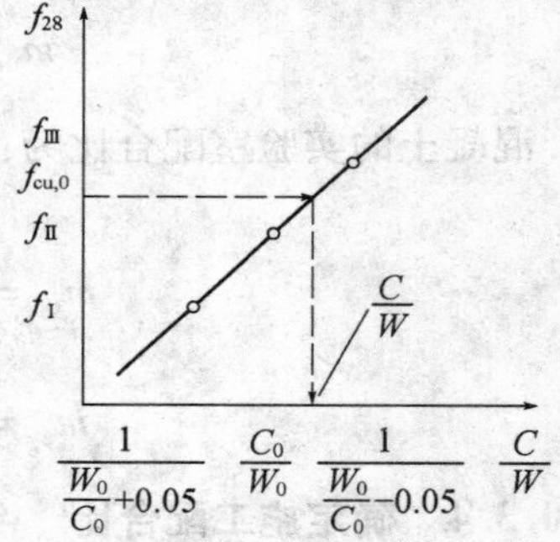

图 6-28 抗压强度与水灰比的关系

$$\rho_{0c} = \frac{C}{W} \cdot m_{wr} + m_{wr} + m_{sr} + m_{gr}$$

则校正系数 δ 为：

$$\delta = \frac{\rho_{0t}}{\rho_{0c}}$$

混凝土的实验室配合比为：

$$m_c = \delta\left(\frac{C}{W} \cdot m_{wr}\right) \qquad m_w = \delta \cdot m_{wr}$$

$$m_s = \delta \cdot m_{sr} \qquad m_g = \delta \cdot m_{gr}$$

上述配合比一般均能满足普通耐久性要求（指无具体指标要求），如对混凝土的耐久性有专门指标要求时（如 P10、F200 等），需在制作强度试件时，同时制作相应组数的耐久性检验用试件，养护至 28d（或规定龄期）时测定耐久性指标（如抗冻性、抗渗性、氯离子扩散系数、抗侵蚀性、气泡间距系数等），并根据耐久性测定值，确定出满足耐久性设计要求的配合比。将此配合比与上述满足强度设计的配合进行比较，取水灰比（或水胶比）较小者为实验室配合比。

实验室配合比的水灰比 W/C，也可采用计算法来确定，即将三组配合比对应的抗压强度与灰水比代入混凝土强度公式中，通过解两组以上的方程组，求得 α_a、α_b 系数的平均值，之后利用 α_a、α_b 和 $f_{cu,0}$ 即可计算出所应采用的水灰比 W/C。但计算法繁琐，一般较少使用。

实际配制时，在和易性检验及调整合格后，不必计算基准配合比，而是直接配制三组不同水灰比的混凝土，由此确定混凝土的实验室配合比，方法如下：

强度检验时，三组混凝土的水灰比分别为 $\left(\frac{W_0}{C_0}+0.05\right)$、$\frac{W_0}{C_0}$、$\left(\frac{W_0}{C_0}-0.05\right)$，而水、砂、石的用量均取为水 m_{w0b}、砂 m_{s0b}、石 m_{g0b}（或将砂率增减1%），另两组的水泥用量分别为水用量除以各自的水灰比。

三组混凝土分别成型、养护，并测定 28d 抗压强度 $f_{Ⅰ}$，$f_{Ⅱ}$，$f_{Ⅲ}$。由三组配合比的灰水比和抗压强度，绘制抗压强度-灰水比关系图（图6-28）。由图可得配制强度 $f_{cu,0}$ 所对应的灰水比 C/W。该灰水比 C/W 既满足了强度要求，又保证了水泥用量最少。此时四种材料的拌合用量：水泥 $m_{w0b}\cdot\frac{C}{W}$、水 m_{w0b}、砂 m_{s0b}、石 m_{g0b}，拌合物的总用量 m_{tb} 为：

$$m_{tb} = m_{w0b} \times \frac{C}{W} + m_{w0b} + m_{s0b} + m_{g0b}$$

混凝土的实验室配合比为：

$$m_c = \frac{m_{w0b}\cdot\frac{C}{W}}{m_{tb}} \times \rho_{0t} \qquad m_w = \frac{m_{w0b}}{m_{tb}} \times \rho_{0t}$$

$$m_s = \frac{m_{s0b}}{m_{tb}} \times \rho_{0t} \qquad m_g = \frac{m_{g0b}}{m_{tb}} \times \rho_{0t}$$

6.10.3.4 确定施工配合比

工地的砂、石均含有一定数量的水分，为保证混凝土配合比的准确性，应根据实测的砂子含水率 ω'_s、石子含水率 ω'_g，将实验室配合比换算为施工配合比（又称工地配合比），即：

$$m'_c = m_c \qquad m'_w = m_w - m_s \times \omega'_s - m_g \times \omega'_g$$

$$m'_s = m_s + m_s \times \omega'_s \qquad m'_g = m_g + m_g \times \omega'_g$$

施工配合比应根据集料含水率的变化，随时做相应的调整。

6.10.4 粉煤灰混凝土的配合比设计

掺粉煤灰的混凝土简称粉煤灰混凝土，其配合比设计是以未掺粉煤灰的混凝土（称为基准混凝土）配合比为基础进行的，即设计时需首先计算基准混凝土的配合比（m_{c0}、m_{w0}、m_{s0}、m_{g0}），方法同普通混凝土配合比设计。

6.10.4.1 等量取代法配合比设计

1. 选定与基准混凝土相同或稍低的水灰比 W_0/C_0

2. 计算水泥用量与粉煤灰用量

根据确定的粉煤灰取代率 β_f（其最大取代率应符合相应规范的规定）和基准混凝土的水泥用量 m_{c0}，按下式计算粉煤灰混凝土的粉煤灰用量 m_{f0} 和水泥用量 m_{c0f}：

$$m_{f0} = m_{c0}\cdot\beta_f$$

$$m_{c0f} = m_{c0} - m_{f0}$$

3. 计算粉煤灰混凝土用水量 m_{w0f}

$$m_{w0f} = \frac{W_0}{C_0} \cdot (m_{c0f} + m_{f0})$$

4. 确定砂率

选用与基准混凝土相同或稍低的砂率 β_s

5. 计算砂石用量 m_{s0f}、m_{g0f}

利用体积法计算，即各材料的体积之和为 $1m^3$。

$$m_{s0f} = V_a \cdot \beta_s \cdot \rho_{sa} = \left(1 - \frac{m_{c0f}}{\rho_c} - \frac{m_{f0}}{\rho_f} - \frac{m_{w0f}}{\rho_w} - 0.01\alpha\right) \cdot \beta_s \cdot \rho_{sa}$$

$$m_{g0f} = V_a \cdot (1 - \beta_s) \cdot \rho_{ga} = \left(1 - \frac{m_{c0f}}{\rho_c} - \frac{m_{f0}}{\rho_f} - \frac{m_{w0f}}{\rho_w} - 0.01\alpha\right) \cdot (1 - \beta_s) \cdot \rho_{ga}$$

式中 V_a——集料的总体积，m^3；

ρ_f——粉煤灰的密度，kg/m^3；

则混凝土的配合比为：m_{c0f}、m_{f0}、m_{w0f}、m_{s0f}、m_{g0f}。

6.10.4.2 超量取代法配合比设计

1. 确定粉煤灰取代率 β_f 和超量系数 K（应符合相应规范的规定）

2. 确定粉煤灰取代水泥量 m_{fc}、总粉煤灰掺量 m_{f0t} 和超量部分粉煤灰质量 m_{fe}

$$m_{fc} = m_{c0} \cdot \beta_f$$

$$m_{fot} = K \cdot m_{fc}$$

$$m_{fe} = (K - 1) m_{fc}$$

3. 计算水泥用量 m_{c0f}

$$m_{s0f} = m_{c0} - m_{fc}$$

4. 计算粉煤灰超量部分代砂后的砂用量 m_{s0f}

$$m_{s0f} = m_{s0} - \frac{m_{fe}}{\rho_f} \cdot \rho_{sa}$$

则混凝土的配合比为：m_{c0f}、m_{f0t}、m_{w0f}、m_{s0f}、m_{g0f}。

6.10.4.3 外加法配合比设计

1. 根据基准配合比选定外加粉煤灰的掺量 β_{fm}

2. 计算外加粉煤灰质量 m_{f0}

$$m_{f0} = m_{c0} \cdot \beta_{fm}$$

3. 计算粉煤灰代砂后的砂用量 m_{s0f}

$$m_{s0f} = m_{s0} - \frac{m_{f0}}{\rho_f} \cdot \rho_{sa}$$

则混凝土的配合比为：m_{c0}、m_{f0}、m_{w0}、m_{s0f}、m_{g0}。

以上计算的粉煤灰混凝土配合比，需经过试配调整，其过程与普通混凝土相同。

6.10.5 公路水泥混凝土路面的配合比设计（按弯拉强度）

6.10.5.1 初步配合比计算

1. 确定配制弯拉强度 $f_{f,0}$

公路水泥混凝土的强度以 28d 弯拉强度控制。当混凝土浇注后 90d 内不开放交通时，可采用90d弯拉强度。混凝土弯拉强度标准值$f_{f,k}$根据交通等级，按表6-22的规定选取。

配制28d弯拉强度$f_{f,0}$按下式计算：

$$f_{f,0} = \frac{f_{f,k}}{1 - 1.04C_v} + ts$$

2. 水灰比的计算与确定

碎石或碎卵石混凝土：

$$W_0/C_0 = 1.5684/(f_{f,0} + 1.0097 - 0.3595f_{fe})$$

卵石混凝土：

$$W_0/C_0 = 1.2618/(f_{f,0} + 1.5492 - 0.4709f_{fe})$$

当掺加粉煤灰等矿物掺合料时，应计入超量取代法中等量取代水泥部分的掺合料的用量（取代砂的超量部分不计入），用水胶比W_0/B_0代替水灰比W_0/C_0。

比较满足弯拉强度计算值和耐久性要求的水灰（胶）比的大小（表6-28），二者中取较小值作为最终水灰（胶）比值。

3. 确定用水量m_{w0}

根据所用粗集料的种类及确定的适宜坍落度，分别按下式计算用水量：

$$碎石：m_{w0} = 104.97 + 0.309S_L + 11.27C_0/W_0 + 0.61\beta_s$$

$$卵石：m_{w0} = 86.89 + 0.370S_L + 11.24C_0/W_0 + 1.00\beta_s$$

掺外加剂后混凝土的用水量应按下式计算：

$$m_{wa0} = m_{w0}(1 - \beta/100)$$

比较用水量计算值与表6-43中规定值的大小，取其中较小者为最终用水量。当实际用水量不能满足施工要求时，应采用掺加减水剂的方法调整坍落度，对三、四级公路也可采用真空脱水施工工艺。

表6-43　不同路面施工方式混凝土和易性及最大单位用水量（JTG F30—2003）

摊铺机具类型		滑模摊铺机				轨道摊铺机		三辊轴机		小型机具	
		设超铺角		不设超铺角							
		卵石	碎石	卵石	碎石	卵石	碎石	卵石	碎石	卵石	碎石
出机坍落度（mm）		—		—		40~60		30~50		10~40	
摊铺坍落度（mm）	最佳值	20~40	25~50	10~40	10~30	20~40		10~30		0~20	
	允许波动范围	5~55	10~65	—		—		—		—	
摊铺振动黏度系数（N·s/m²）	最佳值	200~500		250~600		—		—		—	
	允许波动范围	100~600		—							
最大用水量（kg/m³）		155	160	155	160	153	156	148	153	145	150

注：1. 滑模摊铺机适宜的摊铺速度应控制在0.5~2.0m/min之间。

2. 使用碎卵石时，最大用水量可在碎石和卵石混凝土之间内取插值。

4. 确定水泥用量m_{c0}

水泥用量按下式计算，并与表6-28中规定值比较，取两者中的较大值；当水泥用量超过最大值时，应掺加高效减水剂，以降低水泥用量。

$$m_{c0}=\frac{m_{w0}}{W_0/C_0}\quad 或\quad m_{c0}=\frac{m_{wa0}}{W_0/C_0}$$

5. 确定砂率β_s

砂率的大小按表6-44取值。在软拉抗滑槽施工时，砂率应在此基础上增大1% ~2%。

表6-44　砂子细度模数与最优砂率的关系（JTG F30—2003）

砂细度模数		2.2 ~2.5	2.5 ~2.8	2.8 ~3.1	3.1 ~3.4	3.4 ~3.7
砂率β_s（%）	碎石	30 ~34	32 ~36	34 ~38	36 ~40	38 ~42
	卵石	28 ~32	30 ~34	32 ~36	34 ~38	36 ~40

注：碎卵石可在碎石和卵石混凝土之间内取插值。

6. 计算砂石用量

砂石用量可按质量法或体积法计算，具体方法与普通混凝土配合比计算方法相同。计算得到的配合比，应验算单位粗集料填充体积率，且不宜小于70%。

6.10.5.2　配合比的调整与确定

按上述经验公式计算得出的配合比，应在实验室内按规定方法进行试配检验和调整：

（1）首先检验混凝土拌合物是否满足不同摊铺方式的最佳工作性要求，包括含气量、坍落度及其损失、振动黏度系数等。当工作性和含气量不能满足要求时，应在保持水灰（胶）比不变的前提下调整用水量、外加剂掺量或砂率。

（2）采用质量法计算的配合比，应实测拌合物的体积密度，并按体积密度调整配合比，调整后拌合物体积密度的允许偏差为±2.0%。实测含气量及偏差应满足表6-32的要求，否则应调整引气剂掺量直到达到规定含气量。

（3）以初选水灰（胶）比为基准，按0.02的增减幅度选定2 ~4个水灰（胶）比，制作混凝土试件，检测其7d和28d配制弯拉强度、耐久性等指标，有抗冻性要求的必须检测抗冻性和气泡间距系数，并需分别满足6-28、表6-33的要求。也可保持计算水灰（胶）比不变，以初选水泥用量为基准，按15 ~20kg/m^{3}的增减幅度选定2 ~4个水泥用量，按上述方法进行检验。

（4）实验室确定的基准配合比应经过搅拌楼（站）实际拌合不小于200m试验路段的验证，并根据砂石实际含水率、实测拌合物体积密度、含气量、坍落度及损失，在保持水灰（胶）比不变的前提下，调整单位用水量、砂率或外加剂掺量，确定出施工配合比。

（5）其他。除原材料需满足前述要求外，对处于海风、酸雨、除冰盐或硫酸盐等腐蚀环境的路面和桥面混凝土，在使用硅酸盐水泥时必须同时掺加粉煤灰、磨细矿渣或硅灰等掺合料，也可使用矿渣水泥或普通水泥。处于海水、海风、氯离子、硫酸根离子环境中或冬季撒除冰盐的路面或桥面钢筋混凝土、钢纤维混凝土中宜掺加阻锈剂。

6.10.6　普通混凝土配合比设计实例

严寒地区非受冻部位的某钢筋混凝土构件，其设计强度等级为C25，施工要求的坍落度为35 ~50mm，采用机械搅拌和机械振动成型。施工单位无历史统计资料。试确定混凝土的配合比。原材料条件为：强度等级为32.5的普通硅酸盐水泥，强度富余系数为1.13，密度为3.1g/cm^3；级配合格的中砂（细度模数为2.3），表观密度为2.65g/cm^3，含水率为3%；级配合格的碎石，最大粒径为31.5mm，表观密度为2.70g/cm^3，含水率为1%，饮用水。

6.10.6.1 确定初步配合比

1. 确定配制强度$f_{cu,0}$

查表6-22，$\sigma=5.0$MPa。因而配制强度$f_{cu,0}$为：

$$f_{cu,0}=f_{cu,k}-t\sigma=f_{cu,k}+1.645\sigma=25+1.645\times5.0=33.2\text{MPa}$$

2. 确定水灰比W_0/C_0

$$\frac{W_0}{C_0}=\frac{\alpha_b\gamma_c f_{ce,g}}{f_{cu,0}+\alpha_a\alpha_b\gamma_c f_{ce,g}}=\frac{0.46\times1.13\times32.5}{33.2+0.46\times0.07\times1.13\times32.5}=0.49$$

查表6-26，该值小于所规定的最大值，即取$W_0/C_0=0.49$。

3. 确定用水量m_{w0}

根据坍落度为35～50mm、碎石且最大粒径为31.5mm、中砂，查表6-20，并考虑砂为中砂偏细，选取混凝土的用水量$m_{w0}=190$kg。

4. 确定水泥用量m_{c0}

$$m_{c0}=\frac{m_{w0}}{W_0/C_0}=\frac{190}{0.49}=388\text{kg}$$

查表6-26，该值大于所规定的最小值，即取$m_{c0}=388$kg。

5. 确定砂率β_s

根据水灰比$W_0/C_0=0.49$、碎石最大粒径为31.5mm、中砂，查表6-21，并考虑砂为中砂偏细，故选取混凝土的砂率$\beta_s=33\%$。

6. 计算砂用量m_{g0}和石用量m_{s0}

以体积法计算。

$$\begin{cases}\dfrac{m_{c0}}{\rho_c}+\dfrac{m_{g0}}{\rho_{ga}}+\dfrac{m_{s0}}{\rho_{sa}}+\dfrac{m_{w0}}{\rho_w}+0.01\alpha=1\\[2ex]\beta_s=\dfrac{m_{s0}}{m_{s0}+m_{g0}}\times100\%\end{cases}$$

因未掺引气剂，故α取1。

$$\begin{cases}\dfrac{388}{3\,100}+\dfrac{190}{1\,000}+\dfrac{m_{s0}}{2\,650}+\dfrac{m_{s0}}{2\,700}+0.01\times1=1\\[2ex]\beta_s=\dfrac{m_{s0}}{m_{s0}+m_{g0}}\times100\%=33\%\end{cases}$$

求解该方程组，即得$m_{s0}=597$kg，$m_{g0}=1\,213$kg

6.10.6.2 试拌检验、调整及确定实验室配合比

按初步配合比试拌15L混凝土拌合物，各材料用量为：水泥5.82kg、水2.85kg、砂8.96kg、石18.20kg。搅拌均匀后，检验和易性，测得坍落度为20mm，黏聚性和保水性合格。

水泥用量和水用量增加5%后（水灰比不变），测得坍落度为40mm，且黏聚性和保水性均合格。此时，拌合物的各材料用量为：水泥$m_{c0b}=5.82$（1+5%）=6.11kg、水$m_{w0b}=$

2.85 (1 +5%) =2.99kg、砂 $m_{s0b}=8.98kg$、石 $m_{g0b}=18.20kg$

以0.54、0.49、0.44的水灰比分别拌制三组混凝土，对应的水灰比、水泥用量、水用量、砂用量及石用量分别为：

Ⅰ 0.54，5.54kg，2.99kg，8.98kg，18.20kg

Ⅱ 0.49，6.1lkg，2.99kg，8.96kg，18.20kg

Ⅲ 0.44，6.80kg，2.99kg，8.96kg，18.20kg

养护至28d，测得的抗压强度分别为：$f_{Ⅰ}=29.9MPa$。$f_{Ⅱ}=34.4MPa$、$f_{Ⅲ}=39.2MPa$。绘制灰水比与抗压强度线性关系图（图6-29）。

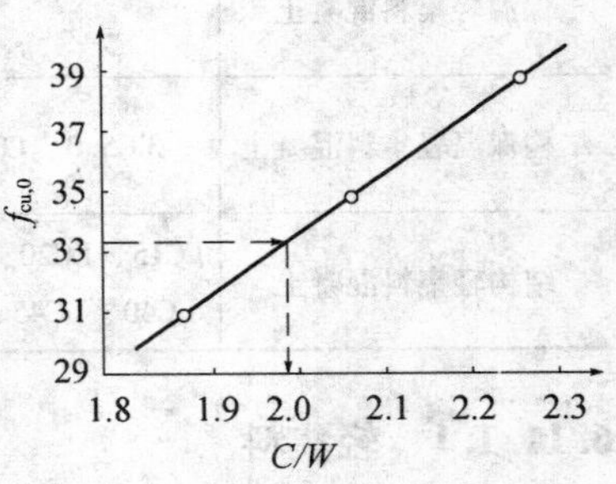

图6-29 抗压强度 f_{28} 与灰水比 C/W 的关系

由图6-29可得配制强度 $f_{cu,0}=33.2MPa$

所对应的灰水比 $C/W=1.98$。此时混凝土的各材料用量为：水泥 2.99 ×1.98 = 5.92kg、水用量 2.99kg、砂用量 8.98kg，石用量18.20kg，拌合物的总用量 m_{tb} 为：

$$m_{tb} = 5.92 + 2.99 + 8.96 + 18.2 = 36.07kg$$

并测得拌合物的体积密度 $\rho_{0t}=2\,390kg/m^3$。因而混凝土的实验室配合比为：

$$m_c = \frac{5.92}{36.07} \times 2\,390 = 392kg \qquad m_w = \frac{2.99}{36.07} \times 2\,390 = 198kg$$

$$m_s = \frac{8.96}{36.07} \times 2\,390 = 594kg \qquad m_g = \frac{18.20}{36.07} \times 2\,390 = 1\,206kg$$

6.10.6.3 确定施工配合比

$$m'_c = m_c = 392kg$$

$$m'_w = m_w - m_s \times \omega'_s - m_g \times \omega'_g = 198 - 594 \times 3\% - 1\,206 \times 1\% = 168kg$$

$$m'_s = m_s + m_s \times \omega'_s = 594 \times (1+3\%) = 612kg$$

$$m'_g = m_g + m_g \times \omega'_g = 1\,206\ (1+1\%) = 1\,218kg$$

6.11 轻混凝土

近几十年来，随着建筑节能要求的不断提高以及高层、大跨度结构的发展，对材料的性能相应地有了更高的要求，因而轻混凝土得到很大发展。轻混凝土按原料与生产方法的不同可分为轻集料混凝土、多孔混凝土和大孔混凝土。

6.11.1 轻集料混凝土（lightweight aggregate concrete）

凡是用轻粗集料、轻砂（或普通砂）、水泥和水配制而成的混凝土，其干体积密度不大1 950kg/m³ 者称为轻集料混凝土。采用轻砂作细集料的轻集料混凝土称为全轻混凝土（full lightweight aggregate concrete），采用普通砂或部分轻砂作细集料的轻集料混凝土称为砂轻混凝土（sand lightweight concrete）。

轻集料混凝土常以轻粗集料的名称来命名，有时也将轻细集料的名称写在轻粗集料后，如浮石混凝土、粉煤灰陶粒混凝土、陶粒珍珠岩混凝土等。

按用途，轻集料混凝土分为保温轻集料混凝土、结构保温轻集料混凝土和结构轻集料混凝土，相应的强度等级与体积密度见表6-45。

表 6-45　轻集料混凝土按用途分类（JGJ 51—2002）

类别分类	混凝土强度等级的合理范围	混凝土密度等级的合理范围	用　途
保温轻集料混凝土	LC5.0	800	主要用于保温围护结构和热工构筑物
结构保温轻集料混凝土	LC5.0、LC7.5、LC10、LC15	800～1 400	主要用于既承重又保温的围护结构
结构轻集料混凝土	LC15、LC20、LC25、LC30、LC35、LC40、LC45、LC50、LC55、LC60	1 400～1 900	主要用于承重构件或构筑物

6.11.1.1　轻集料

1. 轻集料的分类与品种

轻集料可分为轻粗集料和轻细集料。凡粒径大于5mm、堆积密度小于1 000kg/m^{3}的轻质集料，称为轻粗集料；凡粒径不大于5mm、堆积密度小于1 200kg/m^{3}的轻质集料，称为轻细集料（或轻砂）。轻集料内部含有大量孔隙，属于多孔结构。

按轻集料来源分为三类：

（1）天然轻集料　火山爆发等形成的天然多孔岩石，经加工而成的轻集料，如浮石（pumice，or pumicite）、火山渣（volcanic cinder，or scoria）及其轻砂。

（2）工业废料轻集料　以工业废料为原料，经加工而成的轻集料，如粉煤灰陶粒（sintered fly ash aggregate）、自燃煤矸石（spontaneous combustion coal gangue）、膨胀矿渣珠（expanded slag）、炉渣及其轻砂。

（3）人造轻集料　以地方材料为原料，经加工而成的轻集料，如页岩陶粒（shale ceramisite，or expanded shale）、黏土陶粒（clay ceramisite）、膨胀珍珠岩（expanded perlite）及其轻砂。

按轻集料粒型可分为三类：

（1）圆球型　原材料经造粒工艺加工而成的、呈球状的轻集料，如粉煤灰陶粒和磨细成球的页岩陶粒等。

（2）普通型　原材料经破碎加工而成的、呈非圆球状的轻集料，如页岩陶粒和膨胀珍珠岩等。

（3）碎石型　由天然轻集料或多孔烧结块经破碎加工而成的、呈碎石状的轻集料，如浮石、自然煤矸石和炉渣（煤渣）等。

按轻集料性能分为三类：

（1）超轻集料　堆积密度不大于500kg/m^{3}的保温或结构保温用轻粗集料。

（2）普通轻集料　堆积密度大于510kg/m^{3}的轻粗集料。

（3）高强轻集料　强度等级不小于25MPa的结构用轻粗集料。

2. 轻集料技术要求

（1）最大粒径与级配　轻集料粒径愈大，强度愈低。因此，保温及结构保温轻集料混凝土用轻集料，其最大粒径不宜大于40mm；结构轻集料混凝土用轻集料，其最大粒径不宜大于20mm。轻粗集料、轻细集料的级配应分别符合表6-46、表6-47的要求，且其自然级配的空隙率不宜大于50%，轻砂的细度模数不宜大于4.0。

表 6-46 轻细集料的颗粒级配（GB/T 17431.1—1998）

公称粒级（mm）	累计筛余（%）						
	筛孔尺寸（mm）						
	10.0	5.0	2.5	1.25	0.630	0.315	0.160
0~5	0	0~10	0~35	20~60	30~80	65~90	75~100

表 6-47 轻粗集料的级配（GB/T 17431.1—1998）

级配类别	公称粒级（mm）	累计筛余（%）						
		筛孔尺寸（mm）						
		40.0	31.5	20.0	16.0	10.0	5.0	2.5
连续粒级	5~40	0~10	—	40~60	—	50~85	90~100	95~100
	5~31.5	0~5	0~10	—	40~75	—	90~100	95~100
	5~20	—	0~5	0~10	—	40~80	90~100	95~100
	5~16	—	—	0~5	0~10	20~60	85~100	95~100
	5~10	—	—	—	0	0~15	80~100	95~100
单粒级	10~16	—	—	0	0~15	85~100	90~100	

（2）堆积密度　轻集料的堆积密度越小，强度越低，而且它直接影响所配制的轻集料混凝土拌合物的和易性以及硬化后的体积密度、强度等性质。因此，不同用途的轻集料混凝土对轻集料的堆积密度的要求也不同。

根据轻集料的绝干堆积密度，轻粗集料、轻细集料分别划分为九个和八个密度等级，见表 6-48。当膨胀珍珠岩作为轻砂使用时，其堆积密度应大于 80kg/m^3。

表 6-48 轻集料的堆积密度等级（GB/T 17431.1—1998）

堆积密度等级												
堆积密度等级	轻粗集料	200	300	400	500	600	700	800	900	1 000	—	—
	轻细集料	—	—	—	500	600	700	800	900	1 000	1 100	1 200
堆积密度范围（kg/m^3）		110~300	210~300	310~400	410~500	510~600	610~700	710~800	810~900	900~1 000	1 000~1 100	1 100~1 200

（3）筒压强度与强度等级　轻集料混凝土的强度与轻粗集料本身的强度、砂浆强度及轻粗集料与砂浆界面的粘结强度有关。由于轻粗集料多孔、粗糙，界面粘结强度较高，故轻集料混凝土的强度取决于轻粗集料本身强度和砂浆强度。在某一定的范围内，随着砂浆强度的增加，轻集料混凝土的强度也随之增长，轻粗集料不影响轻集料混凝土的强度；当砂浆强度进一步增长时，轻集料混凝土的强度增长不大，甚至不再增长，这主要是由于轻粗集料本身的强度较小，妨碍了轻集料混凝土强度的进一步提高。

轻集料的强度采用“筒压法”来测定。它是将粒径为 10~20mm 烘干的轻集料装入 ϕ115mm×100mm 的带底圆筒内，上面加上 ϕ113mm×70mm 的冲压模，取冲压模被压入深度为 20mm 时的压力值，除以承压面积（100mm^2），即为轻集料的筒压强度值。

筒压强度是一项间接反映轻粗集料强度的指标，并没有反映出轻集料在混凝土中的真实强度，因此，轻粗集料的强度还采用强度等级来表示。轻粗集料的强度等级是将轻粗集料按规定试验方法配制的轻集料混凝土合理强度的上限值。轻粗集料的筒压强度和强度等级应满足表6-49和表6-50的规定。此外，轻粗集料的软化系数应大于0.80。

表6-49 超轻粗集料的筒压强度（GB/T 17431.1—1998）

超轻集料品种	密度等级	筒压强度（MPa）		
		优等品	一等品	合格品
黏土陶粒 页岩陶粒 粉煤灰陶粒	200	0.3	0.2	
	300	0.7	0.5	
	400	1.3	1.0	
	500	2.0	1.5	
其他超轻粗集料	≤500	—		

表6-50 轻粗集料的筒压强度和强度等级（GB/T 17431.1—1998）

密度等级	黏土陶粒、页岩陶粒、粉煤灰陶粒			浮石、火山渣、煤渣		自燃煤矸石、膨胀矿渣珠		高强轻粗集料	
	筒压强度（MPa）							筒压强度（MPa）	强度等级（MPa）
	优等品	一等品	合格品	一等品	合格品	一等品	合格品		
600	3.0	2.0		1.0	0.8	无此粒级		4.0	25
700	4.0	3.0		1.2	1.0			5.0	30
800	5.0	4.0		1.5	1.2			6.0	35
900	6.0	5.0		1.8	1.5	3.5	3.0	7.0	40
1 000	无此粒级			无此粒级		4.0	3.5	无此粒级	
1 100						4.5	4.0		

（4）吸水率　轻集料的吸水率较普通集料大。吸水速度快，1h吸水率可达24h吸水率的62%～94%；同时，由于毛细管的吸附作用，释放水的速度却很慢。一般情况下，轻集料的吸水性显著影响轻集料混凝土拌合物的和易性和水泥浆的水灰比以及硬化后轻集料混凝土的强度。轻集料的堆积密度越小，吸水率越大。轻粗集料的吸水率应满足表6-51的要求。

表6-51 轻粗集料的吸水率（GB/T 17431.1—1998）

轻集料类别	超轻集料				普通轻集料						高强轻集料	
	黏土陶粒、页岩陶粒 粉煤灰陶粒				黏土陶粒 页岩陶粒	粉煤灰 陶粒	煤渣	自燃 煤矸石	膨胀 矿渣珠	天然 轻集料	黏土陶粒 页岩陶粒	粉煤灰 陶粒
密度等级	200	300	400	500	600～900	600～900	600～900	600～900	600～1 000	—	600～900	600～900
吸水率（%）	30	25	20	15	10	22	10	10	15	不作规定	8	15

此外，对轻集料的抗冻性、体积安定性、有害成分含量等国家标准也作了具体规定。

6.11.1.2 轻集料混凝土的性质

1. 和易性

影响轻集料混凝土和易性的因素同普通混凝土的相似，但轻集料对和易性有很大的影响。由于轻集料会吸收混凝土拌合料中的水分，即总用水量中有一部分未起到润滑和提高流动性的作用，将这部分被轻集料吸收的水量称为附加用水量，其余部分称为净用水量（net water content）。标准规定，附加用水量为轻集料1h的吸水量，轻集料混凝土的水灰比用净水灰比（net water-cement ratio）表示，即净用水量与水泥用量的比值。将总用水量与水泥用量之比称为总水灰比（total water-cement ratio）。轻集料混凝土的流动性主要取决于净用水量，轻集料混凝土净用水量可参考表6-52。轻集料混凝土和易性也受砂率的影响，轻集料混凝土的砂率用体积砂率表示，分为密实体积砂率（即细集料的自然状态体积占粗、细集料自然状态体积之和的百分率）、松散体积砂率（即细集料的堆积体积占粗、细集料堆积体积之和的百分率）。轻集料混凝土的砂率一般高于普通混凝土，见表6-53。当采用易破碎的轻砂时（如膨胀珍珠岩），砂率明显较高，且粗、细集料的总体积（两者堆积体积之和）也较大，参见表6-54。采用普通砂时，流动性较高，且可提高轻集料混凝土的强度，降低干缩与徐变变形，但会明显增大其绝干体积密度，并降低其保温性。

表6-52　轻集料混凝土净用水量（JGJ 51—2002）

轻集料混凝土用途		维勃稠度（s）	坍落度（mm）	净用水量（kg/m^3）
预制构件及制品	振动加压成型	10～20	—	45～140
	振动台成型	5～10	0～10	140～180
	振捣棒或平板震动器振实	—	30～80	165～215
现浇混凝土	机械振动	—	50～100	180～225
	人工振动或钢筋密集	—	≥80	200～230

注：1. 表中值适用于圆球型和普通型轻粗集料，对于碎石型轻粗集料，宜增加10kg左右的用水量；
2. 掺加外加剂时，宜按其减水率适当减少用水量，并按施工稠度要求进行调整；
3. 表中值适用于砂轻混凝土；若使用轻砂时，宜取轻砂1h吸水率为附加水量；若无轻砂吸水率数据时，可适当增加用水量，并按施工稠度要求进行调整。

表6-53　轻集料混凝土的砂率（JGJ 51—2002）　　%

轻集料混凝土用途	普通砂	轻砂
预制构件	30～40	35～50
现浇混凝土	35～45	—

注：1. 当混合使用普通砂和轻砂作细集料时，宜取中间值，宜按普通砂和轻砂的混合比例进行插入计算；
2. 采用圆球型轻粗集料时，宜取表中值下限；采用碎石型时，则取上限。

表6-54　粗细集料总体积（JGJ 51—2002）　　m^3

轻粗集料粒型	普通砂	轻　砂
圆球型	1.10～1.40	1.25～1.50
普通型	1.10～1.50	1.30～1.60
碎石型	1.10～1.60	1.35～1.65

2. 强度

轻集料混凝土的强度等级用LC和抗压强度标准值表示，划分有LC5.0、LC7.5、LC10、LC15、LC20、LC25、LC30、LC35、LC40、LC45、LC50、LC55、LC60等级别。

轻集料的品种多、性能差异大。因此，影响轻集料混凝土强度的因素也较为复杂，主要为水泥强度、净水灰比和轻粗集料本身的强度。

轻集料表面粗糙或多孔，具有吸水与返水特性，即在搅拌与成型过程中能降低粗集料周围的水灰比（或水胶比），在后期则向水泥石持续提供水泥水化用水，对混凝土起到自养护作用。因而使轻集料与水泥石的界面粘结强度大大提高，界面不再是最薄弱环节。

采用某种轻集料配制混凝土时，当水泥石强度较低时，裂纹首先在水泥石中产生；随着水泥石强度的提高，当两者接近时，裂纹几乎同时在水泥石和轻粗集料中产生；进一步再提高水泥石强度，裂纹首先在轻粗集料中产生。因此，轻集料混凝土的强度随着水泥石强度的提高而提高，但提高到某一强度值即轻粗集料的强度等级后，即使再提高水泥石强度，由于受轻粗集料强度的限制，轻集料混凝土的强度提高甚微。

在水泥用量和水泥石强度一定时，轻集料混凝土的强度随着轻集料本身强度的降低而降低。轻集料用量越多、堆积密度越小、粒径越大，则轻集料混凝土强度越低。轻集料混凝土的体积密度越小，强度越低。

轻集料混凝土的水泥用量与强度有着密切的关系。水泥用量过少不利于强度，过多则增加轻集料混凝土的体积密度和收缩，且强度也不再提高。不同强度等级轻集料混凝土的水泥用量，可参考表6-55。

表6-55　轻集料混凝土的水泥用量（JGJ 51—2002）　　kg/m³

混凝土配制强度（MPa）	轻粗集料密度等级						
	400	500	600	700	800	900	1 000
<5.0	260~320	250~300	230~280				
5.0~7.5	280~360	260~340	240~320	220~300			
7.5~10		280~370	260~350	240~320			
10~15			280~350	260~340	240~330		
15~20			300~400	280~380	270~370	260~360	250~350
20~25				330~400	320~390	310~380	300~370
25~30				380~450	370~440	360~430	350~420
30~40				420~500	390~490	380~480	370~470
40~50					430~530	420~520	410~510
50~60					450~550	440~540	430~530

注：1. 表中横线以上为采用32.5级水泥时水泥用量值；横线以下为采用42.5级水泥时的水泥用量值。

2. 表中下限值适用于圆球型和普通型轻粗集料；上限值适用于碎石型轻粗集料及全轻混凝土。

3. 最高水泥用量不宜超过550kg/m³。

3. 轻集料混凝土的其他性质

轻集料混凝土按绝干体积密度，划分为800、900、1 000、1 100、1 200、1 300、1 400、1 500、1 600、1 700、1 800、1 900十二个等级，见表6-56。

表 6-56 轻集料混凝土的密度等级（JGJ 51—2002）

密度等级	600	700	800	900	1 000	1 100	1 200	1 300	1 400	1 500	1 600	1 700	1 800	1 900
干体积密度变化范围（kg/m^3）	560 ~ 650	660 ~ 750	760 ~ 850	860 ~ 950	960 ~ 1 050	1 060 ~ 1 150	1 160 ~ 1 250	1 260 ~ 1 350	1 360 ~ 1 450	1 460 ~ 1 550	1 560 ~ 1 650	1 660 ~ 1 750	1 760 ~ 1 850	1 850 ~ 1 950

由于轻集料本身弹性模量低，因而轻集料混凝土的弹性模量较低，约为同强度等级普通混凝土的50% ~70%，即轻集料混凝土的刚度小，变形较大，但这一特征使轻集料混凝土具有较高的抗震性或抵抗动荷载的能力。

轻集料混凝土的导热系数较小，具有较好的保温能力，适合用作围护材料或结构保温材料。轻集料混凝土的导热系数主要与其体积密度有关，体积密度为800 ~ 1 900kg/m^3 时，导热系数为0. 23 ~1. 01W/（m·K）。

轻集料混凝土的净水灰比小，加之轻集料对水泥的自养护作用，使水泥石的密实度高，水泥石与轻集料界面的粘结良好，因而轻集料混凝土的耐久性较同强度等级的普通混凝土高。但强度等级低的，特别是采用炉渣、煤矸石配制的轻集料混凝土抗冻性相对较差。不同使用条件下轻集料混凝土的抗冻性应满足表 6-57 的要求。轻集料混凝土的最大水灰比和最小水泥用量须满足表 6-58 的规定。

表 6-57 轻集料混凝土的抗冻等级要求（JGJ 51—2002）

使用条件	非采暖地区	采暖地区		非采暖地区
		相对湿度≤60%	相对湿度≥60%	
抗冻等级	F15	F25	F35	F15

表 6-58 轻集料混凝土的最大水灰比和最小水泥用量（JGJ 51—2002）

混凝土所处环境条件	最大水灰比	最小水泥用量（kg/m^3）	
		素混凝土	配筋混凝土
不受风雪影响混凝土	不作规定	200	260
受风雪影响的露天混凝土；位于水中及水位升降范围内的混凝土和潮湿环境中的混凝土	0. 70	225	280
寒冷地区水位升降范围内的混凝土和受水压或除冰盐作用的混凝土	0. 55	250	280
严寒地区和寒冷地区位于水位升降范围内和受硫酸盐、除冰盐等腐蚀的混凝土	0. 50	300	300

注：1. 严寒地区指最寒冷月份的平均气温低于 -15℃，寒冷地区指最寒冷月份的平均气温处于 -5℃ ~ -15℃者；

2. 水泥用量不包括掺合料；

3. 寒冷和严寒地区用轻集料混凝土应掺入引气剂，其含气量宜为5% ~8%。

需要指出的是，人造轻集料及轻集料混凝土的价格虽高于普通砂、石和普通混凝土，但其自重小，保温隔热性好，可降低基础造价、建筑能耗、材料运输量等，因而也能取得较好的经济效益和社会效益。

与普通混凝土相比，轻集料混凝土具有轻质、高强、抗震性好、保温隔热性好及耐久性优良等特点，可应用于各种土木工程中，尤其适用于高层建筑、高架桥与大跨度桥梁、水工工程、海洋工程；高寒及炎热地区、软土地基区、地震多发区、碱-集料反应多发区、受化学介质侵蚀地区的土木工程及某些遭受腐蚀破坏建筑的加固、修复与扩建改造工程，应用轻集料混凝土更能显示其优越性。

6.11.1.3　轻集料混凝土配合比设计

轻集料混凝土配合比设计大多是参考普通混凝土配合比设计方法，并考虑到轻集料及轻集料混凝土的特点，依据经验和通过实验试配来确定。

轻集料混凝土配合比设计的基本要求，除要求满足和易性、强度、耐久性、设计要求的干体积密度及经济性外，有时还要满足其他性能，如导热系数、弹性模量等。

配合比设计前，首先须根据设计要求的强度等级、体积密度和用途，确定粗、细集料的品种、堆积密度等级和轻粗集料的最大粒径。

配合比设计步骤如下：

1. 确定配制强度 $f_{cu,0}$

轻集料混凝土配制强度按下式确定：

$$f_{cu,0} = f_{cu,k} + 1.645\sigma$$

σ 可通过计算取值（生产单位如有25组以上的轻集料混凝土抗压强度资料时）或参考表6-59取值（生产单位如无强度资料时）。

表6-59　σ 取值表（JGJ 51—2002）

强度等级	<LC20	LC20～LC35	>LC35
σ	4.0	5.0	6.0

2. 确定总用水量

净用水量根据轻粗集料的粒型、轻集料混凝土的流动性，查表6-52选取，则总用水量为：

$$m_{wt0} = m_{wn0} + m_{wa0}$$

式中　m_{wt0}——每 $1m^3$ 混凝土的总用水量，kg；

m_{wn0}——每 $1m^3$ 混凝土的净用水量，kg；

m_{wa0}——每 $1m^3$ 混凝土的附加用水量，kg。

3. 确定水泥用量

根据配制强度与轻粗集料的堆积密度等级，查表6-55选取，且须满足表6-58的要求。

4. 确定砂率

根据细集料的品种、轻粗集料的粒型，查表6-53选取。

5. 确定粗、细集料用量

（1）体积法　轻砂混凝土宜采用此法，即各组成材料的体积之和等于混凝土的体积。由此假定与密实砂率可得下述方程：

$$V_{s0} = \left[1 - \left(\frac{m_{c0}}{\rho_c} + \frac{m_{wn0}}{\rho_w}\right) \div 1\,000\right] \times \beta_{sv}$$

$$V_{g0} = \left[1 - \left(\frac{m_{c0}}{\rho_c} + \frac{m_{wn0}}{\rho_w} + \frac{m_{s0}}{\rho_{s0}}\right) \div 1\,000\right]$$

$$m_{s0} = V_{s0} \times \rho_{s0} \qquad m_{g0} = V_{g0} \times \rho_{g0}$$

式中　V_{s0}——为细集料的体积，对于普通砂为不含开口孔隙的体积，对于轻砂为含所用孔隙的自然状态体积（但不含颗粒间的空隙体积），m^3；

V_{g0}——轻粗集料的自然状态体积（含所有孔隙，但不含颗粒间的空隙体积），m^3；

m_{c0}、m_{wn0}、m_{s0}、m_{g0}——每立方米轻集料混凝土的水泥用量、净用水量，细集料用量、粗集料用量，kg；

ρ_c、ρ_w、ρ_{s0}、ρ_{g0}——分别为水泥、水的密度和轻粗集料、轻细集料的体积密度（如使用普通砂则为表观密度），kg/m^3；

β_{sv}——体积砂率。

（2）松散体积法　采用膨胀珍珠岩砂的轻混凝土宜使用此法。根据粗细集料的总体积 V'_{t0}（按表6-54选取）与松散体堆积体积砂率可得下式：

$$V'_{s0} = V'_{t0} \times \beta'_{sv} \text{ 或 } m_{s0} = V'_{s0} \times \rho'_{s0} = V'_t \times \beta'_{sv} \times \rho'_{s0}$$

$$V'_{g0} = V'_{t0} - V'_{s0} \text{ 或 } m_{g0} = (V'_{t0} - V'_{s0}) \times \rho'_{g0}$$

式中　V'_{t0}、V'_{s0}、V'_{g0}——分别为粗细集料总的松散堆积体积、细集料松散堆积体积、粗集料的松散堆积体积，m^3；

β'_{sv}——松散堆积体积砂率，%；

ρ'_{s0}、ρ'_{g0}——分别为轻细集料、轻粗集料的松散堆积密度，kg/m^3。

6. 计算混凝土的绝干体积密度 ρ_{0d}

$$\rho_{0d} = 1.15 m_{c0} + m_{g0} + m_{s0}$$

式中　1.15——水泥水化结合水系数。

将计算得的绝干体积密度 ρ_{0d} 与设计要求的绝干体积密度进行比较。如其误差大于2%，则应重新调整和计算配合比。

7. 配合比的检验与调整

（1）以上述配合比为基础，再选取与之相差±10%的两个相邻的水泥用量，用水量不变，砂率可作适当调整，分别拌制三组混凝土。测定拌合物的流动性，调整用水量直到流动性合格。之后测三组拌合料的湿体积密度，并制成试块。以既能达到设计要求的混凝土配制强度和绝干体积密度，又具有最小水泥用量的配合比作为选定的配合比。

（2）根据实测混凝土拌合物的湿体积密度，计算校正系数 $\delta = \rho_{0t}/\rho_{0c}$

对选定配合比中的各材料用量分别乘以校正系数，即得轻集料混凝土的实验室配合比。施工配合比须考虑各材料的含水率。

6.11.1.4　轻集料混凝土施工中应注意的问题

轻集料混凝土宜采用强制式搅拌机搅拌，且搅拌时间应较普通混凝土略长，但不宜过长，以防较多的轻集料被搅碎而影响混凝土的强度和体积密度。由于轻集料轻质、表面粗糙，故轻集料混凝土拌合物在外观上较为干稠，且坍落度也较小。但在振动条件下，流动性较好，施工时应防止因外观判断错误而随意增加净用水量。轻集料混凝土的坍落度损失较大，拌合料应在搅拌后的45min内成型完毕。成型时为防止轻集科上浮造成分层、离析，宜采用加压振捣，且振动时间不宜过长，否则，会引起拌合物产生严重的分层、离析。

6.11.2　多孔混凝土（cellular concrete）

多孔混凝土是内部均匀分布着大量细小的气孔、不含集料（或仅含少量轻细集料）的轻混凝土。孔隙率可高达75%～80%。根据气孔产生的方法不同，多孔混凝土分为加气混凝土和泡沫混凝土。目前，加气混凝土应用较多。

6.11.2.1 加气混凝土（aired concrete）

加气混凝土是由磨细的硅质材料（石英砂、粉煤灰、矿渣、尾矿粉、页岩等)、钙质材料（水泥、石灰等)、发气剂（铝粉）和水等经搅拌、浇注、发泡、静停、切割和压蒸养护而得的多孔混凝土，属硅酸盐混凝土。

其成孔是因为发气剂在料浆中与氢氧化钙发生反应，放出氢气，形成气泡，使浆体形成多孔结构，反应式如下：

$$2Al+3Ca(OH)_2+6H_2O \longrightarrow 3CaO \cdot Al_2O_3 \cdot 6H_2O+3H_2 \uparrow$$

加气混凝土的体积密度一般为300～1 200kg/m^3，抗压强度为0.5～15MPa，导热系数为0.081～0.29W/（m·K)。用量最大的为500级（即$\rho_{0d}=500kg/m^3$)，其抗压强度为2.5～3.5MPa，导热系数为0.12W/（m·K)。加气混凝土可钉、刨，施工方便。

加气混凝土可制成砌块和条板，条板中配有经防腐处理的钢筋或钢丝网，用于承重或非承重的外墙、内墙或保温屋面等。500级的砌块可用于三层或三层以下房屋的横墙承重；700级的砌块可用于五层或五层以下房屋的横墙承重；板条可作用墙板或屋面板，兼有承重和保温作用，采用加气混凝土和普通混凝土可制成复合外墙板。

由于加气混凝土吸水率大、强度低，抗冻性F15较差，且与砂浆的粘结强度低，故砌筑或抹面时，须专门配制砌筑抹面砂浆；外墙面须采取饰面防护措施。此外，加气混凝土板材不宜用于高温、高湿或化学侵蚀环境。

6.11.2.2 泡沫混凝土（foam concrete）

泡沫混凝土是将水泥浆和泡沫拌合后，经硬化而得的多孔混凝土。泡沫由泡沫剂通过机械方式（搅拌或喷吹）而得。

常用泡沫剂有松香皂泡沫剂和水解血泡沫剂。松香皂泡沫剂是烧碱加水，溶入松香粉熬成松香皂，再加入动物胶液而成。水解血泡沫剂是新鲜畜血加苛性钠、盐酸、硫酸亚铁及水制成。上述泡沫剂使用时用水稀释，经机械方式处理即成稳定泡沫。

泡沫混凝土可采用自然养护，但常采用蒸汽或压蒸养护。自然养护的泡沫混凝土，水泥强度等级不宜低于32.5；蒸汽或压蒸养护泡沫混凝土常采用钙质材料（如石灰等）和硅质材料（如粉煤灰、煤渣、砂等）部分或全部代替水泥。例如石灰-水泥-砂泡沫混凝土、粉煤灰泡沫混凝土。

泡沫混凝土的性能及应用，基本上与加气混凝土相同。常用泡沫混凝土的干体积密度为400～600kg/m^3。

6.11.3 大孔混凝土（hollow concrete）

大孔混凝土是以粒径相近的粗集料、水泥和水等配制而成的混凝土。包括不用砂的无砂大孔混凝土和为提高强度而加入少量砂的少砂大孔混凝土。

大孔混凝土水泥浆用量很少，水泥浆只起包裹粗集料的表面和胶结粗集料的作用，而不是填充粗集料的空隙。

大孔混凝土的体积密度和强度与集料的品种和级配有很大的关系。采用轻粗集料配制时，体积密度一般为500～1 500kg/m^3，抗压强度为1.5～7.5MPa：采用普通粗集料配制时，体积密度一般为1 500～1 900kg/m^3，抗压强度为3.5～10MPa：采用单一粒级粗集料配制的大孔混凝土较混合粒级的大孔混凝土的体积密度小、强度低，但均质性好，保温性好。大孔混凝土导热系数较小，吸湿性较小，收缩较普通混凝土小30%～50%，抗冻性可达F15～F25，水泥用量仅150～200kg/m^3。

大孔混凝土常预制成小型空心砌块和板材，用于承重或非承重墙，大孔混凝土也用于现浇墙体等。南方地区主要使用普通集料大孔混凝土，北方地区则多使用轻集料大孔混凝土。

6.12 其他混凝土

6.12.1 防水混凝土（impermeable concrete）

防水混凝土又称抗渗性混凝土，是指抗渗性等级不小于P6的混凝土。

防水混凝土的配制原则为减少混凝土的孔隙率，特别是开口孔隙率；堵塞连通的毛细孔隙或切断连通的毛细孔，并减少混凝土的开裂；或使毛细孔隙表面具有憎水性。防水混凝土的水灰比或水胶比按表6-27选取。

防水混凝土的抗渗等级根据最大作用水头 H（水面至防水结构最低处的距离，m）与混凝土最小壁厚 a 的比值来选择，见表6-60。配制防水混凝土时应将抗渗压力提高0.2MPa。

表6-60 防水混凝土抗渗等级的选择

H/a	<10	10～20	>20
混凝土抗渗等级	P6	P8	P10～P20

目前，防水混凝土主要利用掺加减水剂、引气剂和防水剂等来实现，该法质量可靠，施工方便。配制时，应优先采用普通硅酸盐水泥或火山灰质硅酸盐水泥，水泥用量不宜小于300kg/m^3；水灰比不得大于0.60，砂率不宜小于35%；粗集料的最大粒径不宜大于37.5mm，粗集料的含泥量及泥块含量应分别小于1.0%、0.5%，细集料的含泥量及泥块含量应分别小于3.0%、1.0%，并应采用级配良好的粗、细集料。当采用引气剂配制防水混凝土时，混凝土拌合物的含气量应控制在3%～6%。

6.12.2 耐火混凝土与耐热混凝土（refractory concrete and heat-resisting concrete）

能长期经受高温（高于1 300℃）作用，并能保持所要求的物理力学性能的混凝土称为耐火混凝土。通常将在900℃以下使用的混凝土称为耐热混凝土。耐火混凝土和耐热混凝土是由适当的胶凝材料、耐火的粗、细集料及水等组成。

6.12.2.1 硅酸盐水泥耐火混凝土与耐热混凝土

硅酸盐水泥耐火混凝土与耐热混凝土是由普通硅酸盐水泥或矿渣硅酸盐水泥为胶凝材料，以安山岩、玄武岩、重矿渣、黏土砖、铝矾土熟料、铬铁矿、烧结镁砂等耐热材料为粗、细集料，并以磨细的烧黏土、砖粉、石英砂等作为耐热掺合料，加入适量水配制而成。耐热掺合料中的氧化硅和氧化铝在高温下可与氧化钙作用，生成稳定的无水硅酸盐和铝酸盐，提高了混凝土的耐热性。硅酸盐水泥耐火混凝土的极限使用温度为900～1 200℃。

6.12.2.2 铝酸盐水泥耐火混凝土与耐热混凝土

铝酸盐水泥耐火混凝土与耐热混凝土是由高铝水泥或低钙铝酸盐水泥，耐火掺合料，耐火粗、细集料及水等配制而成。这类水泥石在300～400℃时，强度急剧降低，但残留强度保持不变，当温度达到1 100℃后，水泥石中的化学结合水全部脱出而烧结成陶瓷材料，强度又重新提高。铝酸盐耐火混凝土的极限使用温度为1 300℃。

6.12.2.3 水玻璃耐火混凝土与耐热混凝土

水玻璃耐火混凝土与耐热混凝土是由水玻璃、氟硅酸钠、耐火掺合料、耐火集料等配制而成。所用的掺合料和耐火粗、细集料与硅酸盐水泥耐火混凝土基本相同。水玻璃耐火混凝土的极限使用温度为1 200℃。

6.12.2.4 磷酸盐耐火混凝土与磷酸盐耐热混凝土

磷酸盐耐火混凝土与磷酸盐耐热混凝土是由磷酸铝或磷酸为胶凝材料，铝矾土熟料为粗、细集料，磨细铝矾土为掺合料，按一定比例配制而成的耐火混凝土。磷酸盐耐火混凝土具有耐火度高、高温强度及韧性高、耐磨性好等特点，极限使用温度为1 500～1 700℃。

6.12.3 耐酸混凝土（acid-resisting concrete，or acid-proof concrete）

常用的耐酸混凝土为水玻璃耐酸混凝土。水玻璃耐酸混凝土是由水玻璃、氟硅酸钠促硬剂、耐酸粉料及耐酸粗、细集料等配制而成。常用的耐酸粉料为石英粉、安山岩粉、辉绿岩粉、铸石粉、耐酸陶瓷粉等；常用的耐酸粗、细集料为石英岩、辉绿岩、安山岩、玄武岩、铸石等。市场上销售的耐酸水泥是掺有一定比例氟硅酸钠的石英粉，使用时必须用水玻璃拌制。

水玻璃耐酸混凝土的配合比一般为水玻璃∶耐酸粉料∶耐酸细集料∶耐酸粗集料＝0.6～0.7∶1∶1∶1.5～2.0，氟硅酸钠的掺量为12%～15%。水玻璃模数和密度的要求参见第4章。水玻璃耐酸混凝土可抵抗除氢氟酸、300℃以上的磷酸、高级脂肪酸以外的所有中等浓度以上的无机酸和有机酸以及绝大多数的酸性气体。由于水玻璃混凝土的耐水性较差，因而水玻璃混凝土的耐稀酸腐蚀性较差，为弥补这一缺陷，可在使用前用中等浓度以上酸对水玻璃混凝土进行酸洗数次，或用中等浓度酸浸泡水玻璃混凝土。

耐酸混凝土也可使用沥青、硫磺、合成树脂等来配制。

6.12.4 硅酸盐混凝土（calcium silicate concrete，or lime-silicate concrete）

硅酸盐混凝土是由磨细硅质材料、石灰、石膏、水等材料，有时还加入适量的细集料，经蒸汽养护或压蒸养护而得的人造石材。硅质材料中的氧化硅及少量的氧化铝在高温下与石灰和石膏发生水化，生成水化硅酸钙、水化铝酸钙及水化硫铝酸钙等，因而具有一定的强度。常用的硅质材料为粉煤灰、矿渣、硅质砂等。硅酸盐混凝土制品一般以所用的硅质材料来命名，如粉煤灰硅酸盐混凝土、矿渣硅酸盐混凝土、灰砂硅酸盐混凝土等。

硅酸盐混凝土主要用来生产各种密实或多孔（机械方式形成的10mm以上的大孔洞或发气而得的1.0mm以下的小孔）的实心砖与多孔砖、空心砌块与加气砌块、加气板材等（硅酸盐混凝土实心砖与多孔砖、空心砌块见第13章）。

硅酸盐混凝土砖及砌块的用途与烧结普通砖基本相同，但不宜用于有化学侵蚀或有流水作用的环境，也不宜用于受高温作用的环境。硅酸盐混凝土轻质板材主要用于墙体材料和屋面材料。硅酸盐混凝土制品与砂浆的粘结力较低，只有烧结普通砖的1/4～1/2。

6.12.5 泵送混凝土与自密实混凝土（pumped concrete and self-compacting concrete）

泵送混凝土是指坍落度一般为100mm以上，可用混凝土泵输送的混凝土。泵送混凝土除具有良好的流动性外，还具有良好的黏聚性和保水性。自密实混凝土（SCC）是指坍落度为240mm以上，坍落扩展度为550～750mm的混凝土，通常也采用泵送方式施工。它与泵送混凝土的区别是具有更高的流动性、黏聚性、保水性，并具有良好的钢筋间隙通过性。

6.12.5.1 泵送混凝土

泵送混凝土一般是在坍落度为80～120mm的基准混凝土中掺入泵送剂而获得，泵送剂可采用同掺法或后掺法加入。

泵送混凝土应具有良好的流动性、黏聚性和保水性，在泵压力作用下也不应产生离析和泌水，否则将会堵塞混凝土输送管道。坍落度和压力泌水率是影响混凝土拌合物可泵性的重要指标。30m以下泵送高度时，坍落度应在100～140mm，泵送高度在100m以上时，坍落度应在180～200mm；10s时的相对压力泌水率S_{10}不宜超过40%。此外，混凝土拌合物的含气量应控制在2.5%～4.0%。

配制泵送混凝土时，须加入泵送剂和矿物掺合料，水泥或胶凝材料总量不宜小于300kg/m^3，砂率应在38%～45%。所用碎石的最大粒径不应大于输送管道内径的1/3，卵石的最大粒径不应大于输送管道内径的2/5，当输送高度在50～100mm时，宜在1/3～1/4，当输送高度在100mm以上时，宜在1/4～1/5；粗集料应选用连续级配（各级累计筛余量应尽量落在级配区的中间值附近），且粗集料的针片状含量应小于10%；细集料宜采用中砂，级配应符合Ⅱ区，且0.30mm筛孔上的通过量不应少于15%。

6.12.5.2 自密实混凝土

自密实混凝土的主要特点是流动性大，钢筋间隙通过能力强，具有自密实性，成型时不需振捣，并且不会出现离析、分层和泌水现象。由于高效减水剂的使用，虽然自密实混凝土的流动性很大，但其用水量与水灰比仍较小，因而易获得高强、高抗渗性及高耐久性的混凝土。

为保证自密实混凝土具有高流动性、高抗离析性和高保塑性，配制时必需掺加高效泵送剂或用高效减水剂等配制的专用外加剂，其28d收缩率比不宜大于100%；同时必须掺加矿物掺合料。胶凝材料总用量一般在450kg/m^{3}以上，但应小于550kg/m^3；粗集料的最大粒径一般不宜超过19mm，针片状含量宜小于10%，空隙率宜小于40%，粗集料用量按松散体积计在0.5～0.6m^{3}为宜；同时宜采用中砂，且小于0.30mm的细集料含量应较高，砂率应宜在42%～48%；用水量宜小于200kg/m^3，对高耐久性自密实混凝土宜小于175kg/m^3。

自密实混凝土的和易性除前述的坍落度、坍落扩展度和流动时间T_{500}外，还包括间隙通过性（通过钢筋间隙的性质）、抗离析性，两者通过L型仪或U型仪检测性能，其示意图见图6-30、图6-31。抗离析性也可通过稳定跳桌试验测试（该法采用ϕ115mm×100mm的三节钢制圆筒，通过活动扣件固定为高度300mm的整体。将混凝土拌合物装入筒内并抹平后，放在振幅为25mm±2mm的跳桌上，以每秒跳动1次，共跳动25次。之后在5mm的圆孔筛上用水分别冲洗各段混凝土拌合物，测定上段、中段、下段混凝土中粗集料的湿质量m_1、

m_2、m_3，计算振动离析率 $f_m = \dfrac{m_3 - m_1}{(m_1 + m_2 + m_3)/3} \times 100\%$。自密实混凝土的填充性、间隙通过性、抗离析性等和易性指标应满足表 6-61 的要求。

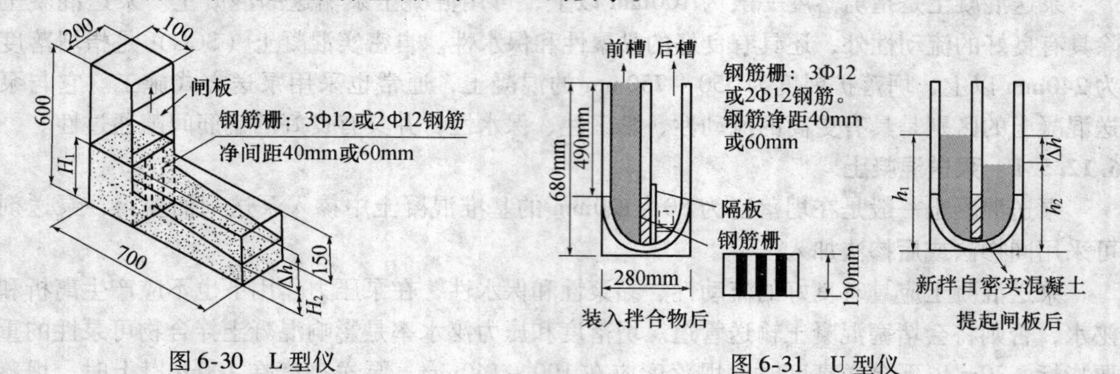

图 6-30　L 型仪　　　　图 6-31　U 型仪

表 6-61　自密实混凝土和易性指标（CCES 02—2004）

序号	测试方法	和易性级别	指标要求		检测性能	和易性指标选用
1	坍落扩展度（SF）	Ⅰ级	$650\text{mm} \leqslant SF \leqslant 750\text{mm}$		填充性	1. 对于密集配筋构件或厚度小于 100mm 的混凝土加固工程，拌合物和易性指标按Ⅰ级指标要求； 2. 对于钢筋最小间距超过粗集料最大粒径 5 倍的混凝土构件或钢管混凝土构件，拌合物和易性指标按Ⅱ级指标要求。
		Ⅱ级	$550\text{mm} \leqslant SF \leqslant 650\text{mm}$			
2	T_{500} 流动时间		$2\text{s} \leqslant T_{500} \leqslant 5\text{s}$		填充性	
3	L 型仪（H_2/H_1）	Ⅰ级	钢筋净距 40mm	$H_2/H_1 \geqslant 0.80$	间隙通过性 抗离析性	
		Ⅱ级	钢筋净距 60mm			
4	U 型仪（Δh）	Ⅰ级	钢筋净距 40mm	$\Delta h \leqslant 30\text{mm}$	间隙通过性 抗离析性	
		Ⅱ级	钢筋净距 60mm			
5	拌合物稳定性跳桌试验（f_m）		$f_m \leqslant 10\%$		抗离析性	

泵送混凝土与自密实混凝土可大大改善施工条件，减少劳动量，且施工效率高、工期短，主要用于高层建筑、大型建筑等的基础、楼板、墙板及地下工程。自密实混凝土特别适合用于配筋密列、混凝土浇注或振捣困难的部位。

6.12.6　预拌混凝土（ready-mixed concrete）

预拌混凝土指水泥、集料、水以及根据需要掺入的外加剂、矿物掺合料等组分按一定比例，在搅拌站经计量、拌制后出售的并采用运输车，在规定时间内运至使用地点的混凝土拌合物，又称商品混凝土。如有必要，可在运送至卸料地点前再次加入适量减水剂等外加剂进行搅拌。商品混凝土是由设备相对优良（如双卧轴强制式搅拌机）的固定式搅拌站拌制的，其计量、拌合等工艺优于现场搅拌设备，因而混凝土的质量相对较高，并且材料浪费少，对环境影响小。

预拌混凝土分为通用品和特制品，通用品指坍落度不大于 180mm，粗集料最大公称粒径（圆孔筛尺寸）为 20、25、31.5、40mm，强度等级不大于 C50 的混凝土；特制品指坍落度大于 180mm，粗集料最大公称粒径（圆孔筛尺寸）小于 20mm 或大于 40mm，强度等级为 C55 ~ C80 的混凝土。

坍落度大于 80mm 的混凝土拌合料需采用混凝土搅拌运输车运送，运输途中搅拌筒应保持3～5r/min的低转速，卸料前应中、高速旋转搅拌筒以使混凝土拌合均匀；坍落度小于80mm的混凝土拌合物可使用翻斗车运送，并应保证运送容器不漏浆，内壁光滑平整，易于卸料，并具有覆盖设施。采用搅拌运输车运送和翻斗车时，运送时间应分别按1.5h、1.0h考虑，温度低于25℃时，可分别延长0.5h。

坍落度大于80mm的商品混凝土，应按泵送混凝土或自密实混凝土进行，但应充分考虑到混凝土的运距和拌合物坍落度经时损失，以保证能够顺利卸料、泵送、浇注和成型。

6.12.7　高强混凝土（high strength concrete，HSC）

C60以上的混凝土称为高强混凝土。

配制高强混凝土时，应选用质地坚实的粗、细集料。粗集料的最大粒径一般不宜大于19mm，当混凝土强度相对较低时，也可放宽到26.5～31.5mm，但当强度高于C70以上时，最大粒径应小于19mm，同时粗集料的压碎指标必须小于10%。细集料宜使用细度模数大于2.7的中砂。此外粗、细集料的级配应合格，泥及其他杂质的含量应少，必要时须进行清洗。

应使用不低于42.5的硅酸盐水泥或普通硅酸盐水泥，同时应掺加高效减水剂，且水泥用量不应超过550kg/m^3，胶凝材料总量不应超过600kg/m^3。高于C70以上的高强混凝土或大流动性的高强混凝土，须掺加硅灰或其他掺合料。高强混凝土的水胶比须小于0.32，砂率应为30%～35%，但泵送与自密实高强混凝土的砂率应适当增大。高强混凝土在成型后应立即覆盖或采取保湿措施。高强混凝土的抗拉强度与抗压强度的比值较低，而脆性较大。高强混凝土的密实度很高，因而高强混凝土的抗渗性、抗冻性、抗侵蚀性等耐久性均很高，其使用寿命大大超过一般的混凝土。高强混凝土主要用于高层、大跨、桥梁等建筑的混凝土结构以及薄壁混凝土结构、预制构件等。

6.12.8　高性能混凝土（high performance concrete，HPC）

高性能混凝土目前还没有统一的定义，但它是以耐久性作为主要设计指标，按使用环境、用途和施工方式的不同，针对性地保证混凝土的体积稳定性（即混凝土在凝结硬化过程中的沉降与塑性开裂、温升与温度变形、自收缩、干缩、徐变等）、耐久性（抗渗性、抗冻性、抗侵蚀性、碳化、碱-集料反应、磨损等）、强度、抗疲劳性、和易性、适用性等的一种长使用寿命的混凝土。除耐久性和体积稳定性外，高性能混凝土的其他性能可以随使用环境、用途和施工方式的不同而变化，但多数情况下其流动性应达到大流动性，强度应不低于C30（有学者认为应达到C50或C60，或水胶比小于0.35）。

高性能混凝土用集料的针片状含量应小，粒径不宜超过26.5mm，级配要好，黏土等杂质要少，同时必须掺加高效减水剂、掺加较大量或大量的适当细度的活性矿物掺合料，并且宜掺加引气剂。此外，还需控制混凝土的拌合用水量不应过多，浆集比应在35:65左右，以此来保证混凝土拌合物的和易性更好，体积稳定性、密实度、强度和耐久性更高。

使用轻集料的高性能混凝土，称为高性能轻集料混凝土，它具有更高的耐久性。

高性能混凝土因具有相当高的耐久性，其使用寿命可达100～150年以上。高性能混凝土特别适合用于大型基础建设，如高速公路、桥梁、隧道、核电站以及海洋工程与军事工程等。

6.12.9　喷射混凝土（spray concrete，or shotcrete）

喷射混凝土是利用压缩空气，将配制好的混凝土拌合物通过管道高速喷射到受喷面（模板、旧建筑物等）上凝结硬化而成的一种混凝土。喷射混凝土一般须掺加速凝剂。

喷射混凝土按喷射方式分为干喷法和湿喷法。干喷法是将混凝土干拌合物（水泥、砂、石）利用压缩空气输送至喷嘴处，在喷嘴处加水后喷出。速凝剂可干掺入干拌合物中或掺入水中。干喷法的设备简单，但喷射时空气中粉尘含量高，施工条件恶劣，且混凝土的喷射回弹率高。湿喷法是将混凝土拌合物利用压缩空气输送至喷嘴处，在喷嘴处加入掺有速凝剂的水后喷出。湿喷法的设备较为复杂，但喷射时空气中粉尘含量少，回弹率较小（5% ~10%）。

喷射混凝土宜选用普通硅酸盐水泥，并选用级配好的粗、细集料，粗集料的最大粒径不应超过19mm（且应与喷射机管道内径相匹配），细集料应为中砂。速凝剂的作用是使混凝土在几分钟内就凝结，以增加一次喷射的厚度，特别是增加向上喷射的厚度，并能减少回弹率，此外还能提高混凝土的早期强度，但使后期强度降低。为改善混凝土的性能还可掺加减水剂、引气剂等。

喷射混凝土的抗压强度为25 ~40MPa，抗拉强度为2.0 ~2.5MPa。由于高速喷射于基层材料上，因而混凝土与基层材料能紧密地粘结在一起，故喷射混凝土与基层材料的粘结强度高，如与混凝土的粘结强度可接近于混凝土的抗拉强度。喷射混凝土具有较高的抗渗性（0.7MPa以上）和良好的抗冻性（F200以上）。喷射混凝土主要用于隧道工程、地下工程等的支护，坡边、坝堤等岩体工程的护面，薄壁与薄壳工程，修补与加固工程等。

6.12.10 纤维混凝土（fibre reinforced concrete，FRC）

纤维增强混凝土（简称纤维混凝土）是指掺有纤维材料的混凝土，也称水泥基纤维复合材料。纤维均匀分布于混凝土中或按一定方式分布于混凝土中，从而起到提高混凝土的抗拉强度或冲击韧性的作用。常用的高弹性模量纤维有钢纤维、玻璃纤维、石棉、碳纤维等，高弹性模量纤维在混凝土中可起到提高混凝土抗拉强度、刚度及承担动荷载能力的作用。常用的低弹性模量纤维有尼龙纤维、聚丙烯纤维以及其他合成纤维或植物纤维，低弹性模量纤维在混凝土凝结硬化过程中能起到限制混凝土早期塑性开裂的作用，但在硬化后混凝土中则不能起到提高强度的作用，而只起到提高混凝土韧性以及降低高温下爆裂的作用。纤维的弹性模量越高，其增强效果越好。纤维的直径越小，与水泥石的粘结力越强，增强效果越好，故玻璃纤维和石棉（直径小于10μm）的增强效果远远高于钢纤维（直径约0.35 ~0.75mm）。玻璃纤维和钢纤维是最常用的两种纤维。短切纤维的长径比（纤维的长度与直径的比值）是一项重要参数，长径比太大不利于搅拌和成型，太小则不能充分发挥纤维的增强作用（易将纤维拔出）。钢纤维的长径比宜为50 ~80，钢纤维长度与粗集料最大粒径的比宜为2.0 ~3.5，且粗集料的最大粒径不宜超过19mm。玻璃纤维通常制成玻璃纤维网、布，使用时采用人工或机械铺设；或将玻璃纤维制成连续无捻纤维，使用时采用喷射法施工。

玻璃纤维主要用于配制玻璃纤维水泥或砂浆（GFRC或GRC），而较少用于配制玻璃纤维混凝土（GRC）。普通玻璃纤维的抗碱腐蚀能力差，因而在玻璃纤维水泥中须使用抗碱玻璃纤维和低碱度的硫铝酸盐水泥。玻璃纤维水泥中纤维的体积掺量一般为4.5% ~5.0%，水灰比为0.5 ~0.6。玻璃纤维水泥的抗折破坏强度可达20MPa。玻璃纤维水泥主要用于护墙板、复合墙板的面板、波形瓦等。

钢纤维混凝土（SFRC或SRC）是纤维混凝土中用量最大的一种，有时也使用钢纤维砂浆。常用钢纤维的长度为20 ~40mm，长径比为60 ~80，其体积掺量一般为0.5% ~2.0%，掺量太大时难以搅拌。钢纤维混凝土的水泥用量一般为400 ~500kg/m^3，砂率一般为38% ~60%，水灰比为0.40 ~0.55，为节约水泥和改善和易性应掺加高效减水剂和混凝土掺合料。

钢纤维可使抗拉强度提高10% ~25%，使抗压强度略有提高，而使韧性大幅度提高，同时使混凝土的抗裂性、抗冻性等也有所提高。钢纤维混凝土主要用于薄板与薄壁结构、公路路面、机场跑道、桩头等有耐磨、抗冲击、抗裂性等要求的部位或构件，也可用于坝体、坡体等的护面。

6.12.11 聚合物混凝土（concrete-polymer material）

普通混凝土的最大缺陷是抗拉强度、抗裂性、耐酸碱腐蚀性以及其他耐久性较差，聚合物混凝土则在很大程度上克服了上述缺陷。

6.12.11.1 聚合物水泥混凝土（polymer-cement concrete，PCC）

聚合物水泥混凝土是由水泥、聚合物、粗集料及细集料等配制而成的混凝土。聚合物通常以乳液形式掺入，常用的为聚醋酸乙烯乳液、橡胶乳液、聚丙烯酸酯乳液等。聚合物乳液的掺量一般为5% ~25%，使用时应加入消泡剂。聚合物的固化与水泥的水化同时进行。聚合物使水泥石与集料的界面粘结得到大大的改善，并增加了混凝土的密实度，因而聚合物混凝土的抗拉强度、抗折强度、抗渗性、抗冻性、抗碳化性、抗冲击性、耐磨性、抗侵蚀性等较普通混凝土均有明显的改善。聚合物混凝土主要用于耐久性要求高的路面、机场跑道、某些工业厂房的地面以及混凝土结构的修补等。

6.12.11.2 聚合物浸渍混凝土（polymer impregnated concrete，PIC）

聚合物浸渍混凝土是将已硬化的混凝土浸入有机单体中，之后利用加热或辐射等方法使渗入到混凝土孔隙内的有机单体聚合，使聚合物与混凝土结合成一个整体。所用单体主要有甲基丙烯酸甲酯、苯乙烯、醋酸乙烯、乙烯、丙烯腈等，此外还需加入引发剂或交联剂等助剂。为增加浸渍效果，浸渍前可对混凝土进行抽真空处理。聚合物填充了混凝土内部的大孔、毛细孔隙及部分微细孔隙，包括界面过渡环中的孔隙和微裂纹。因此，浸渍混凝土具有极高的抗渗性（几乎不透水），并具有优良的抗冻性、抗冲击性、耐腐蚀性、耐磨性，抗压强度可达200MPa，抗拉强度可达10MPa以上。聚合物浸渍混凝土主要用于高强、高耐久性的特殊结构，如高压输气管、高压输液管、核反应堆、海洋工程等。

6.12.11.3 聚合物胶结混凝土（polymer-concrete，PC）

聚合物胶结混凝土又称树脂混凝土，是由合成树脂、粉料、粗集料及细集料等配制而成。常用的合成树脂为环氧树脂、聚酯树脂、聚甲基丙烯酸甲酯等。聚合物胶结混凝土的抗压强度为60 ~100MPa、抗折强度可达20 ~40MPa，耐腐蚀性很高，但成本也很高。因而聚合物胶结混凝土主要用于耐腐蚀等特殊工程，或用于修补工程。

思考题与习题

1. 普通混凝土的主要组成有哪些？它们在硬化前后各起什么作用？
2. 砂、石中的黏土、淤泥、石粉、泥块、氯盐等对混凝土的性质有什么影响？
3. 为什么要限制砂、石中的活性氧化硅的含量？它对混凝土的性质有什么影响？
4. 砂、石的粗细或粒径大小与级配如何表示？级配良好的砂、石有何特征？砂、石的粗细与级配对混凝土的性质有什么影响？
5. 配制高强混凝土时，宜采用碎石还是卵石？对其质量有何要求？
6. 粗砂和中砂分别适合配制哪种混凝土？
7. 配制混凝土时，为什么要尽量选用粒径较大和较粗的砂、石？

8. 某钢筋混凝土梁的截面尺寸为300mm×400mm，钢筋净距为50mm，试确定石子的最大粒径？

9. 取500g干砂，经筛分后，其结果见下表。试计算该砂的细度模数，确定砂的粗细程度，绘出级配曲线并指出该砂的级配是否合格？

筛孔尺寸（mm）	4.75	2.38	1.18	0.60	0.30	0.15	<0.15
筛余量（g）	8	82	70	98	124	106	14

10. 甲、乙两种石子，各取干燥试样10.00kg。经筛分后，两者的结果见下表。试评定甲、乙两石子的级配和最大粒径。

筛孔尺寸（mm）		2.36	4.74	9.5	16	19	26.5	31.5	37.5	53
筛余量（g）	甲	0.20	1.60	2.54	2.67	1.20	1.44	0.41	0	0
	乙	0	0.31	0.53	2.20	3.46	2.60	0.86	0	0

11. 为什么不能说Ⅰ、Ⅱ、Ⅲ砂区是分别代表粗砂区、中砂区、细砂区？

12. 常用外加剂有哪些？各类外加剂在混凝土中的主要作用有哪些？

13. 在高耐久性混凝土中，宜使用哪些外加剂？为什么？

14. 混凝土的和易性对混凝土的其他性质有什么影响？

15. 影响混凝土拌合物流动性的因素有哪些？改善和易性的措施有哪些？

16. 什么是合理砂率？影响合理砂率的因素有哪些？

17. 如何确定或选择合理砂率？选择合理砂率的目的是什么？

18. 影响混凝土强度的因素有哪些？提高混凝土强度的措施有哪些？

19. 现有甲、乙两组边长为100、200mm的混凝土立方体试件，将它们在标准养护条件下养护28d，测得甲、乙两组混凝土试件的破坏荷载分别为304、283、266kN，及676、681、788kN。试确定甲、乙两组混凝土的抗压强度、抗压强度标准值、强度等级（假定混凝土的抗压强度标准差均为4.0MPa）。

20. 干缩和徐变对混凝土性能有什么影响？减小混凝土干缩与徐变的措施有哪些？

21. 提高混凝土耐久性的措施有哪些？

22. 碳化对混凝土性能有什么影响？碳化带来的最大危害是什么？

23. 配制混凝土时，为什么不能随意增加用水量或改变水灰比？

24. 节约水泥用量的措施有哪些？

25. 配制混凝土时，如何减少混凝土的水化热？

26. 配制混凝土时，如何解决流动性和强度对用水量相矛盾的要求？

27. 配制混凝土时，如何使混凝土避免产生较多的塑性开裂？

28. 某建筑的一现浇混凝土梁（不受风雪和冰冻作用），要求混凝土的强度等级为C25，坍落度为35～50mm。现有32.5普通硅酸盐水泥，密度为3.1g/cm^3，强度富余系数为1.10；级配合格的中砂，表观密度为2.60g/cm^3；碎石的最大粒径为37.5mm，级配合格，表观密度为2.65g/cm^3。采用机械搅拌和振捣成型。试计算初步配合比。

29. 为确定混凝土的配合比，按初步配合比试拌30L的混凝土拌合物。各材料的用量为水泥

9.63kg、水5.4kg、砂18.99kg、石子36.84kg。经检验混凝土的坍落度偏小。在加入5%的水泥浆（水灰比不变）后，混凝土的流动性满足要求，黏聚性与保水性均合格。在此基础上，改变水灰比，以0.61、0.56、0.51分别配制三组混凝土（拌合时，三组混凝土的用水量、用砂量、用石量均相同），混凝土的实测体积密度为2 380kg/m³。标准养护至28d的抗压强度分别为23.6、26.9、31.1MPa。试求C20混凝土的实验室配合比。

30. 某工地采用刚出厂的42.5普通硅酸盐水泥（水泥强度富余系数为1.13）和卵石配制混凝土，其施工配合比为水泥336kg、水129kg、砂698kg、石子1 260kg。已知现场砂、石的含水率分别为3.5%、1%。问该混凝土是否满足C30强度等级要求（$\sigma=5.0$MPa）。
31. 某寒冷地区高速公路（属于特重交通）工程，采用设超铺角的滑模摊铺机施工。使用最大粒径为26.5mm的连续级配碎石，级配合格，表观密度为2.68g/cm³；细度模数为2.55中砂，级配合格，表观密度为2.62g/cm³；掺量为1.2%高效减水剂的减水率为18%；采用42.5普通硅酸盐水泥，实测抗折强度为8.2MPa。混凝土的弯拉强度标准差为0.40MPa。试计算初步配合比。
32. 轻集料混凝土与普通混凝土相比在性质和应用上有哪些优缺点？更宜用于哪些建筑或建筑部位？
33. 加气混凝土和泡沫混凝土的主要性质和应用有哪些？

7 砂 浆

砂浆是土木工程中用量最大、用途最广的土木工程材料之一。它常用于砌筑砌体（如砖、石、砌块）结构，建筑物或构筑物内外表面（如墙面、地面、顶棚）的抹面，大型墙板、砖石墙的勾缝，以及装饰装修材料的粘结等。

砂浆的种类很多。根据用途不同可分为砌筑砂浆与抹面砂浆。抹面砂浆包括普通抹面砂浆、装饰抹面砂浆、特种砂浆（如防水砂浆、耐酸砂浆、绝热砂浆、吸声砂浆等）；根据胶凝材料种类的不同可分为水泥砂浆、混合砂浆（包括水泥石灰砂浆、水泥黏土砂浆、石灰粉煤灰砂浆、石灰黏土砂浆等）、石膏砂浆、石灰砂浆等。

与混凝土相比，砂浆也可以称为无粗集料的混凝土。有关混凝土拌合料和易性与混凝土强度的基本规律，原则上也适用于砂浆，但由于砂浆的组成及用途不同，砂浆还有其自身的特点。如细集料用量大，胶凝材料用量多，干燥收缩大，强度低等。

7.1 砂浆的组成材料

砂浆的组成材料主要是胶凝材料、细集料、外加剂和水。

7.1.1 胶凝材料

由于砂浆的强度相对较低，因此选择胶凝材料时应根据使用环境及用途合理选用，且强度不宜过高。如干燥环境中使用的砂浆可选用气硬性胶凝材料，也可选用水硬性胶凝材料；处于潮湿环境或水中使用的砂浆则必须选用水硬性胶凝材料。选用的各类胶凝材料均应满足相应的技术要求。

7.1.1.1 水泥

水泥的品种可根据工程要求选择砌筑水泥或掺混合材的硅酸盐水泥，对特种砂浆可选择白色或彩色硅酸盐水泥、膨胀水泥等。水泥的强度宜取砂浆强度等级的4~5倍，且强度等级一般应不大于32.5，强度过高将使砂浆中水泥用量不足，而导致保水性不良。

7.1.1.2 其他胶凝材料及掺合料

为改善砂浆的和易性，减少水泥用量，通常掺入一些廉价的其他胶凝材料（如石灰膏、黏土膏等）制成混合砂浆，所用的石灰膏的沉入量应控制在（120±5）mm，且必须陈伏，陈伏时间不得少于2d。掺合料必须经3mm×3mm的筛网过滤，去除大于3mm的颗粒。磨细生石灰的细度为0.080mm筛筛余量不应大于15%。消石灰粉不得直接用于砌筑砂浆，严禁使用已经脱水干燥的石灰膏。

为节省水泥、石灰用量，充分利用工业废料，也可将粉煤灰掺入砂浆中。

7.1.2 细集料

砂浆常用的细集料是普通砂，对特种砂浆也可选用白色或彩色砂、轻砂等。

砂浆用砂的质量要求原则上同混凝土，但由于砂浆多铺成薄层，因此对砂的最大粒径应加以限制。砌筑砂浆用砂的最大粒径应小于灰缝的1/4～1/5，其中砖砌体应小于2.5mm，石砌体应小于5mm，且适宜选用级配合格的中砂。对于面层的抹面砂浆或勾缝砂浆应采用细砂，且最大粒径小于1.2mm。强度等级 > M5.0时，砌筑砂浆用砂的含泥量应不大于5%，强度等级 < M5.0时，含泥量应 < 10%。防水砂浆用砂的含泥量不应超过3%。

若使用细砂配制砂浆时，砂子中的含泥量应经试验来确定。

在配制保温砌筑砂浆、抹面砂浆及吸声砂浆时应采用轻砂，如膨胀珍珠岩、火山渣等。

配制装饰砂浆或装饰混凝土时应采用白色或彩色砂（粒径可放宽到7～8mm）、或石屑、玻璃或陶瓷碎粒等。

7.1.3 外加剂

在水泥砂浆中，可使用减水剂或防水剂、膨胀剂、微沫剂等改善砂浆的性能。微沫剂的作用主要是改善砂浆的和易性和替代部分石灰。微沫剂用于水泥混合砂浆时，石灰膏的减少量不应超过50%。水泥黏土砂浆中不宜掺入微沫剂。

7.1.4 水

砌筑砂浆拌制用水应符合现行行业标准《混凝土用水标准》（JGJ 63—2006）的规定。

7.2 砂浆的性质

7.2.1 新拌砂浆的和易性

新拌砂浆和易性的概念同普通混凝土，即指新拌砂浆是否便于施工操作并保证硬化后砂浆的质量及砂浆与底面材料间的粘结质量满足要求的性能，主要包括流动性与保水性。和易性好的砂浆易在粗糙、多孔的底面铺设成均匀的薄层，并能与底面牢固地粘结在一起。

7.2.1.1 流动性

砂浆的流动性又称稠度，是指新拌砂浆在自重或外力作用下产生流动并能均匀摊铺到基层表面的性能。砂浆稠度用砂浆稠度仪测定（JGJ 70—1990），并以试锥下沉深度作为砂浆的稠度值（亦称沉入量，以mm计）。沉入量愈大，砂浆流动性愈大。

影响砂浆稠度的因素与普通混凝土类似，即与胶凝材料的品种和用量、用水量、砂的粗细、粒形和级配、搅拌时间等有关。当原材料条件和胶凝材料与砂的比例一定时，主要取决于单位用水量。砌筑砂浆的稠度根据砌体种类确定，可参考表7-1选取。

表7-1 砌筑砂浆的稠度 mm

砌体种类	砂浆稠度
普通砖砌体	70～90
轻集料混凝土小型空心砌块砌体	60～90
烧结多孔砖、空心砖砌体	60～80
烧结普通砖平拱式过梁、空斗墙、筒拱、普通混凝土小型空心砌块砌体、加气混凝土砌块砌体	50～70
石砌体	30～50

7.2.1.2 保水性

砂浆保水性指砂浆保持水分及整体均匀一致的能力。由于砂浆多铺在多孔的底面上（如砖），因此其保水性显得更加重要。保水性不好的砂浆，将因过多失水而影响砂浆的铺设及砂浆与材料间的结合，并影响砂浆正常硬化，从而使砂浆的强度，尤其是砂浆与多孔材料的粘结力大大降低。

砂浆的保水性用分层度（以 mm 计）表示。测定时将拌合好的砂浆装入内径为150mm、高300mm的圆桶内，测定其沉入量；静止30min以后，去掉上面200mm厚的砂浆，再测定剩余100mm砂浆的沉入量，前后测得的沉入量之差，即为砂浆的分层度值（mm）。分层度大，表明砂浆的保水性不好；但分层度过小（如分层度为零），虽然砂浆的保水性好，但往往是因为胶凝材料用量过多，或者砂过细，既不经济还易造成砂浆干裂。《砌筑砂浆配合比设计规程》（JGJ 98—2000）规定：砌筑砂浆的分层度应控制在30mm以内。分层度大于30mm，砂浆容易产失泌水、分层或水分流失过快等现象而不便于施工操作；但分层度过小，砂浆过于干稠，也影响操作和工程质量。

砌筑砂浆的保水性要求也随基底材料的种类（多孔的，或密实的）、施工条件和气候条件而变。普通砂浆的分层度宜为10~20mm。

影响砂浆保水性的因素同普通混凝土，即主要取决于新拌砂浆组分中微细颗粒的含量。实践表明：为保证砂浆的和易性，水泥砂浆的最小水泥用量不宜小于200kg/m^3，混合砂浆中胶凝材料总用量应在300~350kg/m^{3}以上，工程上常采用在水泥砂浆中掺石灰膏、粉煤灰、微沫剂等方法来提高砂浆的保水性。

7.2.2 砂浆的强度与强度等级

建筑砂浆在砌体中主要起传递荷载作用，并经受周围环境介质作用，因此砂浆应具有一定的粘结强度、抗压强度和耐久性。试验证明：砂浆的粘结强度、耐久性均随抗压强度的增大而提高，即它们之间有一定的相关性。而且抗压强度的试验方法较为成熟，测试较为简单准确，所以工程上常以抗压强度作为砂浆的主要技术指标。

砂浆的强度等级是以边长为70.7mm的立方体试件，在标准养护条件下［水泥混合砂浆为（20±3）℃，相对湿度60%~80%；水泥砂浆和微沫砂浆为（20±3）℃，相对湿度为90%以上］，用标准试验方法测得28d龄期的抗压强度来确定。并划分为M20、M15、M10、M7.5、M5.0、M2.5六个等级。

用于吸水底面（如各种烧结砖或其他吸水的多孔材料）的砂浆，即使用水量不同，在经过底面材料吸水后，保留在砂浆中的水量几乎是相同的。因而当原材料质量一定时，砂浆的强度主要取决于水泥强度与水泥用量。砂浆的强度可用下式表示：

$$f_m = \alpha \cdot f_{ce} \cdot m_c/1\,000 + \beta = \alpha \cdot \gamma_c \cdot f_{ce,g} \cdot m_c/1\,000 + \beta$$

式中 f_m——砂浆抗压强度，MPa；

f_{ce}——水泥的实测抗压强度，MPa；

$f_{ce,g}$——水泥的强度等级值，MPa；

γ_c——水泥强度等级的富余系数，应按统计资料确定；

m_c——1m^{3}砂浆的水泥用量，kg；

α、β——经验系数，按 $\alpha = 3.03$，$\beta = -15.09$ 选取。各地也可使用本地区试验资料确定 α、β 值，统计用的试验组数不得少于30组。

7.2.3 粘结强度

粘结强度无论对砌筑砂浆还是抹面砂浆都是非常重要的。粘结强度主要和砂浆的抗压强度以及砌体材料的表面粗糙程度、清洁程度和湿润程度以及施工养护等因素有关。

7.2.4 变形性

砂浆在承受荷载或温度条件变化时，容易变形。如果变形过大或者不均匀，会降低砌体及面层质量，引起沉陷或产生裂缝。一般采用轻砂或石灰用量较大时，砂浆的干缩变形往往较大，应采取措施防止砂浆干裂。如在抹面砂浆中，可掺一定量的麻刀、纸筋等纤维材料防止砂浆干裂。

7.3 砌筑砂浆

7.3.1 砌筑砂浆

砌筑砂浆是用来砌筑砖、石等材料的砂浆，起着传递荷载的作用，有时还起到保温等其他作用。对砌筑砂浆配合比设计的基本要求是：满足砂浆设计的强度等级；满足施工所要求的和易性；此外还应具有较高的粘结强度和较小的变形。对保温砌筑砂浆还应具有保温性能等要求。

在土木工程中，所用砂浆的种类及强度等级应根据工程类别、砌筑部位、使用条件等合理地进行选择。通常，办公楼、教学楼、多层商店、食堂、仓库、锅炉房、变电所、地下室、工业厂房及烟囱等工程多采用M2.5~M10砂浆；检查井、化粪池、雨水井等工程多采用M5.0砂浆。M10及其以下的砂浆宜采用水泥混合砂浆。

7.3.2 砌筑砂浆的配合比设计

砂浆配合比设计可通过查有关资料或手册来选取或通过计算来进行，然后再进行试拌调整。砂浆的配合比常用1m³砂浆中各材料的质量数或质量比来表示。本书以计算法为例介绍水泥混合砂浆的配合比。

7.3.2.1 砌筑砂浆配合比设计的基本要求与一般规定

砌筑砂浆配合比设计应满足以下基本要求：

（1）砂浆拌合物的和易性应满足施工要求；水泥砂浆拌合物的体积密度应不小于1 900kg/m³；水泥混合砂浆拌合物的体积密度应不小于1 800kg/m³。

（2）砌筑砂浆的强度、耐久性应满足设计的要求。

（3）经济上应合理，水泥及掺合料的用量应较少。

7.3.2.2 水泥混合砂浆的配合比设计

1. 配合比计算

（1）确定配制强度 $f_{m,0}$

$$f_{m,0} = f_{m,k} + 0.645\sigma$$

式中 $f_{m,0}$——砂浆的配制强度，MPa；

$f_{m,k}$——砂浆的强度等级（即砂浆抗压强度平均值），MPa；

σ——砂浆现场强度标准差（MPa）。统计周期内同一砂浆试件的组数 $n \geqslant 25$ 时按统计方法计算，无统计资料时可按表 7-2 选取。

表 7-2　水泥混合砂浆强度标准差选用表（JGJ 98—2000）　　MPa

施工水平	砂浆强度等级					
	M2.5	M5.0	M7.5	M10	M15	M20
优　良	0.50	1.00	1.50	2.00	3.00	4.00
一　般	0.62	1.25	1.88	2.50	3.75	5.00
较　差	0.75	1.50	2.25	3.00	4.50	6.00

（2）计算水泥用量 m_c

由
$$f_m = \alpha \cdot f_{ce} \cdot m_c / 1\,000 + \beta$$

可得
$$m_c = \frac{1\,000\ (f_{m,0} - \beta)}{\alpha f_{ce}}$$

当计算出水泥砂浆中的水泥计算用量不足 200kg/m^3 时，应取 200kg/m^3。

（3）计算掺合料用量 m_a

水泥混合砂浆的掺合料按下式计算：

$$m_a = m_t - m_c$$

式中　m_t——1m^3 砂浆中水泥和掺合料的总量（kg），一般应在 300～350kg/m^3。

粉煤灰应以干质量计，对于石灰膏、黏土膏应以稠度为（120±5）mm 计。

（4）确定砂用量 m_s　砂用量为 1m^3（含水率小于 0.5%），当含水率大于 0.5% 时，应考虑砂的含水率。砂用量取砂的堆积密度值计算。

（5）确定用水量 m_w　根据施工要求的稠度，每立方米砂浆中的用水量可在 240～310kg 之间选取（混合砂浆中的用水量，不包括石灰膏或黏土膏中的水）。当采用细砂或粗砂时，用水量分别取上限或下限；稠度小于 70mm 时，用水量可小于下限；炎热或干燥季节，可酌量增加用水量。

2. 配合比的调整与确定

（1）试配检验、调整和易性，确定基准配合比　按计算配合比进行试拌，测定拌合物的稠度和分层度，若不能满足要求，则应调整用水量或掺合料，直到符合要求为止。由此得到的即为基准配合比。

（2）砂浆强度调整与确定　检验强度时至少应采用三个不同的配合比，其中一个为基准配合比，另外两个配合比的水泥用量按基准配合比分别增加和减少 10%，在保证稠度、分层度合格的条件下，可将用水量或掺合料用量作相应的调整。三组配合比分别成型、养护、测定 28d 强度，由此选定符合强度要求的且水泥用量较少的配合比。

7.3.2.3　水泥砂浆的配合比设计

配制水泥砂浆时，往往较少的水泥用量即可以满足强度，而其他性能却难以满足。因而水泥砂浆的配合比常常按经验选取，常用水泥砂浆的配合比见表 7-3。

表 7-3　水泥砂浆配合比（JGJ 90—2000）

强度等级	每立方米砂浆水泥用量（kg）	每立方米砂浆砂用量（kg）	每立方米砂浆用水量（kg）
M2.5～M5.0	200～230	$1m^3$ 砂子的堆积密度值	270～330
M7.5～M10	220～280		
M15	280～340		
M20	340～400		

注：1. 此表适用于水泥强度等级为 32.5 级，大于 32.5 级水泥用量宜取下限；
2. 根据施工水平合理选择水泥用量；
3. 当采用细砂或粗砂时，用水量分别取上限或下限；
4. 稠度小于 70mm 时，用水量宜取下限；干燥或炎热季节可酌情增加用水量。

选定水泥砂浆的配合比后，也需进行检验调整。

例：某砌筑工程用水泥石灰混合砂浆，要求砂浆的强度等级为 M5，稠度为 70～100mm。所用原材料为：水泥：强度等级为 32.5 的矿渣硅酸盐水泥，强度富余系数为 1.0；石灰膏：稠度为 120mm；中砂：堆积密度为 1 450kg/m³，含水率为 2%；施工水平一般。试计算砂浆的施工配合比。

解：（1）确定配制强度 $f_{m,0}$

查表 7-2 可得 $\sigma = 1.25MPa$

因而
$$f_{m,0} = f_{m,k} + 0.645\sigma = 5.0 + 0.645 \times 1.25 = 5.81MPa$$

（2）计算水泥用量 m_c

$$m_c = \frac{1\,000(f_{m,0} - \beta)}{\alpha \cdot f_{ce}} = \frac{1\,000(f_{m,0} - \beta)}{\alpha \cdot \gamma_c \cdot f_{ce,g}} = \frac{1\,000(5.81 + 15.09)}{3.03 \times 1.0 \times 32.5} = 212kg$$

（3）计算石灰膏用量 m_a

取 $m_t = 350kg$

则
$$m_a = m_t - m_c = 350 - 212 = 138kg$$

（4）确定砂用量 m_s

$$m_s = 1\,450 \times (1 + \omega'_w) = 1\,450 \times (1 + 2\%) = 1\,479kg$$

（5）确定用水量 m_w

根椐砂浆稠度，取用水量为 300kg，扣除砂中所含的水量，拌合用水量为：

$$m_w = 300 - 1\,450 \times 2\% = 271kg$$

砂浆的配合比为：$m_c : m_a : m_s : m_w = 212 : 138 : 1\,479 : 271$

7.3.3　干混砂浆

干混砂浆又称为干粉料、干混料或干粉砂浆。它是由胶凝材料、细集料、外加剂（有时根据需要加入一定量的掺合料）等固体材料组成，经工厂准确配料和均匀混合而制成的砂浆半成品。使用时，在现场将拌合水加入搅拌。干混砂浆的品种很多，分别适合于砌筑不同的砌筑材料。此外还有抹面砂浆，适合于不同的抹面工程等。

相对于在施工现场配置砂浆的传统工艺，干混砂浆具有以下优势：

（1）品质稳定　目前施工现场配置的砂浆（无论是砌筑砂浆、抹面砂浆，还是地面找平砂浆），质量不稳定。而干混砂浆采用工业化生产，可以对原材料和配合比进行严格控制，确保砂浆质量稳定、可靠。

(2) 工效提高　如同商品混凝土，不仅提高了干混砂浆的生产效率，而且采用干混砂浆后，施工效率也得到了很大的提高。

(3) 文明施工　当前，市区施工现场狭窄、交通拥挤，采用干混砂浆可以取消现场材料堆场、有利于施工物料管理及施工现场的整洁、文明。

7.4　抹面砂浆

抹面砂浆是指涂抹在建筑物或建筑构件表面的砂浆。按其功能可分为普通抹面砂浆、装饰砂浆和特殊用途砂浆（如防水砂浆、吸声砂浆、绝热砂浆等）。

抹面砂浆应具有良好的和易性、较高的粘结强度。处于潮湿环境或易受外力作用部位（如地面、墙裙等），还应具有较高的耐水性和强度。

7.4.1　普通抹面砂浆

普通抹面砂浆是建筑工程中用量最大的抹面砂浆。其功能主要是保护墙体、地面不受风雨及有害介质侵蚀，提高防潮、防腐蚀、抗风化性能，增加耐久性；同时可使建筑物达到表面平整、清洁和美观的效果。

抹面砂浆应具有良好的和易性及较高的粘结强度。

抹面砂浆通常分为二层或三层进行施工，每层砂浆的组成也不相同。一般底层砂浆起粘结基层的作用，要求砂浆应具有良好的和易性及较高的粘结力。因此底层砂浆的保水性要好，否则水分就容易被基层材料所吸收而影响砂浆的流动性和粘结力；中层抹灰主要是为了找平，有时可省去不用；面层抹灰主要为了平整美观，因此应选细砂。各施工层的砂浆稠度可参照表 7-1 选取。

对于防水、防潮要求的部位和容易受到碰撞的部位以及外墙抹灰应采用水泥砂浆。室内砖墙多采用石灰砂浆；混凝土梁、柱板、墙等基层多采用水泥石灰混合砂浆；用于面层的抹灰砂浆多采用混合砂浆、麻刀石灰浆或纸筋石灰浆。

7.4.2　装饰砂浆

装饰砂浆即直接用于建筑物内外表面，以提高建筑物装饰艺术性为主要目的的抹面砂浆。它是常用的装饰手段之一。

获得装饰效果的主要方法有：

(1) 采用白水泥、彩色水泥或浅色的其他硅酸盐水泥；采用彩色砂、石（如大理石、花岗岩等色石渣及玻璃、陶瓷等碎粒等）为细集料。以达到改变色彩的目的。用于室内时可采用石膏、石灰等；

(2) 采取不同施工手法（如喷涂、滚涂、水磨、剁斧等）使抹面砂浆表面层获得设计的线条、图案、花纹等不同的质感。

常见到的有地面、窗台、墙裙等处用的水磨石；外墙用的剁斧石（斩假石）、假面砖等石渣类饰面砂浆。装饰抹面类砂浆采用的底层和中层与普通抹面砂浆相同，而只改变面层的处理方法，装饰效果好，施工方便，经济适用，已得到广泛应用。

常用装饰砂浆的工艺做法如下：

(1) 水磨石　由普通硅酸盐水泥或彩色水泥与破碎的大理石石碴（约 5mm）按 1∶1.8～

1∶3.5 配比，再加入适量的耐碱颜料，加水拌合后，浇注在水泥砂浆的基底上，等硬化后表面磨平、抛光，经草酸清洗上蜡而成。水磨石有现浇和预制两种。水磨石色彩丰富，装饰质感接近于磨光的天然石材，但造价较低。一般多用于室内地面、柱面、墙裙、楼梯、踏步和窗台板等。

（2）斩假石　又称剁斧石，原料与水磨石相同，但石碴粒径稍小，约为 2 ~ 6mm。硬化后表面用斧刃剁毛。斩假石表面酷似新铺的灰色花岗岩，用于外墙饰面。

7.4.3　特殊用途砂浆

7.4.3.1　防水砂浆

防水砂浆是一种抗渗性高的砂浆。防水砂浆层又称刚性防水层，适用于不受振动和具有一定刚度的混凝土或砖石砌体的表面，广泛用于地下建筑和蓄水池等的防水。

防水砂浆通常采用1∶2.5 ~ 3 的富水泥砂浆、水灰比为0.5 ~ 0.55、砂级配良好，在水泥砂浆中加入防水剂制得。

常用的防水剂有氯化物金属盐类防水剂、水玻璃类防水剂、金属皂类防水剂等。

氯化物金属盐类防水剂主要由氯化钙、氯化铝和水按一定比例配成有色液体。其配合比为氯化铝∶氯化钙∶水 = 1∶10∶11。掺量一般为水泥质量的 3% ~ 5%。这种防水剂在水泥凝结硬化过程中形成不透水的复盐，起促进结构密实作用，从而提高砂浆的抗渗性能。

水玻璃类防水剂是以水玻璃为基料，加入二种或四种矾的水溶液，又称二矾或四矾防水，其中四矾防水剂凝结速度快，一般不超过 1min。适合用于防水堵漏，不能用于大面积施工。

金属皂类防水剂是由硬脂酸、氨水、氢氧化钾（或碳酸钾）和水按一定比例混合加热皂化而成。它起堵塞毛细孔的作用，掺量一般为水泥质量的 3% 左右。

此外，还可使用膨胀剂、有机硅憎水剂等来配制防水砂浆。

防水砂浆的防渗效果在很大程度上取决于施工质量，因此施工时要严格控制原材料质量及配合比。防水砂浆层一般分四层或五层施，每层约 5mm 厚。每层在初凝前压实一遍，最后一遍要压光。常常一、三层用防水水泥浆，第二、四、五层则用防水砂浆。抹完后要充分养护，防止脱水过快造成干裂。

7.4.3.2　保温砂浆

采用水泥、石灰、石膏等胶凝材料与膨胀珍珠岩或膨胀蛭石、陶砂等轻质多孔集料按一定比例配合制成的砂浆称为保温砂浆。它具有轻质、保温隔热、吸声等性能。常用的保温砂浆有水泥膨胀珍珠岩砂浆、水泥膨胀蛭石砂浆、水泥石灰膨胀蛭石砂浆等。

7.4.3.3　吸声砂浆

一般绝热砂浆是由轻质多孔集料制成的，都具有吸声性能。另外，也可以用水泥、石膏、砂、锯末（其体积比为 1∶1∶3∶5）制成吸声砂浆或在石灰、石膏砂浆中掺入玻璃纤维、矿棉等松软纤维材料制得。吸声砂浆主要用于室内墙壁和吊顶的吸声。

思考题与习题

1. 新拌砂浆的和易性包括哪些含义？各用什么表示？砂浆的保水性不良对其质量有何影响？
2. 砂浆的强度和哪些因素有关？强度公式如何？
3. 配制砂浆时，为什么除水泥外常常还要加入一定量的其他胶凝材料？

4. 某工程需要M7.5、稠度为70～100mm的砌筑砂浆，砌体砂浆缝为10mm。石灰膏的稠度为12cm，含水率为2%的砂的堆积密度为1 450kg/m³。施工水平优良。求：①确定砂的最大粒径，水泥强度等级；②计算砂浆的施工配合比。水泥的强度富余系数取1.10。
5. 常用的装饰砂浆有哪些？各有什么特点？
6. 干混砂浆有何优点？

8 金属材料

土木工程中应用量最大的金属材料为建筑钢材。建筑钢材是指用于钢结构的各种型钢（如圆钢、角钢、工字钢等）、钢板和用于钢筋混凝土结构中的各种钢筋和钢丝等。

钢材是在严格的技术控制下生产的材料。它具有品质均匀、强度高、塑性和韧性较好、可以焊接和铆接、便于装配等优点。钢材的缺点是容易锈蚀，维修费用大，而且能耗大、成本高、耐火性差。

采用型钢建造的钢结构，具有强度高、自重轻的特点，适用于大跨度结构及高层建筑。由于钢结构耗钢量大，现代建筑结构主要还是采用钢筋混凝土结构，它既节省钢材，又克服了钢结构易锈蚀和维护费用大的缺点。

考虑到铜、铝及其合金在现代建筑中得到广泛的应用，有关这方面的知识也在本章中做简要介绍。

8.1 钢材的分类及冶炼

8.1.1 钢材的分类

钢是以铁为主要元素、含碳量为0.02%~2.06%、并含少量其他元素的材料。

《钢分类》（GB/T 13304—1991）按化学成分将钢分为非合金钢（non-alloy steel）、低合金钢（low alloy steel）和合金钢（alloy steel）三类，其中非合金钢（又称碳素钢，carbon steel）又按含碳量高低分为低碳钢（low-carbon steel，or mild carbon steel）（含碳量小于0.25%）、中碳钢（medium carbon steel）（含碳量为0.25%~0.60%）、高碳钢（high carbon steel）（含碳量大于0.60%）。各合金元素的含量（熔炼分析）应满足表8-1的规定。按质量等级（主要按硫、磷含量），将非合金钢和低合金钢分成普通质量、优质和特殊质量三等，将合金钢分为优质和特殊质量二等。按用途不同，又可分为结构钢、工具钢和特殊用途钢。

土木工程主要应用的是普通质量和优质的低合金结构钢和非合金结构钢。

8.1.2 钢的冶炼

炼钢的原理是将熔融的生铁进行氧化。在炼钢过程中，碳被氧化形成一氧化碳气体而逸出，使碳的含量降低到预定范围。硅、锰经氧化，磷、硫则在石灰的作用下均进入渣中被排除。其他杂质含量也降低到允许范围之内。

由于质量较差的空气转炉钢已被氧气转炉钢代替，目前土木工程用钢主要是氧气转炉、平炉和电炉冶炼的。

平炉法以固态或液态铁、铁矿石或加入废钢铁为原料，以煤气或重油为燃料，在平炉中冶炼钢。平炉法冶炼时间长（2~3h），清除杂质较彻底，钢材质量好，但是设备投资大，燃料效率低，钢材成本较高。

表 8-1　非合金钢、低合金钢和合金钢主要合金元素规定含量界限值（GB/T 13304—1991）　%

合金元素		Al	B	Bi	Cr	Co	Cu	Mn	Mo	Ni	Nb
合金元素规定含量界限值	非合金钢	<0.1	<0.10	<0.0005	<0.30	<0.10	<0.10	<1.0	<0.05	<0.30	<0.02
	低合金钢	—	—	—	0.30~<0.50	—	0.10~<0.50	1.0~<1.40	0.05~<0.10	0.30~<0.50	0.02~<0.06
	合金钢	≥0.10	≥0.10	≥0.0005	≥0.50	≥0.10	≥0.50	≥1.40	≥0.10	≥0.50	≥0.06
合金元素		Pb	Se	Si	Te	Ti	W	V	Zr	La 系（每一种或总量）	
合金元素规定含量界限值	非合金钢	<0.40	<0.10	<0.50	<0.10	<0.05	<0.10	<0.04	<0.05	<0.02	
	低合金钢	—	—	0.50~<0.90	—	0.05~<0.13	—	0.04~<0.12	0.05~<0.12	0.02~<0.05	
	合金钢	≥0.40	≥0.10	≥0.90	≥0.10	≥0.13	≥0.10	≥0.12	≥0.12	≥0.05	

注：1. 当标准、技术条件和订货单对熔炼分析化学成分有最低值和范围规定时，应以最低值作为规定含量进行分类；当标准、技术条件和订货单对熔炼分析化学成分有最高值规定时，应以最高值的 0.7 倍作为规定含量进行分类；没有标准、技术条件和订货单规定钢的化学成分时，应按生产单位报出的熔炼分析值作为规定含量。

2. 当 Cr、Co、Mo、Ni 四种元素，有其中两种、三种或四种元素同时规定在钢中时，对于低合金钢，应同时考虑这些元素中每种元素的规定含量，所有这些元素的规定含量总和，应不大于规定的两种、三种或四种元素中每种元素最高界限值总和的 70%。如果这些元素的规定含量总和大于规定的元素中每种元素最高界限值总和的 70%，即使这些元素每种元素的规定含量低于规定的最高界限值，也应划入合金钢。上述原则也适用于 Nb、Ti、V、Zr 四种元素。

氧气转炉法是在能前后转动的梨形炉中注入熔融的生铁，从上方吹入高压的高纯度氧气，使杂质被氧化去除掉。用氧气转炉精炼时间只需 20 ~ 40min，钢材质量好，且不需燃料。因此，这种炼钢法现在已成为主流。

电炉法是一种利用电流的热效应来产生高温的炼钢炉。这种炼钢炉能在短时间内达到高温，温度也容易控制。使用电炉能够充分除去 P 和 S，得到高纯度的优质钢，它适合于冶炼优质或特殊质量的特种钢。

由于精炼中必须供给充足的氧以保证杂质元素被氧化，故精炼后的钢液中含有一定量的氧化铁，使钢的质量降低。因此，在精炼的最后阶段，需将硅铁、锰铁或铝等加入炉中使氧化铁被还原成铁。按照脱氧程度不同，钢可分为沸腾钢（rimming steel，rimmed steel，or boiling steel）、半镇静钢（semikilled steel）、镇静钢（killed steel，or dead melt steel）和特殊镇静钢。

沸腾钢脱氧不充分，在浇铸后有大量 CO 气体逸出，钢液沸腾。而镇静钢脱氧充分、浇铸时钢液平静地冷却凝固。二者相比沸腾钢中碳和有害杂质磷、硫等严重偏析（杂质元素在钢中分布不均匀，富集于某些区间的现象称为偏析），使钢材致密程度差。因此，冲击韧性和可焊性较差，特别是低温冲击韧性显著降低。但从经济上比较，沸腾钢只消耗少量脱氧剂，钢锭收缩孔减少，成品率较高，故成本较镇静钢低。半镇静钢介于二者之间。特殊镇静钢脱氧更彻底，性能优于镇静钢。

8.2　钢材的技术性质

8.2.1　拉伸性能

8.2.1.1　低碳钢的拉伸性能

拉伸性能是钢材最重要的性能。通过对钢材进行张拉试验所测得的屈服强度、抗拉强度和伸长率是钢材的三个重要技术性质指标。低碳钢（软钢）的应力-应变关系如图 8-1。从图中可看出，低碳钢从受拉到拉断，经历了四个阶段。

1. 弹性阶段

σ-ε 曲线在该阶段 OA 呈直线关系。即随荷载增加，试件应力和应变成比例地增长。若卸掉荷载，应力和应变可沿 AO 线回到原点，而形状不发生任何变化。在 OA 线上应力与应变的比值为一常数，即符合虎克定律 $E=\dfrac{\sigma}{\varepsilon}$。建筑上常用的 Q235，其弹性模量 E 为（2.0～2.1）$\times 10^5$MPa。弹性阶段的应力极限值（即 A 点时的应力）称为弹性极限，以 σ_p 表示。Q235 的弹性极限为180～200MPa。

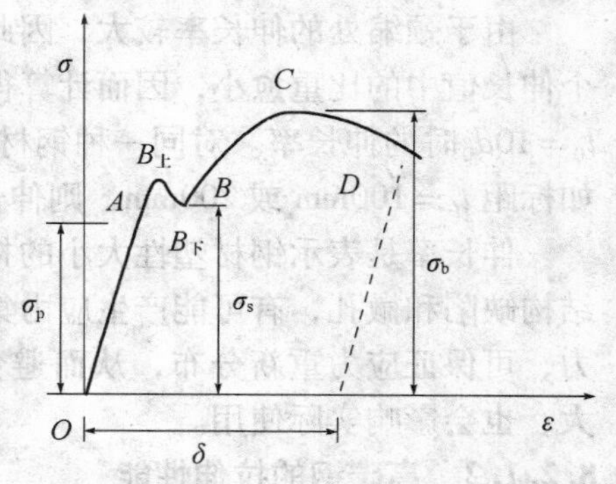

图 8-1　低碳钢拉伸 σ-ε

2. 屈服阶段

曲线 AB 为屈服阶段，当应力超过 A 点后，σ-ε 曲线不再呈直线关系，即随应力增加，应变增加的速度超过了应力增加的速度，即在产生弹性变形的同时也开始产生塑性变形。当达到图中的 $B_{上}$ 点时，钢材抵抗不住所加的外力，发生“屈服”现象，即应力在小范围内波动，而应变迅速增加，直到 B 点为止。$B_{上}$ 称为屈服上限，屈服阶段应力的最低值用 $B_{下}$ 点对应的应力 σ_s 表示，称为屈服强度（yield strength）或屈服点。该点的应力在拉力试验机上容易测得。屈服强度在实际工作中有很重要的意义，钢材受力达到屈服强度以后，变形速度迅速发展，尽管尚未断裂破坏，但因变形过大已不能满足使用要求。因此，屈服强度表示钢材在工作状态允许达到的应力值，是结构设计中钢材强度取值的依据。Q235 的屈服强度 σ_s 不小于 210～240MPa。

3. 强化阶段

曲线 BC 称为强化阶段。伴随着前一阶段塑性变形的迅速增加，钢材内部组织发生变化，当过 B 点后，又恢复了抵抗变形的能力，变得强硬起来。尽管这个阶段也有塑性变形产生，但它是伴随着应力的增加而产生的。当达到 C 点时，应力达到极限值，称为抗拉强度，以 σ_b 表示。Q235 的抗拉强度不小于 380～470MPa。

抗拉强度虽不作为设计时强度取值，但是它表明了钢材的潜在强度的大小。这一点可以很容易地从屈服强度与抗拉强度的比值（即屈强比 σ_s/σ_b）得到解释。屈强比小，钢材的利用率低，但屈强比过大，也将意味着钢材的安全可靠性降低，当使用中发生突然超载的情况时，容易产生破坏。因此，需要在保证安全性的前提下尽可能地提高钢材的屈强比。合理的屈强比一般在 0.60～0.75 范围内，Q235 的屈强比为 0.58～0.63，普通低合金钢的屈强比为 0.65～0.75。

4. 颈缩阶段

过了 C 点以后，试件抵抗塑性变形的能力迅速降低，塑性变形迅速增加，试件的断面在薄弱处急剧缩小，产生“颈缩现象（necking phenomenon）”而断裂。

将拉断后的试件，在断口处拼合，量出拉断后标距之间的长度 l_1，按下式计算钢材的伸长率（elongation，or extensibility，specific elongation）。

$$\delta_n=\frac{l_1-l_0}{l_0}\times 100\%$$

式中 δ_n——试件的伸长率,%；

l_0——试件的原始标距长度，mm。

由于颈缩处的伸长率较大，因此当原标距 l_0 与直径 d_0 之比愈大，则颈缩处伸长值在整个伸长值中的比重愈小，因而计算得的伸长率就愈小。通常以 δ_5 和 δ_{10} 分别表示 $l_0=5d_0$ 和 $l_0=10d_0$ 时的伸长率。对同一种钢材 $\delta_5>\delta_{10}$。某些钢材的伸长率是采用定标距试件测定的，如标距 $l_0=100$mm 或 200mm，则伸长率用 δ_{100} 或 δ_{200} 表示。

伸长率是表示钢材塑性大小的指标。钢材即使在弹性范围内工作，其内部由于原有一些结构缺陷和微孔，有可能产生应力集中现象，使局部应力超过屈服强度。一定的塑性变形能力，可保证应力重新分布，从而避免结构的破坏。但塑性过大时，钢质软，结构塑性变形大，也会影响实际使用。

8.2.1.2　高碳钢的拉伸性能

硬钢（即高碳钢）受拉伸时的应力-应变曲线如图 8-2 所示。其特点是材质硬脆，抗拉强度高，塑性变形很小，没有明显的屈服现象，不能直接测定屈服强度。规范中规定以产生 0.2% 残余变形时的应力值作为屈服强度，以 $\delta_{0.2}$ 表示，也称条件屈服强度（offset yield strength）。

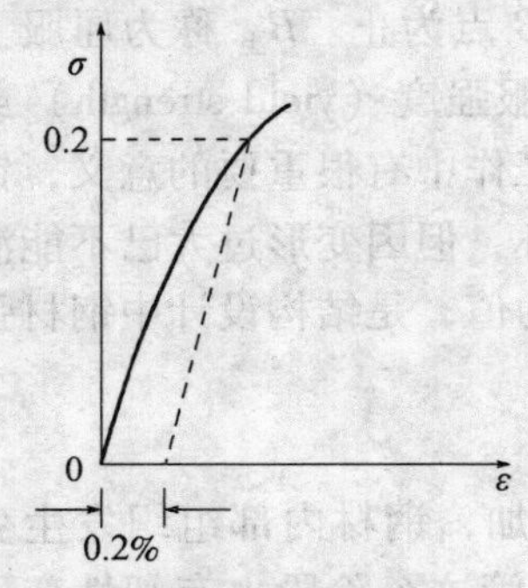

图 8-2　高碳钢拉伸 σ-ε 曲线

8.2.2　冷弯性能

冷弯（roll forming，or cold bending）性能是指钢材在常温下承受弯曲变形的能力，是建筑钢材的重要工艺性能。

钢材的冷弯性能用弯曲角度和弯心直径与试件厚度（或直径）的比值来表示。冷弯后，要求弯曲处无裂纹，不发生起层、断裂。试验时采用的弯曲角度愈大，弯心直径与试件厚度的比值愈小，表示对冷弯性能的要求愈高。

钢材的弯曲是通过试件弯曲处产生塑性变形实现的。这种变形是钢材在复杂应力作用下产生的不均匀变形，在一定程度上比伸长率更能反映钢的内部组织状态、内应力及杂质等缺陷。而在拉力试验中，这种缺陷常因塑性变形导致应力重分布而得不到反映。因此，可用冷弯的方法来检验钢的质量，特别是焊接质量。

8.2.3　冲击韧性

冲击韧性是指钢材抵抗冲击荷载的能力。用冲击吸收功 A_k（J）或冲击韧性值 α_k（J/mm^2）表示。A_k 或 α_k 值愈大，冲击韧性愈好。钢材的冲击韧性受下列因素影响：

（1）钢材的化学成分与组织状态　钢材中硫、磷含量高时，钢材组织中有非金属夹杂物和偏析现象时，使 A_k、α_k 降低。另外钢组织中细晶粒结构比粗晶粒结构的 α_k 要高。

（2）钢材的轧制和焊接质量　沿轧制方向取样，其冲击韧性比沿垂直轧制方向取样的 α_k 高。在焊接处的晶体组织均匀程度对 α_k 影响很大。若含硫量高时，由于热裂纹影响，使 α_k 大大降低。

（3）环境温度　试验表明，如图 8-3 所示，冲击韧性随温度的降低而下降，其规律是开始下降缓和，当达到一定温度范围时，突然下降很多而呈脆性，这种性质称为钢材的低温冷脆性（cold brittleness，or low temperature brittleness）；这时的温度称为脆性临界温度。它的数值愈低，钢材的低温冲击韧性愈好。由于脆性临界温度的测定工作较复杂，规范中通常是根据气温条件规定 -20℃ 或 -40℃ 的负温冲击值指标。

(4) 时效　随着时间的进展，钢材的机械强度提高，而塑性和冲击韧性降低的现象称为时效（aging）。完成时效变化过程可达数十年，若钢材经受冷加工，或使用中受振动和反复荷载的影响，则时效进展被大大加快。因时效而导致性能改变的程度称为时效敏感性。含氧、氮多的钢材，时效敏感性大，经过时效以后其冲击韧性显著降低。为了保证安全，对于承受动荷载的重要结构，应选用时效敏感性小的钢材。

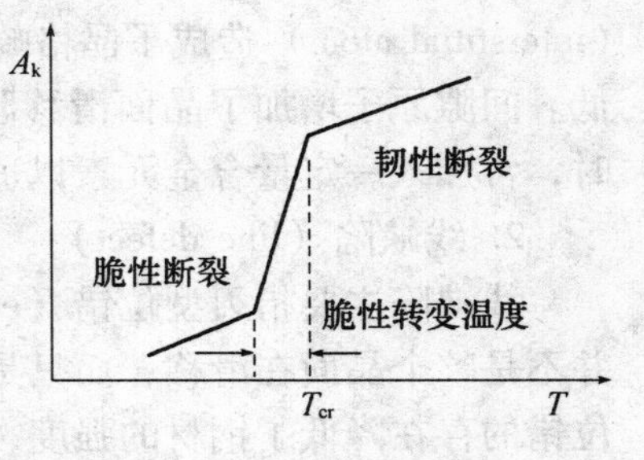

图 8-3　温度对冲击韧性的影响

从上述情况可知，许多因素都将降低钢材的冲击韧性，对于直接承受动荷载而且可能在负温下工作的结构，必须按照有关规范要求，进行钢材的冲击韧性检验。

8.2.4　耐疲劳性

在交变应力作用下的结构构件，钢材往往在应力远小于抗拉强度时发生断裂，这种现象称为钢材的疲劳破坏。一般把钢材在载荷交变 10^7 次时不破坏的最大应力定义为疲劳强度（fatigue strength）或疲劳极限。在设计承受反复荷载且须进行疲劳验算的结构时，应当了解所用钢材的疲劳极限。

研究表明，钢材的疲劳破坏，首先是在应力集中的地方出现疲劳裂纹，并不断扩大，直至突然产生瞬间疲劳断裂。很明显，钢材的内部组织状态、成分的偏析、表面质量、受力状态、屈服强度和抗拉强度大小及受腐蚀介质侵蚀的程度等，都影响其耐疲劳性能。

8.3　钢铁金属学的基本知识

8.3.1　钢的晶体结构

8.3.1.1　晶体结构

钢是以铁碳为主的合金。其晶体结构中的各原子是以金属键相互结合在一起，这是钢材具有较高强度和较高塑性的根本原因。

描述原子在晶体中排列的最小单元（即空间格子）是晶格。钢铁的晶格分为体心立方晶格（body-centred cubic lattice）和面心立方晶格（face-centred cubic lattice），前者为原子排列在正立方体的中心及八个顶角，后者为原子排列在正立方体的八个顶角和六个面的中心。铁在 1 390℃ 以上时为体心立方晶格，称为 δ-铁，910 ~ 1 390℃ 时转变为面心立方晶格称为 γ-铁，910℃ 以下时又转变为体心立方晶格称为 α-铁。

8.3.1.2　晶体的缺陷

实际晶体的结构，无论是单晶体，还是多晶体，并不是完美无缺的，内部存在有许多缺陷，钢铁的晶体也是如此。这些缺陷将使钢材的强度低于理想单晶体结构（无缺陷晶体）。晶体的缺陷对钢材的性能有显著的影响。

1. 点缺陷（point defect）

点缺陷主要指晶格内的空位和间隙原子，如图 8-4 所示，空位（vacancy）和间隙原子

（interstitial atom）造成了晶格畸变（lattice distortion）。空位降低了原子间的结合力使强度降低。间隙原子增加了晶面滑移阻力，因而可使强度提高，但使塑性和韧性下降。生产钢材时，常加入一定量合金元素以适当增加点缺陷，提高钢材的强度。

2. 线缺陷（line defect）

线缺陷主要指刃型位错（edge dislocation），如图 8-4 所示。位错的存在使晶体在滑移时并不是整个晶面在滑移，而只是位错处的部分晶面产生滑移，因而滑移的阻力大大减小，即位错的存在降低了钢材的强度，但位错是钢材具有塑性的原因。

3. 面缺陷（plane defect）

面缺陷是指多晶体的晶粒界面，简称晶界。如图 8-4 所示，晶界处的原子排列紊乱。晶界增加了滑移时的阻力，因而可提高强度，但使塑性降低。晶粒越细小，晶界越多，滑移时的阻力越大，受外力时各晶粒的受力状态也越均匀，因而强度越高，且韧性也越好。生产钢材时，常采取适当的措施来细化晶粒以提高钢材的强度及其他性能。

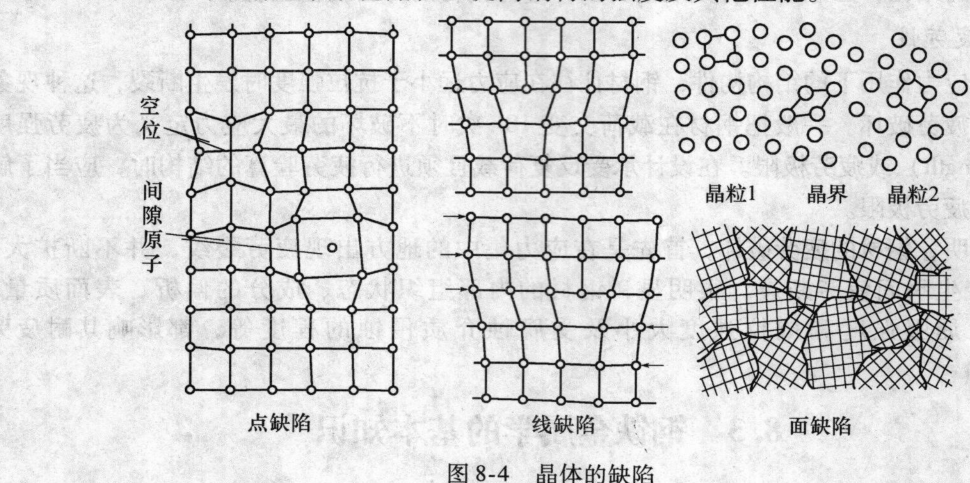

图 8-4　晶体的缺陷

8.3.2　*钢中碳与合金元素的存在方式及钢的显微组织*

碳及合金元素的存在方式对钢材的性能有着很大的影响。碳与合金元素在钢中的存在方式为固溶于铁的晶格中形成固溶体，或与铁结合形成化合物，因而在钢中存在有两类完全不同的晶体结构。在显微镜下可以观测到由固溶体（solid solution）和化合物所形成的显微组织（又称钢的基本组织）。钢的显微组织主要有固溶体、化合物及其机械混合物，这三种显微组织对钢材的性质有很大影响。

8.3.2.1　固溶体

固溶体是碳或合金元素溶于铁中而形成的固态溶液，分为置换固溶体和间隙固溶体，前者是溶质原子取代晶格中的铁原子而形成的固溶体，后者是溶质原子溶入铁的晶格空隙中而成的固溶体。由于原子半径的差别及不同原子对电子的吸引力的不同，固溶体的晶格产生畸变，即在晶体中形成点缺陷。固溶体的强度高于纯铁的强度，但塑性较低。

碳溶于 α-Fe 中而形成的固溶体称为铁素体（ferrite）。由于 α-Fe 的原子间隙小。溶碳能力较差，故铁素体中含碳量很少（高温下小于 0.02%，常温下小于 0.006%）。因此铁素体的塑性和韧性很好，但强度和硬度很低。

8.3.2.2 化合物

铁与碳或合金元素按一定比例形成化合物。形成的化合物的晶格与化合前各自的晶格不同。化合物的键力除金属键外，还可能有离子键或共价键。化合物一般硬度高、脆性大、塑性差、强度低，有的熔点很高。

铁与碳的化合物为 Fe_3C，称为渗碳体（cementite）。渗碳体硬脆，强度低。

8.3.2.3 机械混合物

通常为固溶体与化合物的机械混合物。机械混合物通常比单一的固溶体具有更高的强度和硬度，但塑性和韧性相对较差。铁素体与渗碳体的层状机械混合物称为珠光体（pearlite）。珠光体的强度和硬度较高，塑性较好。

碳素钢在常温下的基本组织为铁素体、渗碳体和珠光体。它们的相对含量与钢的含碳量有着密切的关系，如图 8-5 所示。含碳量小于 0.8% 的钢称为亚共析钢（hypoeutectoid steel, or hyposteel），其显微组织为铁素体与珠光体。含碳量为 0.8% 的钢称为共析钢（eutectoid steel, or saturated steel），其显微组织为珠光体。含碳量大于 0.8% 的钢称为过共析钢（hypereutectoid steel），其显微组织为珠光体与渗碳体。建筑钢材的含碳量一般小于 0.8%，其显微组织为铁素体与珠光体。因此，建筑钢材的强度较高，塑性与韧性较好。

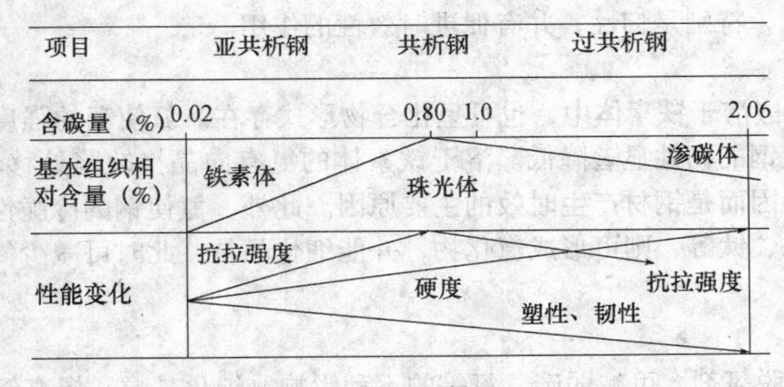

图 8-5 碳素钢的含碳量与基本组织及性能之间的关系

8.3.3 化学成分与钢材性能的关系

化学成分对钢材性能的影响主要是通过其固溶于铁素体，或形成化合物及改变晶粒大小等来实现的。如合金元素中除锰之外，各合金元素均有细化晶粒的作用，特别是铌（Nb）、钛（Ti）、钒（V）等。

8.3.3.1 碳

碳（C）主要存在于渗碳体中，少量存在于铁素体中。含碳量小于 0.8% 时，随含碳量的增加，钢的屈服强度、抗拉强度和硬度提高，而钢的塑性和韧性下降。含碳量增加时，还使钢的可焊性下降（含碳量大于 0.3% 时可焊性显著下降），冷脆性和时效敏感性增加，并使钢的抗腐蚀性下降。

8.3.3.2 硅

硅（Si）是我国钢筋钢中的主加合金元素，含量在 2% 以内时，大部分溶于铁素体中，因而能提高钢的强度，而对钢的塑性及韧性的影响不大，特别是当含量小于 1% 时对塑性和韧性基本上无影响。

8.3.3.3 锰

锰（Mn）是我国低合金钢的主加合金元素，含量在1%～2%时，主要溶于铁素体中，因而能提高钢的强度，且对钢的塑性和韧性影响不大。锰还可以起到去硫脱氧作用，从而改善钢的热加工性质。但锰含量较高时，将显著降低钢的可焊性。当锰含量为11%～14%时，称为高锰钢，具有较高的耐磨性。

8.3.3.4 磷

磷（P）是非常有害的元素之一。其固溶于铁素体中，并极易产生偏析现象。磷可使钢的强度和硬度提高，但使钢的塑性和韧性显著降低，特别是使钢在低温下的韧性显著降低，即使钢的冷脆性显著增加。磷也降低钢的可焊性。但磷可使钢的耐磨性和耐腐蚀性提高，使用时须与铜（Cu）等其他元素配合使用。

8.3.3.5 硫

硫（S）是非常有害的元素之一。呈非金属硫化物夹杂存在于钢中，降低钢的各种性能。特别是由于硫化铁的熔点低，在高温作用下会大大削弱晶粒间的结合力，使钢在热加工中产生热裂纹，即使钢产生热脆性。

8.3.3.6 氧

氧（O）是钢中的有害杂质，主要以非金属夹杂物存在于钢中，并聚集在晶界处，因而降低钢的各种性能，特别是韧性，并有促进时效性的作用。

8.3.3.7 氮

氮（N）主要嵌溶于铁素体中，也可呈化合物形式存在。氮使钢的强度提高，使钢的塑性降低。特别是使钢的韧性显著降低。溶于铁素体的氮有向晶格缺陷处移动、集中的趋势，使晶格畸变加剧，因而是钢材产生时效的主要原因。此外，氮使钢的冷脆性增加，可焊性降低。如加入铝、钒、钛等，则可形成氮化物，并能细化晶粒，此时可减少氮的不利影响，改善钢的性能。

8.3.3.8 钒

钒（V）是弱脱氧剂，可减弱碳、氮等的不利影响，细化晶粒，提高钢的强度，改善韧性，减少时效敏感性，但降低钢的可焊性。

8.3.3.9 铌

铌（Nb）可细化晶粒，提高钢的强度，并能改善钢的韧性和塑性。

8.3.3.10 钛

钛（Ti）是强脱氧剂，可细化晶粒，提高钢的强度和韧性，还能提高钢的可焊性和抗大气腐蚀性，但使钢的塑性略有降低。

8.3.3.11 稀土元素

稀土元素（以RE表示），主要为镧系元素。稀土元素可起到脱氧、去硫和净化钢中其他元素的作用，还可细化晶粒，使钢的塑性和韧性提高，强度也有所提高。

8.4 钢材的加工与焊接

8.4.1 冷加工强化与时效处理

将钢材在常温下进行冷拉、冷拔或冷轧等，使之产生塑性变形，从而提高钢材的屈服强度，这个过程称为钢材的冷加工强化处理。冷加工强化处理后钢材的塑性和韧性下降，此外可焊性也降低。

冷加工强化（cold-work strengthening）的原因是钢材在冷加工过程中塑性变形区域内的晶粒产生相对滑移，使滑移面下的晶粒破碎，晶格严重畸变，因而对晶面的进一步滑移起到阻碍作用，故可提高钢材的屈服强度，而使塑性和韧性降低。由于塑性变形中产生了内应力，故钢材的弹性模量有所降低。

将冷加工处理后的钢筋，在常温下存放15～20d，或加热至100～200℃后保持一定时间（2～3h），其屈服强度进一步提高，且抗拉强度也提高，同时塑性和韧性也进一步降低，弹性模量则基本恢复。这个过程称为时效处理，前者称为自然时效（natural aging），适合用于低强度钢筋；后者称人工时效（artificial aging），适合用于高强钢筋。

钢筋经冷拉、时效处理后的性能变化见图8-6。图中 $OBCD$ 为未经冷加工和时效处理的试件的应力-应变曲线，将试件拉伸至应力超过屈服强度的任一点 K，然后卸去荷载，由于试件已产生塑性变形，故曲线沿 KO' 下降大致与 BO 平行。若立即将试件重新拉伸，则新的屈服强度将升高至原来达到的 K 点，以后的应力-应变曲线与 KCD 重合，即应力-应变曲线为 $O'KCD$。这表明钢筋经冷拉后屈服强度得到提高，塑性、韧性下降，而抗拉强度不变。如在 K 点卸荷载后不立即拉伸，而将试件进行时效处理后再进行拉伸，则屈服强度将上升至 K_1，继续拉伸时曲线将沿 $K_1C_1D_1$ 发展，应力-应变曲线为 $O'K_1C_1D_1$。这表明钢经冷拉和时效处理后，屈服强度进一步提高，抗拉强度也有所提高，塑性和韧性进一步降低。

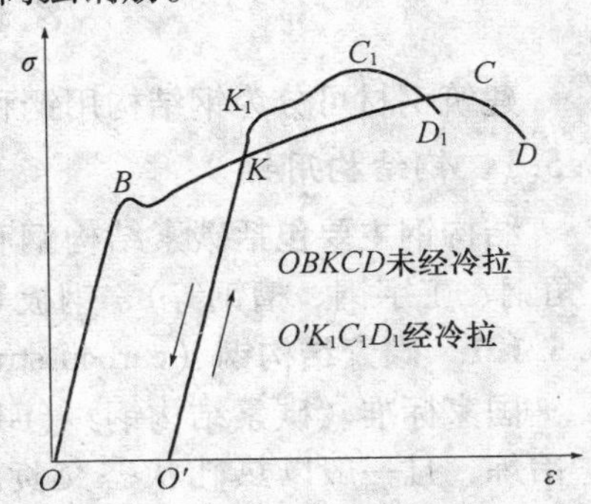

图8-6　钢筋冷拉曲线

土木工程中常将屈服强度较低的低碳热轧圆盘条（盘条指成盘出厂的钢筋）进行冷加工和时效处理，以提高屈服强度，节约钢材用量。冷拉和冷拔后，屈服强度一般可分别提高20%～25%、40%～90%。冷拉和冷拔还可使盘条钢筋得到调直和除锈。

8.4.2　钢材的热处理

将钢材按一定的制度加热、保温和冷却以改变其显微组织或消除内应力，从而获得所需性能的一种工艺处理称为钢材的热处理。钢材的热处理一般在钢铁厂进行，并以热处理状态交货。在施工现场有时须对焊接件进行热处理。

8.4.2.1　淬火（quenching）

淬火是将钢材加热至显微组织转变温度（723℃）以上，保持一定时间，使钢材的显微组织发生转变，然后将钢材置于水或油中冷却。淬火可提高钢材的强度和硬度，但使塑性和韧性明显下降。

8.4.2.2　回火（tempering）

回火是将淬火后的钢材加热到显微组织转变温度以下，保持一段时间后再缓慢冷却至室温。回火可使钢材的显微组织更加稳定，并可消除由于淬火而产生的内应力，使钢材的硬度降低，而使钢材塑性和韧性得到一定的恢复。按回火温度的不同，分为高温回火（500～650℃）、中温回火（300～500℃）和低温回火（150～300℃）。回火温度越高，钢材的塑性和韧性恢复的越好。高温回火处理又称调质处理。

8.4.2.3 钢材的焊接（weld）

焊接是钢结构的主要连接形式，土木工程中的钢结构有90%以上为焊接结构。焊接的质量取决于焊接工艺、焊接材料和钢材的可焊性等。

钢材的焊接性能是指在一定的焊接工艺条件下，在焊缝及其附近过热区不产生裂纹及硬脆倾向，焊接后钢材的力学性能，特别是强度不低于原有钢材的强度。

钢材的化学成分对钢材的可焊性有很大的影响。随钢材的含碳量、合金元素及杂质元素含量的提高，钢材的可焊性降低。钢材的含碳量超过0.25%时，可焊性明显降低；硫含量较多时，会使焊口处产生热裂纹，严重降低焊接质量。钢材的焊接须执行有关规定。

8.5 钢材的标准与选用

建筑钢材可分为钢结构用钢和钢筋混凝土用钢筋与钢丝。

8.5.1 钢结构用钢

结构钢主要包括碳素结构钢和低合金结构钢。二者一般均热轧成各种不同尺寸的型钢（角钢、工字钢、槽钢等）、钢板等。

8.5.1.1 碳素结构钢（carbon structural steel）

国家标准《碳素结构钢》（GB 700—1988）规定，碳素结构钢采用平炉、氧气转炉或电炉冶炼，且一般以热轧状态交货。碳素结构钢按屈服强度分为五级，即195、215、235、255、275MPa。各级又按其硫、磷含量由多至少，划分为A、B、C、D四个质量等级（有些牌号不分等级或只有A、B等级），其中A、B等级为普通质量钢，C、D等级为优质钢。同时各级又按脱氧程度分为沸腾钢F、半镇静钢b、镇静钢Z、特殊镇静钢TZ四级。碳素结构钢的牌号按顺序由代表屈服强度的字母Q、屈服强度数值（MPa）、质量等级符号、脱氧程度符号等四部分组成，如Q235AF，它表示屈服强度为235MPa的质量等级为A级的沸腾碳素结构钢。牌号中的Z及TZ可以省略，如Q235B，它表示屈服强度为235MPa的B级镇静碳素结构钢。

碳素结构钢的化学成分应符合表8-2的规定，强度、伸长率、冲击性能应符合表8-3的要求，冷弯性能应符合表8-4的要求。

表8-2 碳素结构钢的化学成分与脱氧程度（GB 700—1988）

牌号	等级	化学成分（%）					脱氧程度
		C	Mn	Si	S	P	
Q195	—	0.06~0.12	0.25~0.50	≤0.30	≤0.050	≤0.045	F、b、Z
Q215	A	0.09~0.15	0.25~0.55	≤0.30	≤0.050	≤0.045	F、b、Z
	B				≤0.045		
Q235	A	0.14~0.22	0.30~0.65[1)]	0.30	≤0.050	≤0.045	F、b、Z
	B	0.12~0.20	0.30~0.70[1)]		≤0.045		
	C	≤0.18	0.35~0.80		≤0.040	≤0.040	Z
	D	≤0.17			≤0.035	≤0.035	TZ
Q255	A	0.18~0.28	0.40~0.70	≤0.30	≤0.050	≤0.045	Z
	B				≤0.045		
Q275	—	0.28~0.38	0.50~0.80	≤0.35	≤0.050	≤0.045	Z

注：1）Q235A、B级沸腾钢锰含量上限为0.60%。

表 8-3　碳素结构钢的力学性能（GB 700—1988）

牌号	等级	拉伸试验													冲击试验	
		屈服强度 σ_s（MPa），≥						抗拉强度	拉伸率 δ_5（%），≥						温度（℃）	V 型冲击功（纵向）(J)，≥
		钢材厚度或直径（mm）							钢材厚度或直径（mm）							
		≤16	>16~40	>40~60	>60~100	>100~150	>150	σ_b（MPa）	≤16	>16~40	>40~60	>60~100	>100~150	>150		
Q195	—	(195)	(185)	—	—	—	—	315~430	33	32	—	—	—	—	—	—
Q215	A	15	205	195	185	175	165	335~450	31	30	29	28	27	26	—	—
	B														20	27
Q235	A	235	225	215	205	195	185	375~500	26	25	24	23	22	21	—	27
	B														20	
	C														0	
	D														-20	
Q255	A	255	245	235	225	215	205	410~550	24	23	22	21	20	19	—	—
	B														20	27
Q275	—	275	265	255	245	235	225	490~630	20	19	18	17	16	15	—	—

表 8-4　碳素结构钢的冷弯性能（GB 700—1988）

牌　　号	取样方向	弯心直径 d（180°，试样宽度 $B=2a$）		
		钢材厚度或直径 a（mm）		
		≤60	>60~100	>100~200
Q195	纵	0	—	—
	横	0.5a		
Q215	纵	0.5a	1.5a	2a
	横	a	2a	2.5a
Q235	纵	a	2a	2.5a
	横	1.5a	2.5a	3a
Q255	—	2a	3a	3.5a
Q275	—	3a	4a	4.5a

注：B 为试样宽，a 为钢材厚度（直径）。

碳素结构钢随牌号的增大，含碳增高，屈服强度、抗拉强度提高，但塑性与韧性降低，冷弯性能变差，同时可焊性也降低。

Q235 是土木工程中最常用的碳素结构钢牌号，其既具有较高的强度，又具有较好的塑性、韧性，同时还具有较好的可焊性。Q235 良好的塑性可保证钢结构在超载、冲击、焊接、温度应力等不利因素作用下的安全性，因而 Q235 能满足一般钢结构用钢的要求。Q235A 一般用于只承受静荷载作用的钢结构，Q235B 适合用于承受动荷载焊接的普通钢结构，Q235C 适合用于承受动荷载焊接的重要钢结构，Q235D 适合用于低温环境使用的承受动荷载焊接的重要钢结构。

工程中应根据工程结构的重要性、荷载类型（动荷载或静荷载）、焊接要求及使用环境温度等条件来选用钢材。

沸腾钢不得用于直接承受重级动荷载的焊接结构，或计算温度等于和低于 -20℃ 的承受中级和轻级动荷载的焊接结构，或计算温度等于和低于 -20℃ 的承受重级动荷载的非焊接结构，也不得用于计算温度等于和低于 -30℃的承受静荷载或间接承受动荷载的焊接结构。

8.5.1.2　低合金高强度结构钢（high strength low alloy structural steel）

低合金高强度结构钢是在钢材中加入规定数量的合金元素而生产的，用以提高钢材的使用性能。《低合金高强度结构钢》（GB 1591—1994）规定，低合金高强度结构钢按屈服强度分为5个牌号，并按杂质多少分为5个质量等级。低合金高强度结构钢的牌号按顺序由代表屈服强度的字母Q、屈服强度数值（MPa）、质量等级符号等三部分组成，如Q345A。低合金高强度结构钢由氧气转炉、平炉或电炉冶炼，为镇静钢或特殊镇静钢（牌号中不予表示）。各牌号低合金高强度结构钢的化学成分、力学性能应符合表8-5、表8-6的要求。

表8-5　低合金高强度结构钢化学成分要求（GB 1591—1994）

牌号	等级	化学成分（%）										
		C，≤	Mn	Si，≤	P，≤	S，≤	V	Nb	Ti	Al，≤	Cr，≤	Ni，≤
Q295	A	0.16	0.80~1.50	0.55	0.045	0.045	0.02~0.15	0.015~0.060	0.02~0.20	—	—	—
	B				0.040	0.040						
Q345	A	0.20	1.00~1.60	0.55	0.045	0.045	0.02~0.15	0.015~0.060	0.02~0.20	—	—	—
	B				0.040	0.040						
	C				0.035	0.035				0.015		
	D				0.030	0.030						
	E				0.025	0.025						
Q390	A	0.20	1.00~1.60	0.55	0.045	0.045	0.02~0.20	0.015~0.060	0.02~0.20	—	0.30	0.70
	B				0.040	0.040						
	C				0.035	0.035				0.015		
	D				0.030	0.030						
	E				0.025	0.025						
Q420	A	0.20	1.00~1.70	0.55	0.045	0.045	0.02~0.20	0.015~0.060	0.02~0.20	—	0.40	0.70
	B				0.040	0.040						
	C				0.035	0.035				0.015		
	D				0.030	0.030						
	E				0.025	0.025						
Q460	C	0.20	1.00~1.70	0.55	0.035	0.035	0.02~0.20	0.015~0.060	0.02~0.20	0.015	0.70	0.70
	D				0.030	0.030						
	E				0.025	0.025						

注：《钢铁产品牌号表示方法》（GB/T 221—2000）规定，对于通用低合金钢，除前述牌号表示方法外（如Q420D），根据需要，低合金高强度结构的牌号也可采用表示平均含碳量（万分数）的两位阿拉伯数字（不足两位时，首位以0表示）和所加合金的元素符号来表示；对于专用低合金结构钢，在牌号尾加钢材用途符号，如桥梁用钢表示为“Q345q”，抗大气腐蚀耐候钢表示为“Q340NH”，高耐候钢表示为“Q345GNH”或“Q345GNHL”（Cr、Ni含量高的在GNH的尾部加L）。合金钢结构的牌号采用表示平均含碳量（万分数）的两位阿拉伯数字（不足两位时，首位以0表示）和所加规定合金元素的元素符号来表示。当合金元素含量小于1.50%时，仅表明元素，一般不标明含量；当平均含量为1.50%~2.49%、2.50%~3.49%、3.50%~4.49%、4.50%~5.49%……时，在合金元素符号后相应写成2、3、4、5……。如合金钢45Si2MnTi中，碳的含量为0.45%，Si的平均含量为1.50%~2.49%，Mn和Ti的平均含量均小于1.50%。

表 8-6　低合金高强度结构钢力学性能要求（GB 1591—1994）

牌号	质量等级	屈服强度 σ_s（MPa），≥				抗拉强度 σ_b（MPa），≥	拉伸率 δ_5（%），≥	V 型冲击功（纵向）（J），≥				180°冷弯试验 弯心直径 d	
		钢材厚度或直径 a（mm）						温度（℃）				钢材厚度（直径）（mm）	
		≤16	>16~35	>35~50	>50~100			20	0	-20	-40	≤16	>16~100
Q295	A	295	275	255	235	390~570	23	—	—	—	—	$d=2a$	$d=3a$
	B							34					
Q345	A	345	325	295	275	470~630	21	—	—	—	—	$d=2a$	$d=3a$
	B							34	—	—	—		
	C						22	—	34	—	—		
	D							—	—	34	—		
	E							—	—	—	27		
Q390	A	390	370	350	330	490~650	19	—	—	—	—	$d=2a$	$d=3a$
	B							34	—	—	—		
	C						20	—	34	—	—		
	D							—	—	34	—		
	E							—	—	—	27		
Q420	A	420	400	380	369	520~680	18	—	—	—	—	$d=2a$	$d=3a$
	B							34	—	—	—		
	C						19	—	34	—	—		
	D							—	—	34	—		
	E							—	—	—	27		
Q460	C	460	440	420	400	550~720	17	—	34	—	—	$d=2a$	$d=3a$
	D							—	—	34	—		
	E							—	—	—	27		

与碳素结构钢相比，低合金高强度结构钢具有屈服强度、抗拉强度及韧性较高，塑性略差、可焊性较差及耐低温性较好，时效敏感性较小等优点，而成本与碳素结构钢相近。在相同使用条件下可比碳素结构钢节省用钢量 30%。低合金高强度结构钢特别适合用于各种重型结构、大跨度结构、高层结构及大柱网结构等。

8.5.1.3　桥梁用结构钢

桥梁用结构钢主要是严格控制了钢材中的磷（P）、硫（S）、氮（N）等元素的含量，因而钢材的韧性好，时效敏感性小。

《桥梁用结构钢》（GB/T 714—2000）按屈服强度分为 4 个牌号，并按杂质多少分为 3 个质量等级。桥梁用结构钢的牌号按顺序由代表屈服强度的字母 Q、屈服强度数值（MPa）、桥梁钢符号 q、质量等级符号等四部分组成，如 Q345qC。各牌号的化学成分（熔炼分析）与力学性能等应符合表 8-7 和表 8-8 的要求。

表 8-7　桥梁用结构钢化学成分要求（GB/T 714—2000，2001 修改）

<table>
<tr><th rowspan="2">牌号</th><th rowspan="2">等级</th><th colspan="10">化学成分（%）</th></tr>
<tr><th>C，≤</th><th>Mn</th><th>Si，≤</th><th>P，≤</th><th>S，≤</th><th>Al，≥</th><th>V，≤</th><th>Nb，≤</th><th>Ti，≤</th><th>N，≤</th></tr>
<tr><td rowspan="2">Q235q</td><td>C</td><td>0.20</td><td>0.40～0.70</td><td rowspan="2">0.30</td><td>0.035</td><td>0.035</td><td>—</td><td rowspan="12">0.80</td><td rowspan="12">0.015</td><td rowspan="12">0.02</td><td rowspan="12">0.018</td></tr>
<tr><td>D</td><td>0.18</td><td>0.50～0.80</td><td>0.025</td><td>0.025</td><td>0.015</td></tr>
<tr><td rowspan="3">Q345q</td><td>C</td><td>0.20</td><td>1.00～1.60</td><td rowspan="2">0.60</td><td>0.035</td><td>0.035</td><td>—</td></tr>
<tr><td>D</td><td>0.18</td><td>1.10～1.60</td><td>0.025</td><td>0.025</td><td rowspan="2">0.015</td></tr>
<tr><td>E</td><td>0.17</td><td>1.20～1.60</td><td>0.50</td><td>0.020</td><td>0.015</td></tr>
<tr><td rowspan="3">Q370q</td><td>C</td><td>0.18</td><td rowspan="3">1.20～1.60</td><td rowspan="3">0.50</td><td>0.035</td><td>0.035</td><td>—</td></tr>
<tr><td>D</td><td rowspan="2">0.17</td><td>0.025</td><td>0.025</td><td rowspan="2">0.015</td></tr>
<tr><td>E</td><td>0.020</td><td>0.015</td></tr>
<tr><td rowspan="3">Q420q</td><td>C</td><td>0.18</td><td>1.20～1.60</td><td>0.50</td><td>0.035</td><td>0.035</td><td>—</td></tr>
<tr><td>D</td><td rowspan="2">0.17</td><td rowspan="2">1.20～1.70</td><td rowspan="2">0.60</td><td>0.025</td><td>0.025</td><td rowspan="2">0.015</td></tr>
<tr><td>E</td><td>0.020</td><td>0.015</td></tr>
</table>

注：表中铝为酸溶铝（Als），可以用测定总含铝量代替，此时铝含量应不小于 0.020%。

表 8-8　桥梁用结构钢力学性能与工艺要求（GB/T 714—2000，2001 修改）

<table>
<tr><th rowspan="3">牌号</th><th rowspan="3">质量等级</th><th colspan="4">屈服强度 σ_s（MPa），≥</th><th colspan="4">抗拉强度 σ_b（MPa），≥</th><th colspan="2">拉伸率 δ_5（%），≥</th><th colspan="3" rowspan="2">V 型冲击功 A_k（纵向）（J），≥</th><th colspan="2">180°冷弯弯心直径 d</th></tr>
<tr><th colspan="4">钢板厚度 a（mm）</th><th colspan="4">钢板厚度 a（mm）</th><th colspan="2">钢材厚度 a（mm）</th><th colspan="2">钢板厚度 a（mm）</th></tr>
<tr><th>≤16</th><th>>16～35</th><th>>35～50</th><th>>50～100</th><th>≤16</th><th>>16～35</th><th>>35～50</th><th>>50～100</th><th>≤16</th><th>>16</th><th>温度（℃）</th><th>功（J）</th><th>时效（J）</th><th>≤16</th><th>>16</th></tr>
<tr><td rowspan="2">Q235q</td><td>C</td><td rowspan="2">235</td><td rowspan="2">225</td><td rowspan="2">215</td><td rowspan="2">205</td><td rowspan="2">390</td><td rowspan="2">380</td><td rowspan="2">375</td><td rowspan="2">375</td><td colspan="2" rowspan="2">26</td><td>0</td><td rowspan="2">27</td><td rowspan="2">27</td><td rowspan="2">$d=2a$</td><td rowspan="2">$d=3a$</td></tr>
<tr><td>D</td><td>-20</td></tr>
<tr><td rowspan="3">Q345q</td><td>C</td><td rowspan="3">345</td><td rowspan="3">325</td><td rowspan="3">315</td><td rowspan="3">305</td><td rowspan="3">510</td><td rowspan="3">490</td><td rowspan="3">470</td><td rowspan="3">470</td><td rowspan="3">21</td><td rowspan="3">20</td><td>0</td><td rowspan="3">34</td><td rowspan="3">34</td><td rowspan="3">$d=2a$</td><td rowspan="3">$d=3a$</td></tr>
<tr><td>D</td><td>-20</td></tr>
<tr><td>E</td><td>-40</td></tr>
<tr><td rowspan="3">Q370q</td><td>C</td><td rowspan="3">370</td><td rowspan="3">355</td><td rowspan="3">330</td><td rowspan="3">330</td><td rowspan="3">530</td><td rowspan="3">510</td><td rowspan="3">490</td><td rowspan="3">490</td><td rowspan="3">21</td><td rowspan="3">20</td><td>0</td><td rowspan="3">41</td><td rowspan="3">41</td><td rowspan="3">$d=2a$</td><td rowspan="3">$d=3a$</td></tr>
<tr><td>D</td><td>-20</td></tr>
<tr><td>E</td><td>-40</td></tr>
<tr><td rowspan="3">Q420q</td><td>C</td><td rowspan="3">420</td><td rowspan="3">410</td><td rowspan="3">400</td><td rowspan="3">390</td><td rowspan="3">570</td><td rowspan="3">550</td><td rowspan="3">540</td><td rowspan="3">530</td><td rowspan="3">20</td><td rowspan="3">19</td><td>0</td><td rowspan="3">47</td><td rowspan="3">47</td><td rowspan="3">$d=2a$</td><td rowspan="3">$d=3a$</td></tr>
<tr><td>D</td><td>-20</td></tr>
<tr><td>E</td><td>-40</td></tr>
</table>

8.5.2　钢筋与钢丝

直径为 5mm 以上的称为钢筋（steel bar，or steel reinforcement），5mm 及其以下的称为钢丝（steel wire）。

8.5.2.1　钢筋混凝土用热轧钢筋

《钢筋混凝土用热轧光圆钢筋》（GB 13013—1991）规定热轧光圆钢筋（hot rolled plain steel bar）采用普通质量碳素结构钢轧制，强度等级为 HPB235。《钢筋混凝土用热轧带肋钢筋》（GB 1499—1998）规定，热轧带肋钢筋（hot rolled ribbed steel bar）为表面具有有规则间隔横肋的钢筋，分有纵肋和无纵肋两种；纵肋与钢筋纵向一致，横肋是与纵肋不平行的肋，其断面为月牙肋。热轧带肋钢筋按屈服强度分为 HRB335、HRB400 和 HRB500 三级，其中 HRB335、HRB400 采用普通质量低合金钢轧制，HRB500 采用优质合金钢轧制。直径 12mm 以下的成盘供应（称为盘条），12mm 以上的以直条供应。各级钢筋的力学性能与冷弯性能应符合表 8-9 的要求。

表 8-9　钢筋混凝土用热轧钢筋的力学性能与冷弯性能（GB 13013—1991、GB 1499—1998）

表面形状	强度等级代号	钢牌号	公称直径（mm）	屈服强度 σ_s 或 $\sigma_{p0.2}$（MPa），>	抗拉强度 σ_b（MPa），>	伸长率 δ_5（%），>	180° 冷弯（d：弯心直径 a：钢筋公称直径）
光圆	HPB235	Q235	8 ~ 20	235	370	25	$d=a$
月牙肋	HRB335	20MnSi 20MnNb	6 ~ 25 28 ~ 50	335	490	16	$d=3a$ $d=4a$
	HRB400	20MnSiV 20MnTi 25MnSi	6 ~ 25 28 ~ 50	400	570	14	$d=4a$ $d=5a$
	HRB500	—	6 ~ 25 28 ~ 50	500	630	12	$d=6a$ $d=7a$

注：表中 HRB335、HRB400 的材质属于低合金钢，HRB500 属于合金钢。

热轧钢筋的级别越高，则钢筋的强度越高，但钢筋的韧性、塑性与可焊性越差。HPB235 级钢筋的强度低，但塑性与可焊性很好，主要用于小型普通非预应力混凝土，且在使用时常进行冷加工，以提高钢材的利用率。HRB335、HRB400 级钢筋，特别是 HRB400 级钢筋，强度高，综合性能好，与使用 HPB235 相比较，可节约大量钢筋，因而是《混凝土结构设计规范》（GB 50010—2002）建议使用的主力钢筋，可广泛用作各种普通钢筋混凝土结构中的主筋以及预应力混凝土结构中的非预应力筋。HRB335、HRB400 级钢筋在冷拉后也可用作预应力筋。HRB500 级钢筋强度高，但塑性和可焊性较差，主要用作预应力混凝土结构中的主筋。

8.5.2.2　冷轧带肋钢丝与钢筋（cold rolled ribbed steel wire and bar）

冷轧带肋钢丝与钢筋是采用普通碳素钢、优质碳素钢或低合金钢热轧盘条经冷轧后，在钢筋表面分布有三面和两面横肋的钢丝与钢筋。冷轧带肋钢丝与钢筋成盘供应，每盘质量不少于 100kg，CRB550 也可以直条供应。《冷轧带肋钢筋》（GB 13788—2000）按抗拉强度分为 CRB550、CRB650、CRB800、CRB970、CRB1170 五级，其力学和工艺性能应符合表8 -10的要求。

表 8-10　冷轧带肋钢筋（GB 13788—2000）

强度等级代号	钢材牌号	公称直径（mm）	抗拉强度 σ_b（MPa）≮	伸长率（%）≮		弯曲试验 180°	反复弯曲次数	钢筋的非比例伸长应力 $\sigma_{p0.2}$（MPa）≮	$\sigma_b/\sigma_{p0.2}$ ≮	松弛率（%）初始应力 $\sigma_{CON}=0.7\sigma_b$	
				δ_{10}	δ_{100}					1000 h，≯	10 h，≯
CRB550	Q215	4 ~ 12	550	8.0	—	$d=3a$	—	$0.80\sigma_b$	1.05	—	—
CRB650	Q235	4、5、6	650	—	4.0	—	3			8	5
CRB800	24MnTi 20MnSi	4、5、6	800	—	4.0	—	3			8	5
CRB970	41MnSiV 60	4、5、6	970	—	4.0	—	3			8	5
CRB1170	70Ti 70	4、5、6	1170	—	4.0	—	3			8	5

注：1.《钢铁产品牌号表示方法》（GB/T 221—2000）规定优质碳素结构钢的牌号用表示含碳量（万分数）两位数字表示。沸腾钢和半镇静钢分别在牌号尾加“F”、“b”，含锰量较高的在数字后加“Mn”，高级优质与特级优质分别在牌号后加“A”、“E”。如平均含碳量为 0.08% 的沸腾钢，表示为 08F；平均含碳量为 0.5%，含锰量为 0.70% ~ 1.00% 的表示为 50Mn；含碳量为 0.45% 的高级优质钢表示为 45A。

2. 表中 60、70、70Ti 属于优质碳素钢。

冷轧带肋钢丝与钢筋具有强度高、塑性较好，与混凝土的握裹力高，综合性能良好等优点。使用冷轧带肋钢筋可节约钢材，降低成本，如利用 CRB550 替代 HPB235 级热轧钢筋时，可节约钢材 30% 以上。冷轧带肋钢丝与钢筋适合用于没有振动荷载和反复荷载作用的混凝土结构用筋，CRB550 可用于非预应力混凝土构件的受力主筋，其余用于中、小型预应力混凝土构件的受力主筋。

8.5.2.3 冷轧扭钢筋（cold-rolled and twisted bar）

冷轧扭钢筋是采用直径为 6.5 ~ 14mm 的低碳热轧盘圆（Q235、Q215 钢），经调直、冷轧和冷扭转一次而成的具有规定截面形式和螺距的连续螺旋状的变形钢筋。

《冷轧扭钢筋》（JG 3046—1998）按钢筋截面形式分为Ⅰ型（矩形）和Ⅱ型（菱形），按标志直径（所用盘条母材的直径）分为 6.5 ~ 14mm，其力学性能应满足表 8-11 的规定。冷轧扭钢筋以直条供应。

表 8-11 冷轧扭钢筋（JG 3046—1998）

截面形式	标志直径（mm）	牌号	抗拉强度（MPa）	伸长率 δ_{10}（%）	180°冷弯（弯心直径 $d=3a$）
Ⅰ型	6.5 ~ 14	Q215、Q235	≥580	≥4.5	受弯部位表面不得出现裂纹
Ⅱ型	12				

冷轧扭钢筋的屈服强度较大，与混凝土的握裹力大，无需预应力和弯钩即可用于普通混凝土工程，并可避免混凝土收缩开裂，保证混凝土构件的质量，适用于小型混凝土梁和板类构件。与使用 HPB215 钢筋相比可节约钢材 30%。

8.5.2.4 钢筋混凝土用余热处理钢筋（remained heat treatment ribbed steel bar）

余热处理钢筋强度较高，塑性较好，主要用作各种普通钢筋混凝土结构中的主筋以及预应力混凝土结构中的非预应力筋。其性能应满足表 8-12 的要求。

表 8-12 钢筋混凝土用余热处理钢筋的力学性能与冷弯性能（GB 13014—1991）

强度等级代号	牌号	公称直径（mm）	屈服强度 σ_s（MPa），≮	抗拉强度 σ_b（MPa），≮	伸长率 δ_5（%），≮	90°冷弯（d：弯心直径，a：钢筋直径）
KL400（新 RRB400）	20SiMn	8 ~ 25	440	600	14	$d=3a$
		28 ~ 40				$d=4a$

8.5.2.5 预应力混凝土用钢丝

预应力混凝土用钢丝属于高强度钢丝，《预应力混凝土用钢丝》（GB/T 5223—2002）分为冷拉钢丝（cold draw wire）和消除应力钢丝（stress-relieved wire），并按表面外形分为光圆钢丝 P、带有四条螺旋肋的螺旋肋钢丝（helical rib wire）H、三面刻痕的刻痕钢丝（indented wire）I。冷拉钢丝是以碳素钢和低合金钢盘条通过拔丝模或轧辊经冷加工而成，消除应力钢丝是在塑性变形下（轴应变）进行短时热处理（由此得到的为低松弛钢丝 WLR）或通过矫直工序后在适当温度下进行短时热处理（由此得到的为普通松弛钢丝 WNR），其力学性能应满足表 8-13 的要求。

表 8-13　预应力混凝土用钢丝的力学性能（GB/T 5223—2002，2003 修改）

钢丝类别	钢丝表面形状	公称直径（mm）	抗拉强度 σ_b（MPa）≮	规定非比例伸长应力 $\sigma_{p0.2}$（MPa）≮		最大力总伸长率[1] δ_{gt}（%）≮	180°弯曲次数 ≮	弯曲半径（mm）	断面收缩率 ψ（%）≮	每 210mm 扭矩的扭转次数 n，≮	应力松弛性能		
				WLR	WNR						初始应力	1 000h 后应力松弛率 r（%）≯ WLR	WNR
消除应力光圆钢丝及螺旋肋钢丝[2]	光面或螺旋肋	4.00	1 470 1 570 1 670 1 770 1 860	1 290 1 380 1 470 1 560 1 580	1 250 1 330 1 410 1 500 1 580	3.5	3	10	—	—	对所有规格	对所有规格	对所有规格
		4.80					4	15			$0.6\sigma_b$	1.0	4.5
		5.00						15			0.7σ	2.5	8
		6.00	1 470 1 570 1 670 1 770	1 290 1 380 1 470 1 560	1 250 1 330 1 410 1 500			15			$0.8\sigma_b$	4.5	12
		6.25						20					
		7.00						20					
		8.00	1 470 1 570	1 290 1 380	1 250 1 330			20					
		9.00						25					
		10.00	1 470	1 290	1 250			25					
		12.00						30					
消除应力刻痕钢丝[2]	三面刻痕	≤5.0	1 470 1 570 1 670 1 770 1 860	1 290 1 380 1 470 1 560 1 640	1 250 1 330 1 410 1 500 1 580	3.5	3	15	—	—	对所有规格	对所有规格	对所有规格
											$0.6\sigma_b$	1.0	4.5
											$0.7\sigma_b$	2.5	8
		>5.0	1 470 1 570 1 670 1 770	1 290 1 380 1 470 1 560	1 250 1 330 1 410 1 500			20			$0.8\sigma_b$	4.5	12
冷拉钢丝[3]	光面	3.00	1 470	1 100		1.5	4	7.5	—	—	对所有规格 $0.7\sigma_b$	对所有规格 8	
		4.00	1 570 1 670	1 180 1 250				10	35	8			
		5.00	1 770	1 330				15					
		6.00	1 470	1 100			5	15	30	7			
		7.00	1 570 1 670	1 180 1 250				20		6			
		8.00	1 770	1 330				20		5			

注：1. 表中最大力伸长率为 l_0 = 200mm 测定值。为日常检验方便，表中最大力下总伸长率可采用断后伸长率代替，但对于消除应力刻痕钢丝、消除应力光圆钢丝及螺旋肋钢丝，其值应不小于 3.0%；对冷拉钢丝，其值应不小于 1.5%。

2. 对消除应力刻痕钢丝、消除应力光圆钢丝及螺旋肋钢丝，非定比例伸长应力 $\sigma_{p0.2}$ 值对于低松弛钢丝应不小于公称抗拉强度 σ_b 的 88%，对于普通松弛钢丝应不小于 85%。

3. 冷拉钢丝只有普通松弛，其非定比例伸长应力 $\sigma_{p0.2}$ 值应不小于公称抗拉强度的 85%。除抗拉强度、规定非定比例伸长应力外，对压力管道用钢丝还需进行断面收缩率、扭转次数、松弛率的检验；对其他用途钢丝还需进行断后伸长率、弯曲次数的检验。

4. 每一交货批钢丝的实际强度不应高于其公称强度级 200MPa。

钢丝按钢丝成盘供应，开盘后无需调直，特别是屈服强度和抗拉强度高，质量稳定，安全可靠，且柔性好，无接头。带肋和刻痕钢丝主要用于先张法预应力混凝土制品，如混凝土电杆、高压水泥管、高压输水管、超长屋面板、空心板、管桩、轨枕等；光圆钢丝则主要用于后张法预应力混凝土。低松弛钢丝主要用于轨枕、桥梁及其他大跨度预应力混凝土结构与大跨度桥梁斜拉索等。

8.5.2.6 预应力混凝土用钢棒

预应力混凝土用钢棒（PCB）是用低合金热轧盘条经冷加工（或不经冷加工）淬火和回火处理而成。《预应力混凝土用钢棒》（GB/T 5223.3—2005）规定，按钢棒表面形状分为光圆钢棒 P、带有三条或六条螺旋槽的螺旋槽钢棒（helical grooved bar）PG、带有四条螺旋肋的螺旋肋钢棒 HR、带有月牙肋（分有纵肋、无纵肋两种）的带肋钢棒 R；按松弛性能分为普通松弛 N 和低松弛 L；按延性分为 35 级、25 级。预应力混凝土用钢棒以盘条或直条供应，其力学性能应符合表 8-14 的规定。

表 8-14 预应力混凝土用钢棒的力学性能（GB/T 5223.3—2005）

<table>
<tr><th rowspan="3">表面形状类型</th><th rowspan="3">公称直径 a（mm）</th><th rowspan="3">公称横截面积（mm^2）</th><th rowspan="3">抗拉强度 σ_b(MPa)，≮</th><th rowspan="3">规定非比例极限 $\sigma_{p0.2}$（MPa），≮</th><th colspan="2">弯曲性能</th><th colspan="2">伸长率[1]（%），≮</th><th colspan="3">1000h 松弛[2]（%），≯</th></tr>
<tr><th rowspan="2">性能要求</th><th rowspan="2">弯曲半径</th><th rowspan="2">最大力总伸长率 δ_{gt}</th><th rowspan="2">断后伸长率 δ</th><th rowspan="2">初始应力</th><th colspan="2">松弛类型</th></tr>
<tr><th>普通松弛</th><th>低松弛</th></tr>
<tr><td rowspan="9">光圆</td><td>6</td><td>28.3</td><td rowspan="25">对所有规格钢棒
1080
1280
1420
1570</td><td rowspan="25">对所有规格钢棒
930
1080
1280
1420</td><td rowspan="4">180°，4 次</td><td>15</td><td rowspan="25">延性 35:3.5
延性 25:2.5</td><td rowspan="25">延性 35:7.0
延性 25:5.0</td><td rowspan="11">对所有规格钢棒</td><td rowspan="11">对所有规格钢棒</td><td rowspan="11">对所有规格钢棒</td></tr>
<tr><td>7</td><td>38.5</td><td>20</td></tr>
<tr><td>8</td><td>50.3</td><td>20</td></tr>
<tr><td>10</td><td>78.5</td><td>25</td></tr>
<tr><td>11</td><td>95.0</td><td rowspan="5">160°～180°</td><td rowspan="5">弯心直径 $d=10a$</td></tr>
<tr><td>12</td><td>113</td></tr>
<tr><td>13</td><td>133</td></tr>
<tr><td>14</td><td>154</td></tr>
<tr><td>16</td><td>201</td></tr>
<tr><td rowspan="4">螺旋槽</td><td>7.1</td><td>40</td><td rowspan="4" colspan="2">—</td></tr>
<tr><td>9</td><td>64</td></tr>
<tr><td>10.7</td><td>90</td><td>$7\sigma_b$</td><td>4.0</td><td>2.0</td></tr>
<tr><td>12.6</td><td>125</td><td>0.6σ</td><td>2.0</td><td>1.0</td></tr>
<tr><td rowspan="6">螺旋肋</td><td>6</td><td>28.3</td><td rowspan="4">180°，4 次</td><td>15</td><td>$0.8\sigma_b$</td><td>9.0</td><td>4.5</td></tr>
<tr><td>7</td><td>38.5</td><td>20</td><td rowspan="11"></td><td rowspan="11"></td><td rowspan="11"></td></tr>
<tr><td>8</td><td>50.3</td><td>20</td></tr>
<tr><td>10</td><td>78.5</td><td>25</td></tr>
<tr><td>12</td><td>113</td><td rowspan="2">160°～180°</td><td rowspan="2">弯心直径 $d=10a$</td></tr>
<tr><td>14</td><td>154</td></tr>
<tr><td rowspan="6">带肋</td><td>6</td><td>28.3</td><td rowspan="6" colspan="2">—</td></tr>
<tr><td>8</td><td>50.3</td></tr>
<tr><td>10</td><td>78.5</td></tr>
<tr><td>12</td><td>113</td></tr>
<tr><td>14</td><td>154</td></tr>
<tr><td>16</td><td>201</td></tr>
</table>

注：1. 经拉伸试验后，目视观察，钢棒应显出缩颈韧性断口。日常检验可用断后伸长率（采用标距 $l_0=8a$），仲裁检验用最大力伸长率（采用标距 $l_0=200mm$）。

2. 初始应力为 $0.6\sigma_b$ 和 $0.8\sigma_b$ 时的 1 000h 松弛在需方有要求时进行，并满足表中规定。

预应力混凝土用钢棒具有高强韧性，低松弛性、强握裹力，广泛应用于高强度预应力混凝土离心管桩、铁路轨枕等预应力混凝土构件中。

8.5.2.7　预应力混凝土用钢绞线（steel strand）

钢绞线是采用2、3或7根高强度钢丝，经绞捻（一般为左捻）、稳定化处理（在一定张力下进行的短时热处理，以减小应用时的应力松弛）等工序而制成。《预应力混凝土用钢绞线》（GB/T 5224—2003）按捻制结构分为两根钢丝绞捻1×2、三根钢丝绞捻1×3、三根刻痕钢丝绞捻1×3 Ⅰ、7根钢丝绞捻1×7、7根钢丝绞捻并经模拔处理（1×7）C。其力学性能应满足表8-15的规定，钢绞线成盘供应。

表8-15　预应力混凝土用钢绞线的主要力学性能（GB/ T 5224—2003）

钢绞线结构	钢绞线公称直径 D（mm）	钢丝公称直径 a（mm）	钢绞线参考截面尺寸 A（mm）	抗拉强度 σ_b（MPa）≮	最大力下总伸长率[1] δ_{gt}（%）≮	1 000h 松弛率：初始负荷	1 000h 松弛率：1 000h后应力松弛率 r（%）≯
1×2	5.00	2.50	9.82	1 570，1 720，1 860，1 960	对所有规格 3.5	对所有规格	对所有规格
	5.80	2.90	13.2				
	8.00	4.00	25.1	1 470，1 570，1 720，1 860，1 960		0.6σ_b	1.0
	10.00	5.00	39.3			0.7σ_b	2.5
	12.00	6.00	56.5	1 570，1 720，1 860，1 960		0.8σ_b	4.5
1×3	6.20	2.90	19.8	1 570，1 720，1 860，1 960	对所有规格 3.5	对所有规格	对所有规格
	6.50	3.00	21.2				
	8.60	4.00	37.7	1 470，1 570，1 720，1 860，1 960		0.6σ_b	1.0
	8.74	4.05	38.6	1 570，1 670，1 860		0.7σ_b	2.5
	10.80	5.00	58.9	1 470，1 570，1 720，1 860，1 960		0.8σ_b	4.5
	12.90	6.00	84.8				
1×3 Ⅰ	8.74	7.56	38.6	1 570，1 670，1 960			
1×7	9.50		54.8	1 720，1 860，1 960	对所有规格 3.5	对所有规格	对所有规格
	11.10		74.2				
	12.70		98.7				
	15.20		140	1 470，1 570，1 720，1 860，1 960		0.6σ_b	1.0
	15.70		150	1 770，1 860		0.7σ_b	2.5
	17.80		191	1 720，1 860		0.8σ_b	4.5
（1×7）C	12.70		112	1 860			
	15.20		165	1 820			
	18.00		223	1 720			

注：1. 最大力下总伸长率检验，对于1×7和（1×7）C结构的钢绞线采用 $l_0 \geq 500$mm，其他结构钢绞线采用 $l_0 \geq 400$mm。

2. 钢绞线的弹性模量为（195±10）MPa，但不作为交货条件。

3. 限于篇幅，本书略去各公称直径、抗拉强度所对应的整根钢绞线最大拉力 F_m 和规定非比例延伸力 $F_{p0.2}$。标准要求规定非比例延伸力 $F_{p0.2}$ 值不小于整根钢绞线公称最大力 F_m 的90%。F_m、$F_{p0.2}$ 可通过 $F_m = A \cdot \sigma_b$ 及 $F_{p0.2} = 0.90F_m$ 计算。

钢绞线的强度高、柔性好、安全可靠，并且开盘后无需调直、接头，主要用于大跨度、重负荷的后张法预应力混凝土结构，特别是曲线配筋的预应力混凝土结构。

此外，还有无粘结预应力钢绞线，产品结构为 1×7，主要产品的公称直径为 9.50mm、12.70mm、15.20mm、15.70mm，详见《无粘结预应力钢绞线》（JG 161—2004）。它与前述钢绞线的区别是无粘结预应力钢绞线表面包裹有专用油脂可避免钢绞线锈蚀，同时外部设有 0.8～1.0mm 的塑料保护套以进一步保护钢绞线免受锈蚀作用，故张拉锚固后不需向孔道内注浆。腐蚀介质较严重的地区还可使用环氧树脂涂层钢筋，其表面涂有 0.18～0.30mm 的环氧树脂涂膜，耐腐蚀性良好，可以达到 Sa2 $\frac{1}{2}$ 级别，详细要求见《环氧树脂涂层钢筋》（JG 3042—1997）。

钢绞线、钢丝和钢棒以及无粘结钢绞线是我国预应力混凝土结构的主力钢筋。

8.5.2.8　预应力混凝土用螺纹钢筋（screw-thread steel bar）

预应力混凝土用螺纹钢筋也称高强度精轧螺纹钢筋，由合金钢热轧而成，以热轧状态、轧后余热处理状态或热处理状态交货。预应力混凝土用螺纹钢筋是一种特殊形状并带有不连续的外螺纹的直条钢筋，该钢筋在任意截面处，均可以用带有内螺纹的连接器或锚具进行连接或锚固。

《预应力混凝土用螺纹钢筋》（GB/T 20065—2006）按屈服强度分为 PHB785、PHB830、PHB930、PHB1080 四级，其公称直径为 18～50mm，推荐的钢筋公称直径为 25、32mm。预应力混凝土用螺纹钢筋按直条供货，其力学性能应符合表 8-16 的规定。

表 8-16　预应力混凝土用螺纹钢筋的力学性能（GB/T 20065—2006）

强度级别	屈服强度[1] σ_s（MPa），≮	抗拉强度 σ_b（MPa），≮	断后伸长率 δ（%），≮	最大力总伸长率 δ_{gt}（%），≮	应力松弛性能[2]	
					初始应力	1 000h 应力松弛率 r（%），≯
PHB785	785	980	7	3.5	$0.7\sigma_b$	4
PHB830	830	1 030	6			
PHB930	930	1 080	6			
PHB1080	1 080	1 230	6			

注：1. 无明显的屈服时，按规定非比例极限 $\sigma_{p0.2}$。

2. 供方在保证钢筋 1 000h 松弛性能合格的基础上，可进行 10h 松弛试验，初始应力为公称屈服强度的 80%，松弛率不大于 1.5%。

预应力混凝土用螺纹钢筋具有连接、张拉锚固方便、可靠，施工简便；韧性好、强度高、低松弛，节约钢材等优点；解决了高强度预应力钢筋无法接长的难题，特别适用于建造大型桥梁、隧道、码头、大型工业厂房等预应力混凝土工程和岩体锚固工程等。

8.5.3　其他用途钢及制品

8.5.3.1　不锈钢

不锈钢是以铬为主加合金元素的合金钢。按成分分为铬不锈钢、铬镍不锈钢、高锰低铬不锈钢等。不锈钢在建筑上主要用于装饰，因而多数经过磨光或抛光处理。常用的主要为不锈钢薄板（0.2～2.0mm）以及各种型材、管材、龙骨等。

8.5.3.2　彩色涂层钢板与钢带

彩色涂层钢板是（coloured paint coat steel plate and strip）以冷轧薄钢板或镀锌钢板为基

材，经适当处理后，在其表面上涂覆彩色的聚氯乙烯、环氧树脂、不饱和聚酯树脂等而制成。为增加装饰性等常将彩色涂层钢板辊压成一定形状（V 型、半波型、梯型等）。彩色涂层钢板主要用于外墙板、屋面板等的护面板等。

8.5.3.3 轻钢龙骨（steel furrings for buildings）

轻钢龙骨是以镀锌钢带或薄钢板经多道工艺轧制而成。具有强度高、通用性广、耐火性强，安装简便等优点。轻钢龙骨作为室内吊顶和轻板隔断的龙骨支架，主要用于安装各类石膏板、吸声板等。

8.6 钢材的腐蚀与防止

8.6.1 钢材的腐蚀

钢材的腐蚀是指钢的表面与周围介质发生化学作用或电化学作用而遭到的破坏。腐蚀不仅使其截面减少，降低承载力，而且由于局部腐蚀造成应力集中，易导致结构破坏。若受到冲击荷载或反复荷载的作用，将产生锈蚀疲劳，使疲劳强度大大降低，甚至出现脆性断裂。

8.6.1.1 化学腐蚀

化学腐蚀是钢与干燥气体及非电解质液体的反应而产生的腐蚀。这种腐蚀通常为氧化作用，使钢被氧化形成疏松的氧化物（如氧化铁等）。在干燥环境中腐蚀进行得很慢，但在温度高和湿度较大时腐蚀速度较快。

8.6.1.2 电化学腐蚀

钢材与电解质溶液接触而产生电流，形成微电池从而引起腐蚀。钢材本身含有铁、碳等多种成分，由于它们的电极电位不同，形成许多微电池。当凝聚在钢材表面的水分中溶入 CO_2、SO_2 等气体后，就形成电解质溶液。铁较碳活泼，因而铁成为阳极，碳成为阴极，阴阳两极通过电解质溶液相连，使电子产生流动。在阳极，铁失去电子成为 Fe^{2+} 进入水膜；在阴极，溶于水的氧被还原为 OH^-。同时 Fe^{2+} 与 OH^- 结合成为 $Fe(OH)_2$，并进一步被氧化成为疏松的红色铁锈 $Fe(OH)_3$，使钢材受到腐蚀。电化学腐蚀是钢材在使用及存放过程中发生腐蚀的主要形式。

8.6.2 腐蚀的防止

建筑钢材的防腐主要通过以下两个措施。

8.6.2.1 涂敷保护层

涂刷防锈涂料（防锈漆），采用电镀或其他方式，在钢材的表面镀锌、铬等；涂敷搪瓷或塑料层等。利用保护膜将钢材与周围介质隔离开，从而起到保护作用。

8.6.2.2 设置阳极或阴极保护

对于不易涂敷保护层的钢结构，如地下管道、港口结构等，可采取阳极保护或阴极保护。

阳极保护又称外加电流保护法，是在钢结构的附近埋设一些废钢铁，外加直流电源，将阴极接在被保护的钢结构上，阳极接在废钢铁上。通电后废钢铁成为阳极而被腐蚀，钢结构成为阴极而得到保护。

阴极保护是在被保护的钢结构上连接一块比铁更为活泼的金属，如锌、镁，使锌、镁成为阳极而被腐蚀，钢结构成为阴极而被保护。

在土木工程中大量应用的钢筋混凝土中的钢筋，由于水泥水化后产生大量的氢氧化钙，即混凝土的碱度较高（pH值一般为12.6以上）。处于这种强碱性环境的钢筋，其表面产生一层钝化膜，对钢筋具有保护作用，因而实际上是不生锈的。但随着碳化的进行，混凝土的pH值降低，钢筋表面的钝化膜破坏，此时与腐蚀介质接触时将会受到腐蚀。

在钢中加入铬、镍等合金元素时，可制成不锈钢。不锈钢的成本较高，故仅用于特殊工程。

8.7 铝合金与铜合金

8.7.1 铝与铝合金

8.7.1.1 铝

铝为银白色轻金属，密度为2.7g/cm^3，塑性好，但强度较低。纯铝在建筑上的应用较少。纯铝可加工为铝箔（厚度为0.006～0.025mm），它具有很高的反射率（87%～97%），是优良的绝热材料和隔蒸汽材料，并具有良好的装饰性。纯铝可加工成铝粉，用于加气混凝土的发气，也可作为防腐涂料（又称银粉）用于铸铁、钢材等的防腐。

8.7.1.2 铝合金

为提高铝的强度，在铝中可加入锰、镁、铜、硅、锌等制成各种铝合金，其强度和硬度等大大提高。铝合金的密度为2.7～2.9g/cm^3，屈服强度为210～500MPa，抗拉强度为380～550MPa，弹性模量为（0.63～0.8）$\times 10^5$MPa。通过电化学处理可使铝合金制品的表面具有各种颜色，使其装饰效果大大提高。铝合金的大气稳定性高。

通过热挤压、轧制、铸造等工艺，铝合金可被加工成各种铝合金门窗、龙骨、压型板、花纹板、管材、型材、棒材等。压型板和花纹板可直接用于墙面、屋面、顶棚等的装饰，也可与泡沫塑料或其他隔热保温材料复合，成为轻质、隔热保温的复合板材。某些铝合金的强度接近于碳素结构钢，因而可替代部分钢材用于建筑结构，使建筑结构的自重大大降低。

为进一步提高装饰效果，保护铝合金不受磨损和腐蚀作用，有时在铝合金的表面上涂敷不同颜色的塑料层。

8.7.2 铜与铜合金

8.7.2.1 铜

铜为紫红色金属，故又称紫铜。铜的密度为8.72g/cm^3，具有良好的延展性，但强度较低，易生锈。纯铜在建筑上的应用较少。

8.7.2.2 铜合金

按合金的不同分为黄铜和青铜。建筑上主要使用黄铜。

黄铜为铜和锌的合金，呈金黄色或黄色，色泽随锌含量的提高而逐渐变淡。黄铜的强度、硬度、耐磨性均高于纯铜，不易生锈，延展性较好。黄铜的装饰性好，其金黄色光泽可使建筑物显得光彩夺目，富丽堂皇。黄铜在建筑上主要用于生产门窗、门窗花格、栏杆、抛光板材、铜管等，用于各种装饰工程。黄铜也用于生产建筑五金、水暖器材等。用黄铜生产的铜粉（又称金粉）用作涂料，起到装饰和防腐作用。

青铜为铜和锡的合金，有时也加入其他合金元素。青铜为青灰色或灰黄色，硬度大，强度较高，耐磨性及抗蚀性好。青铜主要用于生产板材、管材、机械零件等。

思考题与习题

1. 冶炼方法和脱氧程度对钢材性能有什么影响?
2. 绘出低碳钢的应力-应变曲线图，并在图上标出σ_s、σ_b、δ，三者有何实际意义?
3. σ_s、σ_b、$\sigma_{0.2}$、δ_5、δ_{10}、δ_{100}、A_k、α_k表示什么含义?
4. 什么是钢材的低温冷脆性和脆性临界温度?对钢材的使用有什么影响?
5. 什么是钢材的时效和时效敏感性?对钢材的使用有什么影响?
6. 影响钢材冲击韧性的因素有哪些?
7. 建筑钢材的基本组织有哪些?对钢材的性能有什么影响?钢材的化学成分对钢材的性能有什么影响?
8. 什么是钢材的冷加工强化?冷加工时效后钢材的性能有什么变化?冷加工时效的目的是什么?
9. 碳素结构钢的牌号如何表示?土木工程中如何选用碳素结构钢?哪些条件下不能选用沸腾钢?
10. Q235AF、Q235Bb、Q235C、Q235D在性能上有什么区别?Q235B与Q215A在性能上有什么区别?
11. 高强度低合金结构钢的主要用途及被广泛使用的原因是什么?
12. 15MnV、45Si2MnTi各表示什么含义?
13. 钢筋混凝土用热轧钢筋的级别如何划分?各级钢筋的主要性能如何?主要用途有哪些?
14. 直径为12mm的热轧钢筋，截取两根试样，测得的屈服荷载为42.4 kN、41.1kN；断裂荷载为64.3 kN、63.1kN。试件标距为60mm，断裂后的标距长度分别为71.3mm、71.8mm。试确定该钢筋的级别。
15. 预应力混凝土用钢丝与钢绞线的主要优点有哪些?
16. 铝合金与铜合金在建筑上的主要用途有哪些?

9 木 材

木材用于土木工程，已有悠久历史。它曾与钢材、水泥并称三大主要土木工程材料，被广泛地用于建筑结构、建筑装饰、门窗等。

作为土木工程材料，木材具有许多优良性能，如轻质，有较高的强度和韧性，导热系数低，易于加工及装饰性能好等；但也存在着缺点，如构造上各向异性，受含水及天然疵病影响使其性能产生较大波动，易燃，易虫蛀等。不过这些缺点经过适当的加工和处理，可得到一定程度的改善。

我国林木资源贫乏，而国民经济各行业对木材的需要量又很大。近年来在土木工程中，木材大部分已被钢材、混凝土、塑料所取代，所处地位发生了较大的变化，但木材仍不失其在土建工程中的重要地位。全面地了解木材的性质，才能做到合理使用木材。

9.1 木材的分类、特性与应用

9.1.1 木材的分类、特性与应用

木材通常按树种不同分为针叶类树木和阔叶类树木两大类。针叶类树种主要有红松、落叶松（黄花松）、云杉（鱼鳞松）、冷杉及杉木等；阔叶类树种材质较硬的有水曲柳、柞木、榆木等，较软的有椴木、杨木、桦木等。其各自特性及主要用途见表9-1。

表9-1 木材种类、特点及用途

树种	树干	干湿变形	加工性	材质	主要用途
针叶类	通直、高大	小	易	软	结构构件、门窗、地板等
阔叶类	短而粗	大	难	硬（软）	内装修、家具

9.1.2 木材的构造

由于树种和生长环境不同，木材的构造相差很大，这些差异将直接影响木材的性质。因此，研究木材的构造是掌握木材性质的重要手段。

木材的构造一般分为宏观构造和显微构造。

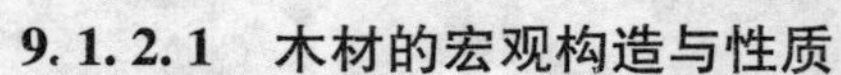

9.1.2.1 木材的宏观构造与性质

木材的宏观构造是指用肉眼或放大镜所能观察到的结构特征。由于木材构造的不均匀性，研究木材各种性能时，必须从木材的三个切面进行剖析（见图9-1）。

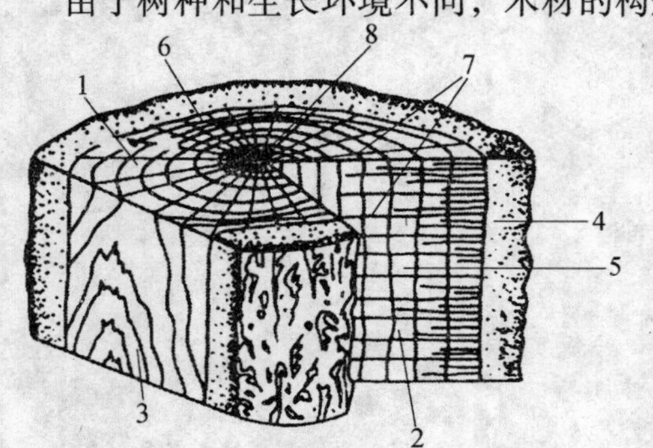

图9-1 树干的三个切面

1—横切面；2—径切面；弦切面；4—树皮；5—木质部；6—年轮；7—髓线；8—髓心

横切面　指与树干主轴垂直的切面。

径切面　指通过树轴心且与树干平行的切面。

弦切面　指与树轴心有一定距离且与树干平行的切面。

由横切面可知，树木由树皮、髓心和木质部三个部分组成。

木质部是土木工程材料使用的主要部分，其中靠近髓心部分颜色较深，称为心材；靠近树皮部分呈浅色，称为边材。心材比边材的利用价值高。

从横切面上可以看到深浅相间的同心圆环即所谓年轮，在同一年轮内，春天生长的木质，色较浅，质较软，称为春材（早材）；夏秋二季生长的木质，色较深，质较硬，称为夏材（晚材）。相同树种，年轮越密而均匀，材质越好；夏材部分愈多，木材强度愈高。

髓心也称树心，其质较软、强度低、易腐朽。从髓心向外的辐射线，称为髓线，它与周围连结差，干燥时易沿此开裂。阔叶树髓线发达。

年轮与髓线构成了木材美丽的天然花纹。

9.1.2.2　木材的显微结构

木材的显微结构是指借助显微镜才能看清的木材组织。

用显微镜观察木材切片，可以看到木材是由大量管状细胞紧密结合而成。除少数细胞横向排列外（髓线），绝大部分细胞沿树干纵向排列。细胞由细胞壁和细胞腔组成，其中细胞壁由细纤维组成。木材的细胞壁越厚，细胞腔越小，木材越密实，强度越高，但胀缩也越大。夏材的细胞壁较春材厚。

9.2　木材的物理力学性质

9.2.1　木材的物理性质

9.2.1.1　含水率与吸湿性

木材是亲水性材料，其吸附水的能力很强。木材中的水分可分为自由水、吸附水、化合水三种。自由水是存在于细胞腔及细胞间隙中的水分；吸附水是被吸附在细胞壁内的水分；而化合水是木材化学成分中的结合水，总含量通常不超过1%～2%，一般情况下不予考虑。自由水只与木材的体积密度、抗腐蚀性、干燥性和燃烧性有关，而吸附水是影响木材强度和湿胀干缩的主要因素。

当木材中仅细胞壁内充满吸附水，而细胞腔及细胞间隙中无自由水时的含水率，称为木材的纤维饱和点。纤维饱和点随树种而异，一般介于25%～35%之间，通常以30%作为木材的纤维饱和点。木材的纤维饱和点是木材物理-力学性质随含水率而变化的转折点。

当环境的温度和湿度变化时，木材的平衡含水率会发生较大的变化（见图9-2）。达到平衡含水率的木材，其性能保持相对的稳定，因此在木材加工和使用之前，应将木材干燥至使用周围环境的平衡含水率。

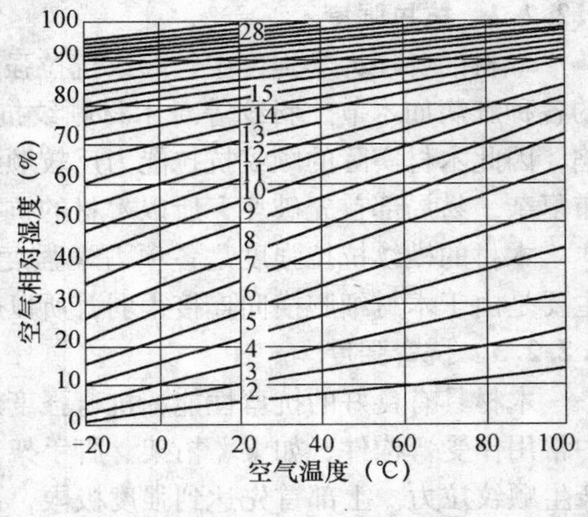

图9-2　木材的平衡含水率

9.2.1.2　干缩湿胀

木材具有较大的干缩湿胀性，其变形性能受含水及木材各向异性的影响。

潮湿的木材，干燥至纤维饱和点时，木材中自由水蒸发，几何尺寸不变，若继续干燥，含水率低于纤维饱和点，这时木材中吸附水减少，木材将产生收缩；反之干燥木材吸湿时，首先细胞壁吸附水增加，木材将产生膨胀，当含水率超过纤维饱和点时，再吸湿，自由水增加，但木材几何尺寸不变。

由于木材构造上的各向异性，其胀缩在各个方向上也不相同，如图9-3所示，弦向胀缩最大，径向次之，纵向最小。对从原木锯下的板材，距离髓心较远的一面，其横向更接近于典型的弦向，因而收缩较大，使板材背离髓心翘曲。从图9-3也可看出，当含水量超过纤维饱和点时（30%），木材不再继续膨胀。

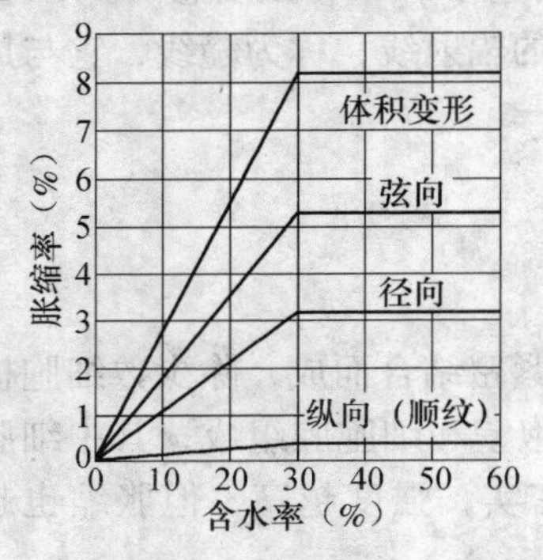

图9-3　松木含水率与变形的关系

针叶材的体积密度多为450～550kg/m³，阔叶材的体积密度变化较大，但多为600～700kg/m³。木材的密度约为1.55g/cm³。木材的导热系数随其体积密度、含水率成正比增大，径向和弦向的导热系数大致相同，但纵向导热系数较横向则大约高1倍。例如松木（体积密度550 kg/m³）的横向导热系数约为0.174W/(m·K)，纵向约为0.30W/(m·K)。

9.2.2　木材的力学性质

木材构造上的各向异性，不仅影响木材的物理性质，也影响木材的力学性质，使木材的各种力学强度都具有明显的方向性。在顺纹方向（作用力与木材纵向纤维方向平行），木材的抗拉和抗压强度都比横纹方向（作用力与木材纵向纤维方向垂直）高得多；对横纹方向，弦向又不同于径向；当斜纹受力（作用力方向介于顺纹和横纹之间）时，木材强度随着力与木纹交角的增大而降低。

9.2.2.1　抗压强度

顺纹抗压强度是木材各种力学性质中的基本指标，在土木工程中使用最广，如柱、桩、斜撑及桁架等。木材顺纹受压破坏是细胞壁丧失稳定性的结果，而非纤维断裂，因此木材顺纹抗压强度高达30～70MPa，仅次于木材的顺纹抗拉强度及抗弯强度，而且受疵病的影响较小。

横纹抗压强度远小于顺纹抗压强度，通常只有顺纹抗压强度的10%～20%。木材横纹受压破坏主要是因为细胞被挤紧、压扁，产生较大的变形，而非纤维断裂。所以，木材的横纹抗压强度以使用中所限制的变形量来决定，通常取其比例极限作为横纹抗压强度指标。

9.2.2.2　抗拉强度

木材的各项力学强度中，顺纹抗拉强度最大，为顺纹抗压强度的2～3倍。但由于木材的各种疵病如木节、斜纹等对木材顺纹抗拉强度影响很大，而木材本身又多少都有一些缺陷，因此木材实际的顺纹抗拉能力反较顺纹抗压为低。另外，木材受拉时杆件节点处应力分布复杂，易局部首先破坏，所以木材的抗拉强度往往不易发挥，也不稳定，较少被利用。

木材的横纹抗拉强度是各项力学强度中最小的，约为顺纹抗拉强度的1/20～1/40，这主要是由于木材细胞横向连接很弱，所以应避免木材受到横纹拉力作用。

9.2.2.3　抗弯强度

木材具有良好的抗弯性能，抗弯强度约为顺纹抗压强度的1.5～2倍。因此在土木工程中常用作受弯构件，如梁、桁架、脚手架、地板等。木梁受弯时，上部产生顺纹压力，下部产生顺纹拉力。上部首先达到强度极限，出现细小的皱纹，但不马上破坏，继续加力时，下部受拉部分也达到强度极限，这时构件破坏。

9.2.2.4 抗剪强度

木材的抗剪强度因作用力与纤维方向不同，可分为三种：顺纹剪切、横纹剪切和横纹切断，见图9-4。

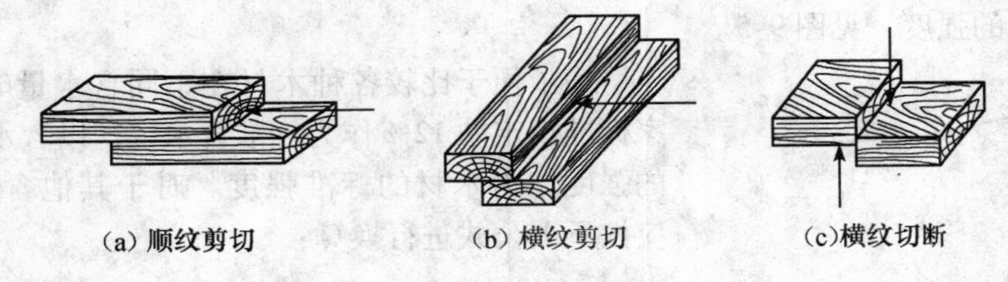

图9-4 木材的剪切

(1) 顺纹抗剪 为剪力方向与木材纤维平行。木材顺纹受剪时。绝大部分纤维本身并不破坏，只破坏了受剪面中纤维的联结。所以木材的顺纹抗剪强度很小，通常是顺纹抗压强度的1/7～1/3。

(2) 横纹抗剪 为剪力方向与木纤维方向垂直，而受剪面则与纤维平行。木材横纹抗剪强度比顺纹抗剪强度还低。实际工程中一般不出现横纹受剪破坏。

(3) 横纹切断 为剪力方向、受剪面均与木纤维垂直。横纹切断即是将木纤维横向切断，因此木材横纹切断强度较高，约为顺纹抗剪强度的4～5倍。

在土木工程中，木材构件受剪情况比受压、受弯、受拉少得多。一般木结构中的木梢是承受横纹剪断作用，木桁架下弦端部承受顺纹剪切作用。

土木工程中常用木材的主要物理力学性能见表9-2。

表9-2 常用木材的主要物理力学性能

树种名称		产地	体积密度 (kg/m³)	干缩系数		顺纹抗压强度 (MPa)	顺纹抗拉强度 (MPa)	抗弯强度 (MPa)	顺纹抗剪强度 (MPa)	
				径向	弦向				径面	弦面
针叶材	杉木	湖南	0.317	0.123	0.277	33.8	77.2	63.8	4.2	4.9
		四川	0.416	0.136	0.286	39.1	93.5	68.4	6.0	5.0
	红松	东北	0.440	0.122	0.321	32.8	98.1	65.3	6.3	6.9
	马尾松	安徽	0.533	0.140	0.270	41.9	99.0	80.7	7.3	7.1
	落叶松	东北	0.641	0.168	0.398	55.7	129.9	109.4	8.5	6.8
	鱼鳞云杉	东北	0.451	0.171	0.349	42.4	100.0	75.1	6.2	6.5
	冷杉	四川	0.433	0.174	0.341	38.8	97.3	70.0	5.0	5.5
阔叶材	柞栎	东北	0.766	0.199	0.316	55.6	155.4	124.0	11.8	12.9
	麻栎	安徽	0.930	0.210	0.389	52.1	155.4	128.0	15.9	18.0
	水曲柳	东北	0.686	0.197	0.353	52.5	138.1	118.6	11.3	10.5
	榔榆	浙江	0.818	—	—	49.1	149.4	103.8	16.4	18.4

9.2.2.5 影响木材强度的主要因素

1. 含水率的影响

木材的含水率对木材强度影响很大。当细胞壁中水分增多时，木纤维相互间的联结力减弱，使细胞壁软化。因此，当木材含水率小于纤维饱和点时，随含水率的增加，强度将下降，尤其是木材的抗弯强度和顺纹杭压强度；当木材含水率超过纤维饱和点时，含水率的变化不影响木材的强度，见图 9-5。

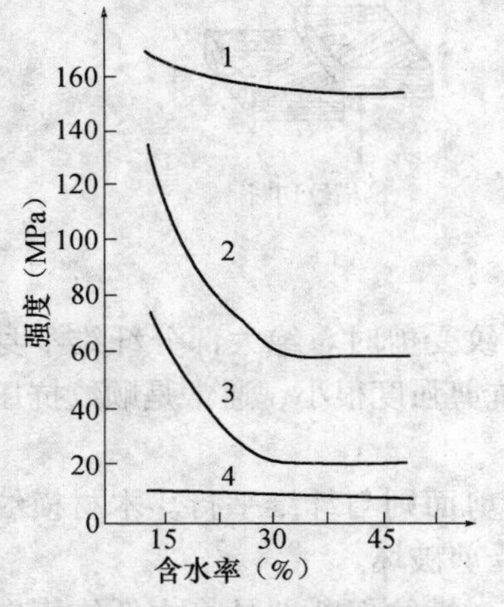

图 9-5　含水率对木材强度的影响

1—顺纹抗拉；2—抗弯强度；

3—顺纹抗压；4—顺纹抗剪

为了便于比较各种木材在不同含水量时的强度，国家标准规定的 12% 作为标准含水率，以含水率为 12% 时的强度作为木材的标准强度。对于其他含水率的强度，应按下列公式进行换算：

$$\sigma_{12} = \sigma_{w}[1 + \alpha(\omega'_{m} - 12)]$$

式中　σ_{12}——标准含水率（12%）时的强度，MPa；

σ_{w}——含水率为 ω'_{m} 时的强度，MPa；

ω'_{m}——试验时木材的含水率，%；

α——含水率校正系数，随受力情况与树种不同而异。通常为：顺纹抗压 0.05；抗弯 0.04；顺纹抗拉：阔叶树 0.015，针叶树 0；顺纹抗剪 0.03；横纹抗压 0.045。

上式适合于木材含水率在 9% ~15% 时木材强度的换算。

2. 木材的构造及疵病的影响

木材属非均质材料，特别是木材常不可避免地含有木节、斜纹、裂纹、腐朽及虫眼等疵病，从而使木材的强度会受到不同程度的影响。如木节使顺纹抗拉强度明显降低，而顺纹抗剪强度有所提高；又如斜纹使木材的抗弯强度和抗拉强度降低；疵病对木材强度的影响程度与疵病严重程度及部位有关。

完全消除木材的各种缺陷是不可能的，也是不经济的。应当根据木材的使用要求，正确地选用，减少各种缺陷所带来的影响，从而达到合理使用、节约木材的目的。

3. 温度的影响

当环境温度升高时，木材纤维中的胶结物质处于软化状态，其强度和弹性均降低，这种现象当温度达 50℃开始明显；当环境温度降至 0℃以下时，其中水分结冰，木材强度增大，但木质变得较脆，并且解冻后各项强度均有降低。因此木材的使用温度以 50℃以下的正温为宜。

4. 时间的影响

木材长时间承受荷载时，其强度会降低。将木材在长期荷载下不致引起破坏的最大强度称为持久强度。木材的持久强度约为标准强度的 0.5 ~0.6 倍。木材产生的蠕变（即徐变）是木材强度随时间下降的主要原因。

9.3　木材的防腐与防火

木材作为土木工程材料，最大的缺点是容易腐朽、虫蛀和燃烧，腐朽和虫蛀大大地缩短了木材的使用寿命，而易燃则大大限制了它的应用范围。所以采取适当的措施来提高木材的耐久性和防火性是非常重要的。

9.3.1 木材的防腐

9.3.1.1 木材腐朽的原因及条件

木材的腐朽是由真菌引起的，侵蚀木材的真菌有三类：腐朽菌、变色菌及霉菌。变色菌以木材细胞腔内含物为养料，不破坏细胞壁；霉菌只寄生在木材表面上，是一种发霉的真菌，因此这两种菌对木材的破坏作用很小。而腐朽菌是以细胞壁为养料，供自身生长和繁殖，致使木材腐朽破坏。

腐朽菌的生存和繁殖，除靠木材提供养料外，还必须同时具备以下三个条件：适宜的水分、空气和温度。当木材含水率在35%～50%，温度在25～30℃，木材中又存在一定量的空气，最适宜腐朽菌繁殖，如果设法破坏其中一个条件，就能防止木材腐朽。

9.3.1.2 木材的防腐

木材防腐通常采用两种方式，一种是创造条件，使木材不适于腐朽菌寄生和繁殖，具体办法是将木材进行干燥，使木材含水率小于20%，储存和使用时注意通风、除湿和在木构件表面上刷油漆；另一种是把木材变成有毒物质，使其不适于作真菌的养料，具体办法是用化学防腐剂对木材进行处理，所用防腐剂主要有水溶性防腐剂和不溶于水的油质防腐剂两种。

水溶性防腐剂有：氯化锌（$ZnCl_2$），氟化钠（NaF），氟硅酸钠（Na_2SiF_6），硼铬合剂、硼酸合剂、氟硼酚合剂等；油质防腐剂有：煤焦油、蒽油、林丹五氯酸合剂等。

9.3.2 木材的防火

木材的防火处理（又称阻燃处理）是使木材成为难燃材料，当火焰离去后木材上的火焰能自动熄灭或仅能缓慢地燃烧。

常用的方法是在木材和木材制品的表面涂刷防火涂料（见第10章）或利用阻燃剂浸渍木材。常用的阻燃剂有磷氮系阻燃剂（磷酸铵、磷酸氢二铵等）、硼系阻燃剂（硼酸锌、硼砂等）、卤系阻燃剂（氯化铵、溴化氨等）等。

9.4 木材的应用

我国森林资源贫乏，而国民经济各部门又都需要大量的木材，木材已成为当前严重缺乏的土木工程材料。因此，土木工程中必须更合理地使用木材、节约木材、综合利用或开发代木材料。

9.4.1 木材的规格及用途

建筑木材主要用于屋架、屋顶及梁、柱、桁架、檩、椽、斗拱、望板、地板、门窗、天花板、扶手、栏杆、龙骨等建筑部件。利用其装饰性，木材可以用做墙裙、隔断、隔墙、服务台及家具等。不同的用途，要求木材采用不同的形式，我国木材供应的形式主要有原条、原木和板枋三种。

原条是指已经除去皮、根、树梢的木料，但尚未按一定尺寸加工成规定的木料。

原木是原条按一定尺寸加工而成的规定直径和长度的木料。它可直接在建筑中作木桩、桁架、搁栅、楼梯和木柱等。

板枋是原木经锯解加工而成的木料，宽度不足厚度三倍的木料，称为枋材。

各种木材的规格见表9-3。

表 9-3　常用建筑木材分类表

序号	分类名称			规　格
1	原条			小头直径≤60mm，长度>5m（根部锯口到梢头直径60mm处）
2	原木			小头直径≥40mm，长度2～10m
3	板枋	板材	薄板	厚度≤18mm
			中板	厚度19～35mm
			厚板	厚度35～65mm
			特厚板	厚度≥66mm
		枋材	小枋	宽×厚≤54mm^2
			中枋	宽×厚55～100mm^2
			大枋	宽×厚101～225mm^2
			特大枋	宽×厚≥226mm^2

注：对木材质量的一般要求：木质坚实、干燥、平直、年轮紧密、均匀，无树脂或少树脂，没有严重节疤、裂缝、蛀蚀及腐朽等现象。

按木材的腐朽、木节、髓心等缺陷的严重程度，将原木、板材、方木等承重结构用材划分为一等材、二等材、三等材，各等级需满足《木结构设计规范》（GB 50005—2003）的规定。

9.4.2　木材的综合利用

木材的综合利用具有重大的现实意义。它既可节约木材，避免浪费，以做到物尽其用；同时也可使木材在性能上扬长避短，充分发挥其建筑功能。木材综合利用的产品主要有：胶合板、胶合木、胶合夹心板，纤维板，木屑板、木丝板和刨花板等。

9.4.2.1　胶合板

胶合板又称层压板，它是将原木沿年轮旋切成大张薄片，再用胶粘合，加热压制而成。胶合板的木薄片数为奇数，一般为3～13层或更多，相应地称为三合板、五合板等。粘合时相邻两薄片的木纤维应互相垂直。粘结剂可用各种动植物胶（大豆蛋白胶、乳干酪素胶、血蛋白胶等）、合成树脂（酚醛树脂、氨基树脂、聚醋酸乙烯等）。

胶合板具有很多优点：

（1）利用小直径的原木可制成表面花纹美观的大张无缝无节的薄板；

（2）能消除由于木材各向异性而引起的不利因素，这种板变形均匀，各向强度大致相等；

（3）能充分利用木材，胶合板除表层采用较好木材外，内层可用质差或有缺陷的木材。

胶合板可用作隔墙、地板、天花板、护壁板、车船内装修板及家具等。耐水胶合板（用合成树脂作粘结剂）可用作混凝土的模板。

9.4.2.2　胶合木

用较厚的零碎木板胶合成大型木构件如工字梁及矩形梁，称为胶合木。

胶合木可以使小材大用，短材长用，并可使优劣不等的木材放在要求不同的部位，以克服木材缺陷的影响。可用于室内作承重构件。

9.4.2.3　胶合夹心板

胶合夹心板分实心板和空心板两种。实心板内部为干燥的短木条拼成（用脲醛树脂胶胶合)，表皮用胶合板粘结加压加热制成。空心板内部是由厚纸（或增强材料）蜂窝结构填充面用胶合板粘结加压加热制成。

胶合夹心板幅面大，尺寸稳定，轻而且受力均匀。多用作门板、壁板和家具。

9.4.2.4　纤维板

纤维板分为软质、半硬质、硬质的三种板材。建筑上常用的是硬质纤维板，它是以板皮、刨花、树枝等废材经粉碎、研磨等制成木纤维浆，再加入胶结料经热压而制成。它可代替木板用。

9.4.2.5　型压板

如木丝板、刨花板和木屑板等。它是利用木材加工时的废料木丝、刨花和木屑加入胶结剂，加压成型，经热处理制成板。胶结剂可用某些合成树脂，也可用水泥、菱苦土、石膏等无机胶结材料。这些板可以用作隔热、吸声或隔墙板等，目前已用于制造家具的面板。

思考题与习题

1. 从横切面上看，木材的构造与木材的性质有何关系？
2. 针叶材和阔叶材在性能和用途上有何不同？
3. 什么是木材的纤维饱和点及标准含水率？各有何实际意义？
4. 解释木材干缩湿胀的原因？工程中如何消除或防止干缩湿胀带来的不利影响？
5. 木材抗拉强度最高，而木材多用于受压或受弯构件，较少用于受拉构件，为什么？
6. 影响木材强度的主要因素有哪些？
7. 有哪些方法可用于防止木材腐朽？并分别说明原因？
8. 胶合板有哪些优点？为什么？

10　合成高分子材料

合成高分子材料（synthetic macromolecule material，or synthetic high molecular material）是指由人工合成的高分子化合物（high molecular compound）组成的材料。合成有机高分子材料具有许多优良的性能，因而在土木工程中得到了较为广泛的应用，如塑料、合成橡胶、涂料、胶粘剂、高分子防水材料等已成为主要土木工程材料。

10.1　合成高分子材料的基本知识

10.1.1　聚合物及其分类

10.1.1.1　聚合物（polymer）

高分子化合物又称高聚物（high polymer），其分子量虽然很大，但化学成分却比较简单，是由简单的结构以重复方式连接起来而形成的。例如，聚氯乙烯的结构为：

$$\cdots CH_2{-}\underset{\displaystyle |\atop\displaystyle Cl}{CH}{-}CH_2{-}\underset{\displaystyle |\atop\displaystyle Cl}{CH}\cdots$$

这种结构很长的大分子称为“分子链”，可简写为 $\left[CH_2 - \underset{\displaystyle |\atop\displaystyle Cl}{CH} \right]_n$。可见聚氯乙烯分子是以氯乙烯分子为结构单元重复组成，这种重复的结构单元称为“链节”。大分子链中，链节的数目 n 称为“聚合度”。聚合度由几百至几千。

少数高分子化合物的结构非常复杂，在它们的分子链中已找不到链节。

习惯上常将塑料工业中使用的高聚物统称为树脂（resin），有时将未加工成型的高聚物也统称为树脂。

10.1.1.2　聚合物的分类

按合成高聚物时化学反应的不同，分为两大类。

1. 加聚树脂（polymerization resin）

加聚树脂是由含有不饱和键的低分子化合物（称为单体）经加聚反应而得。加聚反应过程中无副产品，加聚树脂的化学组成与单体的化学组成基本相同。

由一种单体加聚而得的称为均聚物（homopolymer），其命名方法为在单体名称前冠以“聚”字，如由乙烯加聚而得的称为聚乙烯，由氯乙烯加聚而得的称为聚氯乙烯等；由两种或两种以上单体加聚而得的称为共聚物（copolymer），其命名方法为在单体名称后加共聚物，书写时各单体名称放入括号内，单体名称间加“/”，单体名称后加“共聚物”，如由丙烯腈、丁二烯、苯乙烯共聚而得的称为（丙烯腈/丁二烯/苯乙烯）共聚物，由丁二烯、苯乙烯共聚而得的称为（丁二烯/苯乙烯）共聚物（又称丁苯橡胶）。

2. 缩聚树脂（condensation resin）

缩聚树脂，一般由两种或两种以上含有官能团的单体经缩合反应而得。缩聚反应过程中有副产品——低分子化合物出现，缩聚树脂的化学组成与单体的化学组成完全不同。

缩聚树脂的命名方法有多种：①对聚合物结构复杂的为在单体名称后加“树脂”，如由酚类和醛类缩聚而得的称为酚醛树脂，由脲和醛类缩聚而得的称为脲醛树脂；②在单体名称前加“聚”，并在单体名称后加聚合物在有机化合物中所属的“类别”，如对苯二甲酸与乙二醇缩聚而成的聚合物，在有机化合物中属于酯类，因此称为聚对苯二甲酸乙二醇酯，又如己二酸与己二胺缩聚生成的聚合物在有机化合物中属于酰胺类，故称为己二酸己二酰胺；③对结构复杂的按分子链的特征基团命名，并在其后加“树脂”，如分子链上含有二个或二个以上环氧基团的聚合物称为环氧树脂；④大分子主链上有硅 Si、硫 S、钛 Ti 等的，属于元素有机高聚物，命名时需加入这些元素名称，如聚硅氧烷、聚硫化物、氟树脂等（本条也用于加聚类聚合物的命名）。

10.1.2　聚合物的结构与性质

10.1.2.1　聚合物大分子链的几何形状与性质

1. 线型

高聚物的几何形状为线状大分子，有时带有支链（如图 10-1），且线状大分子间以分子间力结合在一起。具有线型结构的高聚物有全部加聚树脂和部分缩聚树脂。一般而言，具有线型结构的树脂，特别是带有支链的线型结构树脂，弹性模量较小、变形较大、耐热性较差、耐腐蚀性较差，且可溶可熔。

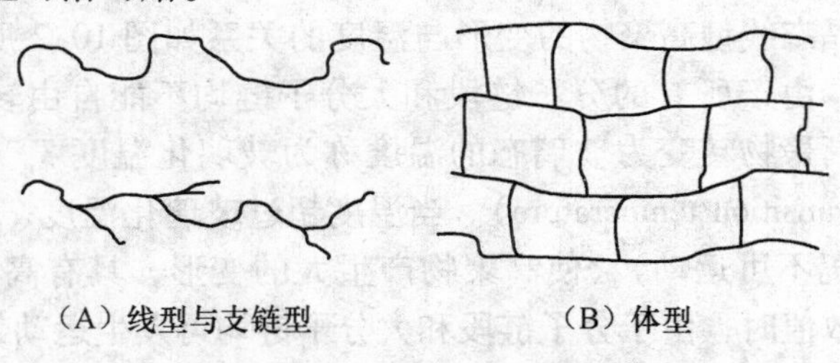

图 10-1　聚合物的分子形状

线型结构的合成树脂可反复加热软化，冷却硬化，故称为热塑性树脂（thermoplastic resin）。

2. 体型

线型大分子以化学键交联而形成的三维网状结构，也称网型结构（见图 10-1）。部分缩合树脂具有此种结构（交联或固化前也为线型或支链型分子）。由于化学键结合力强，且交联形成一个“巨大分子”，故一般来说此类树脂的强度较高、弹性模量较高、变形较小、较硬脆并且大多没有塑性、耐热性较好、耐腐蚀性较高、不溶不熔。

体型结构的合成树脂仅在第一次加热时软化，并且分子间产生化学交联而固化，以后再加热时不会软化，故称为热固性树脂（thermosetting resin）。

10.1.2.2　高聚物的结晶

高聚物按它们的结晶性能，分为晶态高聚物和非晶态高聚物。由于线型高分子难免没有弯曲，故高聚物的结晶为部分结晶，一条分子链可能会同时穿越几个结晶区和非结晶区。结晶区所占的百分比称为结晶度。分子链结构对称性越差、分子量越高则越不易结晶，结晶速度也越慢，此外高聚物晶体的熔点不像无机晶体那样精确。

结晶使高聚物的结构致密，分子间的作用力增强。因此，结晶度越高，则高聚物的密度、弹性模量、强度、硬度、耐热性、折光系数等越大，而冲击韧性、黏附力、断裂伸长率、溶解度等越小。晶态高聚物一般为不透明或半透明的，非晶态高聚物则一般为透明的。

线型高聚物的非晶态包括玻璃态、高弹态和黏流态。而体型高聚物只有玻璃态一种。

10.1.2.3　高聚物的取向

线型高分子在伸展时，其长度为其宽度的几百、几千甚至几万倍，这种结构上的悬殊不对称性，使线型高聚物分子在某些情况下很容易沿某特定方向作占优势的排列，这种定向排列称为高聚物的取向。高聚物的取向包括分子链、链段以及结晶高聚物的晶片、晶带沿特定方向的择优排列。取向和结晶都是高分子的有序排列，但它们的有序程度不同。取向是一维或二维上的有序排列，而结晶是在三维上的有序排列。

对于未取向的高聚物，链段是随机取向的，因此未取向高聚物是各向同性的。而取向的高聚物中，链段在某些方向上是择优排列的，因此取向高聚物呈现出各向异性。

对高聚物的拉伸可以使高聚物在拉伸方向上的取向得到明显的增强。拉伸取向后高聚物的抗拉强度会提高几倍，甚至十几倍，而拉伸率会降低至10%～20%以下，甚至更低。高分子纤维生产时的牵伸正是利用了这一点。

10.1.2.4　高聚物的变形与温度

恒定外力下，非晶态线型高聚物的变形与温度的关系如图10-2所示。非晶态线型高聚物在低于某一温度时，由于所有的分子链段和大分子链均不能自由转动而成为硬脆的玻璃体，即处于玻璃态，高聚物转变为玻璃态的温度称为玻璃化温度 T_g（second order transition temperature，or glass transition temperature）。当温度超过玻璃化温度 T_g 时，由于分子链段可以发生运动（大分子仍不可运动），使高聚物产生大的变形，具有高弹性，即进入高弹态。温度继续升高至某一数值时，由于分子链段和大分子链均可发生运动，使高聚物产生塑性变形，即进入黏流态，将此温度称为高聚物的黏流态温度 T_f。

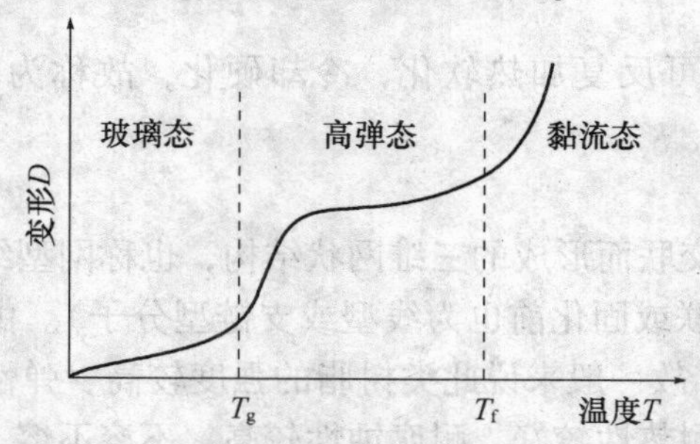

图10-2　非晶态线型高聚物的变形与温度的关系

轻度结晶的高聚物也会出现上述三种状态，但当结晶度较高时（如结晶度超过40%以后），由于微晶体彼此相连，形成贯穿整个材料的连续结晶相，此时结晶相承受的应力要比非晶相大得多，使材料变硬，宏观上觉察不到它有明显的玻璃化转化，其温度变形曲线在熔点以前不会出现明显的转折。如果分子量不太大，非晶区的黏流温度 T_f 低于晶区的熔点 T_m，则晶区熔融后整个高聚物进入黏流态；如果分子量足够大，以至 $T_f > T_m$，则晶区熔融后，将出现高弹态，直到温度进一步提高到 T_f 以上，才进入黏流态。热塑性树脂与热固性树脂在成型时均处于黏流态。

同一高聚物在不同的温度下，可能处于不同的物理状态，表现出的物理性能可能有很大的不同，如柔软大变形的高弹态、硬脆小变形的玻璃态。由于不同高聚物的玻璃化温度、黏流态温度存在着一定的差异或较大的差异（即同一温度下，不同的高聚物可能处于不同的物理状态），因而同一温度下不同高聚物的性能可能会有很大的不同。

高聚物的变形与强度除与温度有很大关系外，还与变形速率有着密切的关系。拉伸变形速度较低时，高分子链可以产生运动，表现出韧性高、拉伸强度低、伸长率高；而当变形速率较高时，高聚物分子链段来不及运动，表现出性脆、拉伸强度高、拉伸率低。

玻璃化温度 T_g 低于室温的称为橡胶，高于室温的称为塑料。玻璃化温度是塑料的最高使用温度，但却是橡胶的最低使用温度。

10.1.3 常用合成树脂的性质与应用

10.1.3.1 热塑性树脂

1. 聚乙烯（polyethylene，PE）

聚乙烯按合成时的压力分为低密度聚乙烯（LDPE，也称高压聚乙烯）和高密度聚乙烯（HDPE，也称低压聚乙烯）。低密度聚乙烯分子量较低、支链较多、结晶度低、质地柔软。高密度聚乙烯分子量较高、支链较少、结晶度较高、质地较坚硬。

聚乙烯具有良好的化学稳定性及耐低温性，拉伸强度较高、吸水性和透水性很低、无毒、密度小、易加工；但耐热性较差，且易燃烧。聚乙烯的产量大、用途广，主要用于生产防水材料（薄膜、卷材等）、给排水管材（冷水）、水箱和卫生洁具等。

聚乙烯经适当处理后（辐射或化学引发剂），可以交联成网型或体型结构的交联聚乙烯（PE-X）。与普通聚乙烯相比，它具有更高的抗冲击强度和拉伸强度、突出的耐磨性、优良的耐应力开裂性和尺寸稳定性，耐热性好，使用温度可达140℃，耐低温和抗老化性也很好。

2. 聚氯乙烯（poly（vinyl chloride），PVC）

聚氯乙烯是无色、半透明、硬而脆的聚合物，在加入适宜的增塑剂及其他添加剂后，可以获得性质优良的硬质和软质聚氯乙烯塑料。

聚氯乙烯机械强度较高、化学稳定性好、耐风化性极高，但耐热性较差，使用温度一般不超过 -15 ~ 55℃。软质聚氯乙烯的抗拉强度和抗折强度较硬质聚氯乙烯为低，但断裂伸长率较高。聚氯乙烯中含有大量的氯，因而具有良好的阻燃性。

硬质聚氯乙烯是土木工程中应用最多的一种，主要用作天沟、水落管、外墙覆面板、天窗以及给排水管等。用氯化聚乙烯（PE-C）改性的硬质聚氯乙烯制作的塑料门窗，其隔热保温、隔声等性能优于传统的钢木门窗，使用寿命可达30年以上。

软质聚氯乙烯常加工为片材、板材、型材等，如卷材地板、块状地板、壁纸、防水卷材、止水带等。

3. 聚丙烯（polypropylene，PP）

聚丙烯由丙烯单体聚合而成。产量和用量最大的为等规聚丙烯（IPP），习惯上简称为聚丙烯。聚丙烯为白色蜡状物，耐热性好（使用温度可达110 ~ 120℃）、抗拉强度与刚度较好，硬度大、耐磨性好，但耐低温性和耐候性差、易燃烧、离火后不能自熄。聚丙烯主要用于装饰板、管材、纤维网布、包装袋等。

生产等规聚丙烯时会出现少量的副产品无规聚丙烯（APP），其为乳白色至浅棕色的橡胶状物质，分子量小。无规聚丙烯的内聚力小、玻璃化温度较低（-9~-15℃），常温下呈橡胶状态，机械强度和耐热性很差（高于50℃时即可缓慢流动，熔点90~150℃），但其具有较好的黏附性，且化学稳定性和耐水性优良。无规聚丙烯常用于沥青材料的改性。

目前还生产（丙烯/乙烯）无规共聚物（简称无规共聚聚丙烯，PP-R）和（丙烯/乙烯）嵌段共聚物（简称嵌段共聚聚丙烯，PP-B）。（丙烯/乙烯）无规共聚物较正规聚丙烯柔软、0℃下仍具有良好的抗冲击性能。（丙烯/乙烯）嵌段共聚物既具有较高的刚性，又具有良好的低温韧性，因此也称为耐冲击聚丙烯。两者的长期耐热性、抗老化性较正规聚丙烯高，主要用于生产给排水管材。

4. 聚苯乙烯（polystyrene，PS）

聚苯乙烯为无色透明树脂，光透射比达90%、耐水、耐光、耐腐蚀，但其性脆、耐热性差（不超过80℃）、易燃。

聚苯乙烯在建筑中的主要应用是泡沫塑料，其具有优良的隔热保温性。此外也用于透明装饰部件、灯罩、发光平顶板等。

5. 聚甲基丙烯酸甲酯（poly（methyl methacrylate），PMMA）

聚甲基丙烯酸甲酯俗称有机玻璃，无色、透明度极高，光透射比可达92%以上，但性脆、价高。主要用于采光平顶板等。

6. 氟树脂

含有氟原子的各种树脂的总称。目前主要使用的有聚四氟乙烯（polytetrafluoroethylene，PTFE）、聚三氟氯乙烯（polychlorotrifluoroethylene，PCTFE）。氟树脂具有优良的耐高温性、耐腐蚀性和耐候性，但强度、刚度等较其他树脂差。氟树脂主要用于涂料。

7.（丙烯腈/丁二烯/苯乙烯）共聚物（acrylonitrile /butadiene/styrene compolymer，ABS）

（丙烯腈/丁二烯/苯乙烯）共聚物是丙烯腈（A）、丁二烯（B）及聚苯乙烯（S）的共聚物，简称ABS共聚物或ABS树脂。其具有聚苯乙烯的良好的加工性、聚丁二烯的高韧性和弹性、聚丙烯腈的高化学稳定性和表面硬度等。

ABS树脂为不透明树脂，具有较高的冲击韧性，且在低温下也不明显降低，耐热性高于聚苯乙烯。ABS树脂主要用于生产压有花纹图案的塑料装饰板和管材等。

8. 氯化聚乙烯（chlorinated polyethylene，PE-C，原为CPE）

氯化聚乙烯是聚乙烯氯化反应后的产物。其性质与制取聚乙烯的种类（高密度、低密度）、氯化程度等有关。按氯化程度的不同，氯化聚乙烯可具有塑性、弹塑性、弹性、直至脆性。应用较多的是弹塑性体（含氯量为16%~24%）和弹性体（含氯量为25%~48%）。氯化聚乙烯具有优良的耐候性、耐寒性、耐燃性、耐冲击性、耐油性和耐化学药品性。

氯化聚乙烯在土木工程中主要用于防水卷材与密封材料、各种波纹板、管材等。

9.（苯乙烯/丁二烯/苯乙烯）嵌段共聚物（styrene/butadiene/styrene compolymer，SBS）

（苯乙烯/丁二烯/苯乙烯）嵌段共聚物是苯乙烯（S）、丁二烯（B）的三嵌段共聚物（由化学结构不同的较短的聚合物链段交替结合而成的线型共聚物称为嵌段共聚物）。SBS树脂为线型分子，具有高弹性（包括低温下）、高抗拉强度、高伸长率和高耐磨性的透明体，属于热塑性弹性体，土木工程中主要用于沥青的改性。

10.1.3.2 热固性树脂

1. 酚醛树脂（phenol-formaldehyde resin，or phenolic resin）

酚类和醛类或酮类化合物缩聚而得的合成树脂的统称，常用的有苯酚和甲醛缩聚的苯酚-甲醛树脂（phenol-formaldehyde，PF）。酚醛树脂具有较高的强度、耐热性、化学稳定性和自熄性，但脆性大，不能单独作为塑料使用。此外酚醛树脂的颜色深暗，装饰性较差。

酚醛树脂在建筑上的主要应用是利用酚醛树脂将纸、木片、玻璃布等粘结而成的各种层压板、玻璃纤维增强塑料。

2. 氨基树脂（amino resin）

氨基树脂是由氨基化合物（如尿素、三聚氰胺等）、甲醛缩合而成的一类树脂的总称，常用的有脲-甲醛树脂（urea-formaldehyde resin，UF）、三聚氰胺-甲醛树脂（melamine-phenol-formaldehyde，MF）。

（1）脲-甲醛树脂　脲-甲醛树脂的性能与酚醛树脂基本相仿，但耐水性及耐热性较差。脲-甲醛树脂的着色性好、表面光泽如玉，有“电玉”之称。脲-甲醛树脂主要用作建筑小五金、泡沫塑料等。

（2）三聚氰胺-甲醛树脂　又称密胺树脂，具有很好的耐水性、耐热性和耐磨性，表面光亮，但成本高。在土木建筑上主要用于装饰层压板。

3. 不饱和聚酯树脂（unsaturated polyester，UP）

不饱和聚酯树脂是指不饱和聚酯在乙烯基类交联单体（如苯乙烯）中的溶液，常温下在引发剂、光等的作用下可由线型分子转变为体型分子。不饱和聚酯树脂的光透射比高、化学稳定性好、强度高、抗老化性及耐热性好，但固化时的收缩大，且不耐浓酸与浓碱的侵蚀。主要用于玻璃纤维增强塑料。不饱和聚酯树脂是热固性树脂中用量最大的一种。

4. 环氧树脂（expoxy resin，or expoxide resin，EP）

含有能交联的环氧基团（ —HC——CH— ，其中 HC 与 CH 经 O 桥连成环）的树脂，其品种及类型很多，常用的有二酚基丙烷环氧树脂（简称双酚 A 环氧树脂）。环氧树脂性能优异，特别是粘结力和强度高，化学稳定性好，且固化时的收缩小。环氧树脂性脆，使用时有时需进行增韧改性。环氧树脂主要用于高聚物基纤维增强材料、胶粘剂等。

5. 有机硅树脂（silicone，SI）

分子主链结构为硅氧链（—Si—O—）的树脂，也称硅树脂，主要包括硅油、有机硅树脂、有机硅弹性体。它们都具有耐热性高（400～500℃）、耐化学腐蚀性好，且与硅酸盐材料的结合力较强等特性，主要用于层压塑料、涂料、防水材料等。

6. 聚氨基甲酸酯（polyurethane，PUR）

分子链的重复结构单元是氨酯型的聚合物，简称聚氨酯。聚氨酯根据交联程度的不同，分为软质和硬质聚氨酯，主要用于聚氨酯泡沫。此外，还有聚氨酯弹性体，属于嵌段共聚物，其伸长率很高、耐候性高，但耐热性较差，适宜在80℃以下使用。

10.1.4 合成橡胶

橡胶是弹性体的一种，其玻璃化温度 T_g 较低。橡胶的主要特点是在常温下受外力作用时即可产生百分之数百的变形，外力取消后，变形可完全恢复，但不符合虎克定律。橡胶具有很好的耐寒性及较好的耐高温性，在低温下也具有非常好的柔韧性。土木工程中使用的各种橡胶防水卷材及密封材料正是利用橡胶的这一优良特性。

玻璃化温度 T_g 较低而黏流态温度 T_f 较高的橡胶才具有较高的使用价值。

10.1.4.1　橡胶的交联

橡胶的交联旧称硫化。橡胶交联的目的是为了提高其强度、变形、耐久性、抗剪切能力，减少其塑性。交联的实质是利用交联剂（旧称硫化剂，crosslinking agent，or vulcanizing agent）使橡胶由线型分子结构交联成为网型分子结构弹性体的过程。硫化后的橡胶又称硫化橡胶（vulcanized rubber），简称橡胶。通常使用的橡胶制品均为硫化橡胶。

10.1.4.2　橡胶的再生处理

橡胶的再生处理主要是脱硫。脱硫是指将废旧橡胶经机械粉碎和加热处理等，使橡胶氧化解聚，即由大网型结构转变为小网型结构和少量的线型结构的过程。脱硫后的橡胶除具有一定的弹性外，还具有一定的塑性和黏性。

经再生处理的橡胶称为再生橡胶（regenerated rubber）或再生胶。

10.1.4.3　常用合成橡胶

1. 三元乙丙橡胶（ethylene/propylene/diene copolymer，EPDM）

三元乙丙橡胶是由乙烯、丙烯、二烯烃（如双环戊二烯）共聚而得的弹性体。由于双键在侧链上，受臭氧和紫外线作用时主链结构不受影响，因而三元乙丙橡胶的耐候性很好。三元乙丙橡胶具有优良的耐热性、耐低温性、抗撕裂性、耐化学腐蚀性，且伸长率高。此外三元乙丙橡胶的密度小，仅有0.86～0.87g/cm³。

三元乙丙橡胶在土木工程中主要用于防水卷材。

2. 氯磺化聚乙烯橡胶（chlorosulfonated polyethylene，CSPE）

氯磺化聚乙烯是聚乙烯经氯气和二氧化硫处理而得的弹性体。氯磺化聚乙烯具有较高的机械强度、耐候性很好、耐高低温性和耐酸碱性好、伸长率高。

氯磺化聚乙烯在土木工程中主要用于防水卷材与防水密封材料。

3. 氯丁橡胶（chloroprene rubber，CR）

氯丁橡胶是由氯丁二烯聚合而成的弹性体。氯丁橡胶为浅黄色或棕褐色，其抗拉强度、透气性、耐磨性较好，硫化后不易老化，耐油、耐热、耐臭氧、耐酸碱腐蚀性好，粘结力较高，难燃，脆化温度为－35～－55℃。氯丁橡胶可溶于苯和氯仿，在矿物油中稍有溶胀。氯丁橡胶的密度为1.23g/cm³。

氯丁橡胶在土木工程中主要用于防水卷材和防水密封材料。

4. 丁基橡胶（butyl rubber，BR；or isobutylene-isoprene rubber，IIR）

丁基橡胶是由异丁烯和少量异戊二烯共聚而得，为无色弹性体。丁基橡胶的耐化学腐蚀性、耐老化性、不透气性、抗撕裂性能、耐热性和耐低温性好。

丁基橡胶在土木工程中主要用于防水卷材和防水密封材料。

10.1.5　合成纤维

合成纤维与合成树脂就材料本身而言并无明显的界限，只是使用的形式不同。许多树脂既可以生产塑料，又可以生产纤维，如聚丙烯和聚丙烯纤维、聚酰胺（尼纶）塑料和尼纶纤维等。由于对纤维的拉伸强度和变形性能的特殊要求，如一般情况下希望纤维的拉伸强度高、弹性模量高、伸长率低等，因而生产纤维的树脂需具备上述基本要求，并易于热牵伸拉丝，利用热牵伸到原长的4～5倍使高聚物分子沿纤维方向部分取向，以进一步提高纤维的强度，或是树脂本身不具备上述要求，但在热牵伸时能够利用取向大幅度提高其强度、弹性模量，降低伸长率。

目前土木工程中主要使用聚丙烯纤维、聚丙烯腈（又称锦纶，PAN）纤维、聚酯纤维、超高分子量聚乙烯纤维、聚对苯二甲酰胺纤维（PPTA，又称全芳香族聚酰胺纤维，商品名称芳纶纤维）等，这些纤维中除聚对苯二甲酰胺纤维外都属于低模量纤维。常用高分子纤维的直径一般为15～75μm，个别情况下也使用直径达150～630μm纤维。常用产品有无纺布、网、长丝、短切纤维等，短切纤维的长度主要有6mm、12mm和18mm等。无纺布、网等低模量纤维主要用于路基土体表面、内部、不同土体之间，以加强或保护土体或路基等；短切低模量纤维主要用于水泥混凝土以提高混凝土的早期抗塑性开裂以及混凝土的韧性和高温防爆性能，短切低模量纤维也广泛用于提高沥青混合料路面的抗剪性、抗裂性和耐高温性。高模量芳纶纤维主要用于混凝土等结构的补强与加固（外包法）。同种高分子纤维因生产工艺的不同，其性能可能相差很大，各种纤维的主要性能见表10-1。

表10-1　常用纤维的主要性能

纤维种类	直径（μm）	抗拉强度（MPa）	弹性模量（GPa）	极限伸长率（%）	密度（g/cm^3）	耐碱性	吸湿率（%）	耐光性
低碳钢纤维	0.25～1.0	1 000～2 000	200～210	3.5～4.0	7.85			
不锈钢纤维	0.4～0.7	1 950～2 100	154～168	3.0	7.8			
抗碱玻璃纤维	12～16	1 800～2 500	70～80	2.0～3.5	2.70～2.78	尚好		
聚丙烯单丝	26～62	285～570	3～9	15～35	0.91	好	0	不好
改性聚丙烯单丝	26～62	500～680	10～17	5～8	0.91	好	0	不好
聚丙烯膜裂	48～62	450～650	8～10	8～10	0.91	好	0	不好
聚丙烯腈纤维	12～75	250～440	3～10	12～20	1.18	尚好	2.0	好
高强聚丙烯腈纤维	12～75	650～900	18～25	7～12	1.18	尚好	2.0	好
超高分子量聚乙烯纤维	1～20	1 600～2 500	60～80	3～4	0.96	好	0	尚好
尼纶纤维	15～30	900～960	5.2	20	1.15	好	2.8～5	尚好
芳纶纤维	10～12	1 900～2 100	90～130	1.8～4.4	1.44	尚好	2.0	尚好
高强碳纤维	7～18	3 450～4 000	230	1.0～1.5	1.6～1.7	好	0	0
高模量碳纤维	7～18	2 480～3 030	380	0.5～0.7	1.6～1.7	好	0	0

10.2　建筑塑料

塑料是指以树脂为基本材料或基体材料，加入适量的填料和添加剂后而制得的材料和制品。塑料中的树脂一般为合成树脂，其在制品的成型阶段为具有可塑性的黏稠状液体，在制品的使用阶段则为固体。塑料在土木工程中可作为结构材料、装饰材料、保温材料、地面材料等。

10.2.1 塑料的基本组成

10.2.1.1 合成树脂

合成树脂是塑料的基本组成材料，在塑料中起着粘结作用。塑料的性质主要决定于合成树脂的种类、性质和数量。合成树脂在塑料中的数量一般为30% ~60%，仅有少量的塑料完全由合成树脂组成。

用于热塑性塑料的树脂主要有聚乙烯、聚氯乙烯、ABS共聚物、聚苯乙烯、聚甲基丙烯酸甲酯、氟树脂等；用于热固性塑料的树脂主要有酚醛树脂、脲醛树脂、不饱和聚酯树脂、环氧树脂、有机硅树脂等。

10.2.1.2 填充料（filler）

填充料又称填料，其种类很多。常用的粉状填料主要有木粉、滑石粉、石灰石粉、炭黑等，在塑料中填料的主要作用是降低成本，提高强度和硬度及耐热性，并减少塑料制品的收缩；常用的纤维状填料主要为玻璃纤维，属于增强材料（reinforcing material），在塑料中其主要作用是提高抗拉强度。

10.2.1.3 增塑剂（plasticizer）

增塑剂可降低树脂的黏流态温度 T_f，使树脂具有较大的可塑性以利于塑料的加工。增塑剂的加入降低了大分子链间的作用力，因而能降低塑料的硬度和脆性，使塑料具有较好的韧性、塑性和柔顺性。常用的增塑剂是分子量小、熔点低、难挥发的液态有机物，如邻苯二甲酸二丁酯、邻苯二甲酸二辛酯、磷酸三甲酚酯等。

10.2.1.4 固化剂（cruing agent）

固化剂又称硬化剂，其主要作用是使线型高聚物交联成体型高聚物，使树脂具有热固性。如某些酚醛树脂常用的六亚甲基四胺（乌洛托品），环氧树脂常用的胺类（乙二胺、间苯二胺）、酸酐类（邻苯二甲酸酐、顺丁烯二酸酐）及高分子类（聚酰胺树脂）。

10.2.1.5 着色剂

着色剂可使塑料具有鲜艳的颜色，改善塑料制品的装饰性。常用的着色剂是一些有机和无机颜料。

10.2.1.6 稳定剂（stabilizer）

为防止某些塑料在热、光及其他条件下过早老化而加入的少量物质称为稳定剂。常用的稳定剂有抗氧化剂（antioxdant）和紫外线吸收剂（ultraviolet absorber）。

除此之外，在塑料生产中常常还加入一定量的其他添加剂，使塑料制品的性能更好、用途更加广泛。如使用发泡剂可以获得泡沫塑料，使用阻燃剂可以获得阻燃塑料。

10.2.2 塑料的基本性质

10.2.2.1 塑料的物理性质

1. 密度

塑料的密度一般为1.0 ~2.08g/cm^3，约为混凝土的1/2 ~2/3，仅为钢材的1/4 ~1/8。

2. 孔隙率与吸水率

塑料的孔隙率可在生产时加以控制，以满足不同的需要。如泡沫塑料的孔隙率可高达

95%～98%，而有机玻璃（聚甲基丙烯酸甲酯）、塑料薄膜等实际上是没有孔隙的。

塑料属于憎水性材料，不论是密实塑料还是泡沫塑料，其吸水率一般不大于1%。但塑料内部孔隙尺寸较大且为开口孔隙时，则吸水率较大。

3. 耐热性

大多数塑料的耐热性都不高，且热塑性塑料的耐热性低于热固性塑料，使用温度100～200℃，仅个别塑料的使用温度可达到300～500℃。

4. 导热性与温度变形

塑料的导热系数均较低，密实塑料的导热系数为0.23～0.70W/（m·K），泡沫塑料的导热系数则接近于空气。

塑料的热膨胀系数较高，约为其他材料的5～10倍。使用时需加以注意，特别是当塑料与其他材料结合（或复合）在一起使用时。

10.2.2.2 塑料的力学性质

1. 强度

塑料的强度较高。如玻璃纤维增强塑料的抗拉强度可达200～300MPa。塑料的比强度高，超过传统材料（如钢材、石材、混凝土等）5～15倍，属于轻质高强材料。

2. 弹性模量

塑料的弹性模量较低，约为钢材的1/10，同时具有徐变特性，因而塑料在受力时有较大的变形。

10.2.2.3 化学性质

1. 耐腐蚀性

大多数塑料对酸、碱、盐等腐蚀性物质的作用具有较高的稳定性。热塑性塑料可被某些有机溶剂所溶解；热固性塑料则不能被溶解，仅可能会出现一定的溶胀。

2. 老化（ageing，or aging）

在使用条件下，塑料受光、热、电等的作用，内部高聚物的组成和结构发生变化，致使塑料的性质恶化，这种现象称为塑料的老化。

聚合物的老化是一个复杂的化学过程，按其实质分为分子的交联和分子的裂解两种。交联是指分子由线型结构转变为体型结构的过程；裂解是指分子链发生断裂，分子量降低的过程。如果老化过程是以交联为主，则塑料便失去弹性、变硬、变脆，出现龟裂等现象；如果老化是以裂解为主，则塑料便失去刚性、变软、发黏、出现蠕变等现象。老化也可由物理过程引起，如掺有增塑剂的塑料，由于增塑剂的挥发或渗出使塑料变硬、变脆等。

3. 可燃性与毒性

塑料的可燃性受其中聚合物的性质和数量的影响。含有磷或卤素元素的聚合物为难燃聚合物，当塑料中掺有阻燃剂时可大大降低其可燃性。但总的来说，塑料仍属于可燃材料。由于聚合物在燃烧时会放出大量有毒气体，因此在发生火灾时对人员的生命有极大的威胁。房屋建筑工程用塑料应为阻燃塑料。

纯聚合物对生物是无毒的。但合成聚合物的工艺受到破坏时，剩余的单体或低分子量物质对健康可能造成危害；生产塑料时加入的增塑剂、固化剂等低分子量物质大多数都危害健康。此外液体树脂基本上都有毒，但完全固化后的聚合物则基本上无毒。当采用塑料制品作饮用水的设备时，应认真进行卫生检查。

10.2.3　常用塑料制品及其应用

塑料的种类虽然很多，但在土木工程中广泛应用的仅有十多种，并均加工成一定形状和规格的制品。下面介绍几种常用的塑料制品。

10.2.3.1　塑料板材与块材

1. 塑料贴面装饰板

塑料贴面装饰板又称塑料贴面板，是以浸渍三聚氰胺甲醛树脂的花纹纸为面层，与浸渍酚醛树脂的牛皮纸叠合后，经热压制成的装饰板。它是一种很薄的装饰板材（0.8~1.5mm），一般不能单独使用，需粘贴在基材（如胶合板、纤维板、刨花板等）上。可仿制各种花纹图案，色调丰富多彩，表面硬度大，耐热、耐烫、耐燃、易清洗。表面分为镜面型和柔光型。塑料贴面板适合于建筑内部墙面、柱面、墙裙、天棚等的装饰和护面，也可用于家具、车船等的表面装饰。

2. 有机玻璃板

采用纯聚甲基丙烯酸甲酯制成。有机玻璃的光透射比极高，可透过光线的92%，且强度较高，并具有较高的耐热性、耐候性、耐腐蚀性，但表面硬度小，易擦毛。有机玻璃板主要用于室内隔断、各种透明护板以及各种透明装饰部件等。

3. 塑料地板块

目前生产的塑料地板块主要采用聚氯乙烯、重质碳酸钙及各种添加剂，经混炼、热压或压延等工艺制成。塑料地板块按材质分为硬质、半硬质、软质；按结构分为单层、多层复合。用量较大的为半硬质塑料地板块，其技术性质应满足 GB 4085—2005 的规定。塑料地板块的图案丰富，颜色多样，并具有耐磨、耐燃、尺寸稳定、价格低等优点。塑料地板块的尺寸一般为300mm×300mm，厚度为2~5mm。塑料地板块适合用于人流不大的办公室、家庭等的地面装饰。

10.2.3.2　塑料卷材

1. 塑料壁纸

塑料壁纸是以聚氯乙烯为主，加入各种添加剂和颜料等，以纸或中碱玻璃纤维布为基材，经涂塑、压花或印花及发泡等工艺制成的塑料卷材。塑料壁纸的品种主要有单色压花壁纸、印花压花壁板、有光印花壁纸、平光印花壁纸、发泡壁纸及特种壁纸等（防水壁纸、防火壁纸、彩色砂粒壁纸等）。塑料壁纸的技术性质等应满足《聚氯乙烯壁纸》（QB/T 3805—1999）的规定。

塑料壁纸的花色品种多，可制成仿丝绸、仿织锦缎、仿木纹等凹凸不平的花纹图案。塑料壁纸美观、耐用、易清洗、施工方便，发泡塑料壁纸还具有较好的吸声性，因而广泛用于室内墙面、顶棚等的装修。塑料壁纸的缺点是透气性较差。

2. 塑料卷材地板

目前生产的塑料卷材地板主要为聚氯乙烯塑料卷材地板。塑料地面卷材与塑料地板块相比，具有易于铺贴，整体性好等优点。适合用于人流不大的办公室与家庭等的地面装饰。

（1）无基层卷材　具有质地柔软，脚感较舒适，有一定的弹性，但不能与烟头等燃烧物接触。适合用于家庭地面的装饰。

（2）带基层卷材　由二层或多层复合而成。面层一般为透明的聚氯乙烯塑料，基层为无纺布、玻璃纤维布等，中层为印花的不透明聚氯乙烯塑料。按中层的聚氯乙烯塑料是否发泡，分为致密聚氯乙烯地面卷材（代号为CB）和发泡塑料地面卷材（代号为FB），后者具有较好的隔声性和隔热保温性。带基材的及有基材、有背涂层的聚氯乙烯卷材地板的技术性质应分别满足GB/T 11982.1—2005、GB/T 11982.2—1996的规定。

3. 塑料薄膜

土木工程中使用的塑料薄膜主要为聚乙烯塑料薄膜和聚氯乙烯塑料薄膜，二者主要用于防潮、防水工程，也可用于混凝土的覆盖养护。

10.2.3.3　塑料门窗

目前的塑料门窗主要是采用改性硬质聚氯乙烯，并加入适量的各种添加剂，经混炼、挤出等工序而制成。改性后的硬质聚氯乙烯具有较好的可加工性、稳定性、耐热性和抗冲击性。常用的改性剂有ABS共聚物、氯化聚乙烯（PE-C）、（甲基丙烯酸酯/丁二烯/苯乙烯）共聚物（MBS）和（乙烯/乙酸乙烯酯）共聚物（E/VAC）等。

塑料门窗的外观平整美观，色泽鲜艳，经久不褪，装饰性好，并具有良好的耐水性、耐腐蚀性、隔热保温性、隔声性、气密性、水密性和阻燃性，使用寿命可达30年以上。

塑料门窗分为全塑门窗和复合塑料门窗。复合塑料门窗是在门窗框内部嵌入金属型材以增强塑料门窗的刚性，提高门窗的抗风压能力。增强用的金属型材主要为铝合金型材和钢型材。塑料门按其结构形式分为镶板门、框板门和折叠门；塑料窗按其结构形式分为平开窗、上旋窗、下旋窗、垂直滑动窗、垂直旋转窗、垂直推拉窗、水平推拉窗和百叶窗等。塑料门窗的性能应满足GB 11793.1 ~ 2—1989、JG/T 3017—1994、JG/T 3018—1994、JG/T 180—2005、JG/T 140—2005的规定。

10.2.3.4　塑料管材

1. 聚氯乙烯塑料管材

聚氯乙烯管材分为软质管材和硬质管材，后者使用的为未增塑聚氯乙烯（PVC-U）。硬质聚氯乙烯管材的耐腐蚀性高，在不受阳光等的环境中具有良好的耐候性，使用寿命可达20 ~ 50年。硬质聚氯乙烯管材根据改性剂和各种助剂的不同可用于室内外排水管（低于65℃）和给水管（冷水）。

2. 聚乙烯塑料管材

聚乙烯管材分为聚乙烯塑料管材和交联聚乙烯塑料管材。目前主要使用的为交联聚乙烯塑料管材，它具有无毒、韧性高、抗内压强度高、耐腐蚀性高，可在 -70 ~ 95℃下长期使用。交联聚乙烯塑料管材主要用于饮水、采暖、空调等冷热水供应系统的管材。

3. 聚丙烯塑料管材

目前主要生产的为无规共聚聚丙烯（PP-R）管材和嵌段共聚聚丙烯（PP-B）管材。两者具有无毒、耐化学腐蚀、抗冲击性较高，耐热性高于聚乙烯管材，可在110℃下连续使用。在70℃以下和1MPa水压以下连续使用的预期寿命可达50年。聚丙烯管材的缺点是不耐紫外照射，暴露于阳光下时耐候性明显降低，因而只适合用作室内的给水与排水管材。当用于室外时，需掩埋于地下，以免阳光直射。

4. 铝塑复合管材

铝塑复合管是中层为采用对接式焊接或搭接式焊接的铝合金薄壁管，内外层为塑料。目前铝塑管材主要使用的为聚乙烯或交联聚乙烯塑料。铝塑管材无毒、无味、耐腐蚀、耐高低温、抗老化，并且具有优良的耐压能力和抗冲击性，在许多使用环境下可替代金属管材。内外层采用聚乙烯塑料的铝塑复合管材适合用于冷水系统，内外层使用交联聚乙烯的铝塑复合管材适合用于95℃以下的热水系统。

10.2.3.5 泡沫塑料与蜂窝制品

1. 泡沫塑料

泡沫塑料是在高聚物中加入发泡剂，经发泡、固化或冷却等工序而制成的多孔塑料制品。泡沫塑料的孔隙率高达95%～98%，且孔隙尺寸小于1.0mm，因而具有优良的隔热保温性。土木工程中常用的有聚苯乙烯泡沫塑料、聚氯乙烯泡沫塑料、聚氨酯泡沫塑料、脲醛泡沫塑料等。

（1）聚苯乙烯泡沫塑料　是土木工程中应用最广的泡沫塑料，用量最大为模塑聚苯乙烯泡沫（EPS），其体积密度为10～200kg/m^3，建筑保温使用的主要为体积密度18～25kg/m^3，导热系数为0.033～0.040W/（m·K），极限使用温度为－100～70℃。目前也广泛使用挤塑聚苯乙烯泡沫（XPS），其孔隙结构细小、封闭，导热系数较模塑聚苯乙烯泡沫低1/4～1/3，且强度高于模塑聚苯乙烯泡沫。两者的性能应满足GB/T 10801.1～2—2002的要求。土木工程中聚苯乙烯泡沫主要用于墙体、屋面、地面、楼板等的隔热保温，也可与纤维增强水泥、纤维增强塑料或铝合金板等复合制成夹层墙板。聚苯乙烯泡沫塑料不宜作为高温表面的隔热层。聚苯乙烯可溶于某些溶剂或含有溶剂的物质，在使用时应予以注意。如粘贴聚苯乙烯泡沫板时须使用无溶剂的胶粘剂，常用的有聚醋酸乙烯胶粘剂、环氧系无溶剂型胶粘剂等，用于外墙时其耐水性等应满足《墙体保温用膨胀聚苯乙烯板胶粘剂》（JC/T 992—2006）和《外墙外保温用膨胀聚苯乙烯板抹面胶浆》（JC/T 993—2006）的要求。

（2）聚氯乙烯泡沫塑料　土木工程中使用的聚氯乙烯泡沫塑料的体积密度为60～200kg/m^3，导热系数为0.035～0.052W/（m·K），极限使用温度为－60～60℃。聚氯乙烯泡沫塑料在土木工程中主要用作吸声材料、装饰构件，也可用作墙体、屋面等的保温材料，或作为夹层板的芯材。

（3）聚氨酯泡沫塑料　土木工程中应用的主要为硬质聚氨酯泡沫塑料，它多为闭口孔隙结构，具有致密的表层和多孔的内芯。聚氨酯泡沫塑料的体积密度为24～200kg/m^3，经常生产和使用的为30～40kg/m^3，导热系数为0.017～0.023W/（m·K），蒸汽渗透性小，抗压强度和隔热保温性均高于其他泡沫塑料，极限使用温度为－160～150℃。聚氨酯泡沫塑料的主要缺点是价格较高，限制了它的大量应用。目前聚氨酯泡沫塑料主要用作夹层墙或夹层板的芯材以及管道等的保温。聚氨酯泡沫可在现场发泡，即在现场将聚氨酯树脂和发泡剂等混合后注入构件的空腔或空心墙内，发泡后即成为泡沫塑料隔热保温层。现场发泡的优点是泡沫塑料层为一整体，且泡沫塑料能与周围材料牢固地粘合在一起，不存在任何间隙。这种无缝隔热层与拼成的隔热层相比，保温性可提高25%～30%。

（4）脲-甲醛泡沫塑料　脲-甲醛泡沫塑料是最轻的泡沫塑料之一，土木工程中应用的脲-甲醛泡沫塑料的体积密度为10～20kg/m^3，导热系数为0.030～0.035W/（m·K），极限使用温度为－200～＋100℃，但强度低、吸湿性较其他泡沫塑料大，应用时需注意防潮。脲-甲醛泡沫塑料的价格低廉，在土木工程中主要用于空心墙、夹层墙板的芯材。脲-甲醛泡沫塑料也可在现场发泡成为整体泡沫塑料。

2. 蜂窝塑料板

蜂窝塑料板是由两张薄的面板和一层较厚的蜂窝状孔形的芯材牢固粘合在一起的多孔板材，其孔的尺寸较大（5~200mm），孔隙率很高。蜂窝状芯材是由浸渍高聚物（酚醛树脂等）的片状材料（牛皮纸、玻璃布、木纤维板等）经加工粘合成的形状似蜂窝的六角形空心板材。面板为塑料板、胶合板或浸渍高聚物的牛皮纸、玻璃布等。蜂窝塑料板具有抗压强度及抗折强度高、导热系数低［0.046~0.056W/（m·K）］、抗震性能好等优异性能。为进一步提高蜂窝塑料板的隔热保温性可在蜂窝中填充脲醛泡沫塑料或其他泡沫塑料。蜂窝塑料板主要用作隔热保温材料和隔声材料。

10.2.3.6 异型塑料制品

异型塑料制品又称塑料异型材，是指断面形状复杂的长条制品，它充分利用了塑料易于成型的特点。异型塑料制品一般采用聚乙烯或聚氯乙烯塑料，经挤压而成。常用的有楼梯扶手、踢脚板、挂镜线等。塑料异型材的色彩多样、装饰效果好，施工方便，且价格较低。

10.2.3.7 纤维增强聚合物基复合材料（fiber reinforced poly matrix composite）

纤维增强聚合物基复合材料又称纤维增强塑料（fiber reinforced plastic，FRP），是由合成树脂胶结纤维或纤维布（带、束等）而成的复合材料。由于玻璃纤维增强塑料使用的最早、使用量也最大，因而也称之为玻璃钢。合成树脂的用量一般为30%~40%，常用的合成树脂为酚醛树脂、不饱和聚酯树脂、环氧树脂等，用量最大的为不饱和聚酯树脂。

纤维增强塑料的性能主要取决于合成树脂和纤维的性能、它们的相对含量以及它们间的粘结力。合成树脂和纤维的强度越高，特别是纤维的强度、弹性模量越高，则纤维增强塑料的强度越高。纤维增强塑料属于各向异性材料，其强度与纤维的方向密切相关，以纤维方向的强度最高，而垂直于纤维方向或纤维布（或网）层与层之间的强度最低。对于纤维布（网）的平面内，径向强度高于纬向强度，而沿45°方向的强度最低。

纤维增强塑料的最大优点是轻质、高抗拉、耐腐蚀，而主要缺点是弹性模量小、变形大。纤维增强塑料，主要用于结构构件、薄壳容器与管道、波形瓦、采光板、桌椅等。波形瓦与平板主要用于屋面、阳台拦板、隔墙板、夹芯墙板的面板；采光板主要用于大型采光屋面；管材主要用于化工防腐；薄壳容器主要用作蓄水容器、防腐容器和压力容器等。

10.3 合成高分子防水材料

合成高分子防水材料（polymer water-proof material）具有优良的技术性能、使用寿命长、施工方便、污染性低，在土木工程中已得到较为广泛的应用。合成高分子防水材料分为防水卷材（water-proof sheet，or water-proof sheet material）、防水涂料（water-proof coating）、防水密封材料（water-proof sealant）等。

10.3.1 合成高分子防水卷材

合成高分子防水卷材按主要原料高聚物可分为热塑性树脂基、橡胶基和橡胶-树脂共混基三类。《高分子防水材料　第一部分：片材》（GB 18173.1—2000）将防水卷材分为均质片材和以高分子材料复合（包括带织物增强层）的复合片材两类，详见表10-2。

表 10-2 高分子防水材料片材（卷材）的分类（GB 18173.1—2000）

分类		代号	主要原材料
均质片材	硫化橡胶类	JL1	三元乙丙橡胶
		JL2	橡胶（橡塑）共混
		JL3	氯丁橡胶、氯磺化聚乙烯、氯化聚乙烯等
		JL4	再生胶
	非硫化橡胶类	JF1	三元乙丙橡胶
		JF2	橡塑共混
		JF3	氯化聚乙烯
	树脂类	JS1	聚氯乙烯等
		JS2	乙烯-醋酸乙烯、聚乙烯等
		JS3	乙烯-醋酸乙烯改性沥青共混
复合片材	硫化橡胶类	FL	乙丙、丁基、氯丁橡胶，氯磺化聚乙烯等
	非硫化橡胶类	FF	氯化聚乙烯，乙丙、丁基、氯丁橡胶、氯磺化聚乙烯等
	树脂类	FS1	氯化聚乙烯等
		FS2	聚乙烯等

注：本表不包括以聚氯乙烯、氯化聚乙烯为单一主原料的防水卷材，也不包括氯化聚乙烯-橡胶共混为主原料的防水卷材。

10.3.1.1 热塑性树脂基防水卷材

1. 聚氯乙烯防水卷材

聚氯乙烯防水卷材是由聚氯乙烯、软化剂或增塑剂、填料、抗氧化剂和紫外线吸收剂等经混炼、压延等工序加工而成的弹塑性卷材。软化剂的掺入增大了聚氯乙烯分子间距，提高了卷材的变形能力；同时也起到了稀释作用，有利于卷材的生产。常用的软化剂为煤焦油。适量的增塑剂能降低聚氯乙烯分子间力，使分子链的柔顺性提高。由于软化剂和增塑剂的掺入，使聚氯乙烯防水卷材的变形能力和低温柔性大大提高。卷材按有无复合层分为无复合层（N 类）、纤维单面复合（L 类）和织物内增强（W 类）三类。厚度分为 1.2mm、1.5mm、2.0mm。聚氯乙烯防水卷材的技术要求应满足表 10-3 的要求。

聚氯乙烯防水卷材的性能大大优于沥青防水卷材，其抗拉强度、断裂伸长率、撕裂强度高，低温柔性好、吸水率小、卷材的尺寸稳定、耐腐蚀性好，使用寿命为 10 ~ 15 年以上，属于中档防水卷材。聚氯乙烯防水卷材主要用于屋面防水以及其他防水要求高的工程。施工时一般采用全贴法，也可采用局部粘贴法。

2. 氯化聚乙烯防水卷材

氯化聚乙烯防水卷材是以含氯量为 30% ~ 40% 的氯化聚乙烯为主，加入适量的填料和其他化学添加剂后经混炼、压延等工序加工而成。含氯量为 30% ~ 40% 的氯化聚乙烯除具有热塑性树脂的性质外，还具有橡胶的弹性。卷材按有无复合层分为无复合层（N 类）、纤维单面复合（L 类）和织物内增强（W 类）三类；按厚度分为 1.2mm、1.5mm 和 2.0mm。

氯化聚乙烯防水卷材的主要技术指标要求见表 10-3。

表 10-3 聚氯乙烯防水卷材（GB 12952—2003）与氯化聚乙烯防水卷材（GB 12953—2003）的主要技术要求

项目		聚氯乙烯防水卷材（PVC）				氯化聚乙烯防水卷材（CPE）			
		N类		L类、W类		N类		L类、W类	
		Ⅰ型	Ⅱ型	Ⅰ型	Ⅱ型	Ⅰ型	Ⅱ型	Ⅰ型	Ⅱ型
拉力（N/cm），≥		8.0	12.0	100	160	5.0	8.0	70	120
断裂伸长率（%），≥		200	250	150	200	200	300	125	250
热处理尺寸变化率（%），≤		3.0	2.0	1.5	1.0	3.0	纵向 2.5 横向 1.5	1.0	
低温弯折性		-20℃ 无裂纹	-25℃ 无裂纹	-20℃ 无裂纹	-25℃ 无裂纹	-20℃ 无裂纹	-25℃ 无裂纹	-20℃ 无裂纹	-25℃ 无裂纹
抗穿孔性		不渗水				不渗水			
不透水性（0.3MPa）		不透水				不透水			
剪切状态下的黏合性（N/mm），≥		3.0 或卷材破坏			6.0 或卷材破坏	3.0 或卷材破坏			6.0 或卷材破坏
热老化处理	外观	无起泡、裂纹、粘结和孔洞				无起泡、裂纹、粘结和孔洞			
	拉伸强度变化率（%）	±25	±20	±25	±20	+50，-20	±20	—	
	拉力（N/cm），≥	—				—		55	100
	断裂拉伸率变化率（%）	±25	±20	±25	±20	+50，-30	±20	—	
	断裂伸长率（%），≥	—				—		100	200
	低温弯折性	-15℃	-20℃	-15℃	-20℃	-15℃	-20℃	-15℃	-20℃
耐化学侵蚀	拉伸强度变化率（%）	±25	±20	±25	±20	±30	±20	—	
	拉力（N/cm），≥	—				—		55	100
	断裂拉伸率变化率（%）	±25	±20	±25	±20	±30	±20	—	
	断裂伸长率（%），≥	—				—		100	200
	低温弯折性	-15℃	-20℃	-15℃	-20℃	-15℃	-20℃	-15℃	-20℃
人工气候加速老化	拉伸强度变化率（%）	±25	±20	±25	±20	+50，-20	±20	—	
	拉力（N/cm），≥	—				—		55	100
	断裂拉伸率变化率（%）	±25	±20	±25	±20	+50，-30	±20	—	
	断裂伸长率（%），≥	—				—		100	200
	低温弯折性	-15℃	-20℃	-15℃	-20℃	-15℃	-20℃	-15℃	-20℃

注：非外露使用可以不考核人工气候加速老化性能。

氯化聚乙烯防水卷材的拉伸强度和不透水性好，耐老化、耐酸碱、断裂伸长率高，低温柔性好，使用寿命为 15 年以上，属于中高档防水卷材。

3. 聚乙烯防水卷材

又称丙纶无纺布覆面聚乙烯防水卷材，是由聚乙烯树脂、填料、增塑剂、抗氧化剂等经混炼、压延，并单面或双面覆丙纶无纺布而成，其技术性质应符合表 10-4 的要求。

表 10-4　高分子防水卷材的主要技术要求[1]（GB 18173.1—2000）

项　目[2]		均质片材										复合片材[3]			
		硫化橡胶类				非硫化橡胶类			树脂类			硫化橡胶类	非硫化橡胶类	树脂类	
		JL1	JL2	JL3	JL4	JF1	JF2	JF3	JS1	JS2	JS3	FL	FF	FS1	FS2
断裂拉伸强度（MPa），≥	常温	7.5	6.0		2.2	4.0	3.0	5.0	10	16	14	80	60	100	60
	60℃	2.3	2.1	1.8	0.7	0.8	0.4	1.0	4	6	5	30	20	40	30
扯断伸长率（%），≥	常温	450	400	300	200	450	200		200	550	500	—			
	-20℃	200		170	100	200	100		15	350	300				
胶断伸长率（%），≥	常温	—										300	250	150	400
	-20℃											150	50	10	
撕裂强度（MPa）		25	24	23	15	18	10		40	60		40	20	20	
不透水性（30min 无渗漏）		0.3MPa		0.2MPa		0.3MPa	0.2MPa		0.3MPa			0.3MPa			
低温弯折性（℃）		-40	-30		-20	-30	-20		-20	-35		-35	-20	-30	-20
加热伸缩量（mm），<	延伸	2				2	4		2			2			
	收缩	4				4	6	10	6			4			
空气热老化（80℃×168h）（%），≥	断裂拉伸强度保持率	80				90	60	80	80			80			
	扯断伸长率保持率	70										—			
	胶断伸长率保持率	—										70			
	100%伸长率外观	无裂纹										—			
耐碱性[10%氢氧化钠，常温168h]（%），≥	断裂拉伸强度保持率	80				80	70		80			80	60	80	
	扯断伸长率保持率	80				90	80	70	80	90		—			
	胶断伸长率保持率	—										80	60	80	
臭氧老化（40℃×168h）	伸长率40%，5μg/g	无裂纹	—			无裂纹			—			—			
	伸长率20%，5μg/g	—	无裂纹	—			—								
	伸长率20%，2μg/g	—		无裂纹	—	—			无裂纹			无裂纹			
	伸长率20%，1μg/g	—			无裂纹		无裂纹		—			—			
人工气候加速老化（%），≥	断裂拉伸强度保持率	80				80	70	80	80			80	70	80	
	扯断伸长率保持率	70										—			
	胶断伸长率保持率	—										70			
	100%伸长率外观	无裂纹										—			
粘合性能	无处理 热处理 碱处理	自基准线的偏移及剥离长度在5mm以下，且无有害偏移及异状点													

注：1. 本表不包括以聚氯乙烯、氯化聚乙烯为单一主原料的防水卷材，也不包括氯化聚乙烯-橡胶共混为主原料的防水卷材。

2. 卷材纵横方向的性能均应满足本表的规定。厚度小于0.8mm的卷材允许达到规定性能的80%。

3. 复合卷材以胶断伸长率作为其扯断伸长率。带织物增强的复合卷材其主体厚度小于0.8mm时，不考虑胶断伸长率。

聚乙烯防水卷材拉伸强度和不透水性好，耐老化、低温柔性很好，断裂伸长率较高（40% ~150%），与基层材料的粘结力强，使用寿命15年以上，属于中档防水卷材。可用于屋面、地下等防水工程，特别适合用于严寒地区的防水工程。

10.3.1.2　橡胶基防水卷材

1. 三元乙丙橡胶防水卷材

三元乙丙橡胶卷材是以三元乙丙橡胶为主，加入交联剂、软化剂、填料等，经密炼、压延或挤出、硫化等工序而成的高弹性防水卷材，其技术性质应符合表10-4的要求。

三元乙丙橡胶防水卷材的拉伸强度高、耐高低温性很好，断裂伸长率很高，能适应防水基层伸缩与开裂变形的需要，耐老化性很好，使用寿命为20年以上，属于高档防水卷材。三元乙丙橡胶防水卷材最适合用于屋面防水工程作单层外露防水、严寒地区及有大变形的部位，也可用于其他防水工程。

2. 氯磺化聚乙烯橡胶防水卷材

氯磺化聚乙烯橡胶防水卷材是以氯磺化聚乙烯橡胶为主，加入适量的软化剂、交联剂、填料、着色剂后，经混炼、压延或挤出、硫化等工序加工而成的弹性防水卷材，其技术性质应符合表10-4的要求。

氯磺化聚乙烯橡胶防水卷材的耐臭氧、耐老化、耐酸碱等性能突出，且拉伸强度高、耐高低温性好、断裂伸长率高，对防水基层伸缩和开裂变形的适应性强，使用寿命为15年以上，属于中高档防水卷材。氯磺化聚乙烯橡胶防水卷材可制成多种颜色，用这种彩色防水卷材做屋面外露防水层可起到美化环境的作用。氯磺化聚乙烯橡胶防水卷材特别适合用于有腐蚀介质影响的部位做防水与防腐处理，也可用于其他防水工程。

3. 氯丁橡胶防水卷材

氯丁橡胶防水卷材是以氯丁橡胶为主，加入适量的交联剂、填料等，经混炼、挤出或压延、硫化等工序加工而成的弹性防水卷材，其技术性质应符合表10-4的要求。

氯丁橡胶防水卷材拉伸强度高、断裂伸长率高，耐油、耐臭氧及耐候性很好，且耐高低温性好。与三元乙丙橡胶防水卷材相比，除其耐低温性能稍差外，其他性能基本相同。使用寿命为15年以上，属中档防水卷材。

此外，还有丁基橡胶防水卷材和聚异丁烯橡胶防水卷材等，均属中档防水卷材。

10.3.1.3　树脂-橡胶共混防水卷材

为进一步改善防水卷材的性能，生产时将热塑性树脂与橡胶共混作为主要原料，由此生产出的卷材称为树脂-橡胶共混型防水卷材。此类防水卷材既具有热塑性树脂的高强度和耐候性，又具有橡胶的良好的低温弹性、低温柔韧性和伸长率，属于中高档防水卷材。主要有以下两种。

1. 氯化聚乙烯-橡胶共混防水卷材

由含氯量为30% ~40%的热塑性弹性体氯化聚乙烯和合成橡胶为主体，加入适量的交联剂、稳定剂，填充料等，经混炼、压延或挤出、硫化等工序制成的高弹性防水卷材。

表10-5为无织物增强的硫化型氯化聚乙烯-橡胶共混防水卷材的主要技术要求。产品厚度分为1.0mm、1.2mm、1.5mm和2.0mm。按物理力学性能分为S型和N型两类。

表 10-5　氯化聚乙烯-橡胶共混防水卷材（JC/T 684—1997）

项　　目		S 型	N 型
拉伸强度（MPa），≥		7.0	5.0
断裂伸长率（%），≥		400	250
直角形撕裂强度（kN/m），≥		24.5	20.0
不透水性，30min		0.3MPa 不透水	0.2MPa 不透水
热老化保持率（80℃×168h）（%），≥	拉伸强度	80	
	断裂伸长率	70	
脆性温度（℃），≤		−40	−20
臭氧老化（5μg/g，40℃×168h，静态）		伸长率 40% 无裂纹	伸长率 20% 无裂纹
粘结剥离强度（卷材与卷材），≥	kN/m	2.0	
	浸水 168h 保持率（%）	70	
热处理尺寸变化率（%），≤		+1 −2	+2 −4

氯化聚乙烯-橡胶共混防水卷材具有断裂伸长率高、耐候性及低温柔性好，使用寿命 20 年以上等优点，特别适合用于屋面作单层外露防水及严寒地区或有大变形的部位，也适合用于有保护层的屋面或地下室、贮水池等防水工程。

2. 聚乙烯-三元乙丙橡胶共混防水卷材

以聚乙烯（或聚丙烯）和三元乙丙橡胶为主，加入适量的稳定剂、填充料等经混炼、压延或挤出、硫化而成的热塑性弹性防水卷材，具有优异的综合性能，而且价格适中。

聚乙烯-三元乙丙橡胶共混防水卷材适用于屋面作单层外露防水，也适用于有保护层的屋面、地下室、贮水池等防水工程。

10.3.2　防水涂料

合成高分子防水涂料的品种很多，但目前应用较多的主要有以下几种。

10.3.2.1　聚氨酯防水涂料

聚氨酯防水涂料分为单组分和双组分两种。双组分的由 A 组分（预聚体）、B 组分（交联剂及填充料等）组成，使用时按比例混合均匀后涂刷在基层材料的表面上，经交联成为整体弹性涂膜。单组分的聚氨酯防水涂料为直接使用，涂刷后吸收空气中的水蒸气而产生交联。

聚氨酯防水涂料的主要技术要求见表 10-6。

表 10-6　聚氨酯防水涂料的主要技术要求（GB/T 19250—2003）

项　目		单组分		双组分	
		Ⅰ	Ⅱ	Ⅰ	Ⅱ
拉伸强度（MPa），≥		1.90	2.45	1.90	2.45
断裂伸长率（%），≥		550		450	
撕裂强度（N/mm），≥		12	14	12	14
低温弯折性（℃）		-40		-35	
不透水性（0.3MPa，30min）		不透水		不透水	
固体含量（%），≥		80		92	
表干时间（h），≤		12		8	
实干时间（h），≤		24			
加热伸缩率（%），	≤	+1.0			
	≥	-4.0			
潮湿基面粘结强度[1]（MPa），≥		0.5		0.5	
定伸时老化	加热老化	无裂纹及变形			
	人工气候老化[2]				
热处理	拉伸强度保持率（%），≥	80～150			
	断裂伸长率（%），≥	500	400		
	低温弯折性（℃），≤	-35		-30	
碱处理	拉伸强度保持率（%），≥	60～150			
	断裂伸长率（%），≥	500	400		
	低温弯折性（℃），≤	-35		-30	
酸处理	拉伸强度保持率（%），≥	80～150			
	断裂伸长率（%），≥	500	400		
	低温弯折性（℃），≤	-35		-30	
人工气候老化[2]	拉伸强度保持率（%），≥				
	断裂伸长率（%），≥	500	400		
	低温弯折性（℃），≤	-35		-30	

注：1. 仅用于地下工程潮湿基面时要求；
　　2. 仅用于外露使用的产品。

聚氨酯防水涂料的弹性高、延伸率大、耐高低温性好、耐油及耐腐蚀性强，涂膜没有接缝，能适应任何复杂形状的基层，使用寿命为10~15年。主要用于屋面、地下建筑、卫生间、水池、游泳池、地下管道等的防水。

10.3.2.2 丙烯酸酯防水涂料

丙烯酸酯防水涂料是以丙烯酸酯树脂乳液为主，加入适量的填充料、颜料等配制而成的水乳型防水涂料。

丙烯酸酯防水涂料具有耐高低温性好、不透水性强、无毒、操作简单等优点，可在各种复杂的基层表面上施工，并具有白色、多种浅色、黑色等，使用寿命为10~15年。丙烯酸涂料的缺点是延伸率较小。丙烯酸防水涂料广泛用于外墙防水装饰及各种彩色防水层。

丙烯酸酯防水涂料的主要技术性能应符合《聚合物乳液建筑防水涂料（polymer emulsion architectural waterproof coating）》（JC/T 864—2000）的要求，见表10-7。

表10-7 聚合物乳液建筑防水涂料（JC/T 864—2000）技术指标

项目		Ⅰ	Ⅱ
拉伸强度（MPa），≥		1.0	1.5
断裂伸长率（%），≥		300	
低温柔性（绕 ϕ10mm 圆棒）		-10℃无裂纹	-20℃无裂纹
不透水性（0.3MPa，30min）		不透水	
固体含量（%），≥		65	
表干时间（h），≤		4	
实干时间（h），≤		8	
老化后的拉伸强度保持率（%），≥	加热处理	80	
	紫外线处理		
	碱处理	60	
	酸处理	40	
老化后的断裂伸长率（%），≥	加热处理	200	
	紫外线处理		
	碱处理		
	酸处理		
加热伸缩率（%），≤	伸长	1.0	
	缩短		

10.3.2.3 有机硅憎水剂

有机硅憎水剂是由甲基硅醇钠或乙基硅醇钠等为主要原料而制成的防水涂料。产品分为水溶性和溶剂型两种，其质量应满足《建筑表面用有机硅防水剂》（JC/T 902—2002）的要求。

有机硅憎水剂在固化后形成一层肉眼觉察不到的透明薄膜层，该薄膜层具有优良的憎水性和透气性，并对建筑材料的表面起到防污染、防风化等作用。有机硅憎水剂主要用于混凝土、砖、石材等多孔无机材料的表面，常用于外墙或外墙装饰材料的罩面涂层，起到防水、防止玷污作用。使用寿命3~7年。

在生产或配制防水建筑材料时也可将有机硅憎水剂作为一种组成材料掺入，如在配制防水砂浆或防水石膏时即可掺入有机硅憎水剂，从而使砂浆或石膏具有憎水性。

10.3.3 建筑密封材料（building sealant）

建筑密封材料又称建筑密封膏或防水接缝材料，主要用于土木工程中各种缝隙的防水密封等。高分子类密封材料因变形大，按我国现行标准统一称为密封胶。

10.3.3.1 树脂基建筑密封材料

目前生产的树脂基建筑密封材料主要为丙烯酸酯建筑密封胶，简称丙烯酸酯密封胶。丙烯酸酯建筑密封胶分有溶剂型和乳液型（又称水性）。乳液型丙烯酸酯密封胶是以丙烯酸酯乳液为主，再加入适量增塑剂、填充料、颜料等制成的单组分密封材料，属于弹塑性体。

丙烯酸酯建筑密封胶按变形能力分为12.5级和7.5级（见表10-8），按弹性恢复率分为弹性类（E）和塑性类（P）。丙烯酸酯建筑密封胶的技术要求见表10-9。

表10-8 建筑密封胶变形级别

级别	25	20	12.5	7.5
试验拉压幅度（%）	±25	±20	±12.5	±7.5
位移能力（%）	25	20	12.5	7.5

表10-9 丙烯酸酯建筑密封胶的技术要求（JC/T 484—2006）

指标	丙烯酸酯建筑密封胶（JC/T 484—2006）		
	12.5E	12.5P	7.5P
下垂度（mm），≤	3		
表干时间（h），≤	1		
挤出性（mL/min），≥	100		
弹性恢复率（%），≥	40	实测值	
定伸粘结性	无破坏	—	
浸水后定伸粘结性	无破坏	—	
冷拉-热压后粘结性	无破坏	—	
断裂伸长率（%），≥	—	100	
浸水后断裂伸长率（%），≥	—	100	
同一温度下拉伸-压缩循环后的定伸粘结性	—	无破坏	
低温柔性（℃）	-20	-5	
体积变化率（%），≤	30		

丙烯酸酯密封胶具有良好的粘结性和耐高温性，可在-20~80℃的范围内使用。丙烯酸酯密封胶的延伸率高，固化初期可达200%~400%，经热老化试验后仍可达100%~350%。丙烯酸酯密封胶还具有良好的施工性和耐候性，且不污染材料表面。使用寿命为15年以上，属于中档密封材料。

丙烯酸酯密封胶主要适合用于屋面、墙板、门窗等的嵌缝。水乳型丙烯酸酯密封胶可在潮湿的基层表面上施工。由于丙烯酸酯密封胶的耐水性不是很好，故不宜用于长期浸泡在水中的工程，如水池、坝堤等。此外丙烯酸酯密封胶的抗疲劳性较差，不宜用于频繁受振动的工程，如广场、桥梁、公路与机场跑道等。水乳型丙烯酸酯密封胶不宜在5℃以下施工，且存放时需注意防冻。

根据组成的不同，丙烯酸酯密封胶还有建筑窗用、混凝土接缝用密封胶，其性能应分别符合《建筑窗用密封胶》（JC/T 485—2001）、《混凝土建筑接缝用密封胶》（JC/T 881—2001）的规定。

10.3.3.2 橡胶基建筑密封材料

1. 聚氨酯建筑密封胶

聚氨酯建筑密封胶（PUR）分为单组分和双组分两种。双组分的聚氨酯密封胶由聚氨酯预聚体、增塑剂、填充料等组成主剂（A 组分），在现场与交联剂（B 组分）混合后使用。交联后成为弹性体。按变形能力分为 25 级和 20 级，按拉伸模量分为高模量（HM）和低模量（LM），按流变性分为下垂型（N）和自流平型（L）。

聚氨酯密封胶的技术要求应满足表 10-10 的要求。此外，其他技术性能也应满足标准的要求。

表 10-10 聚氨酯建筑密封胶（JC/T 482—2003）与聚硫建筑密封胶（JC/T 483—2006）的主要技术要求

指标		聚氨酯建筑密封胶（JC/T 482—2003）			聚硫建筑密封胶（JC/T 483—2006）		
		20HM	25LM	20LM	20HM	25LM	20LM
流动性	下垂度（N 型）（mm），≤	3			3		
	流平性（L 型）（mm）	光滑平整			光滑平整		
表干时间（h），≤		24			24		
适用期[1]（h），≥		1			2		
挤出性[2]（mL/min），≥		80			—		
弹性恢复率（%），≥		70			70		
拉伸模量（MPa）	23℃ -20℃	0.4 或 0.6	0.4 或 0.6		0.4 或 0.6	0.4 或 0.6	
定伸粘结性		无破坏			无破坏		
浸水后定伸粘结性		无破坏			无破坏		
冷拉-热压后粘结性		无破坏			无破坏		
质量损失（%），≤		7			5		

注：1）仅适用于多组分，允许采用供需双方商定的其他指标值；

2）仅适用于单组分。

聚氨酯密封胶具有弹性高、延伸率大、粘结强度高，并具有优良的耐低温性、耐水性、耐酸碱性、耐油性及抗疲劳性，使用寿命可达 25～30 年以上等优点，属于高档弹性密封材料。

聚氨酯密封胶适合用于屋面、墙板、卫生间、楼板、阳台、门窗、水池、桥梁、公路与机场跑道等的各种水平缝与垂直缝的密封防水，也适合用于玻璃、金属材料等的防水密封等。

根据组成的不同，聚氨酯密封胶还有窗户、混凝土接缝、中空玻璃、彩色涂层钢板等专用密封胶，其性能应分别符合《建筑窗用密封胶》(JC/T 485—2001)、《混凝土建筑接缝用密封胶》(JC/T 881—2001)、《石材用建筑密封胶》(JC/T 883—2001)、《彩色涂层钢板用建筑密封胶》(JC/T 884—2001) 的规定。

2. 聚硫橡胶建筑密封胶

聚硫橡胶建筑密封胶简称聚硫建筑密封胶（PS），分为单组分和双组分两种。双组分的主剂（A 组分）由液态聚硫橡胶和填充料等组成，交联剂（B 组分）主要为金属氧化物。使用时在现场按比例混合均匀，交联后成为弹性体。聚硫建筑密封胶按弹性模量分为高模量低伸长率（A 类）和低模量高伸长率（B 类）两类，按流变性分为下垂型（N）和自流平型（L）。

聚硫建筑密封胶的技术要求应满足表 10-10 的要求。

聚硫建筑密封胶具有优异的耐候性、耐油性、耐湿热性、耐水性、耐低温性，使用温度为 -40 ~ 90℃，并且抗撕裂性强，对各种土木工程材料具有良好的粘结性。此外，工艺性能好，无溶剂、无毒，使用安全可靠，使用寿命 30 年以上，属于高档弹性密封材料。

聚硫建筑密封胶适合用于各种土木工程的防水密封，特别适合用于长期浸泡在水中的工程、严寒地区的工程或冷库、受疲劳荷载作用的工程（如桥梁、公路与机场跑道等）。

根据组成的不同，聚硫建筑密封胶还有窗户、混凝土接缝、中空玻璃、彩色涂层钢板等专用密封胶，其性能应分别符合《建筑窗用密封胶》(JC/T 485—2001)、《中空玻璃用密封胶》(JC/T 486—2001)、《混凝土建筑接缝用密封胶》(JC/T 881—2001)、《石材用建筑密封胶》(JC/T 883—2001)、《彩色涂层钢板用建筑密封胶》(JC/T 884—2001) 的规定。

3. 硅酮密封胶

硅酮密封胶（SR）又称有机硅密封胶，分为单组分和双组分两种。主要产品除通用型硅酮建筑密封胶（GB/T 14683—2003）外，还有专用型的《混凝土建筑接缝用密封胶》(JC/T 881—2001)、《建筑用结构硅酮密封胶》(GB16776—1997，用于玻璃幕墙及其他结构的密封)、《建筑窗用密封胶》(JC/T 485—2001)、《中空玻璃用密封胶》(JC/T 486—2001)、《石材用建筑密封胶》(JC/T 883—2001)、《幕墙玻璃接缝用密封胶》(JC/T 882—2001)、《彩色涂层钢板用建筑密封胶》(JC/T 884—2001)、《建筑用防霉密封胶》(JC/T 885—2001) 等。

硅酮密封胶具有优良的耐热性、耐寒性、憎水性，使用温度为 -50 ~ 250℃，并具有优良的抗伸缩疲劳性能和耐候性，使用寿命为 30 年以上，属于高档弹性密封材料。

(1) 硅酮建筑密封胶　单组分硅酮建筑密封胶属于通用密封胶，由有机硅氧烷聚合物、交联剂、填充料等组成。密封膏在施工后，吸收空气中的水分而产生交联成为弹性体。硅酮建筑密封胶按位移能力分为 25、20 两个级别、按其固化机理分为脱酸型（A 型，也称醋酸型）、脱醇型（B 型，也称醇型），按用途分为建筑接缝用（F 类）和镶装玻璃用（G 类）两类，按拉伸模量分为高模量（HM）和低模量（LM），其技术要求应满足表 10-11 的规定。

表 10-11　硅酮建筑密封胶（GB/T 14683—2003）与混凝土建筑接缝用密封胶（JC/T 881—2001）技术要求

指标			硅酮建筑密封胶				混凝土建筑接缝用密封胶						
			25HM	20HM	25LM	20LM	25LM	25HM	20LM	20HM	12.5E	12.5P	7.5P
表干时间（h），≤			3				—						
流变性	下垂度（mm），≤	垂直	3				N 型：3						
		水平	无变形				N 型：3						
	流平性（L 型）		—				光滑平整						
挤出性（ml/min），≥			80				80						
拉伸粘结性	拉伸模量（MPa）	23℃ -20℃	>0.4 或 >0.6		≤0.4 和≤0.6		≤0.4 和≤0.6	>0.4 或 >0.6	≤0.4 和≤0.6	>0.4 或 >0.6	—		
	断裂伸长率（%），≥		—				—					100	20
弹性恢复率（%）			80				≥80		≥60		≥40	<40	
定伸粘结性（%），≥			无破坏				无破坏						
紫外线照射后粘结性[1]			无破坏				—						
冷拉-热压后粘结性			无破坏				无破坏					—	
浸水后定伸粘结性			无破坏				无破坏						
浸水后断裂伸长率（%），≥			—				—					100	20
质量损失（%），≤			10				10[2]					—	
体积收缩率（%），≤			—				25[3]					25	

注：1. 仅适用于 G 类硅酮建筑密封胶；

2. 乳胶型和溶剂型混凝土建筑接缝胶不测质量损失率；

3. 仅适用于乳胶型和溶剂型。

硅酮建筑密封胶除对玻璃、陶瓷等少数材料有较高的粘结性外，对大多数材料的粘结性较差，使用时需先用特定的涂底材料对材料的表面进行处理。硅酮密封胶一次封灌不可超过 10mm，否则内部交联速度很慢，当封灌大于 10mm 时需分层进行或添加适量氧化镁来解决。

高模量的硅酮建筑密封胶主要用于建筑物的结构型防水密封部位，如玻璃幕墙、门窗的密封等；低模量的硅酮建筑密封胶（为酰胺型）主要用于建筑物的非结构型密封部位，特别适合伸缩较大的部位，如混凝土墙板、大理石板、花岗石板、公路与机场跑道等。脱酸型硅酮建筑密封胶在交联时会放出醋酸，故不宜用于铜、铝、铁等金属材料，也不宜用于水泥混凝土、硅酸盐混凝土等碱性材料的防水密封。

（2）混凝土建筑接缝用密封胶　按位移能力分为 25、20、12.5、7.5 四个级别，25 级和 20 级又分为低模量（LM）和高模量（HM）两个次级别，12.5 级按弹性恢复率是否大于 40% 又分为弹性密封胶（E）和塑性密封胶（P）两个次级别。25 级、20 级、12.5E 级属于弹性密封胶，12. 5P、7. 5P 属于塑性密封胶。混凝土建筑接缝用密封胶的技术性能应满足表10-11 的要求。

混凝土建筑接缝用密封胶可用于各类混凝土建筑的接缝密封。25 级、20 级、12. 5E 级适合大变形接缝部位。

4. 其他密封胶

除上述组成的密封胶外，还有其他组成（如丁基橡胶、氯磺化聚乙烯、氯丁橡胶等）以及多组成的密封胶。主要产品有混凝土建筑接缝用密封胶、建筑窗用密封胶、中空玻璃用密封胶等。性能、价格均低于硅酮类、聚氨酯类、聚硫橡胶类，属于中档或中高档密封材料。

当接缝变形量小于±5%时可选用低档密封材料，变形量小于时±12%时应选用丁基橡胶、丙烯酸酯、氯磺化聚乙烯类的中档密封材料；当变形量大于±25%时应选用聚硫橡胶、聚氨酯、硅酮类高档高弹性密封材料。

上述密封材料属于不定型密封材料。此外，还有定型密封材料又称止水带，是采用热塑性树脂或橡胶制成的定型产品，主要用于地下工程、隧道、涵洞、坝堤、水池、管道接头等土木工程的各种接缝、沉降缝、伸缩缝等。定型密封材料的规格和品种很多，有防水密封垫、自粘性密封条、泡沫密封带、镶嵌密封条、膨胀型止水带等。定型密封材料具有良好的弹塑性和强度，并具有优良的压缩变形性能和变形回复性能，能适应构件的变形和振动，防水效果好、耐老化。

10.4 建筑涂料

建筑涂料是指能涂于建筑物的表面，并能形成连续性涂膜，从而对建筑物起到保护、装饰，或使建筑物具有某种特殊功能的材料。

10.4.1 建筑涂料的基本组成

10.4.1.1 基料

基料又称成膜物，在涂料中主要起到成膜及粘结填料和颜料的作用，使涂料在干燥或固化后能形成连续的涂层。建筑涂料中常用的基料有水玻璃、硅溶胶、聚乙烯醇、丙烯酸树脂、环氧树脂、醋酸乙烯-丙烯酸酯共聚物（简称乙-丙乳液）、聚苯乙烯-丙烯酸酯共聚物（简称苯-丙乳液）、聚氨酯树脂等。

10.4.1.2 颜料与填料

建筑涂料中使用的一般为无机矿物颜料。常用的有氧化铁红、氧化铁黄、氧化铁绿、氧化铁棕、氧化铬绿、钛白、锌钡白、群青蓝等。

填料又称体质颜料，主要起到改善涂膜的机械性能，增加涂膜的厚度，降低涂料的成本等作用。常用的填料为重晶石粉、轻质碳酸钙、重质碳酸钙、高岭土及各种彩色小砂粒等。

10.4.1.3 水与溶剂

水与溶剂主要起到溶解或分散基料，改善涂料施工性能等作用。

10.4.1.4 助剂（additive，or aid）

助剂是为进一步改善或增加涂料的某些性能而加入的少量物质。通常使用的有增白剂、防污剂、分散剂、乳化剂、润湿剂、稳定剂、增稠剂、消泡剂、硬化剂、催干剂等。

10.4.2 常用建筑涂料

10.4.2.1 内墙涂料

1. 聚乙烯醇水玻璃内墙涂料

聚乙烯醇水玻璃内墙涂料又称106涂料，是以聚乙烯醇和水玻璃为基料的水性内墙涂料，其技术性质应满足（JC/T 423—1991）的规定。它具有原料丰富、价格低廉、工艺简单、无毒、无味、耐燃、色彩多样、装饰性较好，并与基层材料间有一定的粘结力等优点，但涂层的耐水洗刷性差，不能用湿布擦洗，且涂膜表面易产生脱粉现象。聚乙烯醇水玻璃内墙涂料是国内内墙涂料中用量较大的一种，广泛用于住宅、一般公用建筑等的内墙面、顶棚等。

2. 聚醋酸乙烯乳液涂料

聚醋酸乙烯乳液涂料又称聚醋酸乙烯乳胶漆，是以聚醋酸乙烯乳液为基料的水性内墙涂料，其技术性质应满足《合成树脂乳液内墙涂料》（GB/T 9756—2001）的规定。聚醋酸乙烯乳液涂料具有无毒、不易燃烧、涂膜细腻、平滑、色彩鲜艳、装饰效果良好、价格适中、施工方便等优点，但耐水性及耐候性较差。适合用于住宅、一般公用建筑等的内墙面、顶棚等。

3. 醋酸乙烯-丙烯酸酯有光乳液涂料

醋酸乙烯-丙烯酸酯有光乳液涂料，简称乙-丙有光乳液涂料，是以乙-丙乳液为基料的水性内墙涂料，其技术性质应满足《合成树脂乳液内墙涂料》（GB/T 9756—2001）的规定。乙-丙有光乳液涂料的耐水性、耐候性、耐碱性优于聚醋酸乙烯乳液涂料，并具有光泽，是一种中高档的内墙装饰涂料。乙-丙有光乳液涂料主要用于住宅、办公室、会议室等的内墙面、顶棚等。

4. 多彩涂料

目前生产的多彩涂料主要是水中油型（即水为分散介质，合成树脂为分散相，以油/水或O/W来表示）。分散相为各种基料、颜料及助剂等的混合物，分散介质为含有乳化剂、稳定剂等的水。不同基料间、基料与水间互相掺混而不互溶，即水中分散着肉眼可见的不同颜色的基料微粒。为获得理想的涂膜性能，常采用三种以上的树脂混合使用。多彩涂料经一次喷涂即可获得具有多种色彩的立体涂膜。多彩涂料的色彩丰富、图案变化多样、生动活泼，具有良好的耐水性、耐油性、耐化学药品性、耐刷洗性，并具有较好的透气性。多彩涂料的技术性质应满足《多彩内墙涂料》（JG/T 3003—1993）的规定。多彩涂料对基层的适应性强，可在各种建筑材料上使用。多彩涂料主要用于住宅、办公室、会议室、商店等的内墙面、顶棚等。

10.4.2.2 外墙涂料

1. 苯乙烯-丙烯酸酯乳液涂料

苯乙烯-丙烯酸酯乳液涂料，简称苯-丙乳液涂料，是以苯-丙乳液为基料的水性涂料，其技术性质应满足《合成树脂乳液外墙涂料》（GB/T 9755—2001）的规定。苯-丙乳液涂料具有优良的耐水性、耐碱性、耐湿擦洗性，外观细腻、色彩艳丽、质感好，与水泥混凝土等大多数建筑材料的黏附力强，并具有丙烯酸酯类涂料的高耐光性、耐候性和不泛黄性。适合用于公用建筑的外墙等。

2. 丙烯酸酯系外墙涂料

丙烯酸酯系外墙涂料是以热塑性丙烯酸酯树脂为基料的外墙涂料，分为乳液型和溶剂型，技术性质应分别满足《合成树脂乳液外墙涂料》（GB/T 9755—2001）和《溶剂型外墙涂料》（GB 9757—2001）的规定。丙烯酸酯外墙涂料的耐水性、耐高低温性、耐候性良好，不易变色、粉化或脱落，具有多种颜色，可采用刷涂、喷涂、滚涂等施工工艺。丙烯酸酯外墙涂料的装饰性好，寿命可达10年以上，是目前国内外主要使用的外墙涂料之一。丙烯酸酯外墙涂料主要用于外墙复合涂层的罩面涂料。溶剂型涂料在施工时需注意防火、防爆。丙烯酸酯外墙涂料主要用于商店、办公楼等公用建筑。

3. 聚氨酯系外墙涂料

聚氨酯系外墙涂料是以聚氨酯树脂或聚氨酯树脂与其他树脂的混合物为基料的溶剂型外墙涂料，其技术性质应满足《溶剂型外墙涂料》（GB 9757—2001）的规定。聚氨酯系外墙涂料具有一定的弹性和抗伸缩疲劳性，能适应基层材料在一定范围内的变形而不开裂．并具有优良的耐候性、耐水性、耐酸碱性和耐高低温性。使用寿命可达 15 年以上。涂膜的光洁度高，呈瓷质感，耐玷污性好。聚氨酯系外墙涂料为双组分涂料，施工时需在现场按比例混合后使用。施工时需防火、防爆。聚氨酯系外墙涂料主要用于办公楼、商店等公用建筑。

4. 合成树脂乳液砂壁状建筑涂料

合成树脂乳液砂壁状建筑涂料原称彩砂涂料，是以合成树脂乳液（一般为苯-丙乳液或丙烯酸乳液）为基料，加入彩色集料（粒径小于2mm的彩色砂粒、彩色陶瓷粒等）或石粉及其他助剂配制而成的粗面厚质涂料。合成树脂乳液砂壁状建筑涂料的技术性质应满足JG/T 24—2000的规定。合成树脂乳液砂壁状建筑涂料采用喷涂法施工，涂层具有丰富的色彩和质感，保色性和耐久性优于其他类型的涂料，使用寿命可达 10 年以上。合成树脂乳液砂壁状涂料主要用于办公楼、商店等公用建筑的外墙面等。

10.4.2.3 地面涂料

1. 聚氨酯厚质弹性地面涂料

聚氨酯厚质弹性地面涂料是以聚氨酯为基料的双组分溶剂型涂料。具有整体性好、色彩多样、装饰性好，并具有良好的耐油性、耐水性、耐酸碱性和优良的耐磨性。此外还具有一定的弹性，脚感舒适。聚氨酯厚质弹性地面涂料的缺点是价格高，且原材料有毒。聚氨酯厚质弹性地面涂料主要适合用于水泥砂浆或水泥混凝土的表面，如用于高级住宅、会议室、手术室、实验室、放映厅等的地面装饰，也可用于地下室、卫生间等的防水装饰或工业厂房及车间的耐磨、耐油、耐腐蚀等地面。

2. 环氧树脂厚质地面涂料

环氧树脂厚质地面涂料是以环氧树脂为基料的双组分溶剂型涂料。环氧树脂厚质地面涂料具有良好的耐化学腐蚀性、耐油性、耐水性和耐久性，涂膜与水泥混凝土等基层材料的粘结力强、坚硬、耐磨，且具有一定的韧性，色彩多样，装饰性好。环氧树脂厚质地面涂料的缺点是价格高、原材料有毒。环氧树脂厚质地面涂料主要用于高级住宅、手术室、实验室、公用建筑、工业厂房、车间等的地面装饰、防腐、防水等。

10.4.2.4 建筑防火涂料

将涂刷在基层材料表面上能形成防火阻燃涂层或隔热涂层，并能在一定时间内保证基层材料不燃烧或不破坏、不失去使用功能，为人员撤离和灭火提供充足时间的涂料称为防火涂料。防火涂料既具有普通涂料所拥有的良好的装饰性及其他性能，又具有出色的防火性能。

防火涂料按其组成材料和防火原理的不同，一般分为膨胀型和非膨胀型两大类。非膨胀型防火涂料由难燃性或不燃性树脂及阻燃剂、轻质防火填料等组成。其涂膜厚度（8～50mm）大，导热系数小，具有良好的隔热作用和较好的难燃性，能阻止火焰的蔓延，从而起到防火作用和保护基层材料的作用。膨胀型防火涂料是由难燃性树脂、阻燃剂及成炭剂、脱水成炭催化剂、发泡剂等组成。涂层在火焰的作用下会发生膨胀，形成比原来涂层厚度（2～7mm）大几十倍的泡沫炭质层，能有效地阻挡外部热源对基层材料的作用，从而能阻止燃烧的发生或减少火焰对基层材料的破坏作用。其阻燃效果大于非膨胀型防火涂料。防火涂料按用途分为钢结构用防火涂料、混凝土结构用防火涂料、木结构用防火涂料等。

10.5 胶粘剂

胶粘剂（adhesive）是一种能将各种材料紧密地粘结在一起的物质。随着高分子材料的发展和建筑构件向预制化、装配化、施工机械化方向的发展以及工程修补、加固的发展，胶粘剂越来越广泛地用于建筑构件、材料等的连接。使用胶粘剂粘结材料、构件等具有工艺简单、省工省料、接缝处应力分布均匀、密封和耐腐蚀等优点。

10.5.1 粘结的基本概念

胶粘剂能够将材料牢固粘结在一起是因为胶粘剂与材料间存在有粘结力。一般认为粘结力主要来源于以下几个方面：

（1）机械粘结力 胶粘剂涂敷在材料的表面后，能渗入材料表面的凹陷处和表面的孔隙内，胶粘剂在固化后如同镶嵌在材料内部。正是靠这种机械锚固力将材料粘结在一起。

（2）物理吸附力 胶粘剂分子和材料分子间存在的物理吸附力，即范德华力将材料粘结在一起。

（3）化学键力 某些胶粘剂分子与材料分子间能发生化学反应，即在胶粘剂与材料间存在有化学键力，是化学键力将材料粘结为一个整体。

对不同的胶粘剂和被粘材料，粘结力的主要来源也不同，当机械粘结力、物理吸附力和化学键力共同作用时，可获得很高的粘结强度。

10.5.2 胶粘剂的基本组成材料

10.5.2.1 胶粘剂的基本要求

为将材料牢固地粘结在一起，无论哪一种类的胶粘剂都必须具备以下基本要求：

（1）室温下或加热、加溶剂、加水后易产生流动；

（2）具有良好的浸润性，可很好地浸润被粘材料的表面；

（3）在一定的温度、压力、时间等条件下，可通过物理和化学作用而固化，从而将被粘材料牢固地粘结为一个整体；

（4）具有足够的强度和较好的其他物理力学性质。

10.5.2.2 胶粘剂的基本组成材料

1. 粘料

粘料是胶粘剂的基本组成，又称基料，它使胶粘剂具有粘结特性。粘料一般由一种或几种聚合物配合组成。用于结构受力部位的胶粘剂以热固性树脂为主，用于非结构和变形较大部位的胶粘剂以热塑性树脂或橡胶为主。

2. 固化剂

固化剂用于热固性树脂，使线型分子转变为体型分子；交联剂用于橡胶，使橡胶形成网型结构。固化剂和交联剂的品种应按粘料的品种、特性以及对固化后胶膜性能（如硬度、韧性、耐热性等）的要求来选择。

3. 填料

加入填料可改善胶粘剂的性能（如强度、耐热性、抗老化性、固化收缩率等）、降低胶粘剂的成本。常用的填料有石英粉、滑石粉、水泥以及各种金属与非金属氧化物。

4. 稀释剂

稀释剂用于调节胶粘剂的黏度、增加胶粘剂的涂敷浸润性。稀释剂分为活性和非活性两种，前者参与固化反应，后者不参与固化反应而只起到稀释作用。稀释剂需按粘料的品种来选择。一般地，稀释剂的用量越大，则粘结强度越小。

此外，为使胶粘剂具有更好的性能，还应加入一些其他的添加剂，如增韧剂、抗老化剂、增塑剂等。

10.5.3 常用胶粘剂

10.5.3.1 热塑性树脂胶粘剂

1. 聚乙酸乙烯（PVAC）胶粘剂

聚乙酸乙烯胶粘剂，又称聚醋酸乙烯胶粘剂，俗称乳白胶，是一种使用方便、价格便宜，应用广泛的一种非结构胶。其对各种极性材料有较高的黏附力，但耐热性、对溶剂作用的稳定性及耐水性较差，只能作为室温下使用的非结构胶，如用于粘结玻璃、陶瓷、混凝土、纤维织物、木材、塑料层压板、聚苯乙烯板、聚氯乙烯板及塑料地板。

2. 聚乙烯醇（PVAL）胶粘剂

为聚乙酸乙烯酯水解的产物，属于水溶性聚合物，市售106胶的主要成分。这种胶不耐水，在建筑室内装修工程中可用于粘贴塑料壁纸、墙布等。

3.（乙烯/乙酸乙烯）共聚物（E/VAC）胶粘剂

由（乙烯/乙酸乙烯）共聚物乳液加适量其他成分而成。其耐水性、粘结力优于聚乙酸乙烯胶粘剂，主要用于塑料装饰板、泡沫板、木材装饰板、石膏板、矿棉板等的粘贴。

常用胶粘剂应满足《墙体保温用膨胀聚苯乙烯胶粘剂》（JC/T 992—2006）、《木材胶粘剂及树脂检验方法》（GB/T 14074—2006）、《水溶性聚乙烯醇建筑胶粘剂》（JC/T 438—2006）、《外墙外保温用膨胀聚苯乙烯板抹面胶浆》（JC/T 993—2006）的要求。

10.5.3.2 热固性树脂胶粘剂

1. 不饱和聚酯树脂胶粘剂

不饱和聚酯树脂胶粘剂主要由不饱和聚酯树脂、引发剂（常温下引发交联或固化的助剂）、填料等组成，改变其组成可以获得不同性质和用途的胶粘剂。不饱和聚酯树脂胶粘剂的粘结强度高、抗老化性及耐热性好，可在室温和常压下固化，但固化时的收缩大，使用时需加入填料或玻璃纤维等。不饱和聚酯树脂胶粘剂可用于粘结陶瓷、玻璃、木材、混凝土、金属等结构构件。

2. 环氧树脂胶粘剂

环氧树脂胶粘剂主要由环氧树脂、固化剂、填料、稀释剂（diluent）、增韧剂（toughening agent, or flexibilizer）等组成。改变胶粘剂的组成可以得到不同性质和用途的胶粘剂。环氧树脂胶粘剂的耐酸、耐碱侵蚀性好，可在常温、低温和高温等条件下固化，并对金属、陶瓷、木材、混凝土、硬塑料等均有很高的黏附力。在粘结混凝土方面，其性能远远超过其他胶粘剂，广泛用于混凝土结构裂缝的修补和混凝土结构的补强与加固。

10.5.3.3 合成橡胶胶粘剂

1. 氯丁橡胶胶粘剂

氯丁橡胶胶粘剂是目前应用最广的一种橡胶胶粘剂，其主要由氯丁橡胶、氧化锌、氧化镁、填料、抗老化剂、抗氧化剂等组成。氯丁橡胶胶粘剂对水、油、弱酸、弱碱、脂肪烃和醇类都具有良好的抵抗力，可在 -50 ~ 80℃的温度下工作，但具有徐变性，且易老化。为改善性能常掺入油溶性的酚醛树脂，配成氯丁酚醛胶。氯丁酚醛胶可在室温下固化，常用于粘结各种金属和非金属材料，如钢、铝、铜、玻璃、陶瓷、混凝土、木材及塑料制品等。土木工程中常用于在水泥混凝土或水泥砂浆的表面上粘贴塑料或橡胶制品，以及木材产品间的粘结等。

2. 丁腈橡胶（nitrile butadiene rubber, NBR）胶粘剂

丁腈橡胶胶粘剂的最大的优点是耐油性好、剥离强度（peel strength）高、对脂肪烃和非氧化性酸具有良好的抵抗力。根据配方的不同，它可以冷硫化，也可以在加热和加压过程中硫化。为获得很好的强度和弹性，可将丁腈橡胶与其他树脂混合使用。丁腈橡胶胶粘剂主要用于橡胶制品以及橡胶制品与金属、织物、木材等之间的粘结。

思考题与习题

1. 合成树脂如何分类与命名？
2. 热塑性树脂与热固性树脂在分子的几何形状、物理性质、力学性质和应用上有什么不同？
3. 在同一图上分别绘出热塑性树脂、热固性树脂、合成橡胶的变形与温度关系示意曲线，并由此说明哪种适宜作防水卷材和防水密封材料？
4. 常用合成纤维有那些？它们的主要应用有哪些？
5. 塑料的主要组成有哪些？其作用如何？常用建筑塑料制品有哪些？
6. 合成高分子防水卷材有哪些优点？常用合成高分子防水卷材有哪些？
7. 合成高分子防水涂料有哪些优点？常用合成高分子防水涂料有哪些？
8. 合成高分子密封材料有哪些优点？常用合成高分子密封材料有哪些？
9. 常用的建筑涂料有哪些？各有何优缺点？
10. 在粘结结构材料或修补建筑结构（如混凝土、混凝土结构）时，一般宜选用哪类合成树脂胶粘剂？为什么？

11 沥青及其防水制品

沥青是一种憎水性的有机胶凝材料。在常温下呈黑色或黑褐色的黏稠状液体、半固体或固体。

目前建筑工程中应用的主要是石油沥青，也使用少量煤沥青。沥青具有良好的不透水性、粘结性、抗冲击性、隔潮防水性、耐化学腐蚀性及电绝缘性等，广泛应用于地下防潮、防水和屋面防水等建筑工程中，以及铺筑路面、木材防腐、金属防锈工程中。

沥青按产源可以分为：地沥青（bitumen，or asphalt）和焦油沥青（tar）。地沥青包括天然沥青（石油经长期地球物理因素作用，轻质组分挥发和缩聚而成的沥青类物质）和石油沥青（石油蒸馏后的残余物）；焦油沥青包括煤沥青、木沥青和页岩沥青（煤、木材和页岩干馏后的焦油，再经加工得到的沥青类物质）。

11.1 石油沥青

石油沥青（petroleum asphalt）是石油经蒸馏提炼后得到的渣油再经加工而得到的物质。

11.1.1 *石油沥青的组成与结构*

11.1.1.1 石油沥青的组分

石油沥青是由多种极其复杂的碳氢化合物及其非金属（O、N、S 等）衍生物组成的混合物。由于石油沥青化学组成的复杂性，对组成进行分析的难度很大，且化学组成也不能完全反映出沥青的性质。因此，从工程使用角度出发将石油沥青中化学成分和物理力学性质相近的成分或化合物作为一个组分，以便于研究石油沥青的性质。

1. 三组分分析法

石油沥青的三组分分析法是将石油沥青分离为油分（oil）、树脂（resin）（沥青脂胶）及沥青质（asphaltene，也称地沥青质）三个组分。因我国富产石蜡基或中间基沥青，在油分中往往含有蜡（paraffin），故在分析时还应将油蜡分离。由于这一组分分析方法，是兼用了选择性溶解和选择性吸附的方法，所以又称为溶解-吸附法。

三组分的主要特性与石油沥青性质的关系见表 11-1。

2. 四组分法

L. W. 科尔贝特首先提出将沥青分离为：饱和分（saturate）、环烷-芬香分（naphetene-aromatics）、极性-芳香分（palar-aromatics）和沥青质（asphaltenes）等的色层分析方法。后来也有将上述 4 个组分称为：饱和分、芳香分（aromatic）、胶质（resin）和沥青质。故这一方法亦称 SARA 法。我国现行四组分分析法（SHT 0509—1992 和 JTJ 052—2000）是将沥青试样先用正庚烷沉淀“沥青质（A_t）”，再将可溶分（即软沥青质）吸附于氧化铝谱柱上，先用正庚烷冲洗，所得的组分称为“饱和分（S）”；继用甲苯冲洗，所得的组分称为“芳香分（A_r）”；最后用甲苯-乙醇、甲苯、乙醇冲洗，所得组分称为“胶质（R）”。对于含蜡沥青，可将所分离得的饱和分与芳香分，以丁酮-苯为脱蜡溶剂，在 −20℃下冷冻分离固态烃烷，确定含蜡量。

表 11-1　石油沥青各组分的特征及对沥青性质的影响

组分	含量（%）	分子量	碳氢比	密度（g/cm^3）	特　征	在沥青中的主要作用
油分	45～60	100～500	0.5～0.7	0.7～1.0	无色至淡黄色黏稠液体，可溶于大部分溶剂，不溶于酒精	是决定沥青流动性的组分。油分多，流动性大，而黏性小，温度感应性大
树脂	15～30	600～1 000	0.7～0.8	1.0～1.1	红褐至黑褐色的黏稠半固体，多呈中性，少量酸性。熔点低于100℃	是决定沥青塑性的主要组分。树脂含量增多，沥青塑性增大，温度感应性增大
沥青质	5～30	1 000～6 000	0.8～1.0	1.1～1.5	黑褐至黑色的硬而脆的固体微粒，加热后不溶解，而分解为坚硬的焦炭，使沥青带黑色	是决定沥青黏性的组分。含量高，沥青黏性大，温度感应性小，塑性降低，脆性增大

石油沥青按四组分分析法所得各组分的性状见表 11-2。

表 11-2　石油沥青四组分分析法的各组分性状

组分	外观特征	相对密度 ρ_4^{20}（平均）	平均分子量 M_w	芳烃指数 fa	环数/分子（平均）		化学结构	在沥青中的主要作用
					环烷环	芳香环		
饱和分	无色液体	0.89	625	0.00	3.0	0.0	（纯链烷烃）+（纯环烷）+（混合链烷-环烷烃）	降低稠度
芳香分	黄色至红色液体	0.99	730	0.25	3.5	2.0	（混合链烷-环烷-芳香烃）+（芳香烃）+（含 S 化合物）	降低稠度，增大塑性
胶质	棕色黏稠液体	1.09	970	0.42	3.6	7.4	（链烷-环烷-芳香烃）多环结构 +（含 S、O、N 化合物）	增加黏附力、黏度、塑性
沥青质	深棕色至黑色固体	1.15	3400	0.50	—	—	（链烷-环烷-芳香烃）缩合环结构 +（含 S、O、N 化合物）	提高黏度、降低感温性

沥青除含有上述组分外，还有蜡。沥青的含蜡量（parafin-wax content）对沥青性能有很大的的影响。我国富产石蜡基原油，因此更为关注。

蜡属于晶体物质，但熔点较低（通常低于 50℃）。蜡的存在会增大沥青的温度敏感性，使沥青在高温下容易发软、流淌，可导致沥青防水层脱落或沥青路面高温稳定性降低，出现车辙。同样，在低温时会使沥青变得硬脆，导致防水层开裂或路面低温抗裂性降低，出现裂缝。此外，蜡会使沥青与混凝土材料、石料的黏附性降低，在有水的条件下，会使沥青路面石子产生剥落现象，造成路面破坏；更严重的是，含蜡沥青会使沥青路面的抗滑性降低，影响路面的行车安全。

沥青防水工程和沥青路面工程中，都对沥青的含蜡量有限制。由于测定方法不同，所以对蜡的限值也不一致，其范围为 2%～4%。《公路沥青路面施工技术规范》（JTG F 40—2004）规定，蒸馏法测得的含蜡量应不大于 3%。

从理论上讲，油蜡均属于以直链烃烷为主的化学结构。在指定温度时，液态者为油；固态者为蜡。蜡的形态和数量与油蜡分离的方法、冷冻剂的性能、冷却速度、冷冻温度等参数有关。按四组分分析法，分离得饱和分和芳香分后，分别用溶剂法冷冻脱蜡，可得到饱和蜡和芳香蜡。饱和蜡主要为正、异构烷烃及环烷烃结构，呈细小结构的针状晶粒；而芳香蜡主要是由带侧链的芳构物组成，晶粒更细小，呈雪花状。认为这两种蜡对沥青性能的影响程度有差异。我国现行测定方法（SHT 0425—1992 和 JTJ 052—2000）是采用裂解蒸馏法。该方法是将裂解蒸馏沥青试样所得的馏出油，用乙醚-乙醇混合溶剂溶解，在 -20℃下冷冻，将析出的蜡过滤，滤得的蜡用石油醚溶解，从溶液中蒸出溶剂，干燥后称量，按其占原试样质量百分率计算含蜡量。

11.1.1.2　石油沥青的结构

对于沥青的结构，主要有胶体理论和高分子溶液理论两种。

胶体理论认为，沥青中的油分、树脂、地沥青质彼此结合是以地沥青质为核，树脂吸附于其表面，逐渐向外扩张，并溶于油分中，形成以地沥青质为核心的沥青胶团，无数胶团通过油分结合成胶体结构（colloidal structure）。沥青中各组分化学结构和含量不同，可形成以下三种胶体结构（图 11-1）：

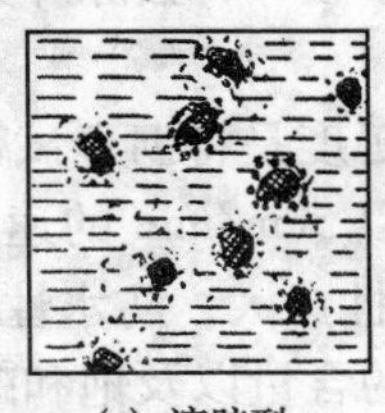

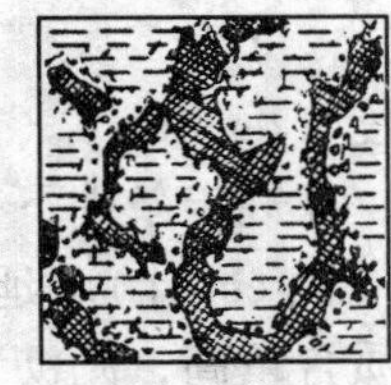

(a) 溶胶型　(b) 溶胶-凝胶型　(c) 凝胶型

图 11-1　沥青胶体结构示意图

（1）溶胶型（sol type）结构　沥青中油分和树脂含量较高。因而，其塑性、温度敏感性大，黏性小，开裂后的自愈能力强，胶团之间没有或很少有吸引力。

（2）凝胶型（gel type）结构　沥青中地沥青质含量较高。胶团外围膜层较薄，分子引力较大，不易产生滑动。因而，其塑性、温度敏感性小，黏性大，开裂后的自愈能力差。建筑石油沥青多属此种结构。

（3）溶胶-凝胶型（sol-gel type）结构　沥青中地沥青质含量适宜，胶团之间有一定的吸引力，性质介于溶胶结构与凝胶结构之间。道路石油沥青多属于此种结构。

沥青胶体结构的形成与沥青中各组分的含量及化学性质有关。

近年来，随着研究的不断深入，高分子溶液理论已被更多的人认可。高分子溶液理论认为：沥青是以高分子量的地沥青质为溶质，以低分子量的沥青脂（树脂和油分）为溶剂的高分子溶液。

11.1.2　石油沥青的技术性质

11.1.2.1　黏性（viscosity）（黏滞性）

沥青的黏性是沥青在外力或自重的作用下，沥青抵抗变形的能力。黏性的大小，反映了胶团之间吸引力的大小，实际上反映了胶体结构的致密程度。

沥青的黏性通常是通过试验测出的相对黏性值大小来表示的。对于在常温下呈固体或半固体的石油沥青是用针入度（penetration）表示黏性或稠度高低。针入度是在规定条件下，标准针自由贯入到沥青中的深度（以1/10mm为单位）。针入度以$P_{T,m,t}$表示，其中P为针入度，T为试验温度，m为标准针（包括连杆及砝码）的质量，t为贯入时间。我国现行试验法（GB/T 4509—1998、JTJ 052—2000）规定：常用的试验条件为$P_{25℃,100g,5s}$。此外，为确定针入度指数（PI）时，针入度试验常用条件为5、15、25、35℃等，但标准针质量和贯入时间均为100g和5s。

对于液体沥青，用标准黏度计测定黏度。即在标准温度下，50ml液体沥青通过规定直径的小孔所用的时间（以s计）。流出时间愈长，黏度愈大。

针入度愈大，则黏性愈小或稠度小。但是，由于沥青结构的复杂性，将针入度换算为黏度的一些方法，均不能获得满意结果，所以近年美国及欧洲某些国家已将沥青针入度分级改为黏度分级。

石油沥青黏度大小，取决于组分的相对含量。如地沥青质含量较高，则黏性大；同时也与温度有关，随温度升高，黏性下降。

11.1.2.2　塑性

沥青的塑性是指沥青受到外力作用时，产生变形而不破坏，去除外力后，仍保持变形后形状的性质。

沥青的塑性用延度（ductility）（延伸度）来表示。延度是将沥青试样制成8字形标准试件（最小断面1cm^2），在规定条件下（25℃的液体中，以5cm/min的速率拉伸），沥青试件被拉断时伸长的数值（以cm计）。延度愈大，沥青的塑性愈大，防水性愈好。

沥青中树脂或胶质含量高，则沥青的塑性较大。蜡的含量以及饱和蜡和芳香蜡的比例增大等，都会使沥青的延度值相对降低。温度升高时，沥青的塑性增大。塑性小的沥青在低温或负温下易产生开裂。塑性大的沥青能随建筑物的变形而变形，不致产生开裂。塑性大的沥青在开裂后，由于其特有的黏塑性裂缝可能会自行愈合，即塑性大的沥青具有自愈性。沥青的塑性是沥青作为柔性防水材料的原因之一。

11.1.2.3　温度敏感性（temperature susceptibility）

温度敏感性是指沥青的黏性和塑性随温度变化而改变的程度，又称温度感应性（简称感温性）。沥青是多组分的非晶体高分子物质，没有固定的熔点，随着温度的升高，沥青的状态发生连续的变化，其塑性增大，黏性减小，逐渐软化，此时的沥青如液体一样发生黏性流动。在这一过程中，不同的沥青，其塑性和黏性变化程度也不同。如果性质变化程度小，则此沥青的温度敏感性小；反之，温度敏感性大。

通常采用硬化点和滴落点来表示温度敏感性，沥青材料在硬化点至滴落点之间的温度阶段时，是一种黏滞流动状态，在工程实用中为保证沥青不致由于温度升高而产生流动状态，因此取液化点与固化点之间温度间隔的87.21%作为软化点（softing point）。

软化点的数值随采用的仪器不同而异，我国现行试验方法（GB/T 4507—1999、JTJ 052—2000）是采用环球法软化点。该法是沥青试样注于内径为19.8mm的铜环中，环上置一直径为9.5mm、重为3.5g的钢球，在规定的加热速度（5℃/min）下进行加热，沥青试样逐渐软化，直至在钢球荷重作用下，使沥青产生25.4mm挠度时的温度（以℃计），称为软化点。软化点高，则沥青的温度敏感性低。

由测试过程可见，针入度是在规定温度下测定沥青的条件黏度，而软化点则是沥青达到规定条件黏度时的温度。所以软化点既是反映沥青材料热稳定性的一个指标，也是沥青黏度的一种量度。根据已有研究认为：沥青在软化点时的黏度约为 1 200Pa · s，或相对于针入度值 800（1/10mm）。据此，可以认为软化点是一种人为的“等黏温度”。

在建筑防水工程中，特别用于屋面防水的沥青材料，为了避免温度升高，发生流淌，或温度下降，发生硬脆，应优先使用温度敏感性小的沥青。

沥青温度敏感性取决于地沥青质的含量，其含量愈高，温度敏感性愈小。次外，与沥青中石蜡的含量有关，石蜡含量高，则其温度敏感性大。

11.1.2.4 大气稳定性（atmosphere stability）

石油沥青的大气稳定性（耐久性）是指石油沥青在很多不利因素（如阳光、热、空气等）的综合作用下，性能稳定的程度。石油沥青在储运、加热、使用过程中，易发生一系列的物理化学变化，如脱氢、缩合、氧化等，使沥青变硬变脆。这一过程，实际上是沥青中低分子组分向高分子组分转变，且树脂转变为地沥青质的速度比油分转变为树脂的速度快得多，即油分和树脂含量减少，而地沥青质含量增加。因此，沥青的塑性降低，黏性增大，逐步变得硬脆、开裂。这种现象称为沥青的“老化”。

石油沥青的大气稳定性（抗老化性），用“蒸发损失率”和“针入度比”表示。蒸发损失率是将沥青试样加热至 160℃、恒温 5h 测得蒸发前后的质量损失率。针入度比为上述条件下蒸发后与蒸发前针入度比值。如蒸发损失率越小，针入度比愈大，则大气稳定性愈好。

11.1.2.5 其他性质

沥青材料在使用时必须加热，当加热至一定温度时，沥青材料中挥发的油分蒸气与周围空气组成混合气体，此混合气体遇火焰则易发生闪火。若继续加热，油分蒸气的饱和度增加，由于此种蒸气与空气组成的混合气体遇火焰极易燃烧，而引起溶油车间发生火灾或使沥青烧坏的损失。为此，必须测定沥青加热闪火和燃烧的温度，即所谓闪点（flash point）和燃点（fire point）。闪、燃点试验方法是，将沥青试样盛于标准杯中，按规定加热速度进行加热。当加热到某一温度时，点火器扫拂过沥青试样任何一部分表面，出现一瞬即灭的蓝色火焰状闪光时，此时温度即为闪火点。按规定加热速度继续加热，至达点火器扫拂过沥青试样表面发生燃烧火焰，并持续 5s 以上，此时的温度即为燃点。在熬制沥青时的加热温度不应超过闪点。

石油沥青具有良好的耐蚀性，对多数酸碱盐都具有耐蚀能力。但是，它可溶解于多数有机溶剂中，如汽油、苯、丙酮等，使用沥青和沥青制品时应予以注意。

11.1.3 石油沥青的标准、选用、掺配

11.1.3.1 石油沥青的标准

防水工程中使用的石油沥青有建筑石油沥青（asphalt used in roofing）、防水防潮石油沥青、普通石油沥青（common petroleum asphalt）、道路石油沥青（petroleum asphalts for road pavement）（即中、轻交通量道路石油沥青）等。

建筑石油沥青、道路石油沥青、普通石油沥青的牌号主要根据针入度、延度、软化点等划分，并用针入度值表示。各牌号沥青的技术要求须满足表 11-3 的规定。同种石油沥青中，牌号愈大，针入度愈大（黏性愈小）、延度愈大（塑性愈大）、软化点愈低（温度敏感性愈大）、使用寿命愈长。

防水防潮石油沥青的牌号主要根据针入度指数（表示沥青的温度特性，即感温性）、针入度、软化点、脆点等划分牌号，并用针入度指数值来表示。各牌号的技术要求须满足表11-3的规定。牌号愈大，则针入度指数愈大，温度敏感性愈小、脆点愈低、应用温度范围愈宽、使用寿命愈长。这种沥青的软化点比30号建筑石油沥青高15～30℃，而其他性能与30号建筑石油沥青基本相同，故质量优于建筑石油沥青。

表11-3　石油沥青的技术标准

质量指标	道路石油沥青（SH 0522—2000）					建筑石油沥青（GB/T 494—1998）			防潮防水石油沥青［SH 0002—1990（1998）］				普通石油沥青［SY 1665—1977（1988）］		
	200	180	140	100	60	40	30	10	3号	4号	5号	6号	75	65	55
针入度(25℃，100g,5s),1/10mm	200～300	150～200	110～150	80～110	50～80	36～50	26～35	10～25	25～45	20～40	20～40	30～50	75	65	55
延度（25℃），cm≮	20	100	100	90	70	3.5	2.5	1.5	—	—	—	—	2	1.5	1
软化点（环球法,℃）	30～45	35～45	38～48	42～52	45～55	≮60	≮75	≮95	≮85	≮90	≮100	≮95	≮60	≮80	≮100
针入度指数，≮	—	—	—	—	—	—	—	—	3	4	5	6	—	—	—
溶解度（三氯乙烯、三氯甲烷或苯,%）≮	99	99	99	99	99	99.5	99.5	99.5	98	98	95	92	98	98	98
蒸发损失（160℃，5h,%），≯	1	1	1	—	—	1	1	1	1	1	1	1	—	—	—
蒸发后针入度比（%），≮	50	60	60	—	—	65	65	65	—	—	—	—	—	—	—
闪点（开口,℃），≮	180	200	230	230	230	230	230	230	250	270	270	270	230	230	230
脆点,℃≯	—	—	—	—	—	—	—	—	-5	-10	-15	-20	—	—	—

11.1.3.2　防水工程中石油沥青的选用

石油沥青的选用应根据工程性质与要求（房屋、防腐、道路等）、使用部位、环境条件等进行。在满足使用条件的前提下，应选用牌号较大的石油沥青，以保证使用寿命较长。

建筑工程中，特别是屋面防水工程，应防止沥青因软化而流淌。由于夏日太阳直射，屋面沥青防水层的温度高于环境气温25～30℃。为避免夏季流淌，所选沥青的软化点应高于屋面温度20～25℃，并适当考虑屋面的坡度。

建筑石油沥青的黏性较大、温度敏感性较小、塑性较小，主要用于生产或配制屋面与地下防水、防腐蚀等工程用的各种沥青防水材料（油毡、玛琋脂等）。对不受较高温度作用的部位，宜选用牌号较大的沥青。根据要求可选用10号或30号，或将10号与30号、60号掺配使用。严寒地区屋面工程不宜单独使用10号沥青。

防水防潮石油沥青的温度稳定性较高，特别适合用作油毡的涂覆材料及屋面与地下防水的粘结材料。3号沥青适用于一般温度下的室内及地下工程防水；4号沥青适用于一般地区可行走的缓坡屋面防水；5号沥青适用于一般地区暴露屋顶及气温较高地区的屋面防水；6号沥青适用于一般地区，特别适用于寒冷地区的屋面及其他防水工程。

道路石油沥青多用于配制沥青砂浆、沥青混凝土等，用于道路路面、车间地面等工程中，有时使用60号沥青与其他建筑石油沥青掺配使用。

普通石油沥青的石蜡含量较多（一般均大于5%），因而温度敏感性大，建筑工程中不宜单独使用，只能与其他种类石油沥青掺配使用。

11.1.4 石油沥青的掺配

在选用沥青牌号时，由于生产和供应的局限性，或现有沥青不能满足要求时，可按使用要求，进行沥青的掺配，而得到满足技术要求的沥青。

进行沥青掺配时，按下列公式计算掺配比例：

$$P_1 = \frac{T - T_2}{T_1 - T_2} \times 100\%$$

$$P_2 = 100 - P_1$$

式中 P_1——高软化点沥青的用量,%；

P_2——低软化点沥青的用量,%；

T_1——高软化点沥青软化点值,℃；

T_2——低软化点沥青软化点值,℃；

T——要求达到的软化点,℃。

根据计算出的掺配比例及其±（5%～10%）的邻近掺配比例，分别进行不少于3组的试配试验，绘制出掺配比例－软化点曲线，从曲线上确定实际掺配比例。

11.2 煤焦油与煤沥青

11.2.1 煤焦油

煤焦油是煤经干馏而得到的油状产物，种类可分为高温煤焦油、中温煤焦油及低温煤焦油。通常煤焦油是指在1 000℃左右炼焦所得到的高温煤焦油。

常温下煤焦油的密度为1.17～1.19g/cm^3，呈黑褐色黏稠液体，具有苯和萘的特殊臭味。它主要是由芳香族化合物及其非金属的羟基衍生物组成的化学成分极其复杂的混合物。

煤焦油虽然是煤焦的副产品，但在化学工业上有极其重要的作用，通过蒸馏可得到多种化工原料。就其本身而言，由于常温下呈液态，在建材行业用处不大，但对其进行改性后可以得到很好的应用。目前，以煤焦油为主要成分的屋面防水油膏，就是用PVC进行改性，从而提高其耐热性、弹塑性、粘结性和防水性。

11.2.2 煤沥青

煤沥青（coal tar）是煤焦油经蒸馏提炼出各种油分后的残余物。它的主要化学成分为芳香族化合物及其非金属（氧、硫、氮等）的衍生物组成的极其复杂和高度缩合的混合物。常温下呈黏稠液体至半固体。按技术标准（GB/T 2290—1994）分为低温煤沥青（软化点30～75℃），中温煤沥青（75～95℃），高温煤沥青（95～120℃），建筑上常用低温煤沥青。煤沥青的技术性质须满足GB/T 2290—1994的规定。

煤沥青的组分主要有游离碳（固态碳质微粒）、硬树脂（类似石油沥青中的地沥青质）、软树脂（类似石油沥青中的树脂）及油分（液态碳氢化合物）。

煤沥青与石油沥青比较有如下特点：

（1）煤沥青密度大，一般为1.1～1.26g/cm^3；

（2）塑性差。由于含有较多的自由碳和硬树脂，受力后易开裂，尤其在低温下易硬脆；

（3）温度感应性大。由于含有较多可溶性的树脂，表现出热稳定性较低；

（4）大气稳定性差。由于含有不饱和的芳香烃，它在周围介质（热、光、氧气等）作用下，老化过程较快；

（5）与矿物质材料粘结性强；

（6）有毒、有臭味，但防腐能力强。

煤沥青一般用于地下防水工程和防腐工程，以及道路用沥青混凝土。

石油沥青和煤沥青不能混合使用，它们的制品也不能相互粘贴或直接接触，否则，易发生分层、成团，失去胶凝性，造成无法使用或防水效果降低。

11.3 高聚物改性沥青

应用于工程上的沥青必须具备较好的综合性质，以满足使用要求。如在低温条件下，具有一定的弹性和塑性；而在高温条件下，应具有足够的强度和热稳定性以及在使用条件下的抗老化能力，还应与各种矿物质材料具有良好的粘结性。沥青本身不能完全满足这些要求，为此，常用树脂、橡胶等高分子材料对沥青进行改性，以达到使用要求。

11.3.1 树脂改性沥青

用树脂对沥青进行改性，可以改善沥青的低温柔韧性、耐热性、粘结性、不透气性及抗老化能力。由于石油沥青中芳香类物质含量很少，故一般树脂和石油沥青的相溶性较差，而和煤焦油及煤沥青的相溶性较好。用于沥青改性的合成树脂主要有PVC、APP、SBS等，有时也用PE、古马隆树脂等。

11.3.1.1 聚氯乙烯（PVC）改性煤焦油

聚氯乙烯在常温下几乎不溶于任何溶剂，但是，在一定温度下，与煤焦油有较好的相溶性；生产中是将PVC树脂在强烈搅拌条件下，加入熔化的煤焦油中均化而成。

PVC改性煤焦油，首先是温度稳定性大大提高，即具有较高的高温稳定性和低温柔韧性。同时，其拉伸强度、延伸率、耐蚀性及不透水性和抗老化能力等也有较大幅度的改善。PVC树脂的掺量应在满足工程要求条件下掺量最少，以降低成本。主要用于密封材料。

11.3.1.2 无规聚丙烯（APP）改性沥青

无规聚丙烯常温下为白色橡胶状物质，无明显的熔点。因此，生产中是将APP加入熔化沥青中，经强烈搅拌均化而成。

APP改性沥青，由于APP具有一些良好性能，因而掺入沥青中也使沥青的性能得以改善。首先使改性沥青的软化点提高，从而降低了温度感应性。同时，其化学稳定性、耐水性、耐冲击性、低温柔性及抗老化能力大大提高。主要用于防水卷材。

11.3.1.3 苯乙烯-丁二烯-苯乙烯（SBS）改性沥青

SBS是热塑性弹性体（SBS也称为热塑性丁苯橡胶）的典型代表，用它改性的沥青具有热不黏冷不脆、塑性好、抗老化及稳定性高等优良性能。除使用SBS外，SE/BS、SIS等系列产品，也都可用于沥青改性，但使用最多的为 SBS。

SBS 高分子链具有串联结构的不同嵌段，即塑性段和橡胶段，形成类似合金的组织结构，按聚合物的结构可分为线形和星型。SBS 的改性效果与 SBS 的品种、分子量密切相关，星型 SBS 对沥青的改性效果优于线形 SBS，SBS 的分子量越大，改性效果越明显，但难以加工为改性沥青。沥青中芳香分含量高则较易加工。各种型号的 SBS 中苯乙烯含量高的能显著提高改性沥青的黏度、韧度和韧性。

热塑性弹性体对沥青的改性机理除了一般的混合、溶解、溶胀等物理作用外，很重要的是通过一定条件产生交联作用，形成不可逆的化学键，从而形成立体网状结构，使沥青获得弹性和强度。而在沥青拌合温度的条件下网状结构消失，具有塑性状态，便于施工，在路面使用温度的条件下为固态，具有高抗拉强度。

掺加 15%SBS 的改性沥青，在常温下充分显示出橡胶的弹性，延伸率可达 200%，热塑性范围可扩大到 -25 ~ +100℃，而且在 -50℃下仍具有防水功能，是目前用于沥青改性中使用量极大，也是比较成功的一种高分子改性材料。主要用于防水卷材，也可应用于密封材料。

表 11-4 列出了采用埃索石油公司 70 号沥青加入 5% 星型和线形 SBS 经高速剪切搅拌为改性沥青的性能的试验结果。从表中可以看出 SBS 改性沥青在改善温度敏感性，提高低温韧性等方面均获得显著的效果。数据说明，星型 SBS 的改性效果在提高热稳定性和低温延性等方面均优于线形 SBS。

表 11-4　SBS 改性沥青的技术性质

<table>
<tr><th rowspan="2">技术性质</th><th rowspan="2">基础沥青</th><th colspan="2">掺 5% SBS 的改性沥青</th><th rowspan="2" colspan="2">技术性质</th><th rowspan="2">基础沥青</th><th colspan="2">掺 5% SBS 的改性沥青</th></tr>
<tr><th>星型</th><th>线形</th><th>星型</th><th>线形</th></tr>
<tr><td>针入度（25℃）（0.1mm）</td><td>64</td><td>38</td><td>40</td><td colspan="2">针入度指数 PI</td><td>-1.36</td><td>+0.96</td><td>+0.16</td></tr>
<tr><td>软化点（℃）</td><td>48</td><td>92</td><td>55</td><td rowspan="2">测力延度（10℃）</td><td>拉力强度（MPa）</td><td>0.73</td><td>0.52</td><td>0.62</td></tr>
<tr><td>延度（15℃）（cm）</td><td>200</td><td>100</td><td>54</td><td>黏韧度（N·m）</td><td>2.99</td><td>21.5</td><td>19.6</td></tr>
<tr><td>当量软化点（℃）</td><td>47.2</td><td>63.1</td><td>58.3</td><td rowspan="3">薄膜烘箱试验（163℃，5h）</td><td>质量损失（%）</td><td>0.07</td><td>0.07</td><td>0.02</td></tr>
<tr><td>当量脆点（℃）</td><td>-8.6</td><td>-16.7</td><td>-11.4</td><td>针入度比（%）</td><td>78.3</td><td>88.9</td><td>88.9</td></tr>
<tr><td>回弹率（15℃）（%）</td><td>14</td><td>78</td><td>65</td><td>延度（10℃）（cm）</td><td>0.9</td><td>68</td><td>42</td></tr>
</table>

11.3.2　橡胶改性沥青

橡胶是沥青的主要改性材料，这是因为沥青和橡胶的混溶性较好，可使沥青具有类似橡胶的很多优点。如在高温下变形小，低温下具有一定的柔韧性。常用的橡胶有再生橡胶和氯丁橡胶，此外还可使用丁基橡胶、丁苯橡胶、丁腈橡胶等。

再生橡胶又称再生胶，它是由废旧或磨损的橡胶制品以及生产中废料经过再生处理而得到的橡胶。这类橡胶来源广泛，价格低廉，是沥青的常用改性材料。

再生橡胶改性沥青的制备常用的有两种方法。一是将废旧橡胶加工成直径为 1.5mm 或更小颗粒，然后与沥青相混合，经过加热脱硫即得到具有一定弹性、塑性和良好粘结力的橡胶沥青；二是在沥青中加入废橡胶粉，吹入空气制得。废旧橡胶掺量视需要而定，一般为3% ~5% 。

再生橡胶改性沥青也具有良好的气密性，低温柔韧性及耐老化等性能。

11.4 沥青基及改性沥青基防水材料

建筑防水工程中，除直接使用沥青或改性沥青外，更多的是使用以它们为主生成或制成的防水制品。部分沥青制品需在加热熔化或软化后施工，称为热施工（热用），但大多数沥青制品可在常温下直接施工，称为冷施工（冷用）。后者使用方便，已得到广泛的应用。

防水材料的组成与防水材料的性质、适用范围及使用寿命等有着直接的关系。《屋面工程技术规范》为保证防水质量，对不同建筑物的防水等级、所用防水材料等做出了规定，见表 11-5。

表 11-5　屋面防水等级与防水材料的选用（GB 50345—2004）

项　目	Ⅰ	Ⅱ	Ⅲ	Ⅳ
建筑物类别	特别重要或对防水有特殊要求的建筑	重要的建筑和高层建筑	一般的建筑	非永久性的建筑
防水层耐用年限	25 年	15 年	10 年	5 年
防水层选用材料	宜选用合成高分子防水卷材、高聚物改性沥青防水卷材、金属板材、合成高分子防水涂料、细石防水混凝土等材料	宜选用高聚物改性沥青防水卷材、合成高分子防水卷材、金属板材、合成高分子防水涂料、高聚物改性沥青防水涂料、细石防水混凝土、平瓦、油毡瓦等材料	宜选用高聚物改性沥青防水卷材、合成高分子防水卷材、三毡四油沥青防水卷材、金属板材、高聚物改性沥青防水涂料、合成高分子防水涂料、细石防水混凝土、平瓦、油毡瓦等材料	可选用两毡三油沥青防水卷材、高聚物改性沥青防水涂料等材料
设防要求	三道或三道以上防水设防	二道防水设防	一道防水设防	一道防水设防

注：1. 一道防水设防是指具有单独防水能力的一个防水层次；
2. 表中采用的沥青均指石油沥青，不包括煤沥青和煤焦油；
3. 石油沥青油毡和沥青复合胎柔性防水卷材系限制使用材料。

11.4.1　基层处理剂

11.4.1.1　冷底子油

冷底子油是将沥青溶解于有机溶剂中的沥青涂料。它可以用 30% ~40% 的 10 号或 30 号石油沥青与 60% ~70% 的稀释剂（汽油、煤油、柴油）按比例配制而成。

冷底子油的调制，首先将石油沥青加热至 180 ~200℃ 脱水，直至不起沫为止，然后冷却至 130 ~140℃，加入约占溶剂 10% 的煤油（或柴油），待降温至约 70℃ 时，再加入全部溶剂（汽油），搅拌均匀即可。

冷底子油可在常温下直接涂刷在基层材料的表面上，如混凝土、砂浆、木材等多孔材料，待溶剂挥发后，沥青微粒聚拢并在材料表面上形成一层与基层材料牢固粘结在一起的连续的沥青膜层，在其上再浇铺沥青胶时，两者极易粘合为一体，使整个防水层与基底粘结牢固。

在施工中要随用随配，要求被涂表面干燥，涂层薄而均匀，并应注意通风良好，施工及贮存时均应注意防火。

11.4.1.2　乳化沥青

乳化沥青（emulsified pitch）是微小（大约 16μm）的沥青颗粒均匀分散在含有乳化剂的水溶液中所得到的稳定的悬浮体。在生产时，是将热熔沥青加入含有乳化剂的水中，在机械强力搅拌下形成的。

1. 乳化沥青的组成

沥青是乳化沥青的主要成分，同时也是其具有防水性、粘结性等的原因。因此，乳化沥青是否具有良好的综合性能主要取决于沥青本身的性质。在选择沥青中还要考虑其乳化难易程度。在建筑工程中常用 30 号及 60 号石油沥青进行乳化。

乳化剂属于表面活性剂，其憎水基团强烈地吸附在沥青微粒的表面，而亲水基团与水分子很好地吸附与结合，从而显著降低沥青与水的表面张力或表面能，使沥青微粒能够稳定、均匀地分散于水中获得稳定的乳状液，即乳化沥青。

乳化剂的种类繁多，性能差异较大。阴离子型乳化剂价格低廉，但由其配制的乳化沥青易凝聚、泡沫多，在酸碱或硬水中乳化作用降低。常用品种有洗衣粉、肥皂、OP 乳化剂等。阳离子乳化剂价格较高，但具有分散稳定性好，抗冻、粘结力高以及成膜好等优点，常用品种有十六烷基三甲基溴铵、十八烷基三甲基氯化铵。非离子型乳化剂耐酸碱、无毒、低泡沫，可与其他表面活性剂、填料、外加剂等混合使用而不发生沉淀现象。常用品种为平平加（OP）、匀染剂（O）、聚乙烯醇（PVA）等化学乳化剂以及石灰膏、膨润土等矿物乳化剂。

2. 乳化沥青的成膜及其性质、应用

《水乳型沥青防水涂料》（JC/T 408—2005）按耐热度和低温柔度指标不同，分为 H 型和 L 型，分别适合高温和低温环境使用。

乳化沥青按组成的不同分为石棉乳化沥青防水涂料、膨润土乳化沥青防水涂料、氯丁橡胶乳化沥青防水涂料、SBS 改性乳化沥青防水涂料、APP 改性乳化沥青防水涂料、丁苯橡胶乳化沥青防水涂料、再生胶乳化沥青防水涂料、丙烯酸乳化沥青防水涂料等。

乳化沥青的成膜可分为两个阶段。一是水分蒸发，使乳化沥青的乳液结构破坏，沥青微粒相互靠拢；二是由于沥青微粒靠拢，使微粒间接触面积增大，逐渐使沥青微粒形成连续相而成膜。成膜速度主要与空气的温度与湿度、风速、基层的干燥情况等有关；另外，与沥青微粒大小有关，微粒愈小，成膜愈快。

乳化沥青可在常温下施工，主要用于普通防水工程。采用化学乳化剂的乳化沥青还可代替冷底子油。乳化沥青也用于粘贴玻璃纤维网，拌制沥青砂浆和混凝土等。

11.4.2　*沥青玛琋脂*（沥青胶）

沥青玛琋脂是沥青与适量的粉状或纤维状矿物质填充料的混合物。目前，以石油沥青玛琋脂为主，而焦油沥青玛琋脂已极少使用。常用 10 号或 30 号石油沥青配制。

掺入填料的目的不仅是为了节省沥青，更主要的是为了提高沥青玛琋脂的粘结性、耐热性及大气稳定性等；使用纤维状填料还可以提高柔韧性和抗裂性。常用的粉状填料有石灰石粉、滑石粉；常用纤维状填料有石棉绒和石棉粉等。

沥青玛琋脂分为热用和冷用两种。热用即将沥青加热脱水后与一定量填料热拌后。趁热施工；冷用即将沥青熔化脱水后，加入 25% ~30% 的溶剂，再掺入 10% ~30% 的填料，拌匀即在常温下施工。

11.4.2.1 沥青玛瑺脂的技术要求

1. 耐热性

沥青玛瑺脂的耐热性用耐热度来表示。其测定方法是将用 2mm 厚的沥青玛瑺脂粘合的两张油纸放在 45°斜面上，在一定的温度下停放 5h，沥青玛瑺脂不应流淌，油纸不应相互滑动时的最高恒温温度即为耐热度。

2. 粘结性

沥青玛瑺脂的粘结性是保证被粘结材料与底层粘结牢固的性质。其测定方法是在两张油纸之间涂 2mm 厚沥青玛瑺脂，然后慢慢撕开，若油纸与沥青玛瑺脂脱离的面积不超过粘结面积的 1/2，则粘结性合格。

3. 柔韧性

柔韧性是保证沥青玛瑺脂在使用中受到基层变形影响时不致破坏的性质。其测定方法是在油纸上涂 2mm 厚的沥青玛瑺脂，绕规定直径的圆棒，在 2s 内匀速绕成半圆，然后检查弯曲拱面处。若无裂纹，则为合格。

石油沥青玛瑺脂按其耐热度、粘结力和柔韧性划分标号，并用耐热度来表示。各标号的技术要求须满足表 11-6 的规定。

表 11-6　石油沥青玛瑺脂的技术要求（GB 50345—2004）

标　号	S-60	S-65	S-70	S-75	S-80	S-85
耐热度（45°斜坡，5h），℃	60	65	70	75	80	85
柔韧性［(18±2)℃，180°］，弯心圆棒直径，mm	10	15	15	20	25	30
粘结力（撕开脱离面积），≯	1/2					

11.4.2.2 沥青玛瑺脂的应用

沥青玛瑺脂主要用于粘贴防水卷材，也可用于防水涂层、沥青砂浆防水层的底层及接头密封等。选用时应根据屋面坡度及历年室外最高气温等条件来选择（表 11-7），以保证夏季不流淌，冬季不开裂。

表 11-7　沥青玛瑺脂选用标号（GB 50345—2004）

材料名称	屋面坡度（%）	历年极端最高气温（℃）	沥青玛瑺脂标号
沥青玛瑺脂	2~3	<38	S-60
		38~41	S-65
		41~45	S-70
	3~15	<38	S-65
		38~41	S-70
		41~45	S-75
	15~25	<38	S-75
		38~41	S-80
		41~45	S-85

注：1. 卷材层上有块体保护层或整体刚性保护层，沥青玛瑺脂标号可较本表降低 5 号；

2. 屋面受其他热源影响（如高温车间等）或屋面坡高超过 25% 时，应将沥青玛瑺脂的标号适当提高。

11.4.3 改性沥青基建筑密封材料

11.4.3.1 建筑防水沥青嵌缝油膏

建筑防水沥青嵌缝油膏是以石油沥青为基料，加入改性材料及填充材料制成的一种用于建筑防水接缝的冷用膏状材料。常用的改性材料为废橡胶粉、桐油、磺化鱼油等。

建筑防水沥青嵌缝油膏广泛用于各种屋面板、空心板及墙板等的防水密封；也可用于混凝土跑道、车道、桥梁及各种构筑物的伸缩缝、施工缝等的防水密封。

建筑防水沥青嵌缝油膏与接缝基层材料要有良好的粘结性，同时还应具有较好的耐热性、低温柔韧性、保油性以及较低挥发率和适宜的施工度。按其耐热度和低温柔性分 702 和 801 两个标号，其技术要求见表 11-8。

表 11-8 建筑防水沥青嵌缝油膏技术性能（JC/T 207—1996）

项目		702	801
耐热度	温度,℃	70	80
	下垂值（mm），≯	4	
低温柔性	温度,℃	−20	−10
	粘结状况	无裂纹和剥离现象	
挥发率（%），≯		2.8	
施工度（mm），≮		22	20
渗出性	渗油幅度（mm），≯	5	
	渗油张数（张），≯	4	
拉伸粘结性（%），≮		125	
浸水后拉伸粘结性（%），≮		125	

建筑防水沥青嵌缝油膏施工时，首先要清理基层表面并涂刷冷底子油或乳化沥青，待干透后，先将少量油膏在沟槽两边反复刮涂，再将油膏分二次嵌入，并且使油膏略高于板面 3～5mm，呈弧形并盖过板缝。

11.4.3.2 聚氯乙烯建筑防水接缝材料

聚氯乙烯建筑防水接缝材料系以煤焦油为基料，按一定比例加入聚氯乙烯树脂、增塑剂、稳定剂及填充料，在 140℃温度下塑化而成。其主要技术性质须满足表 11-9 的要求。

表 11-9 聚氯乙烯建筑防水接缝材料的技术性质（JC/T 798—1997）

性能 \ 标号		802	703
耐热性	温度（℃）	80	70
	下垂值（mm），≤	4	4
低温柔性	温度（℃）	−20	−30
	柔性	合格	合格
粘结延伸率（%），≥		250	250
浸水后粘结延伸率（%），≥		200	200
回弹率（%），≥		80	80
挥发率（%），≤		3	3

注：挥发率仅限于热熔型聚氯乙烯接缝材料。

聚氯乙烯建筑防水接缝材料具有良好的粘结性、防水性、弹塑性、耐热性、低温柔韧性及抗老化性，延伸率较大，成本较低，属中低档防水密封材料。

聚氯乙烯建筑防水接缝材料，可以热用，也可以冷用。热用时，将其先加热（加热温度不超过140℃），达到塑化状态后，应立即浇灌于缝隙或接头部位。冷用时，需加入适量溶剂稀释。它适用于各种屋面、墙板、楼板等的接缝，也可表面涂布作为防水层，当接缝较宽时不宜使用。

11.4.3.3　SBS 改性沥青弹性密封膏

SBS 改性沥青弹性密封膏系以石油沥青为基料，加入 SBS 热塑性弹性体改性材料及软化剂、防老化剂配制而成。具有更高的回弹性、耐热性、低温柔韧性，是一种各项性能比较理想的密封油膏。

该油膏主要用于各种建筑物的屋面、墙板接缝、水工、地下建筑、混凝土公路路面的接缝防水；也适用于建筑物裂缝的维修，并可用于屋面防水层。

另外，还有橡胶沥青防水嵌缝油膏及桐油沥青防水油膏等。

11.4.4　沥青及改性沥青防水卷材

沥青及改性沥青防水卷材系以沥青或改性沥青为基料，经加工而成的有胎或无胎防水卷材。按照加工工艺不同也称为浸渍卷材（有胎卷材）或辊压卷材（无胎卷材）。

防水卷材是建筑工程中不可缺少的防水材料，它广泛应用于工业与民用建筑的屋面防水以及地下防潮、防水。并且具有造价低、防水效果较好、施工方便等优点。

11.4.4.1　纸胎石油沥青油毡（paper base petroleum asphalt felt）和油纸（asphalt paper）

油纸是以低软化点的沥青浸渍原纸而制成的卷材。常用的沥青为石油沥青。

油毡是以较高软化点的热熔沥青，涂敷油纸的两面，然后撒一层隔离材料（滑石粉或云母片）而制成的卷材。按撒布材料的不同，分别称为粉毡和片毡。它可分为石油沥青和煤沥青油毡，在建筑工程中，煤沥青油毡已很少使用，特别是在屋面工程中。

按照每平方米原纸（纸胎）的质量克数将油毡划分为 200、350、500 三个标号；而油纸划分为 200、350 两个标号，卷材的幅宽分为 915mm 和 1 000mm 两种规格，每卷面积为 20m^2。

石油沥青油毡的物理力学性能应满足表 11-10 的要求。此外，在国标中对卷材的外观质量也有要求。

表 11-10　石油沥青纸胎油毡（GB 326—1989）

指标 \ 标号		200 号			350 号			500 号		
		合格	一等	优等	合格	一等	优等	合格	一等	优等
单位面积浸涂材料总量，g/m^2 ≮		600	700	800	1 000	1 050	1 110	1 400	1 450	1 500
不透水性	压力，MPa ≮	0.05	0.05	0.05	0.10	0.10	0.10	0.15	0.15	0.15
	保持时间，min ≮	15	20	30	30	30	45	30	30	30
吸水率（真空法），% ≯	粉毡	1.0	1.0	1.0	1.0	1.0	1.0	1.5	1.5	1.5
	片毡	3.0	3.0	3.0	3.0	3.0	3.0	3.0	3.0	3.0
耐热度，℃		85 ±2	85 ±2	90 ±2	85 ±2	85 ±2	90 ±2	85 ±2	85 ±2	90 ±2
		受热 2h 涂盖层应无滑动和集中性气泡								
拉力（(25 ±2)℃，纵向），N ≮		240	270	270	340	370	370	440	470	470
柔度	温度，℃	18 ±2	18 ±2	18 ±2	18 ±2	16 ±2	14 ±2	18 ±2	18 ±2	14 ±2
	圆棒或弯板	绕 ϕ20 圆棒或弯板无裂纹						绕 ϕ25 圆棒或弯板无裂纹		

油毡适合用于建筑防潮和多层防水。屋面工程常用350及500号石油沥青油毡。粉毡适用于多层防水层的各层，而片毡只适用于单层防水或多层防水的面层。

施工时，粘结材料要与油毡使用的沥青为同系列材料，即石油沥青油毡要用石油沥青玛琋脂粘结。储运时，卷材要直立，堆高不超过两层；要避免雨淋日晒，并注意通风。

另外，根据胎用材料不同，还有石油沥青玻璃布油毡、石油沥青麻布油毡、石油沥青石棉布油毡及石油沥青玻璃纤维油毡等。由于这些卷材的胎用材料比纸胎抗拉强度、柔韧性、耐久性等性能好，故这类卷材的性能优于纸胎油毡。它们的用途与纸胎油毡基本相同。

11.4.4.2 改性沥青防水卷材

1. 改性沥青聚乙烯胎防水卷材

改性沥青聚乙烯胎防水卷材是以改性沥青为基料，高密度聚乙烯膜为胎体，聚乙烯膜或铝箔为上表面覆盖材料，经滚压、水冷、成型制成的防水卷材。

按基料可分为改性氧化沥青防水卷材、丁苯橡胶改性氧化沥青防水卷材、高聚物改性沥青防水卷材三类。

改性沥青聚乙烯胎防水卷材具有较高的抗拉强度、良好的低温柔韧性等优良特性。广泛应用于各种工业与民用建筑的防水工程。其中，上表面覆盖聚乙烯膜的卷材适用于非外露防水工程；上表面覆盖铝箔的卷材适用于外露防水工程。

改性沥青聚乙烯胎防水卷材的主要物理力学性能应满足表11-11的规定。

表11-11　改性沥青聚乙烯胎防水卷材技术性质（GB 18967—2003）

上表面覆盖材料		E						AL			
基　料		O		M		P		M		P	
型　号		Ⅰ	Ⅱ	Ⅰ	Ⅱ	Ⅰ	Ⅱ	Ⅰ	Ⅱ	Ⅰ	Ⅱ
不透水性（MPa），不透水≥		0.3	0.3	0.3	0.3	0.3	0.3	0.3	0.3	0.3	0.3
耐热度(℃),无流淌、无起泡		85	85	85	90	90	95	85	90	90	95
拉力（N/50mm）≥	纵向	100	140	100	140	100	140	200	220	200	220
	横向	100	120	100	120	100	120	200	220	200	220
纵横断裂伸长率（%）≥		200	250	200	250	200	250	—	—	—	—
低温柔度（℃），无裂纹		0	0	-5	-5	-10	-15	-5	-5	-10	-15

注：E—高密度聚乙烯；AL—铝箔；O—改性氧化沥青；M—丁苯橡胶改性氧化沥青；P—高聚物改性沥青。

2. 弹性体沥青防水卷材

弹性体沥青防水卷材，属高分子改性沥青防水卷材，是热塑性弹性体改性沥青（简称弹性体沥青）涂盖在经沥青浸渍后的胎基两面，上表面撒以细砂（S）、矿物粒（片）料（M）或覆盖聚乙烯膜（PE），下表面撒以细砂或覆盖聚乙烯膜所制成的防水卷材。胎基材料主要为聚脂无纺布（PY）、玻璃纤维毡（G）。目前，国内生产的主要为SBS改性沥青柔性防水卷材。

SBS改性沥青柔性防水卷材，具有良好的不透水性和低温柔性，可于-15～-25℃下保持其柔韧性；同时还具有抗拉强度高、延伸率较大、耐腐蚀性及耐热性高等优点。

聚酯胎弹性体沥青防水卷材的厚度分为3mm、4mm两种，玻纤胎弹性体沥青防水卷材的厚度分为2mm、3mm、4mm三种，每卷的面积为15m^2、10m^2、7.5m^2。弹性体改性沥青防水卷材按物理力学性能分为Ⅰ型、Ⅱ型，其技术性质须满足表11-12的规定。

弹性体改性沥青防水卷材，适用于工业与民用建筑的屋面、地下及卫生间等的防水防潮，以及游泳池、隧道、蓄水池等的防水工程，尤其适用于寒冷地区建筑物防水，并可用于Ⅰ级防水工程。一般2mm厚的卷材可用于多层防水，4mm厚的卷材可作单层防水。

施工时可用热熔法施工。也可用胶粘剂进行冷粘贴施工。包装、贮运基本与石油沥青油毡相似。

3. 塑性体改性沥青防水卷材

塑性体改性沥青防水卷材，属高分子改性沥青防水卷材，是热塑性树脂改性沥青（简称塑性体沥青）涂盖在经沥青浸渍后的胎基两面，上表面撒以细砂（S）、矿物粒（片）料（M）或覆盖聚乙烯膜（PE），下表面撒以细砂或覆盖聚乙烯膜所制成的防水卷材。胎基材料主要为聚酯无纺布（PY）、玻璃纤维毡（G）。目前生产的主要为APP改性沥青防水卷材。

与弹性体改性沥青防水卷材相比，塑性体改性防水卷材具有更高的耐热性，但低温柔韧性较差，其他性质基本相同。聚酯胎塑性体沥青改性防水卷材的厚度分为3mm、4mm两种，玻纤胎塑性体沥青防水卷材的厚度分为2mm、3mm、4mm三种，每卷的面积为15m^2、10m^2、7.5m^2。塑性体改性沥青防水卷材按物理力学性能分为Ⅰ型、Ⅱ型，其技术性质须满足表11-12的规定。

塑性体沥青防水卷材除了与弹性体沥青防水卷材的适用范围基本一致外，尤其适用于高温或有强烈太阳辐射地区的建筑物防水。一般2mm厚的卷材可用于多层防水，4mm厚的卷材可作单层防水或多层防水的面层，还可以用Ⅰ级防水和对防水有特殊要求的工业建筑。

表11-12 弹性体或塑性体改性沥青防水卷材的主要技术性质

指标名称			弹性体改性沥青防水卷材（GB 18242—2000）				塑性体改性沥青防水卷材（GB 18243—2000）			
			PY		G		PY		G	
			Ⅰ	Ⅱ	Ⅰ	Ⅱ	Ⅰ	Ⅱ	Ⅰ	Ⅱ
可溶物含量（g/m^2），≥		2mm	–		1300				1300	
		3mm	2100				2100			
		4mm	2900				2900			
不透水性	压力（MPa），≥		0.3		0.2	0.3	0.3		0.2	0.3
	保持时间（min），≥		30				30			
耐热度（℃）			90	105	90	105	110	130	110	130
			无滑动、流淌、滴落				无滑动、流淌、滴落			
拉力（N/50mm），≥		纵向	450	800	350	500	450	800	350	500
		横向			250	300			250	300
最大拉力时延伸率（%），≥		纵向	30	40	—		25	40	—	
		横向								
低温柔度（℃）			-18	-25	-18	-25	-5	-15	-5	-15
			无裂纹				无裂纹			
撕裂强度（N），≥		纵向	250	350	250	350	250	350	250	350
		横向			170	200			170	200
人工气候加速老化	外观		1级				1级			
			无滑动、流淌、滴落				无滑动、流淌、滴落			
	拉力保持率（%），≥	纵向	80				80			
	低温柔度（℃）		-10	-20	-10	-20	3	-10	3	-10
			无裂纹				无裂纹			

注：前六项为强制性项目。

4. 自粘改性沥青防水卷材

自粘改性沥青防水卷材是以改性沥青为基料，具有自粘能力的防水卷材。使用时将防粘隔离材料（层）揭去，使自粘面与基层材料紧密接触即可获得良好的自粘效果，避免了热融法和胶粘剂法因烘烤或涂胶不均带来的漏粘，具有粘贴可靠，施工方便的特点。自粘改性沥青防水卷材按改性材料的不同分为以下两种。

（1）自粘聚合物改性沥青聚酯胎防水卷材　自粘聚合物改性沥青聚酯胎防水卷材是以聚合物改性沥青为基础，采用聚酯毡为胎体的、粘贴面背面覆以防粘材料而成的增强自粘防水卷材。按上表面材料分为聚乙烯膜（PE）、细砂（S）、铝箔（AL）三种。其技术性质须满足表 11-13 的规定。

自粘聚合物改性沥青聚酯胎防水卷材，具有良好的不透水性和低温柔性，以及抗拉强度高、延伸率较大、耐腐蚀性及耐热性高、施工方便等特点。聚乙烯膜面、细砂面自粘聚酯胎卷材适用于非外露防水工程，铝箔面自粘聚酯胎卷材可用于外露防水工程，1.5mm 自粘聚酯胎卷材仅用于辅助防水。

表 11-13　自粘聚合物改性沥青聚酯胎防水卷材与自粘橡胶沥青防水卷材的主要技术要求

<table>
<tr><td rowspan="3" colspan="2">项　目</td><td colspan="5">自粘聚合物改性沥青聚酯胎防水卷材
（JC 898—2002）</td><td colspan="3">自粘橡胶沥青防水卷材
（JC 840—1999）</td></tr>
<tr><td colspan="5">型　号</td><td colspan="3">表面材料</td></tr>
<tr><td colspan="3">Ⅰ</td><td colspan="2">Ⅱ</td><td>PE</td><td>AL</td><td>N</td></tr>
<tr><td colspan="2">厚度（mm）</td><td>1.5</td><td>2</td><td>3</td><td>2</td><td>3</td><td colspan="3">1.2、1.5、2.0</td></tr>
<tr><td colspan="2">可溶物含量（g/m²），≥</td><td>800</td><td>1 300</td><td>2 100</td><td>1 300</td><td>2 100</td><td colspan="3">—</td></tr>
<tr><td rowspan="2">不透水性</td><td>压力（MPa），≥</td><td>0.2</td><td colspan="4">0.3</td><td colspan="2">0.2</td><td>0.1</td></tr>
<tr><td>保持时间（min），≥</td><td colspan="5">30</td><td colspan="2">120</td><td>30</td></tr>
<tr><td colspan="2">拉力（N/50mm），≥</td><td>200</td><td colspan="2">350</td><td colspan="2">450</td><td>130</td><td>100</td><td>—</td></tr>
<tr><td colspan="2">断裂伸长率（%），≥</td><td colspan="5">—</td><td>450</td><td>200</td><td>450</td></tr>
<tr><td colspan="2">最大拉力时伸长率（%），≥</td><td colspan="5">30</td><td colspan="3">—</td></tr>
<tr><td colspan="2">低温柔度（℃）</td><td colspan="3">-20</td><td colspan="2">-30</td><td colspan="3">-20℃，φ20mm，3s，180°无裂纹</td></tr>
<tr><td colspan="2">撕裂强度（N），≥</td><td>125</td><td colspan="2">200</td><td colspan="2">250</td><td colspan="3">—</td></tr>
<tr><td rowspan="2" colspan="2">剪切性能（N/mm），≥</td><td>2.0</td><td colspan="4">4.0</td><td colspan="3">卷材与卷材、卷材与铝板</td></tr>
<tr><td colspan="5">或粘合面外断裂</td><td colspan="2">2.0 或粘合面外断裂</td><td>粘合面外断裂</td></tr>
<tr><td colspan="2">耐热度（℃）</td><td colspan="5">PE、S：70，无滑动、流淌、滴落
AL：80，无滑动、流淌、滴落</td><td>—</td><td>80，加热 2h，无滑动，无气泡</td><td>—</td></tr>
<tr><td colspan="2">剥离性能（N/mm），≥</td><td colspan="5">1.5 或粘合面外断裂</td><td colspan="2">1.5 或粘合面外断裂</td><td>粘合面外断裂</td></tr>
<tr><td colspan="2">抗穿孔性</td><td colspan="5">不渗水</td><td colspan="3">不渗水</td></tr>
<tr><td colspan="2">水蒸气透湿率[1]［g/(m²·s·Pa)］≤</td><td colspan="5">5.7×10⁻⁹</td><td colspan="3">—</td></tr>
<tr><td rowspan="3">人工气候加速老化[2]</td><td>外观</td><td>—</td><td colspan="4">1 级，无滑动、流淌、滴落</td><td rowspan="3">—</td><td>无裂纹、无气泡</td><td rowspan="3">—</td></tr>
<tr><td>拉力保持率（%），≥</td><td>—</td><td>80</td><td>80</td><td>80</td><td>80</td><td>80</td></tr>
<tr><td>低温柔度（℃），</td><td>—</td><td>-10</td><td>-10</td><td>-20</td><td>-20</td><td>-10℃，φ20mm，3s，180°无裂纹</td></tr>
</table>

注：1. 用于地下工程时要求；

2. 聚乙烯膜面、细砂面自粘聚合物改性沥青聚酯胎防水卷材不要求。

（2）自粘橡胶沥青防水卷材　自粘橡胶沥青防水卷材是以SBS等弹性体改性沥青为基料，以聚乙烯膜、铝箔为表面材料或无膜（双面自粘），采用防粘隔离层的自粘防水卷材。按上表面材料分为聚乙烯膜（PE）、铝箔（AL）与无膜（N）三种；按使用功能分为外露防水工程（O）和非外露防水工程（I）。其技术性质须满足表11-13的规定。

自粘橡胶沥青防水卷材，具有较好不透水性和良好的低温柔性，以及抗拉强度高、伸长率大、耐腐蚀性及耐热性高、施工方便等特点。自粘橡胶沥青防水卷材还具有良好的自愈合能力，当卷材因意外而产生较小的穿孔时，可自行愈合。聚乙烯膜面自粘卷材适用于非外露防水工程，铝箔面自粘卷材可用于外露防水工程，无膜双面自粘卷材适用于辅助防水工程。

思考题与习题

1. 石油沥青的主要组成和胶体结构，及其与石油沥青主要性质的关系如何？
2. 石油沥青的黏性、塑性、温度感应性及大气稳定性的概念和表达方法？
3. 石油沥青的牌号是根据什么划分的？牌号大小与沥青主要性能间的关系如何？
4. 建筑工程中选用石油沥青牌号的原则是什么？在屋面防水及地下防潮工程中，应如何选择石油沥青的牌号？
5. 高聚物改性沥青的主要品种，常用高聚物改性材料及其对沥青主要性能的影响如何？
6. 石油沥青油纸和油毡的标号如何划分？其主要用途有哪些？改性石油沥青防水卷材有何优点？其主要用途有哪些？
7. 沥青玛瑞脂的标号如何划分？性质及应用如何？掺入粉料及纤维材料的作用如何？
8. 石油沥青基基层处理剂的主要品种、性质、应用及成膜条件如何？
9. 沥青嵌缝油膏的性能要求及使用特点如何？
9. 现有A、B、C三种石油沥青，其牌号不详，经性能检测结果如下表，试确定其牌号。

性　能	A	B	C
25℃时针入度（1/10mm）	70	110	18
25℃时延度度（cm）	50	92	2.5
软化点（℃）	46	46	98

11. 某工程欲配制沥青玛瑞脂，需软化点不低于85℃的混合石油沥青20t。现有石油沥青10号的14t，30号的4t，60号12t，并测出其软化点分别为90℃、72℃、47℃。试计算三种牌号沥青各需多少吨？
12. 高聚物改性沥青防水卷材与石油沥青纸胎防水油毡相比具有哪些优点？两者的使用范围有哪些不同？

12　沥青混合料

12.1　沥青混合料的定义、分类

12.1.1　沥青混合料的定义、分类

根据我国现代沥青路面的铺筑工艺，沥青与不同组成的矿质集料可以修建成不同结构的沥青路面。最常用的沥青路面包括：沥青表面处理、沥青贯入式、沥青碎石和沥青混凝土四种。本章主要介绍沥青混凝土混合料（asphalt concrete mixture，AC）和沥青碎石混合料（asphalt macadam mixture，AM）。

按我国现行国家标准《沥青路面施工和验收规范》（GB 50092—1996）有关定义和分类释义如下：

12.1.1.1　定义

1. 沥青混合料（asphalt mixture）

由矿料与沥青结合料拌合而成的混合料的总称。

2. 沥青混凝土混合料

由适当比例的粗集料、细集料及填料组成的符合规定级配的矿料，与沥青结合料拌合而制成的符合技术标准的沥青混合料（以 AC 表示，采用圆筛孔时用 LH 表示）。

3. 沥青碎石混合料

由适当比例的粗集料、细集料和少量填料组成的具有一定级配要求的混合料。

12.1.1.2　分类

1. 按矿料级配划分的沥青混合料

（1）密级配沥青混凝土混合料　各种粒径的颗粒级配连续、相互嵌挤密实的矿料，与沥青结合料拌合而成，压实后剩余空隙率小于 10% 的沥青混合料。剩余空隙率 3% ~6%（行人道路为 2% ~6%）的为Ⅰ型密实式沥青混凝土混合料，剩余空隙率 4% ~10% 的为Ⅱ型半密实式沥青混凝土混合料。

（2）半开级配沥青混合料　由适当比例的粗集料、细集料及少量填料（或不加填料）与沥青结合料拌合而成的，压实后剩余空隙率在 6% ~12% 的半开式沥青混合料，也称为沥青碎石混合料（以 AM 表示，采用圆孔筛时用 LS 表示）。

（3）开级配沥青混合料　矿料级配主要由粗集料嵌挤组成，细集料填料较少，矿料相互拨开，设计空隙率大于 18% 的混合料。

（4）间断级配沥青混合料　矿料级配组成中缺少 1 个或几个档次（或用量很少）而形成的级配间断的沥青混合料。

2. 按矿料粒径划分的沥青混合料

（1）砂粒式沥青混合料　最大集料粒径等于或小于 4.75mm（圆孔筛 5mm）的沥青混合料，也称为沥青石屑或沥青砂。

（2）细粒式沥青混合料　最大集料粒径为9.5mm或13.2mm（圆孔筛10mm或15mm）的沥青混合料。

（3）中粒式沥青混合料　最大集料粒径为16mm或19mm（圆孔筛20mm或25mm）的沥青混合料。

（4）粗粒式沥青混合料　最大集料粒径为26.5mm或31.5mm（圆孔筛30～40mm）的沥青混合料。

（5）特粗式沥青碎石混合料　最大集料粒径等于或大于37.5mm（圆孔筛45mm）的沥青碎石混合料。

3. 按结合料温度划分

（1）热拌热铺沥青混合料（hot-mix asphalt mixture，HMA）　沥青与矿料在热态下拌合、热态下铺筑施工成型的沥青路面。

（2）常温沥青混合料　采用乳化沥青或稀释沥青与矿料在常温状态下拌合、铺筑的沥青路面。

12.1.2　沥青混合料的特点

沥青混合料是现代高等级道路应用的主要路面材料，它具有以下一些特点：

（1）沥青混合料是一种黏-弹塑性材料，具有良好的力学性质，有一定的高温稳定性和低温柔韧性，铺筑的路面平整无接缝，减震吸声，使行车舒适；

（2）路面平整而具有一定的粗糙度，且无强烈反光，有利于行车安全；

（3）施工方便，不需养护，能及时开放通车；

（4）便于分期修建和再生利用。

12.2　道路石油沥青

12.2.1　沥青的胶体结构与路用性能

沥青的技术性质，不仅取决于它的化学组分及其化学结构，而且取决于它的胶体结构。关于沥青胶体结构的分类和特点前面章节已有详细的介绍，此处仅讨论不同沥青胶体结构的力学性能和路用性能。

12.2.1.1　溶胶型结构与路用性能

这类沥青的特点是，当对其施加荷载时，几乎没有弹性效应，剪应力（τ）与剪变率（$\dot{\gamma}$）成直线关系（如图12-1中a)，呈牛顿流型流动，所以这类沥青也称为“牛顿流沥青”（Newtonian asphalt）。通常，大部分直馏沥青都属于溶胶型沥青。这类沥青在路用性能上，具有较好的自愈性和低温时变形能力，但温度感应性较差。

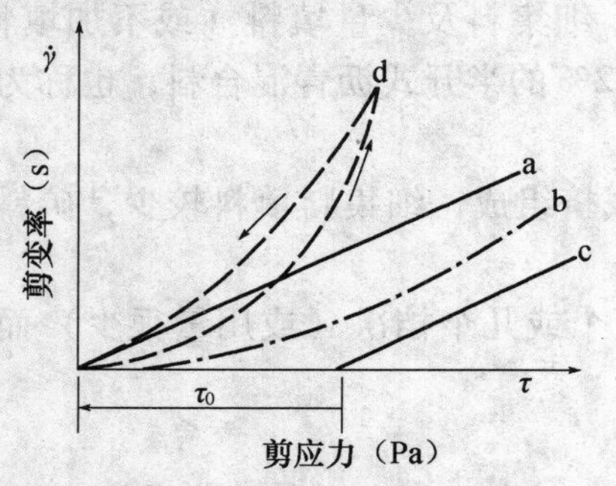

图12-1　沥青的剪应力与剪变率关系图

12.2.1.2　溶胶-凝胶型结构与路用性能

这类沥青的特点是，在变形时，最初阶段，表现出一定程度的弹性效应，但变形增加至一定数值后，则又表现出一定程度的黏性流动，是一种具有黏-弹特性的伪塑性体。它的剪应力（τ）和剪变率（$\dot{\gamma}$）关系如图12-1中b。这类具有黏-弹特性的沥青，称为“黏-弹性沥青”（visco - elastic asphalt）。这类沥青，有时还有触变性。修筑现代高等级沥青路面用的沥青，都应属于这类胶体结构类型。通常，环烷基稠油的直馏沥青或半氧化沥青，以及按要求组分重（新）组（配）的溶剂沥青等，往往能符合这类胶体结构。这类沥青的路用性能，在高温时具有较低的感温性；低温时又具有较好的形变能力。

12.2.1.3 凝胶型结构与路用性能

这类沥青的特点是，当施加荷载很小时，或在荷载时间很短时，具有明显的弹性变形。当应力超过屈服值（τ_0）之后，则表现为黏-弹性变形（如图12-1中c）为一种似宾汉姆体。有时还具有明显的触变性。这类沥青称为弹性沥青（elastic asphalt）。通常深度氧化的沥青多属于凝胶型沥青。这类沥青在路用性能上，虽具有较好的温度感温性，但低温变形能力较差。

12.2.2 道路沥青材料的性能评价

12.2.2.1 流变特性（rheological cheracteristics）

流变学（rheology）是根据应力、应变和时间来研究物质流动和变形的构成与发展的一般规律的科学。沥青材料是一种具有流变特性的典型材料，它的流动和变形不仅与应力有关，而且与时间和温度有关。所以我们在研究沥青的路用性质时，必须考察它的流变特性。沥青材料流变特性包括很宽广的内容，本节仅简述感温性、感时性和黏-弹性近似解法——劲度模量。

1. 温度感应性

沥青材料的温度感应性与沥青路面的施工（如拌合、摊铺、碾压）和使用性能（如高温稳定性和低温抗裂性）都有密切关系，所以它是评价沥青技术性质的一个重要指标。沥青的感温性是采用“黏度”随“温度”而变化的行为（黏-温关系）来表达。最常用的有下述两种。

（1）针入度指数法　针入度指数法（Penetration Index 简称 PI）是 P. PH. 普费（Pfeifer）和 F. M. 范·杜尔马尔（Van Doormaal）等提出的一种评价沥青感温性的指标。

1）针入度-温度感应性系数（Penetration-temperature susceptibility，简称 PTS）　P. PH. 普费和 F. M. 范·杜尔马尔认为沥青的黏度随温度而变化，如图12-2所示。

沥青针入度值的对数（lg$P$）与温度（T）具有线性关系（如图12-2b），即：

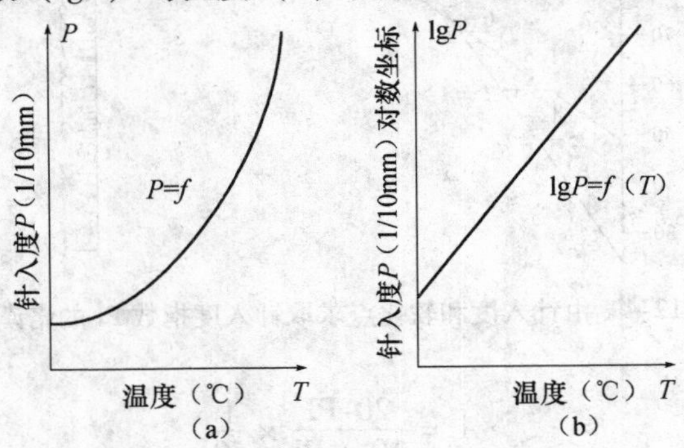

图12-2　针入度与温度关系

$$\lg P = AT + K$$

式中　A——直线斜率；

K——为截距（常数）。

采用斜率 $A=d(\lg P)/dT$ 来表征沥青针入度（$\lg P$）随温度（T）的变化率，故称 A 为针入度-温度感应性系数。

试验研究表明，大多数沥青在软化点（环球法）时的针入度可波动于 600～1 000（1/10mm）之间，普费假定为 800（1/10mm），由此针入度-温度感应性系数 A（如图12-3），可表示为：

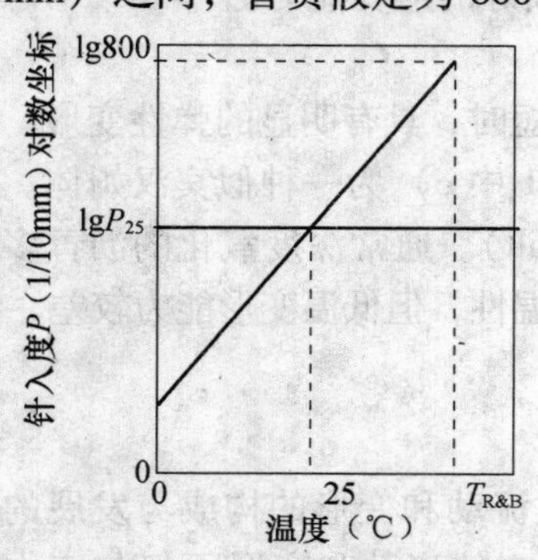

图 12-3　针入度-温度感应性系数图

$$A=\frac{\lg 800-\lg P_{25℃,100g,5s}}{T_{R\&B}-25}$$

式中　$\lg P_{25℃,100g,5s}$——在 25℃、100g、5s 条件下测定的针入度值（1/10mm）的对数；

$T_{R\&B}$——环球法测定的软化点，℃）。

2）针入度指数（PI）的确定　普费等假定感温性最小的沥青的针入度指数为 20，感温性最大的沥青为 −10，在图 12-4 中将软化点坐标 25 与 800 连成一线，将斜线分成 30 等分，软化点与针入度连线同斜率交点定为针入度值（PI）。此 PI 值将斜线分为两段，根据上式长度比，即为斜率 A。由于 A 值很小，故将 A 值乘以 50，推导出针入度指数 PI 计算式如下：

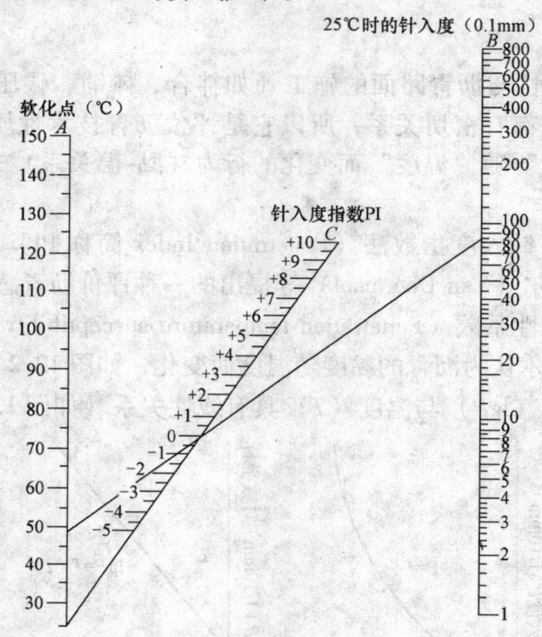

图 12-4　由针入度和软化点求取针入度指数 PI 的诺谟图

$$A=\frac{20-\mathrm{PI}}{10+\mathrm{PI}}\times\frac{1}{50}$$

$$即\ \mathrm{PI}=\frac{30}{1+50A}-10$$

针入度指数（PI）值愈大，表示沥青的感温性愈低。通常，按 PI 来评价沥青的感温性时，要求沥青的 PI = −1 ～ +1 之间。但是随着近代交通的发展，对沥青感温性提出更高的要求，因此也要求沥青具有更高的PI值。

此外，针入度指数（PI）值亦可作为沥青胶体结构类型的划分标准（表12-1）。

表12-1　沥青的针入度指数和胶体结构类型

沥青的针入度指数（PI）	沥青的胶体结构类型	沥青的针入度指数（PI）	沥青的胶体结构类型	沥青的针入度指数（PI）	沥青的胶体结构类型
< -2	溶胶	-2 ~ +2	溶-凝胶	> +2	凝胶

3）当量软化点 T_{800} 与当量脆点 $T_{1.2}$　当量软化点 T_{800} 与当量脆点 $T_{1.2}$ 分别定义为与沥青针入度800和1.2对应的温度，它们可以代替软化点和脆点反映沥青高温性能和低温性能。当量软化点 T_{800} 与当量脆点 $T_{1.2}$ 分别由下式计算：

$$T = \frac{\lg 800 - K}{A}$$

$$T = \frac{\lg 1.2 - K}{A}$$

当量软化点 T_{800} 与当量脆点 $T_{1.2}$ 以及针入度指数PI可由壳牌（Shell）诺谟图确定，见图12-5。

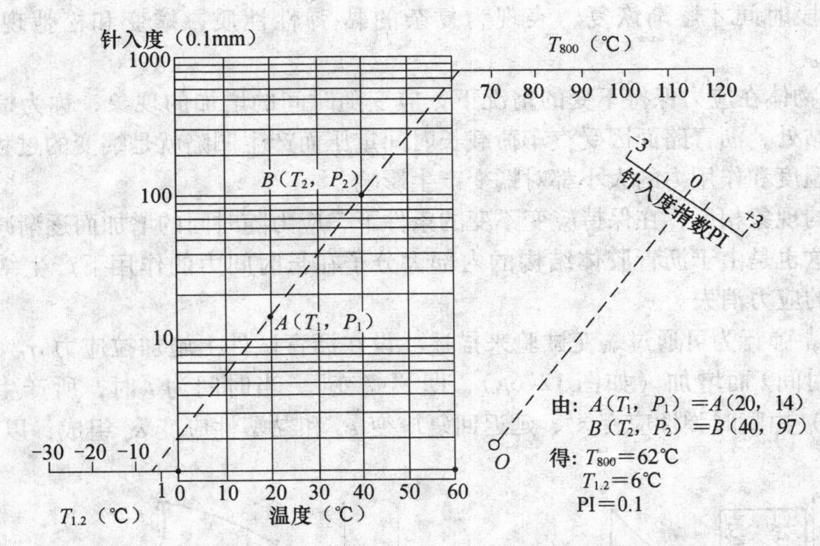

图12-5　确定当量软化点 T_{800} 和针入度指数PI的壳牌

确定针入度指数PI的具体步骤为：测试沥青在2个温度 T_1 和 T_2 下的针入度 P_1 和 P_2，在图12-5中确定点 A（T_1、P_1）和点 B（T_2、P_2）的位置，以直线连接 A、B 两点并延长，延长线与针入度800对应的温度为当量软化点 T_{800}，与针入度1.2对应的温度为当量脆点 $T_{1.2}$。将直线平行移动至图中的 O 点，与PI标尺的交点为沥青的针入度指数PI。

（2）针入度-黏度指数（penetration viscosity number，PVN）　针入度指数（PI）仅能表征低于软化点温度时沥青的感温性，沥青在使用中和施工时，还需了解高于软化点温度时沥青的感温性。麦克里奥德（Mcleod）提出了针入度-黏度指数法。该法是用沥青25℃时的针入度值和135℃（或60℃）时的黏度值与温度的关系来计算沥青温度感应性的方法。

已知25℃时的针入度值 P（1/10mm）和135℃时的运动黏度值 v（mm^2/s）时，按下式计算：

$$(\mathrm{PVN})_1 = -1.5 \times \frac{10.2580 - 0.7967\lg P - \lg v}{1.0500 - 0.2334\lg P}$$

已知25℃时的针入度值 P（1/10mm）和60℃时的绝对黏度值 η（Pa·s）时，按下式计算：

$$(\mathrm{PVN})_2 = -1.5 \times \frac{5.489 - 1.590\lg P - \lg \eta}{1.0500 - 0.2334\lg P}$$

针入度-黏度指数大，表示沥青的感温性小。按针入度-黏度指数值大小将沥青分为低感温性沥青、中感温性沥青和高感温性沥青，相应的针入度-黏度指数值为0～-0.5、-0.5～-1.0、-1.0～-1.5。

2. 沥青黏-弹性近似解法——劲度模量

（1）沥青的黏-弹行为（visco-elastic behaviour） 沥青材料是一种典型的黏-弹性材料，在外力的作用下产生形变，但形变滞后于作用力，作用力去除后形变并不完全消除，经过一段时间才逐渐恢复，表现为复杂的黏-弹性性质，蠕变和松弛现象就是这种特性的表现。

黏-弹性物体在应力保持不变的情况下，应变随时间的增加的现象，称为蠕变。例如公共汽车停靠站处，沥青路面因受汽车荷载长时间重压而产生凹陷就是蠕变的过程。沥青的结构、环境的温度和作用力的大小都对蠕变产生影响。

与蠕变的现象相反，在保持应变不变的条件下，应力随时间的增加而逐渐减小的现象为应力松弛，这也是由于沥青胶体结构的内部大分子在长时间力的作用下产生结构变形或位移，使原来的应力消失。

沥青的黏-弹行为可通过蠕变试验来描述。设在沥青试件上施加拉应力 σ_0 并保持不变，其应变 ε 随时间 t 而增加（如图12-6a），即"蠕变"。当时间为 t 时，所产生的总应变 ε（如图12-6b）由瞬时弹性应变 ε_e、延迟回复应变 ε_d 和黏塑性应变 ε_v 组成，以四元件黏-弹模型表示为：

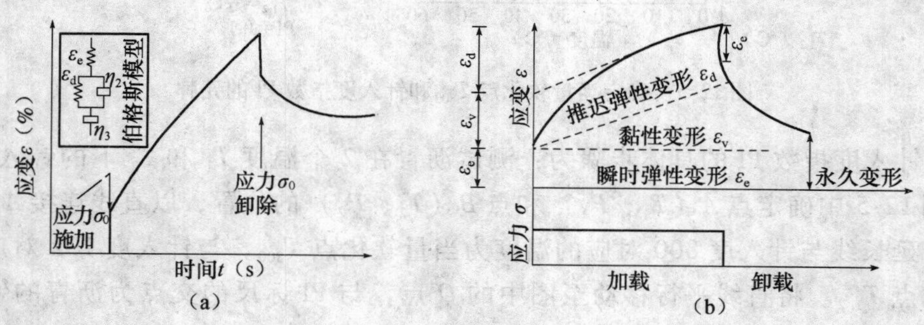

图12-6 沥青的黏-弹行为

（a）沥青的蠕变曲线；（b）沥青的总应变

$$\varepsilon = \varepsilon_e + \varepsilon_d + \varepsilon_v$$

$$\varepsilon = \sigma_0\left[\frac{1}{E_e} + \frac{t}{3\eta_2} + \frac{1}{E_d}(1 - e^{-\frac{t}{T_2}})\right]$$

式中 $$T_2 = \eta_2 / E_e$$

简化为 $$\varepsilon = \sigma_0\left(\frac{1}{E} + \frac{1}{D} + \frac{t}{3\eta}\right)$$

式中 E——瞬时弹性模量；

D——延迟弹性模量（时间和温度的函数）；

t——荷载持续时间；

η——黏度（温度的函数）。

（2）沥青劲度模量（stiffness modulus） 范·德·波尔（Van Der Poel）采用黏-弹近似解法，以包括瞬时弹性应变、延迟回复应变和黏塑性应变的总应变来表达黏-弹性材料抵抗形变能力的方法，即用应力（σ）与总应变（ε）之比，称为“劲度模量”S_B，可由下式求得：

$$\frac{1}{S_B} = \left(\frac{1}{E} + \frac{1}{D} + \frac{t}{3\eta}\right)$$

将该式代入上述总应变表达式中，写成一般通式来表达，即沥青的劲度模量（S_b）是在一定荷载时间（t）和温度（T）条件下，应力（σ）与总应变（ε）之比。

$$\text{即 } S_B = \left(\frac{\sigma}{\varepsilon}\right)_{t,T}$$

式中 S_B——沥青的劲度模量，Pa；

σ——应力，Pa；

ε——总应变；

t——荷载作用时间，s；

T——温度，℃。

由上可知，沥青的劲度模量是表征沥青黏-弹性联合效应的指标。从图 12-7 沥青劲度模量与时间和温度关系图可以看出，当沥青在低温（高黏度）和瞬时荷载作用下，弹性形变占主要地位；而在高温（低黏度）和长时间荷载作用下，主要为黏性变形。在大多数实际使用情况下，沥青表现为弹-黏性。

12.2.2.2 黏附性（adhesiveness）

沥青与集料的黏附性直接影响沥青路面的使用质量和耐久性，所以黏附性是评价沥青技术性能的一个重要指标。沥青裹覆集料后的抗水性（即抗剥性）不仅与沥青的性质有密切关系，而且亦与集料性质有关。在第 1 章中已阐述了集料的憎水性和亲水性，本节着重研究沥青对黏附性的影响。

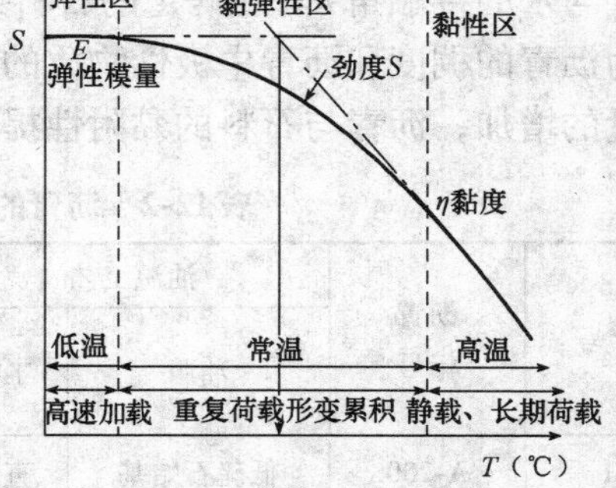

图 12-7 沥青劲度模量与时间和温度关系图

1. 黏附机理

沥青与集料的黏附作用，是一个复杂的物理-化学过程。沥青与石料之间的黏附强度与其本身的成分有密切的关系。沥青中有极性组分和芳香分结构，特别是沥青中的表面活性物质，如沥青酸和酸酐等与碱性集料接触时，就会产生很强的化学吸附作用，黏附力很大，黏附牢固。而当沥青与酸性集料接触时较难产生化学吸附，分子间的作用力只是由于范德华力的物理吸附，这要比化学吸附力小得多。因此沥青中表面活性物质的存在及含量与黏附性有重要关系。

集料的性质对黏附性的影响也很大。集料的矿物组成、表面纹理、孔隙率、含泥量、表面积、吸收性能、含水量、形状和风化程度等都对黏附性产生不同程度的影响。在沥青混合料中，沥青以薄膜形式包敷于集料的表面，在干燥的条件下，一般具有足够的黏附强度。但水分是黏附性产生问题的原因之一，另外由于交通荷载的反复作用使路面变形，沥青混合料空隙加大，集料松散，浸水使沥青膜与集料发生剥离，导致沥青路面破坏。

目前，对黏附机理有很多解释。按润湿理论认为：在有水的条件下，沥青对石料的黏附性，可用沥青-水-石料（如图 12-8）三相体系来讨论。设沥青与水的接触角为 θ，石料-沥青、石料-水和沥青-水的界面剩余自由能（简称界面能）分别为 γ_{sb}、γ_{bw}、γ_{sw}，沥青从石料单位表面积上置换水，所做的功 W 为：

$$W = \gamma_{sb} + \gamma_{bw} - \gamma_{sw}$$

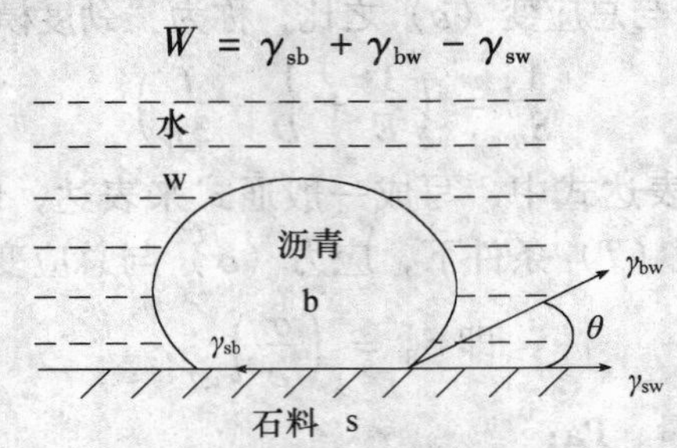

图 12-8 沥青-水-石料三相系平衡

如沥青-水-石体系达到平衡时，必须满足杨格（Young）和杜布尔（Dupre）方程得：

$$\gamma_{sb} - \gamma_{sw} - \gamma_{bw}\cos\theta = 0$$

即 $$\gamma_{sb} = \gamma_{sw} + \gamma_{bw}\cos\theta$$

因而有下式：

$$W = \gamma_{bw}(1 + \cos\theta)$$

该式表明，沥青欲置换水而黏附于石料的表面，主要取决于沥青与水的界面能 γ_{bw} 以及沥青与水的接触角 θ。在确定的石料条件下，γ_{bw} 和 θ 均取决于沥青的性质。沥青的性质中主要为沥青的稠度和沥青中极性物质的含量（如沥青酸及其酸酐等）。随着沥青稠度和沥青酸含量的增加，沥青与石料的黏附性提高，如表 12-2 所示。

表 12-2 沥青的物化性质对沥青与集料黏附性的影响

序号	沥青标号	油源工艺		沥青物化性质		集料岩类	黏附性分光光度法 S_n（%）
		油源	工艺	沥青稠度（1/10mm）	酸值（Ac）（KOHmg/100g）		
1	A-200	低硫石蜡基	直馏	$P_{25}=240$	0.64	花岗岩	63.68
2	A-100	低硫石蜡基	氧化	$P_{25}=108$	0.76	花岗岩	72.45
3	A-60	低硫石蜡基	氧化	$P_{25}=70$	1.18	花岗岩	83.47
4	A-60	低硫石蜡基	氧化	$P_{25}=55$	1.42	花岗岩	94.56

2. 评价方法

评价沥青与集料黏附的方法最常用的有下列方法：

（1）水煮法和水浸法　我国现行试验方法《公路工程沥青及沥青混合料试验规程》（JTJ 052—2000）规定，沥青与集料的黏附性试验，根据沥青混合料的最大粒径决定，大于13.2mm者采用水煮法；小于（或等于）13.2mm者采用水浸法。水煮法是选取粒径为13.2～19mm形状接近正立方体的规则集料5个，经沥青裹覆后，在蒸馏水中沸煮3min，按沥青膜剥落的情况分为5个等级来评价沥青与集料的黏附性。水浸法是选取9.5～13.2mm的集料100g与5.5g的沥青在规定温度条件下拌合。配制成沥青-集料混合料，冷却后浸入80℃的蒸馏水中保持30min，然后按剥落面积百分率来评定沥青与集料的黏附性。

（2）光电分光光度法　该法是基于沥青-水-集料的体系中，水对沥青的置换作用，而使沥青自集料的表面产生剥离或剥落的原理。以染料作为示踪剂，此染料的特点是对集料吸附，而对沥青不吸附。已知浓度为C_0的染料溶液，当染料吸附于剥离和剥落的集料表面后，溶液浓度就降低为C_1，应用分光光度计可以很快测出浓度的变化，按下式计算集料表面的染料吸附量：

$$q = \frac{(C_0 - C_1)V}{m}$$

式中　q——染料吸附量，mg/g；

C_0、C_1——试验前和试验后染料溶液浓度，mg/ml；

V——集料溶液的体积，ml；

m——集料质量，g。

根据上式计算出白色集料（未用沥青拌合的集料，作为测定的基准）和黑色集料（拌合沥青后并经剥落试验后的集料）的吸附量。即可按下式计算出沥青与集料的吸附性。

$$S_n = 1 - \frac{q_1}{q_0} \times 100$$

式中　S_n——黏附性，%；

q_0、q_1——分别为白色和黑色集料的吸附量，mg/g。

12.2.2.3　耐久性

采用现代技术修筑的高等级沥青路面，都要求具有很长的耐用周期，因此对沥青材料的耐久性，亦提出更高的要求。

1. 影响因素

沥青在路面施工时，需要在空气介质中进行加热。路面建成后，长期裸露在现代工业环境中，经受日照、降水、气温变化等自然因素的作用。因此，影响沥青耐久性的因素，主要有：大气（氧）、日照（光）、温度（热）、雨雪（水）、环境（氧化剂）以及交通（应力）等因素。

（1）热的影响　热能加速沥青分子的运动，除了引起沥青的蒸发外，并能促进沥青化学反应的加速，最终导致沥青技术性能降低。尤其是在施工加热（160～180℃）时，由于有空气中的氧参与共同作用，可使沥青性质产生严重的劣化。

（2）氧的影响　空气中的氧，在加热的条件下，能促使沥青组分对其吸收，并产生脱氢作用，使沥青的组分发生移行（如芳香分转变为胶质，胶质转变为沥青质）。

（3）光的影响　日光（特别是紫外线）对沥青照射后，能产生光化学反应，促使氧化速率加快；使沥青中羟基、羧基和碳氧基等基团增加。

（4）水的影响　水在与光、氧和热共同作用时，能起催化剂的作用。

此外，还有工业环境中的臭氧以及交通因素等对沥青耐久性也有影响，这些都是近代工艺与交通发展中，新近发现的一些影响因素。

综上所述，沥青在上述因素的综合作用下，产生“不可逆”的化学变化，导致路用性能的逐渐劣化，这种变化过程称为“老化”。

2. 评价方法

（1）热致老化　由于路面施工加热导致沥青性能变化的评价，我国现行行业标准（JTJ 052—2000）规定：对中轻交通量道路用石油沥青，应进行“蒸发损失试验”；对重交通量道路用石油沥青进行“薄膜加热试验”，对液体沥青，则应进行蒸馏试验。

1）沥青蒸发损失试验　该实验方法是，将沥青试样50g盛于直径为55mm、深为35mm的器皿中。在163℃的烘箱中加热5h，然后测定其质量损失以及残留物的针入度占原试样针入度的百分率。这种方法由于沥青试样与空气接触面积太小，试样太厚，所以实验效果较差。

2）薄膜加热试验　又称“薄膜烘箱试验”（thin－film oven test 简称 TFOT）。试验规程（JTJ 052—2000）中规定的实验方法是将50g沥青试样，盛于内径140mm、深为9.5mm的不锈钢盛样皿中，使沥青成为厚约3.2mm的薄膜。沥青薄膜在（163±1）℃的标准烘箱中以5.5r/min的速率旋转，经过5h，以加热前后的质量损失、针入度比和25℃及15℃的延度值作为评价指标。

薄膜加热试验后的性质与沥青在拌合机中加热拌合后的性质有很好的相关性。沥青在薄膜加热试验后的性质，相当于在150℃拌合机中拌合后1.0～1.5min的性质。

3）旋转薄膜加热试验　“旋转薄膜烘箱试验”（rolling thin-film oven test 简称 RTFOT），是将35g沥青试样，盛于高140mm、直径64mm的开口玻璃瓶中，盛样瓶插入旋转烘箱中，一边接受4 000ml/min流量吹入的热空气，一边在（163±1）℃的高温下以15r/min的速率旋转，经过75min的老化后。测定加热前后的质量损失、针入度比和25℃及15℃的延度值作为评价指标。

这种试验方法的优点是：试样在垂直方向旋转，沥青膜较薄；能连续鼓入热空气，以加速老化，使实验时间缩短为75min；并且实验结果精度较高。

（2）耐候性　评价沥青在气候因素（光、氧、热和水）的综合作用下，路用性能下降的程度，可以采用“自然老化”和“人工加速老化”试验。人工加速老化试验是在由计算机程序控制有氙灯光源和自动调温、鼓风、喷水设备的耐候仪中进行的，通常只有在科研时才进行耐候性试验。

12.2.3　道路石油沥青的技术标准

我国道路石油沥青分为黏稠道路石油沥青和液体石油沥青，本节主要介绍黏稠石油沥青的技术要求。

12.2.3.1 黏稠石油沥青的技术标准

GB 50092—1996 将黏稠石油沥青按使用道路的交通量，分为中、轻交通量道路石油沥青（代号 A）和重交通量道路石油沥青（代号 AH）。中、轻交通量道路石油沥青的技术标准见第 11 章（主要指标见表 11-3 中的道路石油沥青），重交通量石油沥青按针入度分为 AH-50、AH-70、AH-90、AH-110 和 AH-130 五个标号。

《公路沥青路面施工技术规范》（JTG F40—2004）以沥青路面的气候条件为依据（见表 12-3），在同一气候区内根据道路等级和交通特点再将沥青分为 1 ~ 3 个不同的等级，对沥青的技术要求更加全面，同时它将原来的中、轻交通量石油沥青与重交通量石油沥青合二为一。本书只介绍 JTG F40—2004 的技术要求（见表 12-4），其中的 A、B 等级相当于 GB 50092—1996中规定的重交通量道路石油沥青。

表 12-3 沥青路面使用性能气候分区（JTG F40—2004）

气候分区指标		气候分区			
按照高温指标	高温气候区	1	2	3	
	气候区名称	夏炎热区	夏热区	夏凉区	
	最热月平均最高气温（℃）	>30	20 ~ 30	<20	
按照低温指标	低温气候区	1	2	3	4
	气候区名称	冬严寒区	冬寒区	冬冷区	冬温区
	极端最低气温（℃）	< -37.0	-37.0 ~ -21.5	-21.5 ~ -9.0	<9.0
按照雨量指标	雨量气候区	1	2	3	4
	气候区名称	潮湿区	润湿区	半干区	干旱区
	年降雨量（mm）	>1 000	1 000 ~ 500	500 ~ 250	<250

按《沥青路面施工及验收规范》（GB 50092—1996）规定，对于交通量大于 10 000 辆/d（BZZ-60）或交通量大于 1 000 辆/d（BZZ-100）的重交通量的公路或城市道路路面用沥青，应选用重交通道路沥青。

12.2.3.2 液体石油沥青的技术标准

交通行业标准（JTG F40—2004）规定，按凝结速度分为快凝 AL(R)、中凝 AL(M) 和慢凝 AL（S）三个等级，快凝液体沥青按黏度分为 AL(R)-1 和 AL(R)-2 两个标号，中凝和慢凝液体沥青按黏度分为 AL(M)-1 ~ AL(M)-6 和 AL(S)-1 ~ AL(S)-6 六个标号。除黏度的要求外，对不同温度的蒸馏馏分含量及残留物的性质、闪点和含水量等亦提出相应的要求。

表 12-4　道路石油沥青技术要求(JTG F40—2004)

指　标	等　级	160 号	130 号	110 号			90 号					70 号[4]					50 号[4]	30 号
适用的气候分区		注[3]	注[3]	2-1	2-2	2-1	1-1	1-2	1-3	2-2	1-3	1-3	1-4	2-2	2-3	2-4	1-4	注[5]
针入度 $P_{(25℃,100g,5s)}$,(1/10mm)		140~200	120~140	100~120			80~100					60~80					40~60	20~40
针入度指数 PI[1),2)]	A	−1.5~+1.0																
	B	−1.8~+1.0																
软化点 $T_{R\&B}$,(℃),≥	A	38	40	43			45			44		46		45			49	55
	B	36	39	42			43			42		44		43			46	53
	C	35	37	41			42					43					45	50
60℃动力黏度[2)](Pa·s),≥	A	—	60	120			160			140		180		160			200	260
延度(cm),≥　10℃[2)]	A	50	50	40			45	30	20	30	20	20	15	25	20	15	15	10
	B	30	30	30			30	20	15	20	15	15	10	20	15	10	20	8
延度(cm),≥　15℃	A、B	100															80	50
	C	80	80	60			50					40					40	40
闪点(COC)(℃),≥		230					245					260						
含蜡量(蒸馏法,%),≤	A	2.2																
	B	3.0																
	C	4.5																
溶解度(%),≥		99.5																
密度(15℃,g/cm³)		实测记录																
薄膜烘箱加热试验(或旋转薄膜加热试验)后　质量变化(%),≤		±0.8																
针入度比(%),≥	A	48	54	55			57					61					63	65
	B	45	50	52			54					58					60	62
	C	40	45	48			50					54					58	60
延度(cm),≥　10℃	A	12	12	10			8					6					4	—
	B	10	10	8			6					4					2	—
延度(cm),≥　15℃	C	40	35	30			20					15					10	—

注　1. 用于仲裁试验时,所求针入度指数 PI 的 5 个温度与针入度回归关系的相关系数不得小于 0.977;

2. 经建设部门同意,该表中的针入度指数 PI、60℃动力黏度及 10℃延度可作为选择性指标;

3. 160 号沥青和 130 号沥青除了寒冷地区可直接用于中低级公路外,通常用作乳化沥青、稀释沥青及改性沥青的基质沥青;

4. 可根据需要,要求供应商提供 70 号沥青的针入度范围 50~70 或 80~90 的沥青;或者要求提供针入度范围 40~50 或 50~60 的 50 号沥青;

5. 30 号沥青仅适用于沥青稳定基层。

12.3　矿质混合料的技术要求

12.3.1　粗集料

沥青层用粗集料包括碎石、破碎砾石、筛选砾石、钢渣、矿渣等，但高速公路和一级公路不得使用筛选砾石和矿渣。

粗集料应该洁净、干燥、表面粗糙，质量应符合表12-5的规定。当单一规格集料的质量指标达不到表中要求，而按照集料配比计算的质量指标符合要求时，工程上允许使用。对受热易变质的集料，宜采用经拌合机烘干后的集料进行检验。

表12-5　沥青混合料用粗集料质量技术要求（JTG F40—2004）

指　标	高速公路、一级公路、城市快速路、主干路		其他等级公路与城市道路
	表面层	其他层次	
石料压碎值（%），≤	26	28	30
洛杉矶磨耗损失（%），≤	28	30	35
表观密度（t/m³），≥	2.60	2.50	2.45
吸水率（%），≤	2.0	3.0	3.0
坚固性（%），≤	12	12	—
针片状颗粒含量（混合料）（%），≤	15	18	20
其中粒径大于9.5mm（%），≤	12	15	—
其中粒径小于9.5mm（%），≤	18	20	—
<0.075mm颗粒含量（水洗法，%），≤	1	1	1
软石含量（%），≤	3	5	5

注：1. 坚固性试验可根据需要进行；

2. 用于高速公路、一级公路时，多孔玄武岩的视密度可放宽至2.45t/m³，吸水率可放宽至3%，但必须得到建设单位的批准，且不得用于沥青玛瑞脂碎石（stone matrix asphalt，SMA）路面；

3. 对S14即3~5mm规格的粗集料，针片状颗粒含量可不予要求，<0.075mm含量可放宽到3%。

粗集料的粒径规格应按表12-6的规定生产和使用。

表12-6　沥青混合料用粗集料规格（JTG F40—2004）

规格名称	公称粒径（mm）	通过下列筛孔（mm）的质量百分率（%）												
		106	75	63	53	37.5	31.5	26.5	19.0	13.2	9.5	4.75	2.36	0.6
S1	40~75	100	90~100	—	—	0~15	—	0~5						
S2	40~60		100	90~100	—	0~15	—	0~5						
S3	30~60		100	90~100	—	—	0~15	—	0~5					
S4	25~50			100	90~100	—	—	0~15	—	0~5				
S5	20~40				100	90~100	—	—	0~15	—	0~5			
S6	15~30					100	90~100	—	—	0~15	—	0~5		
S7	10~30					100	90~100	—	—	—	0~15	0~5		
S8	10~25						100	90~100	—	0~15	—	0~5		
S9	10~20							100	90~100	—	0~15	0~5		
S10	10~15								100	90~100	0~15	0~5		
S11	5~15								100	90~100	40~70	0~15	0~5	
S12	5~10									100	90~100	0~15	0~5	
S13	3~10									100	90~100	40~70	0~20	0~5
S14	3~5										100	90~100	0~15	0~3

破碎砾石应采用粒径大于50mm、含泥量不大于1%的砾石轧制，并应符合规范对粗集料的技术要求（见表12-5）。仅限于三级及三级以下公路和次干路以下的城市道路，并应经过试验论证区的许可后使用。钢渣破碎后应有6个月以上的存放期，质量应符合表12-5的要求。

高速公路、一级公路沥青路面的表面层（或磨耗层）的粗集料的磨光值应符合表12-7的要求。除沥青玛𤧛脂碎石（SMA）、开级配磨耗层沥青混合料（OGFC）路面外，允许在硬质粗集料中掺加部分较小粒径的磨光值达不到要求的粗集料，其最大掺加比例由磨光值试验确定。粗集料与沥青的黏附性应符合表12-7的要求，当使用不符合要求的粗集料时，宜掺加消石灰、水泥或用饱和石灰水处理后使用，必要时可同时在沥青中掺加耐热、耐水、长期性能好的抗剥落剂，也可采用改性沥青的措施，使沥青混合料的水稳定性检验达到要求。掺加外加剂的剂量由沥青混合料的水稳定性检验确定。

表12-7　粗集料与沥青的黏附性、磨光值的技术要求（JTG F40—2004）

雨量气候区		1（潮湿区）	2（湿润区）	3（半干区）	4（干旱区）
年降雨量（mm）		>1 000	1 000~500	500~250	<250
粗集料的磨光值PSV（高速公路、一级公路表面层），≥		42	40	38	36
粗集料与沥青的黏附性，≥	高速公路、一级公路表面层	5	4	4	3
	高速公路、一级公路的其他层次及其他等级公路的各个层次	4	4	3	3

12.3.2　细集料

沥青混合料用细集料，可以采用天然砂、机制砂或石屑。细集料应洁净、干燥、无风化、无杂质，并有适当的颗粒级配，其质量应符合表12-8的规定。细集料的洁净程度，天然砂以小于0.075mm含量的百分数表示，石屑和机制砂以砂当量（适用于0~4.75mm）或亚甲蓝值（适用于0~2.36mm或0~0.15mm）表示。

表12-8　沥青混合料用细集料质量要求（JTG F40—2004）

项　目	高速公路、一级公路、城市快速路、主干路	其他等级公路与城市道路
表观密度（t/m^3），≥	2.50	2.45
坚固性（>0.3mm部分,%），≥	12	—
含泥量（小于0.075mm的含量,%)），≤	3	5
砂当量（%），≥	60	50
亚甲蓝值（g/kg），≤	25	—
棱角性（流动时间，s），≥	30	—

注：1. 坚固性试验可根据需要进行；

2. 当进行砂当量试验有困难时，也可用水洗法测定小于0.075mm部分含量（仅适用于天然砂）。对高速公路、一级公路、城市快速路、主干路要求不大于3%，对其他公路与城市道路要求不大于5%。

细集料应与沥青有良好的粘结能力，高速公路、一级公路、城市快速路、主干路沥青面层使用与沥青粘结性能差的天然砂及用花岗岩、石英岩等酸性岩石破碎的人工砂或石屑石时，应采用前述粗集料的抗剥离措施。

热拌沥青混合料的细集料宜采用优质的天然砂或机制砂，在缺砂地区，也可使用石屑，但用于高速公路、一级公路、城市快速路、主干路沥青混凝土面层及抗滑表层的石屑用量不宜超过砂的用量。

天然砂可采用河砂或海砂，通常宜采用粗、中砂，其规格应符合表12-9的规定，砂的含泥量超过规定时应水洗后使用，海砂中的贝壳类材料必须筛除。热拌密级配沥青混合料中天然砂的用量通常不宜超过集料总量的20%，SMA和OGFC混合料不宜使用天然砂。

表12-9 沥青混合料用天然砂规格（JTG F40—2004）

筛孔尺寸（mm）	通过各孔筛的质量百分率（%）		
	粗 砂	中 砂	细 砂
9.5	100	100	100
4.75	90～100	90～100	90～100
2.36	65～95	75～90	85～100
1.18	35～65	50～90	75～100
0.6	15～30	30～60	60～84
0.3	5～20	8～30	15～45
0.15	0～10	0～10	0～10
0.075	0～5	0～5	0～5

石屑是采石场破碎石料时通过4.75mm或2.36mm的筛下部分，其规格应符合表12-10的要求。采石场在生产石屑的过程中应具备抽吸设备，高速公路和一级公路的沥青混合料，宜将S14与S16组合使用，S15可在沥青稳定碎石基层或其他等级公路中使用。

表12-10 沥青混合料用机制砂或石屑规格（JTG F40—2004）

规格	公称粒径（mm）	水洗法通过各筛孔的质量百分率（%）							
		9.5	4.75	2.36	1.18	0.6	0.3	0.15	0.075
S15	0～5	100	90～100	60～90	40～75	20～55	7～40	2～20	0～10
S16	0～3	—	100	80～100	50～80	25～60	8～45	0～25	0～15

注：当生产石屑采用喷水抑制扬尘工艺时，应特别注意含粉量不得超过表中要求。机制砂宜采用专用的制砂机制造，并选用优质石料生产，其级配应符合S16的要求。

12.3.3 *矿粉*

沥青混合料的矿粉必须采用石灰岩或岩浆岩中的强基性岩石等憎水性石料经磨细而制得，原石料中的泥土杂质应除净。矿粉应干燥、洁净，能自由地从矿粉仓流出，其质量应符合表 12-11 的技术要求。

表 12-11　沥青混合料用矿粉质量要求（JTG F40—2004）

项　目		高速公路、一级公路、城市快速路、主干路	其他等级公路与城市道路
表观密度（t/m³），≥		2.50	2.45
含水量（%），≤		1	1
粒度范围（%）	<0.6mm	100	100
	<0.15mm	90～100	90～100
	<0.075mm	75～100	70～100
外观		无团粒结块	
亲水系数		<1	
塑性指数		<4	
加热安定性		实测记录	

粉煤灰作为填料使用时，其烧失量应小于 12%，塑性指数应小于 4%，其质量要求与矿粉相同。粉煤灰的用量不宜超过填料总量的 50%，并应经试验确认与沥青有良好的粘结力，沥青混合料的水稳定性应满足要求。高速公路、一级公路和城市快速路、主干路的沥青混凝土面层不宜采用粉煤灰做填料。拌和机的粉尘可作为矿粉的一部分回收使用，但每盘用量不得超过填料总量的 25%，掺有粉尘填料的塑性指数不得大于 4%。

12.4　沥青混合料的组成结构与强度

12.4.1　沥青混合料的组成结构

12.4.1.1　沥青混合料组成结构的现代理论

随着对沥青混合料组成结构研究的深入，目前对沥青混合料的组成结构有下列两种相互对立的理论。

1. 表面理论

沥青混合料是由粗集料、细集料和填料经人工组配成密实的级配矿质骨架，此矿质骨架由稠度较稀的沥青混合料分布其表面，而将它们胶结成为一个具有强度的整体，如下所示。

沥青混合料
- 矿质骨架
  - 粗集料
  - 细集料
  - 填料
- 结合料——沥青

2. 胶浆理论

沥青混合料是一种多级空间网状结构的分散系。它是以粗集料为分散相而分散在沥青砂浆介质中的一种粗分散系；砂浆是以细集料为分散相而分散在沥青胶浆介质中的一种细分散系；而胶浆又是以填料为分散相而分散在高稠度沥青介质中的一种微分散系，如下所示。

沥青混合料（粗分散系）
- 分散相——粗集料
- 分散介质——砂浆（细分散系）
  - 分散相——细集料
  - 分散介质——沥青胶结物（微分散系）
    - 分散相——填料
    - 分散介质——沥青

这三级分散系以沥青胶浆最为重要，它的组成结构决定沥青混合料的高温稳定性和低温变形能力。目前，这一理论比较集中于研究填料（矿粉）的矿物组成、填料的级配（以0.080mm为最大粒径）以及沥青与填料内表面的交互作用等因素对于混合料性能的影响等。同时这一理论的研究比较强调采用高稠度的沥青和大的沥青用量，以及采用间断级配的矿质混合料。

12.4.1.2 沥青混合料的组成结构类型

通常沥青混合料按其组成结构可分成下列三类：

1. 悬浮密实结构

当采用连续型密级配矿质混合料（见图12-9中曲线a）与沥青组成的沥青混合料时，矿质材料由大到小形成的连续型密实混合料，但因较大颗粒都被小一档颗粒挤开。因此，大颗粒以悬浮状态处于较小颗粒之中。连续紧密级配沥青混合料都属此类型，此种结构虽然密实度很大，但各级集料均为次级集料所隔开，不能直接形成骨架，而悬浮于次级集料和沥青胶浆之间，其组成结构见图12-10中曲线a。这种结构的特点是粘结力较高，内摩阻力较小，混合料的耐久性较好，稳定性较差。

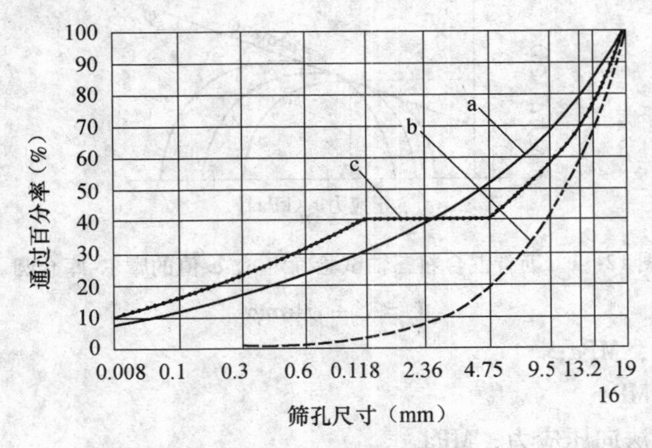

图12-9 三种类型矿质混合料级配曲线

a—连续型密级配；b—连续型开级配；c—间断型密级配

2. 骨架空隙结构

当采用连续型开级配矿质混合料（见图12-9中曲线b）与沥青组成的沥青混合料时，较大粒径石料彼此紧密连接，而较小粒径石料的数量较少，不足以充分填充空隙，形成骨架空隙结构，沥青碎石混合料多属此类型，结构见图12-10（b）。特点是粘结力较低，内摩阻力较大，稳定性较好，但耐久性较差。

3. 骨架-密实结构

当采用间断型密级配矿质混合料（见图12-9中曲线c）与沥青组成的沥青混合料时，是综合以上两种方式组成的结构。既有一定量的粗料形成骨架，又根据粗集料空隙的数量加入适量细集料，使之填满骨架空隙，形成较高密实度的结构，间断级配即按此原理构成，结构见图 12-10c。其特点是粘结力与内摩阻力均较高，则稳定性好，耐久性好，但施工和易性差。

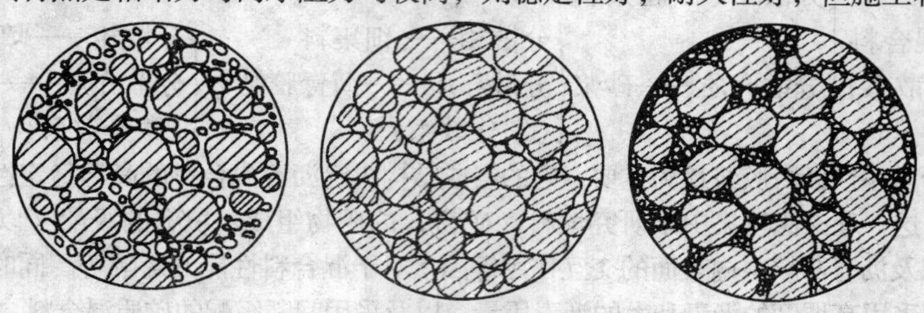

图 12-10　三种典型沥青混合料结构组成示意图

（a）悬浮-密实结构；（b）骨架-空隙结构；（c）密实-骨架结构

12.4.2　沥青混合料的强度理论

12.4.2.1　沥青混合料的强度理论

沥青混合料在常温和较高温度下，由于沥青的粘结力不足而产生变形或由于抗剪强度不足而破坏，一般用库仑理论来分析其强度和稳定性。

对圆柱形试件进行三轴剪切试验，从摩尔圆可得材料的应力情况。图 12-11 中应力圆的公切线即摩尔-库仑包络线，或抗剪强度曲线。包络线与纵轴相交的截距表示混合料的粘结力 c，切线与横轴的交角 φ，表示混合料的内摩阻角：

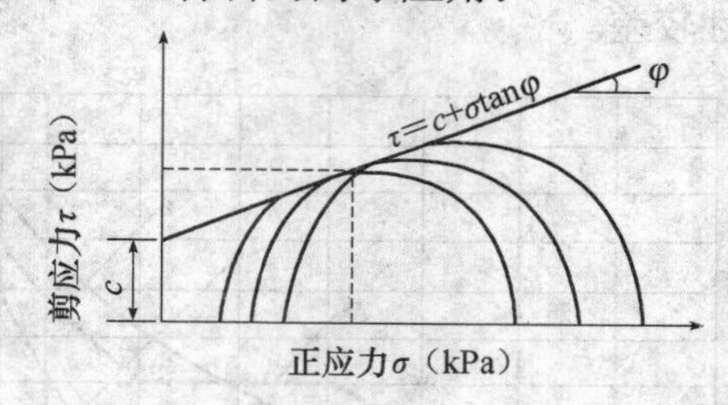

图 12-11　沥青混合料三轴试验确定 c、φ 值的摩尔-库仑圆

$$\tau = c + \sigma\tan\varphi$$

式中　τ——抗剪强度，MPa；

c——粘结力，MPa；

σ——剪损时的法向压应力，MPa。

12.4.2.2　影响沥青混合料强度的因素

从沥青混合料的强度公式中可看出沥青混合料的强度决定于两个参数——粘结力 c 和内摩阻角 φ，下面讨论一下影响两个参数的因素。

1. 沥青的性质对粘结力 c 的影响

从沥青本身来看，沥青的黏滞度是影响粘结力 c 的重要因素。矿质集料由沥青胶结为一整体，沥青的黏滞度反映沥青在外力作用下抵抗变形的能力，黏滞度愈大，则抵抗变形的能力愈强，可以保持矿质集料的相对嵌挤作用。沥青的黏滞度随温度的变化而变化，由于沥青的化学组分和结构不同，沥青黏度随温度而变化的斜率是不同的，同一标号的沥青在高温时可以呈现不同的黏滞度。

2. 矿质混合料级配、矿质颗粒的形状和表面特性等对沥青混合料的内摩阻角 φ 的影响根据研究（见表12-12），矿质颗粒的粒径愈大，内摩阻角愈大，中粒式沥青混合料的内摩阻角要比细粒式和砂粒式沥青混合料大得多。因此增大集料粒径是提高内摩阻角的途径，但应保证级配良好、空隙率适当。颗粒棱角尖锐的混合料，由于颗粒互相嵌挤，要比圆形颗粒的内摩阻角大得多。

表12-12　矿质混合料的级配对沥青混合料粘结力及内摩阻角的影响

沥青混合料级配类型	三轴试验结果	
	内摩阻角 φ	粘结力 c（MPa）
茂名粗粒式沥青混凝土	45°55′	0.076
茂名细粒式沥青混凝土	35°45′30″	0.197
茂名砂粒式沥青混凝土	45°19′30″	0.227

3. 矿料表面性质的影响

矿料（主要是矿粉）对涂敷于周围的沥青分子相互有吸附作用，使贴近矿料的沥青组分重新排列，黏度变高。愈贴近界面黏度愈高，形成一层扩散结构膜，在此膜之内的为“结构沥青”，其黏度较高，具有较强的粘结力。在扩散结构膜之外的为“自由沥青”，其黏度较低，使粘结力降低。

因此，沥青与矿料表面的相互作用对沥青混合料的粘结力和内摩阻角有重要的影响，矿料与沥青的成分不同会产生不同的效果，石油沥青与碱性石料（如石灰石）将产生较多的结构沥青，有较好的黏附性，而与酸性石料产生较少的结构沥青，其黏附性较差见图12-12。

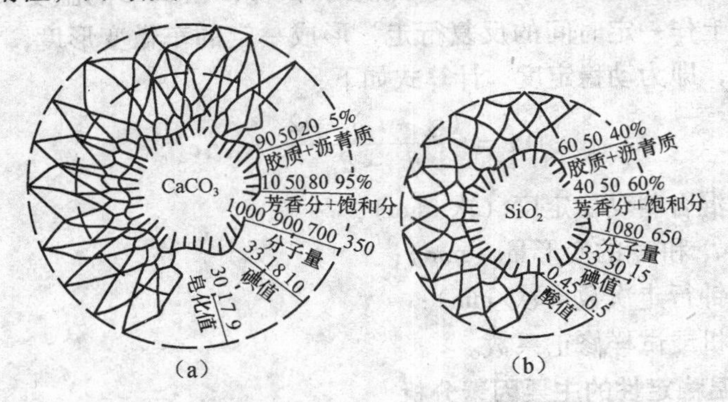

图12-12　不同矿粉的吸附溶化膜结构图示

（a）石灰石矿粉；（b）石英石砂粉

注：酸值为中和1g沥青所耗KOH毫克数，表示沥青中游离酸的含量；皂化值为皂化1g沥青所需KOH毫克数，表示沥青中游离脂肪酸的含量；碘值为1g沥青可能吸收碘的毫克数，表示沥青不饱和程度。

4. 沥青混合料中矿料的比表面积和沥青用量的影响

沥青混合料中的矿料不仅能填充空隙，提高密实度，在很大程度上也影响着混合料的粘结力。密实型的混合料中，矿料的比表面积一般占总面积的80%以上，这就大大增强了沥青与矿料的相互作用，减薄了沥青的膜厚，使沥青在矿料表面形成“结构沥青层”，矿质颗粒能够粘结牢固，构成强度。

5. 温度和变形速率的影响

粘结力随温度升高而显著降低，但内摩阻角受温度影响较小。同样，变形速率减小，则粘结力显著提高，内摩阻角变化很小。

12.5 沥青混合料的路用性能

沥青混合料作为沥青路面的面层材料，承受车辆行驶反复荷载和气候因素的作用，而其胶结材料沥青具有黏-弹-塑性的特点，因此沥青混合料应具有足够的高温稳定性、低温抗裂性、水稳定性、抗老化性、抗滑性等技术性能，以保证沥青路面优良的路用性能，经久耐用。

12.5.1 高温稳定性

高温稳定性是指沥青混合料在高温条件下，能够抵抗车辆荷载的反复作用，不发生显著永久变形，保证路面平整度的特性。沥青混合料的抗变形能力因温度升高以及在受到荷载重复作用下而降低，造成沥青路面产生车辙、波浪及拥包等现象，在交通量大、重车比例高和经常变速路段的沥青路面是最严重的破坏形式。

12.5.1.1 高温稳定性的评价方法和评价指标

多年来对沥青混合料的高温稳定性进行了大量的试验研究，如马歇尔稳定度试验、维姆稳定度试验、哈费氏稳定度实验等，可以通过材料参数 c 和 φ 值来分析沥青混合料的强度和稳定性。还有反复碾压模拟试验，如车辙试验以及静载动载蠕变试验等。

目前，评价沥青混合料高温性能通常采用车辙试验的方法。车辙试验首先由英国道路研究所（TRRL）提出，后来经过了许多国家道路工作者的改进。目前的方法是采用轮碾成型方法，制成300mm×300mm×50mm的沥青混合料试件，在60℃的温度条件下，以一定荷载的轮子在同一轨迹上作一定时间的反复行走，形成一定的车辙变形度，计算试件变形1mm试验车轮行走次数，即为动稳定度，计算式如下：

$$DS=\frac{(t_2-t_1)\cdot 42}{d_2-d_1}\cdot c_1\cdot c_2$$

式中 DS——沥青混合料动稳定度（次/mm）；

d_1、d_2——时间 t_1 和 t_2 的变形量（mm）；

42——每分钟行走次数（次/mm）；

c_1、c_2——试验机或试样修正系数。

12.5.1.2 影响高温稳定性的主要因素分析

影响沥青混合料高温稳定性的主要因素是沥青的高温黏度和沥青与石料相互嵌锁作用以及矿料的级配等。为提高沥青混合料的高温稳定性，需采用较高黏度的沥青，严格控制沥青用量。现常采用橡胶、树脂等改性剂，以改善沥青的感温性，采用一定细度和沥青有较好交互作用能力的填料以提高沥青混合料的粘结力；同时，采用适当的矿料级配，增加粗集料含量，采用表面粗糙、棱角性大的粗集料以提高矿料骨架的内摩阻力。

12.5.2 低温抗裂性

沥青路面出现裂缝将造成路面的损坏，因此应限制沥青路面的裂缝率。沥青路面产生裂缝的原因很复杂，一般有两种类型：一种是重复荷载下产生的疲劳开裂；另一种为温度裂缝，由于沥青混合料在高温时塑性变形能力较强，而低温时较脆硬，变形能力差，所以裂缝多在低温条件下发生，特别是在气温骤降时，沥青面层受基层和周围材料的约束而不能自由收缩，产生很大的拉应力，而超过了沥青混合料的允许应力值，就会产生开裂，因此要求沥青混合料具有一定的低温开裂性能。

12.5.2.1　低温抗裂性的评价方法和评价指标

低温条件下产生裂缝的原因主要是沥青混合料抗拉强度和变形能力问题。目前世界上采用的评价沥青混凝土低温性能的试验方法主要有抗拉试验，求出沥青混合料的抗拉强度，与预估沥青面层可能出现的拉应力进行对比，预估沥青面层出现低温缩裂的可能性；也可以采用劈裂抗拉试验、低温弯曲蠕变试验、低温收缩试验、温度应力试验等，通过这些试验可以求出破坏强度、劲度模量、应变速率、蠕变劲度模量、断裂温度等指标。由于沥青混合料低温试验对试验仪器和操作技术的要求较高，因此规范中尚未对沥青混合料低温性能提出具体的指标要求。

1. 预估沥青混合料的开裂温度

通过间接拉伸试验或直接拉伸试验，建立沥青混合料低温抗拉强度与温度的关系，再根据理论方法，由沥青混合料的劲度模量、温度收缩系数及降温幅度计算沥青面层可能出现的温度应力与温度的关系（见图12-13）。根据温度应力与抗拉强度的关系预估沥青面层出现低温缩裂的温度 T_P。T_P 越低，沥青混合料的开裂温度越低，低温抗裂性越好。

2. 低温蠕变试验

低温蠕变试验用于评价沥青混合料低温下的变形能力与松弛能力。在规定的温度下，对规定尺寸的沥青混合料小梁试件的跨中施加恒定的集中荷载，测定试件随时间增长的蠕变变形。蠕变变形曲线可分为三个阶段：第一阶段为蠕变迁移阶段；第二阶段为蠕变稳定阶段；第三阶段为蠕变破坏阶段，以蠕变稳定阶段的蠕变速率评价沥青混合料的低温变形能力。蠕变速率越大，沥青混合料在低温下的变形能力越大，松弛能力越强，低温抗裂性能更好。

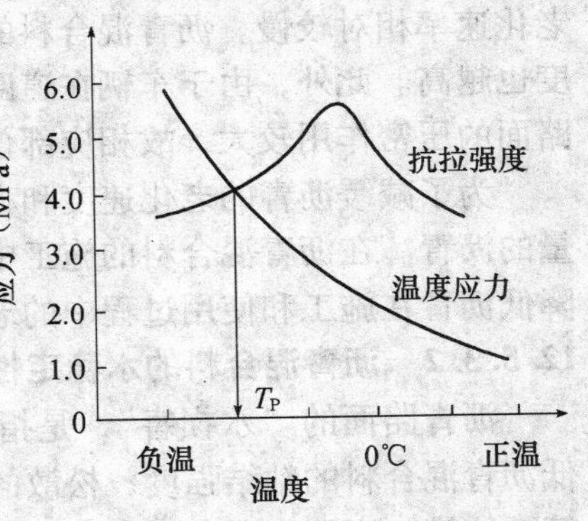

图12-13　沥青混合料抗拉强度、温度应力与温度的关系示意图

3. 低温弯曲试验

低温弯曲试验也是评价沥青混合料低温变形能力的常用方法之一。在试验温度（-10 ± 0.5）℃的条件下，以50mm/min速率，对沥青混合料小梁试件跨中施加集中荷载至断裂破坏，记录试件跨中荷载与挠度的关系曲线。由破坏时的跨中挠度按下式计算沥青混合料的破坏弯拉应变。

$$\varepsilon_B = \frac{6hd}{l^2}$$

式中　ε_B——试件破坏时的最大弯拉应变；

h——跨中断面试件的高度，mm；

d——试件破坏时的跨中挠度，mm；

l——试件的跨径，mm。

沥青混合料在低温下破坏弯拉应变越大，低温柔韧性越好，抗裂性越好。

12.5.2.2　影响沥青混合料低温性能的主要因素

在低温条件下，沥青混合料的变形能力越强，抗裂性就越好，而沥青混合料的变形能力与其低温劲度模量成反比。换言之，为了提高沥青混合料的低温抗裂性，应选用低温劲度较低的混合料。影响沥青混合料的低温劲度的最主要因素是沥青的低温劲度，而沥青黏度和温度敏感性是决定沥青劲度的主要指标。

对于同油源的沥青，针入度较大、温度敏感性较低的沥青低温劲度较小，抗裂能力较强。所以在寒冷地区，可采用稠度较低、劲度较低的沥青，或选择松弛性能较好的橡胶类改性沥青来提高沥青混合料的低温抗裂性。

12.5.3 耐久性

耐久性是指沥青混合料在使用过程中抵抗环境因素及行车荷载反复作用的能力，它包括沥青混合料的抗老化性、水稳定性、抗疲劳性等综合性质。

12.5.3.1 沥青混合料的抗老化性

在沥青混合料使用过程中，受到空气中氧、水、紫外线等介质的作用，促使沥青发生诸多复杂的物理化学变化，逐渐老化或硬化，致使沥青混合料变脆易裂，从而导致沥青路面出现各种与沥青老化有关的裂纹或裂缝。

沥青混合料的老化取决于沥青的老化程度，与外界环境因素和压实空隙率有关。在气候温暖、日照时间长的地区，沥青的老化速率快，而在气温较低、日照时间短的地区，沥青的老化速率相对较慢。沥青混合料的空隙率越大，环境介质对沥青的作用就越强烈，其老化程度也越高。此外，由于车辆在道路横断面上的分布不均匀，道路中部车辆作用次数较高，对路面的压密作用较大，故相应部位的沥青较边缘部位沥青的老化程度轻些。

为了减缓沥青的老化速度和程度，除了应选择耐老化沥青外，还应使沥青混合料含有足量的沥青。在沥青混合料的施工中，应控制拌合加热温度，并保证沥青路面的压实密度，以降低沥青在施工和使用过程中的老化速率。

12.5.3.2 沥青混合料的水稳定性及评价方法

沥青路面的“水损害”，是指由于水或水汽的作用，促使沥青从集料颗粒表面剥落，降低沥青混合料的粘结强度，松散的集料颗粒被滚动的车轮带走，在路表形成独立的、大小不等的坑槽。当沥青混合料的压实空隙率较大、沥青路面排水系统不完善时，滞留于路面结构中的水长期浸泡沥青混合料，加上行车引起的动水压力对沥青产生的剥离作用，将加剧沥青路面的“水损害”。

1. 评价方法和评价指标

目前评价沥青混合料水稳定性的方法有浸水马歇尔试验、真空饱水马歇尔试验和冻融劈裂试验等。

冻融劈裂试验用于检验沥青混合料的水稳定性，试验条件较一般的浸水试验条件苛刻一些，试验结果与实际情况较为吻合，是目前使用较为广泛的试验。按照 JTJ 052—2000 的方法，在冻融劈裂试验中，将沥青混合料试件分为二组：一组试件用于测定常规状态下的劈裂强度；另一组试件首先进行真空饱水，然后置于 -18℃条件下冷冻 16h，再在 60℃水中浸泡 24h，最后进行劈裂强度测试。在冻融过程中，集料颗粒表面的沥青膜经历了水的冻胀剥落作用，促使沥青从集料表面剥落，导致沥青混合料松散，劈裂强度降低。由下式计算沥青混合料试件的冻融劈裂强度比。

$$TSR = \frac{\sigma_1}{\sigma_2} \times 100\%$$

式中　TSR——沥青混合料试件的冻融劈裂强度比，%；

σ_1——试件在常规条件下的劈裂强度，MPa；

σ_2——试件冻融循环后在规定条件下的劈裂强度，MPa。

2. 水稳定性的影响因素

沥青路面的水损害通常与沥青的剥落有关，而剥落的发生与沥青和集料的黏附性有关。沥青与集料的黏附性很大程度上取决于集料的化学组成。表 12-13 为不同矿物成分集料沥青混合料的冻融劈裂试验抗拉强度比。

表 12-13　不同矿物成分集料沥青混合料的冻融劈裂试验抗拉强度比 TSR

试件条件	常规状态下劈裂强度 σ_1（MPa）	冻融状态劈裂强度 σ_2（MPa）	TSR（%）
花岗岩集料	0.86	0.57	66.3
辉绿岩集料	0.89	0.66	74.1
石灰石集料	1.02	0.89	87.3

沥青混合料的水稳定性除了与沥青的黏附性有关外，还受沥青混合料压实空隙率大小及沥青膜厚度的影响。空隙率较大，沥青膜较薄时，外界水分容易进入沥青混合料内部并可能穿透沥青膜，导致沥青从集料表面脱落。此外，上述有关减缓沥青老化的措施对于提高沥青混合料的水稳定性也是有效的。

12.5.4　抗滑性

由于现代交通车速不断提高，提高沥青路面的抗滑性对交通安全来说至关重要。

沥青路面的抗滑性能与所用集料的表面构造（粗糙度）和集料的级配组成有密切的关系。因此为提高沥青混合料的抗滑性能应考虑选用适当的矿质集料的级配，规范要求“多雨潮湿地区的高速公路、一级公路和城市快速路主干路的上面层宜采用抗滑表层混合料”，关键是必须使用坚固的具有粗糙表面的集料，可以避免由于车轮的反复碾压使石料表面磨光，路面表层的细构造变得光滑。并要求抗滑表层粗集料应选用坚硬、耐磨、抗冲击性好的碎石或破碎碎石，同时对高速公路、一级公路和城市快速路、主干路的表层提出了磨光值（BPN）不小于 42 的要求，并应根据需要进行冲击值试验。

表面粗糙、坚硬耐磨的石料多为酸性石料，与沥青的黏附性不好，应采用抗剥剂或采用石灰水处理石料表面，同时沥青混合料中的沥青含量也应严格控制。

12.5.5　施工和易性

沥青混合料应具备良好的施工和易性，使混合料易于拌合、摊铺和碾压。影响沥青混合料施工和易性的因素很多，诸如当地气温、施工条件及混合料性质等。

从混合料材料性质来看，影响沥青混合料施工和易性的是混合料的级配和沥青用量，如粗细集料的颗粒大小相距过大，缺乏中间尺寸，混合料容易分层堆积（粗粒集中表面，细粒集中底部）；如细集料太少，沥青层就不容易均匀地分布在粗颗粒表面；细集料过多，则使拌合困难。当沥青用量过少，或矿粉用量过多时，混合料容易产生疏松不易压实。反之，如沥青用量过多，或矿粉质量不好，则容易使混合料粘结成团块，不易摊铺。另外，沥青的黏度对混合料的和易性也有较大的影响，采用黏度过大的沥青（如一些改性沥青）将给拌合、摊铺和碾压造成困难。因此，应控制沥青135℃的运动黏度值并制定相应的施工操作规程。

此外，施工条件、拌合设备、摊铺机械和压实工具都对沥青混合料的施工和易性有一定影响，应结合具体条件考虑。

12.6 沥青混合料的组成设计方法

目前沥青混合料的设计方法主要有马歇尔设计法、体积设计法、SUPERPAVE 法及维姆法等，本书介绍我国目前规范指定的设计法即马歇尔法用于热拌沥青混合料的具体过程。

热拌沥青混合料配合比设计包括：实验室配合比设计（目标配合比）、生产配合比设计和试铺配合比调整等三个阶段。本节主要着重介绍实验室配合比设计（目标配合比）。

12.6.1 *矿质混合料的配合组成设计*

矿质混合料配合组成设计的目的，是选配一个具有足够密实度、并且具有较高内摩擦阻力的矿质混合料。可以根据级配理论，计算出需要的矿质混合料的级配范围，但实际应用存在一定的困难。为了应用已有的研究成果的实践经验，通常采用规范推荐的矿质混合料级配范围来确定。根据现行《公路沥青路面施工技术规范》（JTG F40—2004）规定，按下列步骤进行：

12.6.1.1 确定沥青混合料类型

沥青混合料的类型，根据道路等级、路面类型、所处的结构层位，按表12-14选定。

表12-14 沥青混合料类型（JTG F40—2004）

结构层次	高速公路、一级公路、城市快速路、主干路		其他等级公路		一般城市道路及其他道路工程	
	三层式沥青混凝土路面	两层式沥青混凝土路面	沥青混凝土路面	沥青碎石路面	沥青混凝土路面	沥青碎石路面
上面层	AC-13 AC-16 AC-20	AC-13 AC-16	AC-13 AC-16	AC-13 —	AC-5 AC-10 AC-13	AM-5 AM-10
中面层	AC-20 AC-25	— —	— —	— —	— —	— —
下面层	AC-20 AC-25 AC-30	AC-20 AC-25 AC-30	AC-20 AC-25 AC-30 AM-25 AM-30	AM-22 AM-30	AC-20 AM-25 AM-25 AM-30	AC-25 AM-30 AM-40

12.6.1.2 确定矿质混合料的级配范围

根据已确定的沥青混合料类型，查阅规范推荐的矿质混合料级配范围表，即可确定所需要的级配范围。

密级配沥青混合料（DAC）宜根据公路等级、气候及交通条件，按表12-15选择采用粗型（C型）或细型（F型）混合料，并在表12-16范围内确定工程设计级配范围，通常情况下工程设计级配范围不宜超出表 12-16 的要求。其他混合料类型如密级配沥青稳定碎石（ATB）、半开级配沥青稳定碎石（AM）、开级配沥青稳定碎石（ATPB）、开级配排水性磨耗层混合料（OGFC）等本章不再详述。

表 12-15　粗型和细型密级配沥青混凝土的关键性筛孔通过率（JTG F40—2004）

混合料类型	公称最大粒径（mm）	用以分类的关键性筛孔（mm）	粗型密级配		细型密级配	
			名称	关键性筛孔通过率（%）	名称	关键性筛孔通过率（%）
AC-25	26.5	4.75	AC-25C	<40	AC-25F	>40
AC-20	19	4.75	AC-20C	<45	AC-20F	>45
AC-16	16	2.36	AC-16C	<38	AC-16F	>38
AC-13	13.2	2.36	AC-13C	<40	AC-13F	>40
AC-10	9.5	2.36	AC-10C	<45	AC-10F	>45

表 12-16　密级配沥青混凝土混合料矿料级配范围（JTG F40—2004）

级配类型		通过下列筛孔（mm）的质量百分率（%）												
		31.5	26.5	19	16	13.2	9.5	4.75	2.36	1.18	0.6	0.3	0.15	0.075
粗粒式	AC-25	100	90~100	75~90	65~83	57~76	45~65	24~52	16~42	12~33	8~24	5~17	4~13	3~7
中粒式	AC-20		100	90~100	78~92	62~80	50~72	26~56	16~44	12~33	8~24	5~17	4~13	3~7
	AC-16			100	90~100	76~92	60~80	34~62	20~48	13~36	9~26	7~18	5~14	4~8
细粒式	AC-13				100	90~100	68~85	38~68	24~50	15~38	10~28	7~20	5~15	4~8
	AC-10					100	90~100	45~75	30~58	20~44	13~32	9~23	6~16	4~8
砂粒式	AC-5						100	90~100	55~75	35~55	20~40	12~28	7~18	5~10

1. 矿质混合料配合比例计算

(1) 组成材料的原始数据测定

根据现场取样，对粗集料、细集料的矿粉进行筛析试验，按筛析结果分别绘出各组成材料的筛分曲线。同时，测出各组成材料的相对密度（同体积的材料和水的质量比，或材料和水的密度比，无量纲），以供计算物理常数备用。

(2) 计算组成材料的配合比

根据各组成材料的筛析试验资料，采用图解法或数解法，求出符合要求级配范围的各组成材料用量比例。

1）数解法　数解法的基本原理是将几种已知筛析结果的集料 j 配制成满足目标级配要求的矿质混合料 M，混合料 M 在某一筛孔 i 上的颗粒是由这几种集料提供的。混合料的级配参数由以下两式之一确定。

$$a_{\mathrm{M}(i)} = \sum a_{\mathrm{j}(i)} \times X_{\mathrm{j}(i)}$$

$$P_{\mathrm{M}(i)} = \sum P_{\mathrm{j}(i)} \times X_{\mathrm{j}(i)}$$

式中 $a_{M(i)}$——矿质混合料在筛孔 i 上的分计筛余百分率，%；

$a_{j(i)}$——某一集料 j 在筛孔 i 上的分计筛余百分率，%；

$P_{M(i)}$——矿质混合料在筛孔 i 上的通过百分率，%；

$P_{j(i)}$——某一集料 j 在筛孔 i 上的通过百分率，%；

$X_{j(i)}$——某一集料 j 在矿质混合料中的质量百分率，%。

将已知集料的级配参数和矿质混合料的目标级配参数代入上述二式，可以建立数个方程，方程的个数等于标准筛的个数，然后可以用正则方程法求解，也可以用试算法或规划求解法确定各个集料的用量。

①试算法设计步骤　采用试算法求解，需要已知各个集料和矿质混合料的分计筛余百分率。以三种集料为例，现介绍试算法的求解步骤。

a. 基本计算方程的建立　设有 A、B、C 的三种集料在某一筛孔 i 上的分计筛余百分率分别为 $a_{A(i)}$、$a_{B(i)}$、$a_{C(i)}$，欲配制成矿质混合料 M，混合料 M 中在相应筛孔 i 上的分计筛余百分率设计值为 $a_{M(i)}$。假设 A、B、C 三种集料在混合料中的比例分别为 X、Y、Z，由此得以下二式：

$$X + Y + Z = 100$$

$$X \cdot a_{A(i)} + Y \cdot a_{B(i)} + Z \cdot a_{C(i)} = a_{M(i)}$$

在矿质混合料中，某一粒径的颗粒是由一种集料提供的，在其他集料中不含这一粒径的颗粒。在具体计算时，所选择的粒径应在该集料中占有较大的优势。将这一假定作为补充条件，可以使这二式得以简化，从而求出 A、B、C 三种集料在矿质混合料中的用量。

b. 计算各个集料在矿质混合料中的用量　首先确定在某种集料中占优势含量的某一粒径，忽略其他集料在此粒径的含量。

例如，若在集料 A 中所选择的粒径为 i，该粒径的分计筛余为 $a_{A(i)}$，并令：集料 B 和集料 C 在此粒径的含量 $a_{B(i)}$、$a_{C(i)}$ 均等于零，代入上述已简化的比例方程计算出集料 A 在混合料中用量 X。

同理，计算集料 C 或集料 B 的用量。可以根据集料的级配情况，选择先求解集料 B 的用量，还是先求解集料 C 的用量。

当集料超过三种时，方程中的未知数将增加，可按照上述原理重复进行计算。

c. 合成级配的计算、校核和调整　由于试算法中各种集料用量比例是根据几个筛孔确定的，不能控制所有筛孔，所以应对合成级配进行校核。先计算矿质混合料的合成级配 $a_{M(i)}$ 或 $P_{M(i)}$。矿质混合料的合成级配应在设计要求级配范围内，并尽可能接近设计级配范围的中值。当合成级配不满足要求时，应调整各集料的比例。调整配比后还应重新进行校核，直至符合要求为止。如经计算后确不能满足级配要求时，可掺加单粒级集料或调换其他集料。

②规范求解法设计步骤　规范求解法采用 Microsoft Office 软件 Excel 电子表格中的规划求解分析工具进行，通过设置规划求解中的约束条件，较为准确地计算出各种集料的用量。本文不再详述。

2）图解法　通常采用“修正平衡面积法”确定矿质混合料的合成级配。在“修正平衡面积法”中，将设计要求的级配中值曲线绘制成一条直线，纵坐标和横坐标分别代表通过百分率和筛孔尺寸，这样，当纵坐标仍为算术坐标时，横坐标的位置将由设计级配中值确定。

①绘制级配曲线坐标图　按照一定的尺寸绘制矩形图框，连接对角线作为设计级配中值曲线，见图 12-14。

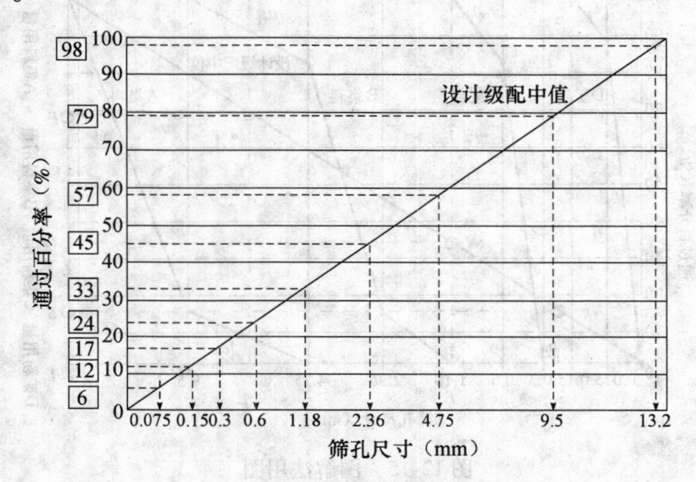

图 12-14　设计级配范围中值曲线

按常数标尺在纵坐标上标出通过量百分率位置，然后将设计级配中值（表 12-17）要求的各筛孔通过百分率，标于纵坐标上，并从纵坐标引水平线与对角线相交，再从交点做垂线与横坐标相交，该交点即为各相应筛孔尺寸的位置。

表 12-17　AC-13 沥青混合料用矿料级配范围（JTG F40—2004）

筛孔尺寸（mm）	16.0	13.2	9.5	4.75	2.36	1.18	0.6	0.3	0.15	0.075
级配范围（mm）	100	95～100	70～88	48～68	36～53	24～41	18～30	12～22	8～16	4～8
级配中值（mm）	100	98	79	57	45	33	24	17	12	6

②确定各种集料用量　以图 12-14 为基础，将各种集料、矿粉的级配曲线绘制于图上，结果见图 12-15，然后根据两条级配曲线之间的关系确定各种集料的用量。

由图 12-15 可见，任意两条相邻集料级配曲线之间的关系只可能是下列三种情况之一。

a. 曲线重叠　两条相邻级配曲线相互重叠，在图 12-15 中表现为集料 A 的级配曲线下部与集料 B 的级配曲线上部搭接。此时，在两级配曲线之间引一根垂线 A_1A_2，使其与集料 A、集料 B 的级配曲线截距相等，即 $a_1=a_2$。垂线 A_1A_2 与对角线交于点 M，通过 M 作一水平线与纵坐标交于 P 点，OP 即为集料 A 的用量。

b. 曲线相接　两条相邻级配曲线相接，在图 12-15 中表现为集料 B 的级配曲线末端与集料 C 的级配曲线首端正好在同一垂直线上。对于这种情况仅需将集料 B 的级配曲线末端与集料 C 的级配曲线首端相连，得垂线 B_1B_2。垂线 B_1B_2 与对角线交于点 N，通过 N 作一水平线与纵坐标交于 Q 点，PQ 即为集料 B 的用量。

c. 曲线相离　两条相邻级配曲线相离，在图 12-15 中表现为集料 C 的级配曲线末端与集料 D 的级配曲线首端在水平方向上彼此分离。此时，做一条垂线平分这段水平距离，使 $b_1=b_2$，得垂线 C_1C_2。垂线 C_1C_2 与对角线交于点 R，通过 R 作一水平线与纵坐标交于 S 点，QS 即为集料 C 的用量。剩余 ST 即为集料 D 的用量。

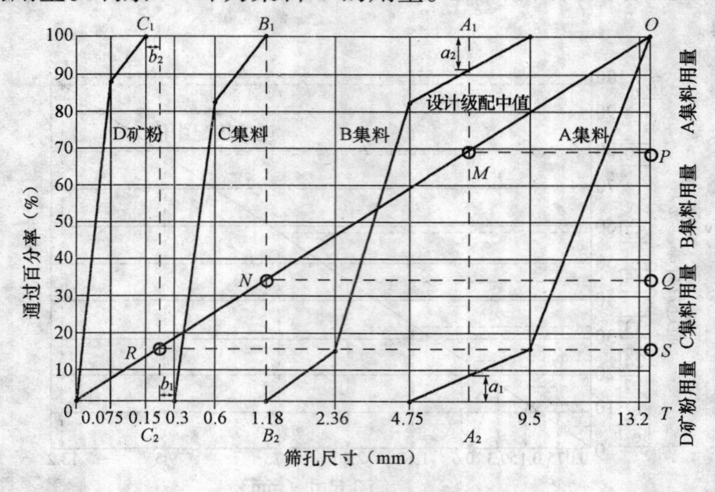

图 12-15　图解法用图

（3）调整配合比计算得的合成级配应根据下列要求作必要的配合比调整

1）通常情况下，合成级配曲线应尽量接近设计级配中限，尤其应使 0.075、2.36、4.75mm（圆孔筛 0.075、2.5、5mm）筛孔的通过量尽量接近设计级配范围的中限；

2）对交通量大，轴载重的道路，宜偏向级配范围的下（粗）限。对中小交通量或人行道路等宜偏向级配范围的上（细）限；

3）合成级配曲线应接近连续或合理的间断级配，不得有过多的犬牙交错。当经过再三调整仍有两个以上的筛孔超出级配范围时，必须对原材料进行调整或更换原材料重新设计。

12.6.2　*确定沥青混合料的最佳沥青用量*

沥青的标号根据气候分区按表 12-4 选取。

沥青混合料的最佳沥青用量（optimum asphalt content，OAC），可以通过各种理论计算的方法作为粗略的估计。由于实际材料性质的差异，按理论公式计算得到的最佳沥青用量，仍然要通过试验方法修正，因此理论法只能得到一个供实验的参考数据。采用实验的方法确定沥青最佳用量，目前最常用的有：马歇尔法、F. N. 维姆煤油当量法和三轴试验等。

我国现行行标（JTG F40—2004）规定的方法，是在马歇尔法和美国沥青学会方法的基础上，结合我国多年研究成果和生产实践总结发展起来的方法。该方法确定沥青最佳用量按下列步骤进行。

12.6.2.1　制备试样

（1）按确定的矿质混合料的配合比，计算各种集料的用量；

（2）根据推荐的沥青用量范围（或经验的沥青用量范围），估计适宜的沥青用量（或油石比）；

（3）以估计的沥青用量为中值，按0.5%间隔变化，取五个不同的沥青用量，用小型拌合机与矿料拌合，按规定的击实次数成形马歇尔试件；测定物理指标和力学指标。

12.6.2.2　测定物理指标

为确定沥青混合料最佳沥青用量，需测定沥青混合料的下列物理指标。

1. 表观密度

沥青混合料的压实试件的表观密度，可以采用水中质量法、表干法、体积法或蜡封法等方法测定。对于密级配沥青混合料，通常采用水中质量法，按下式计算：

$$\rho_s = \frac{m_a}{m_a - m_w}\rho_w$$

式中　ρ_s——试件的表观密度，g/cm^3；

m_a——干燥试件在空气中的质量，g；

m_w——试件在水中的质量，g；

ρ_w——常温水的密度，通常为$1g/cm^3$。

2. 理论密度

沥青混合料试件的理论密度，是指压实沥青混合料试件全部为矿料（包括集料内部的孔隙）和沥青所组成的最大密度。理论密度的计算方法如下：

（1）按油石比（沥青与矿料的质量比）计算时：

$$\rho_t = \frac{100 + P_a}{\frac{P_1}{\gamma_1} + \frac{P_2}{\gamma_2} + \cdots + \frac{P_n}{\gamma_n} + \frac{P_b}{\gamma_a}\rho_w}$$

（2）按沥青含量（沥青占混合料总质量的百分率）计算时

$$\rho_t = \frac{100}{\frac{P'_1}{\gamma_1} + \frac{P'_2}{\gamma_2} + \cdots + \frac{P_n}{\gamma_n} + \frac{P_b}{\gamma_a}\rho_w}$$

式中　ρ_t——理论密度，g/cm^3；

$P_1 \cdots P_n$——分别为各档集料的配合百分比（各档集料的总和为100）；

$P'_1 \cdots P'_n$——分别为各档集料的配合百分比（各档集料与沥青的总和为100）；

$\gamma_1 \cdots \gamma_n$——分别为各档集料的相对密度；

P_a——油石比（沥青与矿料的质量比），%；

P_b——沥青含量（沥青质量占沥青混合料总质量的百分率），%；

γ_a——沥青的相对密度（25/25℃）。

3. 空隙率

压实沥青混合料试件的空隙率根据其表观密度和理论密度按下式计算：

$$VV = \left(1 - \frac{\rho_s}{\rho_t}\right) \times 100$$

式中　VV——试件空隙率；%；

ρ_s——试件视密度，g/cm^3。

4. 沥青体积百分率

压实沥青混合料试件中，沥青的体积与试件总体积的百分比率称为沥青体积（volume of

asphalt，VA），按下式计算：

$$VA = \frac{P_b \rho_s}{\gamma_a \rho_w}$$

或

$$VA = \frac{P_a \rho_s}{(100 + P_a)\gamma_a \rho_w}$$

式中　VA——沥青混合料试件的沥青体积百分率,%。

5. 矿料间隙率

压实沥青混合料中除去集料体积后剩余的体积占总体积的百分率，称为矿料间隙率（voids in the mineral aggregate，VMA），亦即试件空隙率与沥青体积百分率之和，按下式计算：

$$VMA = VV + VA$$

6. 沥青饱和度

压实沥青混合料中，沥青部分体积占矿料骨架以外的空隙部分体积的百分率，称为沥青填隙率（void filled with asphalt，简称 VFA），亦称沥青饱和度。按以下二式计算：

$$VFA = \frac{VA}{VV + VA} \times 100$$

$$VFA = \frac{VA}{VMA} \times 100$$

式中　VFA——沥青混合料中的沥青饱和度,%。

12.6.2.3　测定力学指标

为确定沥青混合料的沥青最佳用量，应测定沥青混合料的下列力学指标。

1. 马歇尔稳定度

按标准试验方法制备的试件在60℃条件下，保温45min，然后将试件放置于马歇尔稳定度仪上，进行马歇尔试验。试验得到的试件荷载与变形关系曲线如图12-16所示，测得的试件破坏时的最大荷载（以kN计）称为马歇尔稳定度（Marshall stability，MS）。

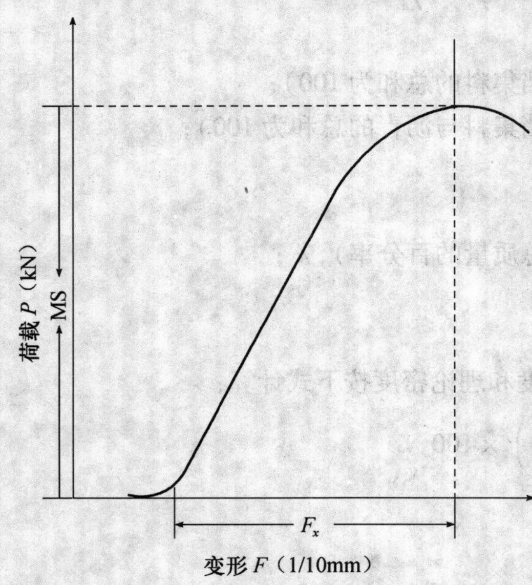

图12-16　马歇尔稳定度试验荷载与变形曲线

2. 流值

在测定稳定度的同时，测定试件的流动变形，当达到最大荷载的瞬间试件所产生的垂直流动变形（以0.1mm计），称为流值（flow value，FL）

3. 马歇尔模数

通常用马歇尔稳定度（MS）与流值（FL）之比值表示沥青混合料的视劲度，称为马歇尔模数（Marshall modulus），定义式如下：

$$T = \frac{MS \times 10}{FL}$$

式中　T——马歇尔模数，kN/mm；

MS——马歇尔稳定度，kN；

FL——流值，0.1mm。

4. 马歇尔试验结果分析

（1）绘制沥青用量与物理力学指标的关系图　以沥青用量为横坐标，分别以表观密度、稳定度、流值、饱和度、空隙率等指标为纵坐标，分别绘制成关系曲线（见图 12-17）。

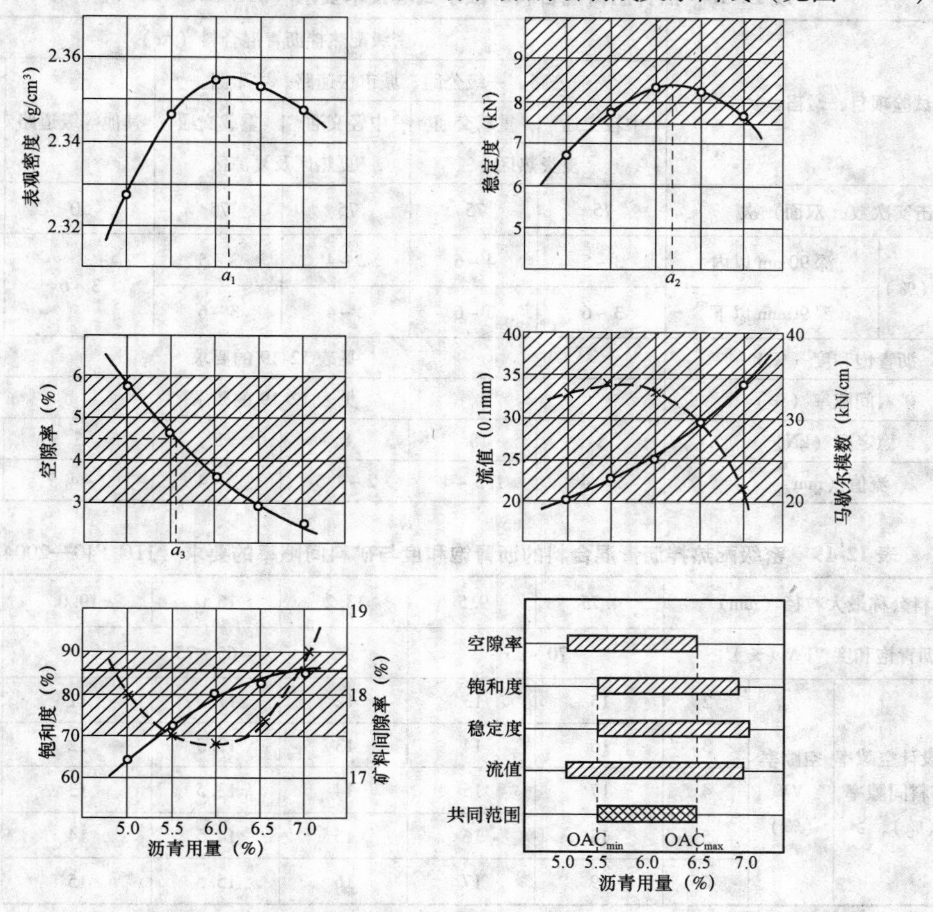

图 12-17　沥青用量与物理力学指标的关系

（2）根据稳定度、表观密度和空隙率确定沥青用量初始值（OAC_1）　由图 12-17 取最大密度所对应的沥青用量 a_1，稳定度最大值所对应的沥青用量 a_2，以及规范规定的空隙率范围的中值所对应的沥青用量 a_3。以三个沥青用量的平均值作为初始值 OAC_1，即：

$$OAC_1 = (a_1 + a_2 + a_3)/3$$

（3）根据符合各项技术指标的沥青用量范围确定沥青最佳用量初始值（OAC_2）　根据规范求出满足稳定度、流值、空隙率、饱和度四个指标的沥青用量范围，并取各沥青用量范围的交集 $OAC_{min} \sim OAC_{max}$，以其中值作为 OAC_2，即：

$$OAC_2 = (OAC_{min} + OAC_{max})/2$$

（4）根据 OAC_1 和 OAC_2 综合确定最佳沥青用量（OAC）　按最佳沥青用量初始值 OAC_1 在图 12-17 中求取所对应的各项指标，检查其是否符合规范规定的马歇尔设计配合比技术标准，同时检验 VMA 是否符合要求。若都符合要求，则由 OAC_1 和 OAC_2 综合确定最佳沥青用量 OAC。若不符合要求，重新调整级配，重新进行配合比设计马歇尔试验，直至各项指标均符合规范要求为止。

马歇尔稳定度试验、沥青饱和度与矿料间隙率应满足表 12-18、表 12-19 的要求。

表 12-18　热拌沥青混合料马歇尔试验技术要求（JTG F40—2004）

<table>
<tr><td colspan="2" rowspan="4">试验项目，墩舀≥≮</td><td colspan="6">密级配热拌沥青混合料（Ac）</td></tr>
<tr><td colspan="4">高速公路、一级公路、城市快速路、主干路</td><td rowspan="3">其他等级道路</td><td rowspan="3">行人道路</td></tr>
<tr><td>中轻交通</td><td>重载交通</td><td>中轻交通</td><td>重载交通</td></tr>
<tr><td colspan="2">夏炎热区</td><td colspan="2">夏热区及夏凉区</td></tr>
<tr><td colspan="2">击实次数（双面）次</td><td>75</td><td>75</td><td>75</td><td>75</td><td>50</td><td>50</td></tr>
<tr><td rowspan="2">空隙率（%）</td><td>深 90mm 以内</td><td>3 ~ 5</td><td>4 ~ 6</td><td>2 ~ 4</td><td>3 ~ 5</td><td rowspan="2">3 ~ 6</td><td rowspan="2">2 ~ 4</td></tr>
<tr><td>深 90mm 以下</td><td>3 ~ 6</td><td>3 ~ 6</td><td>2 ~ 4</td><td>3 ~ 6</td></tr>
<tr><td colspan="2">沥青饱和度（%）</td><td colspan="6">见表 12-19 的要求</td></tr>
<tr><td colspan="2">矿料间隙率（%）</td><td colspan="6">见表 12-19 的要求</td></tr>
<tr><td colspan="2">稳定度（kN）</td><td>8</td><td>8</td><td>8</td><td>8</td><td>5</td><td>3</td></tr>
<tr><td colspan="2">流值（mm）</td><td>2 ~ 4</td><td>1.5 ~ 4</td><td>2 ~ 4.5</td><td>2 ~ 4</td><td>2 ~ 4.5</td><td>2 ~ 5</td></tr>
</table>

表 12-19　密级配热拌沥青混合料的沥青饱和度与矿料间隙率的要求（JTG F40—2004）

<table>
<tr><td colspan="3">集料公称最大粒径（mm）</td><td>4.75</td><td>9.5</td><td>13.2</td><td>16.0</td><td>19.0</td><td>26.5</td></tr>
<tr><td colspan="3">沥青饱和度 VFA（%）</td><td colspan="2">70 ~ 85</td><td colspan="3">65 ~ 75</td><td>55 ~ 70</td></tr>
<tr><td rowspan="5">在右侧设计空隙率时的矿料间隙率 VMA（%），≥</td><td rowspan="5">空隙率 VV（%）</td><td>2</td><td>15</td><td>13</td><td>12</td><td>11.5</td><td>11</td><td>10</td></tr>
<tr><td>3</td><td>16</td><td>14</td><td>13</td><td>12.5</td><td>12</td><td>11</td></tr>
<tr><td>4</td><td>17</td><td>15</td><td>14</td><td>13.5</td><td>13</td><td>12</td></tr>
<tr><td>5</td><td>18</td><td>16</td><td>15</td><td>14.5</td><td>14</td><td>13</td></tr>
<tr><td>6</td><td>19</td><td>17</td><td>16</td><td>15.5</td><td>15</td><td>14</td></tr>
</table>

（5）根据气候条件和交通特性调整最佳沥青用量　由 OAC_1 和 OAC_2 综合确定最佳沥青用量 OAC 时，还宜根据实践经验和道路等级、气候条件，考虑下述情况进行调整：

1）一般取 OAC_1 和 OAC_2 的中值作为最佳沥青用量（OAC）。

2）对热区道路以及车辆渠化交通的高速公路、一级公路、城市快速路、主干道，预计有可能造成较大车辙的情况时，可以在中限值 OAC_2 与下限 OAC_{min} 范围内决定，但不宜小于中限值 OAC_2 的 0.5%。

3）对于寒冷地区道路和其他等级的公路和城市道路，最佳沥青用量可以在中限值 OAC_2 与上限值 OAC_{max} 范围内确定，但不宜大于中限值 OAC_2 的 0.3%。

5. 水稳定性检验

按最佳沥青用量 OAC 和设计级配制作马歇尔试件，进行浸水马歇尔试验（或冻融劈裂试验），检验其残留稳定度或残留强度比是否合格。

如当最佳沥青用量 OAC 与两个初始值 OAC_1 和 OAC_2 相差甚大时，宜按 OAC 与 OAC_1 或 OAC_2 分别制作试件，进行浸水马歇尔试验或冻融劈裂试验。若不符合要求，应重新进行配合比设计。

（1）残留稳定度试验　残留稳定度试验方法是标准试件在规定温度下浸水 48h（或经真空饱水后，再浸水 48h），测定其浸水残留稳定度。按下式计算：

$$MS_0 = \frac{MS_1}{MS} \times 100$$

式中　MS_0——试件浸水（或真空饱水）残留稳定度，%；

MS_1——试件浸水 48h（或真空饱水后浸水 48h）后的稳定度，kN。

（2）水稳定性-残留稳定度指标校核　水稳定性试验的残留稳定度，应满足表 12-20 的要求，如校核不符合要求，应重新进行配合比设计。

表 12-20　沥青混合料水稳定性技术要求（JTG F40—2004）

年降雨量（mm）		>1 000（潮湿区）	1 000～500（润湿区）	500～250（半干区）	<250（干旱区）
浸水马歇尔试验的残留稳定度 MS_0（%）	普通沥青混合料	80	80	75	75
	改性沥青混合料	85	85	80	80
冻融劈裂试验的残留强度比 TSR（%）	普通沥青混合料	75	75	70	70
	改性沥青混合料	80	80	75	75

6. 抗车辙能力检验

按最佳沥青用量 OAC 制作车辙试验试件，按试验规程（JTJ 052—2000）方法，在 60℃ 条件下，用车辙试验对设计的沥青用量检验其动稳定度。

当最佳沥青用量 OAC 与两个初始值 OAC_1 和 OAC_2 相差甚大时，宜按 OAC 与 OAC_1 或 OAC_2 分别制作试件进行车辙试验，并达到表 12-21 的要求。根据试验结果对 OAC 作适当调整，若不符合要求，应重新进行配合比设计。

7. 沥青混合料低温抗裂性检验

沥青混合料应进行低温抗裂性检验，其低温抗裂能力应符合表 12-22 的要求，否则应重新进行配合比设计。

表 12-21　沥青混合料车辙试验动稳定性技术要求（JTG F40—2004）

气候条件与技术指标	相应下列气候分区所要求的动稳定度 DS（次/mm）								
七月平均最高温度（℃）及气候分区	>30（夏炎热区）				20～30（夏热区）				<20（夏凉区）
	1-1	1-2	1-3	1-4	2-1	2-2	2-3	2-4	3-2
普通沥青混合料，≥	800		1 000		600	800			600
改性沥青混合料，≥	2 400		2 800		2 000	2 400			1 800

表 12-22　沥青混合料低温弯曲试验破坏应变技术要求（JTG F40—2004）

气候条件	相应于下列气候分区所要求的破坏应变（μm）							
年极端最低温度（℃）及气候分区	< -37.0（冬严寒区）		-37.0～-21.5（冬寒区）			-21.5～-9.0（冬冷区）		-9.0（冬温区）	
	1-1	2-1	1-2	2-2	3-2	1-3	2-3	1-4	2-4
普通沥青混合料，≥	2 600		2 300			200			
改性沥青混合料，≥	3 000		2 800			2 500			

对于矿料级配和沥青用量，需经反复调整及综合以上试验结果，并参考以往工程实践经验，最终决定矿料级配和最佳沥青用量。

思考题与习题

1. 已知50石油沥青的性能参数，在25℃时的针入度值为50（1/10mm），软化点为58℃。应用Ph. 普费公式计算该沥青的针入度指数（PI），并确定其胶体结构类型。
2. 何谓沥青混合料，沥青混凝土混合料？
3. 沥青混合料按组成结构可以分为哪几种类型，试述各种不同结构类型沥青混合料的结构形式及其路用性能。
4. 试述沥青混合料的强度构成原理。
5. 影响沥青混合料的结构强度的主要因素有哪些？
6. 对组成沥青混合料的各组成材料主要有哪些技术要求？
7. 简述我国现行热拌沥青混合料配合比组成的设计流程。
8. 试详述在沥青混合料配合比设计中，沥青最佳用量（OAC）是如何确定的。
9. 根据下表给出的测定结果，计算沥青混合料的各项体积特征参数。已知沥青的相对密度为1.048。

序号	沥青含量（%）	空气中质量（g）	水中质量（g）	表干质量（g）	最大理论密度（kg/m^3）	试件的表观密度（kg/m^3）	空隙率（%）	矿料间隙率（%）	沥青饱和度（%）
1	4.5	1 169.3	698.7	1 178.3	2.619				
2	5.0	1 190.1	714.5	1 194.2	2.597				
3	5.5	1 206.2	726.6	1 209.8	2.577				

13 土木工程材料的功能分类与常用品种

按土木工程材料的主要功能，将土木工程材料分为结构材料、建筑围护材料与墙体材料、绝热材料、防水材料、吸声材料与隔声材料、建筑装饰材料等。本章只介绍其中的常用品种与应用，对前面各章未涉及到的材料作简要介绍，对前面各章已经介绍过的也将提及，以加强建筑材料与工程应用的联系，同时也是对前面所学知识的简要归纳、总结与复习。

需要指出的是，按功能分类只是一种大致的划分，许多土木工程材料的功能并不单一，往往具有两种以上较为突出的性能或功能。因此，在按功能分类时，同一土木工程材料可以出现在不同类别中，如烧结普通砖既可以作为结构材料来使用，也可作为围护材料来使用。

13.1　结构材料

在土木建筑结构中承担各类荷载作用的结构称为承重结构，如各种基础、承重墙、梁、柱、楼板、屋架、路面、水坝坝体等。构成这些承重结构的材料称为结构材料。

土木建筑工程对结构材料的主要要求有：具有较高的强度，一定或较高的弹性模量、冲击韧性、抗疲劳性等；具有很高的或一定的抗冻性、抗渗性、耐水性、耐腐蚀性、耐候性、防火性、耐火性、耐久性等；具有较小的温度变形和干湿变形等。

常用的结构材料有普通混凝土及其制品（如空心砌块、多孔砖等）、轻集料混凝土及其制品（如实心与空心砌块等）、烧结普通砖、烧结多孔砖、烧结空心砖、蒸压灰砂砖、蒸压粉煤灰砖、各种建筑钢材、钢筋混凝土与预应力混凝土及其构件（梁、柱、板、桩等）、石材、木材、纤维增强聚合物基复合材料及其制品等。

13.2　建筑围护材料与墙体材料

建筑结构中用于遮阳、避雨、挡风、保温隔热、隔声、吸声、隔断光线等的结构称为建筑围护结构，如外墙、内墙、屋面、隔断、楼板等。用于建筑围护结构的材料称为建筑围护材料。这类材料往往具有多种功能，按其主要应用部位或主要功能分为墙体材料、防水材料、绝热保温材料、装饰材料、吸声材料、隔声材料等。

建筑工程对围护材料的主要要求为：具有一定的强度，较好或很高的隔热保温性、隔声性、抗冻性、耐候性，有时还要求具有一定的抗渗性、耐水性、防火性、耐火性、装饰性、抗裂性、透光性或不透光性、透视性或不透视性等。

常用的围护材料有烧结普通砖、多孔砖、空心砖、灰砂砖、各种混凝土空心砌块、混凝土墙板、复合墙板、屋面板、门窗、吊顶、玻璃及制品等。本节着重介绍前面各章中未介绍过的墙体材料，其他材料详见相应各节。

13.2.1　*砌墙砖*

13.2.1.1　非烧结砖（non-fired brick）

非烧结砖是指采用蒸汽养护或蒸压养护方法生产的砖，属于硅酸盐混凝土制品。非烧结砖主要是针对传统烧结黏土砖而生产的节能、节土、利废的非烧结砖。非烧结砖按结构特点不同分为实心砖、空心砖和多孔砖，按原材料不同分为灰砂砖、粉煤灰砖、煤渣砖等。

与烧结普通砖（如黏土砖）相比，非烧结砖具有节土、节能、利废、环保、强度较高等优点，但密实硅酸盐砖的体积密度大（1 700 ~ 1 900kg/m^3）、保温隔热性差。尽管如此，非烧结砖已成为替代烧结黏土砖用于建筑墙体的主要材料之一。非烧结砖一般不宜用于与腐蚀性物质接触或长期与流水接触的环境，也不宜用于受高温作用的环境。

1. 蒸压灰砂砖（autoclaved lime-sand brick）

蒸压灰砂砖是以石灰和砂为主要原料，经坯料制备、压制成型、蒸压养护而制成的硅酸盐混凝土砖，简称灰砂砖。蒸压灰砂砖分实心砖或空心砖（孔洞率大于15%），分别称为蒸压灰砂砖和蒸压灰砂空心砖。

（1）蒸压灰砂砖　蒸压灰砂砖按颜色分为本色（N）和彩色（Co）两种，其规格尺寸与烧结普通转相同，即240mm × 115mm × 53mm，并按抗压强度、抗折强度分为MU25、MU20、MU15、MU10四个强度等级。各强度等级的指标须不低于表13-1的要求。砖的抗冻性应符合标准规定。

表13-1　砌墙砖的强度等级与强度要求

强度级别	蒸压灰砂砖（GB 11945—1999）粉煤灰砖强度指标（JC 239—2001）				蒸压灰砂空心砖（JC/T 637—1996）混凝土多孔砖（JC 943—2004）	
	抗压强度（MPa）		抗折强度（MPa）		抗压强度（MPa）	
	平均值≮	单块值≮	平均值≮	单块值≮	平均值≮	单块值≮
MU30	30.0	24.0	6.2	5.0	30.0	24.0
MU25	25.0	20.0	5.0	4.0	25.0	20.0
MU20	20.0	16.0	4.0	3.2	20.0	16.0
MU15	15.0	12.0	3.3	2.6	15.0	12.0
MU10	10.0	8.0	2.5	2.0	10.0	8.0
MU7.5	—	—	—	—	7.5	6.0
优等品强度级别不得小于MU15						

注：1. 蒸压灰砂砖和蒸压灰砂空心砖没有MU30等级；
2. 蒸压灰砂砖、粉煤灰砖和混凝土多孔砖没有MU7.5等级。

根据砖尺寸偏差、外观质量、强度及抗冻性分为优等品（A）、一等品（B）、合格品（C）三个质量等级。

（2）蒸压灰砂空心砖　蒸压灰砂空心砖的规格有240mm × 115mm × 53mm（代号NF）、240mm × 115mm × 90mm（代号1.5NF）、240mm × 115mm × 115mm（代号2NF）、240mm × 115mm × 175mm（代号3NF）。

蒸压灰砂空心砖按抗压强度分为MU25、MU20、MU15、MU10、MU7.5五个强度等级。各强度等级指标见表13-1。砖的抗冻性应符合标准规定。

根据砖强度级别、尺寸偏差和外观质量分为优等品（A）、一等品（B）、合格品（C）三个质量等级。

2. 粉煤灰砖（fly ash brick）

粉煤灰砖是以粉煤灰、石灰或水泥为主要原料，掺加适量石膏、外加剂、颜料和集料等，经坯料制备、成型、蒸养或压蒸养护而制成的实心砖。

粉煤灰砖的颜色分为本色（N）和彩色（Co），其尺寸为240mm×115mm×53mm。

根据抗压强度、抗折强度的平均值和单块最小值分MU30，MU25，MU20，MU15，MU10五个强度等级。各强度等级指标见表13-1。砖的抗冻性、干燥收缩值、碳化系数也应满足标准要求。

根据砖尺寸偏差、外观质量、强度等级、干燥收缩分为优等品（A）、一等品（B）、合格品（C）三个质量等级。

13.2.1.2　混凝土多孔砖

混凝土多孔砖是由普通混凝土生产的具有两排或两排以上小孔洞（铺浆面为半盲孔），且孔洞率大于30%的砖。

JC 943—2004规定，混凝土多孔砖的长、宽、高需分别满足290、240、190、180mm；240、190、115、90mm；115、90mm。强度等级分为MU30、MU25、MU20、MU15、MU10五个强度等级，各强度等级的指标应不小于13-1的要求。此外，混凝土多孔砖的干燥收缩率、相对湿度、抗渗性、抗冻性等也需满足标准的要求。

混凝土多孔砖的强度和耐久性高，但自重大（体积密度1 500～1 700kg/m^3）、隔热保温性差。混凝土多孔砖适合各种承重外墙、基础等承重结构。

13.2.2　*砌块*

砌块是指砌筑用的块材，其外形多为直角六面体，也有异型体。与传统的黏土砖比较，砌块具有块体大、提高施工工效等优点。

砌块按所用材料的不同分为普通混凝土砌块、轻集料混凝土砌块、加气混凝土砌块、泡沫混凝土砌块、石膏砌块；按结构特点不同分为实心砌块（solid block，无孔洞或空洞率小于25%的砌块）、空心砌块（hollow block，空洞率大于25%的砌块）；按规格不同分为大型砌块（large block）、中型砌块（medium block）、小型砌块（small block）；按功能不同分为承重砌块、非承重型砌块、保温砌块、吸声砌块（sound absorption block）、装饰砌块（decorative block）等。

砌块系列中主规格长度、宽度或高度有一项或一项以上分别大于365、240、115mm，但高度不大于长度或宽度的6倍，长度也不超过高度的3倍。砌块系列中主规格高度大于115mm而又小于380mm的砌块称为小型砌块，各部位名称见图13-1。

建筑工程最常用的为小型空心砌块（small hollow block），其具有节能、节土、利废、环保、提高施工工效高特性，已成为国内、外普遍重视的墙体材料之一。

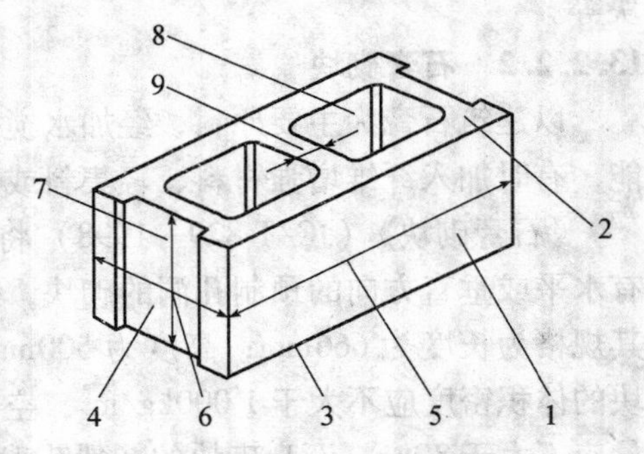

图13-1　砌块各部位名称

1—条面；2—坐浆面（肋厚较小的面）；3—铺浆面（肋厚较大的面）；4—顶面；5—长度；6—宽度；7—高度；8—壁；9—肋

13.2.2.1　混凝土砌块

1. 普通混凝土小型空心砌块

普通混凝土小型空心砌块的主要规格尺寸为

390mm×190mm×190mm，最小外壁厚应不小于30mm，最小肋厚应不小于25mm，其空心率应不小于25%。根据砌块抗压强度分为MU3.5、MU5.0、MU7.5、MU10.0、MU15.0、MU20.0六个强度等级。各强度等级指标见表13-2。

表13-2　普通混凝土小型空心砌块强度指标（GB 8239—1997）

普通混凝土小型空心砌块强度等级		MU3.5	MU5.0	MU7.5	MU10.0	MU15.0	MU20.0
砌块抗压强度（MPa）	平均值，≥	3.5	5.0	7.5	10.0	15.0	20.0
	单块最小值，≥	2.8	4.0	6.0	8.0	12.0	16.0

砌块的尺寸偏差、外观质量、抗渗性、抗冻性均应满足标准要求。按砌块尺寸偏差、外观质量分为优等品（A）、一等品（B）、合格品（C）三个等级。

2. 轻集料混凝土小型空心砌块

轻集料混凝土小型空心砌块孔的排数分为实心（0）、单排孔（1）、双排孔（2）、三排孔（3）和四排孔（4）五类；按体积密度分为500、600、700、800、900、1 000、1 200、1 400八个密度等级；根据砌块抗压强度分为1.5、2.5、3.5、5.0、7.5、10.0六个强度等级，各强度等级指标见表13-3。轻集料混凝土小型空心砌块的主要规格尺寸为390mm×190mm×90mm、390mm×90mm×190mm。

表13-3　轻集料混凝土小型空心砌块强度指标（GB/T 15229—2002）

轻集料混凝土小型空心砌块强度等级		MU1.5	MU2.5	MU3.5	MU5.0	MU7.5	MU10.0
砌块抗压强度（MPa）	平均值，≥	1.5	2.5	3.5	5.0	7.5	10.0
	最小值，≥	1.2	2.0	2.8	4.0	6.0	8.0
密度等级范围（kg/m^3）≤		≤600	≤800	≤1 200		≤1 400	

砌块的尺寸偏差、外观质量、吸水率、相对含水率、干缩率、碳化系数、软化系数、抗冻性、放射性均应满足标准要求。

砌块按尺寸允许偏差和外观质量分为一等品（B）、合格品（C）两个等级。

另外，在建筑墙体中还会用到加气混凝土砌块、泡沫混凝土砌块、硅酸盐混凝土砌块等。

13.2.2.2　石膏砌块

以建筑石膏为主要原料，经加水搅拌、浇注成型和干燥等工艺而制成。为改善产品的性能，有时加入纤维增强材料、轻集料或发泡剂等。

《石膏砌块》（JC/T 829—1998）将石膏砌块分成实心砌块（代号S）和空心砌块（带有水平或垂直方向的预制孔洞的砌块，代号K），普通石膏砌块（P）和防潮石膏砌块（F）。其规格为长度为666mm；高度为500mm；厚度为60、80、90、100、110、120mm。实心砌块的体积密度应不大于1 000kg/m^3，空心砌块的体积密度应不大于700kg/m^3，单块砌块质量应不大于30kg。石膏砌块的断裂荷载值应不小于1.5kN，防潮石膏砌块的软化系数应不低于0.60。

石膏砌块的自重较小、强度低、吸声与隔声性较高。此外，对室内湿度还具有较好的调节作用，主要用于建筑物中砌筑非承重内墙。

13.2.3　墙板（panel）

墙板是指用于墙体的板材。因其具有质轻、隔热、保温、隔声、施工工效高等优点，已成为国内、外普遍重视的，具有发展前途的墙体材料之一。

墙板有多种分类方法。按主要原材料不同分为混凝土墙板、石膏墙板、玻璃纤维增强混凝土墙板、水泥刨花墙板等；按构造特点不同分为混凝土空心墙板、加气混凝土墙板、复合墙板等；按使用部位不同分为外墙板、内墙板；按功能不同分为承重型墙板、非承重型墙板等。

13.2.3.1　混凝土墙板

1. 住宅混凝土内墙板与隔墙板（internal and partition concrete panel in residence）

住宅混凝土内墙板与隔墙板主要是指一般民用住宅室内预制混凝土承重墙板及预制混凝土非承重墙板。《住宅混凝土内墙板与隔墙板》（GB/T 14908—1994）对其功能要求（承载力极限与正常使用极限，制作与施工，构造，隔声、耐火、抗震裂度等级及耐久性）、质量要求及结构性能均作了明确规定。

2. 轻集料混凝土板（lightweight aggregate concrete panel）

轻集料混凝土墙板是由水泥、砂、轻粗集料、水等组成的，并配有钢筋的混凝土板。墙板体积密度为 1 000 ~ 1 500kg/m^3，抗压强度为 10 ~ 20MPa，导热系数为 0.35 ~ 0.5W/(m·K)。

轻集料混凝土墙板主要用于保温或非承重墙体（＜15MPa）、保温承重墙体。

3. 蒸压加气混凝土板（autoclaved aerated concrete slab）

蒸压加气混凝土板是由磨细含硅材料、石灰、铝粉、水等经发气、蒸压养护而制成的，并配有钢筋的多孔混凝土板。

《蒸压加气混凝土板》（GB 15762—1995）将其按干体积密度分 05、06、07、08 四个级别；按尺寸允许偏差和外观分为优等品（A）、一等品（B）、合格品（C）三个等级。另外，其使用的工业废渣、蒸压加气混凝土及钢筋均应符合相应标准规定。05 级墙板的抗压强度应为 2.5 ~ 3.5MPa；08 级墙板的抗压强度为 7.5 ~ 10.0MPa。05、06 级板的板内钢筋黏着力≥0.8MPa；07、08 级板的板内钢筋黏着力≥1.0MPa。

蒸压加气混凝土墙板具有自重轻、隔热、保温、隔声、吸声等特性，主要用于框架结构的内、外墙体。

4. 玻璃纤维增强水泥轻质多孔隔墙条板（glass fiber reinforced cement lightweight hollow panel for partition）

玻璃纤维增强水泥轻质多孔隔墙条板是由耐碱玻璃纤维与低碱度水泥为主要原料制成的预制非承重轻质多孔隔墙条板。

《玻璃纤维增强水泥轻质多孔隔墙条板墙板》（JC 666—1997）按板的厚度分为 60 型、90 型、120 型；按其物理力学性能、尺寸偏差及外观质量分为一等品（B）、合格品（C）两个等级。另外，其使用的原材料及板的物理力学性能均应符合相应标准规定。60 型板的抗折破坏荷载为 1 200 ~ 1 400N；120 型板的抗折破坏荷载为 2 800 ~ 3 000N。

玻璃纤维增强水泥轻质多孔隔墙条板具有防龟裂性好、抗冲击能力强、抗拉（弯）强度高、自重轻、干缩变形小、防火、防水、防潮、隔声等特性，主要用于民用与工业建筑非承重内、外隔墙。抗压强度≥10MPa 的板，也可用于建筑加层和两层以下建筑内、外承重墙部位。

13.2.3.2　石膏空心条板（gypusm panels with cavities）

以建筑石膏为主，加入适量的无机轻集料、无机纤维增强材料和水经搅拌、浇注、振捣成型、抽芯、脱模、干燥而成的空心条板，代号SGK。

《石膏空心条板》（JC/T 829—1998）规定，石膏空心条板面密度为（40±5）kg/m^2，抗弯破坏荷载不少于800N，抗冲击性能为摆动冲击三次不出现贯通裂纹（30kg砂袋落差0.5m的摆动），800N单点吊挂力作用24h不出现贯通裂纹。石膏空心条板的长度为2 400～3 000mm、宽度为600mm、厚度为60mm。

主要用于非承重内墙材料，使用时不需龙骨。

13.2.3.3　复合墙板（composite panel）

由两种或两种以上不同材料按一定方式结合（粘结等）而成的层状板材。通常由围护（或承重）材料与保温材料组成。复合墙板具有轻质、保温、高强、隔热、隔声、防火、耐久、施工效率高等特点，可用于建筑外墙与隔墙。

1. 聚苯乙烯泡沫塑料-混凝土（砂浆）复合墙板（foamed polystyrene-concrete composite panel）

聚苯乙烯泡沫塑料-混凝土（砂浆）复合墙板是以阻燃聚苯乙烯泡沫塑料为芯材、钢丝网混凝土为面材制成的复合板材。因其具有强度高、质量轻、保温、隔热、抗震、防火、施工效率高等特点，适用于建筑外墙。

2. 玻璃纤维增强水泥混凝土墙板复合保温墙板（glass fiber reinforced cement concrete heat retaining composite panel）

玻璃纤维增强水泥混凝土墙板复合保温墙板是以玻璃纤维增强水泥混凝土墙板为面层，以聚苯乙烯泡沫塑料等保温材料作芯层制成的复合板材。其可分为外墙内保温及外墙外保温两种。因其具有强度高、质量轻、保温、隔热、节能、防水、防火、抗折及抗冲击性好等特点，适用于建筑外墙。

3. 岩棉-混凝土复合墙板（rock wool-concrete composite panel）

岩棉-混凝土复合墙板是由钢筋混凝土结构层、岩棉保温层、混凝土饰面层复合而成的板材。因其具有强度高、质量轻、保温、施工效率高等特点，适用于承重及非承重建筑外墙。

4. 泡沫塑料（岩棉）-彩色压型钢复合墙板［foamed plastic（rock wool）-colorful steel sheet composite panel］

泡沫塑料（岩棉）-彩色压型钢复合墙板是以彩色压型钢板为面层与阻燃性聚氨酯（或聚苯乙烯）泡沫复合而成的板材。因其具有超轻质、高保温、隔热、自防水、高强、施工效率高、良好的加工与装饰性等特点，适用于建筑外墙。

5. 铝合金-岩棉-石膏复合墙板（aluminum alloy-rock wool-gypsum composite panel）

铝合金-岩棉-石膏复合墙板是以铝合金压型板、纸面石膏板为面层，以岩棉为芯材复合而成的板材。因其具有质轻、保温、施工效率高、装饰性好等特点，适用于非承重建筑外墙。

《住宅用内隔墙轻质条板》（JG/T 3029—1995）规定，住宅用内隔墙轻质条板为耐火极限不小于1.0h的为非燃烧体，其面密度应不大于60kg/m^3、自重不大于100kg/块、干燥收缩值不大于0.80mm/m、空气声隔声量不小于30dB、抗弯破坏荷载不小于板自重的0.75倍、抗冲击强度能承受 30kg 砂袋 0.5m 落差的摆动冲击三次不出现贯通裂纹、单点吊挂力受 800N 单点吊挂力作用不出现贯通裂纹。

常用墙体材料的主要组成、特性和应用见表 13-4。

表 13-4　常用墙体材料的主要组成、性质和应用

品　种	主要组成或构造	主要性质	主要应用
烧结普通砖(包括黏土砖、粉煤灰砖、页岩砖、煤矸石砖等)	黏土质材料经烧结而得	抗压强度 10 ~ 30MPa,体积密度 1 550 ~ 1 800kg/m³,导热系数 0.78 W/(m·K),抗冻性 15 次	墙体、基础、柱体、砖拱等
烧结多孔砖(包括黏土空心砖、粉煤灰空心砖等)	黏土质材料(黏土、粉煤灰、煤矸石、页岩等)经烧结而得	抗压强度 7.5 ~ 30MPa,体积密度 1 100 ~ 1 300kg/m³,抗冻性 15 次	保温承重墙体
烧结空心砖(包括黏土空心砖、粉煤灰空心砖等)	黏土质材料(黏土、粉煤灰、煤矸石、页岩等)经烧结而得	抗压强度 2.0 ~ 5.0MPa,体积密度 800 ~ 1 100kg/m³,抗冻性 15 次	非承重墙体、保温墙体
灰砂砖	磨细硅质砂、石灰、水等经压蒸养护而得	抗压强度 10 ~ 25MPa,体积密度 1 800 ~ 1 900kg/m³,外观规整,呈灰白色,也可制成彩色砖。不耐流水长期作用,也不耐腐蚀	用途与烧结普通砖基本相同,但不宜用于受流水作用的部位
加气混凝土砌块	磨细含硅材料、石灰、铝粉、水等经发气、压蒸养护而得的多孔混凝土	500 级的抗压强度为 2.2 ~ 3.0 MPa,导热系数为 0.12 W/(m·K),抗冻性 15 次合格,700 级的抗压强度为 4.2 ~ 5.0MPa	500 级主要用于非承重墙、填充墙或保温结构;700 级主要用于结构保温
加气混凝土板(外墙板、隔墙板)	磨细含硅材料、石灰、铝粉、水等经发气、压蒸养护而得的多孔混凝土,并配有钢筋	500 级的抗压强度为 2.2 ~ 3.0 MPa,导热系数为 0.12 W/(m·K),抗冻性 15 次合格,700 级的抗压强度为 4.2 ~ 5.0MPa	分别用于外墙和内隔墙
泡沫混凝土砌块	水泥、泡沫剂、水等经发泡、养护等而得的多孔混凝土	通常生产的为 400 级和 500 级。500 级的抗压强度为 2.0 ~ 3.0MPa,导热系数为 0.12W/(m·K)	用途同加气混凝土砌块
普通混凝土小型空心砌块	由水泥、砂、石、水等经搅拌、成型而得,分有单排孔、双排孔和三排孔	砌块强度为 3.5 ~ 15MPa,空心率 35% ~ 50%,体积密度为 1 300 ~ 1 700kg/m³,耐久性高	主要用于承重墙体
混凝土多孔砖	由水泥、砂、石、水等经搅拌、成型、养护而得	抗压强度 10 ~ 30MPa,体积密度为 1 500 ~ 1 700kg/m³,耐久性高	主要用于承重墙体

续表 13-4

品　种	主要组成或构造	主要性质	主要应用
轻集料混凝土小型空心砌块	由水泥、砂（轻砂或普砂）、轻粗集料、水等经搅拌、成型而得，分有单排孔和多排孔	砌块强度为 2.5 ~ 10MPa，体积密度为 500 ~ 1 400kg/m^3，耐久性高，保温性较好	主要用于保温墙体（<3.5MPa）或非承重墙体；承重保温墙体（≥3.5MPa）
轻集料混凝土墙板	由水泥、砂、轻粗集料、水等组成，并配有钢筋	墙板体积密度为 1 000 ~ 1 500kg/m^3，抗压强度为 10 ~ 20MPa，导热系数为 0.35 ~ 0.5W/(m·K)	用于保温或非承重墙体（<15MPa），保温承重墙体
聚苯乙烯夹芯板	聚苯乙烯夹芯板（常带有钢丝网）的两面涂有砂浆（或复合彩色薄钢板、GRC 板、石膏板等）的板材	墙板重：10 ~ 90kg/m^3，热阻为 1.56 ~ 2.94(m^2·K)/W（芯板厚为 50 ~ 100mm）	各种非承重或保温墙体、屋面等
岩棉夹芯板	以岩棉为芯材，两面复合混凝土（或复合彩色涂层钢板、GRC 板等）而成	承重板：自重为 500 ~ 520kg/m^3，传热系数为 1.01W/(m^2·K)（板厚为 250mm）； 非承重板：自重为 260kg/m^3，传热系数为 0.593W/(m^2·K)（板厚为 180mm）	承重外墙、非承重外墙等
纸面石膏板、纤维石膏板、装饰石膏板、石膏空心板条	建筑石膏、纸板或玻璃纤维、水	体积密度为 600 ~ 1 000kg/m^3，抗折强度为 8.0MPa	内隔墙、外墙内贴面
玻璃纤维增强水泥板（GRC 板）	低碱水泥、耐碱玻璃纤维、砂、水等	体积密度 1 880kg/m^3、抗折强度大于 6.5MPa（比例极限强度）、抗折破坏强度大于 20MPa，抗冲击强度大于 25kJ/m^2	用作外墙的护面板或与其他芯材复合使用

13.3 建筑防水材料

建筑结构中将主要起到防水作用的材料称为防水材料，防水材料主要用于屋面、地下建筑、水中建筑、水池、管道、接缝等的防水、防潮处理。防水材料的主要特征是本身致密、孔隙率很小，能够起到密封、填塞和切断其他材料内部孔隙的作用。

建筑工程对防水材料的主要要求是具有较高的抗渗性和耐水性，并具有一定的或适宜的强度、粘结力、耐久性或耐候性、耐高低温性、抗冻性、耐腐蚀性等，对柔性防水材料还应具有较高的伸长率等。

防水材料按组成分为无机防水材料、有机防水材料与金属防水材料等，按其特性又可分为柔性防水材料和刚性防水材料。建筑工程中用量最大的为有机防水材料，其次为无机防水材料，金属防水材料（如镀锌铁皮等）的使用量很小。常用防水材料的主要组成、特性与应用见表 13-5。

表 13-5　常用防水材料的主要组成、特性与应用

品　种	主要组成材料	主要性质	主要应用
防水砂浆	水泥、砂、防水剂（或减水剂、膨胀剂、合成树脂乳液等）、水	属于刚性防水材料。抗压强度为 20～30MPa，抗渗性为 0.2～1.5MPa，寿命长（≥30～50 年）	屋面、工业与民用建筑地下防水工程，但不宜用于有变形的部位
防水混凝土	水泥、砂、石、防水剂（或减水剂、引气剂、膨胀剂等）、水	属于刚性防水材料。抗压强度为 20～40MPa，抗渗性为 0.4～3.0MPa，寿命长（≥30～50 年）	屋面、蓄水池、地下工程、隧道等
纸胎石油沥青油毡	石油沥青、纸胎等	不透水性≥0.049～0.147MPa，抗拉力 245～539N，柔度 14～18℃时合格，寿命 3 年左右	地下、屋面等防水工程，片毡用于单层防水、粉毡可用于各层
玻璃布胎沥青油毡	石油沥青、玻璃布胎等	不透水性≥0.294MPa，抗拉力≥529N，柔度 0℃时合格，寿命≥3～4 年	地下、屋面等防水与防腐工程
APP 改性沥青防水卷材	APP、石油沥青、聚酯无纺布（或玻璃布）	聚酯胎：不透水性≥0.3MPa，断裂伸长率≥15%～40%，抗拉力≥400～800N，柔度－5～－15℃合格；玻纤胎：断裂伸长率≥3%，其余性能也低于或接近于聚酯胎。寿命≥10 年	屋面、地下室等各种防水工程
SBS 改性沥青防水卷材	SBS、石油沥青、聚酯无纺布（或玻璃布）	聚酯胎：不透水性≥0.3MPa，断裂伸长率≥15%～40%，柔度－15～－25℃合格，抗拉力≥400～800N；玻纤胎：断裂伸长率≥3%；其余性能也低于或接近于聚酯胎。寿命≥10 年	屋面、地下室等各种防水工程，特别适合寒冷地区
三元乙丙橡胶防水卷材	三元乙丙橡胶、交联剂等	不透水性≥0.1～0.3MPa，脆性温度≤－40～－45℃，断裂伸长率≥450%，拉伸强度≥7MPa，抗老化性很强，寿命≥20 年	屋面、地下室、水池等各种防水工程，特别适合严寒地区或有大变形的部位等
聚氯乙烯防水卷材	聚氯乙烯、煤焦油、增塑剂	不透水性≥0.2MPa，断裂伸长率≥120%～300%，低温弯折性－10～－20℃合格，拉伸强度≥2～15MPa，寿命≥10～15 年	屋面、地下室等各种防水工程，特别适合有较大变形的部位
聚乙烯防水卷材	聚乙烯、增塑剂、聚酯无纺布等	不透水性≥0.1～0.5MPa，柔性：－40℃内合格，断裂伸长率≥100%，拉伸强度≥9.0MPa，寿命≥15 年	屋面、地下室等各种防水工程，特别适合严寒地区或有较大变形的部位

续表 13-5

品　种	主要组成材料	主要性质	主要应用
氯化聚乙烯防水卷材	氯化聚乙烯、增塑剂等	不透水性≥0.2MPa，断裂伸长率100%～300%，低温弯折性 -15～-20℃合格，拉伸强度≥5MPa～12MPa，寿命≥15年。	屋面、地下室、水池等各种防水工程，特别适合有较大变形的部位
氯化聚乙烯-橡胶共混防水卷材	氯化聚乙烯、橡胶等	不透水性≥0.2～0.3MPa，断裂伸长率≥300%～450%，拉伸强度≥7.0MPa，抗老化性强，脆性温度≤-25～-40℃，寿命≥20年	屋面、地下室、水池等各种防水工程，特别适合严寒地区或有大变形的部位
沥青玛𤧛脂(沥青胶)	石油沥青、矿物粉、纤维状矿物材料	粘结力较高，耐热度为60～85℃，柔韧性18℃合格	粘贴沥青油毡
建筑防水沥青嵌缝油膏	石油沥青、改性材料、稀释剂等	耐热度≥70～80℃，低温柔性在-10～-30℃合格，耐候性较好	屋面、墙面、沟、槽、小变形缝等的防水密封，重要工程不宜使用
冷底子油	沥青、汽油等	常温下为液体，渗透力较强，与基层材料的粘结力较高	沥青防水工程的最底层
乳化沥青	沥青、水、乳化剂以及填料、氯丁乳胶	薄质乳化沥青常温下为较稀液体，渗透力强，与基层粘结力高；改性乳化沥青与厚质乳化沥青较稠	薄质乳化沥青主要用于替代冷底子油以及拌制沥青混合料等；改性乳化沥青和厚质乳化沥青主要作为防水涂料
聚硫橡胶密封	液态聚硫物、交联剂、增塑剂等	伸长率≥100%～400%，低温柔性在-30～-40℃合格，抗疲劳性好，粘结力强，寿命≥30年	各类防水接缝。特别是受疲劳荷载作用或接缝变形大的部位，如建筑物、公路、桥梁等的伸缩缝等
有机硅憎水剂(防水涂料)	低分子量有机硅等	渗透力强，固化后成为极薄的无色透明的膜层，憎水性强。寿命(室外喷涂)≥5～7年	喷涂于建筑材料的表面，起到防水、防污等作用。也可用于配制防水砂浆或防水混凝土

13.4　保温绝热材料

建筑上将主要起到保温、绝热作用，且导热系数不大于0.23W/(m·K)的材料统称为绝热材料。绝热材料主要用于屋面、墙体、地面、管道等的隔热与保温，以减少建筑物的采暖和空调能耗，并保证室内的温度适宜于人们工作、学习和生活。绝热材料的基本结构特征是轻质（体积密度不大于600kg/m^3）、多孔（孔隙率一般为50%～95%）。

绝热材料除应具有较小的导热系数外，还应具有一定的强度、抗冻性、耐水性、防火性、耐热性和耐低温性、耐腐蚀性，有时还要求具有较低的吸湿性或吸水性等。优良的绝热材料应是具有很高孔隙率（且以封闭、细小孔隙为主）、吸湿性和吸水性较小的有机或无机非金属材料。多数无机绝热材料的强度较低、吸湿性或吸水性较高，使用时应予以注意。

常用绝热保温材料的主要组成、特性和应用见表13-6。

表13-6　常用绝热保温材料的主要组成、特性和应用

品　种	主要组成材料	主要性质	主要应用
矿渣棉	熔融矿渣用离心法制成的纤维絮状物	体积密度为110~130kg/m³，导热系数小于0.044W/(m·K)，最高使用温度为600℃	绝热保温填充材料
岩棉	熔融岩石用离心法制成的纤维絮状物	体积密度为80~150kg/m³，导热系数小于0.044W/(m·K)	绝热保温填充材料
沥青岩棉毡	以沥青粘结岩棉，经压制而成	体积密度为130~160kg/m³，导热系数为0.049~0.052W/(m·K)，最高使用温度为250℃	墙体、屋面、冷藏库等
岩棉板(管壳、毡、带等)	以酚醛树脂粘结岩棉，经压制而成	体积密度为80~160kg/m³，导热系数为0.040~0.050W/(m·K)，最高使用温度为400~600℃	墙体、屋面、冷藏库、热力管道等
玻璃棉	熔融玻璃用离心法等制成的纤维絮状物	体积密度为8~40kg/m³，导热系数为0.040~0.58W/(m·K)，最高使用温度为400℃	绝热保温填充材料
玻璃棉毡(带、毯、管壳)	玻璃棉、树脂胶等	体积密度为8~120kg/m³，导热系数为0.040~0.058W/(m·K)，最高使用温度为350~400℃	墙体、屋面等
膨胀珍珠岩	珍珠岩等经焙烧、膨胀而得	体积密度为40~300kg/m³，导热系数为0.025~0.048W/(m·K)，最高使用温度为800℃	保温绝热填充材料
膨胀珍珠岩制品(块、板、管壳等)	以水玻璃、水泥、沥青等胶结膨胀珍珠岩而成	体积密度为200~500kg/m³，导热系数为0.055~0.116W/(m·K)，抗压强度为0.2~1.2MPa，以水玻璃膨胀珍珠岩制品的性能较好	屋面、墙体、管道等，但沥青珍珠岩制品仅适合在常温或负温下使用
膨胀蛭石	蛭石经焙烧、膨胀而得	堆积密度为80~200kg/m³，导热系数为0.046~0.07W/(m·K)，最高使用温度为1 000~1 100℃	保温绝热填充材料

续表 13-6

品　种	主要组成材料	主要性质	主要应用
膨胀蛭石制品(块、板、管壳等)	以水泥、水玻璃等胶结膨胀蛭石而成	体积密度为 300 ~ 400kg/m^3,导热系数为 0.076 ~ 0.105W/(m·K),抗压强度 0.2 ~ 1.0MPa	屋面、管道等
泡沫玻璃	碎玻璃、发泡剂等经熔化、发泡而得,气孔直径为0.1 ~5mm	体积密度为 150 ~ 600kg/m^3,导热系数为 0.054 ~ 0.128W/(m·K),抗压强度 0.8 ~ 15MPa,吸水率小于 0.2%,抗冻性强,最高使用温度为 500℃,为高级保温绝热材料	墙体或冷藏库等
聚苯乙烯泡沫塑料	聚苯乙烯树脂、发泡剂等经发泡而得	体积密度为 15k ~ 50kg/m^3,导热系数为 0.030 ~ 0.047W/(m·K),抗折强度为 0.1MPa,吸水率小于 0.3g/cm^3,最高使用温度为 80℃,为高效保温绝热材料	墙体、屋面、冷藏库等
硬质聚氨酯泡沫塑料	异氰酸酯和聚醚或聚酯等经发泡而得	体积密度为 30 ~ 45kg/m^3,导热系数为 0.017 ~ 0.026W/(m·K),抗压强度为 0.25MPa,耐腐蚀性高,体积吸水率小于 1%,使用温度 -60 ~ +120℃,可现场浇注发泡,为高效保温绝热材料	墙体、屋面、冷藏库、热力管道等

13.5　吸声材料与隔声材料

13.5.1　吸声材料

建筑结构中将主要起到吸声作用，且吸声系数不小于 0.2 的材料称为吸声材料。吸声材料主要用于大中型会议室、教室、报告厅、礼堂、播音室、影剧院等的内墙壁、吊顶等。吸声材料主要分为多孔吸声材料、柔性吸声材料（具有封闭孔隙和一定弹性的材料，如聚氯乙烯泡沫塑料等）。对材料进行构造上的处理也可获得较好的吸声性，如穿孔。吸声结构（穿有一定尺寸孔隙的薄板，其后设有空气层或多孔材料）、微穿孔吸声结构（穿有小于 1mm 孔隙的薄板）及薄板吸声结构（薄板后设有空气层的结构）。多孔吸声材料是最重要和用量最大的吸声材料。

多孔吸声材料的主要特征是轻质、多孔，且以较细小的开口孔隙或连通孔隙为主。当材料表面的孔隙为封闭孔隙时，或在多孔吸声材料表面喷涂涂料后，材料的吸声性将大幅度下降。增加材料的厚度可增加对低频声音的吸收效果，但对吸收高频声音的效果不大。

建筑上对吸声材料的主要要求为有较高的吸声系数，同时还应具有一定的强度、耐水性、耐候性、装饰性、防火性、耐火性、耐腐蚀性等。多数吸声材料的强度低、吸水率大，使用时需予以注意。

常用吸声材料的主要组成、特征与应用见表 13-7。表中主要为多孔吸声材料，同时也给出了穿孔板吸声结构常用的二种穿孔吸声板。

表 13-7　常用吸声材料的主要性质

品　种	厚度 (cm)	体积密度 (kg/m³)	不同频率(Hz)下的吸声系数						其他性质	装置情况
			125	250	500	1 000	2 000	4 000		
石膏砂浆(掺有水泥、玻璃纤维)	2.2		0.24	0.12	0.09	0.30	0.32	0.83		粉刷在墙上
水泥膨胀珍珠岩板	2	350	0.16	0.46	0.64	0.48	0.56	0.56	抗压强度为 0.2~1.0MPa	贴实
岩棉板	2.5	80	0.04	0.09	0.240	0.57	0.93	0.97		贴实
	2.5	150	0.07	0.10	0.32	0.65	0.95	0.95		
	5.0	80	0.08	0.22	0.60	0.93	0.98	0.99		
	5.0	150	0.11	0.33	0.73	0.90	0.80	0.96		
	10	80	0.35	0.64	0.89	0.90	0.96	0.98		
	10	50	0.43	0.62	0.73	0.82	0.90	0.95		
矿渣棉	3.13	210	0.10	0.21	0.60	0.95	0.85	0.72		贴实
	8.0	240	0.35	0.65	0.65	0.75	0.88	0.92		
玻璃棉	5.0	80	0.06	0.08	0.18	0.44	0.72	0.82		贴实
	5.0	130	0.10	0.12	0.31	0.76	0.85	0.99		
超细玻璃棉	5.0	20	0.10	0.35	0.85	0.85	0.86	0.86		贴实
	15.0	20	0.50	0.80	0.85	0.85	0.86	0.80		
脲醛泡沫塑料	5.0	20	0.22	0.29	0.40	0.68	0.95	0.94	抗压强度大于 0.2MPa	贴实
软质聚氨酯泡沫塑料	2.0	30~40			0.11	0.17		0.72		贴实
	4.0	30~40			0.24	0.43		0.74		
	6.0	30~40			0.40	0.68		0.97		
	8.0	30~40			0.63	0.93		0.93		
吸声泡沫玻璃	4.0	120~180	0.11	0.32	0.52	0.44	0.52	0.33	开口孔隙率达 40%~60%,吸水率高,抗压强度 0.8~4.0MPa	贴实
地毯	厚		0.20		0.30		0.50			铺于木搁栅楼板上
帷幕	厚		0.10		0.50		0.60			有折叠、靠墙装置
*装饰吸声石膏板(穿孔板)	12	75~800		0.80~0.12	0.60	0.40	0.34		防火性,装饰性好	后面有 5~10cm 的空气层
*铝合金穿孔板	0.1								孔径 6mm,孔距 10mm;耐腐蚀,防火,装饰性好	后面有 5~10cm 的空气层

注：1. 表中数值为驻波管法测得的结果；

2. 材料名称前有*者为穿孔板吸声结构。

13.5.2 隔声材料

建筑上将主要起到隔绝声音作用的材料称为隔声材料，隔声材料主要用于外墙、门窗、隔墙、隔断、地面等。

隔声分为隔绝空气声（通过空气传播的声音）和隔绝固体声（通过撞击或振动传播的声音）。二者的隔声原理截然不同。

对隔绝空气声，主要服从质量定律，即材料的体积密度越大，隔声性越好，因此应选用密实的材料作为隔声材料，如砖、混凝土、钢板等。如采用轻质材料时，需辅以多孔吸声材料或采用夹层结构。

对隔绝固体声，主要采用具有一定柔性、弹性或弹塑性的材料，利用它们能够产生一定的变形来减小撞击声，并在构造上使之成为不连续结构。如在墙壁和承重梁之间、墙壁和楼板之间加设弹性垫层，或在楼板上铺设弹性面层，常用的弹性垫层材料有橡胶、毛毡、地毯等。

13.6 建筑装饰材料

建筑工程中将主要起到装饰和装修作用的材料称为建筑装饰材料。建筑装饰材料的应用范围很广，如内外墙面、地面、吊顶、室内环境等的装饰、装修等。

建筑工程中使用的装饰材料除应具有适宜的颜色、光泽、线条与花纹图案、质感，即装饰性外，还应具有一定的强度、硬度、防火性、阻燃性、耐火性、耐候性、耐水性、抗冻性、耐污染性、耐腐蚀性，有时还需具有一定的吸声性、隔声性和隔热保温性等。

常用建筑装饰材料的主要组成、特性与应用见表13-8。

表13-8 常用建筑装饰材料的主要组成、特性与应用

品　种	主要组成或构造	主要性质	主要应用
花岗岩普通板材、异型板材、蘑菇石、料石	石英、长石、云母等	强度高、硬度大、耐磨性好、耐酸性及耐久性很高，但不耐火。具有多种颜色，装饰性好。分为细面板材、镜面板材、粗面板材（机刨板、剁斧板、锤击板、烧毛板）	室内外墙面、地面、柱面、台面等
大理岩普通板材、异型板材	方解石、白云石	强度高、耐久性好，但硬度较小、耐磨性较差、耐酸性差。具有多种颜色、斑纹，装饰性好。一般均为镜面板材	室内墙面、墙裙、柱面、台面，也可用于人流较少的地面
内墙面砖（釉面砖）	属于陶质材料、均施釉	坯体孔隙率较高、吸水率为10%～18%、强度较低、易清洗，釉层具有多种颜色、花纹与图案	室内浴室、卫生间、厨房、试验室等的墙面、台面等，也可镶贴成壁画
墙地砖（彩釉砖、劈离砖、渗花砖等）	多属于炻质材料、多数施釉	孔隙率较低、吸水率1%～10%、强度较高、坚硬、耐磨性好，釉层具有多种颜色、花纹与图案。用于室外时吸水率需小于3%	室外墙面、柱面、地面及室内地面

续表 13-8

品　种	主要组成或构造	主要性质	主要应用
陶瓷锦砖(马赛克)	多属于瓷质材料,不施釉	孔隙率低、吸水率小于1%、强度高、坚硬、耐磨性好,具有多种颜色与图案	卫生间、化验室等的地面及外墙面等
琉璃制品(瓦、砖、兽等)	难熔黏土烧结而成	坚实耐久、不易玷污。色彩绚丽、造型古朴,能达到雄伟壮丽、光辉夺目的效果	宫殿式建筑、纪念性建筑、园林建筑中的亭、台、楼阁等
水磨石板	白色水泥、白色及彩色砂、耐碱矿物颜料、水等	强度较高,耐磨性较好,耐久性高,颜色多样(色砂外露)	室内地面、柱面、墙裙、台面及室外地面、柱面等
石碴类装饰砂浆(斩假石、水刷石、干粘石等)	白色水泥、白色及彩色砂、耐碱矿物颜料、水等	强度较高,耐久性较好,颜色多样(色砂外露),质感较好	室外墙面、勒角等,斩假石还可用于台阶等
灰浆类装饰砂浆(拉毛、甩毛、扫毛、拉条、假面砖、喷涂、弹涂、滚涂等)	白色水泥、白色及彩色砂、耐碱矿物颜料、水等	强度较高,耐久性较好、颜色与表面形式(线条、纹理)多样,但耐污染性、质感、色泽的持久性较石碴类装饰砂浆差	多数用于室外墙面,个别也可用于室内墙面(如拉毛条、拉毛、扫毛)
装饰混凝土(彩色混凝土、清水装饰混凝土、露集料混凝土等)	水泥(普通或白色)、砂与石(普通或彩色)、耐碱矿物颜料、水等	性能与混凝土相同,但具有多种颜色或表面具有多种立体花纹与线条,或集料外露	外墙面。彩色混凝土也可制成彩色混凝土花砖用于室外地面等
磨砂玻璃(毛玻璃)	普通玻璃表面磨毛而成	表面磨毛。透光不透视,光线柔和	宾馆、酒吧、浴室、卫生间、办公室等的门窗与隔断
彩色玻璃	普通玻璃中加入着色金属氧化物而得	具有红、蓝、灰、茶色等多种颜色。分为透明和不透明两种,不透光的又称饰面玻璃	透明彩色玻璃用于门窗等,不透明玻璃用于内、外墙等
吸热玻璃	普通玻璃中加入吸热和着色金属氧化物而得	能吸收太阳辐射热的20% ~60%、透光70% ~75%,具有多种颜色	商品陈列窗、炎热地区大型建筑等的门窗,也可用于室内的各种装饰
热反射玻璃(镀膜玻璃)	普通玻璃表面用特殊方法喷涂金、银、铜、铝等金属或金属氧化物而成	对太阳辐射的反射率为20% ~60%,能减少热量向室内辐射,并具有单向透视性,即迎光面具有镜子的效果,而背光面具有透视性。具有银白、茶色、灰、金色等多种颜色	大型公用建筑的门窗、幕墙等
压花玻璃(普通压花玻璃、镀膜压花玻璃、彩色镀膜压花玻璃等)	带花纹的辊筒压在红热的玻璃上而成	表面压花,透光不透视、光线柔和。镀膜压花玻璃和彩色压花玻璃具有立体感强,并具有一定的热反射能力,灯光下更具华贵和富丽堂皇	宾馆、饭店、餐厅、酒吧、会客厅、办公室、卫生间、浴室等的门窗与隔断

续表 13-8

品　种	主要组成或构造	主要性质	主要应用
夹丝玻璃(夹丝压花玻璃、夹丝磨光玻璃)	将钢丝网压入软化后的红热玻璃中而成	抗折强度及耐温度剧变性较差,防火性好,破碎时不会四处飞溅而伤人	防火门、楼梯间、电梯井、天窗等
夹层玻璃	两层或多层玻璃(普通、钢化、彩色、吸热、镀膜玻璃等)由透明树脂胶粘结而成	抗折强度及抗冲击强度高,破碎时不裂成分离的碎片	具有防弹或有特殊安全要求的建筑的门窗
中空玻璃	两层或多层玻璃(普通、彩色、压花、镀膜、夹层等)与边框用橡胶材料粘结、密封而成	保温性好、节能效果好(20% ~ 50%)、隔声性好(可降低 30dB)、结露温度低	各种有保温隔热要求的公用建筑及民用建筑的门窗等
玻璃砖(空心砖)	玻璃空心砖由两块玻璃热熔接而成,其内侧压有一定的花纹	玻璃空心砖的强度高,绝热、隔声、透光率高	门厅、通道、体育馆、图书馆、楼梯间、淋浴间、酒吧、宾馆、饭店等的非承重内外墙、隔墙或隔断等
镭射玻璃	玻璃经特殊处理,背面出现全息或其他光栅	在各种光线的照射下会出现艳丽的七色光,且随光线的入射角和观察的角度不同会出现不同的色彩变化,华贵高雅、梦幻迷人	宾馆、饭店、酒店、商业与娱乐建筑等的内外墙、屏风、隔断、装饰画、桌面、灯饰等
玻璃锦砖(玻璃玛赛克)	由碎玻璃或玻璃原料烧结而成	色调柔和,朴实、典雅,化学稳定性和耐久性好、易洁性好	外墙面
普通及彩色不锈钢制品(板、管、花格)	普通不锈钢、彩色不锈钢	经久耐用,在周围灯光或光线的配合下,可取得与周围景物交相辉映的效果	大型建筑的门窗、幕墙、栏杆扶手、柱面、内外墙、门窗的护栏等
彩色涂层钢板、彩色压型钢板	冷轧钢板及特种涂料等	涂层附着力强、可长期保持新颖的色泽、装饰性好、施工方便	外墙板、屋面板、护壁板
轻钢龙骨、不锈钢龙骨	镀锌钢带、薄钢板;不锈钢带	强度高、防火性好	隔断、吊顶,不锈钢龙骨特别适合用于玻璃幕墙
铝合金花纹板	花纹轧辊轧制而成	花纹美观、筋高适中、不易磨损、耐腐蚀	外墙面、楼梯踏板等
铝合金波纹板	铝合金板轧制而成	波纹及颜色多样、耐腐蚀、强度较高	宾馆、饭店、商场等建筑的墙面、屋面等
铝合金穿孔板	圆孔、方孔	吸声性好,并耐腐蚀、防火、抗震,颜色多样、立体感强、装饰性好	影剧院、播音室、展览厅等的内墙面、吊顶等

续表 13-8

品　种	主要组成或构造	主要性质	主要应用
铝合金门窗、花格、龙骨	铝及铝合金	颜色多样、耐腐蚀、坚固耐用。铝合金门窗的气密性、水密性及隔声性好	铝合金门窗与花格分别用于各类建筑的门窗与门窗的防护，龙骨用于吊顶等
铜及铜合金制品（门窗、花格、管、板）	铜及铜合金	坚固耐用、古朴华贵	大型建筑的门窗、墙面、栏杆、扶手、柱面、门窗的护栏等
木地板（条木、拼花）	木材	弹性好、脚感舒适、保温性好，拼花木地板还具有多种花纹图案	办公室、会议室、幼儿园、卧室等
护壁板、旋切微薄木板、木装饰线条	木材	花纹美丽、线条多变，特别是旋切微薄木具有花纹美丽动人、立体感强、自然等特点	高级建筑的室内墙壁等
木花格	木材	花格多样、古朴华贵	室内花窗、隔断、博古架以及仿古建筑的门窗等
塑料贴面板	合成树脂、纸等	可仿制各种花纹图案、色调丰富、表面硬度大、耐烫、易清洗，分为镜面型和柔光型	室内墙面、柱面、墙裙、天棚等
玻璃钢装饰板	不饱和聚酯树脂、玻璃纤维等	轻质、抗拉强度与抗冲击强度高、耐腐蚀、透明或不透明，并具有多种颜色	屋面、阳台栏板、隔墙板等
塑料地板块、塑料地面卷材	聚氯乙烯等	图案丰富、颜色多样、耐磨、尺寸多、价格较低，卷材还具有易于铺贴、整体性好	人流不大的办公室、家庭等的地面
塑料壁纸（有光、平光、印花、发泡等）	聚氯乙烯、纸或玻璃纤维布等	美观、耐用，可制成仿丝绸、仿织锦缎等，发泡壁纸还具有较好的吸声性	各类建筑的室内墙面、顶棚等
塑料壁纸（有光、平光、印花、发泡等）	聚氯乙烯、纸或玻璃纤维布等	美观、耐用，可制成仿丝绸、仿织锦缎等，发泡壁纸还具有较好的吸声性	各类建筑的室内墙面、顶棚等
有机玻璃板	聚甲基丙烯酸甲酯	透光率极高、强度较高，耐热性、耐候性、耐腐蚀性较好，但表面硬度小、易擦毛	室内隔断、透明护栏与护板、及其他透明装饰部件
塑料门窗（钢塑门窗、复合塑料门窗）	改性硬质聚氯乙烯、金属型材等	外观平整美观、色泽鲜艳、经久不退色，并具有良好的耐水性、耐腐蚀性、隔热保温性、气密性、水密性、隔声性、阻燃性等	各类建筑的门

续表 13-8

品　种	主要组成或构造	主要性质	主要应用
纸基织物壁纸	棉、麻、毛等天然纤维的织物粘合于纸基上	花纹多样、色彩柔和幽雅、吸声性好、耐日晒、无静电，且具有透气性	宾馆、饭店、办公室、会议室、计算机房、广播室、家庭卧室等内墙面
麻草壁纸	麻草编织物与纸基复合而成	具有吸声、阻燃，且具有自然、古朴、粗犷的自然与原始美	宾馆、饭店、影剧院、酒吧、舞厅等的内墙贴面
无纺贴墙布	天然或人造纤维	挺括、富有弹性、色彩艳丽，可擦洗、透气较好、粘贴方便	高级宾馆、住宅等建筑的内墙面
化纤装饰贴墙布	化纤布为基材，处理后印花而成	透气、耐磨、不分层、花纹色彩多样	宾馆、饭店、办公室、住宅等的内墙面
高级墙面装饰织物(锦缎、丝绒等)	丝	锦缎纹理细腻、柔软绚丽、高雅华贵，但易变形、不能擦洗、遇水或潮湿会产生斑迹。丝绒质感厚实温暖、格调高雅	高级宾馆、饭店、舞厅等的软隔断、窗帘或浮挂装饰等
聚乙烯醇水玻璃内墙涂料	聚乙烯醇、水玻璃、填料、水、助剂等	无毒、无味、耐燃、价格低廉，但耐水擦洗性差	广泛用于住宅、一般公用建筑的内墙面、顶棚等
聚醋酸乙烯乳液涂料	聚醋酸乙烯乳液、颜料、填料、水、助剂等	无毒、涂膜细腻、色彩艳丽、装饰效果良好，价格适中，但耐水性、耐候性差	住宅、一般建筑的内墙与顶棚等
醋酸乙烯-丙烯酸酯有光乳涂料	醋酸乙烯-丙烯酸酯乳液、填料、水、助剂等	耐水性、耐候性及耐碱性较好，具有光泽，属于中高档内墙涂料	住宅、办公室、会议室等的内墙、顶棚
多彩涂料	二种以上的合成树脂乳液、颜料、填料、水、助剂等	良好的耐水性、耐油性、耐刷洗性，色彩丰富、图案多样、生动活泼，对基层适应性强。属于高档内墙涂料	住宅、宾馆、饭店、商店、办公室、会议室等的内墙、顶棚
苯乙烯-丙烯酸酯乳液涂料	苯乙烯-丙烯酸酯乳液、颜料、填料、水、助剂等	具有良好的耐水性、耐候性，外观细腻、色彩艳丽，属于中档涂料	办公楼、宾馆、商店等的外墙面
丙烯酸酯系外墙涂料	丙烯酸树脂、颜料、填料、溶剂、助剂等	用于良好的耐水性、耐候性和耐高低温性，色彩多样，属于中高档涂料	办公楼、宾馆、商店等的外墙面
合成树脂乳液砂壁状涂料	合成树脂乳液、彩色细集料、水、助剂等	属于粗面厚质涂料，涂层具有丰富的色彩和质感，保色性和耐久性高，属于中高档涂料	宾馆、办公室、商店等的外墙面

续表 13-8

品　种	主要组成或构造	主要性质	主要应用
聚氨酯系外墙涂料	聚氨酯树脂、颜料、填料、溶剂、助剂等	优良的耐水性、耐候性和耐高低温性及一定的弹性和抗伸缩疲劳性,涂膜呈瓷质感、耐玷污性好,属于高档涂料	宾馆、办公楼、商店等的外墙面
纯毛地毯	羊毛等	具有良好的保温隔热、吸声隔声等性质,以手工地毯效果更佳	宾馆、饭店、办公室、会议室、会客厅、住宅等的地面,手工地毯主要用于高级建筑
化纤地毯(簇绒地毯、针扎地毯、机织地毯)	丙纶或腈纶、尼龙、涤纶	质轻、富有弹性、耐磨性好,价格远低于纯羊毛地毯。丙纶回弹性差;腈纶耐磨性较差、易吸尘;涤纶,特别是尼纶性能优异,但价格相对较高	宾馆、住宅、办公室、会议室、会客厅、餐厅等的地面
装饰石膏板(普通板、吸声板、浮雕板)	建筑石膏、玻璃纤维等	轻质、保温隔热、防火性与吸声性好,图案花纹多样、质地细腻、颜色洁白,抗折强度较高	宾馆、礼堂、办公室、候机室等的吊顶、内墙面,影剧院、播音室等须使用吸声板。防水型的可用于潮湿环境
纸面石膏板(普通板、耐火纸面板、吸声板)	建筑石膏、纸板等	轻质、保温隔热、防火性与吸声性好、抗折强度较高	宾馆、礼堂、办公室、候机室等的吊顶、内墙面,影剧院、播音室等须使用吸声板。防水型的可用于潮湿环境
岩棉装饰吸声板	岩棉、酚醛树脂等	轻质、保温隔热、防火性与吸声性好、强度低(参见表 13-6、表 13-7)	礼堂、影剧院、播音室、候机楼等的吊顶、内墙面等
玻璃棉装饰吸声板	玻璃棉、酚醛树脂等	轻质、保温隔热、防火性与吸声性好、强度低(参见表 13-6、表 13-7)	礼堂、影剧院、播音室、候机楼等的吊顶、内墙面等
膨胀珍珠岩装饰吸声板	膨胀珍珠岩、水泥或水玻璃等	轻质、保温隔热、防火性与吸声性好、强度低(参见表 13-6、表 13-7)	办公室、影剧院、播音室、候机室、礼堂等的吊顶、内墙面

13.7　耐磨材料与地面材料

耐磨材料主要用于矿山、煤炭等企业的贮料仓、溜槽、管道、地面、路面等。地面材料主要是指用于地面及路面的材料，是房屋建筑及城市规划建设的重要材料之一。地面材料要求材料具有较高的抗压强度、抗折强度、硬度、耐磨性、抗冲击性、耐腐蚀性、装饰性、低放射性等，用于室外的地面材料还应具有较强的抗冻性、抗渗性、耐水性、耐热性、抗风化性等，用于室内的地面材料则还应具有很好的隔热、保温、隔声等性质。但特殊地面材料却有不同的特殊要求，如透水混凝土地面砖应具有一定的透水性；室内体育馆的地面材料还应具有一定的柔韧性和弹性。

常用耐磨材料与地面材料的主要组成、性质与应用见表 13-9。

表 13-9　常用耐磨材料与地面材料的主要组成、性质与应用

品　种	主要组成或构造	主要性质	主要应用
花岗岩板材及块材	石英、长石、云母等	强度高，硬度大，耐磨性好，耐酸性及耐久性很高，装饰性好，但不耐火，有些品种具有放射性	公共建筑室内地面、室外广场地面、台阶等
陶瓷锦砖（马赛克）	多属于瓷质材料，不施釉	孔隙率低，吸水率小于 1%，强度高，坚硬，耐磨、耐腐蚀，具有多种颜色与图案	卫生间、化验室等地面
陶瓷墙地砖（彩釉砖、无釉砖、劈离砖、渗花砖、玻化砖等）	属于炻质或瓷质材料，可施釉，也可不施釉	孔隙率较低，吸水率小于 10%，强度较高，质地坚硬，耐磨、耐腐蚀，釉层具有多种颜色、花纹与图案。用于室外时吸水率需小于 3%	室内、外地面等
铸石板、铸石管、其他异型制品等	玄武岩、辉绿岩等天然岩石或某些工业废料（冶金炉渣、煤矸石等）	具有高度的硬度、耐磨性和化学稳定性（除氢氟酸和过热磷酸外，耐酸、耐碱度都在 96% 以上），体积密度为 2 900 ~ 3 000kg/m³，吸水率（玄武岩铸石）< 0.03%，抗压强度高。但性脆，耐急冷急热性差，抗拉、抗弯强度及冲击韧性低等	用于强烈摩擦、磨损、酸类腐蚀的部位，如矿山溜槽、排灰管道、酸洗池等
水磨石板	白色水泥、白色或彩色砂、耐碱矿物颜料、水等	强度较高，耐磨性较好，耐久性高，颜色多样（色砂外露）	室内、外地面等
混凝土路面砖（水泥混凝土花砖、彩色混凝土连锁砖、混凝土植草砖、混凝土透水砖等）	水泥（普通或白色）、集料（普通或彩色）、耐碱矿物颜料、水等	性能与混凝土相同，但具有多种颜色或表面具有多种立体花纹与线条，且比天然石材、陶瓷等成本低，绿色化程度高。透水砖具有透水性，既可缓解道路路面积水问题，又可提高被混凝土覆盖土地的“呼吸”问题；植草砖突起的边框具有对封闭其中的草地起到了很好的防踩踏等保护作用	室外广场、人行道、花园及公园步行小道、停车场、庭院、外廊、观赏绿地等地面
水泥花砖	水泥（普通或白色）、砂（普通或彩色）、颜料、水等	具有丰富的色彩和图案，抗折强度高，耐磨性强，成本低、放射程度低等	一般建筑工程的楼面与地面，高强度的可用于停车场等
普通混凝土与耐磨集料混凝土	水泥、普通集料或耐磨集料、耐磨粉料等	抗折强度高，耐磨性好，干缩小，抗冲击性好、耐久性强等	停车场、道路、机场跑道、城市广场等路面

续表 13-9

品　种	主要组成或构造	主要性质	主要应用
纤维混凝土(钢纤维混凝土、合成纤维混凝土等)	水泥、集料、钢纤维或合成纤维、外加剂等	抗拉强度高,抗裂性强,抗渗性好,温度稳定性强,耐疲劳、抗冻融、增韧、抗冲击、耐磨等,但成本较普通混凝土高	机场跑道,大型路、桥等重要工程的路面
沥青混合料	沥青(石油、煤)、粗细集料、填料	抗拉强度高,抗冲击性强,韧性好,耐磨,施工简便,成本低。但高温稳定性、低温抗裂性、耐久性、抗滑性等问题需不断完善	道路路面及桥面、道路路面填缝等
木地板	实木、复合木材等	抗弯、拉强度高,抗冲击性、柔韧性、耐磨性、隔热保温、隔声、装饰性等性能好,但存在湿胀干缩明显、易燃、资源紧张、易腐朽等问题	公共及民用建筑室内地面
塑料地板(块材及卷材)	聚氯乙烯等合成树脂、碳酸钙等	耐磨性强,脚感舒适度高,抗污染(致密聚氨酯型)、耐擦洗性强,隔声性强,铺设方便快捷,装饰性强。但易老化,可燃,耐刻划性差,普通型易起静电等	公共及民用建筑室内地面
橡胶地毯	天然橡胶或合成橡胶	装饰性强,脚感舒适,耐磨、隔潮、防霉、防滑、耐蚀、防蛀、绝缘,易清理	游泳馆、浴室、卫生间等各种经常淋水或需经常擦洗的室内地面
地面涂料	聚氨酯、环氧树脂等合成树脂	装饰性强,耐磨、耐酸碱、耐水、耐擦洗,脚感舒适,但价格较高,原材料有毒	用于实验室、工业厂房的水泥砂浆与水泥混凝土地面、木质地面等
地毯(纯毛、化纤、混纺、剑麻等)	羊毛纤维、植物纤维、合成纤维、混纺纤维等	隔热、保温性强,装饰性好,吸声、隔声、降躁,质地柔软,富有弹性,耐磨、防滑等。但易燃,清洗困难,且纯毛地毯易受虫蛀,化纤地毯易起静电、吸灰、易老化变色	室内地面

土木工程材料试验

土木工程材料试验是土木工程材料课程的重要实践性环节，其目的是使学生熟悉土木工程材料的技术要求，并能进行检验和评定；通过试验进一步了解土木工程材料的性质和使用形式，巩固、丰富和加深土木工程材料的理论知识，提高分析和解决问题的能力。

进行土木工程材料试验时，取样、试验条件和数据处理等均必须严格按相应的标准或规范进行，以保证试验结果的代表性、稳定性、正确性和可比性。否则，就不能对土木工程材料的技术性质和质量做出正确的评价。

本书中试验是按课程教学大纲及工程实际需要，选择了几种常用土木工程材料和在土木工程工程中占有重要地位的几种土木工程材料（但不是这几种土木工程材料试验的全部内容），按现行最新标准或规范编写的。可根据教学要求和实际情况选择试验内容。

试验1　土木工程材料基本性质试验

土木工程材料基本性质的试验项目较多，对于各种不同材料，测试的项目往往根据其用途与具体要求而定。本试验以石子（石材）为例介绍密度、表观密度、体积密度、堆积密度和吸水率的试验方法。通过本试验熟悉密度、表观密度、体积密度、堆积密度和吸水率的试验原理，并加深对密度、表观密度、体积密度、堆积密度、孔隙率和空隙率的理解。

试验依据 GB/T 14684～14685—2001、JGJ 52～53—1992、JTG E41～E42—2005。

1.1.1　密度

1.1.1.1　主要仪器设备

主要仪器设备有李氏瓶（见试图-1）、筛子（用于填料时一般用0.15mm筛。对于高要求石材为240目筛，相当于63μm筛）、烘箱、干燥器、天平（称量500g、感量0.01g）、温度计等。

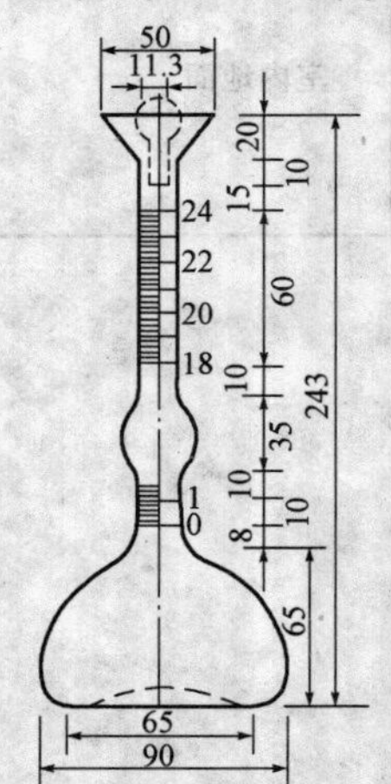

试图-1　李氏密度瓶

1.1.1.2　检测方法

（1）将试样（如石料）研磨成细粉，并通过筛子，然后放在烘箱内，在（105±5）℃的温度下烘干到恒重，然后取出放在干燥器内备用。

（2）向李氏瓶中注入蒸馏水（或油类）及其他不与试样发生反应的液体到突颈下部的0～1.0ml刻度范围内，将李氏瓶放在恒温水浴中，保持水温为（20±0.5）℃，待恒温后，记下读数 V_0（ml，精确到0.05ml，下同）。

（3）称取60～90g试样，用漏斗将试样小心地逐渐装入李氏瓶内，直到液面接近22ml的刻度为止（注意勿使粉料黏附于液面以上的瓶颈内壁），再称量剩余的试样，计算出装入李氏瓶中的试样质量 m（g）。

（4）将注入试样后李氏瓶内的气泡充分排净，并放入恒温水浴中，待恒温后，读出液面的刻度 V_1（ml）。

（5）按下式计算密度（精确至 0.01g/cm³）：

$$\rho = \frac{m}{V_1 - V_0} \qquad (g/cm^3)$$

以两次试验的平均值作为测定结果，如两次结果之差大于 0.02g/cm³，应重新取样进行试验。

1.1.2　表观密度（视密度）

1.1.2.1　主要仪器设备

天平（称量 5kg，感量 0.1g）；广口瓶 1 000ml（用于 4.75mm 以下粒径时可采用 500ml 容量瓶）；烘箱干燥箱、烧杯（500ml）、白瓷浅盘、温度计、料勺、筛子（孔径 5mm）。

1.1.2.2　检测方法（广口瓶法）

本法不适合于最大粒径大于 37.5mm 的集料。

（1）取样方法及试样数量要求见试验 4 混凝土。用四分法缩取试样（碎石）2 000g，洗刷干净后，分成两份备用。

（2）将试样浸水饱和（水中浸泡 24h），然后倾斜广口瓶将试样装入广口瓶中。之后再注入饮用水，用玻璃片覆盖瓶口，以上下左右摇晃的方法排除气泡。

（3）气泡排尽后，向瓶中再添加饮用水到水面凸出瓶口边缘。然后用玻璃片沿瓶口迅速滑行，使其紧贴瓶口水面。擦干瓶外水分后，称取该瓶（试样、水和玻璃片）的质量 m_1（g）。

（4）将瓶口的试样倒入浅盘中，放在（105±5）℃的烘箱中烘干到恒重。取出来放在干燥器中冷却到室温后，称其质量为 m（g）。

（5）将瓶洗净，重新注满饮用水，用玻璃片紧贴瓶口水面，擦干瓶外水分后称其质量为 m_2（g）。

（6）试验结果计算（精确到 0.01g/cm³）：

$$\rho_a = \frac{m}{m + m_2 - m_1} \times \rho_{wT} \qquad (g/cm^3)$$

式中　ρ_{wT}——试验温度 T 时水的密度（g/cm³），按试表-1 选取。

试表-1　不同温度时水的密度

水温（℃）	16	17	18	19	20	21	22	23	24	25
水的密度（g/cm³）	0.998 97	0.998 80	0.998 62	0.998 43	0.998 22	0.998 02	0.997 79	0.997 56	0.997 33	0.997 02

以两次试验的平均值作为测定结果，如两次结果之差大于 0.02g/cm³，应重新取样进行试验。对颗粒材质不均匀的试样，如两次试验结果之差超过 20kg/m³，可取 4 次试验结果的算术平均值。

注：1. 粒径小于 4.75mm 的颗粒（如砂子）可用 500ml 容量瓶替代广口瓶进行（容量瓶法是砂子表观密度测定的标准方法）。试验时精确称取烘干试样 300g，每次加水至容量瓶的刻度线，其余步骤与广口瓶法相同。

2. 测定材料（石子）的表观密度除上述这种简便方法外，还有一种用液体天平测试的标准方法。

1.1.3 体积密度

1.1.3.1 主要仪器设备

（1）天平（称量1 000g，感量0.1g）。

（2）液体天平（阿基米德天平，称量5 000g，感量0.1g）。

（3）烘箱、干燥器、石蜡、酒精等。

（4）游标卡尺（精度0.02mm）。

1.1.3.2 检测方法

1. 对规则形状材料

（1）取样方法及数量按试验4混凝土规定取样。用天平称量试件质量 m（精确至0.1g）。

（2）用游标卡尺测量试件尺寸。试件为立方体时，每个需要测量的尺寸要测3处，各取其平均值为试件长、宽、高的尺寸。试件为圆柱体时，可在其两个平行底面上，通过中心作两条相互垂直的线，沿此线量出圆柱体上下底面和高度中央处的6个直径和4个高度值，各取其平均值作为试件直径及高的尺寸（准确至0.02mm）。

（3）根据上述几何尺寸计算出试件体积 V_0（m^3）。

（4）试验结果按下式计算（精确至10kg/m^3）：

$$\rho_{0d} = \frac{m}{V_0} \quad (kg/m^3 \text{ 或 } g/cm^3)$$

试件结构均匀者，以3个试件的结果的算术平均值作为测试结果，各次结果的误差不得大于20kg/m^3（0.02g/cm^3）；如试件结构不均匀，应以5个试件的结果的算术平均值作为测试结果；并注明最大、最小值。

2. 对形状不规则材料

（1）将试样用刷子清扫干净放入（105±5）℃的烘箱中干燥24h，取出，冷却到室温，称其质量（m），精确到0.02g。

（2）将试样放入室温的蒸馏水中，浸泡24h，取出，用拧干的湿毛巾擦去石子表面的水分，并立即称量质量（m'_{sw}），精确到1g。

（3）接着把试样挂在网篮中，将网篮与试样浸入室温的蒸馏水中，称量其在水中的质量（m_w），精确到1g。

（4）体积密度按下式计算（精确至10kg/m^3）：

$$\rho_{0d} = \frac{m}{m'_{sw} - m_w} \times \rho_{wT} \quad (kg/m^3 \text{ 或 } g/cm^3)$$

注：体积密度也可采用涂蜡法进行：①将试件加工（或选择）长约20~50mm的试件5~7个，然后置于（105±5）℃烘箱内烘到恒重，并在干燥器内冷却至室温。②取出1个试件，称出试件的质量 m（准确至0.1g，以下同）。③将试件置于熔融的石蜡中，1~2s后取出使试件表面沾上一层蜡膜（膜厚不超过1mm）。④称出封蜡试件的质量 m_1（g）。⑤称出封蜡试件在水中的质量 m_2（g）。⑥检定石蜡的密度 $\rho_{蜡}$（一般为0.93g/cm^3）。⑦体积密度按 $\rho_{0d} = \frac{m}{\frac{m_1 - m_2}{\rho_w} - \frac{m_1 - m}{\rho_{蜡}}}$ 计算（精确至10kg/m^3）。试件结构均匀时，以3个试件的结果的算术平均值作为测试结果，各次结果的误差不大于20kg/m^3 或0.02g/cm^3；如结构不均匀时，应以5个试件的结果的算术平均值作为测试结果，并注明最大、最小值。

1.1.4　堆积密度

测定碎石或卵石等散料材料的堆积密度，主要是为了计算石子的空隙率。

1.1.4.1　主要仪器设备

（1）磅称　称量50kg或100kg，感量50g（用于砂子时秤量5kg，感量1g）。

（2）容量筒　视集料的最大粒径大小而选用不同规格的容积（V_p）的容量筒，见试表-2。

试表-2　集料容量筒规格要求

集料品种	砂	碎石或卵石的最大粒径（mm）		
		9.5、16.0、19.0、26.5	31.5、37.5	53.0、63.0、75.0
容量筒尺寸（mm）/体积（L）	ϕ108×109/3	ϕ208×294/10	ϕ294×294/20	ϕ360×294/30

（3）烘箱　20～200℃。

1.1.4.2　检测方法

（1）取样方法及数量　按试验4混凝土规定取样，放入浅盘，在（105±5）℃的烘箱中烘干，也可以摊在地面上风干，拌匀后分成两份备用。

（2）测定松散堆积密度　取试样一份，置于平整干净的地板（或铁板）上，用小铲将试样从容量筒口中心上方50mm处徐徐倒入，让试样以自由落体落下，当容量筒上部试样呈堆体，且容量筒四周溢满时，即停止加料。除去凸出容量口表面的颗粒，并以合适的颗粒填入凹陷部分，使表面稍凸起部分和凹陷部分的体积大致相等（试验过程应防止触动容量筒），称量出试样和容量筒总质量 m_1（kg）。

（3）测定紧密堆积密度（振实堆积密度）　取试样一份分为三次装入容量筒，装完第一层后，在筒底垫放一根直径为16mm的圆钢，将筒按住，左右交替颠击地面各25次，再装入第二层，第二层装满后用同样方法颠实（但筒底所垫钢筋的方向与第一层时的方向垂直），然后装入第三层，仍用同样的方法颠实。试样装填完毕，再加试样直至超过筒口，用钢尺沿筒口边缘刮去高出的试样，并用适合的颗粒填平凹处，使表面稍凸起部分与凹陷部分的体积大致相等。称量出试样和容量筒的总质量 m_1（kg）。

（4）称量　将试样倒出，清扫干净容量筒，再称量出容量筒的质量 m_2（kg）。

（5）结果计算　材料的堆积密度按下式计算（精确至10kg/m³）：

$$\rho_p = \frac{m_1 - m_2}{V_p} \quad (kg/m^3)$$

堆积密度取两次试验结果的算术平均值。

1.1.5　吸水率计算

按下式计算吸水率（精确至0.1%）：

$$\omega_m = \frac{m'_{sw} - m}{m} \times 100\%$$

取两次试验结果的算术平均值。

1.1.6 孔隙率和空隙率计算

孔隙率按下式计算（精确至1%）：

$$P = \left(1 - \frac{\rho_{0d}}{\rho}\right) \times 100(\%)$$

空隙率按下式计算（精确至1%）：

$$P' = \left(1 - \frac{\rho_{pd}}{\rho_{0d}}\right) \times 100(\%)$$

孔隙率、空隙率取两次试验结果的算术平均值。

试验2 水泥试验

试验依据 GB/T 1345—2005、GB/T 1346—2001、GB/T 17671—1999 等。

2.1.1 水泥试验的一般规定

（1）取样 以同一水泥厂、同期到达、同品种、同强度等级的水泥不超过 4×10^5kg 为一个取样单位，不足 4×10^5kg 时也作为一个取样单位。取样要有代表性。

（2）混合 将按比例缩取的试样充分搅拌，并通过 0.90mm 方孔筛，记录筛余。

（3）试验用水 必须是洁净的淡水。

（4）实验室条件 实验室的温度应保持在（20±2）℃，相对湿度大于50%；水泥养护箱（室）的温度为（20±1）℃，相对湿度大于90%。

（5）试验用的水泥、标准砂、拌合用水、试模及其他试验用具的温度应与试验室温度相同。

2.2.2 水泥细度检验

水泥细度检验分为负压筛析法、水筛法和手工筛析法（即干筛法）三种。在检验时对结果有异议时，以负压筛筛析法的测定值为准。

2.2.2.1 负压筛法

1. 主要仪器设备

（1）负压筛 负压筛由筛网、筛框和透明筛盖组成。筛网为方孔丝，筛孔边长为80mm；筛网紧绷在筛框上，网框接触处用防水胶密封。

（2）负压筛析仪 负压筛析仪由筛座、负压筛、负压源及收尘器组成。其中筛座由转速为（30±2）r/min 的喷气嘴、负压表、控制板、微电机及壳体组成。

2. 检测方法

（1）筛析试验前，把负压筛放在筛座上，盖上筛盖，接通电源，检查控制系统，调节负压至4 000～6 000Pa 范围内。

（2）称取试样，80μm 筛析称取试样 25g（45μm 筛析称取试样 10g），称取试样精确至0.01g，置于洁净的负压筛中，盖上筛盖，放在筛座上，开动筛析仪连续筛析 2min，筛毕，用天平称量筛余物质量 m_1（g）。

2.2.2.2 水筛法

1. 主要仪器设备

（1）标准筛 筛布与负压筛相同，筛框有效直径 125mm，高 80mm。

（2）水筛架和喷头　水筛架能带动筛子转动，转速为50r/min。喷头直径55mm，面上均匀分布90个孔，孔径0.5～0.7mm，安装高度以离筛布50mm为宜。

2. 检测方法

（1）筛析试验前，应检查水中无砂、泥，调整好水压、水筛架位置，使其能正常运转。

（2）称取试样50g，精确至0.01g，置于洁净的水筛中，立即用淡水冲洗至大部分细粉通过后，放在水筛架上，用水压为（0.05±0.02）MPa的喷头连续冲洗3min。筛毕，用少量水把筛余物冲至蒸发皿中，待水泥颗粒全部沉淀后，小心倒出清水，烘干并用天平称量筛余物质量 m_1（g）。

2.2.2.3　手工干筛法

在没有负压筛析仪和水筛设备的情况下，允许用手工筛法测定。

1. 主要仪器设备

标准筛，与水筛法用筛基本相同，只是筛框高度约50mm，筛子的直径为150mm。

2. 检测方法

称取已经在（110±5）℃的温度下烘干1h并已经冷却到试验室温度的水泥试样50g，精确至0.01g，倒入标准筛内。用一只手执筛往复摇动，另一只手轻轻拍打，拍打速度为每分钟120次，每40次向同一方向转动60°，使试样均匀分布在筛网上，直至每分钟通过的试样量不超过0.03g为止；最后称量筛余物的质量 m_1（g）。

2.2.2.4　试验结果计算

水泥试验筛余百分数按下式计算（精确至0.1%）：

$$F = \frac{m_1}{m} \times 100$$

式中　F——水泥试样的筛余百分数，%；

m_1——水泥筛余物的质量，g；

m——水泥试样的质量，g。

合格评定时，每个样品应称取二个试样分别筛析，取筛余平均值为筛析结果。若两次筛余结果绝对误差值大于0.5%（筛余值大于5.0%时，可放至1.0%）时，应再做一次试验，取两次相接近结果的算术平均值作为最终结果。

2.2.3　水泥标准稠度用水量测定

2.2.3.1　主要仪器设备

1. 水泥净浆搅拌机

符合JC/T 729—1989（1996）的要求。

2. 水泥标准稠度与凝结时间测定仪

滑动的金属棒部分总质量为（300±2）g；盛装水泥净浆的试模为深（40±0.2）mm、顶内径（ϕ65±0.5）mm、底内径（ϕ75±0.5）mm的截顶圆锥体，见试图-2。标准稠度代用法用金属空心试锥底直径为40mm，高为500mm；装净浆用的锥模上口内径为60mm，锥高为75mm，见试图-3。

3. 天平及量水器

天平1 000g，感量1g；量水器最小刻度0.1ml，精度1.0%。

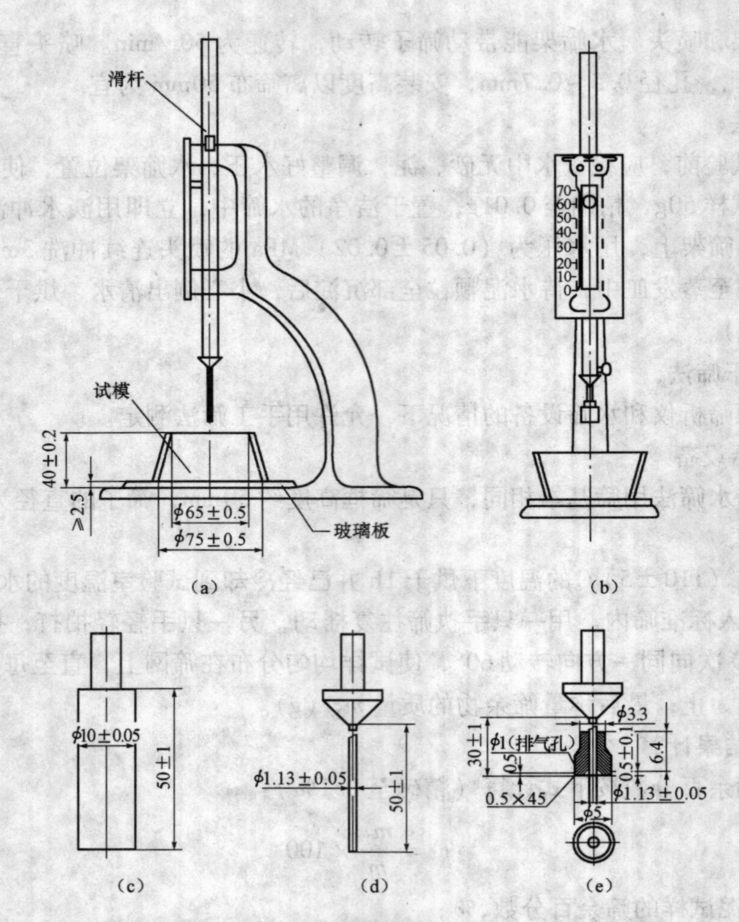

试图-2 测定水泥标准稠度和凝结时间用维卡仪（单位为 mm）

（a）初凝时间测定时维卡仪测视图；（b）终凝时间测定时反转试模及维卡仪；
（c）标准稠度用试杆；（d）初凝时间用试针；（e）终凝时间用试针

试图-3 试锥与锥模

2.2.3.2 检测方法

检测标准稠度用水量有调整用水量和不变用水量两种方法。可任选一种方法检测，当发生争议时，以调整用水量法为准。

1. 标准法

（1）试验前，需检查仪器金属棒能否自由滑动；试锥降至顶面位置时，指针能否对准标尺零点及搅拌机能否正常运转等。当一切检查无误时，才可以开始检测。

（2）将所用的搅拌锅、搅拌翅先用湿布擦过，称取 500g 水泥试样倒入搅拌锅内，再将搅拌锅放置到搅拌机锅座上，升至搅拌位置，开动机器，同时加入拌合水，慢速搅拌 120s，停拌 15s，接着快速搅拌 120s 后停机。

（3）拌合结束后，立即将拌制好的水泥净浆装入已置于玻璃底板上的试模中，用小刀插捣，轻轻振动数次，刮去多余的净浆；抹平后迅速将试模和底板移到维卡仪上，并将其中心定在试杆下，降低试杆直至与水泥净浆表面接触，拧紧螺丝 1～2s 后，突然放松，使试杆垂直自由地沉入水泥净浆中。在试杆停止沉入或释放试杆 30s 时记录试杆距底板之间的距离，升起试杆后，立即擦净；整个操作应在搅拌后 1.5min 内完成。以试杆沉入净浆并距底板（6±1）mm 的水泥净浆为标准稠度净浆。其拌合水量为该水泥的标准稠度用水量（P），按水泥质量的百分比计。

2. 代用法

（1）将试杆换为试锥，截圆锥模换为圆锥模。拌合结束后，立即将拌制好的水泥净浆装入圆锥模中，用小刀插捣，轻轻振动数次，刮去多余的净浆；抹平后迅速放到试锥下面固定的位置上，将试锥降至净浆表面，拧紧螺丝 1~2s 后，突然放松，让试锥垂直自由地沉入水泥净浆中。到试锥停止下沉或释放试锥 30s 时记录试锥下沉深度 S（mm）。整个操作应在搅拌后 1.5min 内完成。

（2）用调整水量方法测定时，以试锥下沉深度（28±2）mm 时的净浆为标准稠度净浆。其拌合水量为该水泥的标准稠度用水量（P）按水泥质量的百分比计。如下沉深度超出范围需另称试样，调整水量，重新试验，直至达到（28±2）mm 为止。

（3）用不变用水量方法时，用水量为 142.5ml。根据测得的试锥下沉深度 S（mm），按下式计算标准稠度用水量 P（%）：

$$P = 33.4 - 0.185S$$

当试锥下沉深度小于 13mm 时，应改用调整水量法测定。

2.2.4 水泥净浆凝结时间测定

2.2.4.1 主要仪器设备

（1）水泥净浆搅拌机　与前述相同。

（2）标准法维卡仪　标准稠度测定用试杆有效长度为(50±1)mm、由直径为 ϕ(10±0.05)mm 的圆柱形耐腐蚀金属制成。测定凝结时间时取下试杆，用试针代替试杆。试针由钢制成，其有效长度初凝针为（50±1）mm、终凝针为（30±1）mm，直径为 ϕ（1.13±0.05）mm 的圆柱体。滑动部分的总质量为（300±1）g。与试杆、试针联结的滑动杆表面应光滑，能靠重力自由下落，不得有紧涩和晃动现象，见试图-2。

2.2.4.2 检测方法

（1）测定前准备工作　调整凝结时间测定仪的试针接触玻璃板时，指针对准零点。

（2）试件的制备　以标准稠度用水量制成标准稠度净浆一次装满试模，振动数次刮平，立即放入湿气养护箱中。记录水泥全部加入水中的时间作为凝结时间的起始时间。

（3）初凝时间的测定　试件在湿气养护箱中养护至加水后 30min 时进行第一次测定。测定时，从湿气养护箱中取出试模放到试针下，降低试针与水泥净浆表面接触。拧紧螺丝 1~2s后，突然放松，试针垂直自由地沉入水泥净浆。观察试针停止下沉或释放试针 30s 时指针的读数。当试针沉至距底板（4±1）mm 时，为水泥达到初凝状态；由水泥全部加入水中至初凝状态的时间为水泥的初凝时间，用“min”表示。

（4）终凝时间的测定　为了准确观测试针沉入的状况，在终凝针上安装了一个环形附件。在完成初凝时间测定后，立即将试模连同浆体以平移的方式从玻璃板取下，翻转 180°，直径大端向上，小端向下放在玻璃板上，再放入湿气养护箱中继续养护，当试针沉入试体 0.5mm 时，即环形附件开始不能在试体上留下痕迹时，为水泥达到终凝状态，由水泥全部加入水中至终凝状态的时间为水泥的终凝时间，用“min”表示。

（5）测定时应注意，在最初测定的操作时应轻轻扶持金属柱，使其徐徐下降，以防试针撞弯，但结果以自由下落为准；在整个测试过程中试针沉入的位置至少要距试模内壁10mm。临近初凝时，每隔5min测定一次，临近终凝时每隔15min测定一次，到达初凝或终凝时应立即重复测一次，当两次结论相同时才能定为到达初凝或终凝状态。每次测定不能让试针落入原针孔，每次测试完毕须将试针擦净并将试模放回湿气养护箱内，整个测试过程要防止试模受振。

2.2.5 安定性检测

2.2.5.1 主要仪器设备

（1）水泥净浆搅拌机　与前述相同。

（2）沸煮箱　有效容积约为410mm×240mm×310mm，篦板结构不影响试验结果，篦板与加热器之间的距离大于50mm。要求沸煮箱能在0（30±5）min内将箱内的试验用水由室温升至沸腾并恒沸3h±5min，整个试验过程不需补充水量。

（3）雷氏夹与雷氏膨胀值测定仪　见试图-4、试图-5。

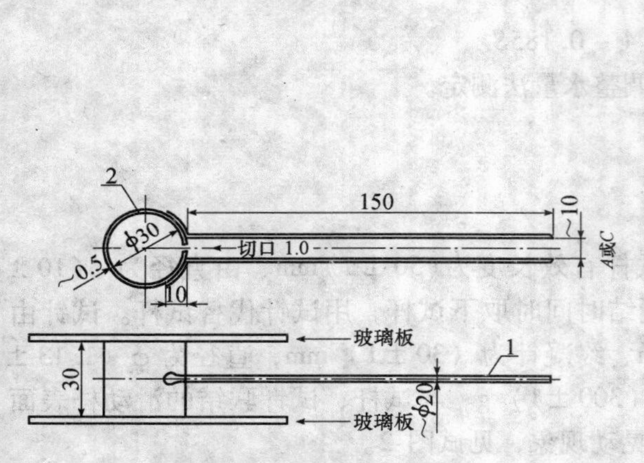

试图-4　雷氏夹（尺寸单位为mm）

1—指针；2—环模

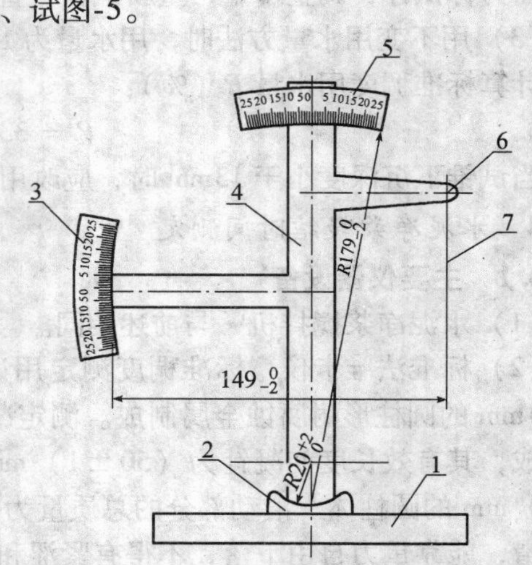

试图-5　雷氏膨胀值测定仪（尺寸单位为mm）

1—底座；2—模子座；3—测弹性标尺；4—立柱；5—测膨胀值标尺；6—悬臂；7—悬丝

2.2.5.2 检测方法

1. 制备标准稠度水泥净浆

按照测试标准稠度用水量和凝结时间的方法制成标准稠度水泥净浆。

2. 雷氏法（标准法）

将预先准备好的雷氏夹放在已稍擦油的玻璃板上，并立即将已制好的标准稠度净浆一次装满雷氏夹，装浆时一只手轻轻扶持雷氏夹，另一只手用宽约10mm的小刀插捣数次，然后抹平，盖上稍涂油的玻璃板，接着立即将试件移至湿气养护箱内养护（24±12）h。脱去玻璃板取下试件，先测量雷氏夹指针尖端间的距离（*A*），精确到0.5mm，接着将试件放入沸煮箱水中的试件架上，指针朝上，然后在（30±5）min内加热至沸腾并恒沸（180±5）min。

沸煮结束后，立即放掉沸煮箱中的热水，打开箱盖，待箱体冷却至室温，取出试件进行判别。测量雷氏夹指针尖端的距离（*C*），准确至0.5mm，当两个试件煮后增加距离（*C*—*A*）的平均值不大于5.0mm时，即认为该水泥安定性合格，当两个试件的（*C*—*A*）值相差超过4.0mm时，应用同一样品立即重做一次试验。再如此，则认为该水泥为安定性不合格。

3. 饼法（代用法）

将制好的净浆取出一部分分成两等份，使之呈球形，放在预先准备好的玻璃板上，轻轻振动玻璃板并用湿布擦过的小刀由边缘向中央抹动，做成直径70～80mm、中心厚约10mm、边缘见薄、表面光滑的试饼，接着将试饼放入湿气养护箱内养护（24±2）h。将养护后的试饼脱去玻璃板，在试饼无缺陷的情况下将试饼放在沸煮箱的水中篦板上，然后进行沸煮（要求同雷氏法）。

沸煮结束，即放掉箱中的热水，打开箱盖，待箱体冷却至室温，取出试件判别。目测沸煮试饼未发现裂纹，用直尺检查也没有翘曲时为安定性合格，反之为不合格。当两个试饼判别有矛盾时，该水泥的安定性也为不合格。

两种方法有争议时，以雷氏法为准。

2.2.6 水泥胶砂强度检测

2.2.6.1 主要仪器设备

（1）胶砂搅拌机　为行星式胶砂搅拌机，应符合JC/T 681—1997。胶砂搅拌机为双转叶片式，搅拌叶片和搅拌锅作相反方向转动。叶片和锅用耐磨的金属材料制成，叶片与锅底、锅壁之间的间隙为（1.5±0.5）mm。叶片转速为137r/min，锅转速为65r/min。

（2）胶砂振实台　胶砂振实台应符合JC/T 682—1997。振动频率为60次/min，振辐为（15±0.3）mm。

（3）下料漏斗　下料漏斗由漏斗和模套组成。下料口宽度一般为4～5mm。模套高度为25mm。

（4）试模　试模为可装卸的三联模，由隔板、底座、端板等组成。组装后试模的模槽高不得小于39.8mm，模槽宽不得大于40.2mm；模槽标定尺寸为40mm×40mm×60mm。

（5）抗折试验机　抗折试验机一般采用双杠杆式，比值为1:50的电动试验机，也可采用性能符合要求的其他试验机。两个支承圆柱中心间距为（100±0.2）mm。

（6）抗压试验机和抗压夹具　抗压试验机的量程以200～300kN为宜，误差不得超过±0.2%。抗压夹具由硬质钢材制成，应符合JC/T 683的要求，受压面积为40mm×40mm，加压面必须磨平。

（7）金属刮平直尺　有效长度为300mm，宽为60mm，厚为2mm。

2.2.6.2 试件成型

（1）成型前　将试模擦净，四周模板与底座的接触面上应涂黄油，紧密装配，防止漏浆，内壁均匀刷一薄层机油。

（2）配合比　水泥与标准砂的质量比为1:3.0，水灰比为0.50。每成型3条试件（一联试模）需称量水泥（450±2）g，标准砂（1350±5）g；拌合水（225±1）ml。

（3）搅拌　将搅拌锅、搅拌翅先用湿布擦过，把水加入锅里，再加入水泥，把锅放在固定架上，上升至固定位置。然后立即开动机器，低速搅拌30s后，在第二个30s开始的同时均匀地将砂子加入。当各级砂是分装时，从最粗粒级开始，依次将所需的每级砂量加完。把机器转至高速再拌 30s，停拌 90s，在第 1 个 15s 内用一胶皮刮具将叶片和锅壁上的胶砂，刮入锅中间。在高速下继续搅拌 60s。各个搅拌阶段，时间误差应在±1s以内。

（4）成型　将空试模和模套固定在振实台上，用一个适当的勺子直接从搅拌锅里将胶砂分二层装入试模，装第一层时，每个槽里约放 300g 胶砂，用大播料器垂直架在模套顶部沿每个模槽来回一次将料层播平，接着振实 60 次。再装入第二层胶砂，用小播料器播平，再振实 60 次。振动完取下试模，胶砂用小播料器播平，再振实 60 次。移走模套，从振实台上取下试模，用一金属直尺以近似 90°的角度架在试模模顶的一端，然后沿试模长度方向以横向锯割动作慢慢向另一端移动，一次将超过试模部分的胶砂刮去，并用同一直尺以近乎水平的情况下将试体表面抹平。

（5）编号　振动完毕，取下试模。用刮平刀轻轻刮去高出试模的胶砂并抹平。接着在试件上编号，编号时应将试模中的三条试件分编在两个以上的龄期内。

（6）注意事项　试验前或更换水泥品种时，搅拌锅、叶片和下料漏斗都必须抹干净。

2.2.6.3　养护

将编号的试件带模放入温度为（20±1）℃，相对湿度大于 90% 的养护箱中养护 24h，然后取出、脱模；脱模后的试件立即放入水温为（20±1）℃的恒温水槽中养护，养护期间试件之间间隔或试体上表面的水深不得小于 5mm。

2.2.6.4　强度试验

1. 各龄期试件的强度试验

各龄期试件必须按规定 24h±15min、48h±30min、3d±45min、7d±2h、28d±8h 内进行强度试验。

2. 抗折强度测定

将试体一个侧面放在试验机支撑圆柱上，试体长轴垂直于支撑圆柱，通过加荷，圆柱以（50±10）N/s 的速率均匀地将荷载垂直地加在棱柱体相对侧面上，直至折断。保持两个半截棱柱体处于潮湿状态直至抗压试验。

抗折强度 f_f（MPa）按下式计算（精确至 0.1MPa）：

$$f_f = \frac{1.5Pl}{b^3}$$

式中　P——折断时施加于棱柱体中部的荷载，N；

l——支撑圆柱之间的距离，mm；

b——棱柱体正方形截面的边长，mm。

抗折强度试验结果以 3 块试件平均值表示；当 3 个强度值中有一个超过平均值±10%时，应将该值剔除后再取平均值作为抗折强度试验结果。

3. 抗压强度试验

半截棱柱体中心与压力机压板受压中心差应在±0.5mm 内，棱柱体露在压板外的部分约有 10mm。在整个加荷过程中以（2 400±200）N/s 的速率均匀地加荷直至破坏。

抗压强度 f_c（MPa）按下式计算（精确至0.1MPa）：

$$f_c = \frac{F_c}{A}$$

式中　F_c——破坏时的最大荷载，N；

A——受压部分面积，mm^2。

以一组3个棱柱体上得到的6个抗压强度测定值的算术平均值为试验结果。如6个测定值中有1个超出6个平均值的±10%，就应剔除这个结果，而以剩下5个的平均数为结果。如果5个测定值中再有超过它们平均数±10%的，则此组结果作废。

试验3　混凝土用集料试验

依据GB/T 14684～14685—2001、JGJ 52～53—1992进行评定。

3.1.1　取样方法与数量

细集料的取样，应在均匀分布的料堆上的8个不同部位，各取大致相等的试样1份，然后倒于平整、洁净的拌合板上，拌合均匀，用四分法缩取各试验用试样数量。四分法的基本步骤是：拌匀的试样堆成20mm厚的圆饼，于饼上划十字线，将其分成大致相等的四份，除去其中两对角的两份，将余下两份再按上述四分法缩取，直至缩分后的试样质量略大于该项试验所需数量为止。还可以用分料器缩分。

粗集料的取样，自料堆的顶、中、底三个不同高度处，在各个均匀分布的5个不同部位取大致相等试样各1份，共取15份（取样时，应先将取样部位的表层除去，于较深处铲取），并将其倒于平整、洁净的拌板上，拌合均匀，堆成锥体，用四分法缩取各项试验所需试样数量。每一项试验所需数量见试表-3。

试表-3　每一试验项目的最少取样数量与试验所需最少试样量

试验项目	每一试验项目的最少取样数量（kg）/试验所需最少试样量（kg）								
	砂	碎石或卵石的最大粒径（mm）							
		9.5	16.0	19.0	26.5	31.5	37.5	63.0	75.0
筛分析	4.4/0.5	9.5/1.9	16.0/3.2	19.0/3.8	25.0/5.0	31.5/6.3	37.5/7.5	63.0/12.6	80.0/16
表观密度与体积密度	2.6/0.65	8.0/2.0	8.0/2.0	8.0/2.0	8.0/2.0	12.0/3.0	16.0/4.0	24.0/6.0	24.0/6.0
堆积密度	5.0/5.0	40.0/40.0	40.0/40.0	40.0/40.0	40.0/40.0	80.0/80.0	80.0/80.0	120.0/120.0	120.0/120.0
吸水率	1.0/0.5	2.0/2.0	2.0/2.0	4.0/2.0	4.0/2.0	4.0/3.0	6.0/3.0	6.0/3.0	8.0/4.0
含水率	1.0/0.5	2.0/2.0	2.0/2.0	2.0/2.0	2.0/2.0	3.0/3.0	3.0/3.0	4.0/3.0	6.0/4.0

3.1.2　砂的筛分析试验

3.1.2.1　主要仪器设备

（1）方孔筛　孔径（mm）为9.50、4.75、2.36、1.18、0.60、0.30、0.15的方孔筛各1个，以及筛盖、筛底各1只。

（2）天平　称量1 000g，感量1g。

（3）烘箱　(105±5)℃。

(4) 摇筛机

(5) 浅盘、毛刷等。

3.1.2.2 试样制备

按规定取样，并将试样缩分至约1 100g，放在烘箱中于（105±5）℃下烘干至恒量（恒量系指试样在烘干1～3h的情况下，其前后质量之差不大于该项试验所要求的称量精度），待冷却至室温后，筛除大于9.50mm的颗粒，并算出筛余百分率，分为大致相等的两份。

3.1.2.3 试验步骤

(1) 精确称取烘干试样500g，置于按筛孔大小顺序排列的套筛的最上一只筛（即4.75mm筛孔筛）上，将套筛装入摇筛机上固定，筛分10min左右（如无摇筛机，可采用手筛）。

(2) 取下套筛，按孔径大小顺序，在清洁的浅盘上逐个进行手筛，直至每分钟的通过量不超过试样总量的0.1%时为止。通过的颗粒并入下一筛中，并和下一筛中的试样一起过筛，按此顺序进行，当全部筛分完毕时，各筛的筛余均不得超过下式的值：

$$G = \frac{A\sqrt{d}}{200}$$

式中 G——在一个筛上的剩余量，g；

d——筛孔尺寸，mm；

A——筛面面积，mm^2。

否则应将该筛余试样分成两份，再次筛分并以筛余之和作为该筛的筛余量。

(3) 称取各筛筛余试样的质量（精确至1g），所有各筛的分计筛余量和底盘中剩余量的总和与筛分前试样总量相比，其相差不得超过1%，否则，重新试验。

3.1.2.4 结果计算

(1) 分计筛余百分率　各筛上的筛余量除以试样总量的百分率，精确至0.1%。

(2) 累计筛余百分率　该筛的分计筛余百分率加上该筛以上各筛的分计筛余百分率之和，精确至0.1%。

(3) 根据累计筛余百分率，绘制筛分曲线，评定颗粒级配分布情况。

(4) 按下列公式计算砂的细度模数μ_f（精确至0.01）：

$$\mu_f = \frac{\beta_2 + \beta_3 + \beta_4 + \beta_5 + \beta_6 - 5\beta_1}{100 - \beta_1}$$

式中 $\beta_1 \sim \beta_6$依次为4.75～0.15mm筛上的累计筛余百分率。

(5) 筛分试验应采用两个试样平行试验，并以两次试验结果的算术平均值作为检验结果。如两次试验的细度模数之差大于0.2，应重新进行试验。

3.1.3 砂的表观密度试验（详见试验1）

3.1.4 砂的堆积密度试验（详见试验1）

3.1.5 砂的含水率测定

3.1.5.1 主要仪器设备

(1) 天平　称量1kg，感量0.1g。

(2) 烘箱　(105±5)℃。

（3）容器、干燥器等。

3.1.5.2　试验步骤

（1）按试验4混凝土取样，并将自然潮湿条件下的试样用四分法缩分至约1 100g，拌均后分为大致相等的两份。

（2）称取一份试样的质量 m'_w，放入烘箱中于（105±5）℃下烘至恒重，冷却至室温后，再称取其质量 m，精确至0.1g。

3.1.5.3　结果计算

砂的含水率 ω'_{ms} 按下式计算（精确至0.1%）：

$$\omega'_{ms} = \frac{m'_w - m}{m} \times 100\%$$

以两个试样的试验结果的算术平均值作为测定结果。两次试验结果之差大于0.2%时，须重新试验。

3.1.6　*碎石或卵石的筛分析试验*

3.1.6.1　主要仪器设备

（1）方孔筛　孔径（mm）为90、75.0、63.0、53.0、37.5、31.5、26.5、19.0、16.0、9.50、4.75、2.36的方孔筛，及筛底和筛盖各一只。

（2）天平或台称　称量10 kg，感量1g。

（3）烘箱　（105±5）℃。

（4）摇筛机。

（5）浅盘、毛刷等。

3.1.6.2　试样制备

按试表-3数量取试样，用四分法缩取不少于试表-3规定的试样数量，烘干或风干后备用。

3.1.6.3　试验步骤

（1）按试表-2规定取样，精确到1g。

（2）将试样倒入按孔径大小从上到下组合的套筛上，然后再置于摇筛机上，筛分10min。

（3）分别取下各筛，并用手继续分筛（同砂），直到每分钟通过量不超过试样总量的0.1%为止。通过的颗粒并入下一筛中，并和下一筛中的试样一起过筛。当试样粒径大于19.0mm时，允许用手拨动颗粒，使其通过筛孔。

（4）称取各筛的筛余量，精确到1g。

3.1.6.4　结果计算

根据各筛的累计筛余百分率，评定该试样的颗粒级配。

3.1.7　*碎石或卵石的表观密度试验*（详见试验1）

3.1.8　*碎石或卵石的堆积密度试验*（详见试验1）

3.1.9　*碎石或卵石的含水率测定*

最少试样数量见试表-3，试验步骤与砂的含水率测定方法相同。

试验 4　普通混凝土试验

根据 GB/T 50080—2002、GB/T 50081—2002、JTG E30—2005 进行试验与评定。

4.1.1　普通混凝土拌合物实验室拌合方法

4.1.1.1　一般规定

（1）拌制混凝土的原材料应符合技术要求，并与施工实际用料相同。在拌合前，材料的温度应与室温［应保持（20±5）℃］相同，水泥如有结块现象，应用 64 孔/cm^2 筛过筛，筛余物不得使用。

（2）拌制混凝土的材料用量以质量计。称量的精确度：集料为±1%，水、水泥、外加剂及掺合料为±0.5%。

4.1.1.2　主要仪器设备

（1）搅拌机　容量 30～100L，转速为 18～22r/min。

（2）磅秤　称量 100kg，感量 50g。

（3）其他用具　天平（称量 1kg，感量 0.5g 以及称量 10kg，感量 5g）、量筒（200cm^3、1 000cm^3）、拌铲、拌板（1.5m×2m）等。

4.1.1.3　拌合方法

每盘混凝土拌合物最小拌合量应符合试表-4 的规定。

试表-4　混凝土拌合物最少拌合量

集料最大粒径（mm）	拌合数量（L）
31.5 及以下	15
37.5	25

1. 人工拌合

（1）按所定配合比备料。

（2）将拌板和拌铲用湿布润湿后，将砂倒在拌板上，然后加入水泥，用拌铲自拌板一端翻拌至另一端，如此重复，直至充分混合，颜色均匀，再加入石子，翻拌至混合均匀为止。

（3）将干混合物堆成堆，在中间作一凹槽，将已称量好的水，倒一半左右在凹槽中（勿使水流出），然后仔细翻拌，并徐徐加入剩余的水，继续翻拌，每翻拌一次，用铲在拌合物上切一次，直到拌合均匀为止。

（4）拌合时力求动作敏捷，拌合时间从加水算起，应大致符合下列规定：

拌合物体积为 30L 以下时 4～5min

拌合物体积为 30～50L 时 5～9min

拌合物体积为 50～70L 时 9～12min

（5）拌好后，根据试验要求，立即做坍落度测定或试件成型。从开始加水时算起，全部操作须在 30min 内完成。

2. 机械搅拌法

（1）按所规定配合比备料。

（2）向搅拌机内依次加入石子、砂和水泥，开动搅拌机，干拌均匀，再将水徐徐加入，继续拌合 2～3min。

（3）将拌合物自搅拌机中卸出，倾倒在拌板上，再经人工翻拌 2 次，即可做坍落度测定或试件成型。从开始加水时算起，全部操作必须在 30min 内完成。

4.1.2　普通混凝土的稠度试验

4.1.2.1　坍落度试验

本方法适用于集料最大粒径不大于 37.5mm、坍落度值不小于 10mm 的混凝土拌合物稠度测定。

1. 主要仪器设备

（1）坍落度筒　坍落度筒是由 1.5mm 厚的钢板或其他金属制成的圆台形筒（试图-6）。底面和顶面应互相平行并与锥体轴线垂直。在筒外 2/3 高度处安装两个把手，下端应焊脚踏板。筒的内部尺寸为：底部直径(200±2)mm，顶部直径(100±2)mm，高度(300±2)mm。

（2）捣棒（直径 16mm，长 650mm 的钢棒，端部应磨圆）、小铲、木尺、钢尺、拌板、镘刀等。

2. 试验步骤

（1）湿润坍落度筒及其他工具，并把筒放在不吸水的平稳刚性水平底板上，然后用脚踩住两边的脚踏板，使坍落度筒装料时保持位置固定。

（2）把按要求取得的混凝土试样用小铲分三层均匀地装入筒内，使捣实后每层高度为筒高的 1/3 左右。每层用捣棒插捣 25 次。插捣应沿螺旋方向由外向中心进行，各次插捣应在截面上均匀分布。插捣筒边混凝土时，捣棒可以稍稍倾斜，插捣底层时，捣棒应贯穿整个深度，插捣第二层和顶层时，捣棒应插透本层至下一层的表面。

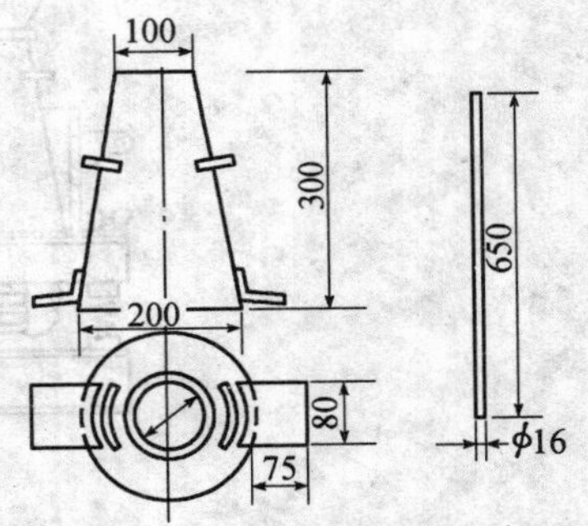

试图-6　坍落度筒及捣棒

浇灌顶层时，混凝土拌合物应灌到高出筒口，插捣过程中，如果混凝土沉落到低于筒口，则应随时添加，顶层插捣完后，刮去多余混凝土并用抹刀抹平。

（3）清除筒边底板上的混凝土后，垂直平稳地提起坍落度筒。坍落度筒的提离过程应在 5～10s 内完成。

从开始装料到提起坍落度筒的整个过程应不间断地进行，并应在 150s 内完成。

（4）提起坍落度筒后，测量筒高与坍落后混凝土试体最高点之间的高度差，即为该混凝土拌合物的坍落度值（以 mm 为单位，精确至 1mm，结果表达修约至 5mm）。

（5）坍落度筒提离后，如试件发生崩坍或一边剪坏现象则应重新取样测定。如第二次仍出现这种现象，则表示该拌合物和易性不好。

（6）测定坍落度后，观察拌合物下述性质，并记入记录。

1）粘聚性　用捣棒在已坍落的拌合物锥体侧面轻轻击打。此时，如果锥体逐渐下沉，是表示粘聚性良好，如果锥体倒塌、部分崩裂或出现离析现象，则表示粘聚性不好。

2）保水性　以混凝土拌合物中稀浆析出的程度来评定。坍落度筒提起后如有较多的稀浆从底部析出，锥体部分的混凝土也因失浆而集料外露，则表明此混凝土拌合物的保水性不好，如无这种现象，则保水性良好。

（7）当混凝土拌合物的坍落度大于220mm时，用钢尺测量混凝土扩展后最终的最大直径与最小直径，在这两个直径之差小于50mm的条件下，用其算术平均值作为坍落扩展度；否则此次试验无效。

如果发现粗集料在中央集堆或边缘有水泥浆析出，表示该混凝土拌合物抗离析性差。

3. 坍落度的调整

当测得拌合物的坍落度低于要求数值，或认为粘聚性、保水性不满足时，可掺入备用的5%或10%水泥和水（水灰比不变）；当坍落度过大时，可酌情增加砂和石子的用量（一般使砂率不变），尽快拌合，重新测定坍落度值。

4.1.2.2 维勃稠度试验

本方法适用于集料最大粒径不大于37.5mm，维勃稠度在5~30s之间的混凝土拌合物稠度测定。

1. 主要仪器设备

（1）维勃稠度仪（试图-7），由以下部分组成：

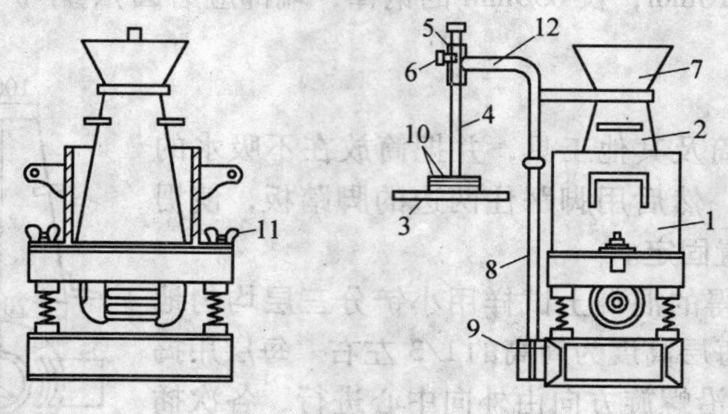

试图-7 维勃稠度仪

1—容器；2—坍落度筒；3—透明圆盘；4—测杆；
5—套筒；6—定位螺栓；7—漏斗；8—支柱；
9—定位螺栓；10—荷重；11—固定螺丝；12—旋转架

1）振动台 台面长380mm，宽260mm，振动频率（50±3）Hz，装有空容器时台面振幅为（0.5±0.1）mm。

2）容器 由钢板制成，内径（240±5）mm，高（200±2）mm。

3）旋转架 与测杆及喂料斗相连，测杆下部安装有透明且水平的圆盘。透明圆盘直径为（230±2）mm，厚（10±2）mm。由测杆、圆盘及荷重块组成的滑动部分总质量应为（2 750±50）g。

4）坍落度筒及捣棒同坍落度试验，但筒没有脚踏板。

（2）其他用具 与坍落度试验相同。

2. 测定步骤

（1）将维勃稠度仪放置在坚实水平的基面上，用湿布将容器、坍落度筒、喂料斗内壁及其他用具擦湿。就位后，测杆、喂料斗的轴线均应和容器轴线重合。然后拧紧固定螺丝11。

（2）将混凝土拌合物经喂料斗分三层装入坍落度筒。装料及插捣均与坍落度试验相同。

（3）将圆盘、喂料斗都转离坍落度筒，小心并垂直地提起坍落度筒，此时应注意不使混凝土试体产生横向扭动。

（4）再将圆盘转到混凝土上方，放松螺丝，降下圆盘，使它轻轻地接触到混凝土顶面，拧紧螺丝。同时开启振动台和秒表，在透明圆盘的底面被水泥浆布满的瞬间立即关闭振动台和秒表。由秒表读得的时间（s）即为混凝土拌合物的维勃稠度值（精确到1s）。

4.1.3 普通混凝土立方体抗压强度试验

本试验采用立方体试件，以同一龄期的试件为一组，每组至少为3个同条件的试件，试件尺寸按集料的最大粒径如试表-5所示。

试表-5 混凝土试件尺寸选用表

试件横截面尺寸（mm）	集料最大粒径（mm）	每层插捣次数	抗压强度换算系数
100×100×100	31.5	12	0.95
150×150×150	37.5	25	1
200×200×200	63	50	1.05

4.1.3.1 主要仪器设备

（1）试验机 精度（示值的相对误差）为±1%，其量程应能使试件的预期破坏荷载值在全量程的20%～80%范围内。试验机应按计量仪表使用规定进行定期检查，以确保试验机工作的准确性。

（2）振动台 振动台的频率为（50±3）Hz，空载振幅约为0.5mm。

（3）试模 试模由铸铁、铸钢或硬质塑料制成，应具有足够的刚度并拆装方便。试模内表面应机械加工，其不平度应为每100mm不超过0.05mm，组装后各相邻面的不垂直度应不超过±0.5°。

（4）捣棒、小铁铲、金属直尺、抹刀等。

4.1.3.2 试件的制作

（1）每一组试件所用的混凝土拌合物由同一次拌合成的拌合物中取出。

（2）制作前，应将试模擦净并在其内表面涂以一层矿物油脂。

（3）坍落度不大于70mm的混凝土宜用振动振实。将拌合物一次装入试模，并稍有富余，然后将试模放在振动台上。试模应附着或固定在振动台上，振动时试模不得有任何跳动，振动至表面呈现水泥浆时为止。记录振动时间，振动结束后用抹刀沿试模边缘将多余的拌合物刮去，并随即用抹刀将表面抹平。

坍落度大于70mm的混凝土宜采用人工捣实，混凝土分两次装入试模，每层厚度大致相等，插捣按螺旋方向从边缘向中心均匀进行。插捣底层时，捣棒应达到试模底面，插捣上层时，捣棒应穿入下层深度约20～30mm。插捣时捣棒保持垂直不得倾斜，并用抹刀沿试模内壁插入数次，以防试件产生麻面。每层插捣次数见试表-5，一般每100cm^{2}应不少于12次。插捣后应用橡胶锤轻轻敲击试模四周，直至插捣棒留下的空洞消失为止。然后刮去多余混凝土，待混凝土临近初凝时用抹刀抹平。

4.1.3.3 试件的养护

（1）采用标准养护的试件成型后应覆盖表面，以防止水分蒸发，并应在温度为(20±5)℃下静置一昼夜至两昼夜，然后编号拆模。并将试件立即放在温度为（20±2）℃，湿度为95%以上的养护室中养护或在温度为（20±2）℃的不流动的氢氧化钙饱和溶液中养护。标准养护室的试件应放在架上，彼此间距为10～20mm，并不得用水直接冲淋试件。

（2）与构件同条件养护的试件成型后，应覆盖表面，试件的拆模时间可与实际构件的拆模时间相同。拆模后，试件仍需保持同条件养护。

4.1.3.4 抗压强度试验

（1）试件自养护室中取出后应及时进行试验，将试件表面和上下承压板面擦干净。

（2）将试件放在试验机的下压板上，试件的承压面应与成型时的顶面垂直。试件的中心与试验机下压板中心对准，开动试验机，当上压板与试件接近时，调整球座，使接触均衡。

（3）加载时，应连续而均匀地加荷，其加荷速度为：混凝土强度等级＜C30时，取0.3～0.5MPa/s；混凝土强度等级≥C30且＜C60时，取0.5～0.8MPa/s；混凝土强度等级≥C60时，取0.8～1.0MPa/s。当试件接近破坏而开始迅速变形时，停止调整试验机油门，直至试件破坏，并记录破坏荷载 P（N）。

4.1.3.5 试验结果计算

（1）试件的抗压强度，按下式计算（精确至0.1MPa）：

$$f_{cu}=\frac{P}{A}$$

（2）以3个试件的算术平均值作为该组试件的抗压强度。

如果3个测定值中的最大值或最小值中有一个与中间值的差值超过中间值的15%，则把最大值及最小值一并舍除，取中间值作为该组试件的抗压强度值。如最大值和最小值与中间值的差均超过15%，则此组试验作废。

（3）混凝土的抗压强度是以150mm×150mm×150mm的立方体试件的抗压强度为标准，其他尺寸试件的测定结果，应换算成标准尺寸立方体试件的抗压强度，换算系数见试表-5。

4.1.4 混凝土劈裂抗拉强度试验

4.1.4.1 主要仪器设备

（1）试验机 同“普通混凝土抗压强度试验”中的规定。

（2）试模 同“普通混凝土抗压强度试验”中的规定。

（3）垫条 直径为150mm的钢制弧形垫条，垫条长度不应短于试件的边长。

垫条与试件之间应垫以木质三合板垫层，垫层宽20mm，厚3～4mm，长度不短于试件边长，垫层不得重复使用。试验装置如试图-8所示。

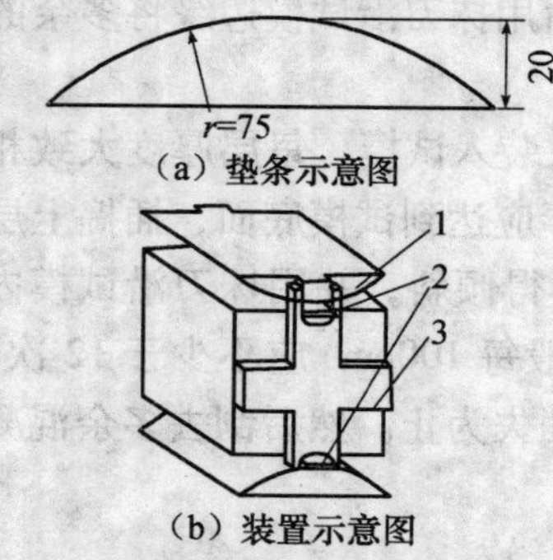

试图-8 混凝土劈裂抗拉强度试验装置示意图

1—垫块；2—垫条；3—支架

4.1.4.2 试验步骤

（1）试件从养护室中取出后，擦干净，在试件侧面中部划线定出劈裂面的位置使之与试件成型时的顶面垂直。

（2）量出劈裂面的边长（精确至1mm），计算出劈裂面面积 A（mm^2）。

（3）将装有试件的支架放在压力机上下压板的中心位置。

（4）加荷时必须连续而均匀进行，其加荷速度为：混凝

土强度等级 < C30 时，取 0.02 ~ 0.05MPa/s；混凝土强度等级 ≥ C30 且 < C60 时，取 0.05 ~ 0.08MPa/s；混凝土强度等级 ≥ C60 时，取 0.08 ~ 0.10MPa/s。在试件临近破坏开始急速变形时，停止调整试验机油门，继续加荷直至试件破坏，记录破坏荷载 P（N）。

4.1.4.3 试验结果计算

（1）劈裂抗拉强度 f_{ts} 按下式计算（精确至 0.01MPa）：

$$f_{ts} = \frac{2P}{\pi A} = 0.637 \times \frac{P}{A}$$

（2）以 3 个试件的算术平均值作为该组试件的劈裂抗拉强度。其异常数据的取舍原则与混凝土抗压强度相同。

（3）标准试件为 150mm × 150mm × 150mm 立方体试件，如采用边长为 100mm 的立方体试件，强度值应乘以换算系数 0.85。≥C60 的混凝土宜采用标准试件。

4.1.5 抗折强度

试件在长向中部 1/3 区段内不得有表面直径超过 5mm、深度超过 2mm 的孔洞。试验机应能施加均匀、连续、速度可控的荷载，并带有能使 2 个相等荷载同时作用在试件跨度 3 分点处的抗折试验装置，参见试图-9。试件的支座和加荷头应采用直径为 20 ~ 40mm、长度不小于 b + 10mm 的硬钢圆柱，支座立脚点固定铰支，其他应为滚动支点。

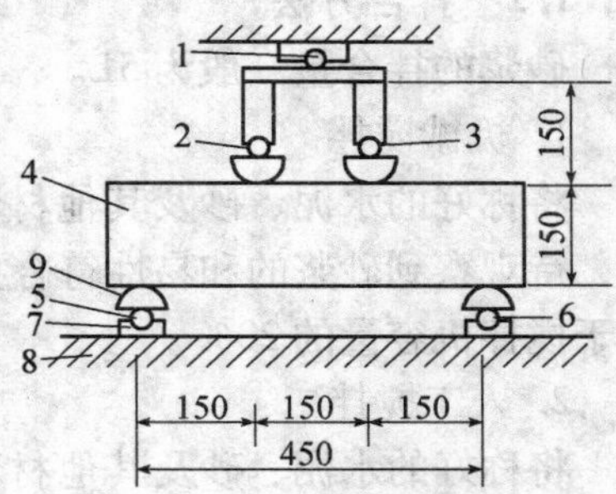

试图-9 水泥混凝土抗折试验装置

1、2、6—一个钢球；3、5—两个钢球；4—试件；7—活动支座；8—机台；9—活动船形垫块

抗折强度试验步骤应按下列方法进行：

（1）试件从养护地取出后应及时进行试验，将试件表面擦干净。

（2）安装尺寸偏差不得大于 1mm。试件的承压面应为试件成型时的侧面。支座及承压面与圆柱的接触面应平稳、均匀，否则应垫平。

（3）施加荷载应保持均匀、连续。当混凝土强度等级 < C30 时，加荷速度取每秒 0.02 ~ 0.05MPa；当混凝土强度等级 ≥ C30 且 < C60 时，取每秒钟 0.05 ~ 0.08MPa；当混凝土强度等级 ≥ C60 时，取每秒钟 0.08 ~ 0.10MPa，至试件接近破坏时，应停止调整试验机油门，直至试件破坏，然后记录破坏荷载及试件下边缘断裂位置。

抗折强度试验结果计算及确定按下列方法进行：

（1）若试件下边缘断裂位置处于二个集中荷载作用线之间，则试件的抗折强度 f_f（MPa）按下式计算（精确至 0.01MPa）：

$$f_f = \frac{Pl}{bh^2}$$

抗折强度值的异常数据的取舍原则与混凝土抗压强度相同。

（2）3 个试件中若有一个折断面位于两个集中荷载之外，则混凝土抗折强度值按另两个试件的试验结果计算。若这两个测值的差值不大于这两个测值的较小值的 15% 时，则该组试件的抗折强度值按这两个测值的平均值计算，否则试验无效；当试件尺寸为 100mm × 100mm × 100mm 非标准试件时，应乘以尺寸换算系数 0.85；当混凝土强度等级 ≥ C60 时，宜采用标准试件。

试验5　砂浆试验

根据 JGJ 70—1990 进行试验与评定。

5.1.1　砂浆拌合物的实验室拌合方法

5.1.1.1　一般规定

（1）试验用水泥和其他材料应与现场使用材料一致。水泥如有结块应充分混合均匀，经0.9mm 筛子过筛。砂也应经5mm 筛子过筛。

（2）试验用材料应提前运入室内，拌合时实验室的温度保持在（20±5）℃。

（3）试验室拌合砂浆，应以质量计算。称量精度：水泥和外加剂为±0.5%，砂、石灰膏、粉煤灰、磨细生石灰、黏土膏为±1%。

5.1.1.2　拌合方法

砂浆的拌合量一般为5L。

1. 机械搅拌

将称好的水泥、砂及其他材料装入砂浆搅拌机，开动搅拌机干拌均匀后，再逐渐加入水，待观察到砂浆的和易性符合要求时，停止加水。搅拌时间不宜少于2min。搅拌量不宜少于搅拌机容量的20%。

2. 人工搅拌

将称好的水泥、砂及其他材料装入搅拌锅内拌合均匀（约1～1.5min），并作一凹槽，将水逐渐加入，待观察到砂浆的和易性符合要求时，停止加水。当使用石灰膏时，应先在凹槽内将石灰膏调稀，然后再与水泥、砂等材料拌合。拌合至砂浆拌合物的颜色均匀一致，搅拌时间应不小于5min。

5.1.2　砂浆稠度试验

5.1.2.1　主要仪器设备

（1）砂浆稠度试验仪　由试锥、锥形容器和支座三部分组成（如试图-10）所示。试锥高度为145mm，锥底直径为75mm，试锥连同滑杆的质量为300g；盛砂浆的圆锥形容器的高度为180mm，锥底内径为150mm。

（2）捣棒、秒表。

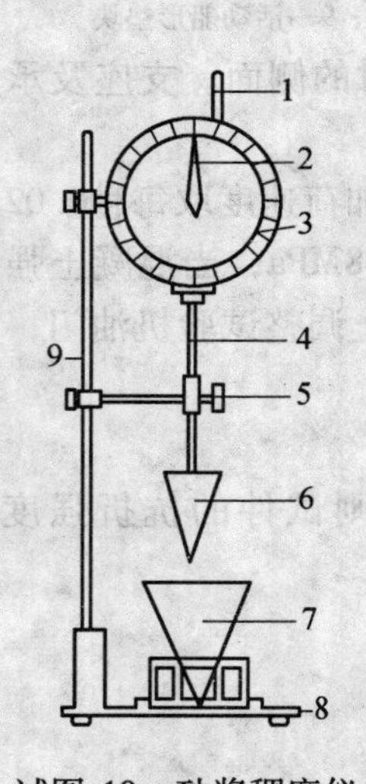

试图-10　砂浆稠度仪
1—齿条测杆；
2—指针；3—刻度盘；
4—滑杆；5—固定螺丝；
6—圆锥体；7—圆锥筒；
8—底座；9—支架

5.1.2.2　试验步骤

（1）用湿布将锥形容器内壁和试锥擦干净，之后将砂浆拌合物一次装入容器，使砂浆表面距锥形容器口约10mm 左右，用捣棒自中心向边缘插捣25次，然后轻轻地将锥形容器摇动或敲击5～6下，使砂浆表面平整。

（2）将盛有砂浆的锥形砂浆的锥形容器置于稠度仪的底座上，放松固定螺丝，当试锥的锥尖与砂浆的表面刚好接触时拧紧固定螺丝。使齿条测杆的下端与滑杆的上端接触，并将指针调至刻度盘零点。然后突然放松固定螺丝（同时计时间），使试锥自由沉入砂浆中，待10s时立即固定螺丝，并使齿条测杆的下端与滑杆的上端接触，从刻度盘上读出试锥下沉的深度，即砂浆的稠度值或沉入度（精确1mm）。

（3）砂浆的稠度不符合要求时，应酌情加入水或其他材料，经重新搅拌后再测试，直至满足要求为止。锥形容器内的砂浆只容许测定一次，重复测定时应重新取样。

（4）取两次实验结果的算术平均值作为砂浆的稠度值（精确至1mm）。如两次试验的结果之差大于20mm，则应另取砂浆搅拌后重新测定。

5.1.3 *砂浆的分层度试验*

5.1.3.1 主要仪器

（1）砂浆分层度仪 为圆形筒，内径为150mm，上节的高度为200mm（无底），下节带底净高度为100mm，上下节连接处设有橡胶垫圈，如试图-11。

（2）水泥胶砂振动台、砂浆稠度仪、搅拌锅、木锤、抹刀等。

5.1.3.2 实验步骤

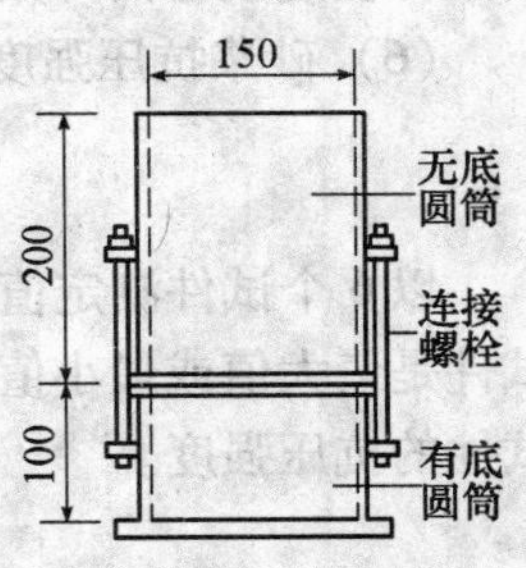

试图-11 砂浆分层度仪

（1）首先按砂浆高度仪试验方法测定砂浆的稠度值 K_1。

（2）将砂浆拌合物一次装入分层度仪内，待装满后用木锤在容器周围距离大致相等的四个不同地方轻轻敲击12下，如砂浆沉落到低于筒口，则随时添加，然后刮去多余的砂浆并用抹刀抹平。

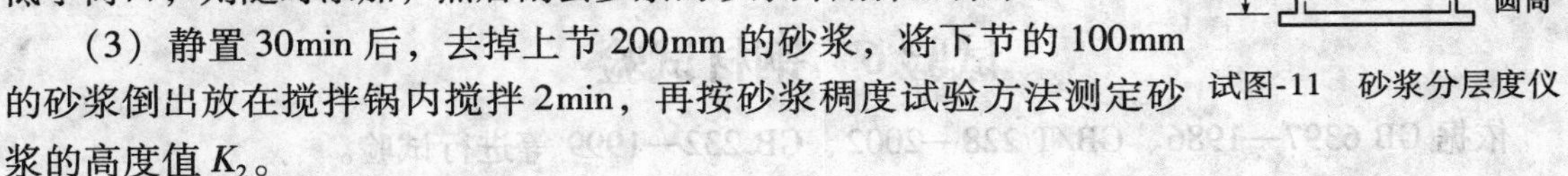

（3）静置30min后，去掉上节200mm的砂浆，将下节的100mm的砂浆倒出放在搅拌锅内搅拌2min，再按砂浆稠度试验方法测定砂浆的高度值 K_2。

（4）两次测定的稠度之差（$K_2 - K_1$），即为砂浆的分层度值（精确至1mm）。

（5）取两次实验结果的算术平均值作为该砂浆的分层度值。如两次的试验之差大于20mm应重新做试验。

注意：也可采用快速法测定分层度。方法是：①首先测定砂浆的稠度值 K_1；②将分层度仪预先固定在水泥胶砂振动台上，将砂浆一次装入分层度筒内，振动20s；③然后去掉上节200mm，将下节100mm砂浆倒入搅拌锅内搅拌2min，之后测定其稠度值 K_2；④两次稠度值之差（$K_2 - K_1$）即为分层度值。如有争议时，以标准法为准。

5.1.4 *砂浆的抗压强度试验*

5.1.4.1 主要仪器设备

（1）试模 为70.7mm×70.7mm×70.7mm的立方体带底模或无底模。

（2）压力试验机 要求与混凝土用压力试验机相同，捣棒、抹刀等。

5.1.4.2 试验步骤

（1）用于多孔材料的砂浆，应将无底试模置于铺有湿纸的砖上。砖的使用表面应平整，吸水率不小于10%，含水率不大于20%。砖四个垂直面粘过水泥或其他胶凝材料后，不允许再使用。放于砖上的湿纸为湿的新闻纸或其他未粘过胶凝材料的纸，纸的大小应盖过砖的四边。用于密实材料的砂浆，应使用带底模。

（2）将砂浆一次装入无底模内，用捣棒由外向里按螺旋方向插捣25次，并用油灰刀沿模壁插捣数次，使砂浆高出试模6～8mm，当砂浆表面开始出现麻斑时（约15～30min）将高出部分的砂浆削去抹平。使用带模时应分两次装入，每次插捣12次，并用油灰刀沿试模壁插捣数次，然后抹平。

(3) 试件成型后在 (20±5)℃的温度条件下养护 (24±4) h。然后编号拆模，在标准养护条件下养护至28d。水泥砂浆和微沫砂浆的标准养护条件为温度 (20±3)℃，相对湿度90%以上；水泥混合砂浆的标准养护条件为温度 (20±3)℃，相对湿度60%~80%。养护期间，试件彼此间隔不小于10mm。

(4) 将试件从养护室取出后应尽快进行实验。试验前应擦干表面，并测定试件的尺寸（精确至1mm）计算出试件的受压面面积 A。

(5) 以砂浆试件的侧面作为承压面，将试件放在试验机压板的正中。开动压力机，以0.5~1.5kN/s的速度均匀加荷（强度小于等于5MPa时取下限，强度大于5MPa时取上限），当试件接近破坏而开始迅速变形时停止调整油门，直至试件破坏，记录破坏荷载 F。

(6) 砂浆抗压强度按下式计算（精确至0.1MPa）：

$$f = \frac{F}{A}$$

以6个试件测定值的算术平均值作为该组试件的抗压强度值（精确至0.1MPa），当6个试件是最大值或最小值与平均值的差超过20%时，以中间4个试件的算术平均值作为该组试件的抗压强度。

试验6　钢材试验

依据GB 6397—1986、GB/T 228—2002、GB 232—1999等进行试验。

6.1.1　一般规定

(1) 同一截面尺寸和同一炉罐号组成的钢筋分批验收时，每批质量不大于60t。如炉罐号不同时，应按《钢筋混凝土结构用热轧光圆（带肋）钢筋》规定验收。

(2) 钢筋应有出厂证明书或试验报告单。验收时应抽样作机械性能试验，包括拉力试验和冷弯试验两个项目。两个项目中如有一个项目不合格，该批钢筋即为不合格品。

(3) 钢筋在使用中如有脆断、焊接性能不良或机械性能显著不正常时，尚应进行化学成分分析。

(4) 取样方法和结果评定规定。自每批钢筋中任意抽取两根，于每根距端部50mm处各取一套试样（两根试件）。在每套试样中取一根作拉力试验，另一根作冷弯试验。在拉力试验的两根试件中，如其中一根试件的屈服点、抗拉强度和伸长率三个指标中有一个指标达不到钢筋标准中规定的数值，应再抽取双倍（4根）钢筋，制取双倍（4根）试件重新作试验，如仍有一根试件的一个指标达不到标准要求，则不论这个指标在第一次试验中是否达到标准要求，拉力试验项目也作为不合格。在冷弯试验中，如有一根试件不符合标准要求，应同样抽取双倍钢筋，制成双倍试件重新试验，如仍有一根试件不符合标准要求，冷弯试验项目即为不合格。

(5) 试验应在10~35℃，或在控制条件下 (23±5)℃进行，如试验温度超出这一范围，应在试验记录和报告中注明。

6.1.2　拉力试验

6.1.2.1　主要仪器设备

万能材料试验机、钢板尺、游标卡尺、千分尺、两脚扎规等。

6.1.2.2 试件制作与准备

（1）钢筋试件一般不经车削（试图-12）。如受试验机量程限制，直径为 22 ~ 40mm 的钢筋可制成车削加工试件，其形状尺寸应满足试表-6 的要求。

a_0 l_0 h $l_c \geqslant l_0+0.25a_0$ h

试图-12　钢筋试样

l_0—标距；l_c—平行长度；a_0—钢筋直径；h—夹头长度

（2）经机加工钢筋试样的平行长度为 $l \geqslant l_0 + a/2$，仲裁试验时为 $l \geqslant l_0 + 2a$，除非材料尺寸不足够；不经机加工试样的平行长度应保证试验机两夹头间的自由长度足够，以使试样原始标距的标记与最接近夹头间的距离不小于 1.5a。

试表-6　圆形横截面比例试样

钢筋直径 a_0（mm）	经机加工钢筋过渡弧半径 r（mm）	$k=5.65$		$k=11.3$	
		钢筋原始长度 l_0（mm）	钢筋平行长度 l_c（mm）	钢筋原始长度 l_0（mm）	钢筋平行长度 l_c（mm）
3 ~ 25	0.75	$5a_0$	$l \geqslant l_0 + a_0/2$，仲裁时 $l = l_0 + 2a_0$	$10a_0$	$l \geqslant l_0 + a_0/2$，仲裁时 $l = l_0 + 2a_0$

（3）钢筋的原始标距。使用比例试样时原始标距（l_0）与原始横截面积（A_0）应有以下关系：

$$l_0 = k\sqrt{A_0}$$

式中　k——比例系数，通常取值 5.65。但如相关产品标准规定，可以采用 11.3 的系数值。

圆形横截面比例试样采用试表-6 的试样尺寸。

（4）在试件表面用铅笔划一平行其轴的直线，在直线上以浅冲眼冲出标距端点（标点），并沿标距长度用油漆划出 10 等分点的合格标点（试图-12）。

（5）测量标距长度 l_0，精确至 0.1mm。

（6）未经车削的试件，按质量法求出横截面积 A_0：

$$A_0 = \frac{m}{7.85l}$$

式中　m——试件质量，g；

l——试件长度，cm；

7.85——钢筋的密度，g/cm^3。

6.1.2.3 屈服强度 σ_s 和抗拉强度 σ_b 的测定

1. 调整试验仪器

调整试验测力度盘的指针，使对准零点，并拨动副指针，使与主指针重叠。

2. 试件的固定

将试件固定在试验机夹头内，开动试验机进行拉伸。

3. 试验速率

（1）上屈服强度　在弹性范围和直至上屈服强度，试验机夹头的分离速率应尽可能保持恒定，并且应力增加速度需在6～60MPa/s范围内。

（2）下屈服强度　若仅测定下屈服强度，在试样平行长度的屈服期间应变速率应在0.00025～0.0025/s之间。平行长度内的应变速率应尽可能保持恒定。如不能直接调节这一应变速率，应通过调节屈服即将开始前的应力速率进行调整，在屈服完成之前不再调节试验机的控制。任何情况下，弹性范围内的应力速率不得超过60MPa/s。

如在同一试验中测定上屈服强度和下屈服强度，测定下屈服强度的条件也应符合上述要求。

（3）规定非比例延伸强度、规定总延伸强度和规定残余延伸强度，应力速率应在6～60MPa/s范围内。

在塑性范围和直至规定强度（规定非比例延伸强度、规定总延伸强度和规定残余延伸强度）应变速率不应超过0.0025/s。

（4）夹头分离速率　如试验机无能力测量或控制应变速率，直至屈服完成，应采用等效于6～60MPa/s的应力速率的试验机夹头分离速率。

（5）测定抗拉强度的试验速率

1）塑性范围　平行长度的应变速率不应超过0.008/s。

2）弹性范围　如试验不包括屈服强度或规定强度的测定，试验机的速率可以达到塑性范围内允许的最大速率。

4. 上屈服强度和下屈服强度的测定

呈现明显屈服（不连续屈服）现象的钢材采用下列方法测定上屈服强度和下屈服强度。

（1）图解方法　试验时记录力-延伸曲线或力-位移曲线。从曲线图读取力首次下降前的最大力和不计初始瞬时效应时屈服阶段中的最小力或屈服平台恒定力。将其分别除以试样原始横截面积（A_0）得到上屈服强度和下屈服强度。仲裁时才用图解方法。

（2）指针方法　试验时，读取测力度盘指针首次回转前指示的最大力和不计初始瞬时效应时屈服阶段中指示的最小力或首次停止转动指示的恒定力。将其分别除以试样原始横截面积（A_0）得到上屈服强度和下屈服强度。

也可以使用自动装置（例如微处理机等）或自动测试系统测定上屈服强度和下屈服强度，可以不绘制拉伸曲线图。

5. 抗拉强度的测定

采用图解方法或指针方法测定抗拉强度。对于呈现明显屈服（不连续屈服）现象的金属材料，从记录的力-延伸或力-位移曲线图，或从测力度盘，读取过了屈服阶段之后的最大力；对于呈现无明显屈服（连续屈服）现象的金属材料，从记录的力-延伸或力-位移曲线图，或从测力度盘，读取试验过程中的最大力。最大力除以试样原始横截面积（A_0）得到抗拉强度。

6. 断后伸长率的测定

为了测定断后伸长率，应将试样断裂的部分仔细地配接在一起使其轴线处于同一直线上，并采取特别措施确保试样断裂部分适当接触后测量试样断后标距。这对小横截面试样和低伸长率试样尤为重要。

（1）应使用分辨力优于0.1mm的量具或测量装置测定断后标距（l_u），准确到±0.25mm。断后伸长率（说明：按GB/T 228—2002，δ_5、δ_{10}应分别表示为$\delta_{5.65}$、$\delta_{11.3}$）按下式计算：

$$\delta_5（或\delta_{10}）=\frac{l_u-l_0}{l_0}\times100\%$$

原则上只有断裂处与最接近的标距标记的距离不小于原始标距的三分之一情况方为有效。但断后伸长率大于或等于规定值，不管断裂位置处于何处测量均为有效。

（2）能用引伸计测定断裂延伸的试验机，引伸计标距（l_e）应等于试样原始标距（l_0），无需标出试样原始标距的标记。以断裂时的总延伸作为伸长测量时，为了得到断后伸长率，应从总延伸中扣除弹性延伸部分。

原则上，断裂发生在引伸计标距以内方为有效，但断后伸长率等于或大于规定值，不管断裂位置处于何处测量均为有效。

注：如产品标准规定用一固定标距测定断后伸长率，引伸计标距应等于这一标距。

（3）试验前通过协议，可以在一固定标距上测定断后伸长率，然后使用换算公式或换算表将其换算成比例标距的断后伸长率（例如可以使用GB/T 17600.1和GB/T 17600.2）的换算方法）。

注：仅当标距或引伸计标距、微截面的形状和面积均为相同时，或当比例系数k相同时，断后伸长率才具有可比性。

（4）按照（2）测定的断裂总延伸除以试样原始标距得到断裂总伸长率。

（5）为了避免因发生在（2）规定的范围以外的断裂而造成试样报废，可以采用如下移位方法测定断后伸长率。

1）试验前将原始标距（l_0）细分为N等分。

2）试验后，以符号A表示断裂后试样短段的标距标记，以符号B表示断裂试样长段的等分标记，此标记与断裂处的距离最接近于断裂处至标距标记A的距离，见试图-13。如A与B之间的分格数为n，按如下测定断后伸长率：

①如$N-n$为偶数（见试图-13a），测量A与B之间的距离和测量从B至距离为1/（$N-n$）个分格的C标记之间的距离。按照下式计算断后伸长率：

$$\delta_5（或\delta_{10}）=\frac{AB+2BC-l_0}{l_0}\times100\%$$

②如$N-n$为奇数（见试图-13b），测量A与B之间的距离和测量从B至距离分别为1/（$N-n-1$）和1/（$N-n+1$）个分格的C和之间的距离。按下式计算断后伸长率：

$$\delta_5（或\delta_{10}）=\frac{AB+BC+BC_1-l_0}{l_0}\times100\%$$

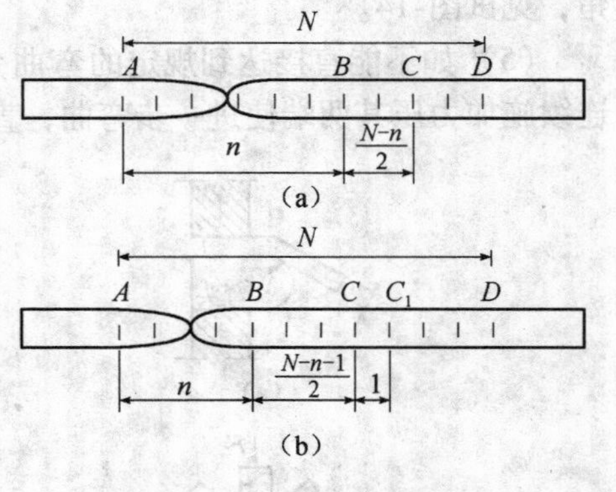

试图-13　位移法测定断后标距l_u

如试样断在标距外或断在机械刻划的标距标记上，而且断后伸长率小于规定最小值，则试验结果无效，应重作试验。

（6）如规定的最小断后伸长率小于5%，则应按下属方法进行。试验前在平行长度的一端处作一很小的标记，使用调节到标距的分规，以此标记为圆心划一圆弧。拉断后，将断裂的试样置于一装置上，最好借助螺丝施加轴向力，以使其在测量时牢固地对接在一起。以原圆心为圆心，以相同的半径划第二个圆弧。用工具显微镜或其他合适的仪器测量两个圆弧之间的距离即为断后伸长，准确到±0.02mm。为使划线清晰可见，试验前涂上一层染料。

测试的性能结果数值的修约应按试表-7 的要求进行修约。

试表-7　性能结果数值的修约间隔

性　能	范　围	修约间隔
上屈服点、下屈服点、抗拉强度、规定非比例延伸强度等各强度指标	<200MPa >200~1 000MPa >1 000MPa	1MPa 5MPa 10MPa
屈服点延伸率	—	0.05%
各伸长率（屈服点延伸率除外）、断面收缩率	—	0.5%

6.1.3　冷弯试验

6.1.3.1　试验目的

检定钢筋承受规定弯曲变形性能，并显示其缺陷。

6.1.3.2　主要仪器设备

压力机；万能试验机；虎钳式弯曲装置、支辊式弯曲装置、V 型模具式弯曲装置、翻板式弯曲装置等。虎钳式弯曲装置、支辊式弯曲装置见试图-14。

6.1.3.3　试验步骤及结果评定

（1）试件不经车削，长度为$5\pi(a+d)+140$mm，a 为试件的计算直径（mm）。

（2）弯曲直径按相关标准选用（可参考本书第 8 章）。

（3）按试图-14a 调整两支辊间的净距离使等于$(d+3a)\pm0.5a$。

（4）按试图-14b 装置好试件后平衡地施加荷载，钢筋须绕着弯心，弯曲到要求的弯曲角，见试图-14。

（5）如不能直接达到规定的弯曲角度，应将试样置于两平行压板之间（见试图-15），连续施加力压其两端使进一步弯曲，直至达到规定的弯曲角度。

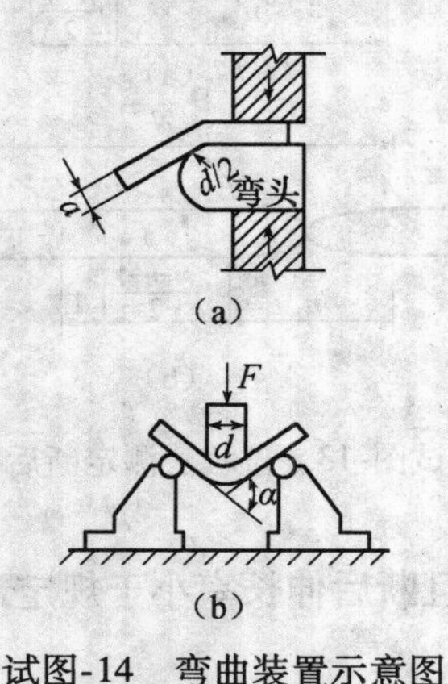

试图-14　弯曲装置示意图

（a）虎钳式弯曲装置；（b）支辊式弯曲装置

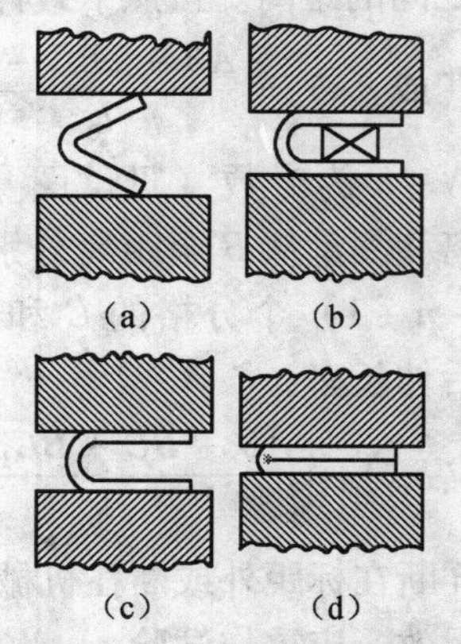

试图-15　弯曲试验示意图

试样弯曲至180°角两臂相距规定距离且相互平行的试验，采用试图-14b的方法时，首先对试样进行初步弯曲（弯曲角度应尽可能大），然后将试样置于两平行压板之间连续施加力压其两端使进一步弯曲，直至两臂平行，见试图-15c。试验时可以加或不加垫块。除非产品标准中另有规定，垫块厚度等于规定的弯曲压头直径。

试样弯曲至两臂直接接触的试验，应首先将试样进行初步弯曲（弯曲角度应尽可能大），然后将其置于两平行压板之间，见试图-15a，连续施加力压其两端使进一步弯曲，直至两臂直接接触，见试图-15d。

（6）试件经弯曲后，检查弯曲处的外面和侧面，如无裂缝、裂断或起层，即认为冷弯试验合格。

试验7　石油沥青试验

依据GB/T 4509—1998、GB/T 4508—1999、GB/T 4507—1999进行试验。

7.1.1　取样方法

从容器中取样，按容器的总件数的2%（但不应少于两件）取试样，在10mm以下取1.0～1.5kg试样；从散装的石油沥青中取样，在一批产品中不同的位置取不应少于10块的沥青。

从每块试样的不同部位取三块体积大约相等的小试样，进行各项试验。

7.1.2　针入度测定

7.1.2.1　主要仪器设备

（1）针入度仪（试图-16）　针和针连杆的质量为（50±0.05）g，针长约50mm，直径为1.00～1.02mm。

（2）试样皿　金属或玻璃制的圆柱形平底皿，尺寸为：当针入度<200时，内径为55mm，深35mm；当针入度（200～350）（1/10mm）时，内径为55mm，深70mm；当针入度（350～500）（1/10mm）时，内径为50mm，深60mm。

（3）恒温水浴与温度计　恒温水浴容量不少于10L，能保持温度在±0.1℃范围内。温度计0～50℃，分度0.1℃。

（4）平底玻璃皿　容量不少于350ml。

（5）金属皿或瓷皿　熔化试样用。

（6）秒表。

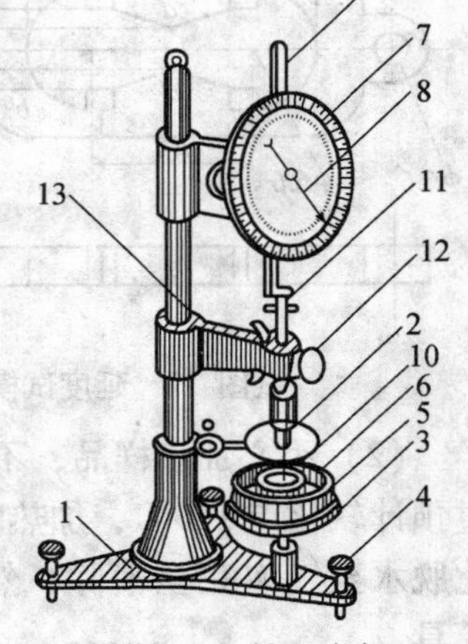

试图-16　针入度仪

1—底座；2—小镜；3—圆形平台；4—调平螺丝；5—保温皿；6—试样；7—刻度盘；8—指针；9—活杆；10—标准针；11—连杆；12—按钮；13—砝码

7.1.2.2　试验准备

小心加热样品，不断搅拌以防局部过热，加热到使样品能够流动。加热温度不超过软化点的90℃，加热时间不超过30min。加热搅拌过程中避免试样中进入气泡。将试样倒入试样皿，在15～30℃的空气中冷却1～2h，然后将盛样皿浸入（25±0.5）℃的水浴中，恒温1～2h，水浴中水面应高于试样表面10mm。

7.1.2.3　试验步骤

（1）调节针入度仪水平（调平螺丝）。

（2）将已恒温的盛样皿取出，放入水温为25℃的平底玻璃皿中，试样表面以上的水层高度应不小于10mm，将玻璃皿放于圆形平台上，调整标准针，使针尖与试样表面恰好接触，拉下活杆，使与连杆顶端接触，并将刻度盘的指针指在“0”上（或记下指针初始值）。本试验测定温度条件为25℃，标准针、连杆及砝码合重100g。

（3）用手紧压按钮，使标准针自由穿入沥青中5s，停止按压，使指针停止下沉。

（4）再拉下活杆与标准针连杆顶端接触，读出读数，即为针入度值（或与初始值之差）。

（5）同一试样至少测定3次，各测定点及测定点与试样皿边缘之间的距离不小于10mm。每次测定前应将平底玻璃皿放入恒温水浴。每次测定后应将标准针取下，用溶剂擦净擦干。

7.1.2.4 结果评定

（1）平行测定的3个值的最大与最小值之差不超过试表-8中的数值，否则重做。

试表-8 针入度测定允许最大差值

针入度	0~49	50~149	150~249	250~350
最大差值	2	4	6	8

（2）每个试样取3个结果的平均值作为试样的针入度（1/10mm）。

7.1.3 延度测定

7.1.3.1 主要仪器设备

（1）延度仪 拉伸速度为（5±0.25）cm/min。

（2）试模 由两个端模和两个侧模组成，其形状尺寸如试图-17。

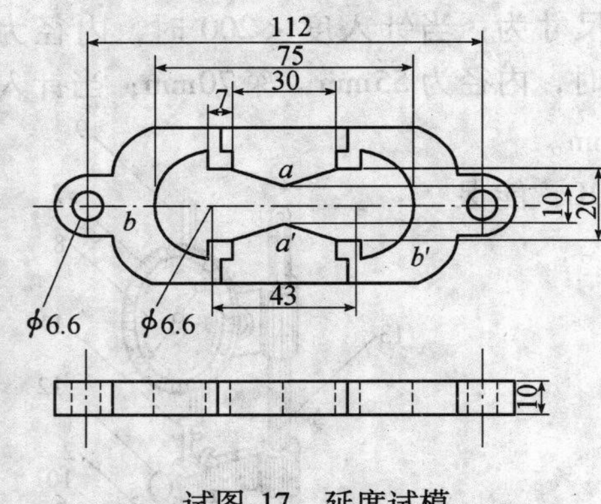

试图-17 延度试模

（3）温度计 0~50℃，分度0.1℃和0.5℃各一支。

（4）恒温水浴 水浴能保持试验温度变化不大于0.1℃，容量至少为10L。

（5）金属皿或瓷皿 熔化沥青用。

（6）筛 孔径0.3~0.5mm，过滤试样用。

（7）甘油、滑石粉隔离剂。

7.1.3.2 试验准备

（1）组装模具于金属板上，在底板和侧模的内侧面涂隔离剂。

（2）小心加热样品，不断搅拌以防局部过热，加热到使样品能够流动。加热温度不超过预计软化点110℃，加热时间不超过2h。加热搅拌过程中避免试样中进入气泡。将沥青熔化脱水至气泡完全消除，然后将沥青试样自模的一端至另一端往返倒入，使试样略高于模具。

7.1.3.3 试验步骤

（1）调正延度仪使指针正对标尺的零点。

（2）试件恒温85~95min后，将模具两端的孔分别套在滑板及槽端的金属柱上，然后去掉侧模。

（3）开动延度仪（水温25℃），并观察拉伸情况，如发现沥青细丝浮于水面或沉入槽底时，则应在水中加入乙醇或食盐水调整水的密度至与试样密度相近后，再测定。

（4）试样拉断时，指针所指读数即为试样的延度，以 cm 计。

7.1.3.4 结果评定

取平行测定3个结果的算术平均值作为测定结果。如其中两个较高值在平均值5%之内，而最低值不在平均值5%之内，则弃去最低值，取两个较高值的平均值作为测定结果，否则重新测定。

7.1.4 软化点测定

7.1.4.1 主要仪器设备

（1）软化点测定仪如试图-18a 所示，钢球直径为9.5mm，质量为（3.50±0.05）g；试样环为铜制锥环或肩环，尺寸如试图-18b 所示；支架由上、中及下承板和定位套组成。

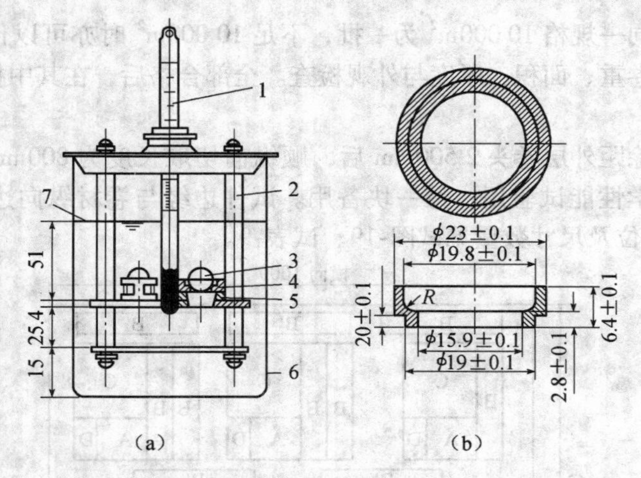

试图-18 环球法与软化点测定仪

（a）组合装置；（b）软化点试样圆环

1—温度计；2—立杆；3—钢球；4—钢球定位环；

5—金属球；6—烧杯；7—液面

（2）电炉或加热器、金属板（一面光洁度为▽8）或玻璃板、刀（切沥青用）、筛（0.3~0.5mm）、甘油、滑石粉、隔离剂、新煮沸的蒸馏水。温度计（30~180℃，分度值0.5℃）。

7.1.4.2 试验准备

（1）小心加热样品，不断搅拌以防局部过热，加热到使样品能够流动。加热温度不超过预计软化点110℃，加热时间不超过120min。加热搅拌过程中避免试样中进入气泡。将铜环置于涂有隔离剂的金属板或玻璃板上，试样过筛后注入铜环内并略高环面，如估计软化点在120℃以上，应将铜环加热至80~100℃。

（2）将试样在空气中冷却30min后，用热刀刮去高出环面的试样，使与环面齐平。

7.1.4.3 试验步骤

（1）将试样环水平地安在环架中层板的圆孔上，然后放入烧杯中，恒温15min。烧杯中事先放入温度（5±1）℃的水（估计软化点低于80℃）或（30±1）℃的甘油（估计软化点高于 80℃）。然后将钢珠放在试样上表面之中，调整水面或甘油液面至深度标记。将温度计由上层板中心孔垂直插入，使水银球与铜环下面齐平。

（2）将烧杯移放至有石棉网的三角架上或电炉上，立即加热，升温速度为（5±0.5）℃/min。

（3）试样受热软化下坠至与下承板面接触时的温度即为试样的软化点。

7.1.4.4 结果评定

（1）平行测定两个结果间的差数不应大于 1.2℃。

（2）取平行测定两个结果的算术平均值作为测定结果。

试验 8 弹性体（塑性体）改性沥青防水卷材试验

依据 GB 18242—2000 进行试验。

8.1.1 取样方法

以同一类型、同一规格 10 000m² 为一批，不足 10 000m² 时亦可以作为一批。在每批中随机抽取 5 卷进行卷重、面积、厚度与外观检查。全部合格后，在其中抽取一卷作为物理力学性能试验的试样。

将取样卷材切除距外层卷头 2 500mm 后，顺纵向切取长度为 800mm 的全幅卷材试样 2 块，一块作物理力学性能试验用，另一块备用。试件边缘与卷材纵向边缘间的距离不小于 75mm。试件切取部位及尺寸数量见试图-19、试表-9。

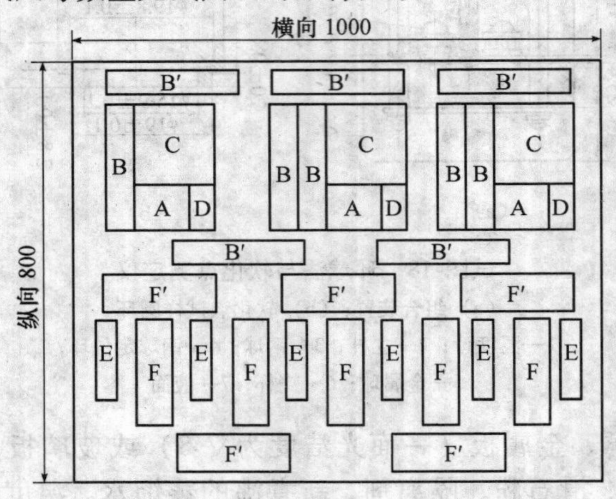

试图-19 试样切取部位示意图

试表-9 试件尺寸和数量

试验项目		试件部位	试件尺寸（mm）	数 量
不透水性		C	150×150	6
低温柔度		E	150×25	6
拉力	纵向	B	250×50	5
	横向	B′	250×50	5

8.1.2 弹性体（塑性体）改性沥青防水卷材不透水性试验

卷材上表面作为迎水面，上表面为砂面、矿物粒料时，下表面作为迎水面。下表面材料为细砂时，在细砂面沿密封圈去除表面浮砂，然后涂一圈 60～100 号热沥青，涂平待冷却 1h 后试验不透水性。

8.1.2.1　主要仪器

不透水仪　为具有 3 个透水盘的不透水仪，透水盘底座内径为 92mm，透水盘金属压盖上有 7 个均匀分布的直径 25mm 透水孔。压力表测量范围为 0～0.6MPa，精度 2.5 级。

8.1.2.2　测试

（1）将 3 块试件分别置于 3 个透水盘试座上，安装好密封圈，并在试件上盖上金属压盖，通过夹脚将试件压紧在试座上。

（2）打开试座进水阀，充水加压，当压力表达到指定压力时，停止加压，关闭进水阀并记录时，随时观察试件是否有渗水现象，并记录渗水时间。在规定测试时间出现其中 1 块或 2 块试件渗漏时，立即关闭控制相应试座的进水阀，以保证其余试件继续测试，直至达到测试规定时间即可卸压取样。

8.1.2.3　结果评定

3 个试件均达到规定指标时，即判为该项合格。

8.1.3　弹性体（塑性体）改性沥青防水卷材拉力试验

8.1.3.1　主要仪器

拉力机　测量范围 0～2 000N，最小读数 5N，夹具夹持宽不小于 50mm。

8.1.3.2　测试

（1）将试件（B、B′）放置在试验温度（23±2）℃下不小于 24h。

（2）调整好拉力机后，将定温处理的试件夹持在夹具中心，并不得歪扭，上下夹具之间距离为 180mm，以拉伸速度 50mm/min 开动拉力机至试件拉断为止，记录最大拉力。

（3）分别计算纵向或横向 5 个试件拉力的算术平均值作为卷材纵向或横向拉力，单位 N/50mm。

8.1.3.3　结果评定

5 个试件测定结果的算术平均值达到规定指标时，即判该项合格。

8.1.4　弹性体（塑性体）改性沥青防水卷材低温柔度试验

8.1.4.1　主要仪器

低温制冷仪　范围 0～－30℃，控温精度±2℃。

半导体温度计　量程 30～－40℃，精度为 0.5℃。

柔度棒或弯板　半径（r）15mm（2、3mm 卷材采用）、25mm（4mm 卷材采用），弯板示意图见试图-20。

冷冻液　不与卷材反应的液体，如车辆防冻液，多元醇、多元醚类。

8.1.4.2　测试

1. A 法（仲裁法）

在不小于 10L 的容器中放入冷冻液（6L 以上），将容器放入低温制冷仪，冷却至标准规定温度。然后将试件与柔度棒（板）同时放在液体中，待温度达到标准规定的温度后至少保持 0.5h。在标准规定的温度下，将试件于液体中在 3s 内匀速绕柔度棒

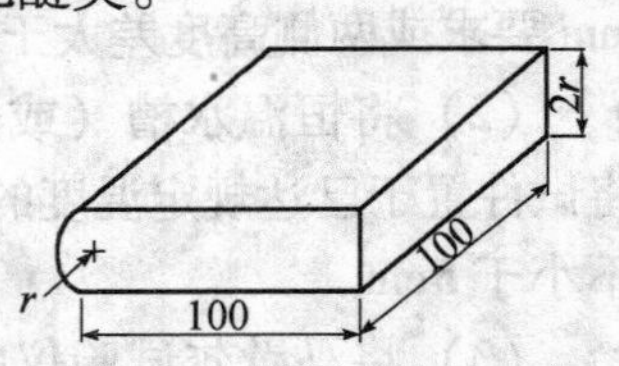

试图-20　金属柔度弯板
（单位 mm）

（板）弯曲180°。

2. B法

将试件和柔度棒（板）同时放入冷却至标准规定温度的低温制冷仪中，待温度达到标准规定的温度后保持时间不少于2h，在标准规定的温度下，在低温制冷仪中将试件于3s内匀速绕柔度棒（板）弯曲180°。

6个试件中，3个试件的下表面及另外3个试件的上表面与柔度棒（板）接触。取出试件用肉眼观察，试件涂盖层有无裂纹。

8.1.4.3　结果评定

6个试件中至少有5个试件无裂纹即判该项合格。

试验9　沥青混合料试验

试验依据《公路工程沥青及沥青混合料试验规程》（JTJ 052—2000）。

9.1.1　沥青混合料马歇尔稳定度试验

9.1.1.1　目的与适用范围（T 0709）

沥青混合料稳定度试验是将沥青混合料制成直径101.6mm、高63.5mm的圆柱形试体，在稳定度仪上测定其稳定度和流值，用来表征其高温时的稳定性和抗变形能力。

根据沥青混合料的力学指标（稳定度和流值）和物理常数（密度、空隙率和沥青饱和度等），以及水稳定性（残留稳定度）和抗车辙（动稳定度）检验，即可确定沥青混合料的配合比。

9.1.1.2　试验仪器与材料

（1）沥青混合料马歇尔试验仪　采用符合国家标准《沥青混合料马歇尔试验仪》（GB/T 11823）技术要求的产品，也可采用带数字显示或用X-Y记录荷载-位移曲线的自动马歇尔试验仪。试验仪最大荷载不小于25kN，测定精度100N，加载速率应保持（50±5）mm/min，并附有测定荷载与试件变形的压力环（或传感器）、流值计（或位移计）、钢球（直径16mm）和上下压头（曲度半径为50.8mm）等组成。

（2）恒温水槽　能保持水温在测定温度±1℃的水槽，深度不少于150mm。

（3）真空饱水容器　由真空泵和真空干燥器组成。

（4）其他　烘箱、天平（分度值不大于0.1g）、温度计（分度1℃）、卡尺或试件高度测定器、棉纱、黄油。

9.1.1.3　试验方法与步骤

1. 标准马歇尔试验方法

（1）用卡尺（或试件高度测定器）测量试件直径和高度［如高度不符合（63.5±1.3）mm要求或两侧高度差大于2mm时，此试件应作废］。

（2）将恒温水槽（或烘箱）调节至要求的试验温度，对黏稠沥青混合料为（60±1）℃。将试件置于已达规定温度的恒温水槽（或烘箱）中保温30~40min。试件应垫起，离容器底部不小于5cm。

（3）将马歇尔试验仪的上下压头放入水槽（或烘箱）中达到同样温度。将上下压头从水槽（或烘箱）中取出拭干净内面。为使上下压头滑动自如，可在下压头的导棒上涂少量黄油。再将试件取出置于下压头上，盖上上压头，然后装在加载设备上。

（4）将流值测定装置安装在导棒上，使导向套管轻轻地压住上压头，同时将流值计读数调零。在上压头的球座上放妥钢球，并对准荷载测定装置（应力环或传感器）的压头，然后调整应力环中百分表对准零或将荷重传感器的读数复位为零。

（5）启动加载设备，使试件承受荷载，加载速率为（50±5）mm/min。当试验荷载达到最大值的瞬间，取下流值计，同时读取应力环中百分表（或荷载传感器）的读数和流值计的流值读数（从恒温水槽中取出试件至测出最大荷载值的时间不应超过30s）。

（6）试验结果和计算

1）稳定度及流值

①由荷载测定装置读取的最大值即试样的稳定度。当用应力环百分表测定时，根据应力环测定曲线，将应力环百分表的读数换算为荷载值，即试件的稳定度（MS），以kN计。

②由流值计或位移传感器测定装置读取的试件垂直变形，即为试件的流值（FL），以0.1mm计。

2）马歇尔模数

试件的马歇尔模数按试下式计算：

$$T = \frac{MS \cdot 10}{FL}$$

式中 T——试件的马歇尔模数，kN/mm；

MS——试件的稳定度，kN；

FL——试件的流值，0.1mm。

当一组测定值中某个数据的平均值大于标准差的 k 倍时，该测定值应予舍弃，并以其余测定值的平均值作为试验结果。当试验数目 n 为3、4、5、6个时，k 值分别为1.15、1.46、1.67、1.82。

试验应报告马歇尔稳定度、流值、马歇尔模数，以及试件尺寸、试件的密度、空隙率、沥青用量、沥青体积百分率、沥青饱和度、矿料间隙率等各项物理指标。

2. 浸水马歇尔试验方法

（1）浸水马歇尔试验方法是将沥青混合料试件在规定温度［黏稠沥青混合料为(60±1)℃］的恒温水槽中保温48h，然后测定其稳定度。其余方法与标准马歇尔试验方法相同。

（2）根据试件的浸水马歇尔稳定度和标准马歇尔稳定度，可按下式求得试件浸水残留稳定度。

$$MS_0 = \frac{MS_1}{MS} \cdot 100$$

式中 MS_0——试件的浸水残留稳定度，%；

MS_1——试件的浸水48h后的稳定度，kN；

MS——试件按标准试验方法的稳定度，kN。

3. 真空饱和马歇尔试验方法

（1）真空饱和马歇尔试验方法，是将试件先放入真空干燥器中，关闭进水胶管，开动真空泵，使干燥器的真空度达到97.3kPa（730mmHg）以上，维持15min，然后打开进水胶管，靠负压进入冷水流使试件全部浸入水中，浸水15min后恢复常压，取出试件再放入规定稳定度［黏稠沥青混合料为（60±1)℃］的恒温水槽中保温48h，进行马歇尔试验，其余与标准马歇尔试验方法相同。

（2）根据试件的真空饱水稳定度和标准稳定度，按下式求得试件真空饱水残留稳定度。

$$MS'_0 = \frac{MS_2}{MS} \cdot 100$$

式中 MS'_0——试件的真空饱水残留稳定度，%；

MS_2——试件真空饱水后浸水48h后的稳定度，kN。

9.1.2 沥青混合料车辙试验

沥青混合料车辙试验是用一块经碾压成型的板块试件（通常尺寸为300mm×300mm×50mm），在规定温度条件（通常为60℃）下，以一个轮压为0.7MPa的实心橡胶轮胎在其上行走，测量试件在变形稳定期时，每增加1mm变形试验车轮行走的次数，即称为“动稳定度”，以次/mm表示。

9.1.2.1 试验仪器与材料

1. 车辙试验机

试件台可牢固地安装宽度300mm或150mm的规定尺寸试件的试模。

试验轮为橡胶制的实心轮胎，外径200mm，轮宽50mm，橡胶层厚15mm。橡胶硬度（国际标准硬度）20℃时为84±4，60℃为78±2。试验轮行走距离为（230±10）mm，往返碾压速度为（42±1）次/min（21次往返/min）。允许采用曲柄连杆驱动试验台运动（试验轮不动）或链驱动试验轮运动（试验台不动）的任何一种方式。

加载装置可使用试验轮，以试件的接触压强在60℃时为（0.7±0.05）MPa、施加的总荷载为700N左右为宜，根据需要可以调整。

变形测量装置可使用自动检测车辙变形并记录曲线的装置，通常用LVDT、电测百分表或非接触位移计。

温度检测装置为精度0.5℃的温度传感器温度计，可自动检测并记录试件表面及恒温室的温度。

2. 恒温室

车辙试验机必须整机安放在恒温室内，恒温室装有加热器、气流循环装置及装有自动温度控制设备，保持室温（60±0.5）℃或所需要的其他温度。

9.1.2.2 试验方法与步骤

1. 准备工作

在60℃下，调整试验轮的接地压强为（0.7±0.05）MPa。

在试件成型后，连同试模一起在常温条件下放置的时间不得少于12h。对于聚合物改性沥青混合料试件，放置时间以24h为宜，使聚合物改性沥青充分固化后再进行车辙试验，但在室温中放置的时间不得少于一周。

2. 试验步骤

将试件连同试模一起，置于已达到试验温度（60±1）℃的恒温室中，保温时间不少于5h，也不得多于24h。在试件上试验轮不行走的部位，粘贴热电偶，以检测试验温度。

将试件连同试模置于车辙试验机的试验台上，试验轮在试件的中央部位，其行走方向须与试件碾压方向一致。开动车辙变形自动记录仪，然后启动试验机，使试验轮往返行走，时间约1h，或最大变形达到25mm为止。试验时，试验仪自动记录变形曲线及试件温度。对300mm宽且试验时变形较小的试件，也可对一块试件在两侧1/3位置上进行两次试验取平均值。

9.1.2.3 计算

从车辙结果曲线图上读取45min（t_1）及60min（t_2）时的车辙变形 d_1 及 d_2，准确至0.01mm。如变形过大，在未到60min变形已达25mm时，则以达到25mm（d_2）时的时间作为 t_2，将 t_2 之前的15min作为 t_1 相应的变形量为 d_1。动稳定度按下式计算：

$$DS = \frac{(t_2 - t_1) \times N}{d_2 - d_1} \cdot c_1 \cdot c_2$$

式中 DS——沥青混合料的动稳定度，次/mm；

d_1 和 d_2——分别与时间 t_1（一般为45min）、t_2（一般为60min）对应的变形量，mm；

N——试验轮往返碾压次数，通常为42次/min；

c_1——试验机类型修正系数，曲柄连杆驱动试件的变速行走方式为1.0，链驱动试验轮的等速方式为1.5；

c_2——试件系数，实验室制备的宽300mm的试件为1.0，从路面切割的宽150mm的试件为0.8。

同一沥青混合料或同一路段的路面，至少平行试验3个试件，当3个试件动稳定度变异系数小于20%时，取其平均值作为试验结果。变异系数大于20%时应分析原因，并追加试验。如计算动稳定度值大于6 000次/mm时，计作 >6 000次/mm。重复性试验动稳定度变异系数的允许值为20%。

试验报告应注明试验温度、试验轮接地压强、试件密度、空隙率及试件制作方法等。

9.1.3 沥青混合料冻融劈裂试验

9.1.3.1 目的与适用范围

本方法适用于在规定条件下对沥青混合料进行冻融循环，测定混合料试件在受到水损害前后劈裂破坏的强度比，以评价沥青混合料水稳定性。非经注明，试验温度为25℃，加载速率为50mm/min。

本方法采用马歇尔击实成型的圆柱体试件，击实次数为双面各50次，集料公称最大粒径不得大于26.5mm。

9.1.3.2 试验仪器与材料

（1）试验机　采用马歇尔试验仪。试验机负荷应满足最大测定荷载不超过其量程的80%且不小于其量程的20%的要求，宜采用40kN或60kN传感器，读数精密度为10N。

（2）恒温冰箱　能保持温度为 -18℃，当缺乏专用的恒温冰箱时，可采用家用电冰箱的冷冻室代替，控温准确度为2℃。

（3）恒温水槽　能保持水温于测定温度±1℃的水槽，深度不少于150mm。

（4）压条　上下各一根，试件直径100mm时，压条宽度为12.7mm，内侧曲率半径为50.8mm，压条两端均应磨圆。

（5）劈裂试件夹具　下压条固定在夹具上，压条上下可以自由活动。

（6）其他　塑料袋、卡尺、天平、胶皮手套等。

9.1.3.3 试验方法与步骤

（1）按相关规程制作圆柱体试件，用马歇尔击实仪双面各击实50次，试件数目不少于8个。

（2）测定试件的直径及高度，准确至0.1mm。试件尺寸应符合直径（101.6±0.25）mm、高（63.5±1.3）mm的要求。在试件两侧通过圆心画上对称的十字标记。

（3）按相关试验规程测定试件的密度、空隙率等各项物理指标。

（4）将试件随机分成两组，每组不少于4个，将第一组试件置于平台上，在室温下保存备用。

（5）将第二组试件按标准的饱水试验方法真空饱水，在98.3～98.7kPa（730～740mmHg）真空条件下保持15min，然后打开阀门，靠负压进入冷水流使试件全部浸入水中，浸水30min后恢复常压。

（6）取出试件放入塑料袋中，加入约10ml的水，扎紧口袋，将试件放入恒温冰箱中，冷冻温度为（-18±2）℃，保持（16±1）h。

（7）将试件取出立即放入已保温为（60±0.5）℃的恒温水槽中，撤去塑料袋，保温24h。

（8）将第一组和第二组全部试件浸入温度为（25±0.5）℃的恒温水槽中不少于2h，水温高时可适当加入冷水或冰块调节，保温时试件之间的距离不少于10mm。

（9）取出试件立即按相关规程的加载速率进行劈裂试验，得到试验的最大荷载。

9.1.3.4　计算

（1）劈裂抗拉强度按以下二式计算。

$$R_{T1} = 0.006\,287 P_{T1}/h_1$$

$$R_{T2} = 0.006\,287 P_{T2}/h_2$$

式中　R_{T1}——未进行冻融循环的第一组试件的劈裂抗拉强度，MPa；

R_{T2}——经受冻融循环的第二组试件的劈裂抗拉强度，MPa；

P_{T1}——第一组试件的试验荷载的最大值，N；

P_{T2}——第二组试件的试验荷载的最大值，N；

h_1——第一组试件的试件高度，mm；

h_2——第一组试件的试件高度，mm。

（2）冻融劈裂抗拉强度比按下式计算。

$$TSR = (R_{T2}/R_{T1}) \times 100$$

式中　TSR——冻融劈裂试验强度比，%。

每个试验温度下，一组试验的有效试件不得少于3个，取其平均值作为试验结果。当一组测定值中某个数据的平均值大于标准差的k倍时，该测定值应予舍弃，并以其余测定值的平均值作为试验结果。当试验数目n为3、4、5、6个时，k值分别为1.15、1.46、1.67、1.82。试验结果均应注明试件尺寸、成型方法、试验温度、加载速率。

习题参考答案

1

4. $\rho' = 2.63\text{g/cm}^3$。

8. $\rho' = 2.62\text{g/cm}^3$，$\rho_{0d} = 2\,530\text{kg/m}^3$，$\omega_m = 1.3\%$，$\omega_v = 3.4\%$，$\rho_{pd} = 1\,500\text{kg/m}^3$，$P_a = 3.4\%$。

9. $m = 90.9\text{g}$。

11. $K_w = 0.94$，可以。

12. $\omega_v = 23.9\%$，$\omega_m = 13.7\%$，$\omega'_m = 1.6\%$，$\rho_{pd} = 1\,743\text{kg/m}^3$，$P = 35.2\%$，抗冻性较好（$K_s = 0.68$）。

13. （1）$P_{甲} = 48.1\%$，$\omega_{v甲} = 23.8\%$；（2）$\rho_{0d乙} = 1\,400\text{kg/m}^3$，$P_{乙} = 48.1\%$；（3）$K_{s甲} = 0.49$，$K_{s乙} = 0.96$。

3

4. $f_{压} = 20.7\text{MPa}$，$f_k = 12.2\text{MPa}$，MU15。

5. $f_{压} = 21.4\text{MPa}$，$f_{kmin} = 14.1\text{MPa}$，$f_{折} = 10.0\text{MPa}$，$f_{折min} = 5.5\text{MPa}$，MU15。

6

8. $d_{max} = 37.5\text{mm}$。

9. $\mu_f = 2.7$，属于中砂；级配符合Ⅱ区，级配合格（级配曲线图略）。

10. 甲、乙两石子的最大粒径均为31.5mm，甲的级配符合5～31.5mm级配，乙的级配符合16～31.5mm级配。

19. 甲：$f_{cu} = 27.0\text{MPa}$，$f_{cu,k} = 20.4\text{MPa}$，C20；乙：$f_{cu} = 17.9\text{MPa}$，$f_{cu,k} = 11.3\text{MPa}$，C10。

28. （砂率β_s取33%时）$m_{c0} = 366\text{kg}$、$m_{w0} = 175\text{kg}$、$m_{s0} = 606\text{kg}$、$m_{g0} = 1\,230\text{kg}$，$W/C = 0.478$

29. （略去图）由$f_{28} - C/W$图（线性关系）可得满足强度的灰水比$C/W = 1.84$，$m_c = 345\text{kg}$、$m_w = 188\text{kg}$、$m_s = 628\text{kg}$、$m_g = 1\,219\text{kg}$。

30. $W/C = 0.491$，$f_{cu,k} = 31.1\text{MPa}$，可以满足C30。

31. （弯拉强度变异系数C_v取0.075，坍落度S_L取40mm，砂率β_s取34%时）$m_{c0} = 340\text{kg}$、$m_{w0} = 1\,117\text{kg}$、$m_{s0} = 690\text{kg}$、$m_{g0} = 1\,340\text{kg}$，高效减水剂1.2%。

7

4. （1）$d_{max} = 2.5\text{mm}$，强度等级为32.5的水泥；（2）取胶凝材料总量$m_t = 350\text{kg}$、$m_w = 300\text{kg}$时，$m_c = 217\text{kg}$、$m_a = 133\text{kg}$、$m_s = 1\,479\text{kg}$、$m'_w = 271\text{kg}$。

8

14. $\sigma_s=369\text{MPa}$，$\sigma_b=563\text{MPa}$，$\delta_5=19.3\%$，HRB335。

11

10. A 为 60 号，B 为 100 号，C 为 10 号。
11. ［提示：应尽量多用 10 号或 30 号建筑石油沥青，以保证放水工程质量。因此将 4t 的 30 号石油沥青全部使用］10 号为 13.48t，30 号为 4t，60 号为 2.52t。

12

1. 针入度指数 PI＝0.62，在－2～＋2 之间，属于溶胶-凝胶沥青。
9. 见下表。

序号	沥青含量（%）	空气中质量（g）	水中质量（g）	表干质量（g）	最大理论密度（kg/m^3）	试件的表观密度（kg/m^3）	空隙率（%）	矿料间隙率（%）	沥青饱和度（%）
1	4.5	1 169.3	698.7	1 178.3	2.619	2.485	5.1	15.8	67.6
2	5.0	1 190.1	714.5	1 194.2	2.597	2.502	3.7	15.6	76.5
3	5.5	1 206.2	726.6	1 209.8	2.577	2.515	2.4	15.6	84.7

参考文献

[1] 葛勇，张宝生主编．建筑材料（2002 年新标准版）[M]．北京：中国建材工业出版社，2003.
[2] 王世芳主编．建筑材料 [M]．北京：中央广播电视大学出版社，1997.
[3] 王世芳主编．建筑材料 [M]．武汉：武汉大学出版社，2000.
[4] 湖南大学等合编．土木工程材料 [M]．北京：中国建筑工业出版社，2002.
[5] 钱晓倩主编．土木工程材料 [M]．杭州：浙江大学出版社，2003.
[6] 彭小芹主编．土木工程材料 [M]．重庆：重庆大学出版社，2002.
[7] 王立久主编．建筑材料学（2000 修订版）[M]．北京：中国水利水电出版社，2000.
[8] 葛勇，谭忆秋，袁杰．道路建筑材料 [M]．北京：人民交通出版社，2005.
[9] 李立寒，张南鹭编著．道路建筑材料（第四版）[M]．北京：人民交通出版社，2004.
[10] 葛勇主编．建筑装饰材料 [M]．北京：中国建材工业出版社，1998.
[11] 严捍东主编．新型建筑材料教程 [M]．北京：中国建材工业出版社，2005.
[12] 张宝生，葛勇编著．建筑材料学——概要·思考题与习题·题解 [M]．北京：中国建材工业出版社，1994.
[13] 覃维祖主编．结构工程材料 [M]．北京：清华大学出版社，2000.
[14] 陈建奎．混凝土外加剂原理与应用（第二版）[M]．北京：中国计划出版社，2004.
[15] 赵玉庭，姚希曾．复合材料基体与界面 [M]．上海：上海华东化工学院出版社，1991.
[16] 霍尔 C. 王佩云，曾家华译．聚合物材料 [M]．北京：中国建筑工业出版社，1985.

引用标准、规范、规程与指南一览表

序号	名　　称	序号	名　　称
1	民用建筑节能设计标准(采暖地区)（JGJ 26—1995）	40	吸声用穿孔石膏板［JC/T 803—1989（1996）］
2	建筑设计防火设计规程（GB 50016—2006）	41	嵌装式装饰石膏板［JC/T 800—1988（1996）］
3	建筑内部装修设计防火规范[GB 50222—1995(2001)]	42	建筑装饰工程质量验收规范（GB 50210—2001）
4	砌体结构设计规范（GB 50003—2001）	43	建筑生石灰（JC/T 479—1992）
5	天然饰面石材试验方法（GB 9966．1～6—2001）	44	建筑生石灰粉（JC/T 480—1992）
6	天然大理石建筑板材（GB/T 19766—2005）	45	建筑消石灰粉（JC/T 481—1992）
7	天然花岗石建筑板材（GB/T 18601—2001）	46	工业硅酸钠（GB 4209—1996）
8	烧结普通砖（GB 5101—2003）	47	镁质胶凝材料用原料（JC/T 449—2000）
9	烧结多孔砖（GB 13544—2000）	48	通用硅酸盐水泥［国家标准（报批稿）（2006）］
10	烧结空心砖和空心砌块（GB 13545—2003）	49	白色硅酸盐水泥（GB/T 2015—2005）
11	陶瓷砖（GB/T 4100．1～5—2006）	50	道路硅酸盐水泥（GB 13693—2005）
12	陶瓷马赛克（JC/T 456—2005）	51	抗硫酸盐硅酸盐水泥（GB 748—2005）
13	建筑琉璃制品（JC/T 765—2006）	52	砌筑水泥（GB/T 3183—2003）
14	普通平板玻璃（GB 4871—1995）	53	铝酸盐水泥（GB 201—2000）
15	浮法玻璃（GB 11614—1999）	54	中热硅酸盐水泥、低热硅酸盐水泥、低热矿渣硅酸盐水泥（GB 200—2003）
16	着色玻璃（GB/T 18071—2002）	55	快硬硫铝酸盐水泥、快硬铁铝酸盐水泥（JC 933—2003）
17	压花玻璃（JC/T 511—2002）	56	低碱度硫铝酸盐水泥（JC/T 659—2003）
18	建筑用安全玻璃 第一部分：防火玻璃（GB 15763.1—2001）	57	水泥细度检验方法 筛析法（GB/T 1345—2005）
19	建筑用安全玻璃 第二部分：钢化玻璃（GB 15763.2—2005）	58	水泥标准稠度用水量、凝结时间、安定性检验方法（GB/T 1346—2001）
20	化学钢化玻璃（JC/T 977—2005）	59	水泥胶砂强度检验方法（ISO 法）（GB/T 17691—1999）
21	夹层玻璃（GB 9962—1999）	60	建筑用砂（GB/T 14684—2001）
22	夹丝玻璃［JC 433—1991（1996）］	61	建筑用卵石、碎石（GB/T 14685—2001）
23	吸热玻璃（JC/T 536—1994）	62	普通混凝土用砂质量标准及检验方法（JGJ 52—1992）
24	镀膜玻璃 第1部分：阳光控制镀膜玻璃（GB/T 14915.1—2002）	63	普通混凝土用碎石或卵石质量标准及检验方法（JGJ 53—1992）
25	镀膜玻璃 第2部分：低辐射镀膜玻璃（GB/T 14915.2—2002）	64	混凝土用水标准（JGJ 63—2006）
26	空心玻璃砖（JC/T 1007—2006）	65	混凝土外加剂（GB 8076—1997）
27	中空玻璃（GB 11944—2002）	66	混凝土外加剂应用技术规范（GB 50119—2003）
28	建筑绝热用玻璃棉制品（GB/T 17795—1999）	67	混凝土结构工程施工质量验收规范（GB 50204—2002）
29	吸声用玻璃棉板（JC/T 469—2005）	68	喷射混凝土用速凝剂（JC 477—2005）
30	铸石制品 铸石粉［JC/T 514.1～3—1993（1996）］	69	混凝土防冻剂（JC 475—2004）
31	建筑用岩棉、矿渣棉绝热制品（GB/T 19686—2005）	70	混凝土膨胀剂（JC 476—2001）
32	矿物棉装饰吸声板（JC/T 670—2005）	71	砂浆、混凝土防水剂（JC 474—1999）
33	粉刷石膏（JC/T 517—2004）	72	水泥基渗透结晶型防水材料（GB 18445—2001）
34	建筑石膏（GB 9776—1988）	73	无机防水堵漏材料（JC/T 900—2002）
35	普通纸面石膏板（GB 9775—1999）	74	混凝土泵送剂（JC 473—2001）
36	耐水纸面石膏板［JC/T 801—1989（1996）］	75	钢筋阻锈剂使用技术规程（YB/T 9231—1998）
37	耐火纸面石膏板［JC/T 802—1989（1996）］	76	用于水泥和混凝土中的粉煤灰（GB/T1596—2005）
38	装饰纸面石膏板（JC/T 997—2006）	77	高强高性能混凝土用矿物外加剂（GB/T 18736—2002）
39	装饰石膏板［JC/T 799—1988（1996）］	78	用于水泥和混凝土中的粒化高炉矿渣粉（GB/T 18046—2000）

续表

序号	名　称
79	粉煤灰混凝土应用技术规范（GBJ 146—1990）
80	混凝土质量控制标准（GB 50164—1992）
81	普通混凝土拌合物性能试验方法（GB/T 50080—2002）
82	普通混凝土力学性能试验方法（GB/T 50081—2002）
83	早期推定混凝土强度试验方法（JGJ 15—83）
84	混凝土强度检验与评定标准（GBJ 107—87）
85	普通混凝土长期性能和耐久性试验方法（GBJ 82—1985）
86	混凝土结构耐久性设计与施工指南（CCES 01—2004，2005 修订）
87	混凝土及预制混凝土构件质量控制规程（CECS40：90）
88	轻骨料混凝土技术规范（JGJ 51—2002）
89	轻集料及其试验方法 第 1 部分：轻集料（GB/T 17431. 1—1998）
90	自密实混凝土设计与施工指南（CCES 02—2004）
91	预拌混凝土（GB/T 14902—2003）
92	砌筑砂浆配合比设计规程 JGJ 98—2000）
93	建筑砂浆基本性能试验方法（JGJ 70—1990）
94	钢分类（GB/T 13304—1991）
95	碳素结构钢（GB 700—1988）
96	低合金高强度结构钢（GB 1591—1994）
97	桥梁用结构钢［GB/T 714—2000（2001）］
98	钢筋混凝土用热轧光圆钢筋（GB 13013—1991）
99	钢筋混凝土用热轧带肋钢筋（GB 1499—1998）
100	冷轧带肋钢筋（GB 13788—2000）
101	冷轧扭钢筋（JG 190—2006）
102	钢筋混凝土用余热处理钢筋（GB 13014—1991）
103	预应力混凝土用钢丝（GB/T 5223—2002）
104	预应力混凝土用钢棒（GB/T 5223. 3—2005）
105	预应力混凝土用钢绞线（GB/T 5224—2003）
106	无粘结预应力钢绞线（JG 161—2004）
107	预应力混凝土用螺纹钢筋（GB/T 20065—2006）
108	金属材料 室温拉伸试验方法（GB/T 228—2002）
109	金属材料 弯曲试验方法（GB 232—1999）
110	木结构设计规范（GB50005—2003）
111	塑料及树脂缩写代号（GB/T 1844. 1—1995）
112	聚氯乙烯壁纸（QB/T 3805—1999）
113	聚氯乙烯卷材地板 第 1 部分：带基材的聚氯乙烯卷材地板（GB/T 11982. 1—2005）
114	聚氯乙烯卷材地板 第 2 部分：有基材有背涂层聚氯乙烯卷材地板（GB/T 11982. 2—1996）
115	PVC 塑料门（JG/T 3017—1994）
116	PVC 塑料窗（JG/T 3018—1994）
117	未增塑聚氯乙烯（PVC－U）塑料门（JG/T 180—2005）
118	未增塑聚氯乙烯（PVC－U）塑料窗（JG/T 140—2005）
119	绝热用模塑聚苯乙烯泡沫塑料（GB/T 10801. 1—2002）
120	绝热用挤塑聚苯乙烯泡沫塑料（XPS）（GB/T 10801. 2—2002）
121	高分子防水材料 第一部分：片材（GB 18173. 1—2000）
122	聚氯乙烯防水卷材（GB 12952—2003）
123	氯化聚乙烯防水卷材（GB 12953—2003）
124	氯化聚乙烯－橡胶共混防水卷材（JC/T 684—1997）
125	聚氨酯防水涂料（GB/T 19250—2003）
126	聚合物乳液建筑防水涂料（JC/T 864 -2000）
127	建筑表面用有机硅防水剂（JC/T 902—2002）
128	聚氨酯建筑密封胶（JC/T 482—2003）
129	聚硫橡胶建筑密封胶（JC/T 483—2006）
130	丙烯酸酯建筑密封胶（JC/T 484—2006）
131	建筑窗用密封胶（JC/T 485—2001）
132	中空玻璃用密封胶（JC/T 486—2001）
133	混凝土建筑接缝用密封胶（JC/T 881—2001）
134	幕墙玻璃接缝用密封胶（JC/T 882—2001）
135	石材用建筑密封胶（JC/T 883—2001）
136	建筑用防霉密封胶（JC/T 885—2001）
137	彩色涂层钢板用建筑密封胶（JC/T 884—2001）
138	硅酮建筑密封胶（GB/T 14683—2003）
139	建筑用结构硅酮密封胶（GB16776—1997）、
140	水溶性内墙涂料（JC/T 423—1991）
141	合成树脂乳液内墙涂料（GB/T 9756—2001）
142	多彩内墙涂料（JG/T 3003—1993）
143	合成树脂乳液外墙涂料（GB/T 9755—2001）
144	溶剂型外墙涂料（GB 9757—2001）
145	合成树脂乳液砂壁状建筑涂料（JG/T 24—2000）
146	饰面型防火涂料（GB 12441—2005）
147	钢结构用防火涂料（GB 14907—2002）
148	混凝土结构防火涂料（GA 98—2005）
149	墙体保温用膨胀聚苯乙烯板胶粘剂（JC/T 992—2006）
150	木材胶粘剂及其树脂检验方法（GB/T 14074—2006）
151	水溶性聚乙烯醇建筑胶粘剂（JC/T 438—2006）
152	外墙外保温用膨胀聚苯乙烯板抹面胶浆（JC/T 993—2006）
153	沥青针入度试验方法（GB/T 4509—1998）
154	沥青延度试验方法（GB/T 4508—1999）
155	沥青软化点试验方法（GB/T 4507—1999）
156	道路石油沥青（SH 0522—2000）
157	建筑石油沥青（GB/T 494—1998）
158	防潮防水石油沥青（SH 0002—1990（1998）

续表

序号	名　　称	序号	名　　称
159	普通石油沥青［SY 1665—1977（1988）］	179	玻璃纤维增强水泥轻质多孔隔墙条板墙板（JC 666—1997）
160	屋面工程技术规范（GB 50345—2004）	180	石膏空心条板（JC/T 829—1998）
161	水乳型沥青防水涂料（JC/T 408—2005）	181	住宅用内隔墙轻质条板（JG/T 3029—1995）
162	建筑防水沥青嵌缝油膏（JC/T 207—1996）	182	公路工程混凝土外加剂（JT/T 523—2004）
163	聚氯乙烯建筑防水接缝材料（JC/T 798—1997）	183	公路水泥混凝土路面设计规范（JTG D40—2002）
164	石油沥青纸胎油毡（GB 326—1989）	184	公路工程水泥及水泥混凝土试验规范（JTG E30—2005）
165	改性沥青聚乙烯胎防水卷材技术性质（GB 18967—2003）	185	公路工程岩石试验规程（JTG E41—2005）
166	弹性体改性沥青防水卷材（GB 18242—2000）	186	公路工程集料试验规程（JTG E42—2005）
167	塑性体改性沥青防水卷材（GB 18243—2000）	187	公路工程水泥混凝土外加剂与掺合料应用技术指南（2006）
168	自粘聚合物改性沥青聚酯胎防水卷材（JC 898—2002）	188	公路水泥混凝土路面滑模施工技术规程(JTJ/T 037.1—2000)
169	蒸压灰砂砖（GB 11945—1999）	189	公路水泥混凝土路面施工技术规范（JTG F30—2003）
170	粉煤灰砖（JC 239—2001）	190	公路桥涵施工技术规范（JTJ 041—2000）
171	蒸压灰砂空心砖（JC/T 637—1996）	191	海港工程混凝土结构防腐技术规范（JTJ 275—2001）
172	混凝土多孔砖（JC943—2004）	192	公路工程沥青与沥青混合料试验规程（JTJ 052—2000）
173	普通混凝土小型空心砌块（GB 8239—1997）	193	沥青路面施工和验收规范（GB 50092—1996）
174	轻集料混凝土小型空心砌块（GB/T 15229—2002）	194	公路沥青路面施工技术规范（JTG F40—2004）
175	石膏砌块（JC/T 829—1998）	195	水工混凝土掺用粉煤灰技术规范（DL/T 5055—1996）
176	住宅混凝土内墙板与隔墙板（GB/T 14908—1994）	196	水工混凝土外加剂技术规程（DL/T 5100—1999）
177	蒸压加气混凝土砌块（GB 11968—2006）	197	水工混凝土施工规范（DL/T 5144—2001）
178	蒸压加气混凝土板（GB 15762—1995）	198	水工混凝土试验规程（DL/T 5150—2001）